U0672929

理 正 岩 土 软 件 应 用 指 南 丛 书

理正岩土工程计算分析软件应用
——支挡结构设计

The Application of Leading Software for Geotechnical Engineering
Computation and Analysis—Retaining Structures Design

王海涛　涂兵雄　主　编

高　大　张景元　何　永　闫　帅　副主编

贾金青　主　审

中国建筑工业出版社

图书在版编目 (CIP) 数据

理正岩土工程计算分析软件应用——支挡结构设计/王海涛等主编. —北京：中国建筑工业出版社，2017.6（2025.8重印）
（理正岩土软件应用指南丛书）
ISBN 978-7-112-20830-2

Ⅰ. ①理… Ⅱ. ①王… Ⅲ. ①岩土工程-工程计算-应用软件 ②支挡结构-结构设计-工程计算-应用软件 Ⅳ. ①TU4-39 ②TU399-39

中国版本图书馆 CIP 数据核字（2017）第 124060 号

本书以理正岩土工程计算分析软件 6.5 为平台，全面阐述了各种挡土墙设计的一般规定，对理正岩土工程计算分析软件各个模块中的相关参数提供了较为详细的解释，本书体系完整、内容翔实、资料丰富、图文并茂、实用性强，是具有一定科学指导性的教学读物。本书内容包括重力式挡土墙设计、悬臂式与扶壁式挡土墙设计、加筋土挡土墙设计、锚定板式挡土墙设计、土钉墙设计、锚杆挡土墙设计、边坡稳定性分析、桩板式挡土墙设计以及抗滑桩设计等。

本书可作为工科院校土木工程、交通工程、力学等专业高年级本科生、研究生学习理正岩土工程计算分析软件的学习教材，也可以作为岩土工程、道路与铁道工程技术人员学习理正岩土工程计算分析软件的参考用书。

责任编辑：刘瑞霞　张　健
责任设计：李志立
责任校对：李美娜　刘梦然

理正岩土软件应用指南丛书
理正岩土工程计算分析软件应用——支挡结构设计

王海涛　涂兵雄　　　　　　　　主编
高　大　张景元　何　永　闫　帅　副主编
贾金青　　　　　　　　　　　　主审

*

中国建筑工业出版社出版、发行（北京海淀三里河路9号）
各地新华书店、建筑书店经销
北京红光制版公司制版
建工社（河北）印刷有限公司印刷

*

开本：787×1092毫米　1/16　印张：21¾　字数：543千字
2017年10月第一版　2025年8月第七次印刷
定价：68.00元
ISBN 978-7-112-20830-2
（40595）

序

王海涛、涂兵雄博士主编的《理正岩土工程计算分析软件应用——支挡结构设计》一书即将出版发行，本人作为理正岩土软件的主要编制者，很荣幸受邀为该书作序以表祝贺。改革开放以来，大规模基建热潮推动了岩土工程支挡结构设计理论和施工技术的不断进步，已发展出多种符合我国国情、实用的挡土墙支护技术与方法。作为岩土工程师，要想全面掌握这些设计方法，无疑将非常耗时费力，而在日常设计工作中，手工分析计算繁琐且易出错，查表法又有太多的局限性。在此背景下，"理正岩土工程计算分析软件"应运而生。

二十年来，"理正岩土软件"已成长为一款卓越的岩土工程设计软件，其准确的计算结果、友好的操作界面、广泛的适用范围、丰富的参数选取以及科学的土压力计算方法，使其被国内岩土工程师们广泛使用。用户可以通过该软件提供的挡土墙设计模块从容应对在挡土墙设计过程中出现的复杂多变情况，为实际工程提供更加准确的设计依据。

十余年来，两位作者潜心于支挡结构设计理论和施工技术研究，对各类挡墙支护方法进行了大量的理论研究与工程实践，积累了丰富的成果与经验。本书针对每一种支挡结构，首先对其定义、分类及使用范围、设计原则、设计方法、有关土压力及滑坡推力的理论进行较为全面的理论论述；然后对软件的具体操作步骤与参数取值方法进行了详细的讲解；最后给出了典型的工程实例，进一步强化读者对设计理论与软件操作的理解。本书反映了作者深厚的学术造诣和丰富的工程经验，具有很高的参考价值。

我相信本书的出版将会对岩土工程教学、科研、设计及施工人员有所助益，有助于读者对挡土结构设计理论的学习，以及对"理正岩土软件"挡土墙模块的快速入门与深入掌握。

北京理正软件股份有限公司　杨国平　博士

2017 年 6 月于北京

前　言

　　岩土工程是一门既富理论内涵而又实践性非常强的综合性、交叉性学科，它涉及工程地质、土力学、基础工程、结构设计及施工技术等诸多学科。近年来，随着我国国民经济的高速发展，大量的大型基础设施在山区修建，带来了大量的岩土工程问题，也促进了岩土支挡技术的快速革新。支挡结构形式已从单纯依靠墙身自重来平衡边坡土压力和滑坡下滑力的重力式挡土墙，发展为采用支撑、土筋复合结构以及锚固技术等多种新型、轻型支挡新技术。北京理正软件股份有限公司的理正岩土工程计算分析软件就是这一特定时期开发出来的一种新的支挡结构设计软件。

　　支挡结构设计是铁路、公路、水利、市政、规划、地矿等行业经常碰到的设计难点，稍有不慎，即会酿成事故。其难点主要表现在：情况复杂多变、计算内容繁多、计算过程繁琐，手工设计难以胜任。北京理正凭借其在岩土工程领域的超群的技术实力，精心研发了理正岩土工程计算分析软件，该软件适用范围广、考虑问题全面、计算结果准确、计算速度快、操作简便。目前理正岩土工程计算分析软件的用户已经遍及全国各大设计院、高校及科研院所，并在大量工程中得到应用。然而对于读者而言，在软件使用过程之中仍存在对相关设计参数概念不清、一知半解等问题，国内目前尚未有关于理正岩土工程计算分析软件使用详解的书籍出版，因此非常有必要出一本详细解读该软件的操作及其工程应用的书籍。本书的撰写恰是弥补这一领域的空白。为了便于读者掌握和应用该软件，编者结合多年的工程实践经验，通过精心设计的各类型挡土墙算例，全面阐述了各种挡土墙设计的一般规定，对各个模块操作中遇到的相关参数提供了较为详细的解释，旨在为广大读者奉献一本体系完整、内容翔实、资料丰富、图文并茂、实用性强并具有一定科学指导性的教学读物。

　　本书以理正岩土工程计算分析软件 6.5 为平台，共分 11 章。具体内容安排如下：

　　第 1 章　概述。主要介绍了支挡结构的定义、分类及使用范围，支挡结构的设计原则、支挡结构的设计方法、理正岩土工程计算分析软件的特点及工程应用、软件的基本操作及安装流程、软件的基本组成模块。

　　第 2 章　土压力与滑坡推力。主要介绍了土压力计算理论、土压力的基本计算方法、特定条件下的土压力计算、墙后填土有地下水时土压力计算、填土表面不规则时土压力计算、地面超载作用下的土压力计算、滑坡推力计算。

　　第 3 章　重力式挡土墙设计。首先介绍了重力式挡土墙设计的一般规定、构造要求、设计计算内容与方法，然后对理正岩土软件中的重力式挡土墙模块的相关设计参数进行了详细的解释，最后结合典型的重力式挡土墙工程实例，对该模块使用过程中的相关规定及一般设计流程进行了详细的说明。

　　第 4 章　悬臂式与扶壁式挡土墙设计。首先介绍了悬臂式和扶壁式挡土墙设计的一般规定、构造要求、悬臂式和扶壁式挡土墙设计计算内容，然后对理正岩土软件中的悬臂式和扶壁式挡土墙模块的相关设计参数进行了详细的解释，最后结合典型的悬臂式挡土墙工程实例，对该模块使用过程中的相关规定及一般设计流程进行了详细的说明。

第5章　加筋土挡土墙设计。首先介绍了加筋土挡土墙设计的一般规定、构造要求、加筋土挡土墙设计计算内容，然后对理正岩土软件中的加筋土挡土墙模块的相关设计参数进行了详细的解释，最后结合典型的加筋土挡土墙工程实例，对该模块使用过程中的相关规定及一般设计流程进行了详细的说明。

第6章　锚定板式挡土墙设计。首先介绍了锚定板挡土墙设计的一般规定、构造要求、锚定板挡土墙设计计算内容，然后对理正岩土软件中的锚定板挡土墙模块的相关设计参数进行了详细的解释，最后结合典型的锚定板挡土墙工程实例，对该模块使用过程中的相关规定及一般设计流程进行了详细的说明。

第7章　土钉墙设计。首先介绍了土钉墙设计的一般规定、构造要求、土钉墙设计计算内容，然后对理正岩土软件中的土钉墙和复合土钉墙模块的相关设计参数进行了详细的解释，最后结合典型的土钉墙工程实例，对该模块使用过程中的相关规定及一般设计流程进行了详细的说明。

第8章　锚杆挡土墙设计。首先介绍了锚杆挡土墙设计的一般规定、构造要求、锚杆挡土墙设计计算内容，然后对理正岩土软件中的锚杆挡土墙模块的相关设计参数进行了详细的解释，最后结合典型的锚杆挡土墙工程实例，对该模块使用过程中的相关规定及一般设计流程进行了详细的说明。

第9章　边坡稳定性分析。首先介绍了土质和岩质边坡稳定性分析的方法，然后对理正岩土软件中的岩质边坡和边坡稳定性分析模块的相关设计参数进行了详细的解释，最后结合典型的边坡工程实例，对该模块使用过程中的相关规定及一般设计流程进行了详细的说明。

第10章　桩板式挡土墙设计。首先介绍了桩板式挡土墙设计的一般规定、构造要求、桩板式挡土墙设计计算内容，然后对理正岩土软件中的桩板式挡土墙模块的相关设计参数进行了详细的解释，最后结合典型的桩板式挡土墙工程实例，对该模块使用过程中的相关规定及一般设计流程进行了详细的说明。

第11章　抗滑桩设计。首先介绍了抗滑桩设计的一般规定、构造要求、抗滑桩设计计算内容，然后对理正岩土软件中的抗滑桩模块的相关设计参数进行了详细的解释，最后结合典型的抗滑桩工程实例，对该模块使用过程中的相关规定及一般设计流程进行了详细的说明。

本书可作为工科院校土木工程、交通工程、力学等专业高年级本科生、研究生学习理正岩土工程计算分析软件的学习教材，也可以作为岩土工程、道路与铁道工程技术人员学习理正岩土工程计算分析软件的参考用书。

本书由王海涛、涂兵雄主编，高大、张景元、何永、闫帅为副主编，贾金青为主审。同时参加本书编写的工作人员还有金慧、宋词、高军程、高仁哲、张小浩、吴跃东、申佳玉、苏鹏。

感谢北京理正软件股份有限公司杨国平博士对本书的编写进行的指导，并提供了宝贵的资料。感谢大连交通大学土木与安全工程学院的领导及同事对本书的写作提供的帮助。感谢北京理正软件股份有限公司对本书的写作提供技术上的支持。本书在写作的过程中还参考了岩土论坛（http：//bbs. yantuchina. com/）及理正论坛（http：//bbs. lizheng. com. cn/）的部分资料，在此，也一并表示感谢。感谢中国建筑工业出版社刘瑞霞编辑，在本书的写作过程中，她的耐心和细心使本书的内容和格式更加完善。

　　由于编写时间较为仓促，书中疏漏在所难免，如书中出现谬误之处，请读者见谅，并愿与读者共同探讨，欢迎广大读者批评指正。

编　者

2017 年 4 月

目　　录

第1章 概　述

1.1　支挡结构的定义、分类及使用范围

支挡结构，包括挡土墙、抗滑桩、预应力锚索等支撑和锚固结构，是用来支撑、加固填土或山坡土体、防止坍滑以保持其稳定的一种建筑物。在铁路、公路路基工程中，支挡结构主要用于承受土体侧向土压力，它被广泛应用于稳定路堤、路堑、隧道洞口以及桥梁两端的路基边坡等工程，近几年在高速铁路建设工程中，在软土或松软土地基地段也采用了一种新型的路基桩板结构，用来支承铁路上部结构和路堤填方。在水利、矿场、房屋建筑工程中，支挡结构主要用于加固山坡、基坑边坡和河流岸壁的稳定等。当以上工程或其他岩土工程遇到不良地质灾害时，支挡结构主要用于加固或拦挡不良地质体，例如，加固滑坡、崩塌、岩堆体、拦挡落石、泥石流等。支挡结构是岩土工程的一个重要组成部分，随着我国国民经济水平的提高，基本建设的不断发展，支挡结构技术水平的提高以及减少环境破坏、节约用地观念的加强等，支挡结构在岩土工程中的使用越来越广泛，特别是在铁路、公路路基及建筑基础工程中所占的比重也越来越大。

1.1.1　支挡结构的分类

支挡结构类型划分方法很多，一般按支挡结构的材料、结构形式、设置位置、设置地区等进行划分，现说明如下：

（1）按结构形式分类

重力式挡土墙（包括衡重式挡土墙）；托盘式挡土墙和卸荷板式挡土墙；悬臂式挡土墙和扶壁式挡土墙；加筋土式挡土墙；锚定板挡土墙；抗滑桩及由此演变而来的桩板式挡土墙；锚杆挡墙；土钉墙；预应力锚索加固技术及由此发展而来的锚索桩等桩索复合结构；桩基托梁挡土墙；槽型挡土墙；桩板结构。

（2）按设置支挡结构的地区条件分类

支挡结构可分为一般地区、地震地区、浸水地区以及不良地质地区和特殊岩土地区等。

（3）按支挡结构的材料划分类

支挡结构可分为浆砌片石支挡结构（如浆砌片石挡土墙）和混凝土支挡结构（如混凝土挡土墙、抗滑桩和桩板式挡土墙、桩基托梁挡土墙、槽形挡土墙、桩板结构等）、土工合成材料支挡结构（如包裹式加筋土挡土墙）以及复合型支挡结构（如卸荷板式或托盘式挡土墙、土钉墙、预应力锚索、锚索桩等）。

（4）按支挡结构设置的位置分类

① 用于稳定路堑边坡的路堑边坡支挡结构。

② 用于稳定路堤边坡的路堤边坡支挡结构，又可分为墙顶与路肩一样平的路肩式支

挡结构及墙顶以上有一定填土高度的路堤式支挡结构。

③ 用于支承铁路上部荷载或路堤填方的支挡结构。

④ 用于稳定建筑物旁的陡峻边坡以减少挖方的边坡支挡结构。

⑤ 用于稳定滑坡、岩堆等不良地质体的抗滑支挡结构。

⑥ 用于加固河岸、基坑边坡、拦挡落石等其他特殊部位的支挡结构。

1.1.2 支挡结构的特点

（1）重力式挡土墙（图1-1）

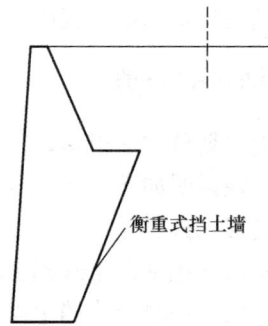

① 依靠墙身自重承受土侧压力。

② 一般用浆砌片石砌筑或混凝土（片石混凝土）灌注。

③ 形式简单、取材容易、施工简便。

④ 适用于一般地区、浸水地区、地震地区的边坡支挡工程，当地基承载力较低或地质条件较复杂时应适当控制墙高。

（2）衡重式挡土墙（图1-2）

① 利用衡重台上的填土重量及墙体自重共同抵抗土压力以增加墙身的稳定性。

② 由于墙胸坡陡、下墙背仰斜，在陡坡地区可降低墙高，减少基坑开挖面积。

③ 主要用于地面横坡较陡的路肩墙和路堤墙，也可用于拦挡落石的路堑墙。

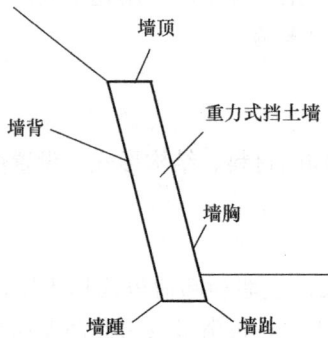

图 1-1　重力式挡土墙　　　　图 1-2　衡重式挡土墙

（3）卸荷板式挡土墙（图1-3）

① 在衡重式挡土墙的墙背设置一定长度的水平卸荷板，卸荷板上的填料作为墙体重量，而卸荷板又减少了衡重式挡土墙下墙的土压力，增加了全墙的抗倾覆稳定性。

② 地基强度较大地段、墙高大于 6m 时，卸荷板式挡土墙与衡重式挡土墙比较，显示出优越性，铁路系统目前在《铁路路基支挡结构设计规范》TB 10025—2006 中规定本结构使用范围为墙高大于 6m、小于 12m 的路肩墙。

（4）托盘式挡土墙（图1-4）

① 在挡土墙顶部设置钢筋混凝土的托盘及道砟槽，承受线路上部建筑和列车的重量。

② 在山区地面陡峻地带或受既有建筑物影响，横向空间受限制时，设置托盘式挡土墙可降低墙高、缩短横向距离。

③ 要求挡土墙的地基承载力较高。

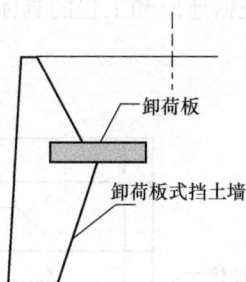

图 1-3 卸荷板式挡土墙

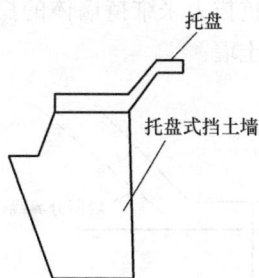

图 1-4 托盘式挡土墙

（5）悬臂式挡土墙（图 1-5）

① 采用钢筋混凝土材料，由立壁、墙趾板、墙踵板三部分组成，墙的断面尺寸较小。

② 墙较高时立壁下部的弯矩较大。

③ 宜在石料缺乏、地基承载力较低的填方地段使用。

④ 墙高不宜大于 6m，当墙高大于 6m 时宜在墙面板前加肋。

（6）扶壁式挡土墙（图 1-6）

① 当悬臂式挡土墙的立壁较高时，沿墙长方向每隔一定距离加一道扶壁，把墙面板和墙踵板连接起来，以减小立壁下部的弯矩。

② 扶壁式挡土墙宜在石料缺乏、地基承载力较低的地段使用，墙高不宜大于 10m；装配式的扶壁式挡土墙不宜在不良地质地段或设计地震动峰值加速度为 0.2g（原八度）及以上地区采用。

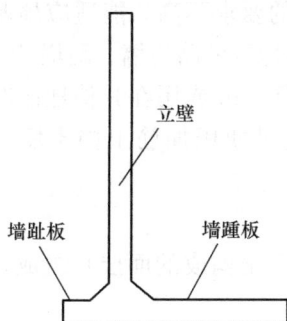

图 1-5 悬臂式挡土墙

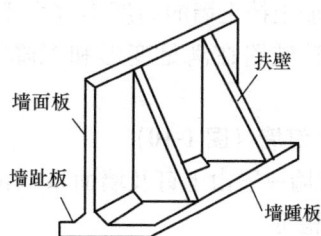

图 1-6 扶臂式挡土墙

（7）锚杆挡土墙（图 1-7）

① 锚杆挡土墙是由钢筋混凝土肋柱、墙面板和锚杆组成，靠锚杆拉力来维持稳定，肋柱、挡板可预制，有时根据地质和工程的具体情况，也采用无肋柱式锚杆挡土墙。

② 锚杆挡土墙适用于一般地区岩质或土质边坡加固工程（铁路支挡规范规定目前仅使用于岩质路堑边坡），可采用单级或多级，在多级墙的上下级之间应设平台，每级墙高不宜大于 8m，总高度宜控制在 18m 以内。

（8）锚定板挡土墙（图 1-8）

① 锚定板挡土墙是由钢筋混凝土墙面板和锚杆及锚定板共同组成，靠固定在稳定区

的锚定板提供的抗拔力来维持墙体的稳定，有时，根据地质和工程的具体情况，也采用无肋柱式锚定板挡土墙。

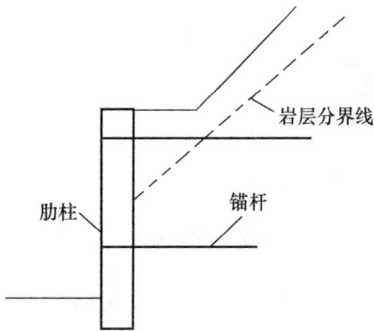

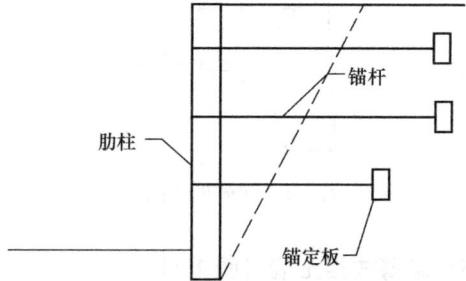

图 1-7　锚杆挡土墙　　　　　　　　图 1-8　锚定板挡土墙

②　锚定板挡土墙适用于一般地区墙高不大于 10m 的路肩墙或路堤墙，设计时可采用单级或双级；在双级墙的上下级之间应设平台；单级墙高不宜大于 6m，双级墙总高度宜控制在 10m 以内。

(9) 加筋土挡土墙（图 1-9）

①　加筋土挡土墙是由墙面系、拉筋和填土共同组成的支挡结构，由拉筋和填土间的摩阻力维持墙体的稳定。墙面板宜采用钢筋混凝土板，拉筋宜采用土工格栅，也可采用钢筋混凝土板条、钢带、复合拉筋带等；目前也有采用土工合成材料作拉筋的包裹式（无面板）加筋土挡土墙。

②　加筋土挡土墙由于是柔性结构，对地基承载力的要求不高，能适应地基轻微的变形；铁路工程中加筋土挡土墙可使用在一般地区和地震地区的路肩墙、路堤墙，在铁路一级干线上加筋土挡土墙的高度不宜大于 10m，高度大于 10m 或用在其他地区时按特殊设计考虑；高速铁路在满足变形和沉降控制的情况下也可使用加筋土挡土墙，但应降低墙高。

(10) 土钉墙（图 1-10）

①　土钉墙一般由土钉及墙面系（钢筋网和喷射混凝土构成的面层）组成，靠土钉拉力维持边坡稳定。

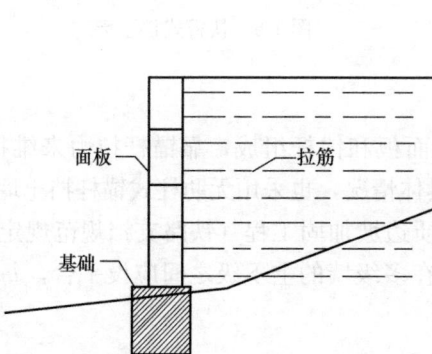

图 1-9　加筋土挡土墙　　　　　　　　图 1-10　土钉墙

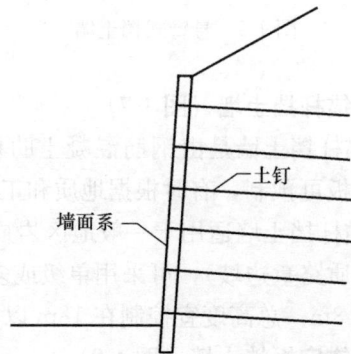

② 土钉墙可用于一般地区及破碎软弱岩质边坡加固工程，在腐蚀性地层、膨胀土地段及地下水较发育或边坡土质松散时，不宜采用土钉墙；土质边坡土钉墙总高度不应大于10m，岩质边坡土钉墙总高度不应大于18m，单级土钉墙高度宜控制在10m以内。

(11) 抗滑桩（图 1-11）

① 抗滑桩是一种由其锚固段侧向地基抗力来抵抗悬臂段的土压力或滑坡下滑力的横向受力桩（当用在非滑坡工程时常称其为锚固桩），在土质和软弱松散岩质地层中常设置锁口和护壁。

② 抗滑桩常用于稳定滑坡、加固其他特殊边坡（例如作为软弱松散岩质路堑边坡的预加固桩），桩间距一般为6～10m，桩的截面最小边长不小于1.25m。

(12) 桩板式挡土墙（图 1-12）

① 桩板式挡土墙是一种在桩间设挡板或土钉等其他结构来稳定土体的支挡结构。

② 桩板式挡土墙可用于一般地区、浸水地区和地震区的路堑和路堤支挡，也可用于滑坡等特殊路基的支挡工程。桩的自由臂长度不宜大于15m，桩间距宜为5～8m；当桩的地面以上长度较大或桩侧土压力较大时，可在桩上部加设锚索（杆）组成预应力锚索（杆）桩。

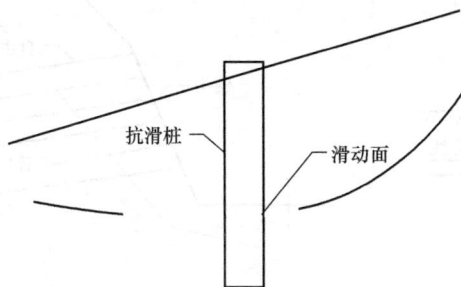

图 1-11　抗滑桩

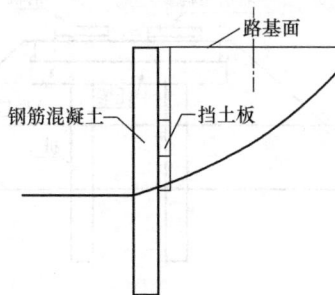

图 1-12　桩板式挡土墙

(13) 桩基托梁挡土墙（图 1-13）

① 桩基托梁挡土墙是一种由基桩、托梁及挡土墙组成的复合结构来稳定土体的支挡结构。

② 桩基托梁挡土墙一般用在地基承载力不满足需要的地段，当地面陡峻或地表覆盖层为松散体时，采用桩基础将基底置于稳定地层；挡土墙墙高控制在10m以下，托梁底一般置于原地面。

(14) 槽形挡土墙（图 1-14）

① 槽形挡土墙由钢筋混凝土底板和钢筋混凝土边墙组成，适用于地下水丰富、地下水位较高，降水、排水或放坡条件受到限制的挖方、填方地段路基。

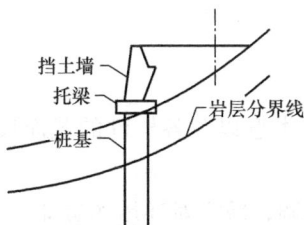

图 1-13　桩基托梁挡土墙

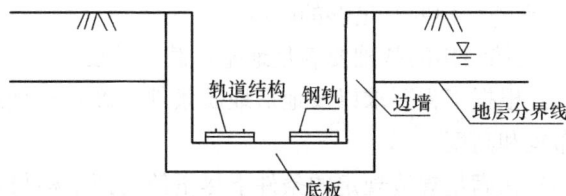

图 1-14　槽型挡土墙

② 在陡峻山坡地区，当路基靠山一侧需设置路堑挡土墙，而路基外侧也需设置路肩挡土墙，但地基软弱、稳定性差，这时也可考虑采用边墙不等高的槽形挡土墙。

(15) 桩板结构（图 1-15）

① 桩板结构是路基地基处理的一种新型方法，是用来支撑铁路上部结构和路堤填方的一种新型结构，主要由钢筋混凝土桩基、托梁和承台板或桩基和承台板组成。

② 桩板结构适用于基础变形控制严格的深厚软弱地基，湿陷性黄土地基低路堤、路堑，桥隧间短路基过渡段，岔区路基及既有路基加固。

(16) 预应力锚索（图 1-16）

① 预应力锚索由锚固段、自由段及锚头组成，通过对锚索施加预应力以加固岩土体使其达到稳定状态或改善结构内部的受力状态，预应力锚索采用高强度低松弛钢绞线制成。

② 预应力锚索可用于土质、岩质地层的边坡及地基加固，其锚固段宜置于稳定地层中；预应力锚索也常与抗滑桩结合组成锚索桩，以减小抗滑桩的锚固段长度及桩身截面。

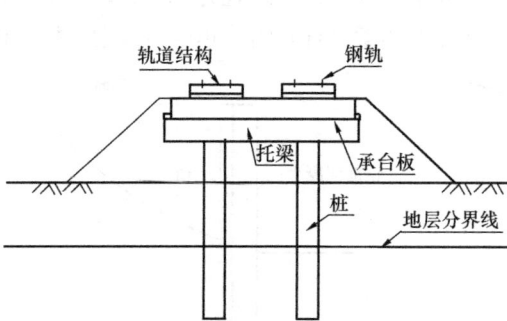

图 1-15　桩板结构

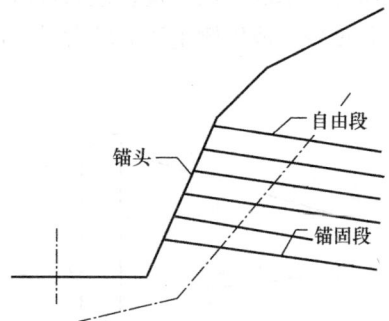

图 1-16　预应力锚索

1.2　支挡结构的设计原则

支挡结构要保证被挡土体和支挡结构本身的稳定，要求支挡结构本身有足够的承载力和足够的刚度，同时也要求支挡结构与被挡土体有足够的稳定性，以保证支挡结构的安全使用，同时设计中还要满足支挡结构选型新颖、受力合理、经济实用和对环境破坏较小等要求。因此，支挡结构设计的基本原则是：

(1) 支挡结构必须保证安全正常使用，因此应满足以下条件：

① 支挡结构不能滑移；

② 支挡结构不能倾覆；

③ 支挡结构本身要有足够的承载力；

④ 支挡结构要有足够的刚度；

⑤ 支挡结构的基础要满足地基承载力的要求。

(2) 根据工程要求以及地形地质条件，确定支挡结构的类型以及各构件的截面尺寸、平面布置和高度。

(3) 在满足规范规定的条件下尽量使支挡结构与环境协调，减少对环境的破坏。

(4) 为保证结构的耐久性，应对永久性支挡结构进行耐久性设计，并在设计中应对使用过程中的维修给出相应的措施。

（5）对支挡结构的施工提出指导性意见。

1.3　支挡结构的设计

支挡结构是由结构与岩土相互作用形成的一种复杂结构，支挡的方法有用结构挡土的方法，有用材料加固土体并与挡土结构共同挡土的方法，也有用挡土结构加锚固体共同加固边坡的方法。对支挡结构来说，不管使用什么样的挡土方法，其受力都比较复杂，分析方法均涉及挡土结构与岩土协同工作问题。我国《建筑地基基础设计规范》GB 50007—2011、《公路工程地质勘察规范》JTG C20—2011、《公路路基设计规范》JTG D30—2015、《岩土工程勘察规范》GB 50021—2001、《土层锚杆设计与施工规范》CECS 22：90、《基坑土钉支护技术规程》GB 50739—2011、《建筑边坡工程技术规范》GB 50330—2013、《铁路路基支挡结构设计规范》TB 10025—2006，对支挡结构分析和设计的基本原则和方法做出了相关规定，但是这些规范行业条块分割，分析设计方法不统一，本书将尽量考虑行业不同特点，给出支挡结构较为统一的分析与设计方法。

一个大型的支挡结构工程的完成，需要设计规划师、岩土与结构工程师、施工工程师共同合作才能完成。支挡结构设计一般由岩土或结构工程师负责，它与勘察、施工等方面的工作是相互关联的。支挡结构设计一般按以下步骤进行。

1.3.1　支挡结构设计准备工作

（1）了解工程背景

了解工程项目的资金来源、投资规模；了解工程项目的建设规模、用途及使用要求；了解项目中规划、岩土、结构与施工的程序、内容与要求；了解与项目建设有关的各单位的相互关系及合作方式等。这些对于工程师圆满地完成支挡结构设计是有利的。

岩土或结构工程师应尽可能在规划设计阶段就参与对初步设计方案的讨论，并在扩大初步设计阶段发挥积极的作用，为施工图设计奠定良好的基础。

（2）取得支挡结构设计所需要的原始资料

① 工程地质条件

支挡结构的位置及周围环境，支挡结构所在位置的地形、地貌；支挡范围内的土质构成，土层分布状况，岩土的物理力学性质，地基土的承载力，场地类别等；最高地下水位，水质有无侵蚀性等相关地质资料。

② 支挡结构的使用环境和抗震设防烈度

了解和掌握支挡结构使用环境的类别，根据支挡结构的重要性和本地区地震基本烈度确定本项工程的设防烈度。

③ 气象条件

气温条件，如最高温度、最低温度、季节温差、昼夜温差等；降水，如平均年降雨量、雨量集中期等。

④ 其他技术条件

当地施工队伍的素质、水平；建筑材料、构配件及半成品供应条件；施工机械设备及大型工具供应条件；场地及运输条件；水电动力供应条件；劳动力供应及生活条件；工期要求等。

（3）收集设计参考资料

应收集相关的国家和地方标准，如各种设计规范、规程等，有时甚至要参考国外的标准；常用设计手册、图表，支挡结构设计构造图集，国内外各种文献，以往相近工作的经验，为项目开展的一些专题研究获得的理论或试验成果，支挡结构分析所需要的计算软件及用户手册等。

（4）制定工作计划

支挡结构设计的具体工作内容；工作进度；支挡结构设计统一技术规定、措施等。

1.3.2 确定支挡结构方案

支挡结构方案的确定是支挡结构设计是否合理的关键。支挡结构方案应在确定初步设计阶段即着手考虑，提出初步设想；进入设计阶段后，经分析比较加以确定。

确定支挡结构方案的原则是：在规范的限定条件下，满足使用要求，受力合理，技术上可行，尽可能达到综合经济技术指标先进。

支挡结构方案的选择包括两方面的内容：支挡结构选材和支挡结构体系的选定。在方案阶段，宜先提出多种不同方案作为支挡结构方案的初步设想，然后进行方案的经济技术指标比较，综合考虑优选方案。

支挡结构设计的方案确定，主要包括以下几个方面：

（1）支挡结构方案与布置

支挡结构方案的选择除考虑支挡的重要性、使用功能、环境地质条件外还应满足规范要求。

（2）细部结构方案与布置

根据支挡结构作业面上作用的荷载大小、高度和支挡结构类型可确定支挡结构的细部方案与布置方式。

（3）基础方案与布置

根据上部支挡结构形式和工程地质条件确定基础类型。

（4）支挡结构主要构造措施及特殊部位的处理

1.3.3 支挡结构布置和结构计算简图的确定

支挡结构布置就是在支挡结构方案的基础上，确定各支挡结构构件之间的相关关系，例如，扶壁式挡墙中的扶壁的布置，框架预应力锚杆挡墙中的锚杆间距等，以确定支挡结构的传力路径，初步定出结构的全部尺寸。

确定支挡结构的传力路径，就是使所有荷载都有惟一的传递路径，至少，设计者应在支挡结构的力学模型上确定各种荷载的惟一的传递路径。这就要求合理地确定支挡结构的计算模型。所采用的计算模型应符合下列要求：

（1）能够反映结构的实际体型、尺度、边界条件、截面尺寸、材料性能及连接方式等；

（2）根据支挡结构的特点及实际受力情况，考虑施工偏差、初始位移及变形状况等对计算模型加以修正。

支挡结构布置所面临的问题是，支挡结构构件的尺寸不是惟一的，需要人为给定。可以用一些方法估算出构件的尺寸，最后由设计者选定尺寸。

支挡结构布置中所面临的这些选择一般要凭经验确定，有一定的技巧性，选择时，可参照有关规范、手册和指南，在没有任何经验可供借鉴的情况下，这种选择则依赖于设计者的直觉判断，带有一定的尝试性。

1.3.4 支挡结构分析与设计计算

（1）支挡结构上的作用计算

按照支挡结构尺寸计算恒荷载的标准值和按相关规范的规定计算支挡结构上部超载的标准值，一般直接施加于支挡结构的荷载有：支挡结构构件的自重、支挡结构上部超载、挡土结构上的土压力、静水压力、波浪压力、浮力等。

能使支挡结构产生效应的作用还有：基础间发生的不均匀沉降；在温度变化的环境中，结构构件材料的热胀冷缩；地震造成的地面运动，使结构产生加速度反应和变形等。

（2）支挡结构的承载力和稳定性计算

进行支挡结构分析时，应遵守以下基本原则：

① 按承载能力极限状态计算时，应按国家现行有关规范标准规定的作用（荷载）对结构的整体进行作用（荷载）效应分析，验算其承载力和整体稳定性。

② 当支挡结构在施工和使用期间不同阶段有多种受力状况时，应分别进行分析，并按规范规定确定其最不利的作用效应组合。

支挡结构可能遭遇地震、爆炸、撞击等偶然作用时，尚应按国家现行有关规范的要求进行相应的结构分析。

③ 支挡结构分析所需的各种几何尺寸，以及所采用的计算图形、边界条件、作用的取值与组合、材料性能的计算指标等，应符合结构的实际工作状况，并应具有相应的构造保证措施。

支挡结构分析中所采用的各种简化和近似假定，应有理论或试验的依据，或经工程实践验证。计算结果的准确程度应符合工程设计的要求。

（3）构造设计

构造设计主要是指计算所需之外的构件最小尺寸、配筋（分布钢筋、架立钢筋等）、钢筋的锚固、截断的确定、构件支承条件的正确实现以及腋角等细部尺寸的确定等，这可参考构造手册确定。目前，支挡结构设计的相当一部分内容不能通过计算确定，只能通过构造来确定。每项构造措施都有其原理，因此，构造设计也是概念设计的重要内容。

1.3.5 支挡结构设计的成果

支挡结构设计的成果主要有以下形式：

（1）支挡结构方案设计说明书

支挡结构方案设计说明书应对所确定的方案予以说明，并简释理由。

（2）支挡结构设计计算书

支挡结构设计计算书对支挡结构计算简图的选取、支挡结构所受的荷载、支挡结构内力的分析方法及结果、支挡结构构件主要截面的配筋计算等，都应有明确的说明。

如果支挡结构计算是采用商业化软件，应说明具体的软件名称，并应对计算结果作必要的校核。

(3) 支挡结构设计图纸

所有设计结果，最后必须以施工图的形式反映出来。在设计的各个阶段，都要进行设计图的绘制。图纸应按施工详图要求绘制，如支挡结构构件施工详图、节点构造、大样等，这部分图纸要求完全反映设计意图，包括正确选用材料、构件具体尺寸规格、各构件之间的相关关系、施工方法、有关采用的标准（或通用）图集编号等，要达到不作任何附加说明即可施工的要求。

在工程实际中，目前一般已能做到支挡结构设计图纸全部采用计算机绘制。

1.4 理正岩土软件的特点及工程应用

北京理正软件股份有限公司开发的"理正岩土系列软件"是一套集降水沉降分析、岩土边坡稳定和岩质边坡稳定分析、地基路堤及堤坝设计、支挡结构设计、地基处理设计、渗流分析、弹性地基梁分析等为一体的计算机辅助设计软件。理正岩土能够分析计算岩土工程的内力、变形、稳定性。涵盖岩土工程设计、治理等各个领域，在三峡工程、青藏铁路、广州地铁等重大工程中成功应用；适应铁路、公路、水利、电力、市政、城建等行业应用；特别适合相应的地质灾害治理。

经过多年的发展，理正岩土系列软件在国内市场占有率一直处于领先地位，理正岩土软件以其全中文化的操作界面、直观简捷的参数输入、多样的分析功能、全面丰富的后处理、多行业标准、图文并茂的计算书，已在国内得到广泛的应用，是当前土木建筑领域应用最广泛的计算机辅助设计软件之一。

1.5 理正岩土软件基本操作流程

1.5.1 操作流程

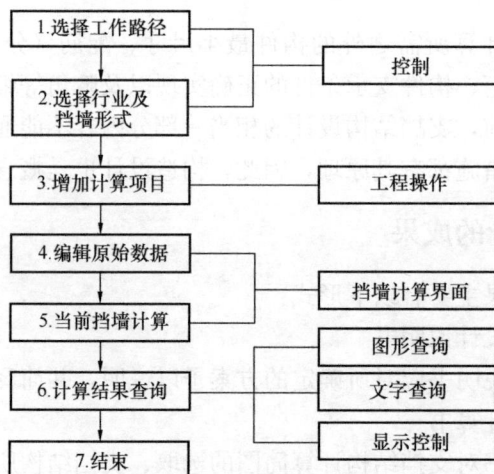

图 1-17 操作流程

1.5.2　基本操作指南

(1)　选择工作路径

图 1-18　指定工作路径

注意：岩土软件总界面上指定的工作路径是所有岩土模块的工作路径。在进入建坡挡墙计算模块后，还可以通过按钮【选工程】重新指定此模块的工作路径。

(2)　选择挡墙形式

① 适用于公路、铁路、水利及其他行业以及建（构）筑物和市政工程的边坡工程，也适用于岩石基坑工程。

② 对于普通挡土墙设计，有 13 种供选择，如图 1-19（a）所示：重力式、衡重式、加筋土式、半重力式、悬臂式、扶壁式、桩板式、锚杆式、锚定板式、垂直预应力锚杆式、装配式悬臂、卸荷板式挡土墙及装配式扶壁。对于建坡挡土墙设计，支挡结构计算项目有 7 种供选择，如图 1-19（b）所示：重力式、衡重式、悬臂式、扶壁式、排桩式、板肋式、格构式支挡结构。

(3)　确定基本参数

运行理正岩土软件，选择【挡土墙设计】系统弹出如图 1-20（a）所示的工程计算内容对话框，其功能是选择挡土墙形式和工程行业。可选择【其他行业】、【公路行业】、【铁路行业】、【水利行业】。如选择【其他行业】、【水利行业】，则会弹出图 1-20（b）中所示对话框。

其中【公路行业】所输入的参数规定如下：

① 安全系数

仅适用总安全系数的容许应力法。

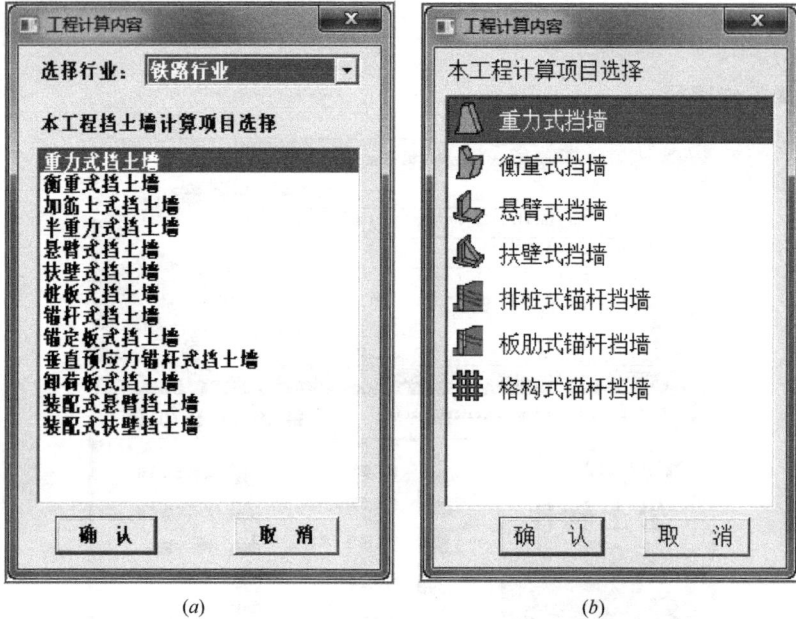

(a)　　　　　　　　　　　　　(b)

图 1-19　选择计算项目

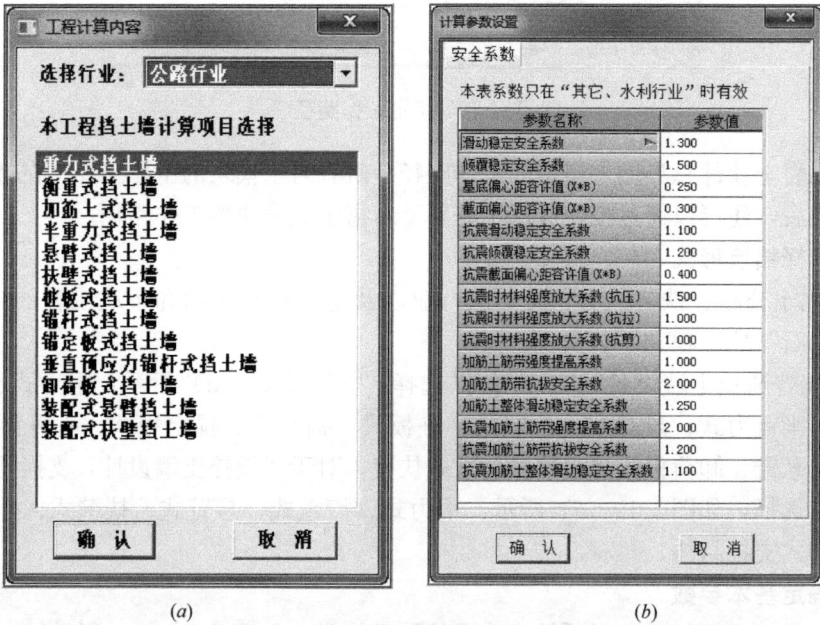

(a)　　　　　　　　　　　　　(b)

图 1-20　工程计算内容及参数设计窗口

（a）滑动稳定系数：取 1.3；

（b）倾覆稳定系数：一般情况取 1.5，地震作用参与时取 1.3；

（c）基底合力偏心距：土质地基 $B/6$，岩质地基 $B/5$，坚硬岩质地基 $B/4$；抗震设计时由用户定义；

（d）截面合力偏心距：一般情况取 $0.25B$；抗震设计时取 $0.3B$；

（e）加筋土挡墙整体滑动稳定系数：一般情况取 1.25；抗震设计时取 1.1；

（f）加筋土挡墙全墙筋带抗拔稳定系数：取 2.0。

② 抗震设计时的强度提高系数

（a）截面强度提高系数（抗压）：1.5；

（b）截面强度提高系数（抗拉）：1.5；

（c）截面强度提高系数（抗剪）：1.5；

（d）地基土承载力提高系数：由用户定义。

【铁路行业】所输入的参数规定如下：

① 安全系数

（a）滑动稳定系数：一般情况取 1.3；地震力参与时取 1.1；

（b）倾覆稳定系数：一般情况取 1.6；地震力参与时取 1.2；

（c）基底合力偏心距：土质地基 $B/6$，岩质地基 $B/4$；抗震设计时由用户定义；

（d）截面合力偏心距：一般情况取 $0.3B$；抗震设计时取 $0.4B$；

（e）加筋土挡墙筋带强度提高系数：一般情况取 1.0；抗震设计取 2.0；

（f）加筋土挡土墙整体滑动稳定系数：一般情况取 1.25；抗震设计时取 1.1；

（g）加筋土挡土墙筋带抗拔系数：一般情况取 2.0；抗震设计取 1.2。

② 抗震设计时的强度提高系数

（a）截面强度提高系数（抗压）：1.5；

（b）截面强度提高系数（抗拉）：1.0；

（c）截面强度提高系数（抗剪）：1.0；

（d）地基土承载力提高系数：由用户定义。

(4) 增加计算项目

点击【工程操作】菜单中的"增加项目"菜单或"增"按钮来新增一个计算项目。如图 1-21 所示。

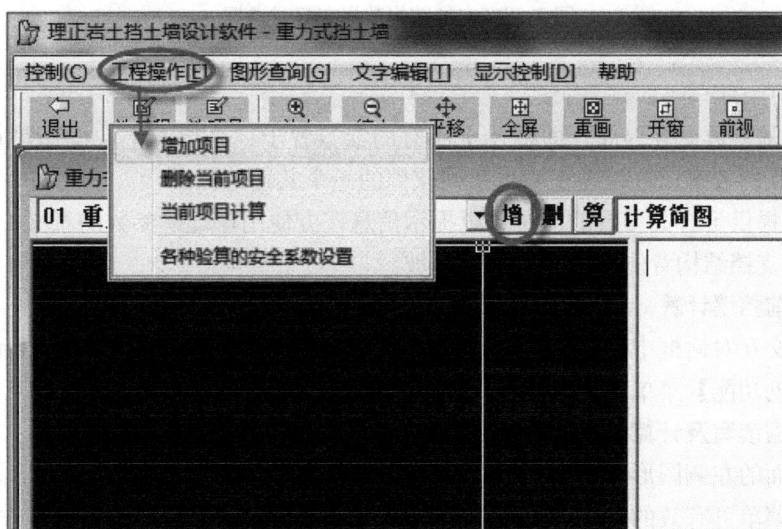

图 1-21　工程操作界面

（5）编辑原始数据

当计算项目为重力式支挡结构时，需录入或选择如下参数：墙身尺寸、坡线土柱、物理参数、基础、整体稳定性等数据，交互窗口如图1-22所示。

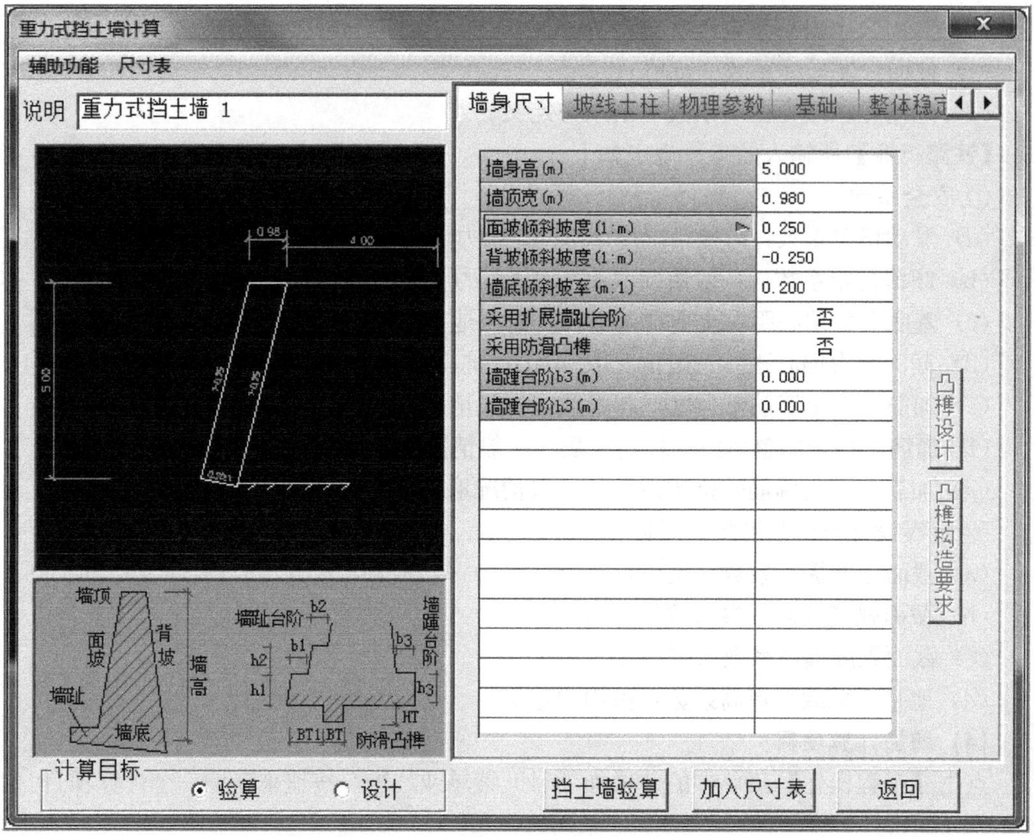

图1-22 支挡结构数据交互对话框

注意：

① 集中的参数交互界面，即把几乎所有的参数置于一个界面上，操作简单，大大提高了人机交互的效率，这是理正岩土系列软件的一个共性特征。

② 同时提供了有关参数的即时黄色提示信息，方便用户理解参数的意义。

③ 各种支挡结构背侧坡线只能交互单坡。

（6）当前挡墙计算

在数据交互对话框中设置好各项参数，点击【计算】按钮来进行当前题目的计算；或者单击【辅助功能】菜单的"计算"。

（7）数据读写及计算结果查询

在主界面的左侧图形窗口单击鼠标右键，程序将显示如图1-23所示图形显示快捷菜单，使用该菜单可有效的查看计算简图；在数据交互界面的左侧图形窗口单击鼠标右键，程序将显示如图1-24所示图形显示快捷菜单，使用该菜单可有效地将所得出的计算书进行多种操作。

计算结果查询界面分为左右两个窗口，左侧窗口用于查询图形结果，右侧窗口用于查询文字结果。如图1-25所示。

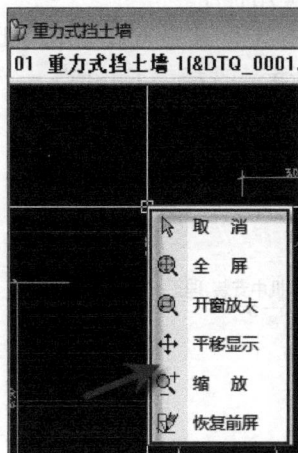

图1-23 图形显示快捷菜单

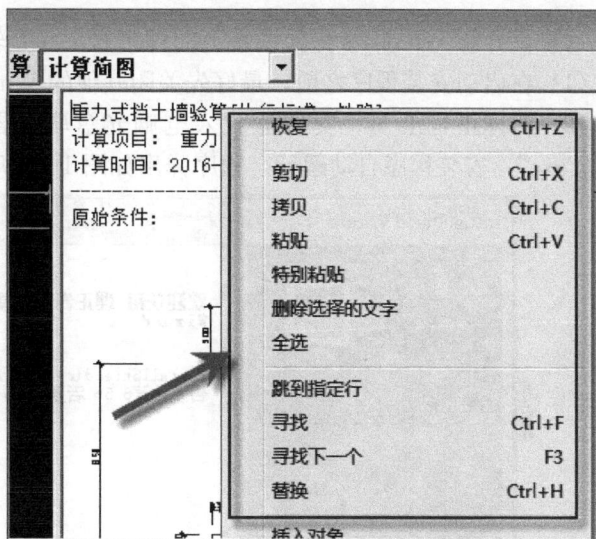

图1-24 辅助菜单显示界面

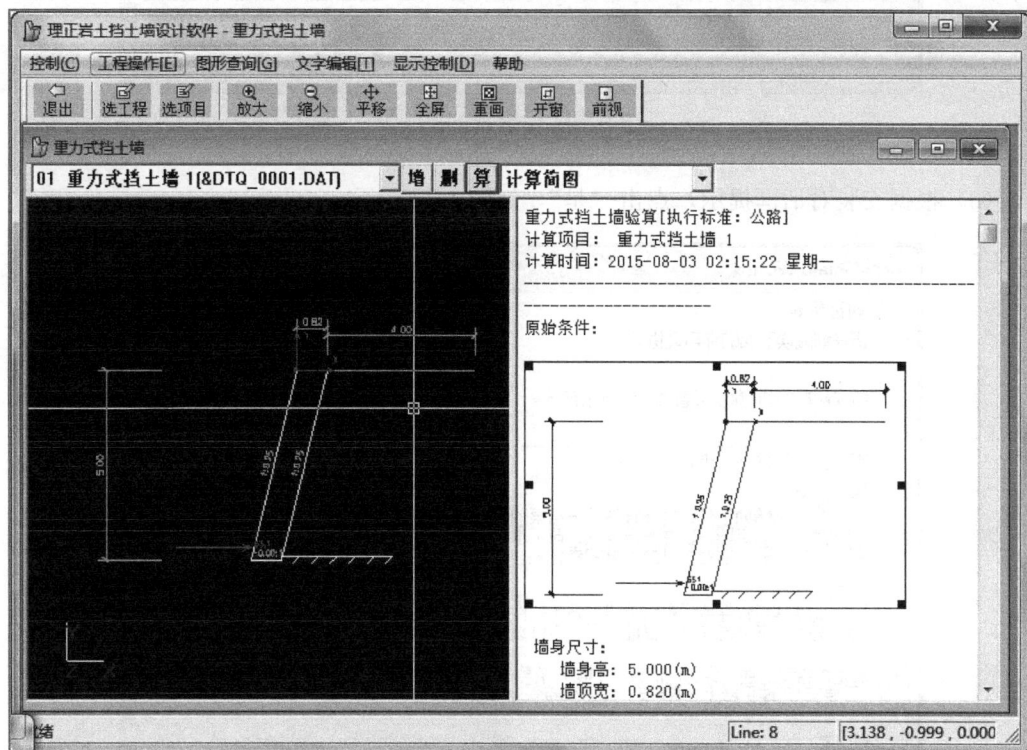

图1-25 计算结果查询窗口

1.6 理正岩土软件的安装

这里仅介绍 Windows 操作系统下的理正岩土 6.5 软件系列程序的安装。

(1) 在启动安装程序之前，最好先关闭其他的 Windows 应用程序。

(2) 将理正岩土 6.5 安装盘放入电脑光盘驱动器，在安装目录中双击"Install \ setup. exe"，安装程序自动运行，程序弹出如图 1-26 所示对话框，选择"下一步"。

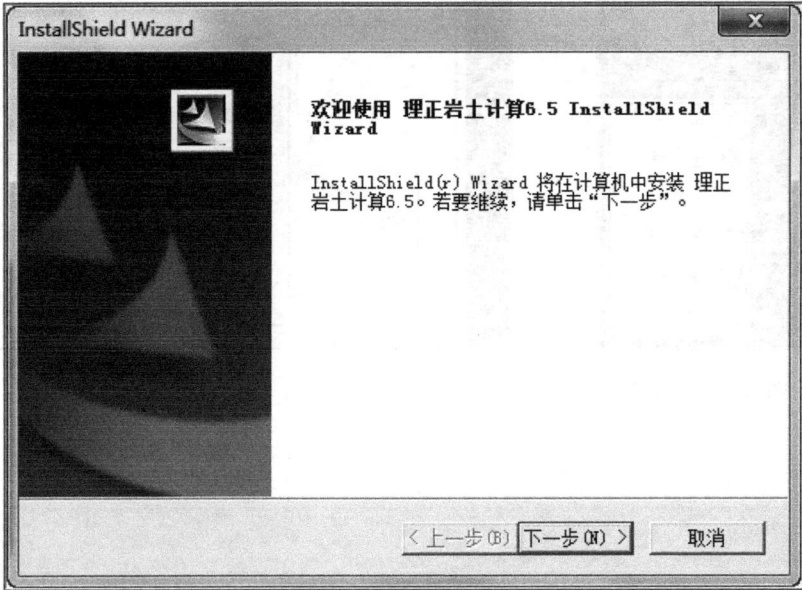

图 1-26 程序安装初始界面

(3) 根据安装对话框提示，点击"是"，如图 1-27 所示。

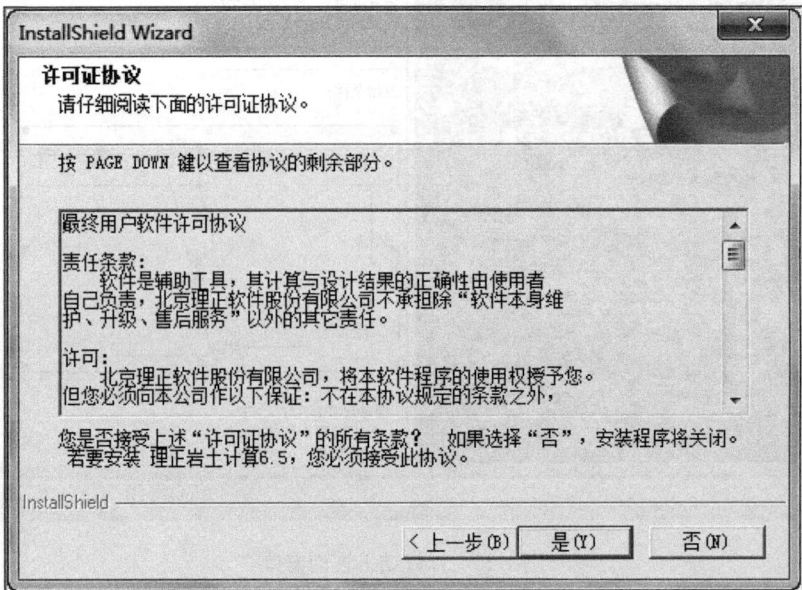

图 1-27 许可证协议对话框

（4）根据弹出的"选择目的地位置"对话框如图 1-28 所示，选择理正岩土的安装位置，安装程序默认将理正岩土安装在 C：\ YanTu60 目录下，用户可以根据计算机的实际情况选择安装在别的盘符，如安装在 D 盘。然后点击"下一步"。

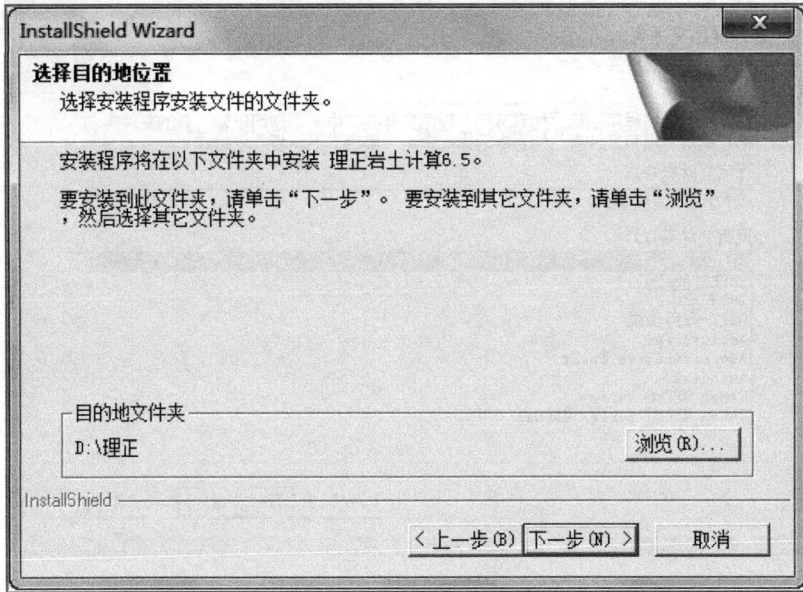

图 1-28　选择程序安装位置

（5）根据弹出的"选择组件"对话框（图 1-29），可以选择要安装的功能，一般为默认全部选定。然后点击"下一步"。

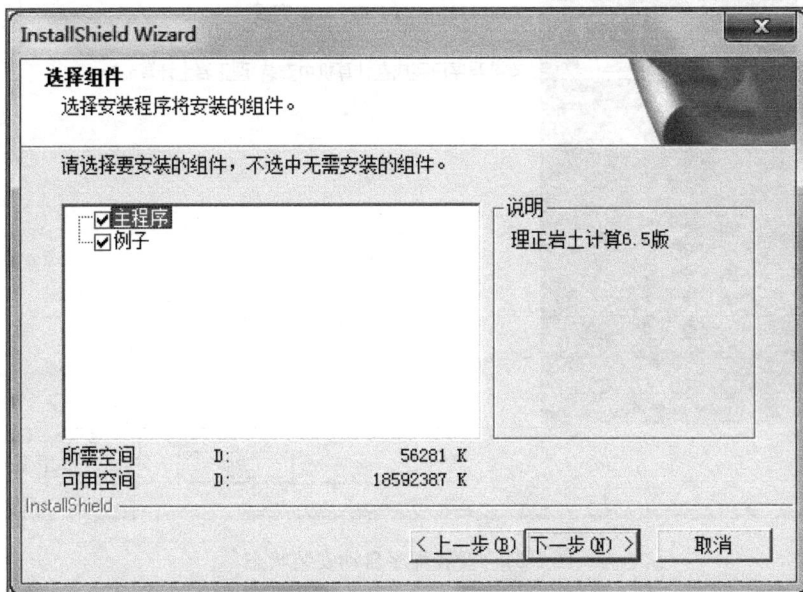

图 1-29　选择功能

（6）在选择功能之后，点击"下一步"按钮，程序弹出如图 1-30 所示程序安装对话框，点击"下一步"。

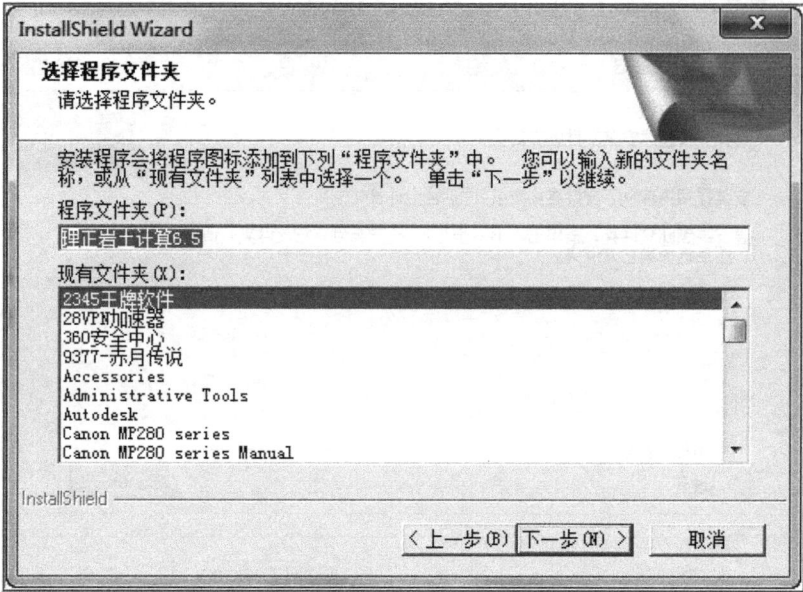

图 1-30　程序安装对话框

（7）点击"下一步"按钮，程序弹出如图 1-31 所示程序安装状态对话，可以观察到安装程序的安装进度，等待安装程序自动完成理正岩土相关程序的安装。点击"完成"。

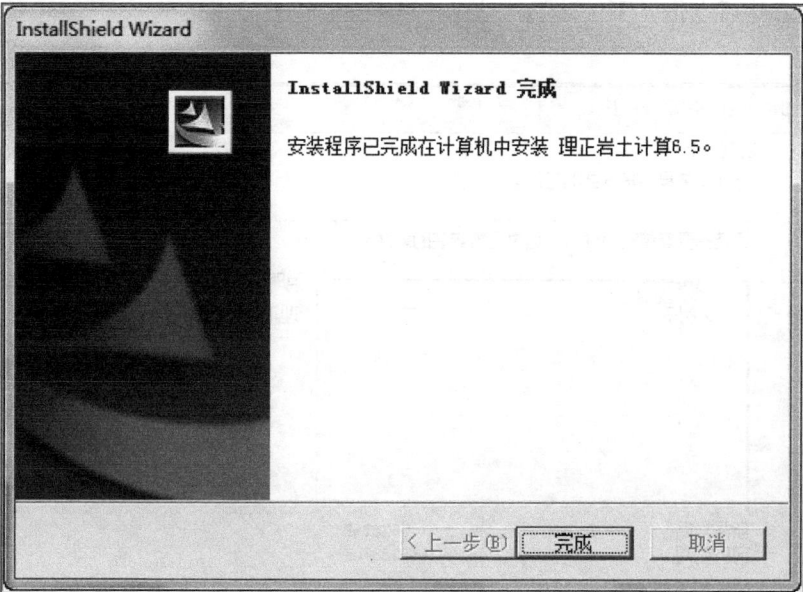

图 1-31　安装程序自动安装状态

（8）安装程序弹出提示安装软件锁对话框，选择"单机版或网络版"（图 1-32），并选择"下一步"。程序安装完成后，在桌面及"开始"程序中找到理正岩土 6.5 的快速启动图标，如图 1-33 所示。在电脑的 USB 接口插入理正岩土 6.5 启动锁，点击理正岩土 6.5 快速启动图标启动理正岩土 6.5 程序。

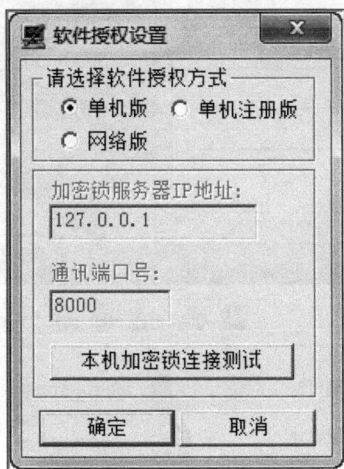

图 1-32　安装软件锁对话框

图 1-33　理正岩土 6.5 程序启动图标

1.7　理正岩土软件的基本组成模块

理正岩土 6.5 单机版的程序主窗口如图 1-34 所示，点击工作目录选择相应盘符（设计计算时产生的计算文件默认存储此目录）。它主要包括：挡土墙设计、抗滑桩设计、软土路基、堤坝设计、岩质边坡分析、边坡滑塌治理、渗流分析计算、边坡稳定分析、降水沉降分析等，用户可以选择相应专业程序模块来完成多种设计任务。

其中挡土墙设计模块包括 13 种类型挡土墙——重力式、衡重式、加筋土式、半重力式、悬臂式、扶壁式、桩板式、锚杆式、锚定板式、垂直预应力锚杆式、装配式悬臂、装配式扶壁、卸荷板式；参照公路、铁路、水利、市政、工民建等行业的规范及标准，适应各个行业的要求；可进行公路、铁路、水利、水运、矿山、市政、工民建等行业挡土墙的设计。适用的地区有：一般地区、浸水地区、抗震地区、抗震浸水地区；本软件依据库仑土压力理论，采用优化的数值扫描法，对不同的边界条件，均可快速、确定地计算其土体破坏楔形体的第一、第二破裂面角度。避免公式方法对边界条件有限值的弊病。尤其是衡重式挡土墙下墙土压力的计算，过去有延长墙背法、修正延长墙背法及等效荷载法等，在理论上均有不合理的一面。本软件综合考虑分析上、下墙的土压力，接力运行，得到合理的上、下墙的土压力。保证后续计算结果的合理性。

建坡挡土墙设计模块包括 7 种类型挡土墙——重力式、衡重式、悬臂式、扶壁式、排桩式、板肋式、格构式；支持《建筑边坡工程技术规范》GB 50330—2013；适用的地区有：一般地区、浸水地区、抗震地区、抗震浸水地区；本软件岩土压力的计算依据《建筑边坡工程技术规范》GB 50330—2013 推荐的各种方法。除土压力外，还可考虑地震作用、外加荷载、水等对挡土墙设计、验算的影响；计算内容：土压力、挡土墙的抗滑移、抗倾覆、地基强度验算及墙身强度的验算、立柱、格构梁内力、配筋、裂缝计算、板计算等一

图 1-34　理正岩土 6.5 程序主窗口

气呵成，且可以生成图文并茂的计算书，大量节省设计人员的劳动强度。

　　抗滑桩设计模块适用于公路、铁路、水利及其他行业等的滑坡分析计算及滑坡治理。多种因素（地层条件、地下水、坡面荷载、地震作用等）的影响，采用递推公式分析计算滑坡的剩余下滑推力，为滑坡治理措施的选择及治理提供依据。多种滑坡治理措施——抗滑桩、重力式抗滑挡土墙、垂直预应力式挡土墙、桩板式抗滑挡土墙、抗滑桩综合分析，供工程技术人员选择。每一种抗滑措施均提供按剩余下滑力及主动土压力（利用库仑土压力理论计算）计算的结果。两种条件一次完成，减少劳动强度，提高设计效率。对于抗滑桩，采用有限元方法分析桩的变形、内力及配筋。通过图示结果，客观地反映桩施加锚索对位移及内力的影响。

第2章 土压力与滑坡推力

作用在支挡结构上的荷载主要是土压力和滑坡推力。对于填方工程而言，作用于支挡结构上的主要荷载是填土和填土表面上的外荷载对墙背或墙面系所产生的侧向土压力 E；对于挖方工程而言，若在土体或碎裂状或散体结构岩体中开挖低矮边坡时，作用于支挡结构上的主要荷载仍然是土压力；对于抗滑桩、预应力锚索抗滑桩等支挡结构加固的高陡边坡，其主要荷载是部分坡体沿滑面所产生的滑坡推力 P，这种滑面可能是坡体内原有的软弱结构面或开挖诱发的潜在滑面。正确、合理地确定土压力和滑坡推力的大小、方向、作用点以及对支挡结构的作用规律，是支挡结构设计的关键问题之一。

2.1 土压力计算理论

土压力是指墙后填土由于它的自重和作用在填土表面上的荷载对墙背所产生的侧向压力。挡土墙所受的土压力与墙后填土的颗粒性质、表面形状、含水量、压实程度及墙本身的位移、高度、墙体材料、结构形式等因素有关，尤其是墙的位移、墙高和填土物理力学性质等最为重要。土压力计算至今尚未取得完善的解决办法，目前通常采用的土压力计算方法，其结果仍然是一个近似值，土压力计算理论在一定程度上还存在不足。

挡土墙土压力计算关键问题是确定作用在墙背上侧土压力的性质、大小、方向和作用点，但是要精确计算土压力的作用值，尚不是一件容易的事。目前通用的土压力计算方法是库仑理论（1773）和朗肯理论（1857），尤其是库仑理论有特殊的优点，原理简单明了，适应范围大，应用更为广泛，被认为是最经典的公式。库仑理论可用于墙背是垂直的或倾斜的、墙背是光滑的或粗糙的、墙后填土表面是水平的或倾斜的、墙后填土表面无附加荷载或有附加荷载。一般情况下，如能正确测定填土的物理力学特性其计算结果是较为接近客观实际情况的，对主动土压力计算结果误差约为 2%～10%，故被广大设计人员广泛采用。本书仅以应用较为广泛的库仑理论及计算公式介绍土压力的计算方法。本章对土压力理论叙述从简，以实用为主，用简单易懂的形式介绍土压力计算方法。

库仑理论假定墙后填土是无限远的，即在足够长的距离内是均匀的，并且是不变形但可以破裂，而且破裂面能够在填土内发生，填土颗粒沿破裂面下滑时对挡土墙产生侧向压力。墙后填土破裂面是一曲面，为计算方便，土压力计算时假定为一平面，从这一平面（破裂面）与墙背之间形成的楔状土体各力平衡中，求出最大土压力。

库仑理论用于较陡墙壁所得主动土压力值与极限平衡土压力理论计算值极为接近，所以应用库仑理论计算土压力所适用挡土墙墙背与铅直线形成夹角的范围是 $+20°～-20°$ 之间。此外，应用库仑理论计算土压力尚需注意以下问题：

（1）由于将墙后填土的曲面破裂面假定为平面破裂面，虽然计算的主动土压力偏差在 2%～10%，但计算被动土压力时，有可能大过实际情况甚至十几倍（当内摩擦角 φ 值较大时），误差是极大的。

（2）当墙背为仰斜，且倾角（墙背与水平面的夹角）等于土壤内摩擦角 φ 时，土压力为零，但此情况下墙仍受压力。原因则是墙背仰斜较大时，破裂面形状更为弯曲，不是平面所能代表的，故引起较大偏差，设计者应充分考虑到这一点。

（3）当墙背为俯斜且倾角很大时，墙后填土体可能产生第二破裂面，此时土压力应按第二破裂面计算，避免不必要的浪费。因第二破裂面在第一破裂面内侧，所包围的楔形土体比较小，故所产生的土压力较第一破裂面情况时要小，设计挡土墙时，断面尺寸应酌情减小。

（4）由于库仑理论假定滑动面为平面，其计算方法更适合于砂性土，当用于黏性土时，其土压力计算公式有所不同，不可用错。

（5）对于有些工程实例，如过去的老城墙、古老的挡土墙等，按库仑理论推算，墙背土的内摩擦角可达 $60°\sim70°$ 或者更大。说明墙后填土如果密实，土的潜力是很大的，因此要求施工时提高填土的夯实质量可有效降低土压力。

（6）当墙后填土表面有动荷载（铁路荷载、公路荷载等）、超载（集中力、均布力等），应在土压力计算时考虑这些荷载的影响。

（7）对墙后填土浸水的情况伴有水压力存在，故只计入土压力是不安全的，必须同时考虑水压力的影响。而墙的前后都存在浸水情况时，还应该计入水的上举力。

（8）墙后填土尽量不要使用膨胀土因为这种土孔隙比较大、吸水多、饱和度高，失水会发生开裂，浸水后又会膨胀，对挡土墙运用很不利。如不可避免要采用这种膨胀土时，必须采取压实、换土等措施。

（9）由于非黏性土的内摩擦角 φ 值较大，所产生的土压力值小，因此墙后填土应采用非黏性土（松散土），尤其是碎砾土，这对于减少挡土墙断面是有积极意义的。当必须使用黏性土时，应采取降低土压力的措施，如保证填土的压实质量，在黏土中掺入碎石或粗砂，做好有效的排水设施。

（10）假如墙后填土不是无限远的，即坡面陡于破裂面，如岩石、开挖的坡面等，则与库仑理论计算土压力所假设的条件不符，存在有限范围内的填土问题。此时，如果岩石或土壤的陡坡是稳定的，则陡坡面就是破裂面，按力的平衡所求得主动土压力值比按库仑理论计算的主动土压力要小一些，故挡土墙断面尺寸可适当减小。

2.2　土压力的基本计算方法

本节重点介绍挡土墙基本情况下的土压力计算，所讨论的是竖直或俯式斜坡墙背、墙后填土是均质且表面水平情况下的土压力计算，其土压力图形主要为三角形。其他形式挡土墙土压力计算将在第 2.3 节中阐述。

2.2.1　土压力的类别

挡土墙在土压力作用下要产生移动，根据挡土墙的移动情况，土压力可分为主动土压力、被动土压力和静止土压力三种，其中主动土压力值最小，被动土压力值最大，静止土压力值则介于两者之间（图 2-1）。

当墙体受墙后填土的作用而沿墙底向外平行移动或绕墙胸底部（即墙趾）向外转动，

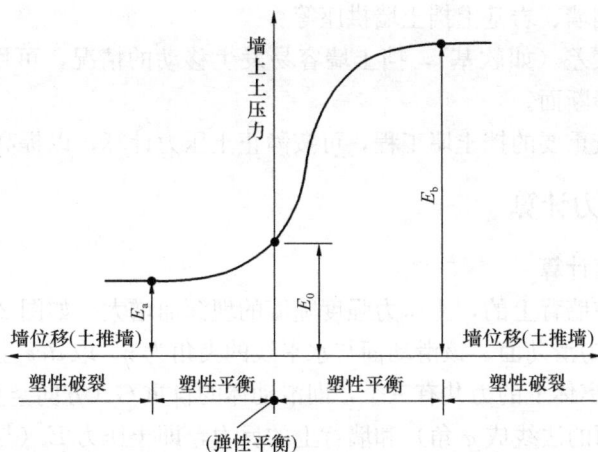

图 2-1　墙身位移与土压力的关系

如果墙体位移达到一定数值，墙后填土将产生一个滑裂面而形成滑动土体，此滑动破坏棱体沿滑裂面向下向前滑动。在这个破坏棱体即将发生滑动的一瞬间，此时作用在墙背上的土侧压力称为主动土压力，这时土体内相应的应力状态称为主动极限平衡状态。很显然，主动土压力产生于挡土墙向前移动的情况下，大多数的挡土墙都属于这种情况，所以主动土压力的计算最为普遍。

设计挡土墙时，应根据挡土墙结构的实际工作条件，主要是挡土墙的位移情况，决定采用哪种土压力作为计算依据。通常在边坡（岸坡、路基、渠堤等）修建的挡土墙，它总是受到墙后填土的作用和地基变形，总要转动或向前移动，这些微小的转动或移动足以使作用在墙背上的土压力接近于主动土压力，所以大部分挡土墙应按主动土压力计算。在这同时，挡土墙虽然埋入地基一定深度，墙的前趾或多或少会挤压墙前的填土，但是否能够有足够的位移而达到被动土压力，却是难以定论的，所以挡土墙设计中，除深埋挡土墙外（如板桩挡土墙），一般都不考虑墙前填土产生的被动土压力的作用，这样做工程偏于安全。

当墙体受外力作用（如拱桥传给桥台上的推力）或墙基入土较深产生与主动土压力相反方向的土压力时，将使墙体向后推移挤压墙后填土，直到填土内出现一个滑动面并形成向后推移的破坏棱体，此破坏棱体沿滑动面向上向后推压，最后填土发生挤出破坏，这一瞬间作用在墙背上的土侧压力，称为被动土压力，这时土体内相应的应力状态称为被动极限平衡状态。鉴于被动土压力计算精度远不如主动土压力，被动土压力计算值要比主动土压力大得多，有些情况下其值大得使建筑物无法承受。因此，在必须用被动土压力设计挡土墙时，除应采取工程措施来降低被动土压力值和提高挡土墙稳定性外，尚应对被动土压力的取值予以打折，即按被动土压力的某个百分数来考虑，如有些文献建议按其30%～50%采用。

当墙体刚度很大并建造于坚硬岩基上或者挡土墙顶受到约束，挡土墙不会产生任何移动或转动，这时墙后填土对墙背产生的土侧压力称为静止土压力，这时土体内相应的应力状态称为弹性平衡状态。下列条件时可按静止土压力计算：

（1）由于结构上部约束使挡土墙不能发生移动或转动的情况，如楼房地下室侧墙、地铁侧墙、地下廊道侧墙、岩基上挡土墙拱座等。

（2）地基条件较差（如软基），挡土墙容易发生移动的情况，可用静止土压力计算，以获得较大的挡土墙断面。

（3）较高大或较重要的挡土墙工程，可按静止土压力计算，以提高挡土墙的安全性。

2.2.2 主动土压力计算

（1）土压力强度计算

土压力是作用在墙背上的，土压力强度随墙的埋深而增大。如图 2-2 所示的高度为 H 的 $abcd$ 挡土墙，ce 为滑动面，该滑动面与水平线的夹角为 η，取 dce 土楔为隔离体（或称滑动体），作用在隔离体上的力共有三个，即滑动体的自重 G（方向竖直向下）、滑动面上的反力 R（与滑动面的法线成 φ 角）和墙背上的反力，即土压力 E_a（与墙背法线成 δ 角）。墙底的前角点 b 称墙趾，后角点 c 称墙踵。

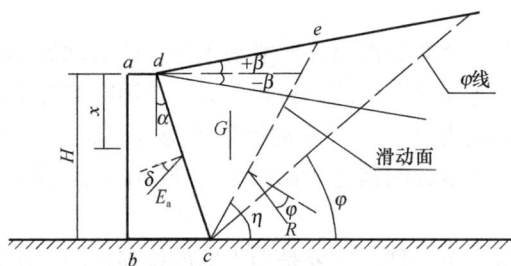

图 2-2　主动土压力简图

土压力强度与墙型无关，任何情况下其值的表达式都是恒定的，即：

作用在墙背上任一深度的水平土压力强度公式：$q_{xh} = \gamma h K_a$ (2-1)

作用在墙背上任一深度的垂直土压力强度公式：$q_{xy} = \gamma h$ (2-2)

其实，垂直土压力强度就是单位面积上土的重量。在挡土墙设计中，常遇到的是水平土压力强度 q_{xh}，而垂直土压力强度 q_{xy} 较少遇到，所以下面非特殊情况将不再介绍垂直土压力强度问题。

式中　q_{xh}——距墙顶 a 点以下为 x 深度处的水平土压力强度（kN/m^2）；

q_{xy}——距墙顶 a 点以下为 x 深度处的垂直土压力强度（kN/m^2）；

γ——墙后填土的重度（kN/m^3）；

x——从墙顶计起的计算点的竖直埋深（m）；

K_a——主动土压力系数。

当 $h=0$ 时，$q_{xh}=0$；

当 $h=H$ 时，$q_{xh} = \gamma H K_a$。

假定墙背 dc 面是光滑的，土压力与墙背间不存在摩擦力（很小的摩擦力可忽略不计），那么土压力作用方向是垂直于作用面上，即垂直于墙面。因此，墙背为垂直和倾斜情况时的土压力作用模式如图 2-3 所示。

当总土压力为已知时，也可反过来求出土压力强度，以图 2-3（c）所示土压力分布图为例：

因为

$$\frac{x}{H} = \frac{q_x}{q_H}$$

这样，任一点的土压力强度为 $q_x = \dfrac{x q_H}{H}$。令土压力 E_H 等于土压力的分布面积 A_H，即：

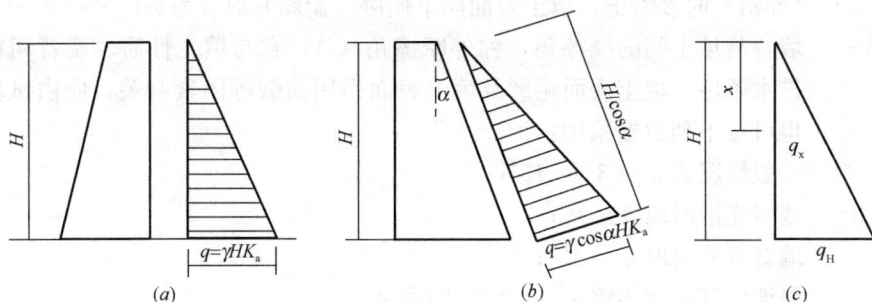

图 2-3　主动土压力分布图

(a) 直墙土压力；(b) 斜墙土压力；(c) 土压力分布图

$$E_H = A_H = \frac{1}{2}Hq_H，则\ q_H = \frac{2E_H}{H} = \gamma H K_a$$

故得：
$$q_x = \frac{xq_H}{H} = \frac{x\dfrac{2E_H}{H}}{H} = \frac{2xE_H}{H^2} \tag{2-3}$$

式中　q_x——沿墙高为 x 深处的土压力强度（kN/m^2）；

　　　x——从墙顶至计算点的距离（m）；

　　　H——墙总高（m）；

　　　E_H——墙高为 H 时的总土压力（kN）。

(2) 土压力计算

总土压力值实际上是土压力作用图面积与挡土墙长度的乘积，而挡土墙总是长条形的，而且一定长度段内的墙体断面形式也是不变的，因此，通常只取 1m 墙长作为挡土墙的计算单元。这样，总土压力值就是土压力图形的面积，则由图 2-3 (c) 所示的土压力三角形面积得主动土压力计算公式为：

$$E_a = \frac{1}{2}Hq_H = \frac{1}{2}H\gamma H K_a = \frac{1}{2}\gamma H^2 K_a \tag{2-4}$$

式中　E_a——作用在墙背上的总土压力（kN）；

　　　γ——墙后填土的重度（kN/m^3）；

　　　H——挡土墙总高（m），不管是直墙背还是斜墙背，均取实际墙高；

　　　K_a——主动土压力系数，常用的计算公式为：

$$K_a = \frac{\cos^2(\varphi - \alpha)}{\cos^2\alpha\cos(\alpha + \delta)\left[1 + \sqrt{\dfrac{\sin(\delta + \varphi)\sin(\varphi - \beta)}{\cos(\delta + \alpha)\cos(\alpha - \beta)}}\right]^2} \tag{2-5}$$

式中　φ——墙后填土的内摩擦角（°），砂及砂砾石 $\varphi \geq 35°$，小石块 $\varphi = 40°$，黏性土按等值内摩擦角 φ_d 计，一般 $\varphi_d = 25° \sim 35°$；高挡土墙及重要挡土墙应通过试验确定；

　　　α——墙背的倾斜角（°），即墙背与垂直线的夹角，以垂直线为准，逆时针向墙后转为正（称俯斜），顺时针向墙前转为负（称仰斜）；

　　　β——墙后填土表面的倾斜角（°），当填土表面水平时 $\beta = 0$，填土表面向上抬起

（仰斜）时 β 为正，填土表面向下俯卧（俯斜）时 β 为负；

δ——墙背与填土间的摩擦角，称外摩擦角（°），它与填土性质、墙背粗糙程度、排水条件、填土表面轮廓及填土表面作用荷载等因素有关，应由试验确定，也可按下列数据采用：

一般情况取 $\delta = 3° \sim 15°$；

墙背光滑时取 $\delta = 0°$；

墙背垂直时取 $\delta = 15°$；

斜墙背其坡率不缓于 1∶0.25 时取 $\delta = \alpha$；

第二坡裂面的墙背和台阶形墙背取 $\delta = \varphi$。

另外还可以：

墙背平滑，排水不良时取 $\delta = (0 \sim 0.33)\varphi$；

墙背粗糙，排水良好时取 $\delta = (0.33 \sim 0.50)\varphi$；

墙背平滑，排水不良时取 $\delta = (0.50 \sim 0.67)\varphi$；

墙背与填土间不可能滑动（如台阶式墙）时取 $\delta = (0.67 \sim 1.00)\varphi$。

另外，铁道科学研究院建议外摩擦角 δ 的选择与墙背倾斜角 α 有关，δ 值在 $-15° \leqslant \alpha \leqslant 20°$ 的范围内，大约 $\delta = (1/4 \sim 2/3)\varphi = (0.25 \sim 0.67)\varphi$。墙背越粗糙，填土表面倾角 β 越大，墙的工作条件又较好时，可采用较大的 δ 值。当墙背仰斜且坡度不缓于 1∶0.25 时，可采用 $\delta = \alpha$；当墙背为俯斜时，可采用 $\delta = \varphi/2$；当墙背为阶梯时，可采用 $\delta = 2\varphi/3$。

苏联《水工挡土墙设计规范》中介绍的外摩擦角 δ 与填土坡角 β、内摩擦角 φ、墙背与水平线的夹角 ψ（仰式墙背与水平线的夹角 $\psi = 90° - \alpha$，俯视墙背与水平线的夹角 $\psi = 90° + \alpha$）之间的关系如表 2-1 所示。

外摩擦角 δ 取值表   表 2-1

ψ 〔δ / β〕	$-\varphi \sim 0$	0	$0 \sim +\varphi$	图式
$< (90° - \varphi)$	0	0	0	
$(90° - \varphi) \sim (90° - \varphi/2)$	0	$\varphi/4$	$\varphi/2$	
$(90° - \varphi/2) \sim (90° + \varphi/2)$	$\varphi/4$	$\varphi/2$	$2\varphi/3$	
$(90° + \varphi/2) \sim (90° + \varphi)$	$\varphi/3$	$2\varphi/3$	$3\varphi/4$	
$> (90° + \varphi)$	$\varphi/2$	$3\varphi/4$	φ	

由式（2-4）可知，土压力将随 γ、H、K_a 的增大而增大，而 K_a 又与一系列的因素 φ、α、β、δ 等有关。分析影响 K_a 大小的因素可知，当其他条件相同时，φ 角与 δ 角越大，值 K_a 越小；当 α 角为负（仰斜墙）时，其绝对值越大，则 K_a 值越小；当 α 角为正（俯斜墙）时，其值越大，则 K_a 值也越大；当 β 为正时，其角度越大，K_a 值也越大；当 β 为负值时，其角度越大，则 K_a 值越小，但墙后填土 β 为负值的情况极少。当 $\beta > \varphi$ 时，填土本身即不稳定，K_a 将出现虚根，表明式（2-4）已不适用，因此，必须控制使 $\beta \leqslant \varphi$。了解上述关系，有助于挡土墙设计中设法减少主动土压力。

当墙背垂直（$\alpha = 0$）且表面光滑时，其墙背与填土间的摩擦力非常小，此时，可近似认为外摩擦角 $\delta = 0$。因此，如果墙背垂直（$\alpha = 0$）、墙背表面光滑（$\delta = 0$）和填土表面水平（$\delta = 0$）且与墙顶齐平时，主动土压力系数为 $K_a = \tan^2\left(45° - \dfrac{\varphi}{2}\right)$，故此时的挡土墙土压力计算公式可简化为：

$$E_a = \frac{1}{2}\gamma H^2 \tan^2\left(45° - \frac{\varphi}{2}\right) \tag{2-6}$$

前面关于墙背与填土间的摩擦角 δ 的取值方法，是基于墙背 α 较小的情况，即 α 小于陡墙的极限角 α_{kp}，如果墙背斜度很缓，其 α 为墙背斜度的最大界限或为坦墙（$\alpha \geqslant \alpha_{kp}$），则 δ 应取填土内摩擦角 φ。陡墙是指 $\alpha \leqslant \alpha_{kp}$ 的墙，陡墙的极限角 α_{kp} 按下式计算：

$$\alpha_{kp} = \frac{\beta}{2} - \frac{1}{2}\sin^{-1}\left(\frac{\sin\beta}{\sin\varphi}\right) - \frac{\varphi}{2} + \frac{\pi}{4} \tag{2-7}$$

式中　β——墙后填土表面的倾角（°）；

　　　φ——墙后填土内摩擦角（°）；

　　　π——圆周率，以度计，$\pi = 180°$；

　　　α_{kp}——陡墙的极限角（°）。

(3) 总土压力的作用点及作用方向

① 总土压力的作用点

由图 2-3（c）可知，主动土压力强度沿墙高按直线分布，分布图为三角形。因此，如果以 E_a 表示主动土压力，则总土压力作用点至墙底的距离：

$Z_E = \dfrac{1}{3}H$（H 为墙高），如图 2-4 所示。

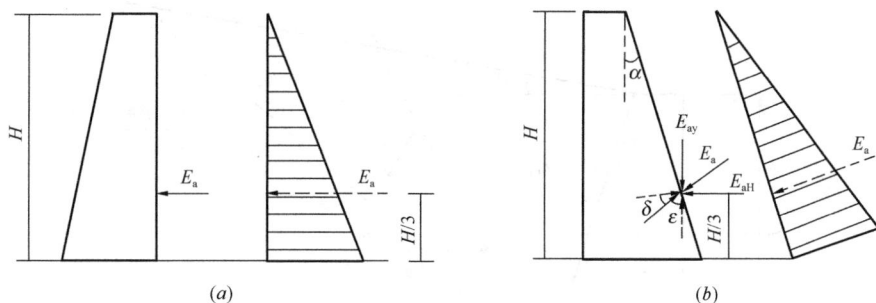

图 2-4　总土压力的作用点及方向

（a）直背墙；（b）斜背墙

② 总土压力的作用方向及分力

对于墙背直立的挡土墙（图 2-4a）来说，由于不考虑墙背与填土间的摩擦力，故计算出来的总土压力是水平的，方向垂直指向墙背，作用点在 $H/3$ 处。对于墙背为斜面时（图 2-4b），由于墙背与填土间的摩擦力存在，总土压力指向墙背，但并不垂直于墙背，其方向与墙背的法线成 δ 角（δ 角为外摩擦角），这样总土压力 E_a 可以分解为两个分力，即水平分力 E_{aH} 和垂直分力 E_{ay}。分力的计算公式为：

水平分力： $\qquad E_{aH} = E_a \sin\varepsilon = E_a \cos(\alpha + \delta)$ （2-8）

垂直分力： $\qquad E_{ay} = E_a \cos\varepsilon = E_a \sin(\alpha + \delta)$ （2-9）

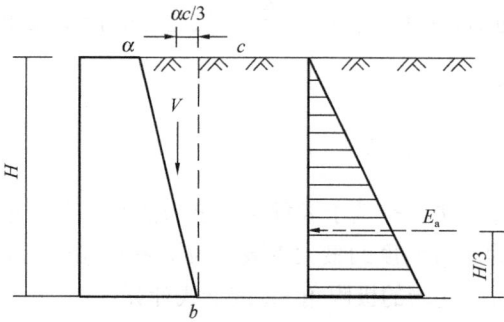

图 2-5　斜墙背土压力的计算

实际在斜墙背的总土压力的两个分力中，水平分力近似等于直墙背时的总土压力计算值，而垂直分力近似等于作用在斜墙背上的土重。因此，对于斜墙背（含折线墙背）来说，总土压力的计算，可以按竖直墙背情况计算一个水平土压力 E_a，另外计算一个土重 V（图 2-5）。其水平分力 E_a 仍按直墙背土压力计算公式 （2-6） 计算，作用点在 $H/3$ 处；而土重 V 按 $\triangle abc$ 的面积和填土重度计算，作用点位于三角形面积的重心。这种计算方法比用式 （2-4） 计算要简单一些，这里计算出的土压力 E_a 为水平的。

2.2.3　被动土压力计算

（1）被动土压力计算公式

当墙体在外力作用下向后推压填土，最终使滑动棱体沿墙背 dc 和滑动面 ce 向上挤出时的瞬间，将产生被动土压力 （图 2-6）。取 dce 为隔离体，同图 2-2 比较可知，与求主动土压力不同之处是两个反力——被动土压力 E_b 和滑动面上的反力 R 都位于法线的另一侧，并相应于 E_b 为最小值时的滑动面才是真正的滑动面。因为滑动体在这时所受阻力最小，最容易被向上推出。

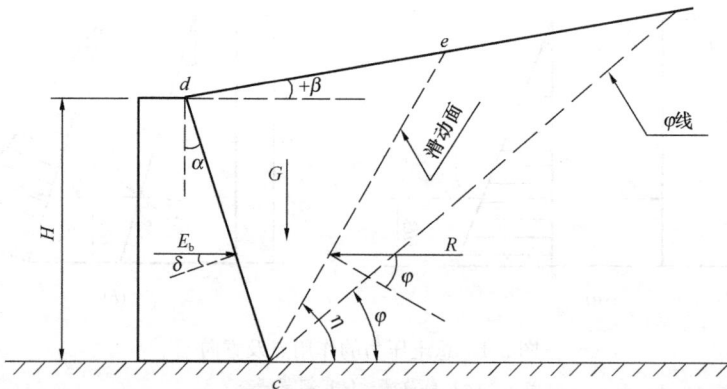

图 2-6　被动土压力简图

被动土压力值的计算与主动土压力计算基本一样，只是用被动土压力系数代替主动土压力系数。被动土压力的作用点与主动土压力时完全一样，也是位于土压力图形的形心，即距墙底 $H/3$ 处。被动土压力计算表达式也与主动土压力相同，不过被动土压力系数计算方法有所不同。

被动土压力按下式计算：

$$E_b = \frac{1}{2}\gamma H^2 K_b \qquad (2-10)$$

式中（2-10）中被动土压力系数 K_b 按下式计算：

$$K_b = \frac{\cos^2(\varphi + \alpha)}{\cos^2\alpha\cos(\alpha - \delta)\left[1 - \sqrt{\dfrac{\sin(\delta + \varphi)\sin(\varphi + \beta)}{\cos(\alpha - \delta)\cos(\alpha - \beta)}}\right]^2} \qquad (2-11)$$

同样，当挡土墙的墙背垂直（$\alpha = 0$）、墙背表面光滑（$\delta = 0$）和填土表面水平（$\beta = 0$）时，式（2-11）可简化为：

$$K_b = \tan^2\left(45° + \frac{\varphi}{2}\right) \qquad (2-12)$$

式（2-11）及式（2-12）中

E_b——被动土压力（kN）；

K_b——被动土压力系数。

其他符号意义同主动土压力公式。

(2) 墙前被动土压力处理

前面已经提及，由于被动土压力计算值要比主动土压力大得多，有些情况下其值大得在设计中无法采用，所以，实际工程中真正采用被动土压力来设计挡土墙的情况比较少。

鉴于挡土墙自身稳定要求，其墙身总是要按构造要求嵌入地面以下一定深度，这样墙前产生的土压力将会挤压墙体向后推移，发生被动土压力。设计中若全部按被动土压力进行计算，会使挡土墙存在安全隐患。

通常设计中，对墙前被动土压力可作如下处理：①当挡土墙按构造要求嵌入地面以下 1m 以内的浅层时，可忽略不计墙前被动土压力的影响；②当挡土墙按稳定要求嵌入地面以下 1m 以上的深层时（多数可达 2～4m），可按主动土压力计算影响，而不按被动土压力计算；③当按被动土压力计算设计挡土墙时，应对被动土压力的计算值予以折减，即按被动土压力的某个百分数来考虑，如有文献建议按其 30%～50% 采用。

2.2.4 静止土压力计算

确定静止土压力计算时首先假定三个条件：①挡土墙受到制约，绝对没有任何移动和挠曲；②不考虑墙背外摩擦角的影响（$\delta = 0$），填土与墙背之间不产生摩擦，即摩擦力等于零；③墙后填土表面为水平。

根据上述三个假定条件，静止土压力表达式与主动土压力完全相同，关键是如何确定其静止土压力系数。静止土压力及静止土压力强度表达式为：

$$E_0 = \frac{1}{2}\gamma H^2 K_0 \qquad (2-13)$$

$$q_{0x} = \gamma x K_0 \qquad (2-14)$$

式中 E_0——静止总土压力（kN）；

γ——墙后填土的重度（kN/m³）；

H ——挡土墙总高（m）；

K_0 ——静止土压力系数；

q_{0x} ——距墙顶任意深度处的静止土压力强度（kN/m²）；

x ——从墙顶至计算点的深度（m）。

静止土压力的作用图形和作用点与主动土压力相同，均根据墙体形状和作用荷载而定。

静止土压力系数 K_0 就是土力学中所说的土侧压力系数 ξ，之所以要用 K_0 表示，主要是为了与土压力计算相一致。K_0 值应通过填土的试验测定，实用上可采取以下各近似的方法来确定：

（1）取 $K_0 = 1 - \sin\varphi'$，φ' 为用有效应力表示的土内摩擦角。该方法适用于一般压实土，采用压实土的内摩擦角 φ 代替 φ'。对于强力压实的土，因计算出的 K_0 值可超过 1.0，故此种情况下该公式不能用。

（2）取 $K_0 = (1.20 \sim 1.25)K_a$，即静止土压力系数为主动土压力系数的 1.20～1.25 倍。

（3）用土壤的侧压力系数 ξ 来代替 K_0，即直接取 $K_0 = \xi$。土壤的侧压力系数特性是：砂质土壤的 ξ 值随着密度的减小而增加，黏质土壤的 ξ 值随着土壤含水量的增加及土壤结构强度的减小而增加。常见土壤的土侧压力系数示于表 2-2 中。

土侧压力系数　　　　　　　　　　　　　　　　　　　表 2-2

土的种类和状态	土压力系数 ξ
碎石土	0.18～0.25
砂土	0.25～0.33
粉土	0.33
粉质黏土： 　　坚硬状态 　　可塑状态 　　软塑或流塑状态	 0.33 0.43 0.53
黏土： 　　坚硬状态 　　可塑状态 　　软塑或流塑状态	 0.33 0.53 0.72

（4）取 $K_0 = K_a$，即用主动土压力系数的表达式来计算。这样计算出来的 E_0 值比其他方法计算的结果偏小 30% 左右，因此在计算中应适当减小内摩擦角 φ 值。

（5）日本《建筑基础结构设计规范》（1972）建议，不论什么土壤，其静止土压力系数一律取 $K_0 = 0.5$。

（6）《水工建筑物荷载设计规范》DL 5077—1997 提供方法为：$K_0 = \rho/1-\rho$，ρ 为墙后填土的泊松比，由试验确定。当墙后填土的 ρ、φ' 试验资料不足时，静止土压力系数可按具体填土类别由表 2-3 取值。

静止土压力系数 K_0

表 2-3

土的类别	土的状态	K_0 值
砾类土		0.22~0.40
砂类土		0.30~0.60
低液限粉土 低液限黏土	坚硬或硬塑	0.40
	可塑	0.52
	软塑或流塑	0.64
高液限黏土	坚硬或硬塑	0.40
	可塑	0.64
	软塑或流塑	0.87

以上介绍了六种静止土压力系数的求得方法，实际应用时可根据工程具体情况采取其中一种，也可采取几种方法计算出结果进行比较选用适中值或平均值。

2.2.5 黏性填土的土压力计算

库仑土压力计算理论是假定墙后填土是非黏性土，即松散型土，如砂土、砂砾土、砾石土、碎石土、石渣等，但有些工程中不可避免的要填筑黏性土，对于墙后填黏性土的情况，用库仑理论进行土压力计算不太适宜。所以在实际运用时，尽可能要选用砂性土类作墙后回填料。但在无法满足这种要求，如缺乏砂性土或在黏性土层中建造挡土墙时，由于黏性土的吸水膨胀性和冻胀性都会引起填土侧压力的增大，影响挡土墙稳定。因此必须采取提高填土的压实度、在黏土中掺入粗颗粒土（块石、碎石、粗砂、炉渣等透水性好的土料）、设置排水等措施，以减小填土的土压力值，并且要用黏性填土的情况来计算土压力。

挡土墙背后回填黏性土时，通常可用下述三种方法进行土压力计算：

（1）认为黏性土的黏聚力是其抗剪强度的一部分，沿滑动面均匀分布，其作用方向与滑动方向相反，起了阻滑作用，从而减小了水平土压力，它的大小等于单位黏聚力与滑动面长度的乘积。对于墙背垂直、光滑、填土表面水平并与墙顶齐平的挡土墙来说，作用在墙背上的主动和被动土压力为：

$$E_a = \frac{1}{2}\gamma H^2 \tan^2\left(45° - \frac{\varphi}{2}\right) - 2cH\tan\left(45° - \frac{\varphi}{2}\right) + \frac{2c^2}{\gamma} \qquad (2\text{-}15)$$

$$E_b = \frac{1}{2}\gamma H^2 \tan^2\left(45° + \frac{\varphi}{2}\right) + 2cH\tan\left(45° + \frac{\varphi}{2}\right) \qquad (2\text{-}16)$$

式中　　H ——挡土墙总高（m）；

γ ——墙后填土的重度（kN/m^2）；

φ ——墙后填土的内摩擦角（°）；

c ——土的单位黏聚力（kN/m^2），地质资料提供的 c 值多以 kPa 为单位；

其他符号意义同前。

利用式（2-15）及式（2-16）计算土压力时，其作用点和土压力强度应按土压力图形确定，即它们均位于压力图形的重心。

在式（2-15）中，主动土压力 E_a 由 E_{a1}，E_{a2}，E_{a3} 三部分组成。$E_{a1} = \frac{1}{2}\gamma H^2 \tan^2\left(45° - \frac{\varphi}{2}\right)$，与非黏性土计算完全相同。土压力图形为三角形，底边土压力强度 $q_{a1} =$

$\gamma H \tan^2\left(45° - \dfrac{\varphi}{2}\right)$；$E_{a2} = -2cH\tan^2\left(45° - \dfrac{\varphi}{2}\right)$，土压力图形为一矩形，沿墙高等值分布，

其强度 $q_{a2} = 2c\tan\left(45° - \dfrac{\varphi}{2}\right)$；$E_{a3} = \dfrac{2c^2}{\gamma}$，土压力图形也是矩形，也是沿墙高等值分布，

其强度 $q_{a3} = \dfrac{E_{a3}}{H} = \dfrac{2c^2}{\gamma H}$。这样，主动土压力的压力图形由上述三个压力图形组成，如图 2-7 所示。由叠加后的压力图形可求得总土压力作用点和总土压力强度。

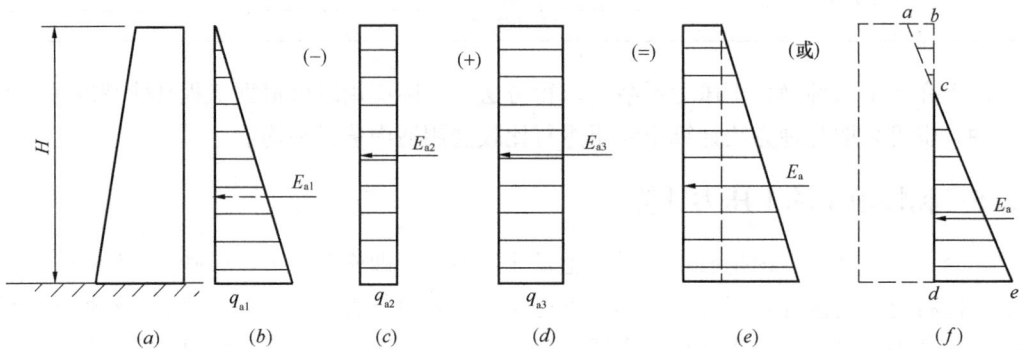

图 2-7　土压力图形叠加

在图 2-7 中，叠加后的土压力图可能出现 (e) 和 (f) 两种情况：(e) 为 q_{a3} 的绝对值大于 q_{a2} 绝对值的情况，而 (f) 为 q_{a3} 的绝对值小于 q_{a2} 绝对值的情况，此时，△cde 所显示的负土压力（墙背与填土间的拉应力）通常不计。因此，最后的土压力仅是△cde 所显示的范围。

在式（2-16）中，被动土压力 E_b 由 E_{b1} 和 E_{b2} 两部分组成，其作用点与压力强度确定方法同上述一样。

（2）把填土的黏聚力折算成等值内摩擦角 φ_d，即适当加大填土的内摩擦角把黏聚力 c 包括进去，而后分别按式（2-4）和式（2-10）计算主动和被动土压力。这样计算比较简单，关键在于如何确定等值内摩擦角。

砂和黏土类土的 c 及 φ 值（单位：c 为 kPa，φ 为（°））　　　表 2-4

分类	项目	指标类别	当下列孔隙比 e 时土壤的特性值											
			0.41～0.50		0.51～0.60		0.61～0.70		0.71～0.80		0.81～0.95		0.96～1.10	
			标准值	计算值	标准值	计算值	标准值	计算值	标准值	计算值	标准值	计算值	标准值	计算值
砂土类	砾砂和粗砂	c	0.002	—	0.001	—	—	—	—	—	—	—	—	—
		φ	43	41	40	38	38	36	—	—	—	—	—	—
	中砂	c	0.003	—	0.002	—	0.001	—	—	—	—	—	—	—
		φ	40	38	38	36	35	33	—	—	—	—	—	—
	细砂	c	0.006	0.001	0.004	—	0.002	—	—	—	—	—	—	—
		φ	38	36	36	34	32	30	—	—	—	—	—	—
	粉砂	c	0.008	0.002	0.006	0.001	0.004	—	—	—	—	—	—	—
		φ	36	34	34	32	30	28	—	—	—	—	—	—

分类	项目	指标类别	当下列孔隙比 e 时土壤的特性值											
			0.41~0.50		0.51~0.60		0.61~0.70		0.71~0.80		0.81~0.95		0.96~1.10	
			标准值	计算值	标准值	计算值	标准值	计算值	标准值	计算值	标准值	计算值	标准值	计算值
黏土类土塑限 ω_p (%)	9.5~12.4	c	0.0012	0.003	0.008	0.006	0.006	—	—	—	—	—	—	—
		φ	25	23	24	23	23	21	—	—	—	—	—	—
	12.5~15.4	c	0.041	0.014	0.021	0.007	0.014	0.004	0.007	0.002	—	—	—	—
		φ	24	24	23	21	22	20	21	19	—	—	—	—
	15.5~18.4	c	—	—	0.05	0.019	0.025	0.011	0.019	0.008	0.011	0.004	0.008	0.002
		φ	—	—	22	20	21	19	20	18	19	17	18	16
	18.5~22.4	c	—	—	—	—	0.067	0.028	0.033	0.019	0.028	0.01	0.019	0.06
		φ	—	—	—	—	20	18	19	17	18	16	17	15
	22.5~26.4	c	—	—	—	—	—	—	0.08	0.035	0.04	0.025	0.035	0.012
		φ	—	—	—	—	—	—	18	16	17	15	16	14
	26.5~30.4	c	—	—	—	—	—	—	—	—	0.092	0.039	0.046	0.022
		φ	—	—	—	—	—	—	—	—	16	14	15	13

对于一般黏性土，地下水位以上的等值内摩擦角可取 35° 或 30°，地下水位以下则取 35°~30°。等值内摩擦角并不是一个定值，随墙高而变化，墙越高，其值越大。对同一等值内摩擦角来说，矮墙偏于保守，高墙偏于危险。因此，按上述方法确定等值内摩擦角不能很好地符合实际情况，也并不都偏于安全，最好是根据土的 c 及 φ 值来计算相应的 φ_d 值。土的 c 及 φ 值应由工程地质勘察报告提供，当缺少资料时，对于不重要的低挡土墙，可按表 2-4 采用。不同边界条件的挡土墙，其等值内摩擦角 φ_d 值也不相同，例如挡土墙的边界条件为墙背垂直、光滑、填土表面水平并与墙顶齐高时，则有下述计算方法：

利用式（2-17）按黏性土考虑黏聚力来计算主动土压力：

$$E_{a1} = \frac{1}{2}\gamma H^2 \tan^2\left(45° - \frac{\varphi}{2}\right) - 2cH\tan\left(45° - \frac{\varphi}{2}\right) + \frac{2c^2}{\gamma} \tag{2-17}$$

利用式（2-17）按黏性土等值内摩擦角来计算主动土压力：

$$E_{a2} = \frac{1}{2}\gamma H^2 \tan^2\left(45° - \frac{\varphi_d}{2}\right) \tag{2-18}$$

令 $E_{a1} = E_{a2}$，就得到等值内摩擦角的计算公式为：

$$\tan\left(45° - \frac{\varphi_d}{2}\right) = \sqrt{\frac{\gamma H^2 \tan^2\left(45° - \frac{\varphi}{2}\right) - 4cH\tan\left(45° - \frac{\varphi}{2}\right) + \frac{4c^2}{\gamma}}{\gamma H^2}} \tag{2-19}$$

式中　φ_d——等值内摩擦角（°）；

其他符号意义同前。

（3）不考虑土的黏聚力影响，仍按非黏性土来对待，即按松散性土计算土压力，这样计算出来的主动土压力偏大，偏于安全。对于规模较小的挡土墙工程完全可以采用这种计算方法，但对规模很大的挡土墙工程，这种计算可能导致工程量增加较多，应与前两种计算方法进行计算成果比较，择优取用。

2.3 特殊条件下的土压力计算

2.3.1 折线形墙背土压力计算

采用不同折线形的挡土墙墙背，有时可有效地减小主动土压力的作用，或提高挡土墙的稳定性，例如衡重式和凸形墙背挡土墙，图 2-8 就是一种折线形墙背的挡土墙。折线形挡土墙通常分别计算上下墙各直线段的墙背土压力。上墙一般按库仑土压力公式计算，当墙背较缓出现第二坡裂面时，应按第二破裂面主压力公式计算。下墙一般采用力多边形法或延长墙背法计算。

（1）力多边形法

计算折线墙背下墙土压力的力多边形法是根据极限平衡条件下破裂楔体上各力所构成的力多边形来推求下墙土压力的，如图 2-9 所示。它不借助于任何假想墙背，因而不存在自总压力图形中截取下墙土压力的问题。这个方法避免了延长墙背法所带来的误差。按力多边形求折线墙背下墙土压力可采用数解法。现以图 2-9 为例，说明数解公式的推导过程。在图 2-9（b）中 E_1

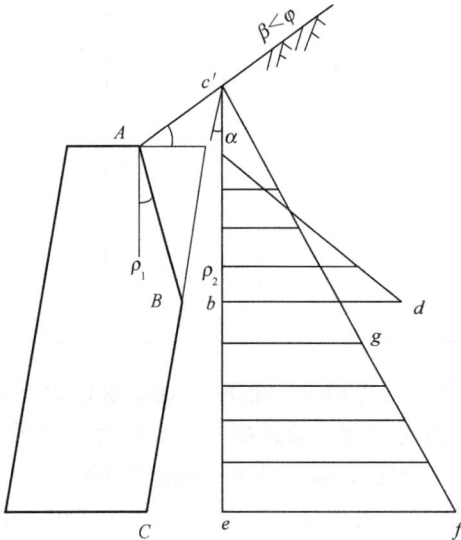

图 2-8 折线墙背土压力

为上墙土压力，R_1 为上墙破裂面上的反力，它们都可事先求出。设待求的下墙土压力是 E_2，下墙破裂面上的反力为 R_2。从 e 点引 $eg//bc$，c 点引 $cf//be$，则 $cg = be = E_2$，$eg = R_1$。令 $gf = \Delta E$，则 $cf = E_2 + \Delta E$。

在△cdf 中，由正弦定理可得：

$$E_2 + \Delta E = W_2 \frac{\sin(90° - \theta - \varphi)}{\sin(\theta + \varphi + \delta_2 - \rho_2)} \tag{2-20}$$

在△egf 中，有

$$\Delta E = R_1 \frac{\sin(\theta - \theta_1)}{\sin(\theta + \varphi + \delta_2 - \rho_2)} \tag{2-21}$$

此外，下部破裂棱体重量 G_2 为

$$G_2 = \gamma \left[A_0 \frac{\sin(\theta - \rho_2)}{\cos(\theta + \beta)} - B_0 \right] \tag{2-22}$$

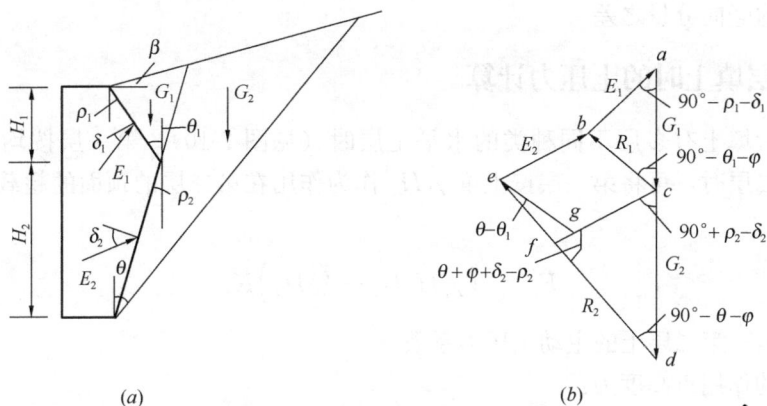

图 2-9　用力多边形求下墙土压力

(a) 墙体上各参数；(b) 力多边形

其中

$$A_0 = \frac{1}{2}H_2^2 \left[\frac{1}{\cos\rho_2} + \frac{H_1}{H_2} \cdot \frac{\cos(\rho_1 - \beta)}{\cos\rho_1 \cos(\rho_2 + \beta)} \right]^2 \cdot \cos(\rho_2 + \beta)$$

$$B_0 = \frac{1}{2}H_1^2 \frac{\sin(\theta_1 - \rho_2)\cos^2(\rho_1 - \beta)}{\cos^2\rho_1 \cos(\rho_2 + \beta)\cos(\theta_1 + \beta)}$$

代入式（2-20）得

$$E_2 = \gamma \left[A_0 \frac{\sin(\theta - \rho_2)}{\cos(\theta + \beta)} - B_0 \right] \cdot \frac{\cos(\theta + \varphi)}{\sin(\theta + \varphi + \delta_2 - \rho_2)} - R_1 \cdot \frac{\sin(\theta - \theta_1)}{\sin(\theta + \varphi + \delta_2 - \rho_2)}$$

$$(2\text{-}23)$$

由上式可知，下墙土压力 E_2 是试算破裂角 θ 的函数。为求 E_2 的最大值，可 $\dfrac{\mathrm{d}E_2}{\mathrm{d}\theta} = 0$，则得

$$\tan(\theta + \beta) = -\tan\psi_2 \pm \sqrt{(\tan\psi_2 + \cot\psi_1)[\tan\psi_2 + \tan(\rho_2 + \beta)] + D} \qquad (2\text{-}24)$$

式中

$$\psi_1 = \varphi - \beta$$

$$\psi_1 = \varphi + \delta_2 - \rho_2 - \beta$$

$$D = \frac{1}{A_0 \cos(\rho_2 + \beta)} \left[B_0(\tan\psi_2 + \cot\psi_1) - \frac{R_1 \sin(\psi_2 + \theta_1 + \beta)}{\gamma \sin\psi_1 \cos\psi_2} \right]$$

由式（2-24）可求得破裂角 θ，将求出的 θ 代入式（2-23）即可求得下墙土压力 E_2。

(2) 延长墙背法

对于图 2-8 所示挡土墙背的土压力计算，常采用延长墙背法。计算时，首先将 AB 段墙背视为挡土墙单斜向墙背，按 ρ_1 与 β 角算出沿墙 ab 段的主动压力强度分布，如图 2-8 中 abd。再延长下部墙背 BC 与填土表面交于 c' 点，c'C 为新的假想墙背，按 ρ_2 和 β 角计算出沿墙 c'e 的主动土压力强度分布图，如图 2-8 中 c'ef 三角形。在墙背倾角 ρ 为负值的情况下，BC 段墙背上主动土压力作用方向取水平方向。最后取土压力分布图 aefgda 来表示沿折线墙背作用的主动土压力强度分布图。

用延长墙背法计算土压力有一定误差，实践证明，如果上、下墙背的倾角 ρ 相差超过 10°以上时，有必要进行修正，这主要是忽略了延长墙背与实际墙背之间的土体及作用其上荷载的重量，以及上墙土压力对下墙的影响，另外由于延长墙背和实际墙背土压力方向不同而引起的竖向分量之差。

2.3.2 多层填土时的土压力计算

如果墙后填土有多层不同种类的水平土层时（见图2-10），第一层按均质计算土压力；计算第二层时，可将第一层按土重 $\gamma_1 H_1$ 作为作用在第二层的顶面的超载，按库仑公式计算。

$$E_{2a} = \left(\gamma_1 H_1 H_2 + \frac{\gamma_2}{2} H_2^2 \right) K_{a2} \tag{2-25}$$

式中　K_{a2}——第二层土的主动土压力系数。

土压力的作用点高度为：

$$Z_{2x} = \frac{H_2}{3} \left(1 + \frac{\gamma_1 H_1}{2\gamma_1 H_1 + \gamma_2 H_2} \right) \tag{2-26}$$

多层土时，计算方法同上。

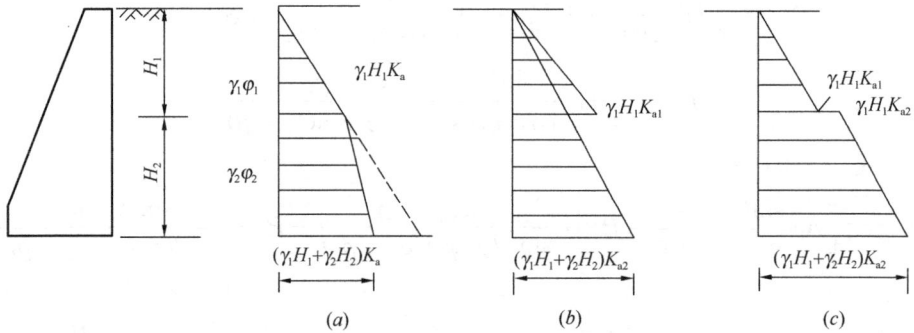

图 2-10　多层填土土压力计算图式

2.3.3 有限范围填土的土压力计算

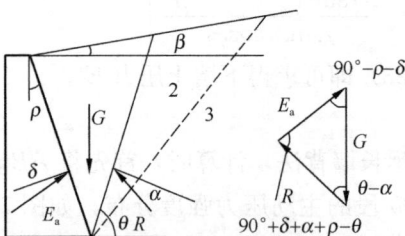

图 2-11　有限填土土压力计算简图

若挡土墙后不远处有岩石坡面或坚硬的稳定坡面，其坡角大于填土的理论滑动面的倾角，如图2-11所示。此时状况与库仑理论假定墙后相当距离内均为均质填土，且滑裂面在填土范围内发生相矛盾。此时，既不可能在有限的填土范围内出现滑裂面，也不会在坚硬坡面内土层中产生剪切破裂面，故应取坚硬坡面为滑裂面。

根据滑动楔体的平衡，可求得主动土压力值：

$$E_a = \frac{\gamma h^2}{2} \cdot \frac{\cos(\rho - \beta) \cdot \cos(\theta - \rho) \cdot \sin(\theta - \varphi')}{\cos^2 \rho \cdot \sin(\theta - \beta) \cdot \sin(\theta - \varphi + \psi)} \tag{2-27}$$

式中　φ'——滑动楔体与坡面之间的摩擦角，当坡面无地下水，并按规定挖台阶填筑时，φ' 可选用填土的内摩擦角 φ；

$$\psi = 90° - \rho - \delta$$

θ——坚硬坡面的坡角，即坡面与水平面之间的夹角。

2.3.4　墙后填土有地下水时土压力计算

墙后填土土体浸水时，一方面因水的浮力作用使土的自重减小；另一方面，浸水时砂性土的抗剪强度的变化虽不大，但黏性土的抗剪强度会发生显著的降低。因此，在土压力计算中必须考虑土体浸水的影响。此外，当墙后土体中出现水的渗流时，还应计入动水压力的影响。

（1）砂性土浸水后假设 φ 值不变、只考虑浮力影响时的土压力计算

现以部分浸水的路肩挡土墙为例说明土压力计算公式的推导过程，如图 2-12 所示，这时重量为

$$G = \gamma\left[\frac{1}{2}H(H+2h_0) - \frac{\Delta\gamma}{2\gamma}H_b^2\right]\tan\theta - \gamma\left[\frac{1}{2}H(H+2h_0)\tan\alpha + Kh_0 - \frac{\Delta\gamma}{2\gamma}H_b^2\tan\alpha\right]$$

$$= \gamma[(A_0 - \Delta A_0)\tan\theta - (B_0 - \Delta B_0)] \tag{2-28}$$

式中　γ ——填料天然重度；

H_b ——计算水位以下的墙高；

$$\Delta\gamma = \gamma - \gamma_u$$

γ_u ——填料的浮重度；

$$\Delta A_0 = \frac{\Delta\gamma}{2\gamma}H_b^2$$

$$\Delta B_0 = \frac{\Delta\gamma}{2\gamma}H_b^2\tan\alpha$$

$$A_0 = 0.5H(H+2h_0), \quad B_0 = A_0\tan\alpha + Kh$$

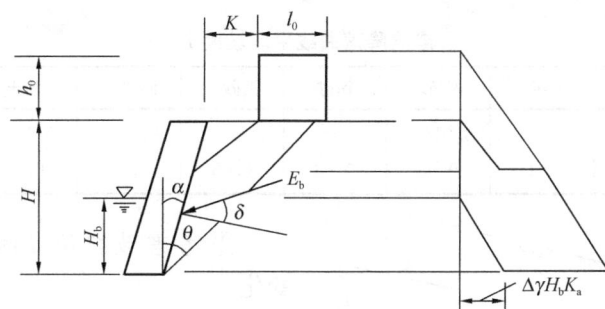

图 2-12　浸水时的土压力计算简图

按照推导库仑公式的程序可得

$$\tan\theta = -\tan\psi \pm \sqrt{(\tan\psi + \cot g\varphi)\left(\tan\psi + \frac{B_0 - \Delta B_0}{A_0 - \Delta A_0}\right)}$$

$$E_b = \gamma[(A_0 - \Delta A_0)\tan\theta - (B_0 - \Delta B_0)]\frac{\cos(\theta+\varphi)}{\sin(\theta+\psi)}$$

或
$$E_b = \gamma K_a \frac{(A_0 - \Delta A_0)\tan\theta - (B_0 - \Delta B_0)}{\tan\theta - \tan\alpha} \tag{2-29}$$

式中　$K_a = (\tan\theta - \tan\alpha)\dfrac{\cos(\theta+\varphi)}{\sin(\theta+\psi)}$ ，$\psi = \varphi + \delta - \alpha$

此外，在假设 φ 值不变的条件下，破裂角 θ 虽因浸水而略有变化，但对土压力的计算

影响不大。为了简化计算，可以进一步假设浸水后 θ 角亦不变。这样，如图 2-12 所示，可以先求出不浸水条件下的土压力 E_a，然后再扣除计算水位以下因浮力影响而减小的土压力 ΔE_b，即得浸水条件下的土压力 ΔE_b。因此 ΔE_b 亦可按下式计算：

$$E_b = E_a - \Delta E_b$$

$$\Delta E_b = \frac{1}{2}\Delta\gamma H_b^2 K_a \tag{2-30}$$

（2）黏性土考虑浸水后 φ 值降低时的土压力计算

这时，应以计算水位为界，将填土的上下两部分视为不同性质的土层，分层计算土压力。计算中，先求出计算水位以上填土的土压力；然后再将上层填土重量作为荷载，计算浸水部分的土压力。上述两部分土压力的向量和即为全墙土压力。

（3）考虑动水压力作用时的土压力计算

在弱透水土体中，如存在水的渗流，土压力的计算应考虑动水压力的影响，这时可采用下述两种近似的方法。

① 假设破裂角不受影响

计算中，先不考虑动水压力的影响，而按一般浸水情况求算破裂角 θ 和土压力 E_b。然后再单独求算动水压力 D，认为它作用于破裂棱体浸水部分的形心，方向水平，并指向土体滑动的方向，其大小为

$$D = \gamma_w I\Omega \tag{2-31}$$

式中　γ_w——水的重度；

　　　I——水力梯度，采用土体中降水曲线的平均坡度，查表 2-5；

　　　Ω——破裂棱体中的浸水面积。

渗流降落曲线平均坡度 I 表 2-5

土壤类别	卵石、粗砂	中砂	细砂	粉砂	黏砂土	砂黏土	黏土	重黏土	泥炭
渗流降落 平均坡度 I	0.0025～ 0.005	0.005～ 0.015	0.015～ 0.02	0.015～ 0.05	0.02～ 0.05	0.05～ 0.12	0.12～ 0.15	0.15～ 0.2	0.02～ 0.12

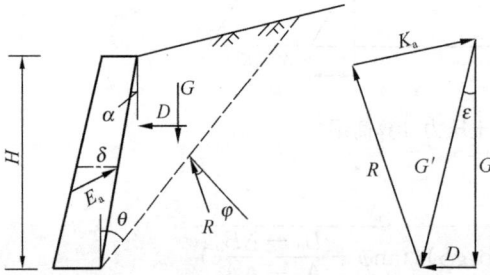

图 2-13　破裂角 θ 发生变化时土压力计算

② 考虑破裂角 θ 因渗流影响而发生变化

计算时，要考虑由挡土墙全部浸水骤然降低水位这一最不利情况，这时破裂棱体所受的体力中，除自重 G 外，还有动水压力 D，两者的合力 G' 为

$$G' = G/\cos\varepsilon \tag{2-32}$$

从图 2-13 可知，ε 为合力 G' 偏离铅垂线的角度，即

$$\varepsilon = \arctan\frac{D}{G} = \arctan\frac{\gamma_w I\Omega}{\gamma_u \Omega} = \arctan\frac{\gamma_w I}{\gamma_u} \tag{2-33}$$

根据地震作用下分析土压力的办法，这时只要用 $\gamma_u' = \gamma_u/\cos\varepsilon$，$\delta' = \delta+\varepsilon$，$\varphi' = \varphi-\varepsilon$ 取代 γ_u、δ、φ，就可以按一般库仑土压力公式计算浸水条件下并考虑动水压力影响的土压力。

2.3.5　填土表面不规则时土压力计算

在工程中常有填土表面不是单一的水平面或倾斜平面，而是两者组合而成，此时，前面推得的公式都不能直接应用，但可以近似地分别按平面、倾斜面计算，然后再进行组合。下面介绍几种常见情况。

(1) 先水平面后倾斜面的填土

为计算土压力，可将填土表面分解为水平面或倾斜面，分别计算，最后再组合。先延长倾斜填土面交于墙背 C 点。在水平面填土的作用下，其土压力强度分布图如图 2-14 (a) 中 ABe；在倾斜面填土作用下，其土压力强度分布图为 CBf。两个三角形交于 g 点，则土压力分布图 $ABfgA$ 为此填土情况下土压力分布图。

(2) 先倾斜面后水平面的填土

在倾斜面填土作用下，土压力分布图形如图 2-14 (b) 中 ABe；在水平面填土作用下，先延长水平面与墙背延长线交于 A'，此时，土压力分布图为 $A'Bf$。两三角形相交于 g 点，则图形 $ABfgA$ 为此时填土的土压力分布图。

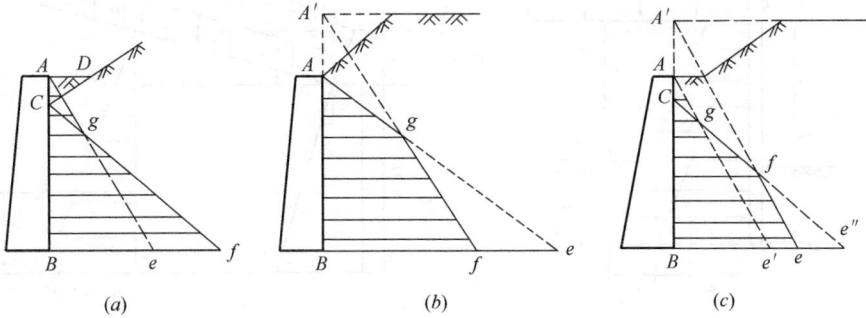

图 2-14　填土面不规则土压力计算图

(3) 先水平面，再倾斜面，最后水平面填土

如图 2-14 (c) 所示，首先画出水平面作用下的土压力三角形 Abe'；再绘出在倾斜面填土作用下的土压力三角形 CBe'，此时，Ce'' 与 Ae' 交于 g 点；最后求第二个水平面的土压力三角形 $A'Be$，$A'e$，Cge'' 交于 f 点。则图形 $ABefgA$ 为此种填土的土压力分布图形。

当填土面形状极不规则或为曲面时，一般多采用图解法。

2.3.6　地面超载作用下的土压力计算

在设计支挡结构时，一般应考虑地表面各种可能出现的荷载，例如施工荷载、车辆重量、建筑物重量、建筑材料堆载等，这类活荷载称为地面超载，它们的存在增加了作用于支挡结构上的土压力。确定地面超载的影响，一般有两种方法：弹性力学解析法和近似简化法（如超载从地面斜线向下扩散的方法）。为了便于分析，可将地面超载简化为均布的条形荷载或集中荷载。下面讨论几种地面超载作用下的土压力计算方法。

(1) 填土表面满布均布荷载

在设计挡土墙时，通常要考虑填土表面要有均布荷载 q 作用，一般将均布超载换算成为当量土重，即用假想土重代替均布荷载，当量土层的厚度 $h_0 = \dfrac{q}{\gamma}$。

① 填土表面水平有均布荷载作用（如图 2-15 所示）

假定填土表面水平，墙背竖直且光滑，我们可以应用朗肯理论公式计算，作用于填土表面下 z 处的主动土压力强度为

$$p = (q + \gamma z)K_a \tag{2-34}$$

式中　q ——作用在填土表面的均布荷载；

　　K_a ——朗肯理论主动土压力系数。

这时主动土压力强度分布图为梯形，主动土压力

$$E_a = \frac{H}{2}(2q + \gamma H)K_a = \frac{\gamma H}{2}(2h_0 + H)K_a \tag{2-35}$$

其作用线通过梯形形心，距墙踵

$$z_f = \frac{H}{3} \cdot \frac{3q + \gamma H}{2q + \gamma H} \tag{2-36}$$

② 墙背倾斜、填土表面倾斜有均布荷载作用（如图 2-16 所示）

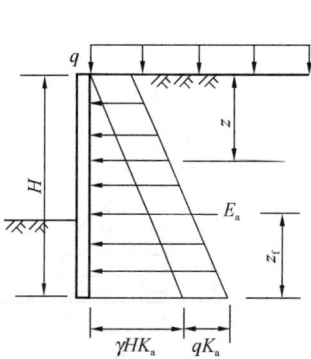

图 2-15　填土表面水平满布均布荷载　　　图 2-16　填土表面倾斜满布均布荷载

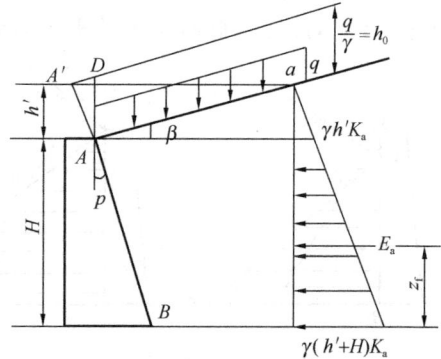

仍将均布荷载换算成当量土重，当量土层厚度 $h_0 = \dfrac{q}{\gamma}$，以此假想填土面与墙背延长线交于 A' 点，故以 $A'B$ 作为假想墙背计算土压力。假想挡土墙高度为 $H + h'$，根据 $\triangle AA'D$，按正弦定理可求得

$$AA' = AD \cdot \frac{\cos\beta}{\cos(\beta - \rho)} = h_0 \frac{\cos\beta}{\cos(\beta - \rho)}$$

$$h' = AA' \cdot \cos\rho = h_0 \frac{\cos\beta\cos\rho}{\cos(\beta - \rho)} \tag{2-37}$$

主动土压力强度

$$p = \gamma(h' + z)K_a \tag{2-38}$$

式中　K_a ——为库仑理论主动土压力系数。

　　主动土压力

$$E_a = \frac{\gamma(2h' + H)H}{2}K_a \tag{2-39}$$

主动土压力作用线距底

$$z_f = \frac{(3h' + H)}{(2h' + H)} \cdot \frac{H}{3} \tag{2-40}$$

（2）距离墙顶有一段距离的均布荷载

如图 2-17 所示，当满布的均布荷载的初始位置距离墙顶有一段距离时，支挡结构上的主动土压力可近似按以下方法计算：在地面超载起点 O 处作两条辅助线 OD 和 OE，与墙面交于 D、E 两点。近似认为 D 点以上的土压力不受地面超载的影响；而 E 点以下的土压力完全受地面超载的影响，D、E 两点之间的土压力按直线分布。于是挡土墙上的土压力为图中阴影部分，其中辅助线 OD 和 OE 与地表水平面的夹角分别为填土的内摩擦角 φ 和填土破裂角 θ。

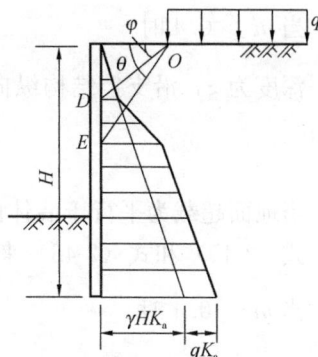

图 2-17　距墙顶有一段距离的均布荷载地面超载产生的侧向土压力

（3）地面有局部均布荷载

如图 2-18 所示，当地面的均布荷载只作用在一定宽度的范围内时，通常可用图 2-18 所示的方法计算主动土压力。从均布荷载的两个端点，分别作辅助线 OD 和 $O'E$，它们都与水平线成 θ。近似认为 D 点以上和 E 点以下的土压力都不受地面超载的影响，而 D、E 两点间的土压力按满布的均布地面超载来计算，挡土结构上的土压力分布为图 2-18 中的阴影部分。局部均布荷载作用下的土压力计算，也可采用弹性力学的方法，如图 2-19 所示，支挡结构上各点的附加侧向土压力强度值为

$$\Delta P_{\mathrm{H}} = \frac{2q}{\pi}(\beta - \sin\beta\cos2\alpha) \tag{2-41}$$

式中　ΔP_{H}——附加侧向土压力强度；

$\quad\quad\ q$——地表局部均布荷载；

$\quad\quad\ \alpha$、β——见图 2-19，以弧度计。

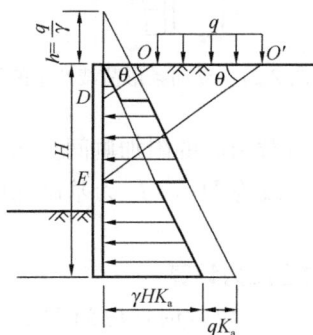

图 2-18　局部均布荷载的地面超载产生的侧向土压力

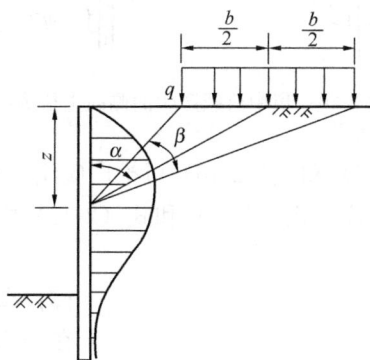

图 2-19　局部均布荷载引起的附加侧向土压力

（4）集中荷载和纵向条形荷载引起的土压力

集中荷载引起的侧向土压力，可用弹性理论计算，计算图式如图 2-20 所示，由此荷载引起的沿支挡结构竖向分布的主动土压力 σ_{h} 为（图 2-20）：

当 $m \leqslant 0.4$ 时　　　　　　$\sigma_{\mathrm{h}} = \dfrac{0.28Qn^2}{H^2\,(m^2 + n^2)^3}$　　　　　(2-42)

当 $m > 0.4$ 时
$$\sigma_h = \frac{1.77Qm^2n^2}{H^2(m^2+n^2)^3} \tag{2-43}$$

深度为 z，沿支挡结构纵向 y 方向分布的主动土压力 σ_h' 可按式（2-44）计算（图 2-20）：

$$\sigma_h' = \sigma_h\cos^2(1.1a) \tag{2-44}$$

当地面超载为平行于墙体的纵向条形荷载（图 2-21）时，作用于墙背的主动土压力可用式（2-45）和式（2-46）来计算，即

当 $m \leqslant 0.4$ 时
$$\sigma_h = \frac{0.203qn}{H(0.16+n^2)^2} \tag{2-45}$$

当 $m > 0.4$ 时
$$\sigma_h = \frac{4}{\pi} \cdot \frac{qm^2n}{H(m^2+n^2)^2} \tag{2-46}$$

以上各式中　　m——荷载作用点的相对距离，$m = x/H$；

　　　　　　　n——土压力计算点的相对深度，$n = z/H$；

其余符号意义如相应图所示。

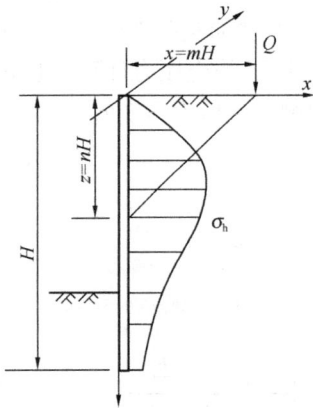

图 2-20　集中荷载产生的侧向土压力　　　　图 2-21　纵向条形荷载产生的侧向土压力

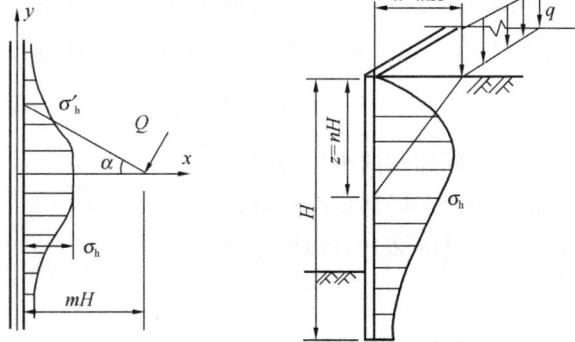

式（2-45）和式（2-46）可推广应用于相邻条形荷载引起的附加侧间土压力计算（图 2-22），但应注意式（2-45）和式（2-46）中墙高 H 应改为 H_S，H_S 为基础底面以下支挡结构的高度。

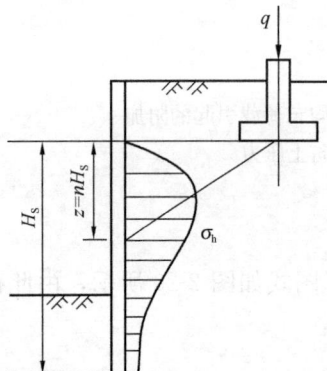

(5) 车辆引起的土压力计算

图 2-22　条形基础产生的侧向土压力

在公路桥台、挡土墙设计时，应当考虑车辆荷载引起的土压力。在《公路桥涵设计通用规范》JTG D60—2004 中对车辆荷载（包括汽车、履带车和挂车）引起的土压力计算方法作出了具体规定。其计算原理是把填土破裂体范围内车辆荷载用一个均布荷载来代替（见图 2-23），即根据墙后破裂体上的车辆荷载换算为与墙后填土有相同密度的均布土层，求出此土层厚度 h_0 后，再用库仑理论进行计算，h_0 的计算公式为：

$$h_0 = \frac{\sum Q}{\gamma B_0 L} \tag{2-47}$$

式中　γ——墙后填土的重度（kN/m²）；

　　　　B_0——不计车辆荷载作用时破裂土体的宽度（m），对于路堤墙，为破裂土体范围内的路基宽度（即不计边坡部分的宽度 b）；

$$B_0 = (H + h)\tan\theta - H\tan\rho - b \tag{2-48}$$

　　　　L——挡土墙的计算长度（m）；

　　　　ΣQ——布置在 $B_0 \times L$ 范围内的车轮总重（kN）。

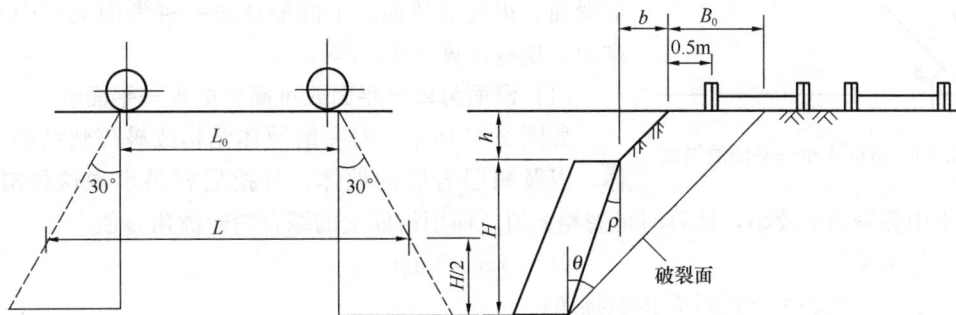

图 2-23　车辆荷载换算成均布土层的图式

挡土墙的计算长度 L 按下述四种情况取值：

① 汽车-10 级或汽车-15 级作用时，取挡土墙分段长度，但不大于 15m；

② 汽车-20 级作用时，取重车的扩散长度，当挡土墙分段长度小于等于 10m 时，扩散长度不超过 10m，当挡土墙分段长度在 10m 以上时，扩散长度不超过 15m；

③ 汽车超-20 级作用时，取重车的扩散长度，但不超过 20m；

④ 平板挂车或履带车作用时，取挡土墙分段长度和车辆扩散长度二者较大者，但不超过 15m。

汽车重车、平板挂车及履带车的扩散长度 L 按下式计算：

$$L = L_0 + (H + 2h)\tan 30° \tag{2-49}$$

式中　L_0——汽车重车、平板挂车的前后轴轴距加轮胎着地长度或履带车着地长度（m）。

车辆荷载总重 ΣQ 按下述规定计算：

① 汽车荷载的分布宽度

纵向：当取用挡土墙的分段长度时，为分段长度内可能布置的车轮；当取一辆重车的扩散长度时为一辆重车。

横向：破裂土体宽度 B_0 范围内可能布置的车轮，车辆外侧车轮中线距路面（或硬路肩）、安全带边缘的距离为 0.5m。

② 平板挂车或履带车荷载在纵向只考虑一辆，横向为破裂土体宽度 B_0 范围内可能布置的车轮或履带，车辆外侧车轮或履带中线距路面（或硬路肩）、安全带边缘的距离为 1m。

2.4　滑坡推力计算

2.4.1　概述

已知潜在滑面的坡体，作用在抗滑桩、预应力锚索抗滑桩等支挡结构上的荷载就是松弛区沿潜在滑面所产生的滑坡推力。在现有支挡结构工程的设计中，均将滑坡推力作为抗滑结构上的外荷载，只要确定此荷载结构设计是很容易的。因此，滑坡推力计算是支挡结构工程设计的重要内容之一。目前对滑坡推力的计算，国内外普遍采用的做法是利用极限平衡理论计算每米宽滑动断面的推力，同时假设断面两侧为内力而不计算侧向摩阻力。滑面的三种类型大致包括：单一滑面、圆弧形滑面、折线形滑面。下面概述每一种滑面类型中滑坡推力的现有计算方法。

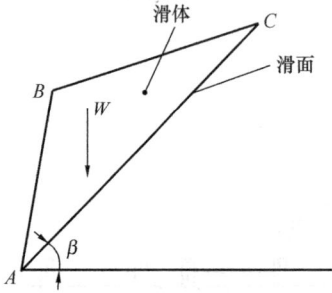

图 2-24　滑面为单一平面的滑坡

（1）滑面为单一平面或可简化成单一平面者

如图 2-24 所示，对一般散体结构或破碎状结构的坡体，以及顺层岩坡的坡体，开挖后容易出现这种滑面。由于土中黏聚力 c 较小，计算时可忽略 c 值，而用滑面上的综合内摩擦角 φ 值。

其稳定系数

$$K_0 = \tan\varphi / \tan\beta$$

式中　　φ——滑面岩土的综合内摩擦角；

β——滑面的倾角。

因此，滑体 $\triangle ABC$ 产生的推力为

$$E_A = W\cos\beta(K\tan\beta - \tan\varphi) \qquad (2\text{-}50)$$

式中　　W——滑体 $\triangle ABC$ 的自重；

K——设计所需的安全系数。

（2）滑面为一圆弧或可简化成圆弧者

如图 2-25（a）及（b）所示，这种滑面通常产生于有黏性土及含黏性土较多的堆积土组成的坡体地段。一般具有两种类型，一是如图 2-25（a）所示，滑动圆弧的圆心 O 在斜坡 $\overline{AC}$ 之间，则在 OO' 垂线以外的滑体对滑带而言，滑带反倾的全部为抗滑力 R 部分，在 OO' 垂线以内则有下滑分力 T 部分。另一种如图 2-25（b）所示，滑动圆弧的圆心 O 在斜坡 $\overline{AC}$ 之外，系无反倾部分的圆弧滑面，没有相应的抗力 R 部分。两者各自的稳定系数为：

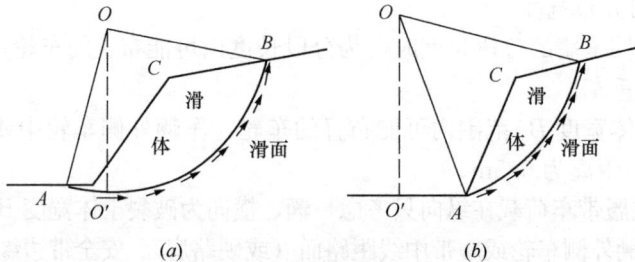

图 2-25　具圆弧形滑面的滑坡

$$K_0 = \frac{\sum N\tan\varphi + \sum cl + \sum R}{\sum T} （图 2\text{-}43b \text{ 中} \sum R = 0） \qquad (2\text{-}51)$$

式中　　$\sum N$——作用于滑面（带）上法向力之和；

$\sum T$——作用于滑面（带）上滑动力之和；

ΣR——反倾抗滑部分的阻滑力之和；

Σcl——沿滑面（带）各段单位黏聚力 c 与滑面长 l 乘积的阻力之和；

φ——滑面（带）岩土的内摩擦角。

为此滑坡推力 E 的计算式为

$$E = K\Sigma T - \Sigma N\tan\varphi - \Sigma cl - \Sigma R \tag{2-52}$$

（3）滑面（带）由许多平面呈折线形连接而成或简化成折线形

如图 2-26 所示，可将滑面（带）划分为许多段，一般每一折线为一段，在滑面为曲线时则按等距分段，以每段曲线之弦代表该段滑面的倾斜。每段长为 l，与水平之交角为 α，各段的重量为 W，各段滑面（带）岩土的抗剪强度和内摩擦角分别为 c、φ，其稳定系数为

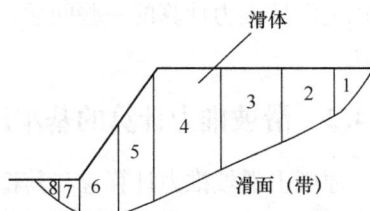

图 2-26　滑面呈折线形滑坡

$$K_0 = \frac{\sum\limits_{1}^{n}W\cos\alpha\tan\varphi + \sum\limits_{1}^{n}cl}{\sum\limits_{1}^{n}W\sin\alpha}$$

为此，该滑坡作用于 A 点的设计计算推力 E 为：

$$E = K\sum\limits_{1}^{n}W\sin\alpha - \sum\limits_{1}^{n}W\cos\alpha\tan\varphi - \sum\limits_{1}^{n}cl \tag{2-53}$$

式中　K——设计所需的安全系数。

对于滑带反倾、无下滑力的纯阻滑段，其 $W\sin\alpha$ 为负值不需乘 K。至于推力的倾角，有按平行于滑坡中较长的主滑带计算的，亦有将各段的剩余下滑力均投影于水平面上计算的。

以上三种针对不同滑面（带）计算滑坡推力的计算公式中，虽然表达式略有不同，但经分析发现它们的意义都一样，即所求推力均为滑体的下滑力增大 K 倍后与抗滑力的差。这种计算方法比较简单，对于滑面为单一平面的情况比较适用，而对于其他滑面形状则不大适用，首先，对于滑面为圆弧形的滑动，这种推力计算方法［如式（2-52）所示］丝毫没有考虑条间力的影响，并且将抗滑力与下滑力进行简单的代数运算，由于滑面不同位置的抗滑力和下滑力的作用方向不同，因此，这种代数运算没有明确的物理意义，如果用力矩平衡的观点来解释所求推力的意义（即按照瑞典圆弧法计算滑坡推力），则这样求得的滑坡推力也只是表明滑体维持稳定需要抗滑结构在滑面处提供的抗滑力，而不是作用于实际抗滑结构上的滑坡推力。其次，对于滑面形状为折线的滑动而言，这种计算方法［如式（2-53）所示］同样没有考虑条间力的作用，而所得推力数值只是各分条下滑力的简单叠加。

鉴于以上滑坡推力计算方法中的不足，现有的滑坡推力计算绝大多数均采用传递系数法计算，这种计算方法的原理基于铁路系统中常用的边坡稳定性分析方法——传递系数法，该方法计算方便，适用范围也较为广泛，因此在滑坡推力计算中得到了普遍的应用，其具体的计算方法将在下一节中介绍。在此需要说明的是，现在的许多设计中不考虑具体的边坡或滑坡破坏形式而一律按照传递系数法进行计算，即使对于圆弧面的滑动也不例

外，这种做法是不可取的。由于传递系数法计算中假定条块间的作用力方向平行于上一条块的底面，这就意味着该法对于滑体平动的情况较为适用，而对于有转动趋势的滑动或滑面较陡的情况适用性较差，有时会使计算结果偏差较大，所以，传递系数法也有其适用范围。

由于坡体开挖失稳破坏的多样性和复杂性，对坡体稳定性评价方法也多种多样，就滑坡推力的计算而言也没有一种适用于所有情况的万能方法，应该对具体问题具体分析。针对以上滑坡推力计算的一些问题，本节提出按不同滑移面类型分别给出其计算滑坡推力的方法。

2.4.2 滑坡推力计算的基本原则

原则上滑坡推力计算应与其稳定性分析方法保持一致，这样计算的滑坡推力和相应的稳定系数才能对应。在用极限平衡法分析边坡的稳定性时，根据条间力的不同假定有各种不同的稳定性计算方法，所以也就有计算滑坡推力的各种假定和算法。根据常见的滑移面形式，在此将其分为如下五种并提出相应的滑坡推力计算方法。

（1）滑面为单一平面，这种滑动形式的稳定性计算方法较为简单，其滑坡推力采用与公式（2-50）类似的方法加以计算。

（2）滑面为圆弧面或可近似为圆弧面，在这种类型的滑动中，考虑到其整体的力矩平衡起主要作用和计算的简便性，其滑坡推力可采用简化 Bishop 法的稳定性分析，按照类似于公式（2-52）的方法加以计算。

（3）滑面为连续的曲面或滑面由不规则（较陡）折线段组成时，可采用 Janbu 法的稳定性分析，按照类似于公式（2-53）的方法计算滑坡推力。

（4）而对于滑面由一些倾角较缓、相互间变化不大的折线段组成，滑坡推力的计算则可采用计算方便的传递系数法。

（5）滑面倾角较陡且滑动时滑体有明显的分块，各分块之间发生错动，与相应的稳定性分析方法相适应，可采用分块极限平衡法计算其滑坡推力。每一种滑坡推力的计算方法均与相应的坡体稳定性计算方法相对应，计算原理、假定均与各相应稳定性分析方法相同。

2.4.3 传递系数法计算滑坡推力

对于由一些倾角较缓、相互间变化不大的折线段组成的滑面，其滑坡推力的计算可采用计算方便的传递系数法，又称不平衡推力传递法，该方法是我国铁路与工民建等部门在进行边坡稳定检算中经常使用的方法。

传递系数法假定：

（1）滑坡体不可压缩并作整体下滑，不考虑条块之间挤压变形。

（2）条块之间只传递推力不传递拉力，不出现条块之间的拉裂。

（3）块间作用力（即推力）以集中力表示，它的作用线平行于前一块的滑面方向，作用在界面的中点。

（4）垂直滑坡主轴取单位长度（一般为 1.0m）宽的岩土体作计算的基本断面，不考虑条块两侧的摩擦力。

由图 2-27 可知，取第 i 条块为分离体，将各力分解在该条块滑面的方向上，可得下列方程：

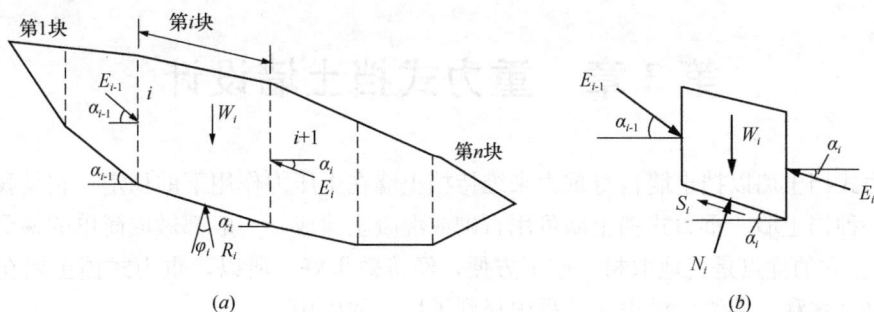

图 2-27　传递系数法图示

(a) 坡体分块图；(b) 第 i 块单元的受力图

$$E_i - W_i\sin\alpha_i - E_{i-1}\cos(\alpha_{i-1}-\alpha_i) + [W_i\cos\alpha_i + E_i - \sin(\alpha_{i-1}-\alpha_i)]\tan\varphi_i + c_i l_i = 0$$

由上式可得出第 i 条块的剩余下滑力（即该部分的滑坡推力）E_i，即

$$E_i = W_i\sin\alpha_i - W_i\cos\alpha_i\tan\varphi_i - c_i l_i + \psi_i E_{i-1} \tag{2-54}$$

图 2-27 和式（2-54）中：

E_i——第 i 块滑体剩余下滑力；

E_{i-1}——第 $i-1$ 块滑体剩余下滑力；

W_i——第 i 块滑体的重量；

R_i——第 i 块滑体滑床反力；

ψ_i——传递系数，$\psi_i = \cos(\alpha_{i-1}-\alpha_i) - \sin(\alpha_{i-1}-\alpha_i)\tan\varphi_i$；

c_i——第 i 块滑体滑面上岩土体的黏聚力；

l_i——第 i 块滑体的长度；

φ_i——第 i 块滑体滑面上岩土的内摩擦角；

α_i——第 i 块滑体滑面的倾角；

α_{i-1}——第 $i-1$ 块滑体滑面的倾角。

计算时从上往下逐块进行。按式（2-54）计算得到的推力可以用来判断滑坡体的稳定性。如果最后一块的 E_n 为正值，说明滑坡体是不稳定的；如果计算过程中某一块的 E_i 为负值或为零，则说明本块以上岩土体已能稳定，并且下一条块计算时按无上一条块推力考虑。

实际工程中计算滑坡体的稳定性还要考虑一定的安全储备，选用的安全系数 K_s 应大于 1.0。在推力计算中如何考虑安全系数目前认识还不一致，一般采用加大自重下滑力，即 $K_s W_i\sin\alpha_i$ 来计算推力，从而式（2-54）变成

$$E_i = K_s W_i\sin\alpha_i - W_i\cos\alpha_i\tan\varphi_i - c_i l_i + \psi_i E_{i-1} \tag{2-55}$$

式中，安全系数 K_s 一般取为 1.05～1.25，计算方法同前。如果最后一块的 E_n 为正值，说明滑坡体在要求的安全系数下是不稳定的；如果 E_n 为负值或为零，说明滑坡体稳定，满足设计要求。另外，如果计算断面中有逆坡，倾角 α_i 为负值，则 $W_i\sin\alpha_i$ 也是负值，因而 $W_i\sin\alpha_i$ 变成了抗滑力，在计算滑坡推力时，$W_i\sin\alpha_i$ 项就不应再乘以安全系数。

第3章　重力式挡土墙设计

重力式挡土墙以挡土墙自身重力来维持挡土墙在土压力作用下的稳定。它是我国目前常用的一种挡土墙。重力式挡土墙可用石砌或混凝土建成，一般都做成简单的梯形，如图3-1所示。它的优点是就地取材，施工方便，经济效果好。所以，重力式挡土墙在我国铁路、公路、水利、港湾、矿山等工程中得到了广泛的应用。

由于重力式挡土墙靠自重维持平衡稳定，因此，体积、重量都很大，在软弱地基上修建往往受到承载力的限制。如果墙太高，则耗费材料多且不经济。当地基较好，挡土墙高度不大，本地又有可用石料时，应当首先选用重力式挡土墙。

重力式挡土墙一般不配钢筋或只在局部范围内配以少量的钢筋，地层稳定、开挖土石方时不会危及相邻建筑物安全的地段，其经济效益明显。

重力式挡土墙可根据其墙背的坡度分为仰斜、垂直和俯斜三种类型。

（1）按土压力理论，仰斜墙背的主动土压力最小，而俯斜墙背的土压力最大，垂直墙背位于两者之间。

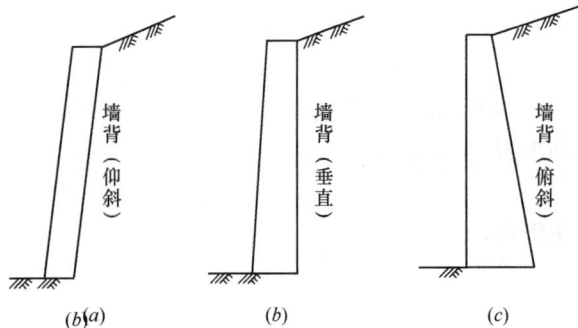

图 3-1　重力式挡土墙示意图

（2）如挡土墙修建时需要开挖，因仰斜墙背可与开挖的临时边坡相配合，而俯斜墙背后需要填土，因此，对于支挡挖方工程边坡，以仰斜墙背为好。反之，如果是填方工程，则宜用俯斜墙背或垂直墙背，以便填土易夯实。在个别情况下，以减小土压力，采用仰斜墙也是可行的，但应注意墙背附近的回填土质量。

（3）当墙前原有地形较平坦，用仰斜墙比较合理；若原有地形较陡，用仰斜墙会使墙身增高许多，此时宜采用垂直墙或俯斜墙。

3.1　一般规定

一般地区、浸水地区、地震地区和特殊岩石地区的路肩、路堤和路堑等部位，可采用重力式挡土墙。路肩、路堤和土质路堑挡土墙高度不宜大于10m，岩质边坡或石质路堑挡土墙不宜大于12m。

重力式挡土墙墙身材料应采用混凝土或片石混凝土。其中混凝土或片石混凝土墙顶宽度不应小于0.4m。

对变形有严格要求或开挖土石方可能危及边坡稳定的边坡不宜采用重力式挡墙，开挖土石方危及相邻建筑物安全的边坡不应采用重力式挡墙。

重力式挡墙类型应根据使用要求、地形、地质和施工条件等综合考虑确定，对岩质边坡和挖方形成的土质边坡宜优先采用仰斜式挡墙，高度较大的土质边坡宜采用衡重式或仰斜式挡墙。

3.2　构造要求

重力式挡土墙的适用范围：对于土质边坡基底逆坡不宜大于 1∶10；对岩质边坡不宜大于 1∶5。块、条石挡墙的墙顶宽度不宜小于 400mm，素混凝土挡土墙墙顶宽度不宜小于 200mm。在土质地基中，基础最小埋深不宜小于 0.5m（挡墙较大时取大值，反之取小值）；在岩质地基中，基础最小埋深不宜小于 0.3m，基础的埋深应从坡脚排水沟底算起。挡土墙地基纵向坡度大于 5% 时，基底做成台阶式，其最下一级台阶底宽不宜小于 1.00m。

重力式挡土墙的尺寸随墙型和墙高而变，重力式挡土墙墙面胸坡和墙背的背坡一般选用 1∶0.2～1∶0.3，仰斜墙背坡度越缓，土压力越小。但为避免施工困难及本身的稳定，墙背坡不小于 1∶0.25，墙面尽量与墙背平行。

对于垂直墙，如地面坡度较陡时，墙面坡度可有 1∶0.05～1∶0.2，对于中、高挡土墙，地形平坦时，墙面坡度可较缓，但不宜缓于 1∶0.4。

挡土墙上应设置向墙外坡度不小于 4% 的泄水孔，按上下左右每隔 2～3m 交错布置，折线墙背的易积水处必须设置泄水孔。

当墙身高度超过一定限度时，基底压应力往往是控制截面尺寸的重要因素。为了使地基压应力不超过地基承载力，可在墙底加设墙趾台阶。加设墙趾台阶时挡土墙抗倾覆稳定也有利。墙趾的高度与宽度比应按圬工（砌体）的刚性角确定，要求墙趾台阶连线与竖直线之间的夹角 θ 如图

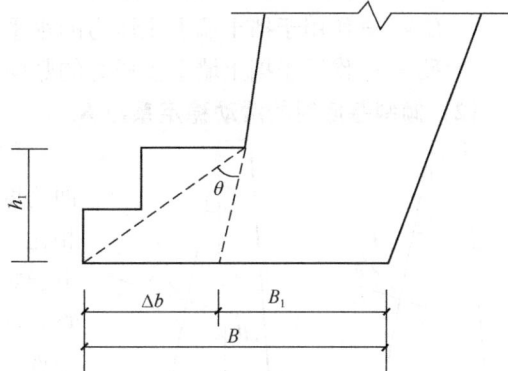

图 3-2　墙趾示意图

3-2 所示，对于石砌圬工不大于 35°，对于混凝土圬工不大于 45°。一般墙趾的宽度不大于墙高的 1/20，也不应小于 0.1m。墙趾高应按刚性角定，但不宜小于 0.4m。

墙体材料：挡土墙墙身及基础，采用混凝土不低于 C15，采用砌石、石料的抗压强度一般不小于 MU30，寒冷及地震区，石料的重度不小于 20kN/m³，经 25 次冻融循环，应无明显破损。挡土墙高小于 6m，砂浆采用 M5，超过 6m 高时宜采用 M7.5，在寒冷及地震地区应选用 M10。

3.3　设计计算内容与方法

重力式挡土墙设计是通过现有资料进行初步设计，然后进行土压力计算，之后再进行验算，验算包括：滑动稳定性验算，倾覆稳定性验算，地基应力及偏心距验算，截面强度

验算，整体稳定性验算，对钢筋混凝土底板基础，还需要作基础强度计算。

3.3.1 滑动稳定性验算

（1）水平基底的滑动稳定系数 K_c

计算重力式挡土墙沿基底的滑动稳定系数 K_c。
分无基础和有基础两种情况。如图 3-3 所示。

计算简图：

计算公式：

① 无基础时

$$K_c = \frac{(W + E_y)f}{E_x} \qquad (3\text{-}1)$$

② 有基础时

$$K_c = \frac{(W + W_j + E_y)f}{E_x} \qquad (3\text{-}2)$$

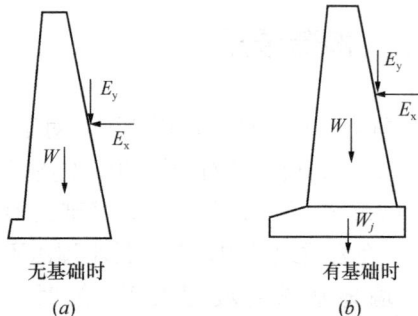

无基础时 有基础时
(a) *(b)*

图 3-3　抗滑稳定计算简图

式中　K_c——沿基底的滑动稳定系数；

　　f——挡土墙墙底摩擦系数（有基础时基底默认为墙底）；

　　W——挡土墙的自重重力（kN）；

　　W_j——挡土墙基础的自重重力（kN）；

　　E_x——作用于挡土墙上土压力的水平分力（kN）；

　　E_y——作用于挡土墙上土压力的竖向分力（kN）。

（2）倾斜基底时的滑动稳定系数 K_c

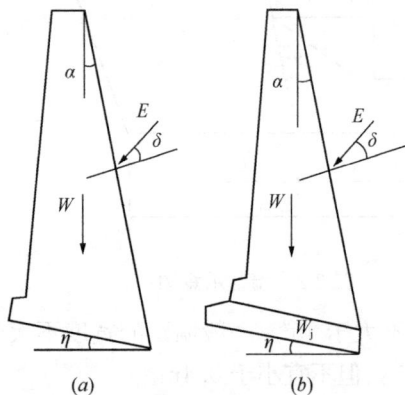

(a)　　*(b)*

图 3-4　倾斜基底抗滑稳定计算简图

如图 3-4 所示，把基底设置成倾斜就是保持墙面高度不变，而使墙踵下降一定高度。与水平基底相比，可以减小滑动力，增大抗滑力，从而增强抗滑稳定性。这时，不仅要作沿基底的抗滑稳定性验算，同时，还要验算地基土沿墙踵平面的抗剪稳定性。

① 沿斜基底面滑动

无基础时：

$$K_c = \frac{(W_N + E_N)f}{E_T - W_T} = \frac{[W\cos\eta + E\sin(\alpha + \delta + \eta)]f}{E\cos(\alpha + \delta + \eta) - W\sin\eta}$$

$$(3\text{-}3)$$

有钢筋混凝土基础时：

$$K_c = \frac{(W_N + E_N + W_{jN})f}{E_T - W_T - W_{jT}} = \frac{[W\cos\eta + E\sin(\alpha + \delta + \eta) + W_j\cos\eta]f}{E\cos(\alpha + \delta + \eta) - (W + W_j)\sin\eta} \quad (3\text{-}4)$$

式中　K_c——沿基底的滑动稳定系数；

　　f——挡土墙墙底摩擦系数；

　　α——铅垂线与挡土墙背坡面的交角（°），逆时针为正，顺时针为负；

　　δ——挡土墙背坡面与挡土墙背面填土之间的内摩擦角（°）；

η——挡土墙倾斜基底面与水平面的交角（°），逆时针为正，顺时针为负；

W——挡土墙的自重重力（kN）；

W_j——基础的自重重力（kN）；

W_N——挡土墙的自重重力在倾斜基底法线方向的分力（kN）；

W_T——挡土墙的自重重力在倾斜基底切线方向的分力（kN）；

W_{jN}——基础的自重重力在倾斜基底法线方向的分力（kN）；

W_{jT}——基础的自重重力在倾斜基底切线方向的分力（kN）；

E——挡土墙承受的土压力（kN）；

E_N——挡土墙承受的土压力在倾斜基底法线方向的分力（kN）；

E_T——挡土墙承受的土压力在倾斜基底切线方向的分力（kN）。

②地基土抗剪稳定性验算

无基础：

$$K_{c2} = \frac{(W + E_y + 0.5\gamma B_4 h_4) f_4}{E_x} \tag{3-5}$$

有钢筋混凝土基础：

$$K_{c2} = \frac{(W + W_j + E_y + 0.5\gamma B_4 h_4) f_4}{E_x} \tag{3-6}$$

式中　K_{c2}——沿基底面水平方向地基土抗剪强度的滑动稳定系数；

f_4——倾斜基础底下地基土的摩擦系数；

B_4——倾斜基础底下三角形土楔体的宽度（m）；

h_4——倾斜基础底下三角形土楔体的高度（m）；

W——挡土墙的自重重力（kN）；

W_j——基础的自重重力（kN）；

E_x——挡土墙承受的土压力在水平方向的分力（kN）；

E_y——挡土墙承受的土压力在竖直方向的分力（kN）；

γ——倾斜基础底下三角形土楔体的重度（kN/m^3）。

3.3.2　倾覆稳定性验算

重力式挡土墙抗倾覆稳定计算分为下列几种情况：

（1）无基础时，绕墙趾点的抗倾覆稳定；

（2）钢筋混凝土底板基础时，同时考虑基础自重产生的抵抗力矩；

（3）采用有锚杆的台阶式基础时，需考虑基础自重及锚杆拉力产生的抵抗力矩；

（4）采用锚桩式基础时，同时考虑基础自重及锚杆拉力产生的抵抗力矩。

无基础时倾覆稳定计算简图如图 3-5 所示。

计算公式：

$$K_0 = \frac{W Z_w + E_y Z_x}{E_x Z_y} \tag{3-7}$$

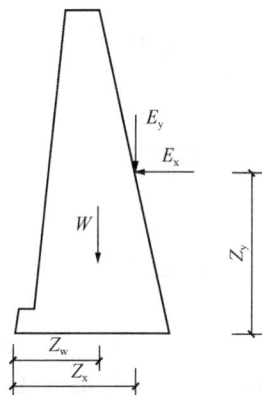

图 3-5　无基础时倾覆
稳定计算简图

式中　K_0——挡土墙绕墙趾或基础趾点的抗倾覆稳定系数；

$\quad\quad W$——挡土墙的自重重力（kN）；

$\quad\quad Z_x$——挡土墙承受的土压力在竖直方向的分力到倾覆计算点的水平距离（m）；

$\quad\quad Z_y$——挡土墙承受的土压力在水平方向的分力到倾覆计算点的竖向距离（m）；

$\quad\quad Z_w$——挡土墙的自重重力的重心到倾覆计算点的水平距离（m）；

$\quad\quad E_x$——挡土墙承受的土压力在水平方向的分力（kN）；

$\quad\quad E_y$——挡土墙承受的土压力在竖直方向的分力（kN）。

3.3.3　地基应力与偏心距验算

当挡土墙采用天然地基、换土地基、钢筋混凝土底板式基础时，一般须作基底应力和偏心距的验算。

（1）偏心距 e

偏心距计算简图如图 3-6 所示。

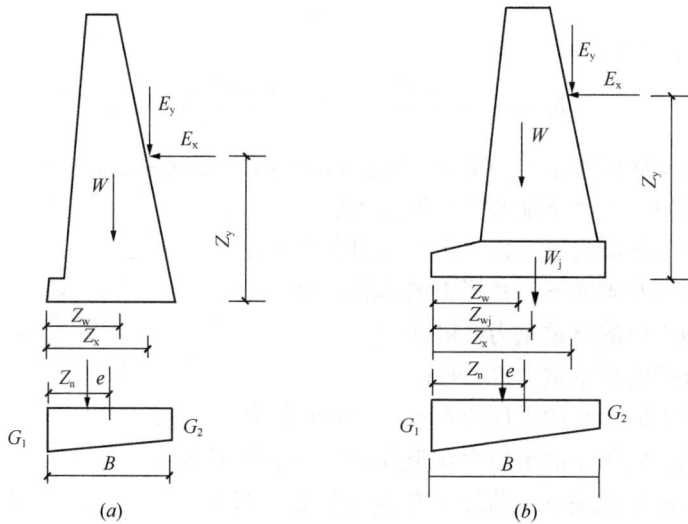

图 3-6　偏心距计算简图

（a）无基础时；（b）有基础时

计算公式：

$$e = \frac{B}{2} - Z_n = \frac{B}{2} - \frac{M_{all}}{W_{all}} \tag{3-8}$$

①无基础时

$$M_{all} = WZ_w + E_y Z_x - E_x Z_y \tag{3-9}$$

$$W_{all} = W + E_y \tag{3-10}$$

②有基础时

$$M_{all} = WZ_w + W_j Z_{wj} + E_y Z_x - E_x Z_y \tag{3-11}$$

$$W_{all} = W + W_j + E_y \tag{3-12}$$

式中　e——挡土墙（基础）底截面的偏心距（m），基底的合力偏心距应满足下列要求：土质地基，$e \leqslant B/6$；软弱岩石地基，$e \leqslant B/5$；不易风化的岩石地基，$e \leqslant B/4$；

$\quad\quad B$——挡土墙或基础底截面的宽度（m）；

M_{all}——作用挡土墙上全部荷载对墙或基础墙趾的弯矩（kN·m），顺时针为正；

W_{all}——作用挡土墙上全部竖向荷载之和（kN），向下为正；

Z_n——地基反力的合力作用点到挡土墙墙趾的距离（m）；

W——挡土墙的自重重力（kN）；

E_y——挡土墙承受的土压力在竖直方向的分力（kN）；

E_x——挡土墙承受的土压力在水平方向的分力（kN）；

Z_x——挡土墙承受的土压力在竖直方向的分力到墙趾点的水平距离（m）；

Z_y——挡土墙承受的土压力在水平方向的分力到墙趾点的竖向距离（m）；

Z_w——挡土墙的自重重力的重心到墙趾点的水平距离（m）；

W_j——挡土墙基础的自重重力（kN）；

Z_{wj}——挡土墙基础的自重重力的重心到倾覆计算点的水平距离（m）。

（2）地基应力 σ

①$e \leqslant B/6$

$$\sigma_{1,2} = \frac{W_{all}}{B}\left(1 \pm \frac{6e}{B}\right) \tag{3-13}$$

$$\sigma_{1,2} \leqslant \lambda_{1,2}[\sigma] \tag{3-14}$$

$$\sigma \leqslant \lambda_3[\sigma] \tag{3-15}$$

其中天然地基：

$$\sigma = 0.5(\sigma_1 + \sigma_2) \tag{3-16}$$

换填土地基底部：

$$\sigma \leqslant \lambda_3[\sigma] \tag{3-17}$$

式中 $\sigma_{1,2}$——分别为挡土墙墙趾、墙踵的地基应力（kPa）；

σ——挡土墙基础底面的平均压应力（kPa）；

$\lambda_{1,2}$——分别为墙趾、墙踵的地基承载力提高系数；

　　一般挡墙：墙趾提高系数，默认为 1.2；墙踵提高系数，默认为 1.3；

　　抗震挡墙：墙趾提高系数，默认为 1.5；墙踵提高系数，默认为 1.625；

λ_3——地基平均承载力提高系数；一般挡墙：默认为 1.0；抗震挡墙：默认

　　为 1.25；

$[\sigma]$——挡土墙地基允许的
承载力（kPa）；

B——墙底截面宽度（m）；

γ——换填土平均重度
（kPa）；

h——换填土高度（m），
见图 3-7；

L——换填土扩散线间距
离（m），见图 3-7；

其他符号同上。

②$e > B/6$

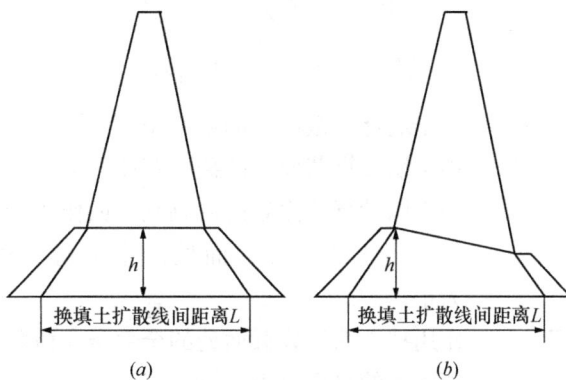

图 3-7 换填土基础下地基应力计算简图
（a）墙底水平；（b）墙底倾斜

当 $e>B/6$ 时，基底出现拉应力，不考虑地基承受拉力，则地基应力重分布，按下式计算：

$$\sigma_{max} = \frac{2W_{all}}{3Z_n} \qquad (3\text{-}18)$$

$$Z_n = M_{all}/W_{all} \qquad (3\text{-}19)$$

式中　σ_{max}——地基应力重分布之后，最大的地基压应力（kPa）；

　　　Z_n——地基反力的合力作用点到挡土墙地基反力最大点的距离（m）；

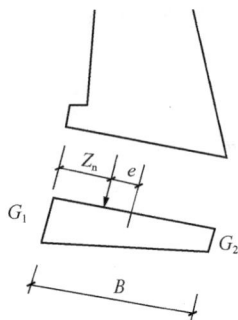

其他符号同上。

注意：σ_{max} 满足式（3-14）、式（3-15）要求；挡土墙倾斜基底倾斜面上的偏心距和应力的验算方法同上，只是基础底宽取斜面宽度，验算倾斜面上的偏心距和应力，如图 3-8 所示。

图 3-8　倾斜基底偏心距计算简图

3.3.4　墙身截面强度验算

对墙底截面和墙趾台阶顶截面如图 3-9 所示进行强度验算。需要说明的是，当有第二破裂面时，作用于实际墙背的土压力与作用于第二破裂面上的土压力之间的关系为：与 E'_x 作用高度相同；$E'_x = E_x$；$E_y = E_x \tan\alpha$；其中：α 为上墙墙背的倾斜角度（°）。

（1）正应力验算

$$e = \frac{B}{2} - Z_n = \frac{B}{2} - \frac{M_{all}}{W_{all}} \quad (3\text{-}20)$$

$$M_{all} = WZ_w + E_yZ_x - E_xZ_y$$
$$\qquad\qquad (3\text{-}21)$$

$$W_{all} = W + E_y \qquad (3\text{-}22)$$

$$\sigma_{min}^{max} = \frac{W_{all}}{B}\left(1 \pm \frac{6e}{B}\right) \quad (3\text{-}23)$$

$$|\sigma_{min}^{max}| \leqslant [\sigma] \qquad (3\text{-}24)$$

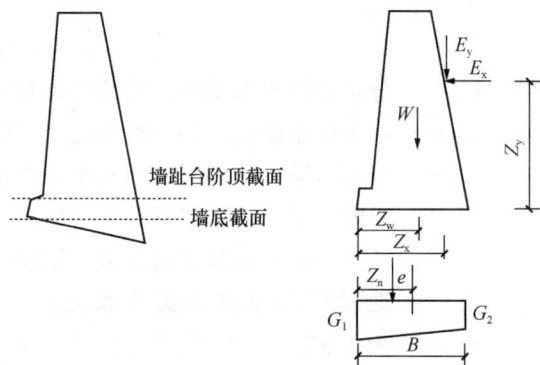

墙趾台阶顶截面

墙底截面

图 3-9　墙身截面验算简图

式中　e——挡土墙计算截面处的偏心距（m），要求 $e \leqslant 0.3B$；

　　　B——挡土墙计算截面处的截面宽度（m）；

　　　Z_n——挡土墙计算截面处的内侧到截面作用合力点的距离（m）；

　　　M_{all}——作用挡土墙计算截面处的全部荷载对墙内侧的弯矩（kN·m），顺时针为正；

　　　W_{all}——作用挡土墙计算截面处的全部竖向荷载之和（kN），向下为正；

　　　W——挡土墙的自重重力（kN）；

　　　Z_w——挡土墙的自重重力的重心到计算截面处内侧的水平距离（m）；

　　　E_y——挡土墙承受的土压力在竖直方向的分力（kN）；

E_x——挡土墙承受的土压力在水平方向的分力（kN）；

Z_x——挡土墙承受的土压力在竖直方向的分力到计算截面处内侧的水平距离（m）；

Z_y——挡土墙承受的土压力在水平方向的分力到计算截面处的竖向距离（m）；

σ_{max}——挡土墙计算截面处的最大应力（kPa）；

σ_{min}——挡土墙计算截面处的最小应力（kPa）；

$[\sigma]$——材料的抗压（抗拉）设计强度（允许值）（kPa）；

其他符号同上。

(2) 剪应力验算

$$\tau = \frac{E_x - (W + E_y)f}{B} \tag{3-25}$$

$$\tau \leqslant [\tau] \tag{3-26}$$

式中　τ——挡土墙计算截面处的剪应力（kPa）；

E_y——挡土墙承受的土压力在竖直方向的分力（kN）；

E_x——挡土墙承受的土压力在水平方向的分力（kN）；

W——挡土墙的自重重力（kN）；

B——挡土墙计算截面处的截面宽度（m）；

f——圬工（挡土墙）间摩擦系数；

$[\tau]$——挡土墙计算截面处材料抗剪强度设计值（允许值）（kPa）；

其他符号同上。

墙身截面验算时破裂面位置如图 3-10 所示。

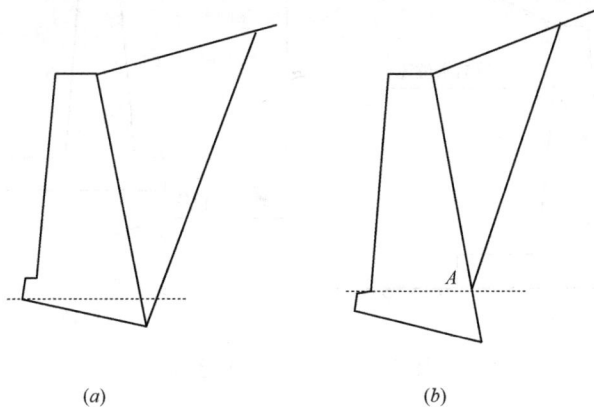

(a)　　　　　　　　　　　　(b)

图 3-10　墙身截面验算时破裂面位置

(a) 墙底截面；(b) 墙趾台阶顶截面

3.3.5　整体稳定计算

整体稳定计算如图 3-11 所示，按瑞典条分法计算整体稳定性，采用有效应力法。

$$K = \frac{M_k}{M_q} = \frac{\sum c'_{ik} l_i + \sum (q_0 b_i + w'_i)\cos\theta_i \tan\varphi'_{ik} + p_s}{\sum (q_0 b_i + w_i)\sin\theta_i + p_e} \tag{3-27}$$

式中　K——整体稳定安全系数；

M_k——抗滑力矩（kN·m）；

M_q——滑动力矩（kN·m）；

c'_{ik}、φ'_{ik}——最危险滑动面上第 i 土条滑动面上土的固结排水（慢）剪黏聚力（kPa）、内摩擦角标准值（°）；

l_i——第 i 土条的滑裂面弧长（m）；

b_i——第 i 土条的宽度（m）；

w_i——作用于滑裂面上第 i 土条的重量，水位以上按上覆土层的天然土重计算，水位以下按上覆土层的饱和土重计算（kN/m）；

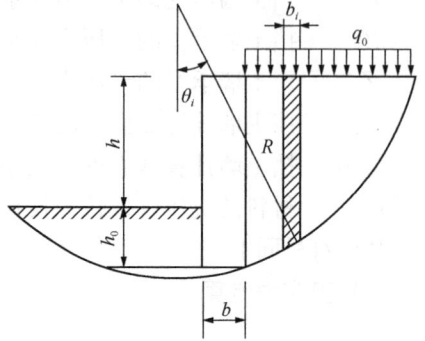

图 3-11　整体稳定计算

w'_i——作用于滑裂面上第 i 土条的重量，水位以上取按上覆土层的天然土重计算，水位以下按上覆土层的浮重度计算（kN/m），其中水位连线图如图 3-12 所示；

θ_i——第 i 土条弧线中点切线与水平线夹角（°）；

q_0——作用于坡面上的荷载（kPa）；

p_s——筋带作用力产生的抗滑力矩（kN·m）；

p_e——地震作用力产生力矩（kN·m）；

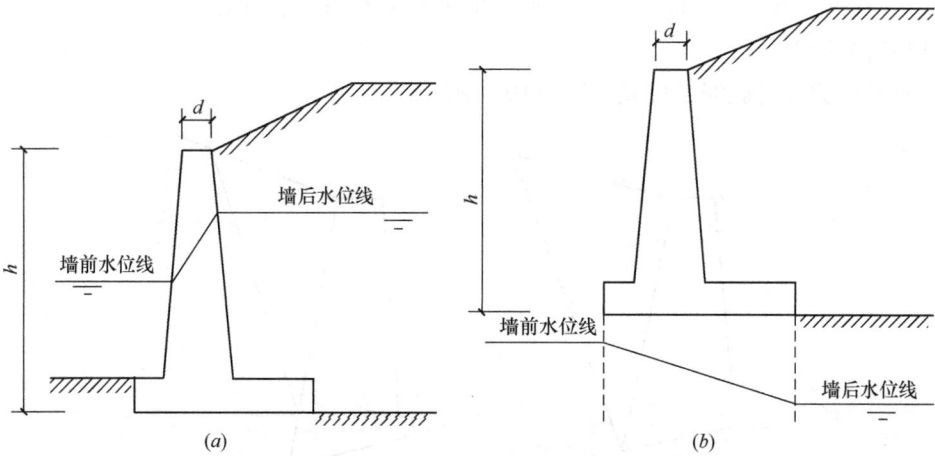

图 3-12　水位连线示意图

3.4　理正岩土设计流程及参数详解

通过以上设计计算内容与方法的介绍，相信读者已经对重力式挡土墙相关计算验算有了初步的了解，接下来通过对理正岩土设计软件中重力式挡土墙计算模块参数详解，让大家更深入地理解重力式挡土墙设计方法和计算内容。理正岩土软件的一般操作流程详见第 1 章概述。

3.4.1　交通行业挡土墙设计

运行软件后选择【挡土墙设计】。进入后选择相关行业的重力式挡土墙设计，会进入主操作界面如图 3-13（a）、（b）所示。

在工程操作界面点击【增】命令，程序将显示对话框界面，选择例题后点击确认后，弹出如图 3-13（c）所示墙身尺寸输入界面。在该窗口可选择进行挡土墙的验算和自动设计两种操作。该对话框一共包括 5～6 个标签（公路 6 个标签、铁路 5 个标签），分别对应挡土墙设计的 5～6 个方面的分析设计参数。下面分别对各个标签下属的参数输入作以说明。

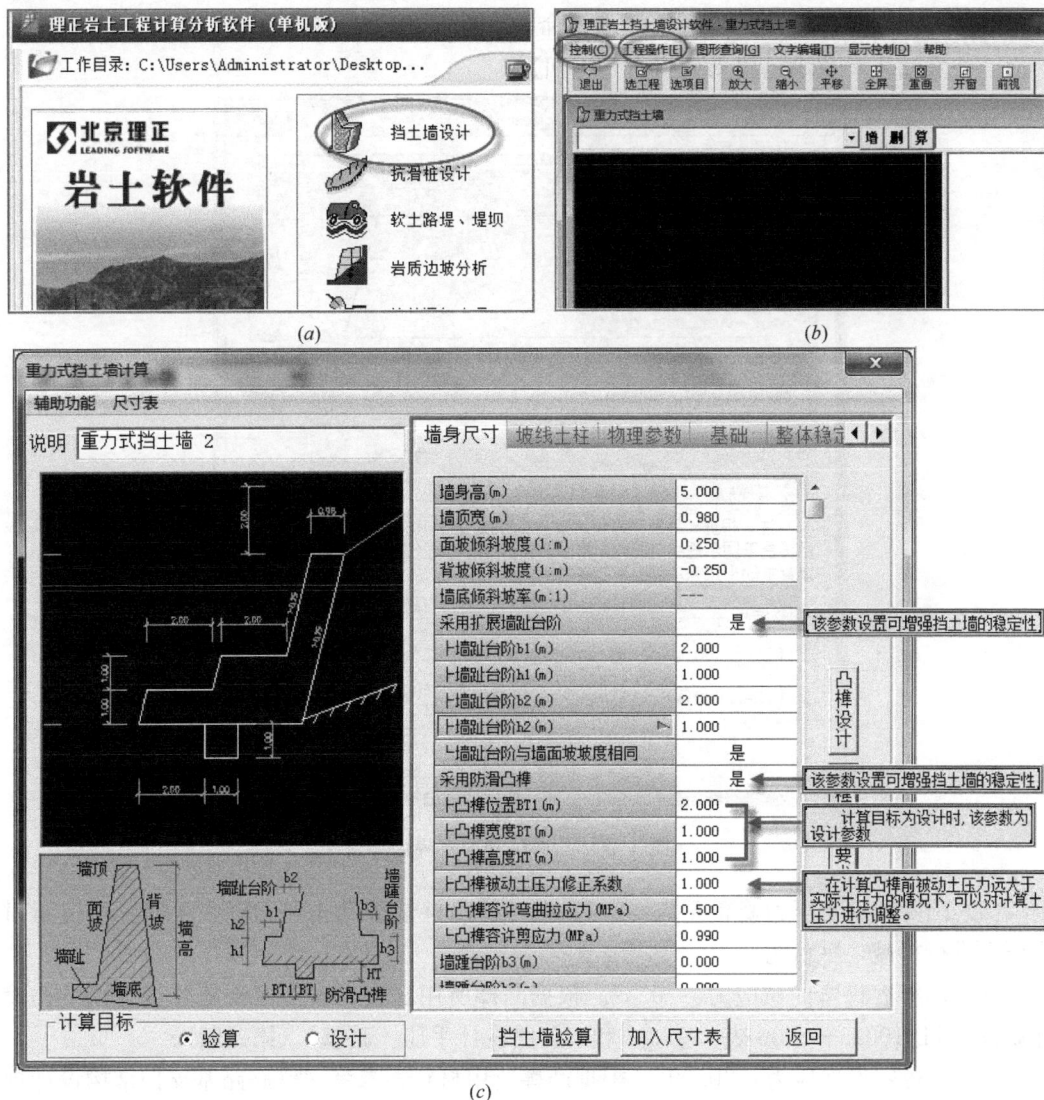

图 3-13　挡土墙设计操作界面

（a）理正岩土工程计算分析软件运行界面；（b）重力式挡土墙设计主界面；（c）墙身尺寸输入界面

（1）墙身尺寸

选择【墙身尺寸】标签，程序将显示如图 3-13（c）所示的输入对话框界面。在该对话框界面中主要需要输入参数信息，前 5 项均为基本信息，读者自行输入，而且将鼠标放在参数输入栏，理正均有提示，这里不赘述。下面主要介绍几个关键参数的输入。

①采用扩展墙趾台阶:【否】。

扩展墙趾台阶主要影响挡土墙的整体稳定、抗滑移稳定。如需要设计墙趾扩展台阶,选择【是】后输入台阶的尺寸参数。

②采用防滑凸榫:【否】。

防滑凸榫主要影响挡土墙的抗滑移稳定性。选择【是】后,右侧【凸榫设计】和【凸榫构造要求】命令被激活。理正软件提供了自动设计凸榫和凸榫校核功能。读者也可以自行输入凸榫参数后点击【凸榫构造要求】命令,程序将显示如图 3-14 所示的输入对话框界面。查看输入参数满足要求后点击【返回】。

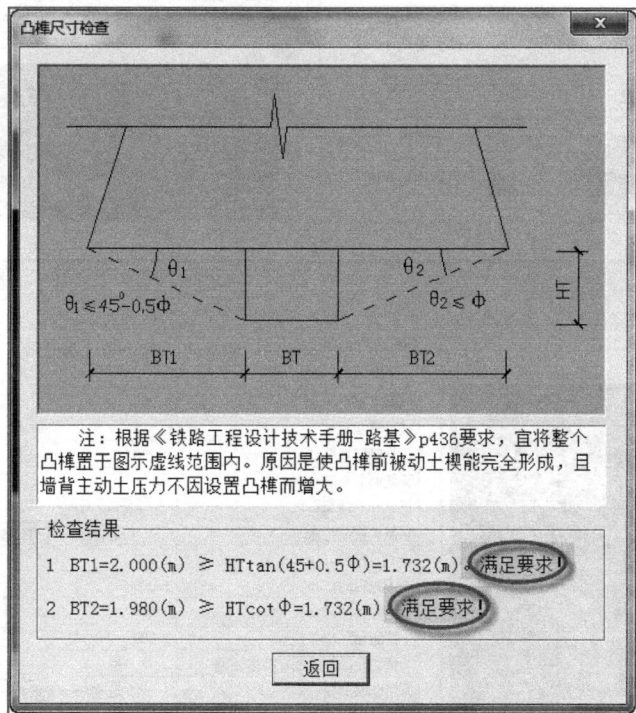

图 3-14 凸榫尺寸检查界面

(a) 凸榫被动土压力修正系数:"1"。在计算凸榫前被动土压力远大于实际情况下对土压力进行折减,默认为 1。

(b) 凸榫容许弯曲拉应力:"0.5"。根据凸榫所用材料,参考《铁路路基支挡结构设计规范》TB 10025—2006 表 3.1.3-2 和《公路设计手册 路基》(第二版)。

(c) 凸榫容许剪应力:"0.99"。根据凸榫所用材料,参考《铁路路基支挡结构设计规范》TB 10025—2006 表 3.1.3-2 和《公路设计手册 路基》(第二版)。

注意:当选择设计防滑凸榫时,墙底倾斜坡率为 0。

(2)坡线土柱

选择【坡线土柱】标签,【公路行业】程序将显示如图 3-15 (a)、【铁路行业】程序将显示 3-15 (b) 所示的输入对话框界面。在该对话框界面中主要需要输入参数信息,下面主要介绍关键参数的输入。

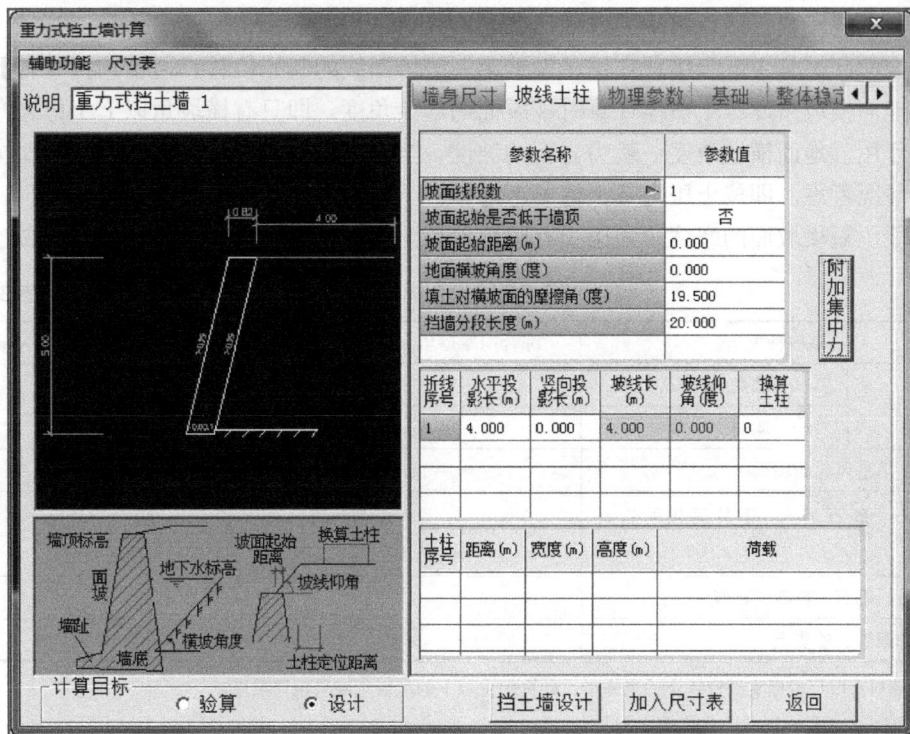

(a)

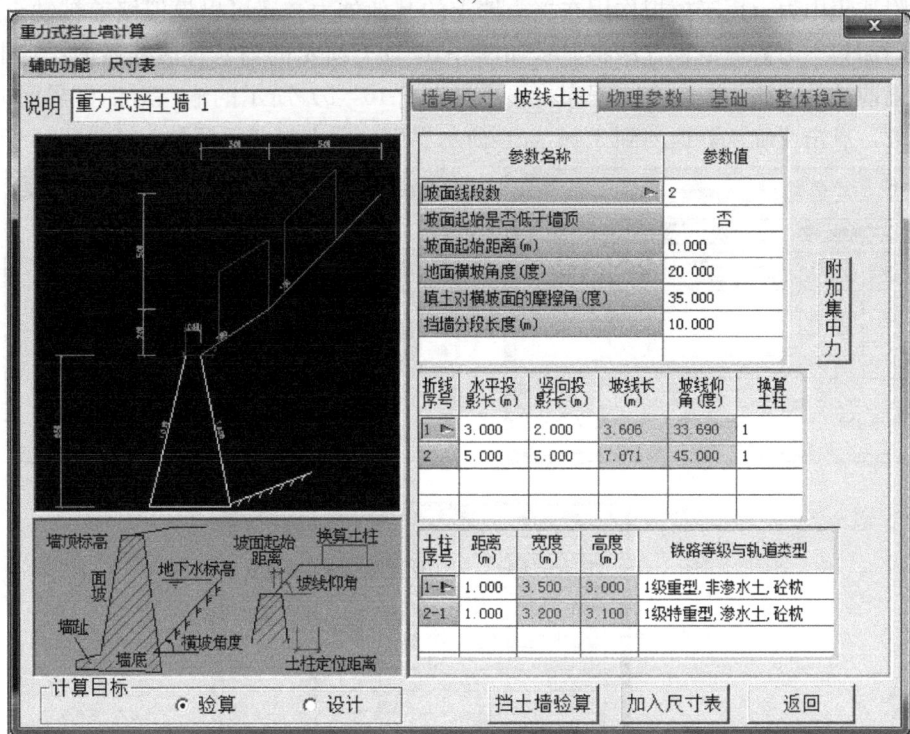

(b)

图 3-15　坡线土柱输入界面

(a) 公路行业坡线土柱输入界面；(b) 铁路行业坡线土柱输入界面

①坡面线段数：墙后填土的坡面形式，输入值≥1。

②坡面起始是否低于墙顶：用于设置第一段坡面线的起始位移，通常选择【否】。

③地面横坡角度：土楔体计算时破裂面的起始角度，即只有横坡角以上土体才产生土压力的作用。地面横坡角度一般为岩石的坡度，当挡土墙后都为土体时可取0，即按土压力最大情况考虑。即按土压力最大情况考虑。

④填土对横坡面的摩擦角：用于有限范围填土土压力的计算，由表3-1中选取。

填料内摩擦角或综合内摩擦角（°）　　　　　　　　　表3-1

填料种类		综合内摩擦角 φ_0	内摩擦角 φ	重度（kN/m³）
黏性土	墙高 $H \leqslant 6m$	35～40	—	17～18
	墙高 $H > 6m$	30～35	—	
碎石、不易风化的块石		—	45～50	18～19
大卵石、碎石类土、不易风化的岩石碎块		—	40～45	18～19
小卵石、砾石、粗砂、石屑		—	35～40	18～19
中砂、细砂、砂质土		—	30～35	17～18

注：填料重度可根据实测资料作适当修正，计算水位以下的填料重度采用浮重度。

⑤挡墙分段长度：按挡土墙的设缝间距划分，在公路行业影响车辆荷载的计算。

⑥附加集中力：用于模拟作用在挡土墙上的其他外力，还可以模拟墙前被动土压力。点击【附加集中力】命令，程序将显示如图3-16（a）所示的输入对话框界面。点击【加入等效墙前被动土压力】命令，程序将显示如图3-16（b）所示的输入对话框界面，输入相关参数，点击【确认】返回到3-16（c）所示界面，再点击【返回】。

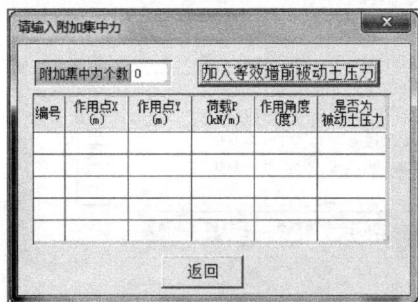

(a)

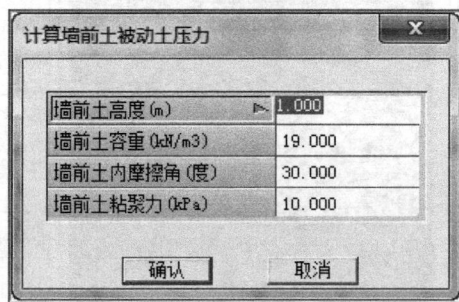

(b)

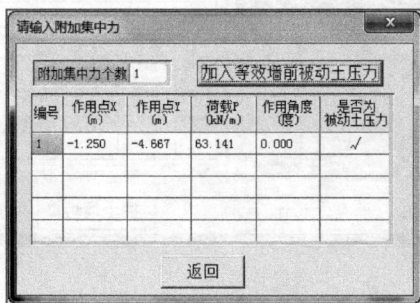

(c)

图3-16　附加集中力输入界面

注意：荷载大小为作用在挡墙纵向一延米范围内的外力；附加外集中力表示沿挡土墙纵向方向上的一个线性局部荷载；坐标原点为墙的左上角点；力的角度方向以水平右向为0°，逆时针旋转为正；荷载输入后在图形界面上有相应图示。

（3）物理参数

选择【物理参数】标签，程序将显示如图 3-17 所示的输入对话框界面。在该对话框界面中主要需要输入参数信息，下面主要介绍关键参数的输入。

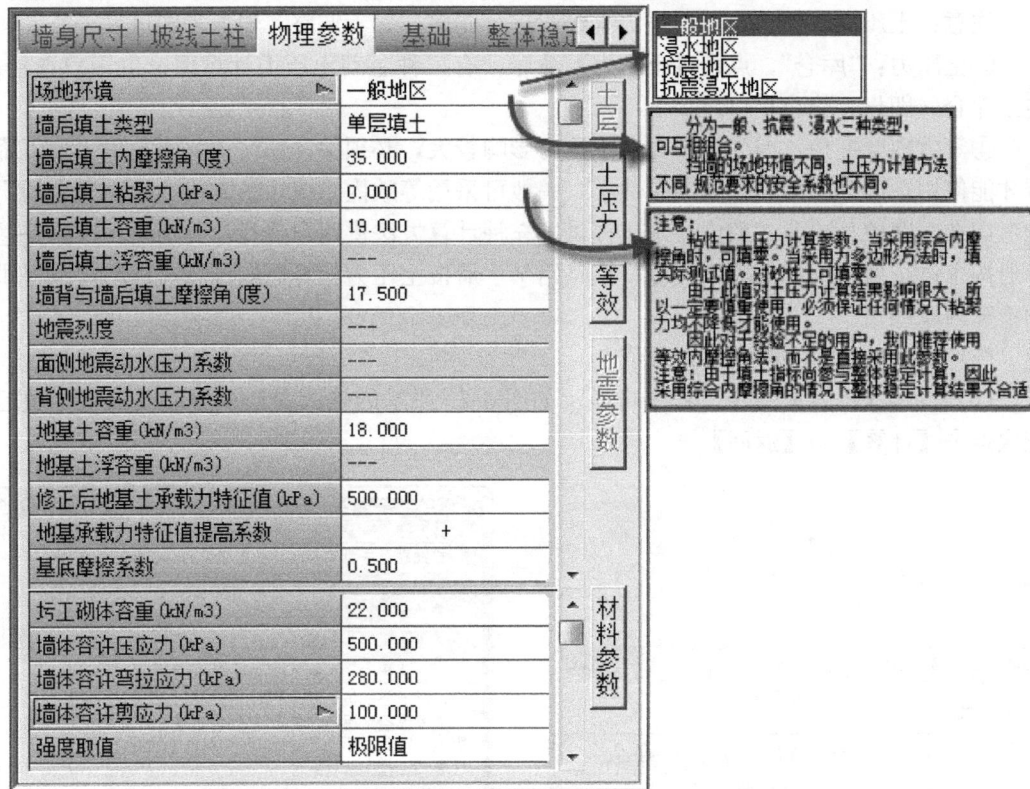

图 3-17　物理参数输入界面

①场地环境："一般地区"。有四种类型，可考虑地震和浸水。

注意：当选择"浸水地区"时，在【坡线土柱】标签下会要求输入水位标高，如图 3-18 所示。

注意：浸水挡墙验算时，水压力的影响主要表现在四个方面：

（a）用库仑理论计算土压力时破坏楔体要考虑水压力的作用。

（b）在计算墙体受力时要考虑静水压力和水浮力的影响。本软件可以考虑墙体内外

图 3-18　水位标高输入界面

注：图中"容重"应为"重度"，因是软件截图，书中不作改动。——编者注。

侧不同的情况，但只考虑静水压力的作用，不考虑渗透水压力的作用。

（c）挡土墙浮力矩，即可作为抗倾覆力矩的减项也可作为倾覆力矩的加项参与倾覆稳定安全计算。

（d）非抗震地区，抗滑力计算中，墙踵填土水上部分采用浮重度。

②墙后填土类型："单层"。有"单层"和"多层"两种选择。当选择"多层"时，点击【土层】命令，程序将显示如图 3-19 所示的输入对话框界面。

注意：土压力调整系数可根据工程经验进行调整，如不调整，输入 1 即可。

③土压力："库仑"。点击【土压力】命令，有三种主动土压力计算理论供用户选择，包括库仑、朗背、静止。

④等效内摩擦角：因为黏聚力对土压力影响较大，必须保证任何情况下黏聚力均不降低才能使用，因此墙后填土如为黏性土，一般可采用等效内摩擦角的方法，把黏聚力的影响考虑在内摩擦角这一参数内。理正提供了三种计算方法供用户选择，分别是：铁路路基手册按土体抗剪强度相等原则计算；铁路路基手册按土压力相等原则计算；堤防规范提供的换算内摩擦角。

（a）输入黏聚力和内摩擦角数值

（b）点击【等效】命令，程序将显示如图 3-20 所示的输入对话框界面。输入参数后依次点击【计算】＞【返回】。

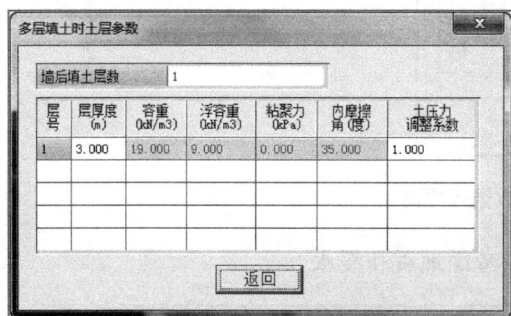

图 3-19　土层参数输入界面

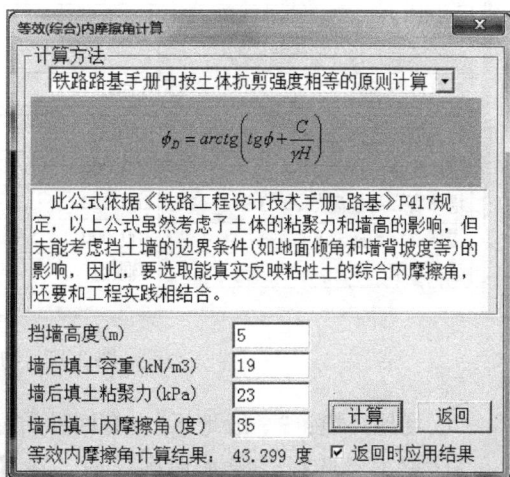

图 3-20　等效内摩擦角计算界面

注意：挡墙高度为墙后的高度，软件自动计算，一般无需手动更改。

⑤墙背与墙后填土摩擦角：该参数用于土压力计算，影响土压力大小及作用方向，取值由墙背粗糙程度和填料性质及排水条件决定，无试验资料时，可参见《公路设计手册路基》。

⑥地震参数：选择抗震区或抗震浸水区挡墙时需交互地震参数。点击【地震参数】命令，程序将显示如图 3-21 所示的输入对话框界面。在该对话框界面中现主要需要输入如下设计参数信息。

（a）水上、水下地震角：根据地震烈度确定，参考《公路工程抗震规范》JTG B02—

2013 附录 A。

（b）重要性修正系数 C_i：一般取 0.6～1.7。参考《公路工程抗震规范》 JTG B02—2013 表 3.2.2。

（c）综合影响系数 C_z：一般取 1.0，参考《公路工程抗震规范》 JTG B02—2013 表 8.2.6。

注意：墙底截面验算取全墙地震力，台顶截面验算取扩展台阶以上挡墙高度计算地震力，分布系数 φ_i 按照式（3-28）所示，其中 h_i 为挡土墙墙趾至第 i 截面的高度

$$\varphi_i = \begin{cases} \dfrac{1}{3}\dfrac{h_i}{H} + 1.0 \\ \dfrac{3}{2}\dfrac{h_i}{H} + 0.3 \end{cases} \quad (3\text{-}28)$$

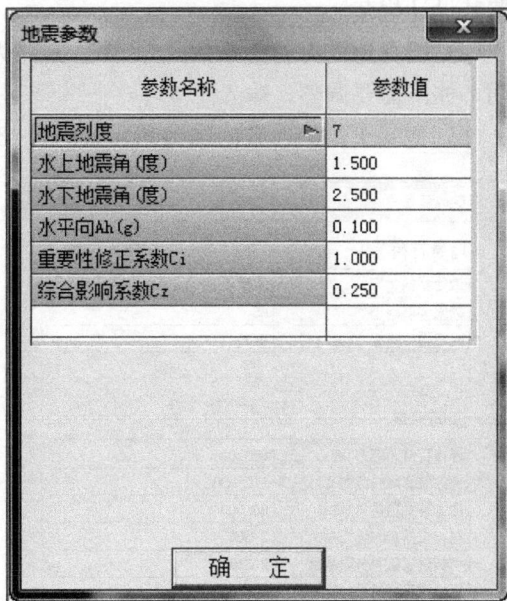

⑦地基土参数：

地震参数	
参数名称	参数值
地震烈度　　　　▷	7
水上地震角（度）	1.500
水下地震角（度）	2.500
水平向Ah（g）	0.100
重要性修正系数Ci	1.000
综合影响系数Cz	0.250

确　定

图 3-21　地震参数输入界面

（a）地基土容重和修正后地基土承载力特征值：由试验所得。

（b）基底摩擦系数：用于滑移稳定验算，无资料时参考《公路设计手册　路基》（第二版），详见表 3-2。

表 3-2

基底摩擦系数

基底类别		摩擦系数	基底类别	摩擦系数
黏性土	软塑状态（$0.5 \leqslant I_L < 1$）	0.25	砾（卵）石类土	0.40～0.50
	硬塑状态（$0 \leqslant I_L < 0.5$）	0.25～0.30	软质岩石	0.40～0.60
	半坚硬状态（$I_L < 0$）	0.30～0.40	表面粗糙的硬质岩石	0.60～0.70
砂		0.40	—	—

（c）地基承载力特征值提高系数：如无特殊要求，墙趾墙踵提高系数可与平均提高系数相同。

（d）地基浮力系数：基底浮力的调整系数；参考《公路设计手册　路基》，其他行业可直接取 1.0，详见表 3-3。

表 3-3

地基浮力系数

地基类别	浮力系数	地基类别	浮力系数
密实潮湿的黏土或粉质黏土	0.7～0.8	均质而透水性小的岩石	0.35
含水饱和的粉质黏土或粉质黏土	0.85～0.9	裂缝不严重的岩石	0.35～0.50
细砂、中砂及砾砂	0.9～0.95	裂缝严重的岩石	0.75～0.95

（e）地基土类型和公路等级：根据具体工程而定。

（f）抗震基底容许偏心距：参考《铁路工程抗震设计规范》 TB 10025—2006 和《公

路路基设计规范》。

（g）墙身地震力调整系数："1.0"。α 即为地震力调整系数，可根据经验调整地震力作用，如不需要调整，输入 1.0。

（h）地基土黏聚力和内摩擦角："10"、"30"。由试验所得。

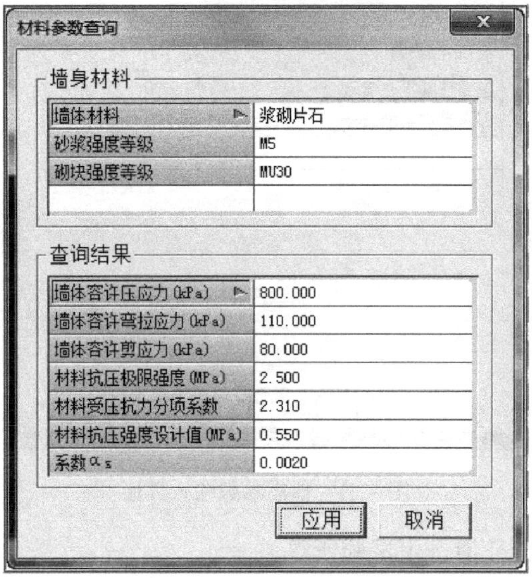

图 3-22　材料参数输入界面

（i）地基强度和偏心距验算时："斜面长度作为基础底"斜面长度作为基础底；水平投影长作为基础底。

⑧墙身参数：

（a）点击【材料参数】命令，程序将显示如图 3-22 所示的输入对话框界面。选择"墙身材料"后理正自动搜索相应参数显示在"查询结果"一栏，用户也可自行交互输入，具体参数选取对于铁路行业，可参考《铁路路基支挡结构设计规范》TB 10025—2006；对于公路行业，可参考《公路设计手册　路基》。完成后点击【应用】命令。

（b）地基土摩擦系数：地基土与地基土之间的摩擦系数，用于倾斜基地时的水平滑移验算，取值与地基土的类别有关，如无试验资料，可参考《公路设计手册　路基》，详见表 3-4。

地基土摩擦系数　　　　　　　　　　　　　　　　　　　　表 3-4

地基土名称	摩擦系数	地基土名称	摩擦系数	地基土名称	摩擦系数
松散的干砂性土	0.58～0.70	干的黏性土	0.84～1.00	湿的砾石	0.58
湿润的砂性土	0.62～0.84	湿的黏性土	0.36～0.58	干而密实的淤泥	0.84～1.20
饱和的砂性土	0.36～0.47	干的砾石（小卵石）	0.70～0.84	湿润的淤泥	0.36～0.47

（c）圬工之间摩擦系数：圬工与圬工间的摩擦系数，用于强身截面强度验算中的剪应力验算，取值与圬工种类有关，一般取 0.4～0.5。参考《公路设计手册　路基》。

（4）基础

选择【基础】标签，程序将显示如图 3-23 所示的输入对话框界面。点击【基础类型】下拉菜单，有 5 种形式的基础供用户选择。

①天然地基，如图 3-23 所示。

②钢筋混凝土底板：

（a）土压力起算点：通常选择"从结构地面起算"。

（b）参数输入菜单为基本参数，不再赘述。

（c）钢筋抗拉强度设计值、混凝土容许主拉应力以及混凝土容许剪应力：根据理正软件提示选择，参考《铁路桥涵钢筋混凝土和预应力钢筋混凝土结构设计规范》。

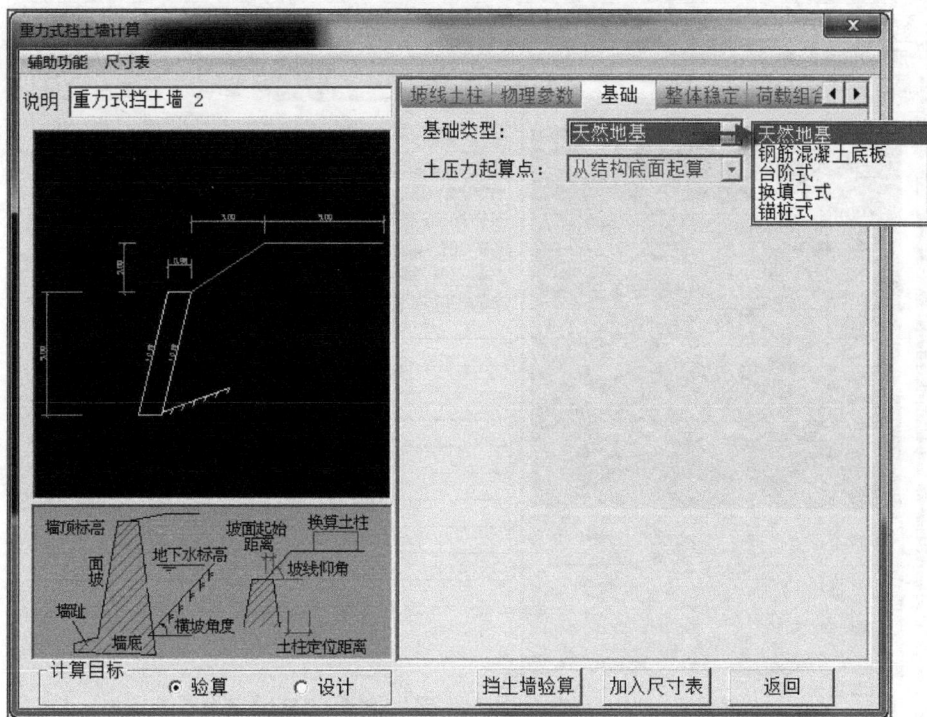

图 3-23 天然地基

③锚桩式：

锚孔壁对砂浆的极限抗剪强度：参考《铁路路基支挡结构设计规范》TB 10025—2006。

(5) 整体稳定

选择【整体稳定】标签，程序将显示如图 3-24 所示的输入对话框界面。在该对话框界面中主要需要输入参数信息，下面主要介绍关键参数的输入。

①稳定计算容许安全系数：不小于 1.25。

②稳定计算目标：自动搜索、给定圆心范围 、给定圆心半径 、给定圆心四种选择。通常选择自动搜索最危险滑裂面。

③土条宽度、圆心步长、半径步长：参数越小越精确，但会影响计算速度。默认为取"1"。

④土条切向分力与滑动方向反向时：当下滑力对待、当抗滑力对待两种选择，通常选择前一种。

(6) 荷载组合

对于公路行业的重力式挡土墙设计，还可以选择【荷载组合】标签，程序将显示如图 3-25 所示的输入对话框界面。在荷载组合时有多种组合，具体组合方式以及组合系数和分项系数参考《公路路基设计规范》表 5.4.2-1 和《建筑边坡工程技术规范》3.3.2-4。如图 3-25 所示。

完成以上 6 步操作，一个重力式挡土墙的模型已建立完成，点击【挡土墙验算】命令，程序将按照设计人员提交控制参数信息开始挡土墙验算。

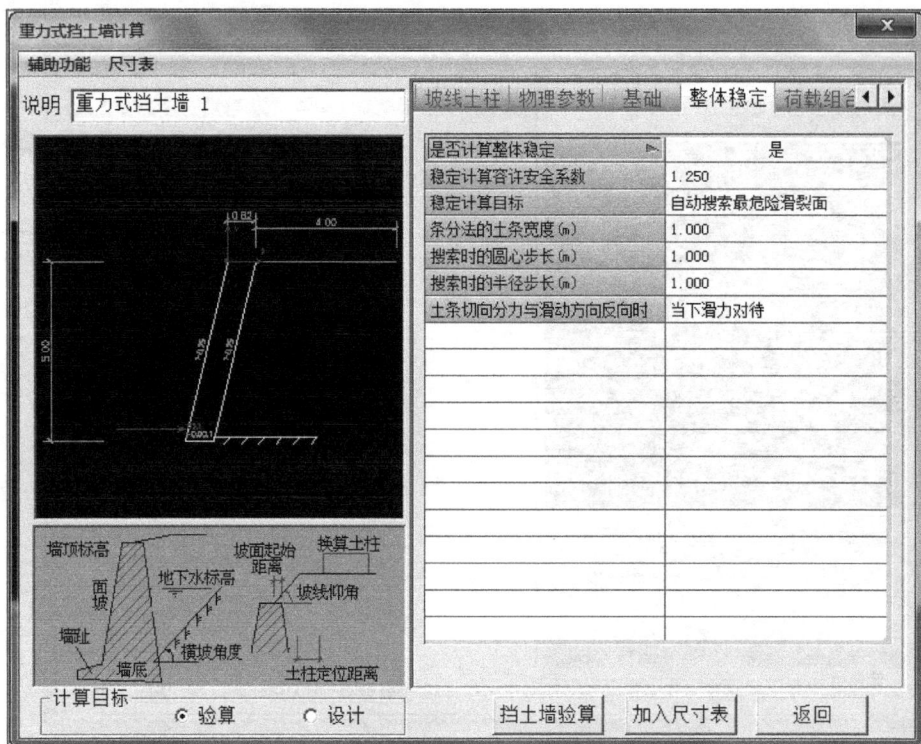

图 3-24　整体稳定输入界面

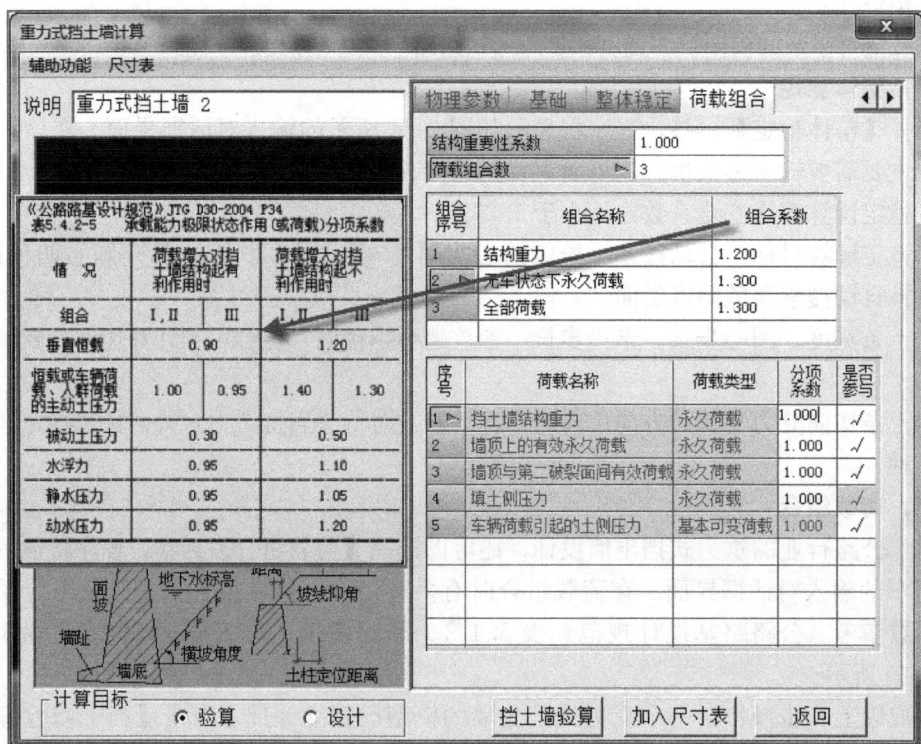

图 3-25　荷载组合输入界面

　　计算结果查询界面分为左右两个窗口，左侧窗口用于查询图形结果，包括计算简图、土压力计算结果和稳定计算结果，点击【图形查询】＞【显示简图存为 DXF 文件】可存成 dxf 文件以便在 AutoCAD 中打开。右侧窗口用于查询文字结果，包括原始条件和计算结果，在显示窗口鼠标右键选择存成 rtf 文件，用 word 打开，或存成 txt 文本文件。如图 3-26 所示。

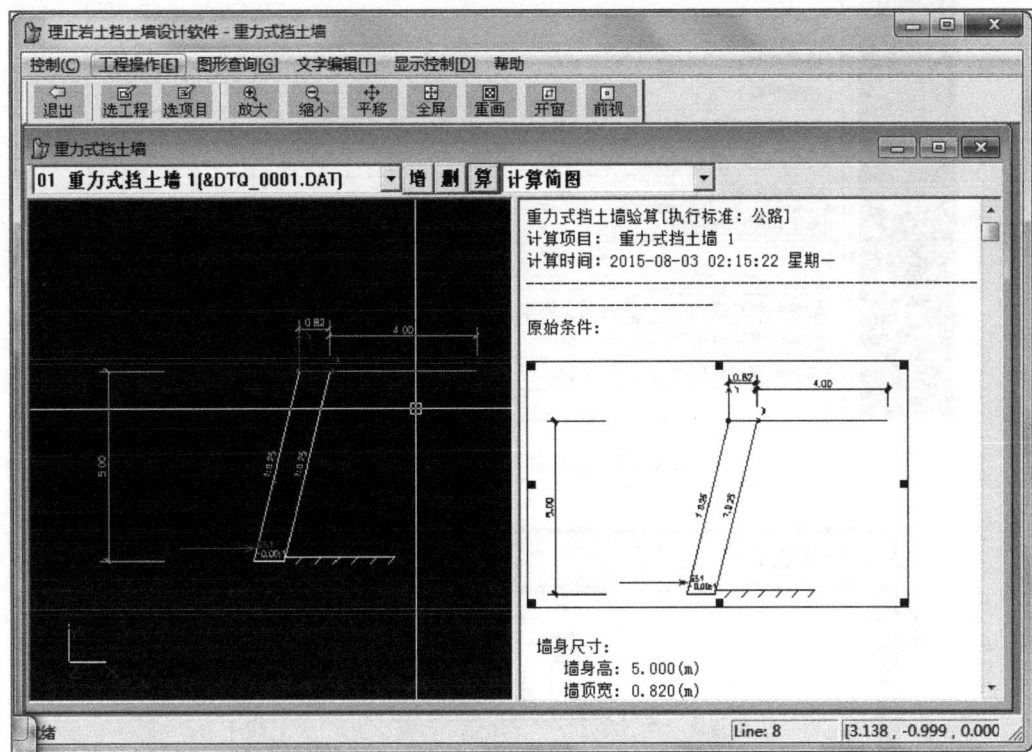

图 3-26　结果查询窗口

　　注意：当验算结果显示蓝色表明满足要求，如为红色则表明不满足要求，需调整参数。

3.4.2　建筑行业挡土墙设计

(1) 基本信息

　　选择【基本信息】标签，程序将显示如图 3-27 所示的输入对话框界面。在该对话框界面中主要需要输入参数信息，边坡类型分为土质边坡及岩质边坡可选。而边坡等级会影响结构重要性系数，对于一级边坡结构重要性系数为 1.1，而二级边坡结构重要性系数为 1.0。防滑凸榫主要影响挡土墙的抗滑移稳定性，也可以选择钢筋混凝土扩展基础来达到相同目的，具体参数选择参考《建筑地基基础设计规范》GB 50007—2011；其他各项信息读者自行输入，将鼠标放在参数输入栏，理正均有提示，这里不再赘述。实际计算图例示意图如图 3-28 所示。

图 3-27　建坡挡墙设计基本信息

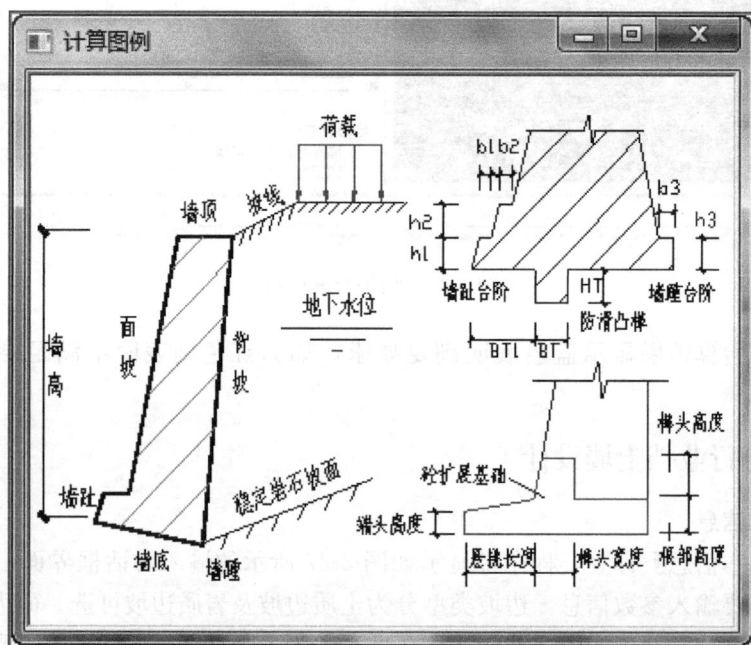

图 3-28　建坡挡墙计算图例示意图

（2）岩土信息

选择【岩土信息】标签，程序将显示如图 3-29 所示的输入对话框界面。在该对话框界面中主要需要输入参数信息，基本信息请读者按照实际给定参数自行输入，下面主要介绍关键参数的输入。

基本信息	岩土信息	荷载信息	整体稳定

背侧坡线数	1	面侧坡线数	----	
墙趾埋深 (m)	▷ 1.000			

背侧坡线序号	水平投影长 (m)	竖向投影长 (m)	坡线长 (m)	坡线仰角 (度)	荷载数
1	7.000	2.000	7.280	15.945	2

坡线荷载序号	荷载类型	距离 (m)	宽度 (m)	荷载值 (kPa, kN/m)
1-1 ▷	满布均载	----	----	20.000
1-2	满布均载	----	----	10.000

面侧坡线序号	水平投影长 (m)	竖向投影长 (m)	坡线长 (m)	坡线仰角 (度)
1 ▷	----	----	----	----
2	----	----	----	----

岩层重度 (kN/m³)	▷ 25.000	岩层粘聚力 (kPa)	0.000
岩层内摩擦角 (度)	30.000	岩层与墙背摩擦角 (度)	15.000

墙背存在外倾结构面	▷ ✓		
起点低于墙顶距离 (m)	4.000	倾角 (度)	45.000
粘聚力 (kPa)	0.000	内摩擦角 (度)	30.000
主点外倾结构	✓	起始结构与水平距离 (m)	4.000

地基岩土重度 (kN/m³)	▷ 18.000	地基岩土粘聚力 (kPa)	10.000
地基岩土内摩擦角 (度)	30.000	修正后承载力特征值 (kPa)	500.000
地基岩土对基底摩擦系数	0.500		

图 3-29　建坡挡墙岩土信息输入界面

①背侧坡线数：只能为 1。

②墙趾埋深：参数选取参考《建筑边坡工程技术规范》GB 50330—2013 表 11.3.6。

③墙背是否存在外倾结构面：当墙背为有外倾结构面的边坡时，会影响土体的侧向压力及主动土压力合力，具体选择参照《建筑边坡工程技术规范》GB 50330—2013 6.3 节。

(3) 荷载信息

选择【荷载信息】标签，程序将显示如图 3-30 所示的输入对话框界面。在该对话框界面中主要需要输入参数信息，下面主要介绍关键参数的输入。

①场地环境：有两种类型，可考虑地震。

注意：当选择"一般抗震地区"时，在【地震参数】标签下会要求输入以下信息，如图 3-31 所示。

（a）水上、水下地震角：根据地震烈度确定，参考《公路工程抗震规范》JTG B02—2013 附录 A。

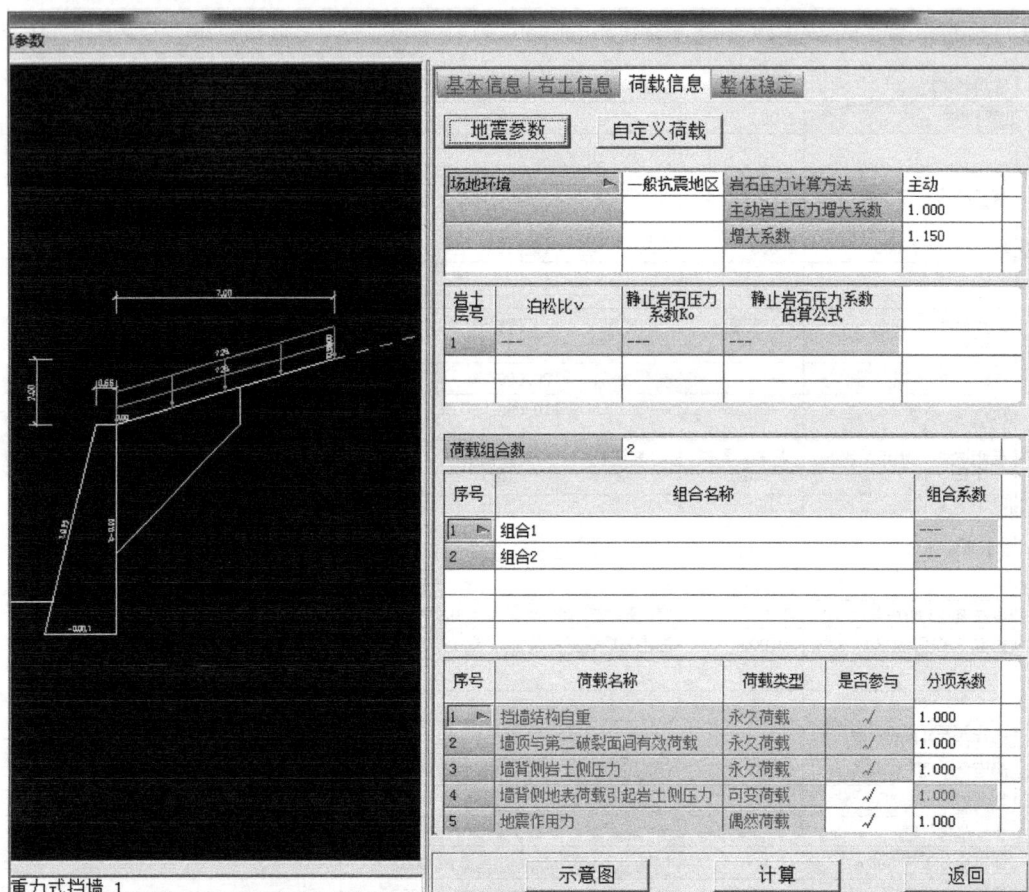

图 3-30　荷载信息输入界面

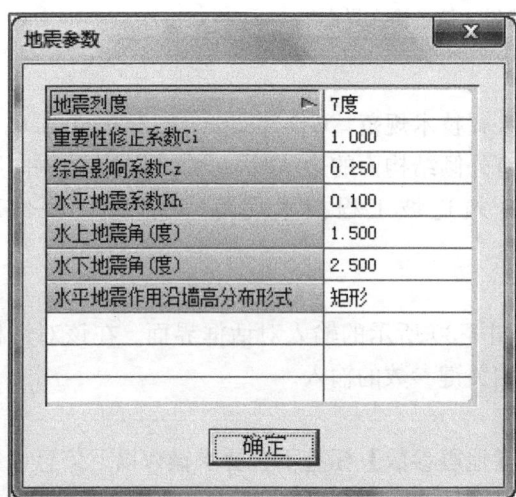

图 3-31　地震参数界面

（b）水平地震系数 K_h：根据地震烈度确定，参考《建筑抗震设计规范》GB 50011—2010 表 5.1.4-1。

（c）重要性修正系数 C_i：一般取 0.6~1.7。参考《公路工程抗震规范》JTG B02—2013 表 3.2.2。

（d）综合影响系数 C_z：一般取 1.0，参考《公路工程抗震规范》JTG B02—2013 8.2.6。

②荷载组合及分项系数：参考公路行业挡土墙设计选取。

完成以上操作，一个建坡重力式挡土墙的模型已设计完成，点击【计算】命令，程序将按照设计人员提交控制参数信息开始挡土墙验算，如图 3-32 所示。

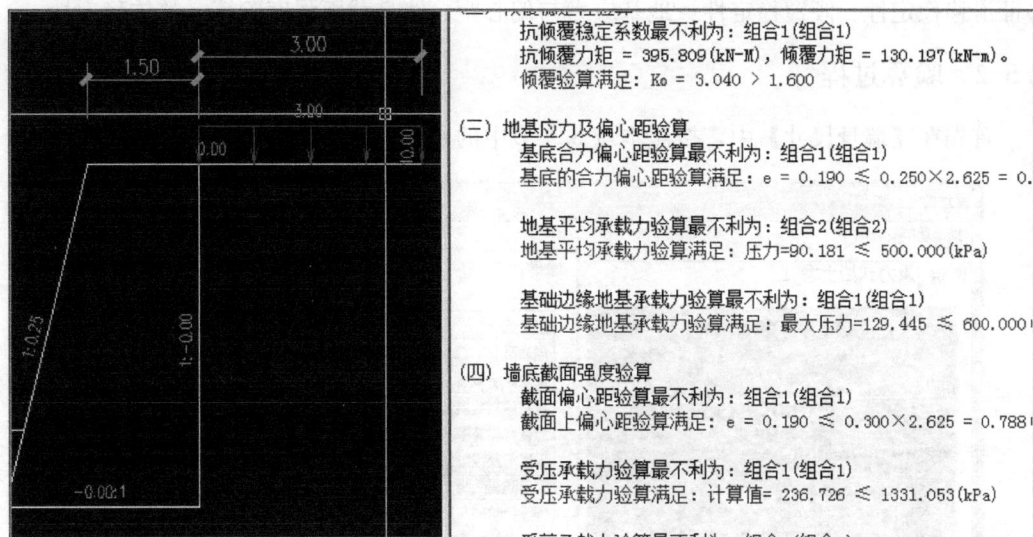

图 3-32 结果查询窗口

注意：当验算结果显示蓝色表明满足要求，如为红色则表明不满足要求，需调整参数。

3.5 重力式挡土墙例题

通过以上重力式挡墙设计方法及计算内容的学习，想必读者已经对采用理正岩土软件进行重力式挡土墙设计及验算有了初步的了解，接下来结合一道例题来让读者进一步理解本软件。

3.5.1 设计资料

某二级公路重力式路肩墙设计资料如下：

墙身构造：墙高 5m，墙背仰斜坡度：1：0.25（＝$14°02'$），其余初始拟采用尺寸如图 3-33 所示。

土质情况：墙背填土重度 $\gamma=18$kN/m^3，内摩擦角 $\varphi=35°$；填土与墙背间的摩擦角 $\delta=16.5°$；地基为天然岩石，地基容许承载力 $[\sigma]=500$kPa，基底摩擦系数 $f=0.5$；

墙身材料：浆砌片石圬工，砌体重度 $\gamma=20$kN/m^3，砌体容许压应力 $[\sigma]=500$kPa，容许剪应力 $[\tau]=80$kPa。

设计内容：拟定挡土墙的结构形式及断面尺寸、拟定挡土墙基础的形式及尺寸、

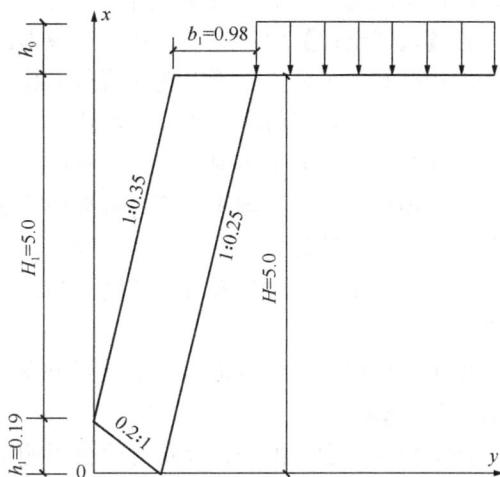

图 3-33 初始拟采用挡土墙尺寸图

验证滑移稳定性、倾覆稳定性、地基应力与偏心距、墙身截面强度验算、整体稳定性。

3.5.2 验算过程

首先在【墙身尺寸】中，按照本章 3.4 节中的要求进行填写，如图 3-34 所示。

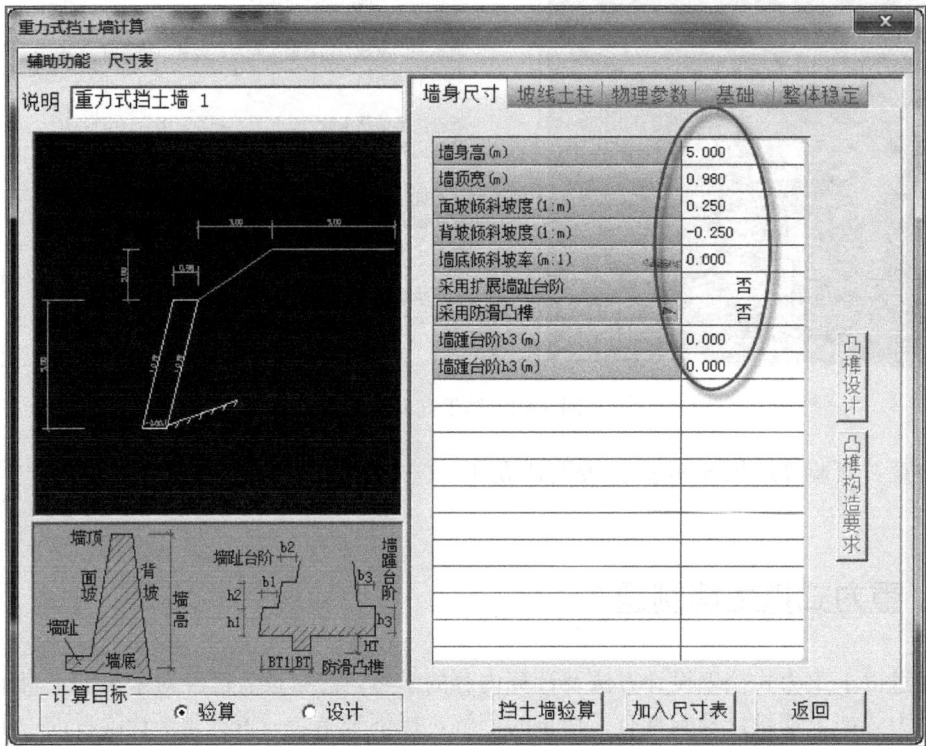

图 3-34 重力式挡土墙例题墙身尺寸

其中前五项根据图 3-34 左下方的图示以及设计资料中的内容进行输入，本设计中未要求设计扩展墙趾台阶及凸榫，所以均选择否。

在【坡线土柱】中，除了正常预设数据的填写之外，应注意换算土柱中荷载的选择，由于本例题是二级公路，所以选择荷载为公路-Ⅱ级，如图 3-35 所示。

坡面线段数：墙后填土的坡面形式，输入值 1。

坡面起始是否低于墙顶：用于设置第一段坡面线的起始位移，此处选择【否】。

地面横坡角度：土楔体计算时破裂面的起始角度，只有横坡角以上土体才产生土压力的作用。所以此处为 0。

地面横坡角度一般为岩石的坡度，当挡土墙后都为土体时可取 0，即按土压力最大情况考虑。

填土对横坡面的摩擦角：用于有限范围填土土压力的计算，参数选取参考本章 3.4.1 节表 3-1，选取 35°。

挡墙分段长度：由于在公路行业会影响车辆荷载的计算，此处设计选取 10。

在【物理参数】中，相关参数填写之外，应注意如若某些参数没有明确给出，应参照本章 3.4 节中相关规范要求进行合理调整，如图 3-36 所示。

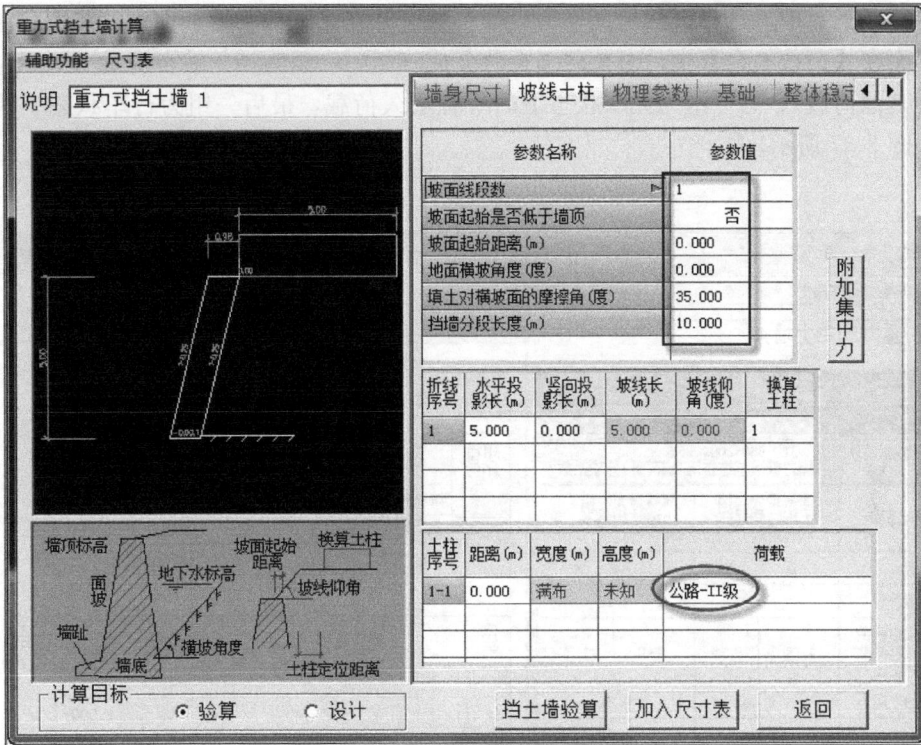

图 3-35　重力式挡土墙例题坡线土柱

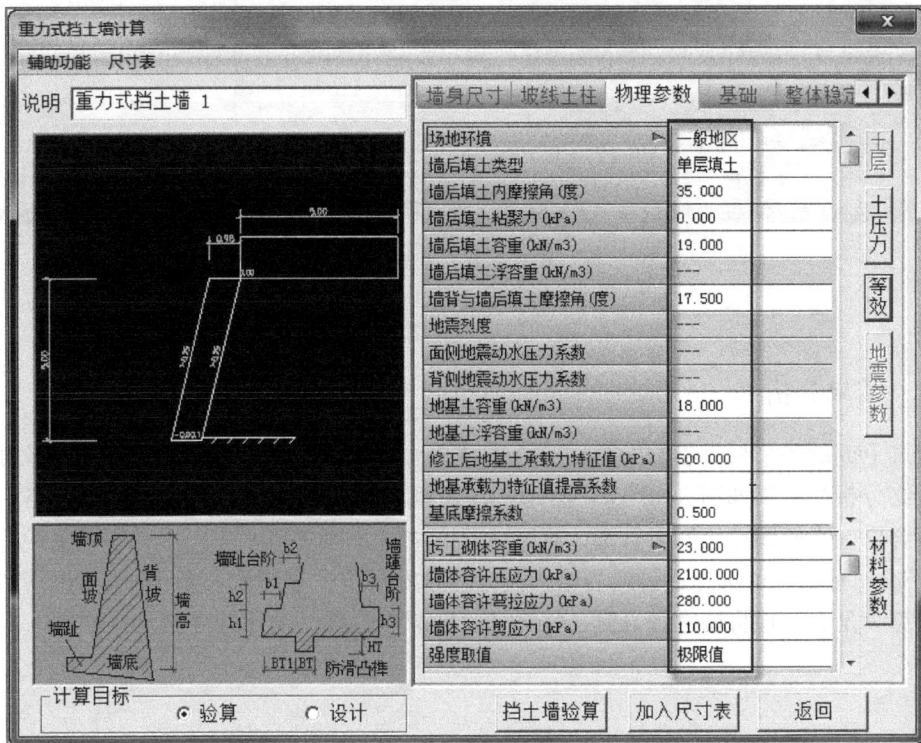

图 3-36　重力式挡土墙例题坡线土柱

在【基础】中，选择天然地基作为设计参数，并在【整体稳定】中对整体稳定性进行验算，而在【荷载组合】中，对荷载组合数分成三组，一组为挡土墙自身重力（不包括墙顶各种其他荷载）、另一组为无车状态下的所有永久荷载，最后一组为行车状态下所有荷载，如图 3-37 所示。

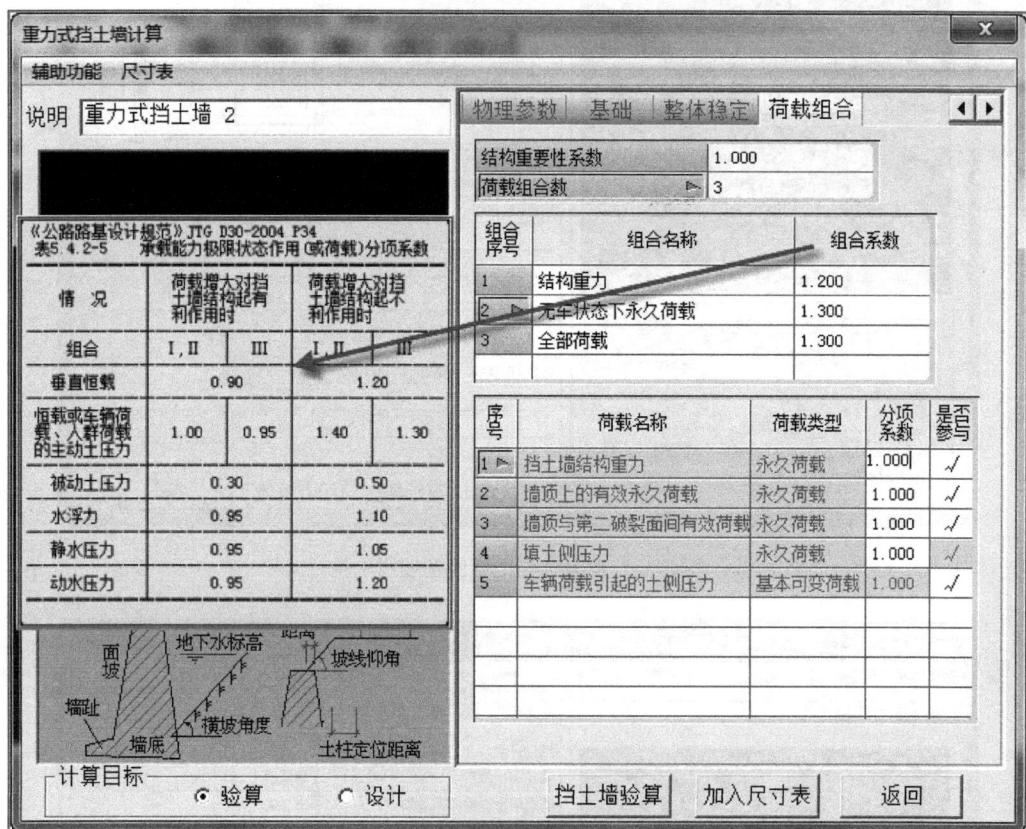

图 3-37　重力式挡土墙例题荷载组合

3.5.3　结果分析

经过上面的各个标签参数填写后，点击【挡土墙验算】则会进行各个稳定性及强度验算，最终分析的结果如图 3-38（a）所示。在各组合最不利结果中，蓝色的为合格，红色的为不合格。本例题按已知参数输入得到的结果中，出现地基水平向滑移不满足验算，由公式（3-3）可知，可选择通过适当增大设计墙顶宽的方式来增加自重 W 从而提高滑移系数使验算满足。发现将墙宽提高到 1.1m 时满足滑移验算，设计条件满足，如图 3-38（b）所示。

```
==========================================
各组合最不利结果
==========================================

(一) 滑移验算

    安全系数最不利为：组合3(全部荷载)
    抗滑力 = 62.203(kN)，滑移力 = 25.751(kN)。
    滑移验算满足：Kc =   2.416 > 1.300

    滑动稳定方程验算最不利为：组合3(全部荷载)
    滑动稳定方程满足：方程值 = 45.210(kN) > 0.0


    安全系数最不利为：组合3(全部荷载)
    抗滑力 = 59.254(kN)，滑移力 = 49.649(kN)。

    地基土层水平向：滑移验算不满足：Kc2 = 1.193 <= 1.300
```

(a)

```
各组合最不利结果
==========================================

(一) 滑移验算

    安全系数最不利为：组合3(全部荷载)
    抗滑力 = 69.289(kN)，滑移力 = 23.363(kN)。
    滑移验算满足：Kc =   2.966 > 1.300

    滑动稳定方程验算最不利为：组合3(全部荷载)
    滑动稳定方程满足：方程值 = 55.877(kN) > 0.0


    安全系数最不利为：组合3(全部荷载)
    抗滑力 = 66.641(kN)，滑移力 = 50.086(kN)。

    地基土层水平向：滑移验算满足：Kc2 =   1.331 > 1.300
```

(b)

图 3-38　重力式挡土墙例题结果分析

第 4 章 悬臂式与扶壁式挡土墙设计

悬臂式挡土墙，如图 4-1 所示，是一种轻型支挡建筑物，它由立壁（墙面板）和墙底板（包括墙趾板和墙踵板）组成，呈倒"T 字形"，具有三个悬臂，即立壁、墙趾板和墙踵板。

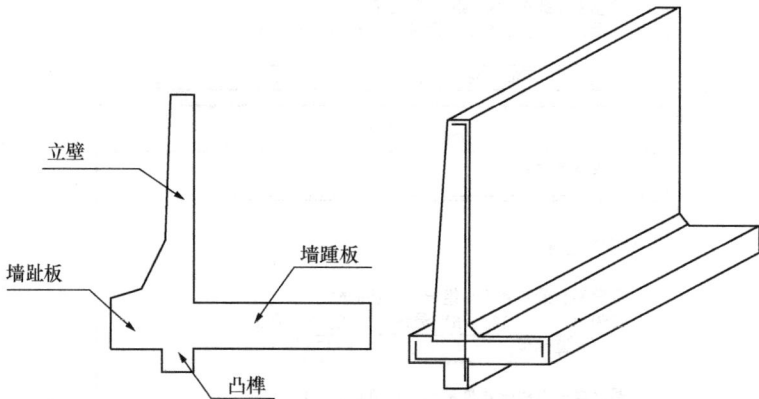

图 4-1 悬臂式挡土墙

悬臂式挡土墙的结构稳定性是依靠墙身自重和踵板上方填土的重力来保证，并且墙趾板也显著地增大了抗倾覆稳定性，并大大减小了基底应力。它的主要特点是构造简单，施工方便，墙身断面较小，自身质量轻，可以较好地发挥材料的强度性能，能适应承载力较低的地基。但是需耗用一定数量的钢材和水泥，特别是墙高较大时，钢材用量急剧增加，影响其经济性能。

对于悬臂式挡土墙而言，当其沿墙的纵向方向变形较大时，可考虑在立壁墙面板后设置扶壁板，即构成扶壁式挡土墙，如图 4-2 所示。扶壁式挡土墙由墙面板、墙趾板、墙踵板和扶壁组成，通常还设置凸榫。墙趾板和凸榫的构造与悬臂式挡土墙相同。

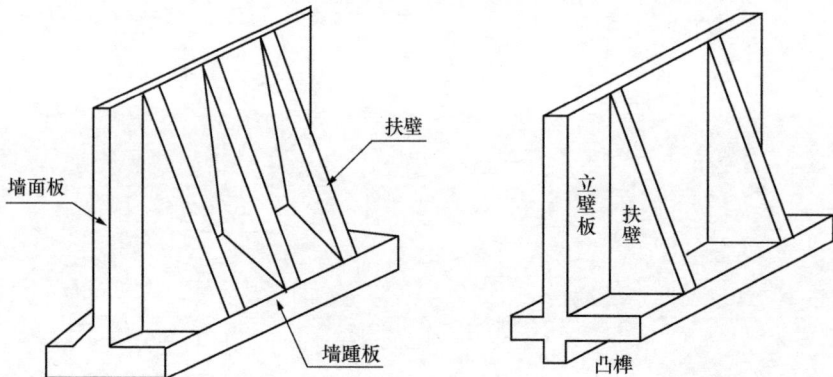

图 4-2 扶壁式挡土墙

4.1　一般规定

（1）悬臂式挡土墙

悬臂式挡土墙适用于地基承载力较低的填方边坡工程及适用于缺乏石料地区及地震地区。悬臂式挡土墙适用高度不宜超过 6m。悬臂式挡土墙结构应采用现浇钢筋混凝土结构，设计使用年限为 60 年。浇灌混凝土时，应一次完成浇灌。如有间断，第二次浇灌时，必须保证新混凝土与已浇混凝土粘结牢固。墙后填筑应在墙身混凝土强度达到设计强度的 70％时进行。填料应分层夯实，反滤层应在主填筑过程中及时施工。由于墙踵板的施工条件，一般用于填方路段作路肩墙或路堤墙使用。

挡土墙基底宜采用明挖基础。当基坑开挖较深且边坡稳定性较差时，应采取临时支护措施；当基底下为松软土层时，可采用加宽基础、换填土或地基处理等措施。水下基坑开挖困难时，也可采用桩基础或沉井基础。悬臂式挡土墙的基础应置于稳定的岩土层内，其埋置深度应符合以下规定：

一般情况不小于 1.0m。冻结深度不大于 1.0m 时，在冻结深度线以下不小于 0.25m（弱冻胀土除外）同时不小于 1.0m，当冻结深度大于 1.0m 时，不小于 1.25m 时，还应将基底至冻结线下 0.25m 深度范围内的地基土换填为弱冻胀土或不冻胀土。受水流冲刷时，在冲刷线下不小于 1.0m。在软质岩层地基上，不小于 1.0m。膨胀土地段基础埋置深度不宜小于 1.5m。

基础在稳定斜坡地面时，其趾部埋入深度和距地面的水平距离应符合表 4-1 的规定。

斜坡地面墙趾埋入深度和距地面的水平距离　　　　　表 4-1

地层类别	埋入深度（m）	距地面水平距离（m）
硬质岩层	0.60	1.50
软质岩层	1.00	2.00
土　层	≥1.00	2.50

（2）扶壁式挡土墙

扶壁式挡土墙墙面板通常为等厚的竖直板，与扶壁和墙踵板固接相连。对于其厚度，低墙取决于板的最小厚度，高墙则根据配筋要求确定。墙面板的最小厚度与悬臂式挡土墙相同。墙踵板与扶壁的连接为固接，与墙面板的连接考虑铰接较为合适，其厚度的确定方式与悬臂式挡土墙相同。

扶壁为固接于墙踵板的 T 形变截面悬臂梁，墙面板可视为扶壁的翼缘板。扶壁的经济间距一般为墙高的 $1/3 \sim 1/2$，应根据试算确定。其厚度取决于扶壁背面配筋的要求，通常为两扶壁间距的 $1/8 \sim 1/6$，但不得小于 300mm。扶壁两端墙面板悬出端的长度，根据悬臂端的固端弯矩与中间跨固端弯矩相等的原则确定，可采用两扶壁间净距的 0.35 倍左右。

4.2　构造要求

(1) 悬臂式挡土墙

悬臂式挡土墙高度不宜大于 6m。当墙高大于 4m 时，宜在墙面板前加肋。墙顶宽度不应小于 0.2m。墙身混凝土强度等级不宜低于 C25，立板的混凝土保护层厚度不应小于 35mm，底板的保护层厚度不应小于 40mm。受力钢筋直径不应小于 12mm，间距不宜大于 25cm。墙后填土应在墙身混凝土强度达到设计强度的 70% 方可进行，填料应分层夯实，反滤层应在填筑过程中及时施作。

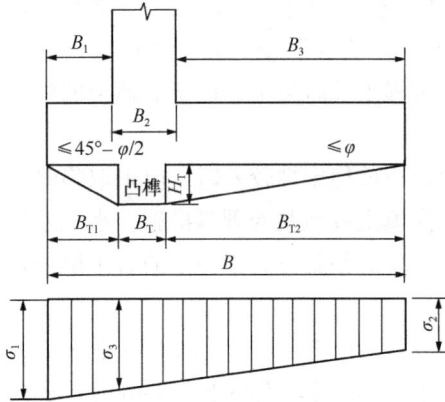

图 4-3　凸榫基础

悬臂式挡土墙由立壁、墙趾板和墙踵板三部分组成，为便于施工，立壁内侧（即墙背）做成竖直面，外侧（即墙面）可做成 1:0.02～1:0.05 的斜坡，墙趾板和墙踵板一般水平设置。通常做成变厚度，底面水平，顶面则从与立壁连接处向两侧倾斜。为提高挡土墙抗滑稳定性，底板可设置凸榫，如图 4-3 所示。各部分具体构造要求见表 4-2。

悬臂式挡土墙各部分构造要求　　　　　　　　　　　　　　表 4-2

结构	构　造　要　求
立壁	为便于施工，立壁内侧（即墙背）做成竖直面，外侧（即墙面）可做 1:0.02～1:0.05 的斜坡，具体坡度值将根据立壁的强度和刚度要求确定。当挡土墙墙高不大时，立壁可做成等厚度。墙顶的最小厚度通常采用 20cm。当墙高较高时，宜在立壁下部将截面加厚
墙踵板	墙踵板长度由墙身抗滑稳定验算确定，并具有一定的刚度。靠立壁处厚度一般取为墙高的 1/12～1/10，且不应小于 30cm
墙趾板	墙趾板的长度应根据全墙的倾覆稳定、基底应力和偏心距等条件来确定，其厚度与墙踵板相同。通常底板的宽度 B 根据墙的整体稳定，一般可取墙高度 H 的 0.6～0.8 倍。当墙后为地下水位较高，且地基承载力为很小的弱地基时，B 值可能会增大到 1 倍墙高或者更大
凸榫	为提高挡土墙抗滑稳定性，底板可设置凸榫。凸榫的高度，应根据凸榫前土体的被动土压力能够满足全墙的抗滑稳定要求而定，凸榫的厚度除了满足混凝土的抗剪和抗弯要求以外，为了便于施工，不应小于 30cm
伸缩缝	伸缩缝的间距不应小于 20m。在基底的地层变化处，应设置沉降缝。伸缩缝和沉降缝可合并设置，其缝宽均采用 2～3cm。缝内填塞沥青麻筋或沥青木板，塞入深度不得小于 0.2m
泄水孔	挡土墙上应设置泄水孔，按上下左右每隔 2～3m 交错布置。孔径一般为 50～100mm，泄水孔的坡度不小于 4% 向墙外为下坡，其进水侧应设置反滤层，厚度不得小于 0.3m。在最低一排泄水孔的进水口下部应设置隔水层，在地下水较多的地段或有大股水流处，应加密泄水孔或加大其尺寸，其出水口下部应采取保护措施。折线墙背的易积水处必须设置泄水孔。当墙背填料为细料土时，应在最低排泄水孔至墙顶以下 0.5m 高度以内，填筑不小于 0.3m 厚的砂砾石或土工合成材料作为反滤层。反滤层的顶部与下部应设置隔水层

当支挡结构与路堤、路堑连接时，应符合下列规定：

支挡结构与路堤连接可采用锥体填土连接。挡土墙端部伸入路堤内不应小于 0.75m。路堤锥体顺线路方向的坡度，当锥体边坡高度在 8m 以内时不应陡于 1：1.25，在 20m 以内时不应陡于 1：1.5。路堤、路肩挡土墙端部嵌入原地层的深度，土质不应小于 1.5m，弱风化岩层不应小于 1m，微风化岩层不应小于 0.5m。路堑挡土墙应向两端顺延逐渐降低高度，并与路堑坡面平顺相接。

其他挡土墙按上述规定直接与路堤、路堑连接有困难时可在其端部采用重力式挡土墙过渡或用其他端墙形式过渡。

（2）扶壁式挡土墙

扶壁式挡土墙由墙面板、墙趾板、墙踵板和扶壁组成，通常还设置有凸榫。墙趾板和凸榫的构造与悬臂式挡土墙相同。

墙面板通常为等厚的竖直板，与扶壁和墙踵板固接相连。其厚度，低墙决定于板的最小厚度，高墙则根据配筋要求确定。墙面板的最小厚度应与悬臂式挡土墙相同。墙踵板与扶壁的连接为固接，与墙面板的连接考虑铰接较为合适，其厚度的确定方式与悬臂式挡土墙相同。

扶壁为固接于墙踵板的 T 形变截面悬臂梁，墙面板可视为扶壁的翼缘板。扶壁的经济间距与混凝土钢筋、模板和劳动力的相对价格有关，应根据试算确定，一般为墙高的 $1/3 \sim 1/2$，其厚度取决于扶壁背面配筋的要求，通常为两扶壁间距的 $1/8 \sim 1/6$，但不得小于 30cm。扶壁两端墙面板悬出端的长度，根据悬臂端的固端弯矩与中间跨固端弯矩相等的原则确定，通常采用两扶壁间净距的 0.41 倍。

4.3　悬臂式挡土墙设计计算内容与方法

悬臂式挡土墙设计，分为墙身截面尺寸拟定、外力和内力计算、稳定性验算和钢筋混凝土结构设计。各构件的比例根据墙高初步拟定，通过全墙外部稳定验算，最终确定墙踵板和墙趾板的长度。

混凝土结构设计，则是对已确定的墙身截面尺寸，进行配筋设计。在配筋设计时，当增加钢筋不能满足正截面承载力的要求，或不能满足裂缝宽度要求时，应增加截面尺寸，即构件的厚度。箍筋一般不是结构设计的控制因素。

悬臂式挡土墙设计，一般沿墙纵向取 1 延长米计算。悬臂式挡土墙设计流程见图 4-4。

4.3.1　墙身截面尺寸的拟定

根据构造要求，参考以往成功的设计，初步拟定出试算的墙身截面尺寸，墙高 H 是根据工程需要确定的；墙顶宽可选用 20cm。墙背取竖直面，墙面取 1：0.02 ～ 1：0.05 斜坡的倾斜面，因而定出立壁的截面尺寸。

底板在与立壁相接处厚度为 $(1/12 \sim 1/10) H$，而墙趾板与墙踵板端部厚度不小于 30cm；其宽度 B 可近似取 $(0.6 \sim 0.8) H$，当地下水位高或为软弱地基时，B 值应增大。

（1）墙踵板长度的估算

当挡土墙为路肩墙，墙顶有均布荷载，换算土层高 h_0、立壁面坡度为零时，如图 4-5

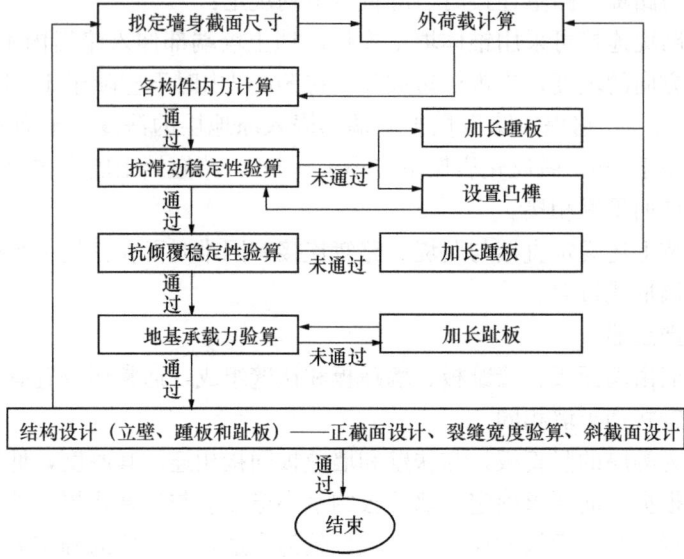

图 4-4　悬臂式挡土墙设计流程图

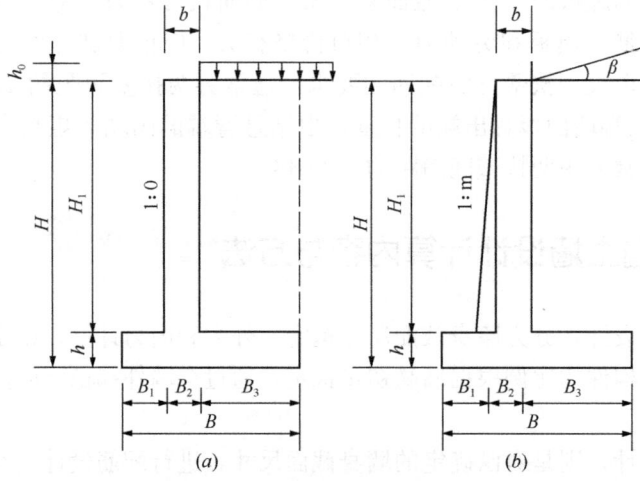

图 4-5　墙踵板长度计算简图

(a) 所示，墙踵板长度可估算为：

$$B_3 = \frac{K_c \cdot E_x}{f \cdot (H + h_0) \cdot \mu \cdot \gamma} - B_2 \tag{4-1}$$

如果图 4-5 (a) 墙面有坡度，式 (4-2) 中应加上修正长度 ΔB_3，其计算式见式 (4-3)。

当挡土墙为路堤墙，墙顶地面与水平线成 β 角时，如图 4-5 (b) 所示，墙踵板长度可估算为：

$$B_3 = \frac{K_c E_x - f \cdot E_y}{f \cdot \left(H + \frac{1}{2} B_3 \tan\beta\right) \cdot \mu \cdot \gamma} + \Delta B_3 \tag{4-2}$$

$$\Delta B_3 = \frac{1}{2} m H_1 \tag{4-3}$$

以上各式中　K_c——抗滑稳定系数；

　　　　　　f——基底摩擦系数；

　　　　　　γ——填土重度；

　　　　　　h_0——活荷载的换算土层高；

　　　　　　E_x——主动土压力水平分力；

　　　　　　E_y——主动土压力竖直分力；

　　　　　　μ——重度修正系数，由于未考虑趾板及其上部土重对抗滑动的作用，因而将填土的重度根据不同 f 和 γ 提高 3%～20%，见表 4-3。

重度修正系数 μ 表 4-3

重度 (kN/m³)	摩擦系数 f								
	0.30	0.35	0.40	0.45	0.50	0.60	0.70	0.84	1.00
16	1.07	1.08	1.09	1.10	1.12	1.13	1.15	1.17	1.20
18	1.05	1.06	1.07	1.08	1.09	1.11	1.12	1.14	1.16
20	1.03	1.04	1.04	1.05	1.06	1.07	1.08	1.10	1.12

（2）墙趾板长度的估算

当挡土墙为路肩墙，如图 4-5（a）所示，墙踵板长度可估算为：

$$B_1 = 0.5fH \cdot \frac{2\sigma_0 + \sigma_H}{K_c \cdot (\sigma_0 + \sigma_H)} - 0.25(B_2 + B_3) \tag{4-4}$$

式中　$\sigma_0 = \gamma h_0$；$\sigma_H = \gamma H K_a$。

当挡土墙为路堤墙，如图 4-5（b）所示，墙踵板长度可估算为：

$$B_1 = \frac{0.5(H + B_3 \tan\beta) \cdot f}{K_c} - 0.25(B_2 + B_3) \tag{4-5}$$

当由 $B = B_1 + B_2 + B_3$ 计算出基地应力 $\sigma > [\sigma]$，或偏心距 $e > B/6$ 时，应采取加宽基础 B_1 的方法加宽使其满足要求。

（3）凸榫设计

在墙身底部设置凸榫基础，如图 4-3 所示，是增加挡土墙抗滑稳定的一种方法。

①凸榫的位置

为使榫前被动土压力能够完全形成，墙背主动土压力不致因设置凸榫而增大，必须将整个凸榫置于过墙趾与水平呈 $45° - \dfrac{\varphi}{2}$ 角线及通过墙踵与水平呈 φ 角的直线所包围的三角形范围内。因此，凸榫位置，高度和宽度必须符合下列要求：

$$B_{T1} \geqslant h_T \tan\left(45° + \frac{\varphi}{2}\right) \tag{4-6}$$

$$B_{T2} = B - B_{T1} - B_T \geqslant h_T \cot\varphi \tag{4-7}$$

凸榫前侧距墙趾的最小距离 B_{T1min}

$$B_{T1min} = B - \sqrt{B\left\{B - \frac{2K_c E_x - B \cdot f \cdot \sigma_1}{\sigma_1\left[\cot\left(45° + \dfrac{\varphi}{2}\right) - f\right]}\right\}} \tag{4-8}$$

②凸榫高度 h_T

$$h_{\mathrm{T}} = \frac{K_{\mathrm{c}}E_{\mathrm{x}} - \frac{1}{2}(B - B_{\mathrm{T1}})(\sigma_3 + \sigma_2) \cdot f}{\sigma_{\mathrm{p}}} \qquad (4\text{-}9)$$

$$\sigma_{\mathrm{p}} = \frac{1}{2}(\sigma_1 + \sigma_3)k' \qquad (4\text{-}10)$$

式中 σ_1、σ_2、σ_3——墙趾、墙踵及凸榫前缘处基底的压应力；

$$k' = 1 \sim \tan^2\left(45° + \frac{1}{2}\varphi\right)。$$

③凸榫宽度 B_{T}

$$M_{\mathrm{T}} = \frac{h_{\mathrm{T}}}{2} \cdot \left[K_{\mathrm{c}} \cdot E_{\mathrm{x}} - \frac{1}{2}(B - B_{\mathrm{T1}}) \cdot (\sigma_2 + \sigma_3) \cdot f\right] \qquad (4\text{-}11)$$

$$M = kM_{\mathrm{T}} \qquad (4\text{-}12)$$

$$M \leqslant \frac{\gamma f_{\mathrm{t}} B_{\mathrm{T}}^2}{6} \qquad (4\text{-}13)$$

$$\gamma = \left(0.7 + \frac{120}{B_{\mathrm{T}}}\right)\gamma_{\mathrm{m}} \qquad (4\text{-}14)$$

式中 k——混凝土受弯构件的强度设计安全系数，取 2.65；

M_{T}——凸榫所承受的总弯矩；

f_{t}——混凝土抗拉设计强度；

γ_{m}——截面抵抗矩塑性影响系数基本值，取 1.55。

4.3.2 土压力计算

铁路路肩式挡土墙（墙顶以上填土小于 1.0m），轨道及列车荷载在立壁上产生的侧向压应力和踵板上产生的竖向压应力，可按弹性理论计算。填土产生的土压力以及设置路堤墙时，路基面以上的荷载，均按库仑主动土压力计算。不计填料与板面的摩擦。

公路汽车荷载可按等效的均布荷载计算。

(1) 按库仑理论计算

如果不出现第二破裂角，用墙踵下缘与立板上边缘连线作为假想墙背，按库仑公式计算，如图 4-6 (a) 所示。理正软件采用此方法计算。

(2) 按朗肯理论计算

用墙踵的竖直面作为假象墙背，如图 4-6 (b) 所示。

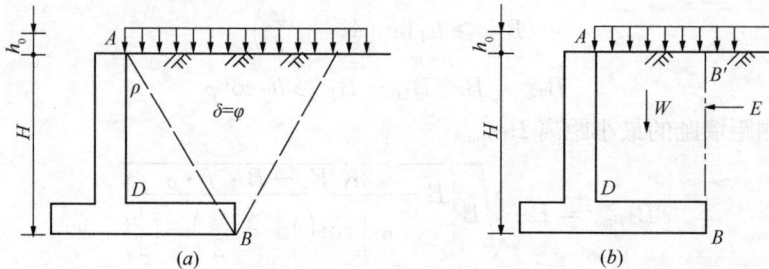

图 4-6 土压力计算图示

$$E = \frac{1}{2}\gamma H^2 K_a \left(1 + \frac{2h_0}{H}\right) \tag{4-15}$$

$$K_a = \frac{1 - \sin\varphi}{1 + \sin\varphi} \tag{4-16}$$

式中　E——朗肯主动土压力；

　　K_a——朗肯主动土压力系数。

（3）按第二破裂角理论计算

在挡土墙设计中，有时会遇到墙背俯斜很缓，即墙背倾角 ρ 比较大的情况，如衡重式挡土墙的上墙或大俯角墙背挡土墙，如图 4-7 所示。当墙身向外移动，土体达到主动极限平衡状态，破裂土楔体并不沿墙背 AB 滑动，而是沿着出现在土中的相交于墙踵的两个破裂面滑动，即沿图 4-7 中所示的 BD_1 和 BD_2 破裂面滑动。此时称远墙的破裂面 BD_1 上为第一破裂面，近墙的 BD_2 为第二破裂面。工程上常把出现第二破裂面的挡土墙称为坦墙，把出现第二破裂面时计算土压力的方法称为第二破裂面法。按照库仑土压力假设，直接采

图 4-7　第二滑裂面

用库仑理论的一般公式来计算坦墙所受的土压力是不合适的。虽然滑动土楔体 D_2BD_1，处于极限平衡状态，但位于第二破裂面与墙背之间的土楔体 ABD_2 尚未达到极限平衡状态。在这种情况下，可将它暂时视为墙体的一部分，贴附于墙背 AB 上与墙一起移动。首先求出作用于第二破裂面 BD_2 的土压力，再计算出三角形土体 ABD_2 的重力，最终作用于墙背 AB 上的主动土压力就是上述两个力的合力（向量和）。应注意的是，由于第二破裂面是存在于土中的，土体间的滑动是土与土之间的摩擦，因此，作用在第二破裂面 BD_2 上的土压力与该面法线的夹角是土的内摩擦角 φ 而不应该是墙背与土的摩擦角 δ。

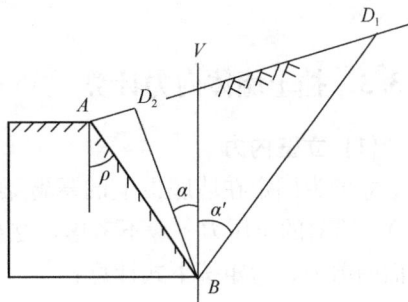

产生第二破裂面的条件应与墙背倾 ρ、δ（墙背与土体间摩擦角）、φ 以及填土坡角 β 等因素有关。一般可用临界倾斜角 α_{cr} 来判别：当 $\rho > \alpha_{cr}$ 时，认为会出现第二破裂面，应按坦墙进行土压力计算，否则认为不会出现第二破裂面。经研究表明，临界倾斜角与 δ、φ、β 有关。可证明当 $\delta = \varphi$ 时，临界破裂角用下式计算：

$$\alpha_{cr} = 45° - \frac{\varphi}{2} + \frac{\beta}{2} - \frac{1}{2}\sin^{-1}\frac{\sin\beta}{\sin\varphi} \tag{4-17}$$

若填土面水平，$\beta = 0$，临界破裂角用下式计算：

$$\alpha_{cr} = 45° - \frac{\varphi}{2} \tag{4-18}$$

式中　α_{cr}——临界倾斜角；

　　φ——填土内摩擦角；

　　β——墙背填土表面倾角。

产生第二破裂面 BD_2 的条件证实以后，即可将 BD_2 当作墙背，按库仑土压力理论计算其主动土压力了。各种边界条件下的第二破裂面数解公式详见《铁路工程设计技术手册·路基》。

当墙踵下边缘与立板上边缘连线的倾角大于临界角，在墙后填土中将会出现第二破裂

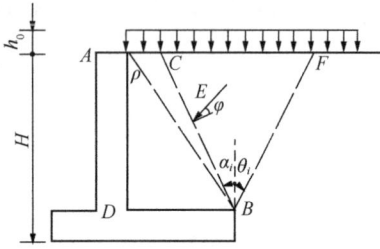

图 4-8　第二破裂面计算简图

角如图 4-8 所示。此时应按第二破裂角理论计算。稳定计算时应记入第二破裂角与墙背之间的土体作用。

$$E = \frac{1}{2}\gamma H_2 \cdot K \cdot K_1 \tag{4-19}$$

$$K = \frac{\tan^2\left(45° - \dfrac{\varphi}{2}\right)}{\cos\left(45° + \dfrac{\varphi}{2}\right)} \tag{4-20}$$

$$\alpha_i = \theta_i = 45° - \frac{\varphi}{2} \tag{4-21}$$

4.3.3　挡土墙体内力计算

（1）立壁内力

立壁为固定在墙底板上的悬臂梁，主要承受墙后的主动土压力与地下水压力（见图 4-9）。墙前的土压力一般不考虑，立壁较薄自重小可略去不计，立壁按受弯构件计算，各截面的剪力、弯矩按下式计算：

$$Q_{1z} = \gamma z (2h_0 + z) \times \frac{K_a}{2} \tag{4-22}$$

$$M_{1z} = \gamma z^2 (3h_0 + z) \times \frac{K_a}{6} \tag{4-23}$$

式中　Q_{1z}——距墙顶 z 处立壁的剪力；

　　　M_{1z}——距墙顶 z 处立壁的弯矩；

　　　z——计算界面到墙顶的距离；

　　　γ——填土的重度；

　　　h_0——列车、汽车等活载的换算土柱高；

　　　K_a——主动土压力系数。

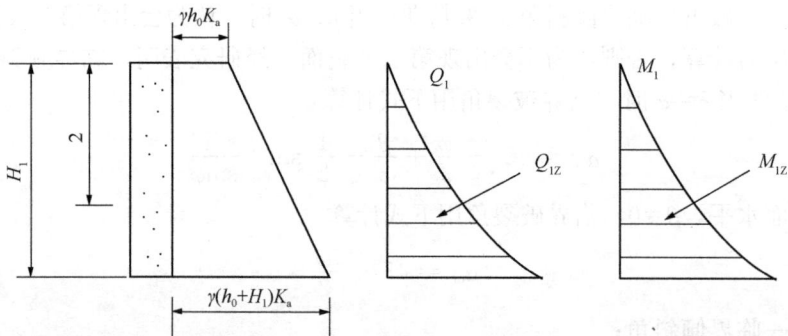

图 4-9　立壁受力及内力计算简图

（2）墙踵板内力

墙踵板是以立壁底端为固定端的悬臂梁。墙踵板上作用有第二破裂面（或假想墙背）与墙背之间的土体（含其上的列车，汽车等活载）的重量，墙踵板自重，主动土压力的竖直分量，地基反力，地下水浮托力，板上水重和静水压力等荷载作用，见图 4-10，无地

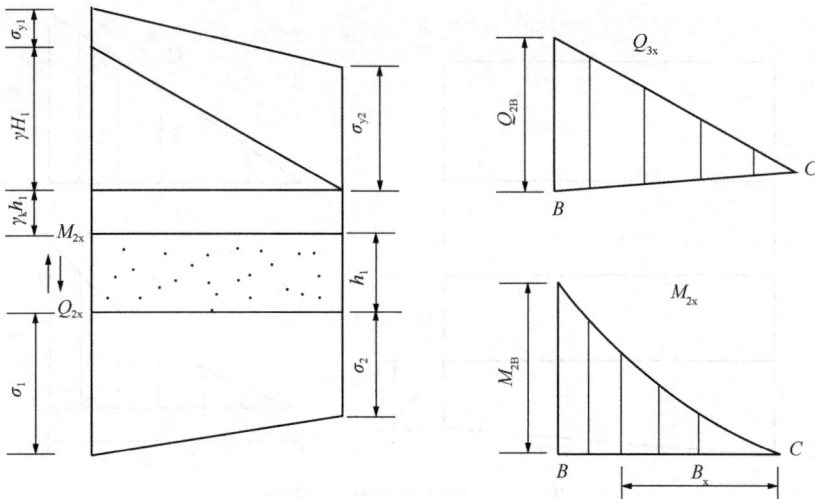

图 4-10 墙踵板内力计算简图

下水时，可用下式计算：

$$Q_{2x} = B_x \left[\frac{\sigma_{y2} + \gamma_k h_1 - \sigma_2 + (\gamma H_1 - \sigma_{y2} + \sigma_{y1})B_x}{2B_3 - (\sigma_1 - \sigma_2)B_x/2B} \right] \tag{4-24}$$

$$M_{2x} = B_x^2 \left[\frac{3(\sigma_{y2} + \gamma_k h_1 - \sigma_2) + (\gamma H_1 - \sigma_{y2} + \sigma_{y1})B_x}{B_3 - (\sigma_1 - \sigma_2)B_x/2B} \right] \tag{4-25}$$

式中　Q_{2x}——距墙踵端部为 B_x 截面的剪力；

　　　M_{2x}——距墙踵端部为 B_x 界面的弯矩；

　　　B_x——计算截面到墙踵的距离；

　　　h_1——墙踵板的厚度；

　　　H_1——立壁高度；

　　　γ_k——钢筋混凝土的重度；

　σ_{y1}、σ_{y2}——分别为墙顶、墙踵处的竖直土压应力；

　σ_1、σ_2——分别为墙趾、墙踵处地基压力；

　　　B_3——墙踵板长度；

　　　B——墙底板长度。

(3) 墙趾板的内力

墙趾板受力如图 4-11 所示。各截面的弯矩和剪力分别：

$$Q_{3x} = B_x \left[\frac{\sigma_1 - \gamma_k h_p - \gamma(h - h_p) - (\sigma_1 - \sigma_2)B_x}{2B} \right] \tag{4-26}$$

$$M_{3x} = B_x^2 \left\{ 3[\sigma_1 - \gamma_k h_p - \gamma(h - h_p)] - (\sigma_1 - \sigma_2)\frac{B_x}{B} \right\}/6 \tag{4-27}$$

式中　Q_{3x}、M_{3x}——分别为每延米墙趾板距墙趾 B_x 截面的剪力、弯矩；

　　　B_x——计算截面到墙趾端的距离；

　　　h_p——墙趾板的平均厚度；

　　　h——墙趾板埋置深度。

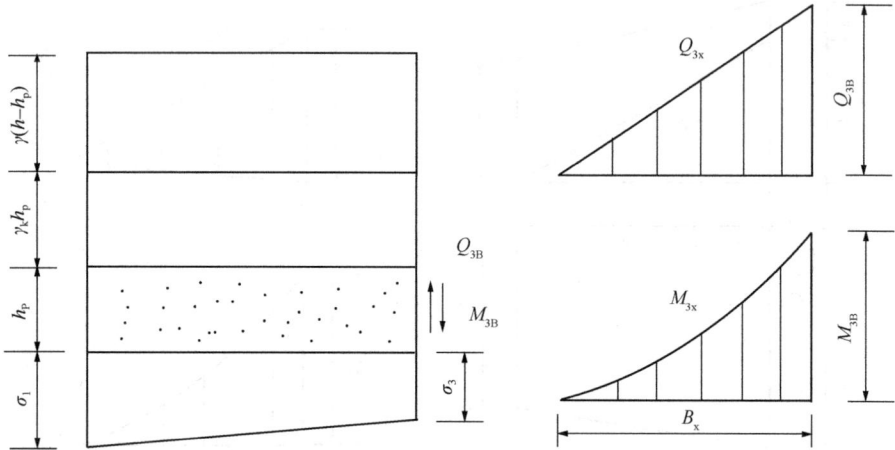

图 4-11　墙趾板内力计算简图

4.3.4　配筋设计

悬臂式挡土墙的立壁和底板，按受弯构件设计。除构件正截面受弯承载能力、斜截面承载力需验算之外，还要进行裂缝宽度验算。其最大裂缝宽度可按下列公式计算：

$$w_{\max} = \alpha_{cr}\psi\frac{\sigma_{sk}}{E_s}\left(1.9c + 0.08\frac{d_{eq}}{\rho_{te}}\right) \tag{4-28}$$

$$\psi = 1.1 - 0.65\frac{f_{tk}}{\rho_{te}\sigma_{sk}} \tag{4-29}$$

$$d_{eq} = \frac{\sum n_i d_i^2}{\sum n_i V_i d_i} \tag{4-30}$$

$$\rho_{te} = \frac{A_s}{A_{te}} \tag{4-31}$$

$$\sigma_{sk} = \frac{M_k}{0.87h_0 A_s} \tag{4-32}$$

式中　α_{cr}——构件受力特征系数，对钢筋混凝土受弯构件，取 2.1；

　　　ψ——裂缝间纵向受拉钢筋应变不均匀系数，当 $\psi<0.2$ 时，取 $\psi=0.2$；当 $\psi>1$ 时，取 $\psi=1$；对直接承受重复荷载的构件，取 $\psi=1$；

　　　σ_{sk}——按荷载效应的标准组合计算的钢筋混凝土构件纵向受拉钢筋的应力；

　　　E_s——钢筋弹性模量；

　　　c——最外层纵向受拉钢筋外边缘至受拉区底边的距离；

　　　ρ_{te}——按有效受拉混凝土截面面积计算的纵向受拉钢筋配筋率；当 $\rho_{te}<0.01$ 时，取 $\rho_{te}=0.01$；

　　　f_{tk}——混凝土轴心抗拉强度标准值；

　　　A_{te}——有效受拉混凝土截面面积；

　　　A_s——受拉区纵向钢筋截面面积；

　　　d_{eq}——受拉区纵向钢筋的直径；

　　　d_i——受拉区第 i 种纵向钢筋的直径；

n_i——受拉区第 i 种纵向钢筋的根数；

V_i——受拉区第 i 种纵向钢筋的相对粘结特性系数；光面钢筋取 0.7，螺纹钢筋取 1.0；

M_k——按荷载效应的标准组合计算的弯矩值；

h_0——截面的有效高度。

钢筋面积计算可按下列公式计算：

$$A_s = \frac{\alpha_1 f_c}{f_y} b h_0 \left(1 - \sqrt{1 - \frac{2M}{\alpha_1 f_c b h_0^2}}\right) \tag{4-33}$$

式中　f_c——混凝土轴心抗压强度设计值；

f_y——钢筋抗拉强度设计值；

b——截面宽度，取单位长度；

M——截面设计弯矩；

α_1——系数，当混凝土强度等级不超过 C50 时，取 1.0。

（1）立壁钢筋设计

经钢筋计算，确定出钢筋的面积。钢筋的设计则是确定钢筋直径和钢筋的布置。立壁受力钢筋沿内侧竖直放置，一般钢筋直径不小于 12cm，底部钢筋间距一般采用 100～150mm。因立壁承受弯矩越向上越小，可根据材料图将钢筋切断。当墙身立壁较高时，可将钢筋切一部分，仅将 1/4～1/3 受力钢筋延伸到板顶。顶端受力钢筋间距不应大于 500mm。钢筋切断部位，应在理论切断点以上再加一钢筋锚固长度，而其下端插入底板一个锚固长度。

在水平方向也应配置不小于 $\phi6$ 的分布钢筋，截面积不小于立壁底部受力钢筋的 10%。

对于特别重要的悬臂式挡土墙，在立壁的墙面一侧和墙顶，也按构造要求配置少量钢筋或钢丝网，以提高混凝土表层抵抗温度变化和混凝土收缩的能力，防止混凝土表层出现裂缝。

（2）底板钢筋设计

墙踵板受力钢筋，设置在墙踵板的顶面。受力筋一端插入立壁与底板连接处以左不小于一个锚固长度；另一端按材料图切断，在理论切断点向外伸出一个锚固长度，见图 4-12。

墙趾板的受力钢筋，应设置于墙趾板的底面，该筋一端伸入墙趾板与立壁连接处以右不小于一个锚固长度；另一端一半延伸到墙趾，另一半在 $B_1/2$ 处再加一个锚固长度处切断。

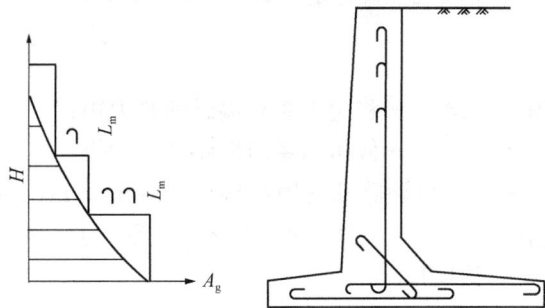

图 4-12　悬臂式挡土墙配筋

在实际设计中，常将立壁的底部受力钢筋的一半或全部弯曲作为墙趾板的受力钢筋。立壁与墙踵板连接处最好做成贴角予以加强，并配以构造筋，其直径与间距可与墙踵板钢筋一致，底板也应配置构造钢筋。钢筋直径及间距均应符合有关规范的规定。

4.3.5　外部稳定性验算

外部稳定性验算包括抗滑稳定性验算、抗倾覆稳定性验算、地基承载力验算。

（1）抗滑稳定性验算

挡土墙沿基底的抗滑动稳定系数应按下式计算：

$$K_c = \begin{cases} \dfrac{\left[\sum N + (\sum E_x - \sum E'_x) \cdot \tan\alpha_0\right] \cdot f + E'_x}{\sum E_x - \sum N \cdot \tan\alpha_0} & \text{非浸水} \\[4mm] \dfrac{\left[\sum N - \sum N_w + \sum E_x \cdot \tan\alpha_0\right] \cdot f}{\sum E_x - (\sum N - \sum N_w) \cdot \tan\alpha_0} & \text{浸 水} \end{cases} \tag{4-34}$$

当基底水平时滑动稳定系数可按照以下简化公式计算：

$$K_c = \frac{f \cdot \sum N}{E_x} \begin{cases} \geqslant 1.3 & \text{一般情况} \\ \geqslant 1.0 & \text{有凸榫时} \end{cases} \tag{4-35}$$

以上各式中　　K_c——抗滑稳定系数；

　　　　　　　f——基底摩擦系数；

　　　　　　　E_x——墙后主动土压力水平分力；

　　　　　　　E'_x——墙前压力水平分力；

　　　　　　　N_w——墙身总浮力；

　　　　　　　α_0——基底倾斜角；

　　　　　　$\sum N$——墙身自重、墙踵板以上第二破裂面（或假想墙背）与墙背之间的土体重量和上压力的竖向分量之和，一般情况下墙趾板上的土体重量可忽略。

按照《铁路路基支挡结构设计规范》TB 10025—2006 规定，抗滑稳定性系数 K_c 不应小于 1.3；计入附加应力时 K_c 不应小于 1.2；架桥机等运架设备临时荷载作用下，K_c 不应小于 1.05。

（2）抗倾覆稳定性验算

挡土墙抗倾覆稳定系数 K_0 应按下式计算：

$$K_0 = \frac{\sum M_y}{\sum M_0} \tag{4-36}$$

式中　$\sum M_y$——稳定力系对墙趾的总力矩；

　　　$\sum M_0$——倾覆力系对墙趾的总力矩。

按照《铁路路基支挡结构设计规范》TB 10025—2006 规定，抗倾覆稳定系数 K_0 不应小于 1.6。计入附加应力时 K_0 不要小于 1.4；架桥机等运架设备临时荷载作用下，K_0 不应小于 1.1。

（3）地基承载力计算

挡土墙基底合力的偏心距应按下式计算：

$$e = \frac{B}{2} - c = \frac{B}{2} - \frac{\sum M_y - \sum M_0}{\sum N} \tag{4-37}$$

式中　e——基底合力的偏心距，当基底倾斜时，为倾斜基底的偏心距；

　　　B——基地宽度，倾斜基底为其斜宽；

　　　c——作用于基底上的垂直分力对墙趾的力臂；

　　　$\sum N$——作用于基底上的总垂直力。

按照《铁路路基支挡结构设计规范》TB 10025—2006 规定，土质地基基底合力的偏心距 e 不应大于 $B/6$，岩石地基基底合力的偏心距 e 不应大于 $B/4$。

基底应力 σ 应按下列公式计算：

当 $|e| \leqslant B/6$ 时，

$$\sigma_{1,2} = \frac{\sum N}{B}\left(1 \pm \frac{6e}{B}\right) \tag{4-38}$$

当 $|e| > B/6$ 时，

$$\sigma_1 = \frac{2\sum N}{3c}, \sigma_2 = 0 \tag{4-39}$$

当 $|e| < -B/6$ 时，

$$\sigma_2 = \frac{2\sum N}{3(B-c)}, \sigma_1 = 0 \tag{4-40}$$

式中　σ_1——挡土墙趾部的压应力；

$\qquad\sigma_2$——挡土墙踵部的压应力。

基底平均压应力不应大于基底的容许承载力 $[\sigma]$。

墙身截面强度检验应符合下列要求：

①墙身截面的合力偏心距 e'，当按主应力计算时应满足 $|e| < 0.03B'$，当按主应力加附加应力计算时应满足 $|e| \leqslant 0.35B'$，其中 B' 为墙身截面宽度。

②验算截面的法向压应力，不应大于所用材料的容许压应力。当计算的最小应力为负值时，应小于所用材料的容许抗弯曲拉应力，并应验算不计材料承受拉力时受压区应力重新分布的最大压应力，其值不得大于容许压应力。

③必要时墙身截面应作剪应力验算。

4.4　扶壁式挡土墙设计计算内容与方法

扶壁式挡土墙设计环节与悬臂式挡土墙类似，具体设计内容与过程如图 4-13 所示。

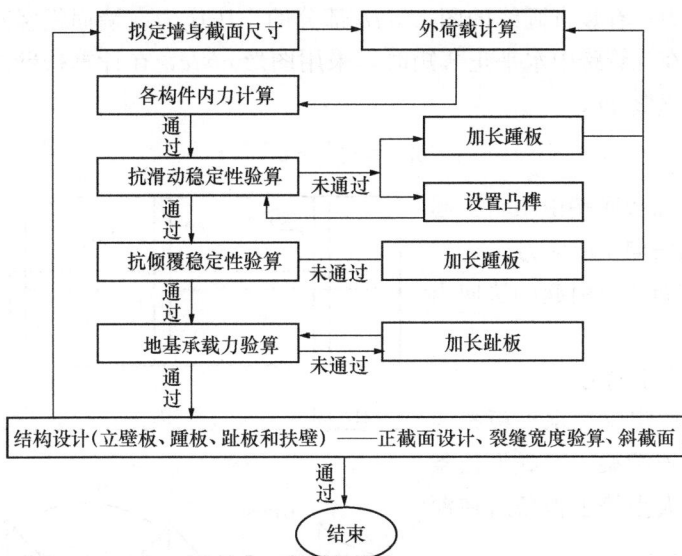

图 4-13　扶壁式挡土墙设计流程

4.4.1 墙身截面尺寸的拟定

扶壁式挡土墙高度不宜大于 10m，墙顶宽度不应小于 0.3m。其余同悬臂式挡土墙。

4.4.2 土压力计算

同悬臂式挡土墙。

4.4.3 挡土墙体内力计算

由于扶壁式挡土墙为多向结构的组合，结构类型为空间结构。在墙身内力计算时，一般将复杂的空间结构简化为平面问题，按近似的方法计算各个构件的弯矩和剪力。

（1）墙趾板

墙趾板的内力计算同悬臂式挡土墙。

（2）墙面板

墙面板为三向固接板。在计算时，通常将墙面板沿墙高和墙长方向划分为若干个单位宽度的水平和竖直板条，分别计算两个方向的弯矩和剪力。

①墙面板的土压力荷载计算

在计算墙面板的内力时，为考虑墙面板与墙踵板之间固接状态的影响，采用如图 4-14 所示的等代土压应力图形。图中，图形 $afge$ 为按土压应力公式计算的法向土压应力；有水平画线的梯形 $abde$ 部分在墙面板的水平板条内产生水平弯矩和剪力；有竖直画线的图形 afb 部分的土压应力在墙面板竖直板条的下部产生较大的弯矩。在计算跨中水平正弯矩时，采用图形 $abde$，在计算扶壁两侧固接端水平负弯矩时，采用图形 $abce$。

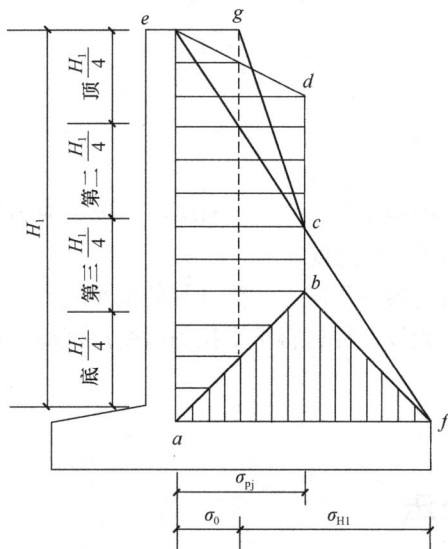

图 4-14 墙面板的等代土压应力

$$\sigma_{Pj} = \frac{\sigma_{H1}}{2} + \sigma_0 \tag{4-41}$$

式中 σ_{H1}——墙面板底端由填料引起的法向土压应力；

σ_0——均布荷载引起的法向土压应力。

②墙面板的水平内力

在计算时，假定每一水平板条为支承在扶壁上的连续梁，荷载沿板条按均匀分布，其大小等于板条所在深度的法向土压应力。

各板条的弯矩和剪力按连续梁计算，其计算方法见《建筑结构设计手

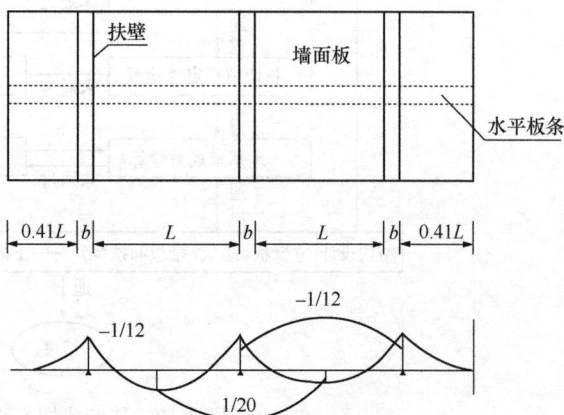

图 4-15 墙面板的水平弯矩

册》(静力计算)。为了简化设计,也可按图4-15中给出的弯矩系数,计算受力最大板条跨中和扶壁两端的弯矩和剪力,然后按此弯矩和剪力配筋。其中:

跨中正弯矩:

$$M_{中} = \sigma_{pj}L^2/20 \tag{4-42}$$

扶壁两端负弯矩:

$$M_{端} = -\sigma_{pj}L^2/12 \tag{4-43}$$

式中　$M_{端}$、$M_{中}$——受力最大板条跨中和扶壁两端的弯矩;

L——扶壁之间的净距;

σ_{pj}——墙面板受力最大板条的法向土压应力。

水平板条的最大剪力发生在扶壁的两端,其值可假设等于两扶壁之间水平板条上法向压力之和的一半。受力最大板条扶壁两端的剪力为:

$$Q_{端} = \sigma_{pj}L/2 \tag{4-44}$$

③墙面板的竖直弯矩

作用于墙面板的土压力,在墙面板内产生竖直弯矩。

墙面板跨中竖直弯矩沿墙高的分布如图 4-16(a)所示。负弯矩使墙面板靠填土一侧受拉,发生在墙面板的下 $H_1/4$ 范围内,最大负弯矩位于墙面板的底端,其值按下述经验公式计算:

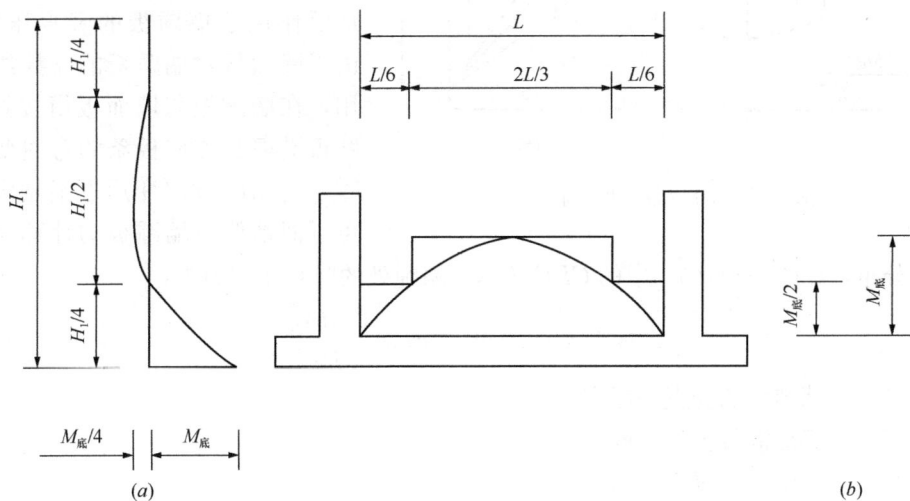

图 4-16　墙面板的竖直弯矩
(a)沿墙高的分布;(b)沿墙长的分布

$$M_{底} = -0.03(\sigma_{H1} + \sigma_0)H_1L \tag{4-45}$$

式中　$M_{底}$——墙面板底端的竖直负弯矩;

H_1——墙面板的高度。

最大正弯矩位于墙面板的 $H_1/4$ 范围分点附近,其值等于最大竖直负弯矩的 1/4。在板的上 $H_1/4$ 处弯矩为零。

墙面板竖直弯矩沿墙长方向呈抛物线分布,如图 4-16 (b) 所示,设计时,可采用中部 $2L/3$ 范围内的竖直弯矩不变,两端各 $L/6$ 范围内的竖直弯矩较跨中减少一半的简化办法。

(3) 墙踵板

①墙踵板的计算荷载

作用于墙踵板的外力,除了作用在悬臂式挡土墙墙踵板上四种外力以外,还需考虑墙趾板弯矩在墙踵板上引起的等代荷载。

墙趾板弯矩引起的等代荷载的竖直压力可假设为抛物线分布,如图 4-17 (a) 所示。该应力图形在墙踵板内缘点的应力为零,墙踵处的应力 σ 根据等代荷载对墙踵板内缘点的力矩与墙趾板弯矩 M_{3B} 相等的原则求得,即:

$$\sigma = \frac{2.4M_{3B}}{B_3^2} \tag{4-46}$$

式中　M_{3B}——墙趾板在与墙面板衔接处的弯矩;

　　　　B_3——墙踵板的长度。

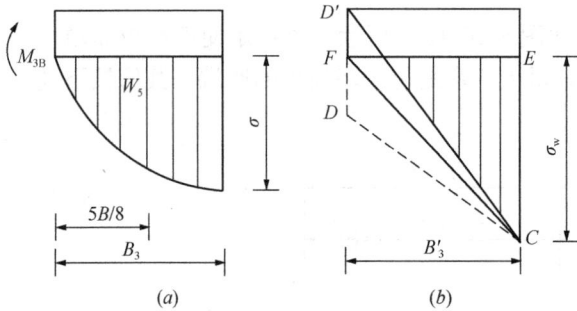

图 4-17　墙踵板的计算荷载

将上述荷载在墙踵板上引起的竖直压应力叠加,即可得到墙踵板的计算荷载,如图 4-17 (b) 所示。图中:图形 CDE (或 $CD'E$) 为叠加后作用于墙踵板的竖直压应力。由于墙面板对墙踵板的支撑约束作用,在墙踵板与墙面板衔接处,墙踵板沿墙长方向板条的弯曲变形为零,向墙踵方向变形逐渐增大,故可近似地假设墙踵板的计算荷载为三角形分布,如图 4-17 (b) 中的 CFE 所示。墙踵处的竖直压应力为:

$$\sigma_{w} = \sigma_{y2} + \gamma_k h_1 - \sigma_2 + \frac{2.4M_{3B}}{B_3^2} \tag{4-47}$$

式中　σ_{y2}——墙踵处的竖直土压应力;

　　　　γ_k——钢筋混凝土的重度;

　　　　h_1——墙踵板的厚度;

　　　　σ_2——墙踵处地基压力。

②墙踵板的内力计算

由于假设了墙踵板与墙面板为铰支连接,作用于墙面板的水平土压力主要通过扶壁传至墙踵板,故不计算墙踵板横向板条的弯矩和剪力。

墙踵板纵向板条弯矩和剪力的计算与墙面板相同,计算荷载取墙踵板的计算荷载即可。

(4) 扶壁

扶壁承受相邻两跨墙面板终点之间的全部水平土压力,扶壁自重和作用于扶壁的竖直土压力可忽略不计。另外,虽然在计算墙面板内力时,考虑图 4-14 中图形 afb 所示的土压力通过墙面板传至墙踵板，但在计算扶壁内力时，可不考虑这一影响。各截面的弯矩和剪力按悬臂梁计算，计算方法与悬臂式挡土墙的立壁相同。

4.4.4 挡土墙配筋设计

扶壁式挡土墙的墙面板、墙趾板和墙踵板按一般受弯构件（板）配筋，扶壁按变截面的 T 形梁配筋。

（1）墙趾板

同悬臂式挡土墙。

（2）墙面板

①水平受拉钢筋

墙面板的水平受拉钢筋分为内侧钢筋和外侧钢筋。

内侧水平受拉钢筋 N_2，布置在墙面板靠填土的一侧，承受水平负弯矩。该钢筋沿墙长方向的布置，如图 4-18（b）所示；沿墙高方向的布筋，从图 4-14 所示的计算荷载 abde 图形可以看出，距墙顶 $H_1/4$ 至 $7H_1/8$ 范围，按第三个 $H_1/4$ 墙高范围板条（也即受力最大板条）的固端负弯矩 M 端配筋，其他部分按 $M_端/2$ 配筋，如图 4-18（b）所示。

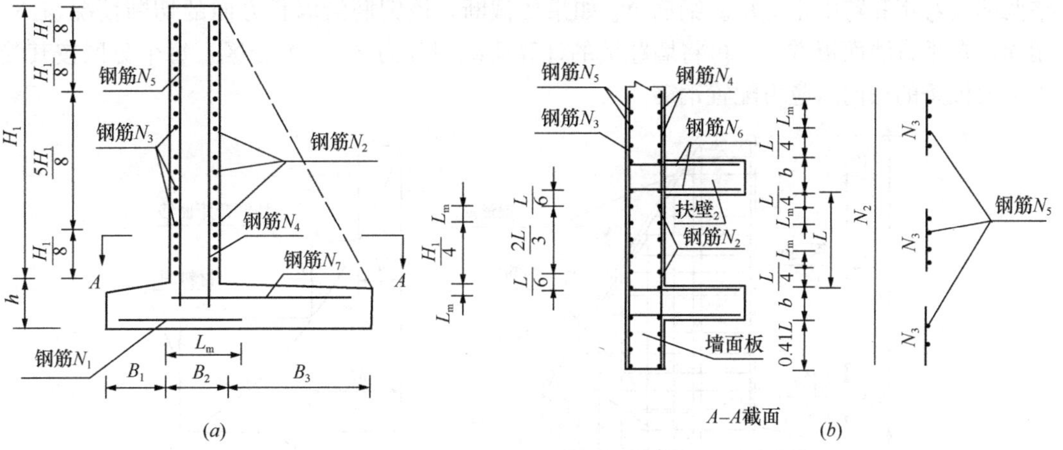

图 4-18 墙面板配筋布置示意图

外侧水平受拉钢筋 N_3，布置在中间跨墙面板临空一侧，承受水平正弯矩。该钢筋沿墙长方向通长布置，如图 4-18 所示，但为了便于施工，可在扶壁中心切断；沿墙高方向的布筋，从图 4-14 所示的计算荷载 abce 图形可以看出，从距墙顶 $H_1/8$ 至 $7H_1/8$ 范围，应按 $H_1/2$ 墙高范围板条也即受力最大板条的跨中正弯矩 M 中配筋。如图 4-18（a）中其他部分按 $M_中/2$ 配筋。

②竖直纵向受力钢筋

墙面板的竖直纵向受力钢筋，也分为内侧钢筋和外侧钢筋。

内侧竖直受力钢筋 N_4，布置在墙面板靠填土一侧，承受墙面板的竖直负弯矩。该钢筋向下伸入墙踵板不少于一个钢筋锚固长度，向上在距墙踵板顶面 $H_1/4$ 加钢筋锚固长度处可切断，如图 4-18（a）所示，也可通长布置。沿墙长方向的布筋从图 4-18（b）可以看出，在跨中 $2L/3$ 范围内按跨中的最大竖直负弯矩 $M_底$ 配筋，其两侧各 $L/6$ 部分按

$M_底/2$ 配筋。两端悬出部分的竖直内侧钢筋可参照上述原则布置。

外侧竖直受力钢筋 N_5，布置在墙面板的临空一侧，承受墙面板的竖直正弯矩，按 $M_底/4$ 配筋。该钢筋可通长布置，兼作墙面板的分布钢筋之用。

③墙面板与扶壁之间的 U 形拉筋

钢筋 N_6（图 4-18b）为连接墙面板和扶壁的水平 U 形拉筋，其开口朝扶壁的背侧。在扶壁的水平方向通长布置（图 4-18）。

(3) 墙踵板

①顶面横向水平钢筋

墙踵板顶面横向水平钢筋 N_7，是为了使墙面板承受竖直负弯矩的钢筋 N_4 得以发挥作用而设置的，该钢筋位于墙踵板顶面，并与墙面板垂直，如图 4-19（a）所示，承受与墙面板竖直最大负弯矩相同的弯矩。钢筋 N_7 沿墙长方向的布置与 N_4 相同，在垂直于墙面板方向，一端伸入墙面板一个钢筋锚固长度，另一端延长至墙踵，作为墙踵板顶面纵向受拉钢筋 N_8 的定位钢筋。如果钢筋 N_7 较密，其中一半可以在距墙踵板内缘 $B_3/2$ 加钢筋锚固长度处切断。

钢筋 N_8 和 N_9（图 4-19a）为墙踵板顶面和底面的纵向水平受拉钢筋，承受墙踵板扶壁两端负弯矩和跨中正弯矩。钢筋 N_8 如果要截断，该钢筋沿墙长方向的切断情况与 N_2 相同；在垂直墙面板方向，可将墙踵板的计算荷载划分为 $2\sim3$ 个分区，每个分区按其受力最大板条的法向压应力配置钢筋。

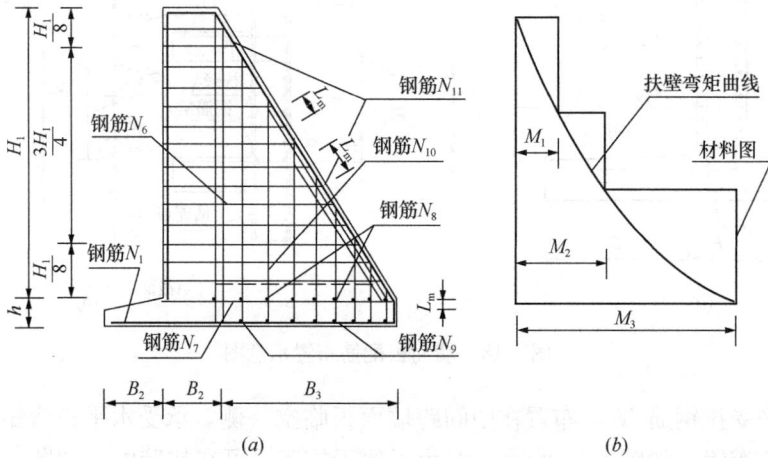

图 4-19 墙踵板和扶壁钢筋布置示意图

②墙踵板与扶壁之间的 U 形拉筋

钢筋 N_{10} 为连接墙踵板和扶壁的 U 形拉筋，其开口朝上。该钢筋的计算方法与墙面板和扶壁之间的水平拉筋 N_6 相同；向上可在距墙踵板顶面一个钢筋锚固长度处切断，也可延至扶壁顶面，作为扶壁两侧的分布钢筋之用；在垂直墙面板方向的分布与墙踵板顶面的纵向水平钢筋相同。

(4) 扶壁

钢筋 N_{11} 为扶壁背侧的受拉钢筋。在计算 N_{11} 时，可近似的假设混凝土受压区的合力作用在墙面板的中心处。

在配置钢筋 N_{11} 时，一般根据扶壁的弯矩图（图 4-19b）选择取 2～3 个截面，分别计算所需受拉钢筋的根数。为了节省混凝土，钢筋 N_{11} 可按多层排列，但不得多于 3 层，而且钢筋间距必需满足规范的要求，必要时可采用束筋。各层钢筋上端应较按计算不需要此钢筋的截面延长一个钢筋锚固长度，下端埋入墙底板的长度不得少于钢筋的锚固长度，必要时可将钢筋沿横向弯入墙踵板的底面。

4.5　理正软件设计流程及参数详解

理正挡土墙软件设计流程如图 4-20 所示。

4.5.1　交通行业挡土墙设计

运行理正岩土软件，选择【挡土墙设计】，如图 4-21（a）所示，在弹出的工程计算内容窗口可选择适用于不同行业的不同挡土墙类型，选择【铁路行业】或【公路行业】，再选择【悬臂式挡土墙】，如图 4-21（b）所示点击【确认】即进入工程操作界面，在工程操作界面点击【增】命令，程序将显示对话框界面，选择例题后点击确认，弹出如图 4-22 所示墙身尺寸输入界面。该对话框一共包括 5～6 个标签（公路 6 个标签、铁路 5 个标签），分别对应挡土墙设计的 5～6 个方面的分析设计参数。下面分别对各个标签下属的参数输入作以说明。

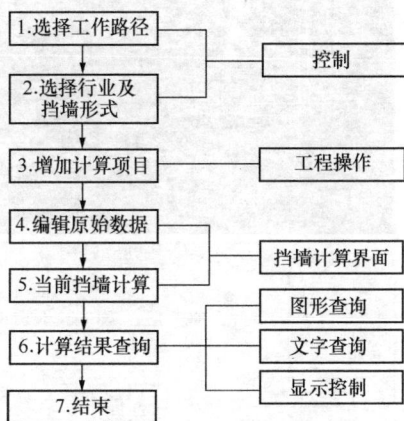

图 4-20　设计流程

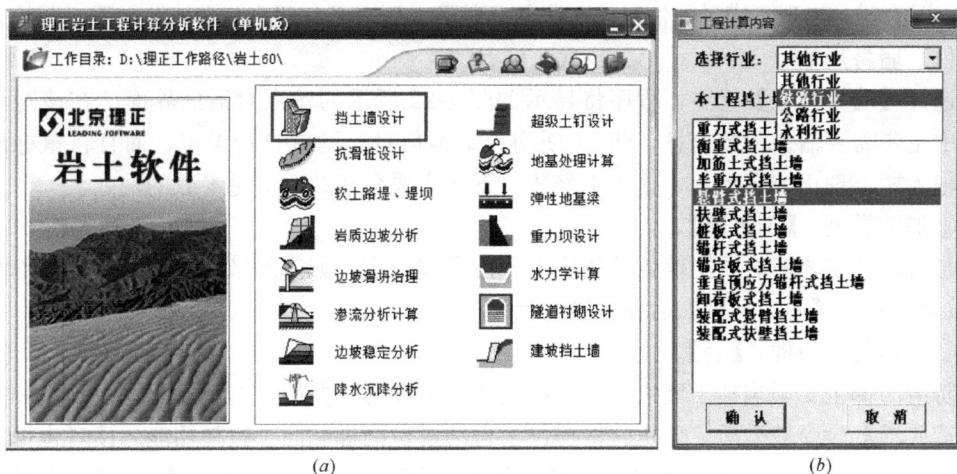

图 4-21　挡土墙类型选择界面

注意：

①有时自动设计会失败，这是因为某些给定的条件不合理造成的；

②有时自动设计成功后，某些安全系数仍不满足。这是因为本系统自动设计时考虑了多种工况，系统自动设计对各种工况只进行一次，当满足最后一个工况的安全系数时，前面的

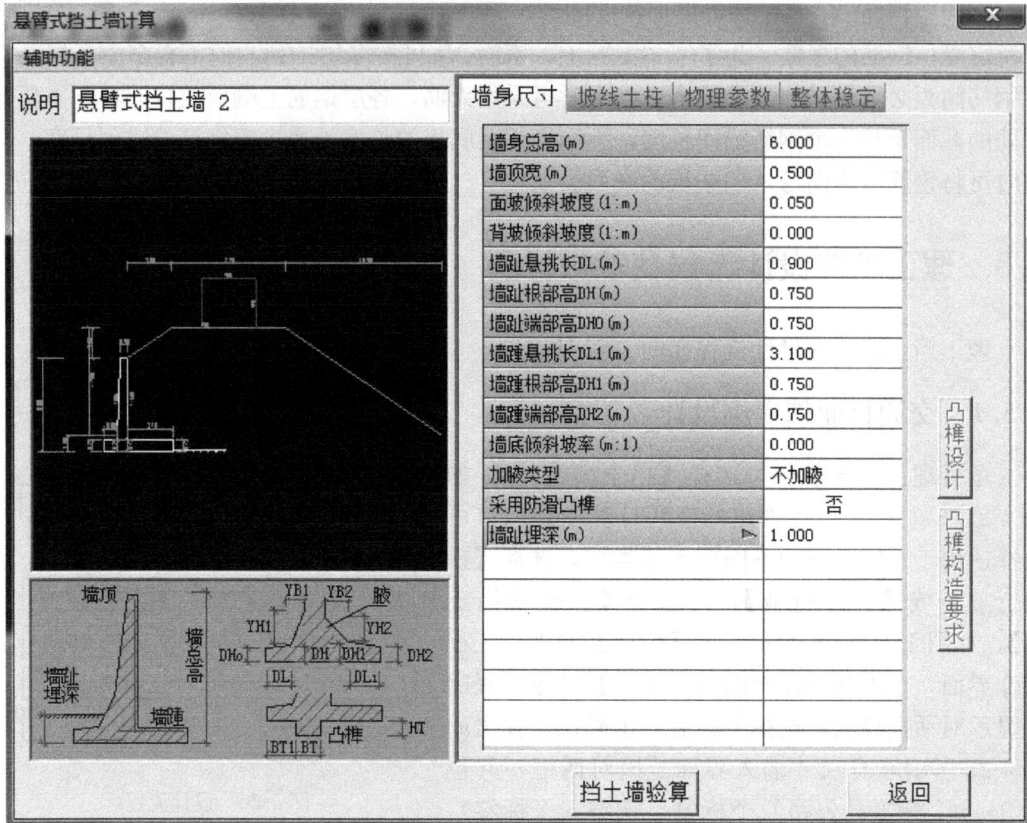

图 4-22　墙身尺寸输入界面

各个工况有时会出现不满足的情况。在这种情况下，用户可参照系统设计结果手工调整。

(1) 墙身尺寸

选择【墙身尺寸】标签，程序将显示如图 4-22 所示的输入对话框界面。在该对话框界面中主要需要输入参数信息，前 11 项均为基本信息，读者自行设定，而且将鼠标放在参数输入栏，理正均有提示，这里不赘述。下面主要介绍几个关键参数的输入。

①加腋类型：【不加腋】。

是否加腋主要影响挡土墙的整体稳定、抗滑移稳定。如需加腋，可选择【面坡加腋】、【背坡加腋】和【两边加腋】后输入腋的尺寸参数。

②采用防滑凸榫：【否】。

防滑凸榫主要影响挡土墙的抗滑移稳定性。选择【是】后，右侧【凸榫设计】和【凸榫构造要求】命令被激活。理正软件提供了自动设计凸榫和凸榫校核功能。读者也可以自行输入凸榫参数后点击【凸榫构造要求】命令，程序将显示如图 4-23 所示的输入对话框界面。查看输入参数满足要求后点击【返回】。

(a) 凸榫被动土压力修正系数："1"。在计算凸榫前被动土压力远大于实际情况下对土压力进行折减，默认为 1。

(b) 凸榫容许弯曲拉应力："0.5"。根据凸榫所用材料，参考《铁路路基支挡结构设计规范》TB 10025—2006 和《公路设计手册　路基》（第二版）。

（c）凸榫容许剪应力："0.99"。根据凸榫所用材料，参考《铁路路基支挡结构设计规范》TB 10025—2006 和《公路设计手册 路基》（第二版）。

注意：当选择设计防滑凸榫时，墙底倾斜坡率为 0。

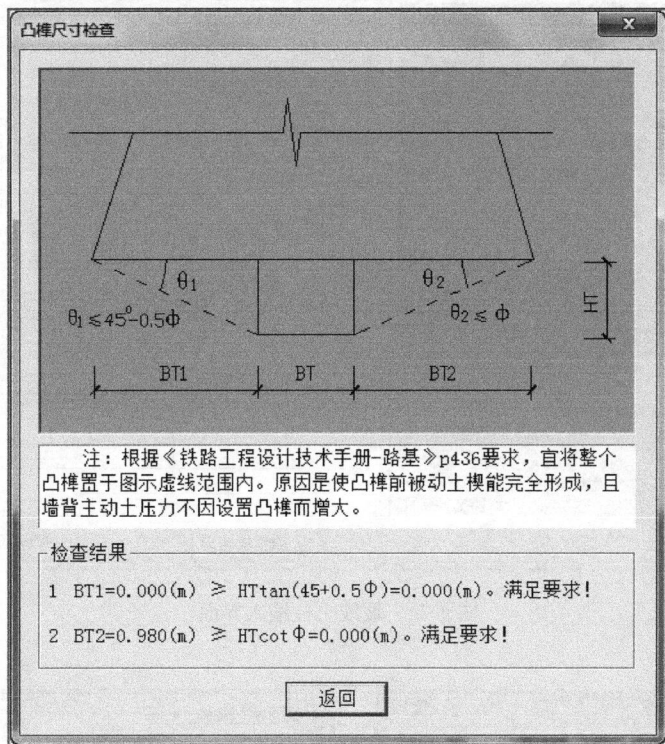

图 4-23 凸榫尺寸检查界面

（2）坡线土柱

选择【坡线土柱】标签，程序将显示图 4-24 所示的输入对话框界面。在该对话框界面中主要需要输入参数信息，下面主要介绍关键参数的输入。

① 坡面线段数：墙后填土的坡面形式，输入值≥1。

② 坡面起始是否低于墙顶：用于设置第一段坡面线的起始位移，通常选择【否】。

③ 地面横坡角度：土楔体计算时破裂面的起始角度，即只有横坡角以上土体才产生土压力的作用。地面横坡角度一般为岩石的坡度，当挡土墙后都为土体时可取 0，即按土压力最大情况考虑。

④ 填土对横坡面的摩擦角：当破裂角位于桩背与地面横坡面之间时，计算土压力用墙后填土内摩擦角，当破裂角位于地面横坡面时，计算土压力用 15°。宜根据试验确定，当无试验资料时，黏性土与粉土可取 0.33φ，砂性土与碎石土可取 0.5φ。

⑤ 挡墙分段长度：按挡土墙的设缝间距划分，在公路行业影响车辆荷载的计算。

⑥ 附加集中力：用于模拟作用在挡土墙上的其他外力，还可以模拟墙前被动土压力。点击【附加集中力】命令，程序将显示如图 4-25（a）所示的输入对话框界面。点击【加入等效墙前被动土压力】命令，程序将显示如图 4-25（b）所示的输入对话框界面，输入相关参数，点击【确认】返回到图 4-25（c）所示界面，再点击【返回】。

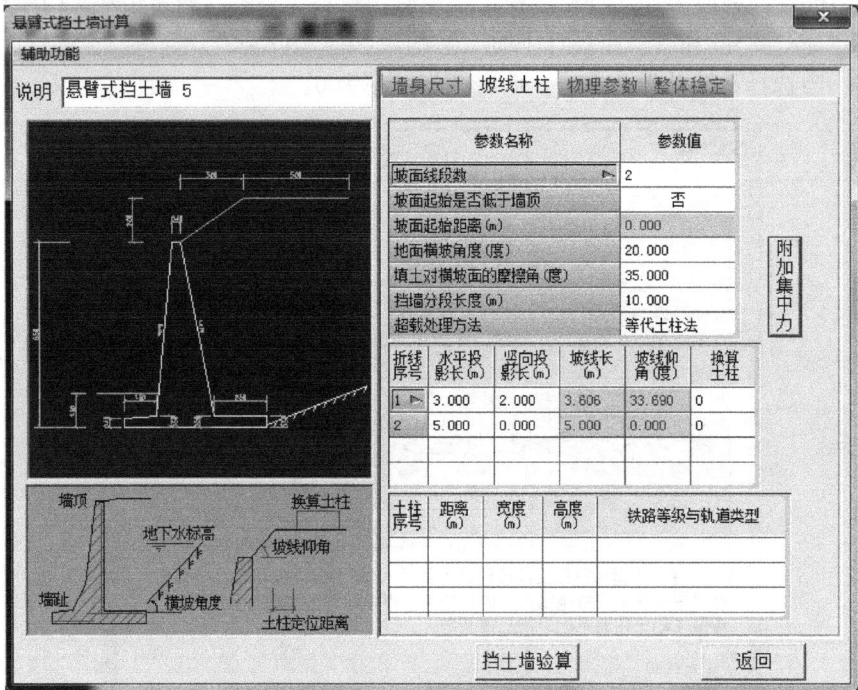

图 4-24　坡线土柱输入界面

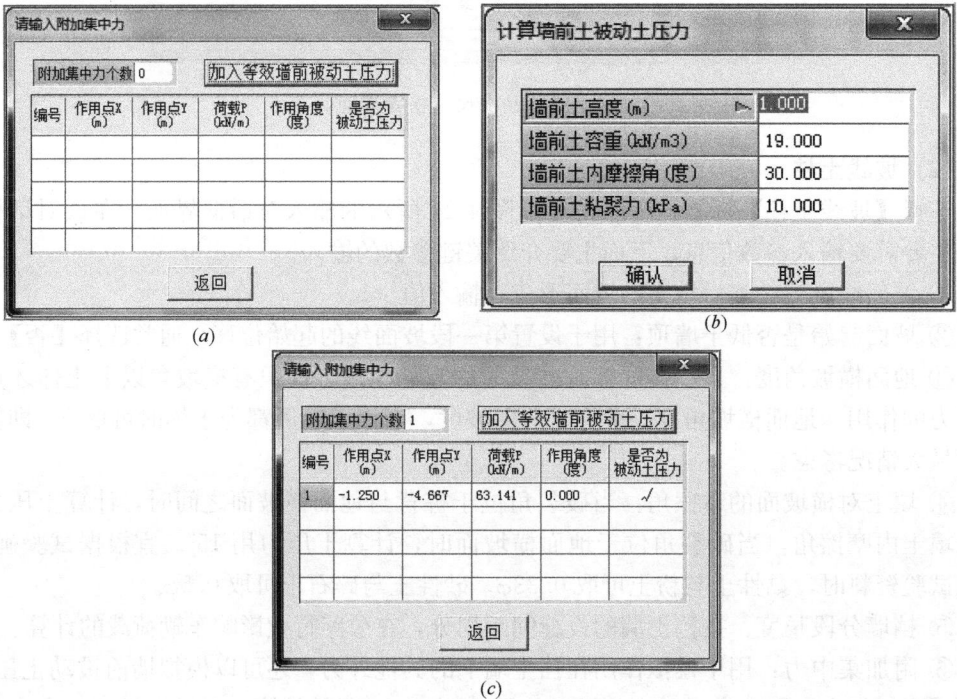

(a)

(b)

(c)

图 4-25　附加集中力输入界面

注意：荷载大小为作用在挡墙纵向一延米范围内的外力；附加外集中力表示沿挡土墙纵向方向上的一个线性局部荷载；坐标原点为墙的左上角点；力的角度方向以水平右向为0°，逆时针旋转为正；荷载输入后在图形界面上有相应图示。

（3）物理参数

选择【物理参数】标签，程序将显示如图 4-26 所示的输入对话框界面。在该对话框界面中主要需要输入参数信息，下面主要介绍关键参数的输入。

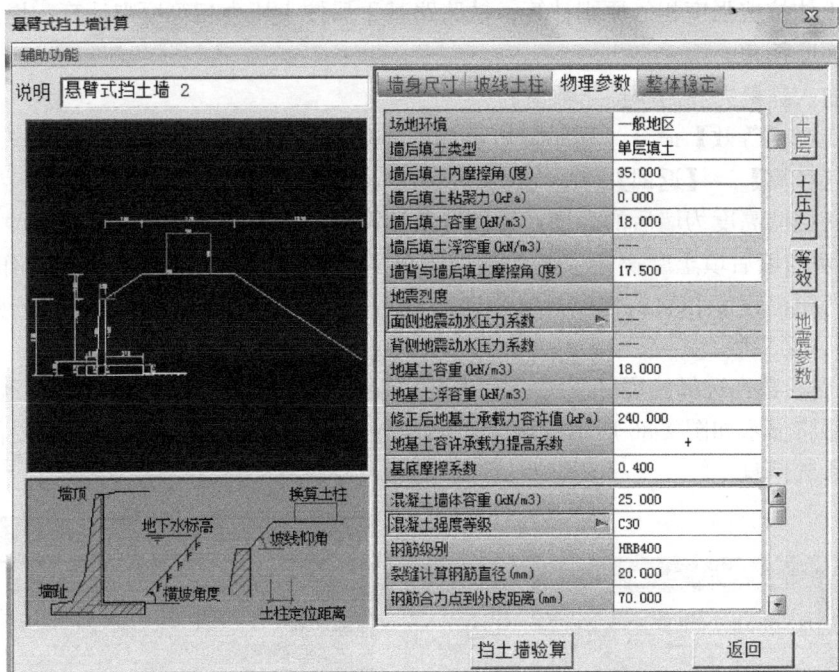

图 4-26　物理参数输入界面

① 场地环境："一般地区"。有四种类型，可考虑地震和浸水。

注意：当选择"浸水地区"时，在【坡线土柱】标签下会要求输入水位标高，如图4-27 所示。

② 墙后填土类型："单层"。有"单层"和"多层"两种选择。当选择"多层"时，点击【土层】命令，程序将显示如图 4-28 所示的输入对话框界面。

图 4-27　水位标高输入界面

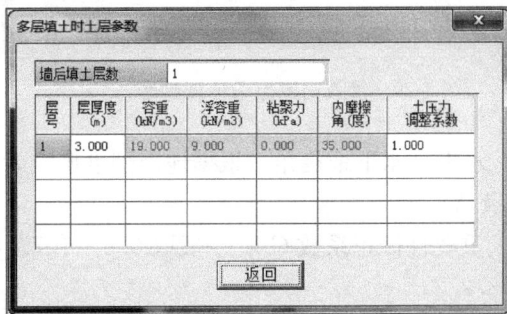

图 4-28　土层参数输入界面

注意：土压力调整系数可根据工程经验进行调整，如不调整，默认 1 即可。

③ 土压力："库仑"。点击【土压力】命令，有三种主动土压力计算理论供用户选择，包括库仑、朗背、静止。

④ 等效内摩擦角：因为黏聚力对土压力影响较大，必须保证任何情况下黏聚力均不降低才能使用，因此墙后填土如为黏性土，一般可采用等效内摩擦角的方法，把黏聚力的影响考虑在内摩擦角这一参数内。理正提供了三种计算方法供用户选择，分别是：铁路路基手册按土体抗剪强度相等原则计算；铁路路基手册按土压力相等原则计算；堤防规范提供的换算内摩擦角。

（a）输入黏聚力和内摩擦角数值。

（b）点击【等效】命令，程序将显示如图 4-29 所示的输入对话框界面。输入参数后依次点击【计算】＞【返回】。

注意：挡墙高度为墙后的高度，软件自动计算，一般无需更改。

⑤ 墙背与墙后填土摩擦角：该参数用于土压力计算，影响土压力大小及作用方向，取值由墙背粗糙程度和填料性质及排水条件决定，无试验资料时，可参见《公路设计手册　路基》（第二版）。

⑥ 地震参数：选择抗震区或抗震浸水区挡墙时需交互地震参数。点击【地震参数】命令，程序将显示如图 4-30 所示的输入对话框界面。在该对话框界面中现主要需要输入如下设计参数信息。

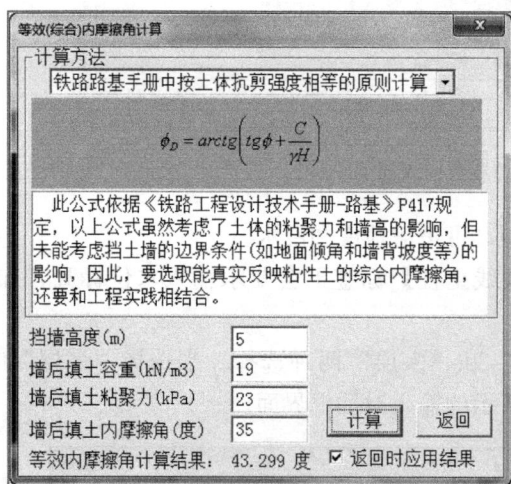

图 4-29　等效内摩擦角计算界面

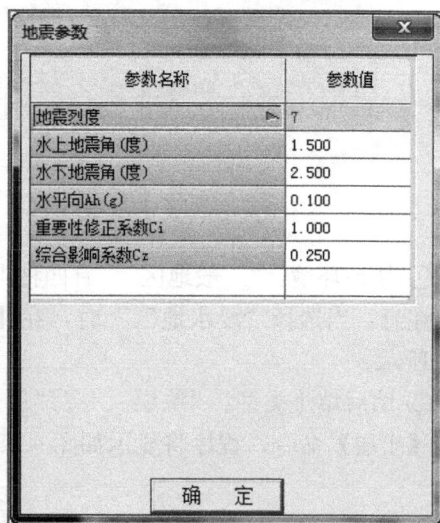

图 4-30　地震参数输入界面

（a）水上、水下地震角：根据地震烈度确定，参考《公路工程抗震规范》JTG B02—2013 附录 A。

（b）重要性修正系数 C_i：一般取 0.6～1.7。参考《公路工程抗震规范》JTG B02—2013 表 3.2.2。

（c）综合影响系数 C_z：一般取 1.0，参考《公路工程抗震规范》JTG B02—2013 第 8.2.6 条。

⑦ 地基土参数：

（a）地基土容重和修正后地基土承载力特征值：由试验所得。

（b）基底摩擦系数：用于滑移稳定验算，无试验资料时参见《公路设计手册　路基》（第二版）。

（c）地基承载力特征值提高系数：如无特殊要求，墙趾墙踵提高系数可与平均提高系数相同。

（d）地基浮力系数：基底浮力的调整系数；该参数参考《公路路基设计手册》（第二版），其他行业可直接取 1.0。

（e）地基土类型和公路等级：根据具体工程而定。

（f）抗震基底容许偏心距：参见《铁路工程抗震设计规范》GB 50111—2006 和《公路路基设计规范》JTG D30—2015。

（g）墙身地震力调整系数："1.0"。α 即为地震力调整系数，可根据经验调整地震力作用，如不需要调整，输入 1.0。

（h）地基土黏聚力和内摩擦角："10"、"30"，由试验所得。

（i）地基强度和偏心距验算时："斜面长度作为基础底"斜面长度作为基础底；水平投影长作为基础底。

(4) 整体稳定

选择【整体稳定】标签，程序将显示如图 4-31 所示的输入对话框界面。在该对话框界面中主要需要输入参数信息，下面主要介绍关键参数的输入。

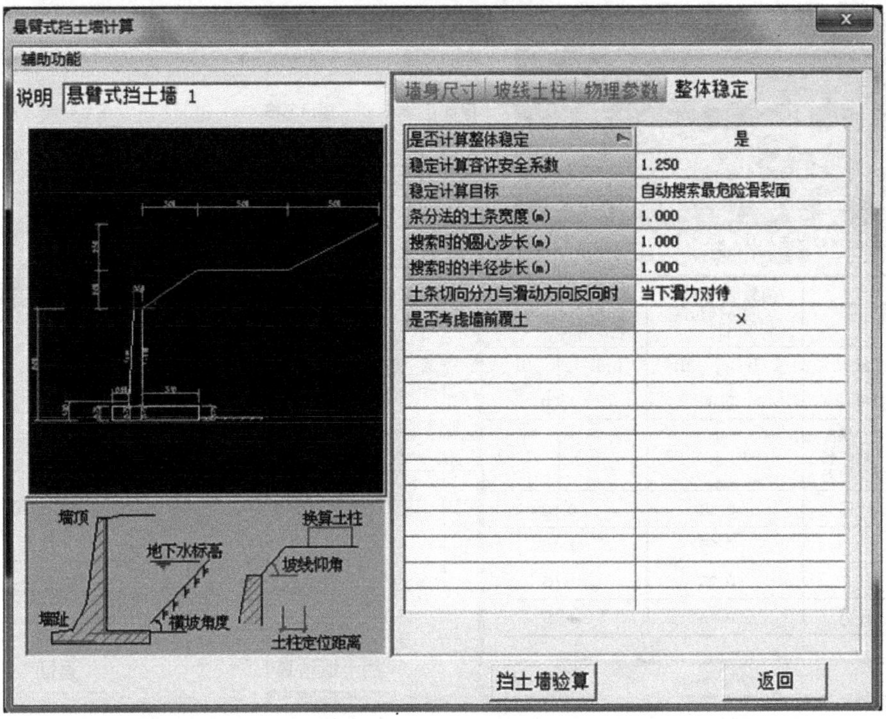

图 4-31　整体稳定输入界面

① 稳定计算容许安全系数：不小于 1.25。

② 稳定计算目标：自动搜索、给定圆心范围、给定圆心半径、给定圆心四种选择，通常选择自动搜索最危险滑裂面。

③ 土条宽度、圆心步长、半径步长：参数越小越精确，但会影响计算速度。默认为取"1"。

条分法的土条宽度，有如下规定：条分法的土条宽度对于计算结果有一定的影响，如土条宽度较大，计算误差也会越大，一般取 0.5m 左右。为了加快稳定计算的搜索速度，可在首次搜索时，采用较大的土条宽度，然后缩小范围，用较小的土条宽度。

④ 土条切向分力与滑动方向反向时：此分力有两种不同的理解：

(a) 认为此力使下滑力减小，应当下滑力对待；

(b) 认为此力使抗滑力增大，应当抗滑力对待。

这两种理解，稳定计算安全系数是不同的，选择前者安全系数较小，偏于保守。

(5) 荷载组合

对于公路行业的悬臂式挡土墙设计，还可以选择【荷载组合】标签，程序将显示如图 4-32 所示的输入对话框界面。在荷载组合时有多种组合，具体组合方式以及组合系数和分项系数参考《公路路基设计规范》JTG D30—2015。

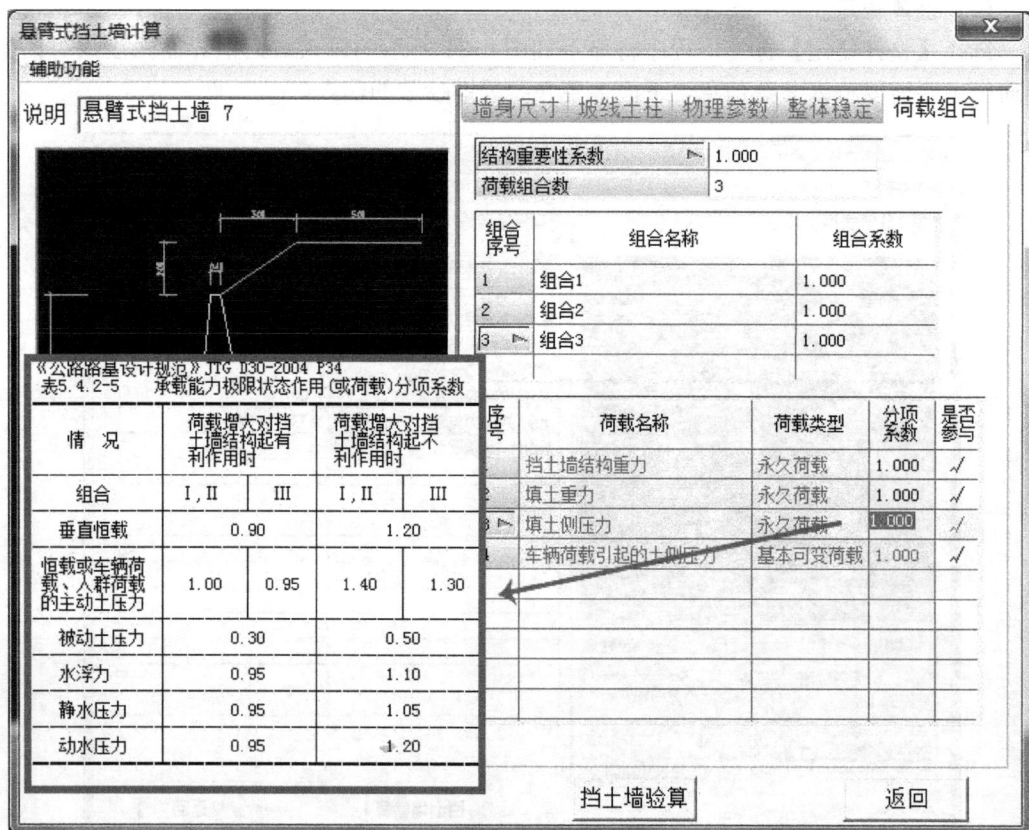

图 4-32　荷载组合输入界面

完成以上 6 步操作，一个悬臂式挡土墙的模型已建立完成，点击【挡土墙验算】命令，程序将按照设计人员提交控制参数信息开始挡土墙验算。

计算结果查询界面分为左右两个窗口，左侧窗口用于查询图形结果，包括计算简图、土压力计算结果和稳定计算结果，点击【图形查询】＞【显示简图存为 DXF 文件】可存成 dxf 文件以便在 AutoCAD 中打开。右侧窗口用于查询文字结果，包括原始条件和计算结果，在显示窗口鼠标右键选择存成 rtf 文件，用 word 打开，或存成 txt 文本文件。如图 4-33 所示。

注意：当验算结果显示蓝色表明满足要求，如为红色则表明不满足要求，需调整参数。

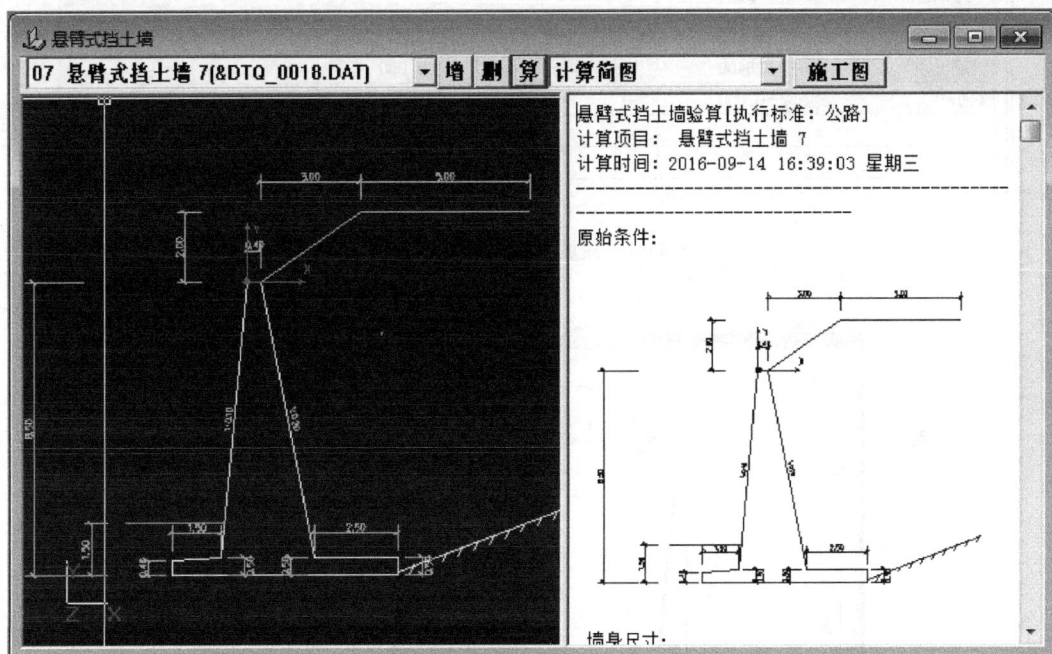

图 4-33　结果查询窗口

4.5.2　建筑行业挡土墙设计

对于建坡挡墙设计，流程如下：

(1) 基本信息

选择【基本信息】标签，程序将显示如图 4-34 所示的输入对话框界面。在该对话框界面中主要需要输入参数信息，边坡类型分为土质边坡及岩质边坡可选。而边坡等级会影响结构重要性系数，对于一级边坡结构重要性系数为 1.1，而二级边坡结构重要性系数为 1.0。防滑凸榫主要影响挡土墙的抗滑移稳定性，也可以选择钢筋混凝土扩展基础来达到相同目的，具体参数选择参考《建筑地基基础设计规范》GB 50007—2011；其他各项信息读者自行设定，将鼠标放在参数输入栏，理上均有提示，这里不赘述。而实际计算图例示意图如图 4-35 所示。

图 4-34 建坡挡墙设计基本信息

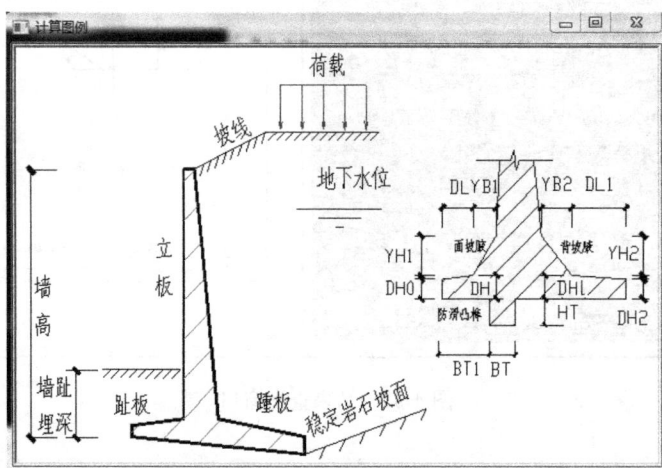

图 4-35 建坡挡墙计算图例示意图

(2) 岩土信息

选择【岩土信息】标签，程序将显示如图 4-36 所示的输入对话框界面。在该对话框界面中主要需要输入参数信息，基本信息请读者按照实际给定参数自行输入，下面主要介绍关键参数的输入。

① 背侧坡线数：只能为 1。

② 墙趾埋深：参数选取参照《建筑边坡工程技术规范》GB 50330—2013 表 11.3.6。

(3) 荷载信息

选择【荷载信息】标签，程序将显示如图 4-37 所示的输入对话框界面。在该对话框界面中主要需要输入参数信息，下面主要介绍关键参数的输入。

| 基本信息 | 岩土信息 | 荷载信息 | 整体稳定 |

| 背侧坡线数 | ▷ 1 | 面侧坡线数 | --- | |
| 墙趾埋深(m) | 0.800 | | | |

背侧坡线序号	水平投影长(m)	竖向投影长(m)	坡线长(m)	坡线仰角(度)	荷载数
1	7.000	2.000	7.280	15.945	0

坡线荷载序号	荷载类型	距离(m)	宽度(m)	荷载值(kPa, kN/m)	

面侧坡线序号	水平投影长(m)	竖向投影长(m)	坡线长(m)	坡线仰角(度)	
1	---	---	---	---	
2	---	---	---	---	

| 墙后填土层数 | ▷ 1 | 填土与墙背摩擦角(度) | 17.500 | |
| 墙后稳定地面角(度) | 20.000 | 填土与稳定面摩擦角(度) | 17.500 | |

墙后土层序号	土层厚(m)	重度(kN/m3)	浮重度(kN/m3)	粘聚力(kPa)	内摩擦角(度)
1	---	19.000		0.000	35.000

地基岩土重度(kN/m3)	18.000	地基岩土粘聚力(kPa)	10.000	
地基岩土内摩擦角(度)	30.000	修正后承载力特征值(kPa)	500.000	
地基岩土对基底摩擦系数	0.500			

图 4-36 建坡挡墙岩土信息输入界面

| 基本信息 | 岩土信息 | 荷载信息 | 整体稳定 |

| 地震参数 | 自定义荷载 |

场地环境	▷ 一般地区	土压力计算方法	库仑	
		主动岩土压力增大系数	1.000	
		有限范围填土土压力	×	

岩土层号	有效内摩擦角Φ'(度)	静止土压力系数Ko	静止土压力系数计算公式	
1	---	---	---	

| 荷载组合数 | 2 |

序号	组合名称	组合系数
1	组合1	---
2	组合2	---

序号	荷载名称	荷载类型	是否参与	分项系数
1	挡墙结构自重	永久荷载	√	1.000
2	岩土重力	永久荷载	√	1.000
3	墙背侧岩土侧压力	永久荷载	√	1.000
4	墙背侧地表荷载引起岩土侧压力	可变荷载	√	1.000

图 4-37 荷载信息输入界面

① 场地环境：有两种类型，可考虑地震。

注意：当选择"一般抗震地区"时，在【地震参数】标签下会要求输入以下信息，如图 4-38 所示。

（a）水上、水下地震角：根据地震烈度确定，可参考《建筑抗震设计规范》GB 50011—2010。

（b）水平地震系数 K_h：根据地震烈度确定，可参考《建筑抗震设计规范》GB 50011—2010。

（c）重要性修正系数 C_i：根据工程类别及等级确定，一般取 0.6～1.7。参考《建筑抗震设计规范》GB 50011—2010。

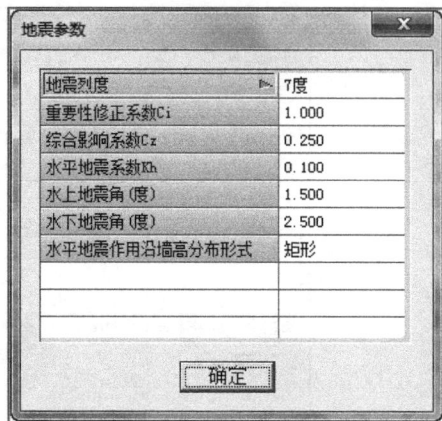

图 4-38　地震参数界面

（d）综合影响系数 C_z：一般取 1.0，参考《建筑抗震设计规范》GB 50011—2010。

②荷载组合及分项系数：参考公路行业挡土墙设计选取。

（4）整体稳定

建筑行业【整体稳定】可参照交通行业【整体稳定】设置。

完成以上操作，一个建坡悬臂式挡土墙的模型已设计完成，点击【计算】命令，程序将按照设计人员提交控制参数信息开始挡土墙验算，如图 4-39 所示。

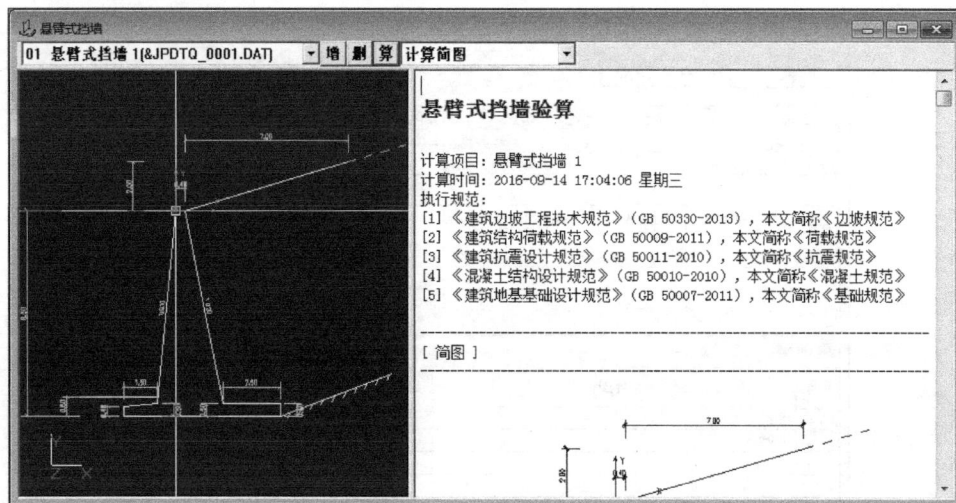

图 4-39　结果查询窗口

注意：当验算结果显示蓝色表明满足要求，如为红色则表明不满足要求，需调整参数。

4.6　悬臂式挡土墙例题

通过以上软件编制原理及设计流程的学习，想必读者已经对理正悬臂式挡土墙设计及验算有了初步的了解，接下来结合一道例题来让读者进一步理解本软件。

4.6.1　设计资料

某一级铁路悬臂式路堤墙设计资料如下：

墙身构造：墙高 6m，墙顶宽 0.5m，面坡倾斜角度 1：0.05，背坡垂直不加腋，墙趾悬挑长 0.9m，墙趾根部高 0.75m，墙趾端部高 0.75m，墙踵悬挑长 3.1m，墙踵根部高 0.75m，墙踵端部高 0.75m，墙底水平不设凸榫，墙趾埋深 1.0m，如图 4-40。

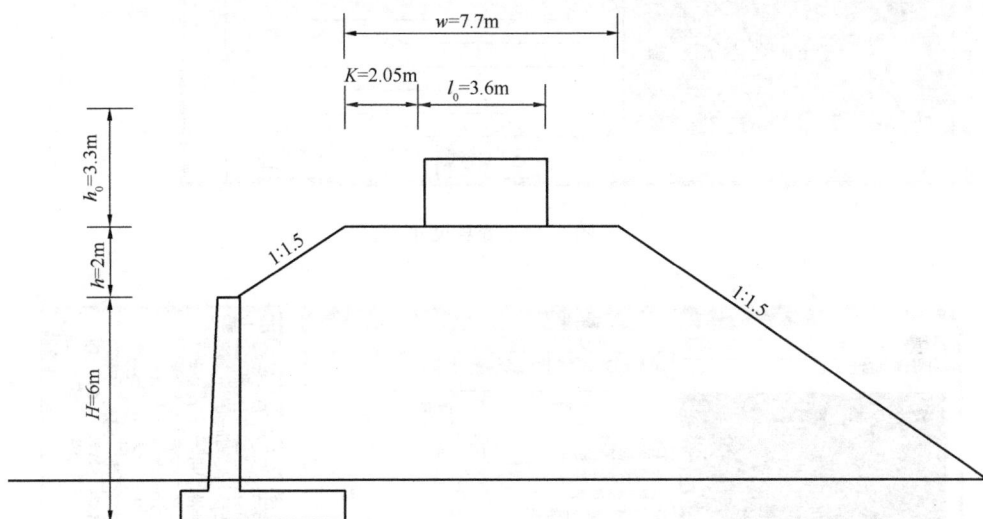

图 4-40　拟采用悬臂式挡土墙示意图

土质情况：墙背填土为砂性土，内摩擦角 $\varphi = 35°$，重度 $\gamma = 15\text{kN/m}^3$，地基土重度 18kN/m^3，内摩擦角 $30°$，黏聚力 10kPa 填土与墙背间的摩擦角 $17.5°$，地基容许承载力 240kPa，基底摩擦系数 0.4。铁路路基面宽 $w = 7.7\text{m}$，上部建换算土柱高 $h_0 = 3.3\text{m}$，宽 $l_0 = 3.6\text{m}$，土柱居中。

设计内容：验证悬臂式挡土墙滑移稳定性、倾覆稳定性、地基应力与偏心距、墙身截面强度验算、整体稳定性。

4.6.2　验算过程

首先在【墙身尺寸】中，按照本章 4.5 节中的要求进行填写，如图 4-41 所示。

在【坡线土柱】对话框中输入相应参数，如图 4-42 所示。

【地面横坡角度】，土楔体计算时破裂面的起始角度，即只有横坡角以上土体才产生土压力的作用。地面横坡角度一般为岩石的坡度，当挡土墙后都为土体时可取 0，即按土压力最大情况考虑。本例题墙后均为土体，故取值为"0"。

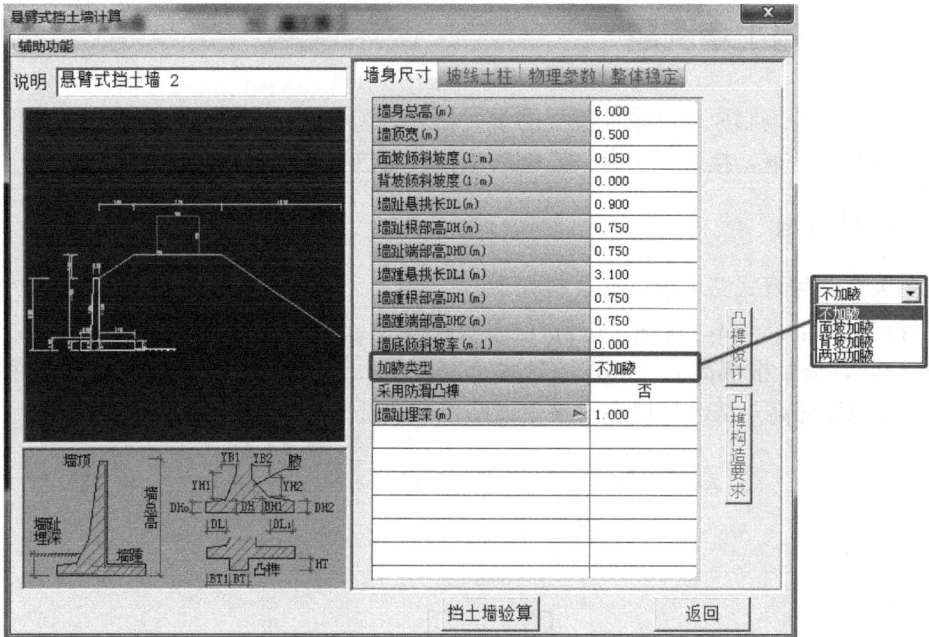

图 4-41　墙身尺寸

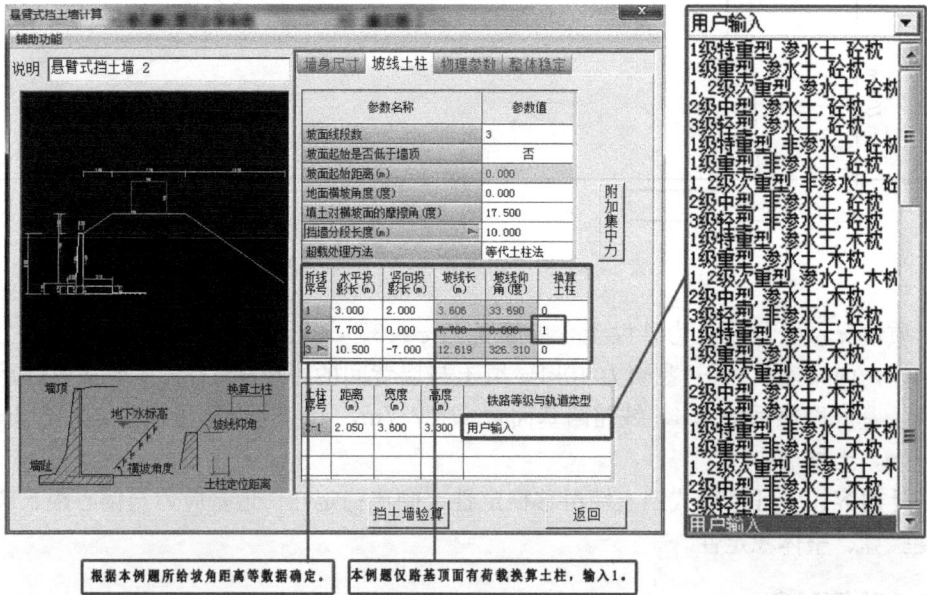

根据本例题所给坡角距高等数据确定。　本例题仅路基顶面有荷载换算土柱，输入1。

图 4-42　坡线土柱

【填土对横坡面的摩擦角】，当破裂角位于桩背与地面横坡面之间时，计算土压力用墙后填土内摩擦角，当破裂角位于地面横坡面时，计算土压力用15°。宜根据试验确定，当无试验资料时，黏性土与粉土可取 0.33φ，砂性土与碎石土可取 0.5φ。本例题墙后为砂土，砂土内摩擦角"35°"，故本例题取值为"17.5°"。

【挡墙分段长度】，挡墙分段长度是根据构造缝要求进行设计，本例纵向伸缩缝和沉降缝合并设置，间距 10～15m。本例题取"10m"。

【超载处理方法】，地基超载处理方法有两种，【等代土柱法】和【弹性理论法】，本例题选用【等代土柱法】。

【铁路等级与轨道类型】，下拉框有多种选择，如图 4-42 所示，可根据具体工程实际选择相应类型，本例题采用【用户输入】。

【物理参数】分为上下两部分，分别有下拉条，将下拉条向下拉可看到完整的参数输入对话框，如图 4-43、图 4-45 所示，输入数据。

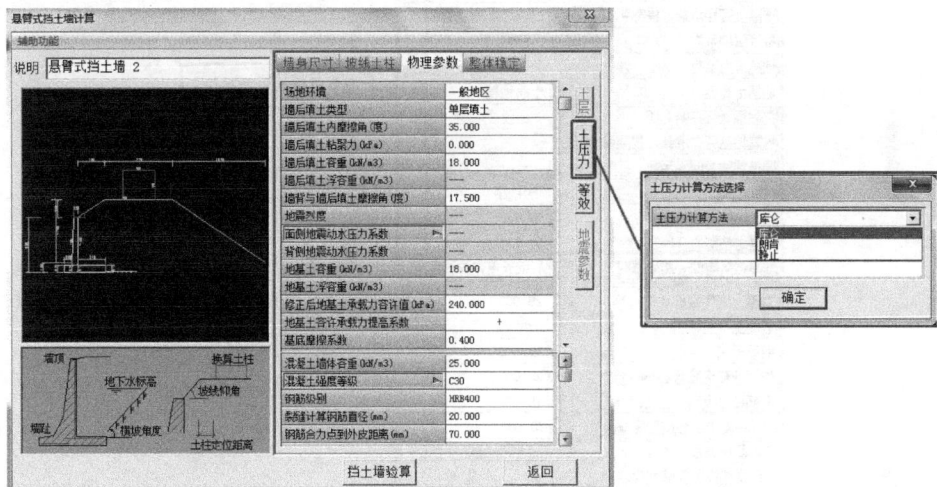

图 4-43　物理参数

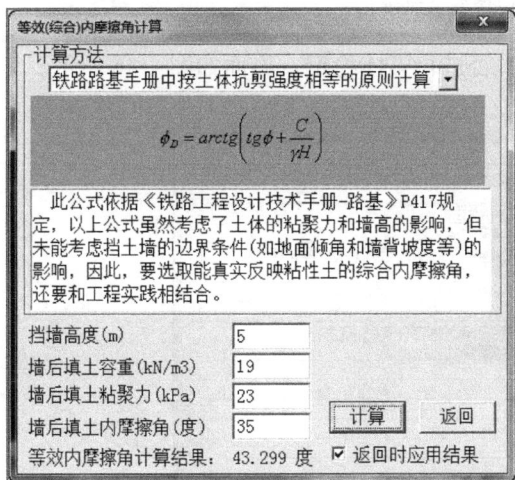

图 4-44　等效内摩擦角计算界面

点击对话框右侧【土压力】，有库仑、朗肯、静止三种计算方法，用户可根据需要选取，本例题选用【库仑】土压力计算方法，如图 4-43 所示。

因为黏聚力对土压力影响较大，必须保证任何情况下黏聚力均不降低才能使用，因此墙后填土如为黏性土，一般可采用等效内摩擦角的方法，把黏聚力的影响考虑在内摩擦角这一参数内。理正提供了三种计算方法供用户选择，分别是：铁路路基手册按土体抗剪强度相等原则计算；铁路路基手册按土压力相等原则计算；堤防规范提供的换算内摩擦角。点击对话框右侧【等效】，程序将显示如图 4-44 所示

的等效（综合）内摩擦角计算界面。输入参数后依次点击【计算】＞【返回】，软件将自动返回【物理参数】对话框。这里需要注意的是挡墙高度为墙后的高度，软件自动计算，一般无需更改。

场地环境	一般地区
墙后填土类型	单层填土
墙后填土内摩擦角 (度)	35.000
墙后填土粘聚力 (kPa)	0.000
墙后填土容重 (kN/m3)	18.000
墙后填土浮容重 (kN/m3)	——
墙背与墙后填土摩擦角 (度)	17.500
地震烈度	——
面侧地震动水压力系数 ▷	——
背侧地震动水压力系数	——
地基土容重 (kN/m3)	18.000
地基土浮容重 (kN/m3)	——
修正后地基土承载力容许值 (kPa)	240.000
地基土容许承载力提高系数	+
基底摩擦系数	0.400
地基浮力系数	——
地基土类型	土质地基
抗震基底容许偏心距 ▷	——
抗震地基容许承载力提高系数	——
墙身地震力调整系数	——
铁路等级	1级铁路
地基土内摩擦角 (度)	30.000
地基土粘聚力 (kPa)	10.000
地基强度与偏心距验算时	斜面长度作为基底宽
混凝土墙容重 (kN/m3)	25.000
混凝土强度等级 ▷	C30
钢筋级别	HRB400
裂缝计算钢筋直径 (mm)	20.000
钢筋合力点到外皮距离 (mm)	70.000
钢筋合力点到外皮距离 (mm)	70.000
抗剪腹筋级别 ▷	HRB335
是否需要控制裂缝宽度	是
└裂缝控制宽度 (mm)	0.200
地基土摩擦系数	0.400

根据具体地质资料输入

图 4-45　物理参数下拉条

在【整体稳定】对话框可根据需要选择是否进行整体稳定，界面如图 4-46 所示。

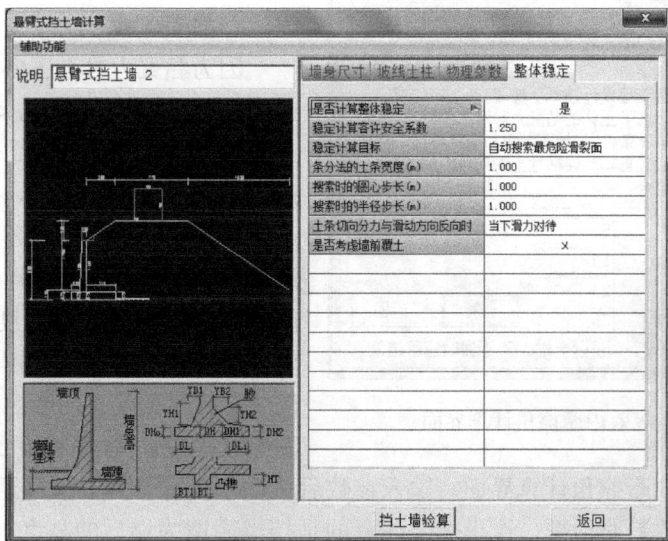

图 4-46　整体稳定

【条分法的土条宽度】、【搜索时的圆心步长】、【搜索时的半径步长】，参数越小越精确，但会影响计算速度。默认为取"1"。

条分法的土条宽度，有如下规定：条分法的土条宽度对于计算结果有一定的影响，如土条宽度较大，计算误差也会越大，一般取 0.5m 左右。为了加快稳定计算的搜索速度，可在首次搜索时，采用较大的土条宽度，然后缩小范围，用较小的土条宽度。

【土条切向分力与滑动方向反向时】，此分力有两种不同的理解：

（a）认为此力使下滑力减小，应当下滑力对待；

（b）认为此力使抗滑力增大，应当抗滑力对待。

这两种理解，稳定计算安全系数是不同的，选择前者安全系数较小，偏于保守。

应注意如若某些参数没有明确给出，应参照本章 4.5 节中相关规范要求进行合理调整。

4.6.3　结果分析

经过上面的各个标签参数填写后，点击【挡土墙验算】则会进行各稳定性及强度验算，最终分析的结果如图 4-47 所示。在各组合最不利结果中，蓝色的为合格，红色的为不合格。

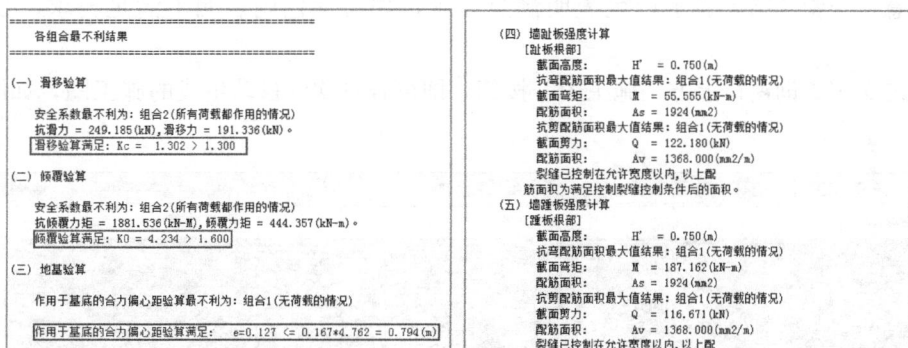

图 4-47　部分验算结果

计算结果查询

计算完成即出现如图 4-48 所示计算结果。计算结果查询界面分为左右两个窗口，左

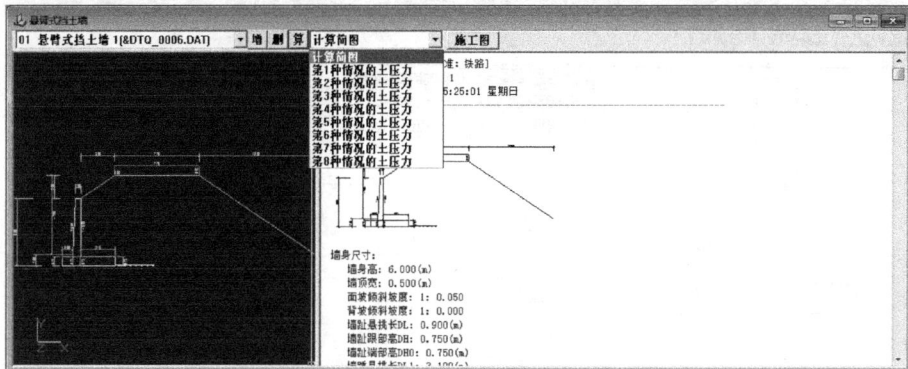

图 4-48　计算结果查询

侧窗口用于查询图形结果，右侧窗口用于查询文字结果。

点击"计算简图"即出现下拉框，选择不同标签，左侧图形查询窗口即出现对应的计算简图，如图 4-49 所示。在左侧图形查询窗口利用鼠标滑轮即可实现图形的放大与缩小操作。右侧文字查询窗口下拉滑动条即可看到完整内容，通过鼠标右键菜单可进行保存文本等多种操作。

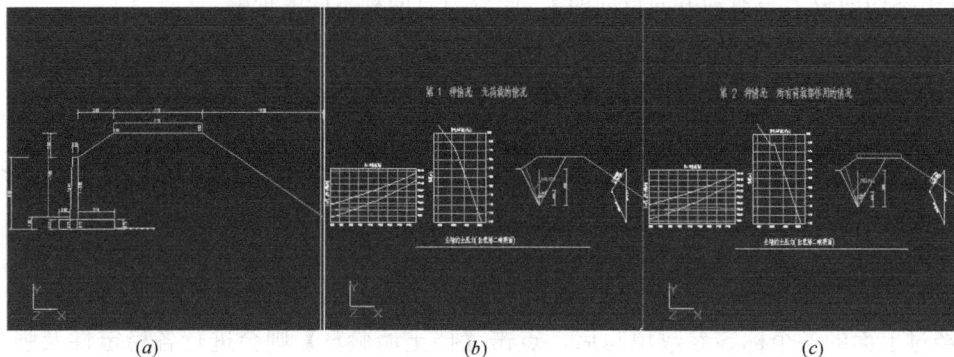

图 4-49　计算简图

注意：当验算结果显示蓝色表明满足要求，如为红色则表明不满足要求，需调整参数。

点击文字查询窗口上方"施工图"按钮，即可查看软件自动生成的施工图，如图4-50所示。

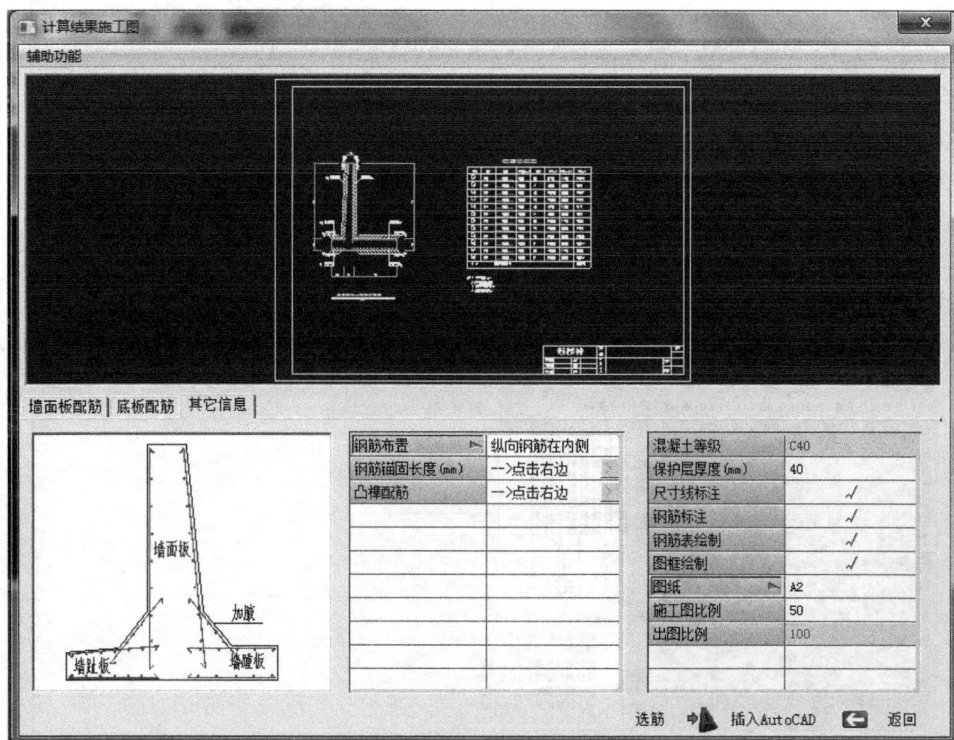

图 4-50　计算结果施工图

点击“墙面板配筋”、“底板配筋”和“其他信息”则可查看详细配筋信息，如图4-51～图 4-53 所示。

墙面板配筋 | 底板配筋 | 其它信息

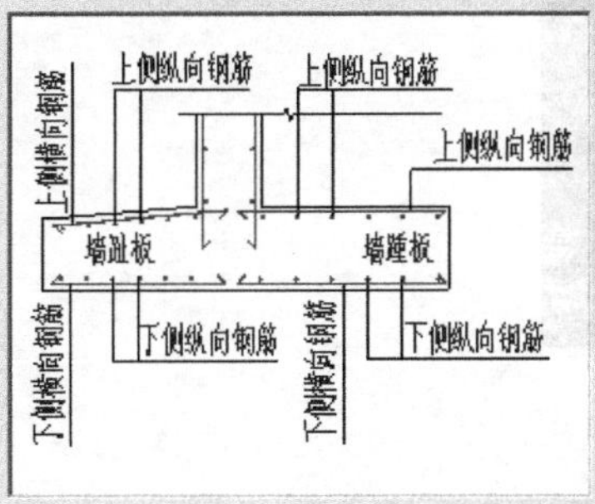

位置	选筋类型	级别	钢筋实配值	实配[计算]面积(mm2/m)
墙趾板	上侧横向钢筋	HRB335	D14@250	616[---]
	上侧纵向钢筋	HRB335	D12@250	452[---]
	下侧横向钢筋	HRB335	D18@120	2121[1924]
	下侧纵向钢筋	HRB335	D12@250	452[---]
墙踵板	上侧横向钢筋	HRB335	D18@120	2121[1924]
	上侧纵向钢筋	HRB335	D12@250	452[---]
	下侧横向钢筋	HRB335	D12@250	452[---]
	下侧纵向钢筋	HRB335	D12@250	452[---]

图 4-51　墙面板配筋

墙面板配筋 | 底板配筋 | 其它信息

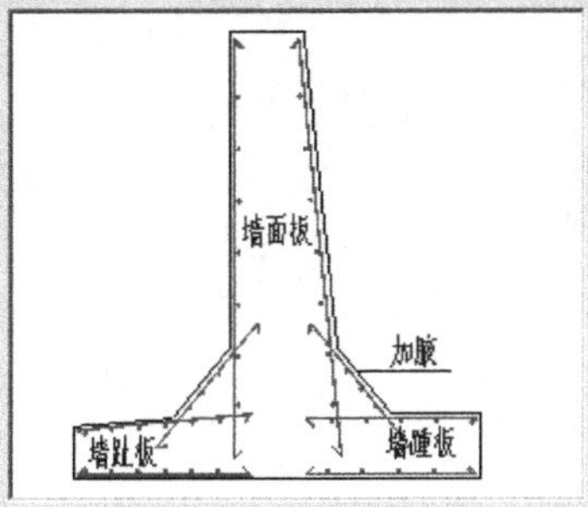

钢筋布置	纵向钢筋在内侧
钢筋锚固长度(mm)	-->点击右边
凸榫配筋	-->点击右边

混凝土等级	C40
保护层厚度(mm)	40
尺寸线标注	√
钢筋标注	√
钢筋表绘制	√
图框绘制	√
图纸	A2
施工图比例	50
出图比例	100

图 4-52　底板配筋

墙面板配筋 | 底板配筋 | 其它信息

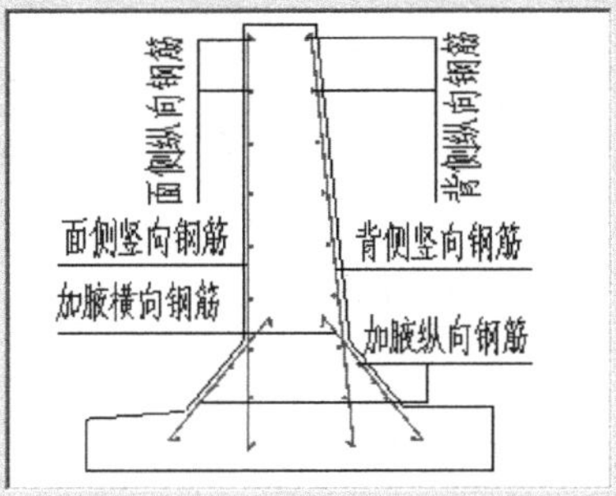

位置	选筋类型	级别	钢筋实配值	实配[计算]面积(mm2/m)
墙面板	背侧竖向钢筋	HRB335	D18@120	2121[1956]
	背侧纵向钢筋	HRB335	D12@250	452[---]
	面侧竖向钢筋	HRB335	D12@200	565[---]
	面侧纵向钢筋	HRB335	D12@250	452[---]

图 4-53　其他信息

点击计算结果施工图窗口左上角辅助功能，还可对施工图进行保存操作或插入到 Au-toCAD，如图 4-54 所示。

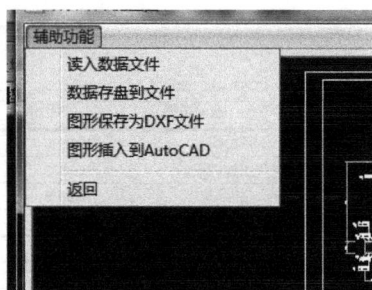

图 4-54　辅助功能

点击计算结果施工图窗口右下角"返回"即可返回计算结果查询窗口。

第 5 章 加筋土挡土墙设计

加筋土是指在天然填筑土料中加入条带、纤维、网格、格构等各类抗拉材料，这些材料通常称为筋材，因此叫做加筋土。加筋土可用在支挡建筑、地基加固、岸坡防护领域中。

加筋土挡土墙是在土中加入拉筋，利用拉筋与土之间的摩擦作用，改善土体的变形条件和提高土体的工程特性，从而达到稳定土体的目的。加筋土挡土墙由填料、在填料中布置的拉筋以及墙面板三部分组成。

加筋土是柔性结构物，能够适应地基轻微的变形，填土引起的地基变形对加筋土挡土墙的稳定性影响比对其他结构物小，地基的处理也较简便；它是一种很好的抗震结构物；节约占地，造型美观；造价比较低，具有良好的经济效益。

目前，加筋土挡土墙发展很快，类型也比较多，图 5-1 是目前常用的几类加筋土挡土墙的结构图。图 5-1（a）是单侧墙结构，墙面板承受土压力，拉筋固定面板保持墙体稳定。图 5-1（b）是双侧墙结构，可较多地节约用地。图 5-1（c）是包裹式挡土墙，利用

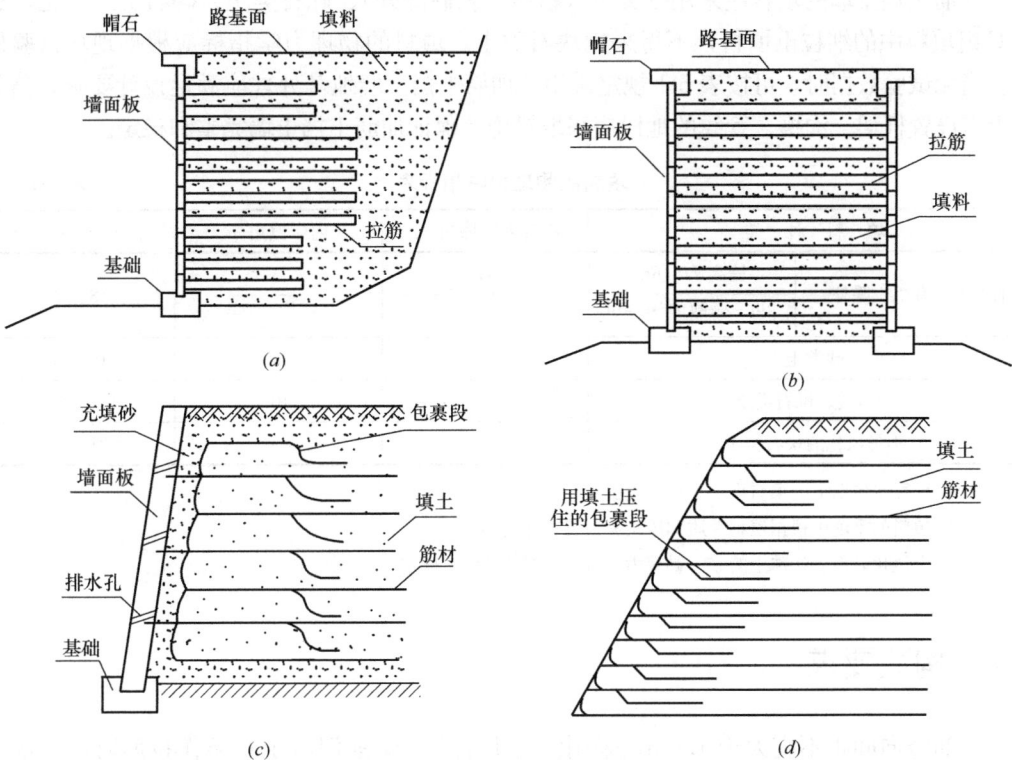

图 5-1　常用加筋土挡土墙结构图

（a）单侧墙；（b）双侧墙；（c）有墙面板的包裹式挡土墙；（d）无墙面板的包裹式挡土墙

包裹段承受土压力以保持墙体稳定，墙面板仅起装饰作用，不承受土压力，也可以去掉墙面板，如图 5-1 (d) 所示。包裹段也可以不用填土压住，而直接固定于上层筋带。图 5-1 (a) 的结构使用较早，设计理论、计算方法及施工技术都较为成熟。这种结构的设计方法和技术稍加改进，就可以应用于其他结构形式。

5.1 一般规定

加筋土挡土墙是由墙面系、拉筋和填土共同组成的支挡结构。加筋土挡土墙可用于Ⅰ、Ⅱ级铁路一般地区、地震地区的路肩地段和路堤地段。加筋土挡土墙的单级高度不宜大于 10m，当墙高大于 10m 时应作特殊设计。加筋土路肩墙墙顶宜设在基床表层底面高程处，路堤墙墙顶应设平台，平台宽度不宜小于 1.0m。加筋土挡土墙墙面宜采用钢筋混凝土板。面板形状可采用矩形、十字形、六角形或整体式面板等。

加筋土挡土墙的拉筋材料宜采用土工格栅、复合土工带或钢筋混凝土板条等，拉筋材料应具有下列性能：

(1) 抗拉强度高、延伸率小和蠕变变形小。

(2) 筋土界面之间具有足够的摩擦力。

(3) 具有良好的耐腐蚀性和耐久性。

加筋土挡土墙的填料应采用砂类土（粉砂、黏砂除外）、砾石类土、碎石类土，也可选用 C 组填料中的细粒土填料，不得采用块石类土。填料的物理力学指标应根据现场试验确定。当无试验数据时，可按表 5-1 规定采用。加筋土挡土墙地基处理应满足设计要求。路基面上需设置杆架、沟槽、管线的地段应采取措施，保证加筋土挡土墙完整和稳定。

<table>
<tr><td colspan="2" align="center">填料的物理力学指标表</td><td></td><td align="right">表 5-1</td></tr>
</table>

填 料 种 类		综合内摩擦角 φ_0	内摩擦角 φ	重度（kN/m³）
细类土（有机土除外）	墙高 $H \leq 6m$	35°	—	18、19
	6m<墙高 $H \leq 12m$	30～35°		
砂类土		—	35°	19、20
碎石类、砾石类土		—	40°	20、21
不易风化的块石类土		—	45°	21、22

注：1. 计算水位以下的填料重度采用浮重度。

2. 填料的重度可根据填料性质和压实等情况，作适当修正。

3. 全风化岩石、特殊土的 φ、黏聚力 c 值宜根据试验资料确定。

5.2 构造要求

拉筋竖向间距不宜大于 1.0m。采用复合土工带或钢筋混凝土板条作拉筋时，其水平向间距亦不宜大于 1.0m。拉筋长度在满足稳定条件下尚应按下列原则确定：

(1) 土工格栅的拉筋长度不应小于 0.6 倍墙高，且不小于 4.0m。

(2) 钢筋混凝土板条拉筋长度不应小于 0.8 倍墙高，且不小于 5.0m。

（3）当墙高小于 3.0m 时，拉筋长度不应小于 4.0m，且应采用等长钢筋。当采用不等长的钢筋时，同长度拉筋的墙段高度不应小于 3.0m，且同长度拉筋的截面也应相同。相邻不等长拉筋的长度不宜小于 1.0m。

（4）当采用钢筋混凝土板条拉筋时，拉筋的分节长度不宜大于 2.0m。

筋材之间连接或筋材与墙面板连接时，连接强度不得低于设计强度。墙面板与土工格栅及复合土工带拉筋之间应采用连接棒或其他连接方式等强度连接；墙面板与钢筋混凝土板条拉筋之间以及钢筋混凝土板条拉筋之间应采用电焊等强度连接。

墙面板应设楔口或连接件与周边墙面板间相互密贴。包裹式挡土墙墙面板宜采用在加筋体中预埋钢筋与墙面板进行连接，钢筋埋入加筋体中的锚固长度不宜小于 3.0m，钢筋直径一般为 16～22mm。

包裹式加筋土挡土墙拉筋采用统一的水平回折包裹长度，其长度大于计算的最小值，且不宜小于 2.0m。加筋土体最上部 1、2 层拉筋的回折长度应适当加长。

填料必须分层填筑压实，填料压实要求必须符合现行《铁路路基设计规范》TB 10001—2005 的规定。填料与筋带直接接触部分不应含有尖锐棱角的块体，填料中最大粒径不应大于 10cm，且不宜大于单层填料压实厚度的 1/3。

墙面板下应设置厚度不小于 0.4m 的 C15 混凝土条形基础。对土质地基和风化层较厚难以全部清除的岩石地基，基础的埋置深度不应小于 0.6m。墙前应设 4% 的横向排水坡，在无法横向排水地段应设纵向排水沟，基础底面应设置于外侧排水沟底以下。帽石应采用 C15 混凝土现场灌注，分段长度可取 2～4 块墙面板宽度，且不宜大于 4.0m，厚度不小于 0.5m。当设栏杆时，应在帽石内预埋 U 形螺栓。

墙面板上的金属连接件及金属拉筋应进行防锈处理，受力钢构件应预留 2mm 的防锈蚀厚度。采用钢筋混凝土板条拉筋时，截面内应设置必要的防裂钢筋，其所有连接部分还应采用沥青砂浆封闭。沿墙每隔 20～30m 或基底地层变化处应设置 2cm 宽的沉降缝，并在面板内侧沿整个墙高设置 20cm 的渗滤层。加筋区内填砂黏土、砂粉土时，路基顶面应设置柔性封闭层，墙面板内侧应设 30cm 厚的砂卵石反滤层。拉筋应平直铺设于密实填土上，底部应与填土密贴。拉筋顶面填土时，严禁沿拉筋方向推土和施工车辆直接碾压拉筋，碾压前拉筋顶面的填土厚度不应小于 0.2m。直立墙墙面板安装施工时，面板应适当后仰，倾斜度宜为 20：1。

5.3　设计计算内容与方法

加筋土挡土墙验算包括：内部稳定性验算和外部稳定性验算。对内部稳定性验算，系统提供了应力分析法和楔体分析法两种分析方法；对外部稳定性验算，系统包括滑动稳定性验算、倾覆稳定性验算、地基应力验算和整体稳定性分析。

5.3.1　内部稳定性验算

5.3.1.1　应力分析法
（1）基本假定
① 加筋体的破坏模式类似于绕墙顶旋转的刚性墙所支承的填土，在极限荷载作用下

加筋体被筋带上的最大拉力点的连线分为活
动区和稳定区（简化破裂面如图 5-2 所示）；

②加筋体中的应力状态，在结构顶部为
静止状态，随深度达到 H_1 以下便是主动应力
状态；

③只有稳定区内的筋带与土的相互作用
产生抗拔阻力。

（2）筋带受力计算

①加筋体自重对第 i 层筋带产生的拉
力 T_{hi}

计算简图：

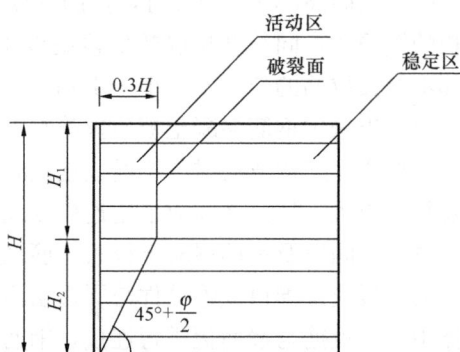

图 5-2　简化破裂面

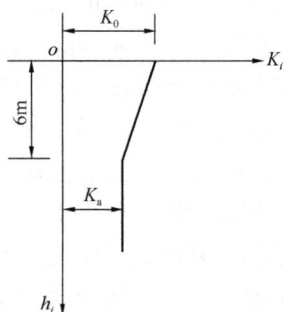

图 5-3　土压力计算简图

计算公式：

$$T_{hi} = \gamma_1 h_i K_i S_x S_y \tag{5-1}$$

当 $h_i \leqslant 6\mathrm{m}$ 时，K_i 计算如下：

$$K_i = K_0 \left(1 - \frac{h_i}{6}\right) + K_a \frac{h_i}{6} \tag{5-2}$$

当 $h_i > 6\mathrm{m}$ 时，K_i 计算如下：

$$K_i = K_a \tag{5-3}$$

$$K_0 = 1 - \sin\varphi \tag{5-4}$$

$$K_a = \tan^2\left(45° - \frac{\varphi}{2}\right) \tag{5-5}$$

式中　T_{hi}——加筋体自重对第 i 层筋带产生的拉力（kN）；

γ_1——加筋体内填料重度（kN/m³），一般为 18～22kN/m³；

h_i——自加筋体顶面至第 i 个筋带结点的距离（m）；

S_x——筋带水平方向的计算间距（m）；

S_y——筋带垂直方向的计算间距（m）；

K_i——第 i 层筋带处的土压力系数（kN），如图 5-3 所示；

K_0——静止土压力系数；

K_a——主动土压力系数；

φ——加筋体内填料的计算内摩擦角（°）。

注意：加筋体内填料的设计参数取值见表 5-2。

加筋体内填料的设计参数 表 5-2

填料类型	重度（kN/m³）	计算内摩擦角（°）	视摩擦系数
黏性土	18～21	25～40	0.25～0.40
砂性土	19～21	35	0.35～0.45
砾（碎）石土	19～22	35～40	0.40～0.50

② 加筋体上路堤填土对第 i 层筋带产生的拉力 T_{Fi}

为简化计算，将加筋体上的路堤填土换算成假想的均布连续荷载（换算成土柱高度）作用于加筋体顶面，再计算该路堤填土对第 i 层筋带产生的拉力 T_{Fi}。

（a）路堤式挡土墙填土等代土层厚度计算：

计算简图：

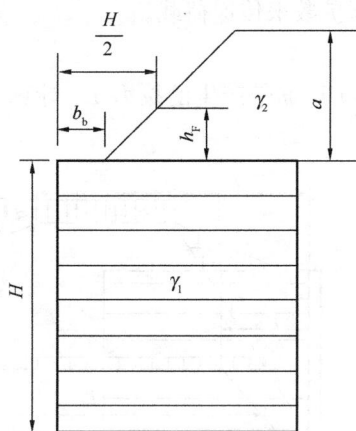

图 5-4 路堤填土计算简图

计算公式：

$$h_F = \frac{1}{m}\left(\frac{H}{2} - b_b\right) \tag{5-6}$$

$$m = \frac{l_x}{l_y} \tag{5-7}$$

式中 h_F——路堤填土换算成假想的均布连续荷载的换算土柱高（m）；

　　m——加筋体上路堤填土的坡率；

　　l_x——加筋体上路堤填土斜坡的水平投影长度（m）；

　　l_y——加筋体上路堤填土斜坡的竖向投影长度（m）；

　　H——加筋体挡土墙的高度（m）；

　　b_b——加筋体挡土墙上路堤填土斜坡的起点到挡土墙边缘的水平距离（m）；

　　a——加筋体的顶面到路基顶面的竖向距离（m）。

注意：若计算结果 $h_F > a$ 时，则 h_F 仍采用 a，a 为加筋体上路堤填土的高度（m）。

（b）加筋体上路堤填土对第 i 层筋带产生的拉力 T_{Fi}：

$$T_{Fi} = \gamma_2 h_F K_i S_x S_y \tag{5-8}$$

式中　　T_{Fi}——加筋体上路堤填土对第 i 层筋带产生的拉力（kN）；

　　　　γ_2——路堤填土重度（kN/m^3），取挡土墙的填土重度；

　　　　h_F——路堤填土换算成假想的均布连续荷载的换算土柱高（m）；

　　　　K_i——第 i 层筋带处的土压力系数（kN），如图 5-3 所示；

　　　　S_x——筋带水平方向的计算间距（m）；

　　　　S_y——筋带垂直方向的计算间距（m）。

③ 车辆荷载对第 i 层筋带产生的拉力 T_{ci}

包括路堤墙和路肩墙两种情况，计算内容如下：

（a）车辆荷载换算为等代均布土层厚度，计算方法见后面章节所述。

（b）等代均布土层布置范围，内部稳定性分析时为路基全宽。

（c）T_{ci} 的计算。

车辆荷载换算成等代均布土层后，考虑到这种荷载影响将会随深度增加而减少，因此路堤式挡土墙采用 1∶0.5 向下扩散来传递荷载。

（a）路堤墙

车辆荷载在深度 h_i 处对第 i 层筋带产生的拉力 T_{ci} 计算。

计算简图：

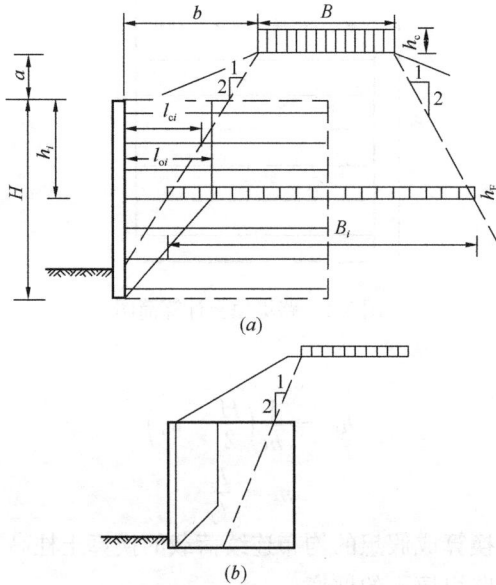

图 5-5　路堤墙计算简图

(a) $l_{oi} > l_{ci}$；(b) $l_{oi} < l_{ci}$

计算公式：

当 $l_{oi} > l_{ci}$ 如图 5-5（a）时

$$T_{ci} = \sigma_{ci}S_xS_y = h_c\gamma_1\frac{B}{B_i}K_iS_xS_y \tag{5-9}$$

$$B_i = B + a + h_i \qquad (h_i + a \leqslant 2b) \tag{5-10}$$

$$B_i = B + b + \frac{(a+h_i)}{2} \qquad (h_i + a > 2b) \tag{5-11}$$

式中　l_{oi}——第 i 层筋带的活动区长度（m）；

　　　l_{ci}——第 i 层筋带面板背面至均布土层扩散线外侧的距离（m）；

　　　T_{ci}——加筋体上车辆荷载对第 i 层筋带产生的附加拉力（kN）；

　　　σ_{ci}——加筋体上车辆荷载对第 i 层筋带产生的附加竖向应力（kPa）；

　　　S_x——筋带水平方向的计算间距（m）；

　　　S_y——筋带垂直方向的计算间距（m）；

　　　K_i——第 i 层筋带处的土压力系数（kN），计算方法如图 5-3 所示；

　　　h_c——车辆荷载等效成均布土层厚度（m）；

　　　γ_1——路堤填土重度（kN/m^3），取挡土墙的填土重度；

　　　B——路基宽度（m）；

　　　B_i——均布土层扩散至第 i 层筋带处的分布宽度（m）；

　　　a——加筋体的顶面到路基顶面的竖向距离（m）；

　　　b——加筋体顶面的边缘到车辆荷载作用起点的水平距离（m）；

　　　h_i——加筋体的顶面到第 i 层筋带处的竖向距离（m）；

其他符号同上。

当 $l_{oi} < l_{ci}$ 如图 5-5（b）时，不考虑车辆荷载引起的附加拉力 T_{ci}。

（b）路肩墙

计算车辆荷载在深度 h_i 处对第 i 层筋带产生的拉力 T_{ci} 时，不考虑车辆荷载的扩散作用，计算如下：

$$T_{ci} = \sigma_{ci} S_x S_y = \gamma_1 h_c K_i S_x S_y \tag{5-12}$$

式中符号同上。

第 i 层筋带所受拉力的计算

$$T_i = T_{hi} + T_{Fi} + T_{ci} \tag{5-13}$$

式中符号同上。

(3) 筋带设计断面计算

根据不同深度处筋带所承受的最大拉力计算筋带断面。

计算公式：

$$A_i = \frac{T_i \times 10^3}{\eta [\sigma_t]} \tag{5-14}$$

式中　A_i——第 i 单元筋带断面面积（mm^2）；

　　　$[\sigma_t]$——筋带容许拉应力（N/mm^2）；

　　　η——筋带容许拉应力提高系数，见表 5-3；

　　　T_i——第 i 单元筋带所受的拉力（kN）。

容许拉应力提高系数　　　　　　　　　　　　　　　　　表 5-3

荷载组合　　拉筋类别	钢带、钢筋混凝土带
计算荷载	1.00
验算荷载	1.00
地震荷载	2.00

（4）筋带抗拔稳定性验算

抗拔力计算时不计算车辆荷载。要求满足下式：

①筋带抗拔稳定系数 K_f

$$K_f = \frac{S_i}{T_i} \geqslant [K_f] \tag{5-15}$$

式中　K_f——第 i 单元筋带抗拔稳定系数；

　　　$[K_f]$——筋带抗拔安全系数；

　　　S_i——第 i 单元筋带的抗拔力（kN）；

　　　T_i——第 i 单元筋带所受的拉力（kN）。

② 筋带的抗拔力 S_i

$$S_i = 2b_i(\gamma_1 h_i + \gamma_2 h_F)f^* l_{ei} \tag{5-16}$$

$$l_{ei} = l_i - 0.3H \qquad (0 < h_i \leqslant H_1) \tag{5-17}$$

$$l_{ei} = l_i - (H - h_i)\tan\left(45° - \frac{\varphi}{2}\right) \qquad (H_1 < h_i \leqslant H) \tag{5-18}$$

$$H_1 = \left[1 - 0.3\tan\left(45° + \frac{\varphi}{2}\right)\right]H \tag{5-19}$$

式中　S_i——第 i 单元筋带的抗拔力（kN）；

　　　b_i——第 i 单元筋带的总宽度（m）；

　　　γ_1——加筋体内填料重度（kN/m³）；

　　　γ_2——路堤填土重度（kN/m³），取挡土墙的填土重度；

　　　h_i——加筋体的顶面到第 i 层筋带处的竖向距离（m）；

　　　h_F——路堤填土换算成假想的均布连续荷载的换算土柱高（m）；

　　　f^*——筋带与土的视摩擦系数，按表 5-2 取值；

　　　l_{ei}——第 i 深度结点处稳定区筋带长度（m）；

　　　l_i——第 i 深度结点处筋带长度（m）；

　　　H——加筋土墙的高度（m）；

　　　φ——加筋体内填料的内摩擦角（°）。

5.3.1.2　楔体平衡分析法

（1）基本假定

① 加筋体填料为非黏性土。

② 加筋体墙面顶部能产生足够的侧向位移，从而使墙面后达到主动极限平衡状态（即加筋体的墙面绕面板底端旋转），在加筋体内产生与垂直面成 θ 角的破裂面，将加筋体分为活动区与稳定区。

③ 加筋体中形成的楔体相当于刚体，面板与填料之间的摩擦忽略不计。作用于面板上的侧土压力为主动土压力，压力强度呈线性分布。

④ 筋带的拉力随深度呈直线比例增长。在筋带长度方向上，自由端拉力为零，沿长度逐渐增加至近墙面处为最大。

⑤ 只有破裂面后，稳定区内的筋带与土的相互作用产生抗拔阻力。

(2) 第 i 层筋带承受的拉力 T_i

$$T_i = \sigma_i S_x S_y \tag{5-20}$$

式中　T_i——加筋体第 i 层筋带产生的拉力标准值（kN）；

　　　σ_i——加筋体第 i 层筋带处水平土压应力（kPa）；

　　　S_x——筋带水平方向的计算间距（m）；

　　　S_y——筋带垂直方向的计算间距（m）。

(3) 筋带断面计算

计算原理与方法同应力分析法，只是 T_i 用楔体分析计算的结果代入即可。

(4) 筋带抗拔稳定性验算

① 各个单元结点筋带抗拔安全系数的验算原理同应力分析法。

$$S_i \geqslant [K_i] T_i \tag{5-21}$$

式中　$[K_i]$——筋带抗拔安全系数；

　　　S_i——第 i 单元筋带的抗拔力（kN）；

　　　T_i——第 i 单元筋带所受的拉力（kN）。

② 抗拔力 S_i 的计算

锚固长度 l_{ei} 为破裂面线以后的长度。

各层筋带的抗拔力 S_i 按作用于该锚固长度范围内的垂直荷载大小进行计算。

计算简图如图 5-6 所示。

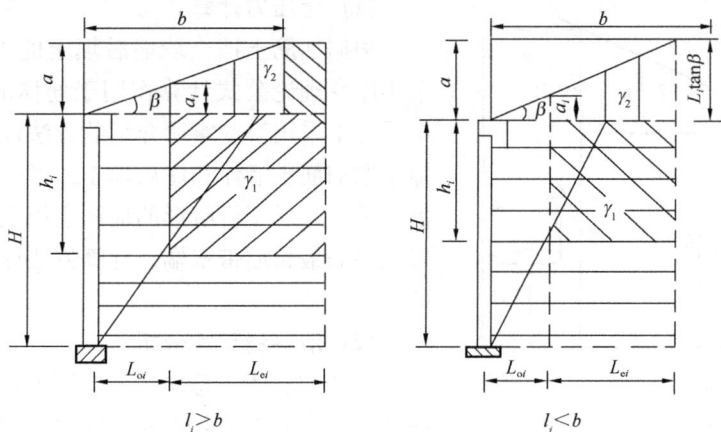

图 5-6　筋带抗拔稳定性验算

计算公式：

（a）当 $l_i > b$ 时，S_i 计算如下：

$$S_i = 2bf \times \left[\frac{1}{2} \gamma_2 (a_i + b_i)(b - l_{oi}) + \gamma_2 a (l_i - b) + \gamma_1 l_{ei} h_i \right] \tag{5-22}$$

（b）当 $l_i < b$ 时，S_i 计算如下：

$$S_i = 2b_i f^* \left[\frac{1}{2} \gamma_2 l_{ei} (a_i + l_i \tan\beta) + \gamma_1 l_{ei} h_i \right] \tag{5-23}$$

$$l_{oi} = (H - h_i) \tan\theta \tag{5-24}$$

式中　l_i ——第 i 单元筋带深度结点处筋带长度（m）；

　　　b ——路肩的边缘到加筋体挡土墙边缘的距离（m）；

　　　S_i ——第 i 单元筋带的抗拔力（kN）；

　　　b_i ——第 i 单元筋带自身的总宽度（m）；

　　　f^* ——筋带与土的视摩擦系数，按表 5-2 取值；

　　　γ_1 ——加筋体内填料重度（kN/m³）；

　　　γ_2 ——路堤填土重度（kN/m³），取挡土墙的填土重度；

　　　h_i ——加筋体的顶面到第 i 层筋带处的竖向距离（m）；

　　　a ——路基顶面到加筋体顶面的高度（m）；

　　　a_i ——第 i 单元筋带与破裂面交点竖向对应处的路基填土斜坡对应高度（m）；

　　　l_{ei} ——第 i 深度结点处稳定区筋带长度（m）；

　　　l_{oi} ——第 i 单元筋带深度处活动区筋带长度（m）；

　　　H ——第 i 深度结点处筋带长度（m）；

　　　θ ——加筋体顶面填土的坡度角（°）。

5.3.2　外部稳定性验算

　　加筋土挡土墙的外部稳定性分析中视加筋体为刚体。其分析项目包括：土压力计算、基底滑移验算、倾覆稳定性验算、基础底面地基承载力验算、整体滑动验算。

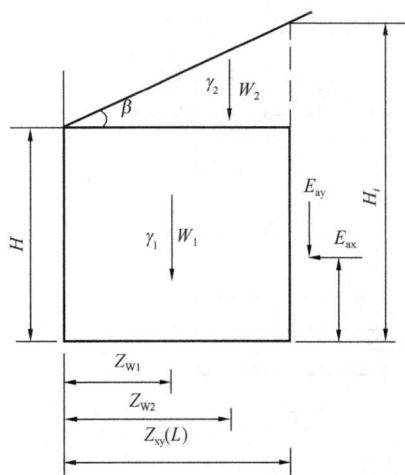

图 5-7　滑移、倾覆稳定性分析图式

（1）土压力计算

　　根据加筋土挡土墙墙后填土的不同边界条件，采用库仑理论公式计算作用于筋体的主动土压力。本系统中采用第 5 章所介绍的方法计算。墙背内摩擦角取加筋土墙体和墙后填土二者内摩擦角中的小值。另外，对于台阶形的加筋土挡土墙，取假想墙背在墙的最长筋带末端。计算方法详见土压力计算的章节。

（2）滑移稳定性分析

　　验证加筋体在总水平力作用下，加筋体与地基间产生摩阻力抵抗其滑移的能力，用抗滑稳定系数 K_c 表示。

　　计算简图如图 5-7 所示。

　　计算公式：

$$K_c = \frac{f \sum N}{\sum T} \geqslant [K_c] \tag{5-25}$$

式中　K_c ——加筋体抗滑稳定系数；

　　　$\sum N$ ——全部竖向力总和（kN）；

　　　$\sum T$ ——全部水平力总和（kN）；

　　　f ——加筋体底面与地基土之间的摩擦系数；

　　　$[K_c]$ ——加筋体容许的抗滑稳定系数。

(3) 倾覆稳定性分析

为保证加筋土挡土墙抗倾覆稳定性，须验算它抵抗墙身绕墙趾向外转动倾覆的能力，用抗倾覆稳定系数 K_0 表示，即对于墙趾总的稳定力矩 $\sum M_y$ 与总的倾覆力矩 $\sum M_0$ 之比：

$$K_0 = \frac{\sum M_y}{\sum M_0} \geqslant [K_0] \qquad (5\text{-}26)$$

式中　K_0——加筋体抗倾覆稳定系数；

$\sum M_y$——全部荷载对墙趾总的抗倾覆力矩（kN·m）；

$\sum M_0$——全部荷载对墙趾总的倾覆力矩（kN·m）；

$[K_0]$——加筋体容许的倾覆稳定系数。

(4) 地基应力与偏心距验算

验证加筋体总垂直力作用下，基底压应力是否小于地基容许承载力。由于加筋体承受偏心荷载，因此，基底压应力按梯形分布考虑。如图 5-8 所示。

图 5-8　基础底面地基承载力验算图式

注意：同重力式挡土墙的地基应力计算。

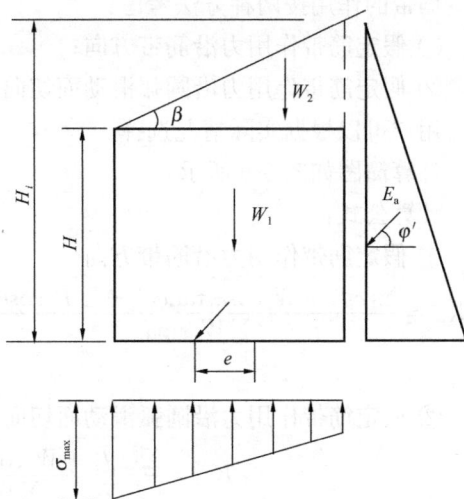

5.3.3　整体稳定性验算

整体稳定性验算，即加筋体随地基一起滑动的验算，其目的在于确定潜在破裂面的安全系数，目前大多采用圆柱状破裂面，即圆弧滑动面法进行验算。在进行验算时，如何考虑埋置于土中的筋带效果，至今尚无确切和统一的方法。一般常用的方法有以下几种：

(1) 不考虑筋带作用

筋带长度不超过可能的滑动面，可以按普遍的圆弧法计算，即不考虑筋带的作用。

(2) 似内聚力

破裂面穿过筋带，在加筋体部分中因考虑有筋带而产生的似内聚力，并将该值计入抗滑力矩中。

$$C_r = \frac{\sigma_s A_s \sqrt{K_p}}{2 S_x S_y} \qquad (5\text{-}27)$$

式中　C_r——加筋体的似内聚力（kPa）；

σ_s——加筋体中筋带的应力（kPa）；

A_s——加筋体中筋带的面积（mm²）；

K_p——加筋体的被动土压力系数；

S_x——筋带水平方向的计算间距（m）；

S_y——筋带垂直方向的计算间距（m）。

(3) 考虑筋带作用

破裂面穿过筋带时，将伸入滑弧后面的筋带长度产生的摩阻力和筋带的抗拉强度两者的小值对滑弧圆心取矩，视为稳定力矩。

筋带的作用按两种方法考虑：

① 假定筋带作用力沿筋带方向；

② 假定筋带作用力沿圆弧滑动面切向。

用户可以根据实际情况选择。

计算简图如图 5-9 所示。

计算公式：

① 假定筋带作用力沿筋带方向

$$K_s = \frac{\sum(c_i l_i + W_i \cos\alpha_i \tan\varphi_i) + \sum P_j \cos\theta_j}{\sum W_i \sin\alpha_i} \geqslant [K_s] \qquad (5-28)$$

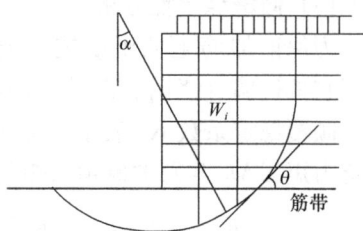

图 5-9 整体稳定图示

② 假定筋带作用力沿圆弧滑动面切向

$$K_s = \frac{\sum(c_i l_i + W_i \cos\alpha_i \tan\varphi_i) + \sum P_j}{\sum W_i \sin\alpha_i} \geqslant [K_s] \qquad (5-29)$$

式中 K_s ——加筋挡土墙整体稳定系数；

$[K_s]$ ——容许稳定系数，一般 $[K_s] = 1.25$；抗震设计时取 1.1；

c_i ——第 i 条块滑动面处的黏聚力（kPa）；

l_i ——第 i 条块滑动面处的弧长（m）；

W_i ——i 条块自重及其荷载重（kN）；

α_i ——第 i 条块滑动弧的法线与竖直线的夹角（°）；

φ_i ——第 i 条块滑动面处土的内摩擦角（°）；

P_j ——穿过破裂面的第 j 道筋带的抗拔力（kN）；仅考虑滑裂面外筋带的摩擦力，计算方法参见内部稳定性分析的应力分析法；并且，每层筋带的抗拉力不能超过其抗拉强度，否则取抗拉强度计算；

θ_j ——穿过破裂面的第 j 道筋带与圆弧切线的夹角（°）。

5.3.4 浸水挡墙验算

水压力的影响主要表现在两个方面：首先是对土压力的影响；其次是计算稳定时对土体重度的影响：

(1) 内部稳定性分析采用应力分析法时：计算各道筋带的垂直应力时，水下部分的土的重度按浮重度考虑，水上部分仍然按无水时计算。

(2) 内部稳定性分析采用楔体分析法时：土压力按浸水情况计算。

(3) 外部稳定验算方法与重力式、衡重式相同。

(4) 整体稳定验算时浸水部分土条重度取浮重度，水上部分仍然按无水时计算。

5.4 理正岩土设计流程及参数详解

理正挡土墙软件设计流程如图 5-10 所示。

运行理正岩土软件，选择【挡土墙设计】，系统会弹出如图 5-11 所示对话框，其功能是选择挡土墙形式和工程行业。可选择【其他行业】、【公路行业】、【铁路行业】、【水利行业】。

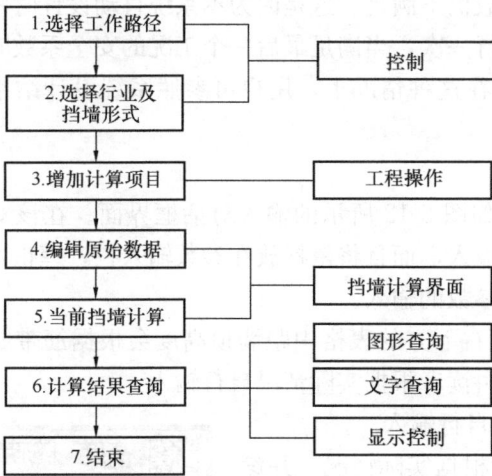

图 5-10 设计流程

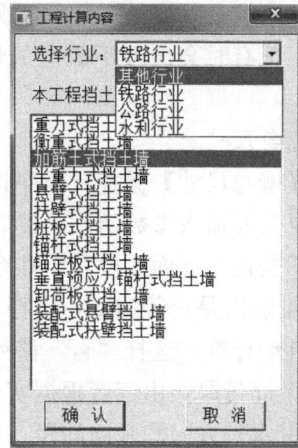

图 5-11 工程计算内容选择窗口

在工程操作界面点击【增】命令，程序将显示对话框界面，选择例题后点击确认，弹出如图 5-12 所示墙身尺寸输入界面。在该窗口可选择进行挡土墙的验算和设计两种操作。该对话框一共包括 4～5 个标签（公路 5 个标签、铁路 4 个标签），分别对应挡土墙设计的 4～5 个方面的分析设计参数。下面分别对各个标签下属的参数输入作以说明。

注意：①有时自动设计会失败，这是因为某些给定的条件不合理造成的；

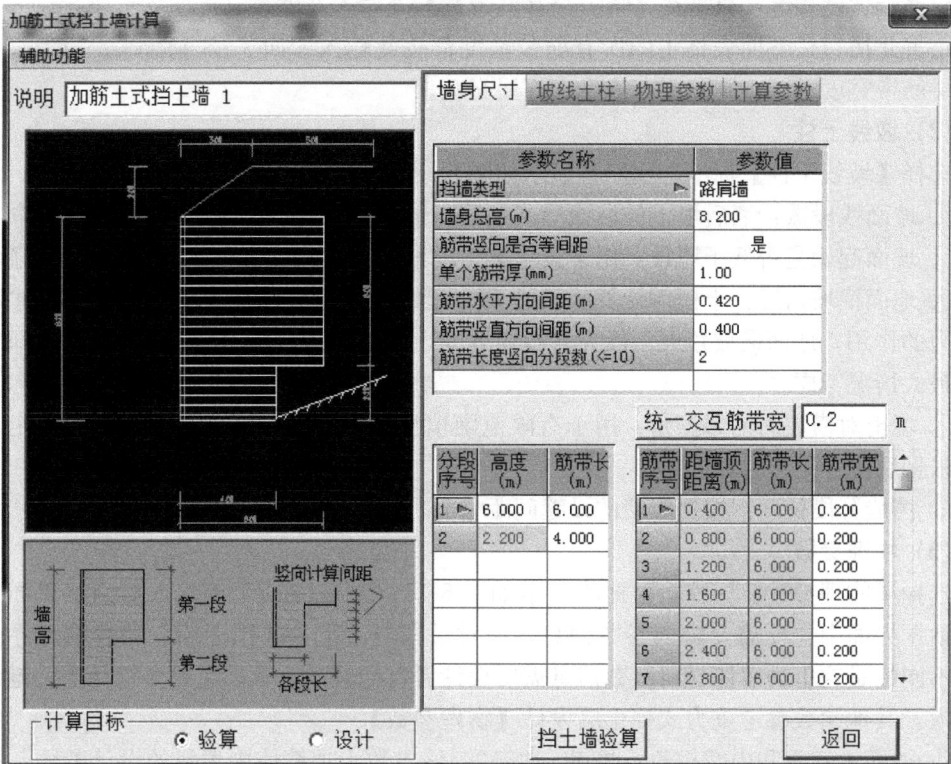

图 5-12 加筋土挡土墙墙身尺寸输入界面

②有时自动设计成功后，某些安全系数仍不满足。这是因为本系统自动设计时考虑了多种工况，系统自动设计对各种工况只进行一次，当满足最后一个工况的安全系数时，前面的各个工况有时会出现不满足的情况。在这种情况下，用户可参照系统设计结果手动调整。

(1) 墙身尺寸

选择【墙身尺寸】标签，程序将显示如图5-12所示的输入对话框界面。在该对话框界面中主要需要输入参数信息，读者自行输入，而且将鼠标放在参数输入栏，理正均有提示，这里不赘述。下面主要介绍几个关键参数的输入。

① 筋带竖向是否等间距：选择"是"右下方的表格中距墙顶高度会根据筋带竖直方向间距来自动计算；选择"否"该列开放由读者根据实际情况自行输入。

② 单个筋带厚：由读者根据实际情况自行输入。

③ 筋带水平方向和竖向间距：由读者根据实际情况，并参考《铁路路基支挡结构设计规范》TB 10025—2006和《公路设计手册 路基》（第二版）要求自行输入，其中规定不应大于1.5m。

分段序号	高度(m)	筋带长(m)
1 ▷	6.000	6.000
2	2.200	4.000

图5-13　加筋土挡土墙筋带输入界面

④ 筋带长度竖向分段数：竖直方向筋带长度可不等，先确定分几段，然后再交互该段的高度和筋带长度。如图5-13所示。

⑤ 统一交互筋带宽：垂直于简图平面方向上的筋带宽度，如各层筋带宽度相等，只需在【统一交互筋带宽】处输入宽度，然后点击此按钮，下面表格中的所有筋带宽度都按此输入；如果各层筋带宽度不同，则需要在表格中逐层交互。

(2) 坡线土柱

选择【坡线土柱】标签，程序将显示如图5-14所示的输入对话框界面。

① 坡面线段数：墙后填土的坡面形式，输入值≥1，由读者根据实际情况自行输入。

② 坡面起始是否低于墙顶：用于设置第一段坡面线的起始位移，通常选择【否】。

③ 地面横坡角度：土楔体计算时破裂面的起始角度，即只有横坡角以上土体才产生土压力的作用。地面横坡角度一般为岩石的坡度，当挡土墙后都为土体时可取0，即按土压力最大情况考虑。

④ 填土对横坡面的摩擦角：用于有限范围填土土压力的计算，宜根据试验确定，由读者根据实际情况自行输入。

⑤ 挡墙分段长度：按挡土墙的设缝间距划分，由读者根据实际情况自行输入。

(3) 物理参数

选择【物理参数】标签，程序将显示如图5-15、图5-16所示的输入对话框界面，在该对话框界面中主要需要输入参数信息，该对话框与"重力式挡土墙"参数输入界面类似，不同的是这里的墙体材料参数信息需要设计者自行输入。下面主要介绍几个关键参数的输入。其他参数参考重力式挡土墙设计【物理参数】。

① 加筋土容重和内摩擦角："20"、"35"。该参数为加筋体内填料的设计参数，按实际工程材料填写，也可参考《公路设计手册 路基》（第二版）。

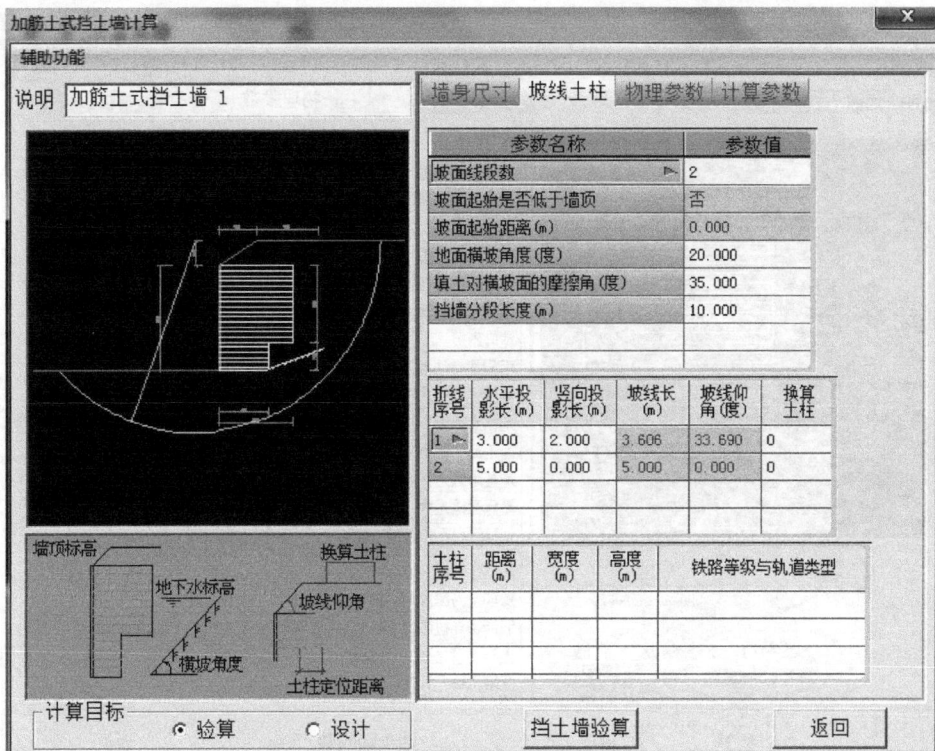

图 5-14　加筋土挡土墙坡线土柱输入界面

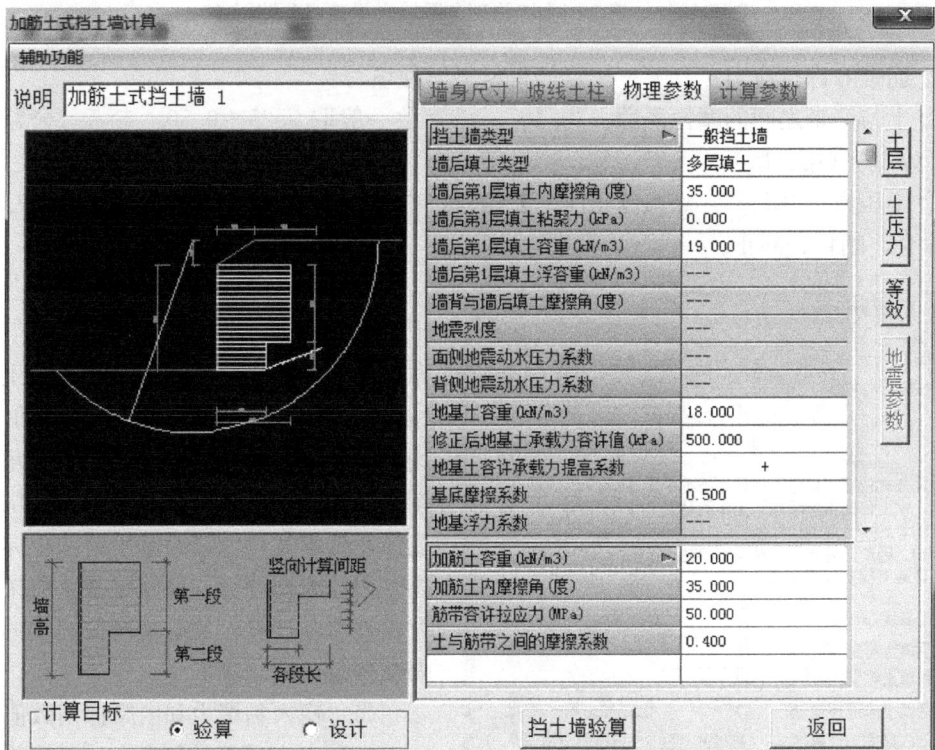

图 5-15　加筋土挡土墙物理参数输入界面（铁路行业）

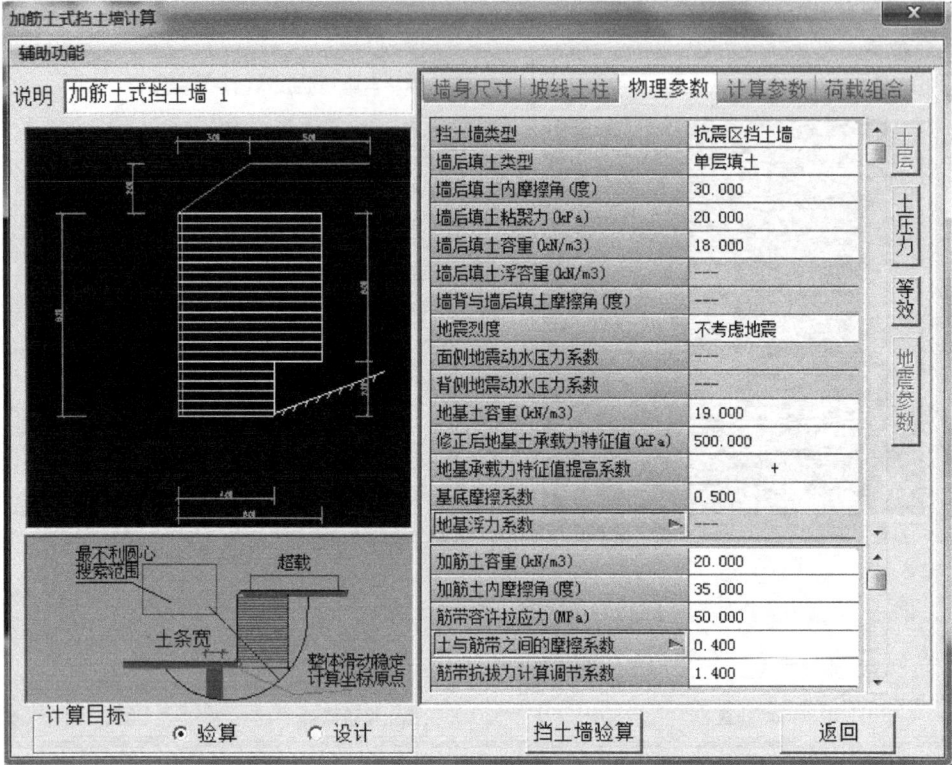

图 5-16 加筋土挡土墙物理参数输入界面（公路行业）

② 筋带容许拉应力："50"。按选筋带材料属性填写。

③ 土与筋带之间的摩擦系数："0.40"。该参数一般取 0.25～0.50，参考《公路设计手册 路基》（第二版）。

④ 土压力："库仑"。点击【土压力】命令，有三种主动土压力计算理论供用户选择，包括库仑、朗肯、静止。

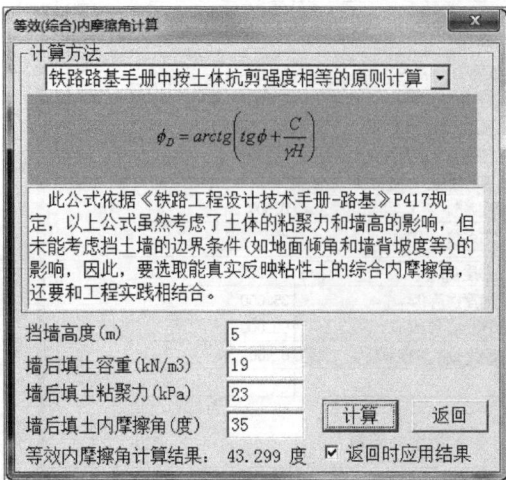

图 5-17 加筋土挡土墙等效内摩擦角计算界面

⑤ 等效内摩擦角：因为黏聚力对土压力影响较大，必须保证任何情况下黏聚力均不降低才能使用，因此墙后填土如为黏性土，一般可采用等效内摩擦角的方法，把黏聚力的影响考虑在内摩擦角这一参数内。理正提供了三种计算方法供用户选择，分别是：铁路路基手册按土体抗剪强度相等原则计算；铁路路基手册按土压力相等原则计算；堤防规范按提供的换算内摩擦角公式计算。

（a）输入黏聚力和内摩擦角数值

（b）点击【等效】命令，程序将显示如图 5-17 所示的输入对话框界面。输入参数后依次点击【计算】＞【返回】。

注意：挡墙高度为墙后的高度，软件自动计算，一般无需手动更改。

⑥地震参数：选择抗震区或抗震浸水区挡墙时需交互地震参数。点击【地震参数】命令，程序将显示如图 5-18 所示的输入对话框界面。在该对话框界面中主要需要输入如下设计参数信息。

（a）水上、水下地震角：根据地震烈度确定，参考《公路工程抗震规范》JTG B02—2013附录 A。

（b）水平地震系数 K_h：根据地震烈度确定，可参考《建筑抗震设计规范》GB 50011—2010 表 5.1.4-1。

（c）重要性修正系数 C_i：一般取 0.6～1.7。参考《公路工程抗震规范》JTG B02—2013 表 3.2.2。

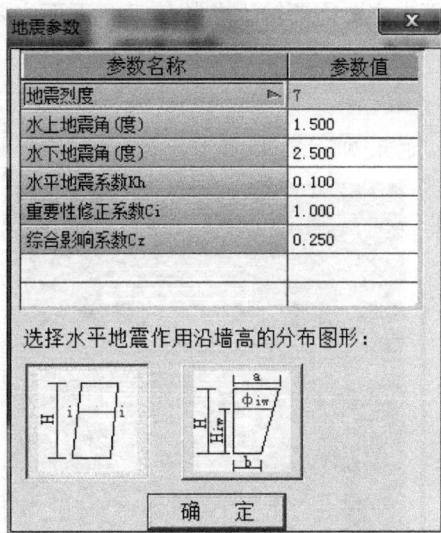

图 5-18　加筋土挡土墙地震参数输入界面

（d）综合影响系数 C_z：一般取 1.0，参考《公路工程抗震规范》TJG B02—2013 表 8.2.6。

其中公路行业不同于铁路行业如下（其中①～⑥同铁路行业）

⑦筋带材料抗拉计算调节系数："1.0"。根据软件提示选取。

⑧筋带材料强度标准值："240"。跟选取材料有关，也可根据软件提示选取。如图 5-19 所示。

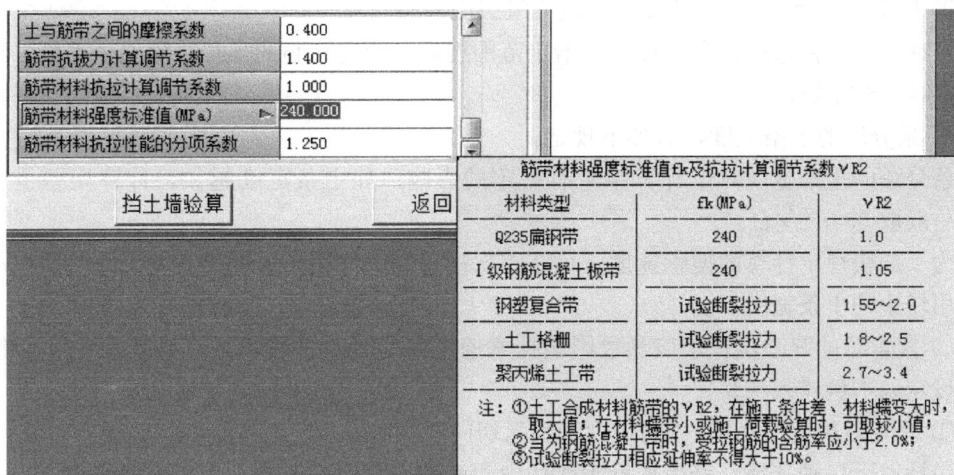

图 5-19　加筋土挡土墙筋带材料强度标准值

⑨筋带材料抗拉性能的分项系数："1.25"。通常取"1.25"。

(4) 计算参数

选择【计算参数】标签，程序将显示如图 5-20 所示的输入对话框界面，在该对话框界面中主要需要输入参数信息。下面主要介绍几个关键参数的输入。

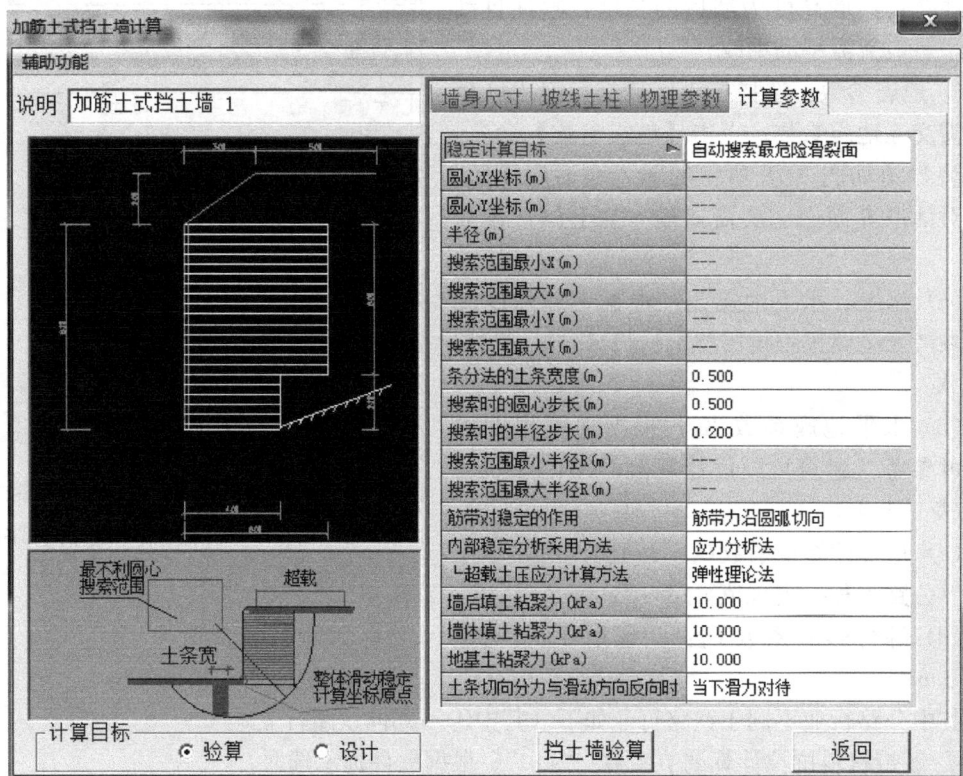

图 5-20　加筋土挡土墙计算参数输入界面

① 稳定计算目标："自动搜索最危险滑裂面"。

包括以下四种选择：自动搜索、给定范围搜索、给定圆心和半径计算安全系数、给定圆心计算安全系数。

② 条分法的土条宽度，有如下规定：

条分法的土条宽度对于计算结果有一定的影响，如土条宽度越大，计算误差也会越大，一般取 0.5m 左右。

为了加快稳定计算的搜索速度，可在首次搜索时，采用较大的土条宽度，然后缩小范围，用较小的土条宽度。

③ 搜索时的圆心步长，该参数影响搜索速度及其计算的精度，由读者根据实际情况自行设定。本例输入"1"。

④ 筋带对稳定的作用："筋带力沿圆弧切向"。

包括以下三种选择：筋带力沿圆弧切向、筋带力沿筋带方向、不考虑筋带力。

注意：筋带增加抗滑力矩有两种假设：

（a）筋带力作用于切线方向：假设在圆弧处筋带产生相应于滑弧的弯曲，认为筋带的拉力方向切于滑弧。

（b）筋带力作用于筋带方向：假设在滑移时，筋带保持原来的水平方向。

⑤ 内部稳定分析采用方法："应力分析法"。

　（a）应力分析法：高模量、高粘附筋带，又按正常方法布置筋带时，选用此方法。

　（b）楔体平衡分析法：对于高模量筋带、用筋密度低或低模量筋带时，选用此方法。

⑥ 土条切向分力与滑动方向相反时："当下滑力对待"。

包括以下两种选择：当下滑力对待、当抗滑力对待。当土条重力在滑动方向的分力与土条的滑动方向相反时，此分力有两种不同的理解：

　（a）认为此力使下滑力减小，应当下滑力对待；

　（b）认为此力使抗滑力增大，应当抗滑力对待。

这两种理解，稳定计算安全系数是不同的，选择前者安全系数较小，偏于保守。

(5) 荷载组合（公路行业）

选择【荷载组合】标签，程序将显示如图 5-21 所示的输入对话框界面，在该对话框界面中主要需要输入参数信息。具体组合方式参考《公路设计手册　路基》（第二版）。

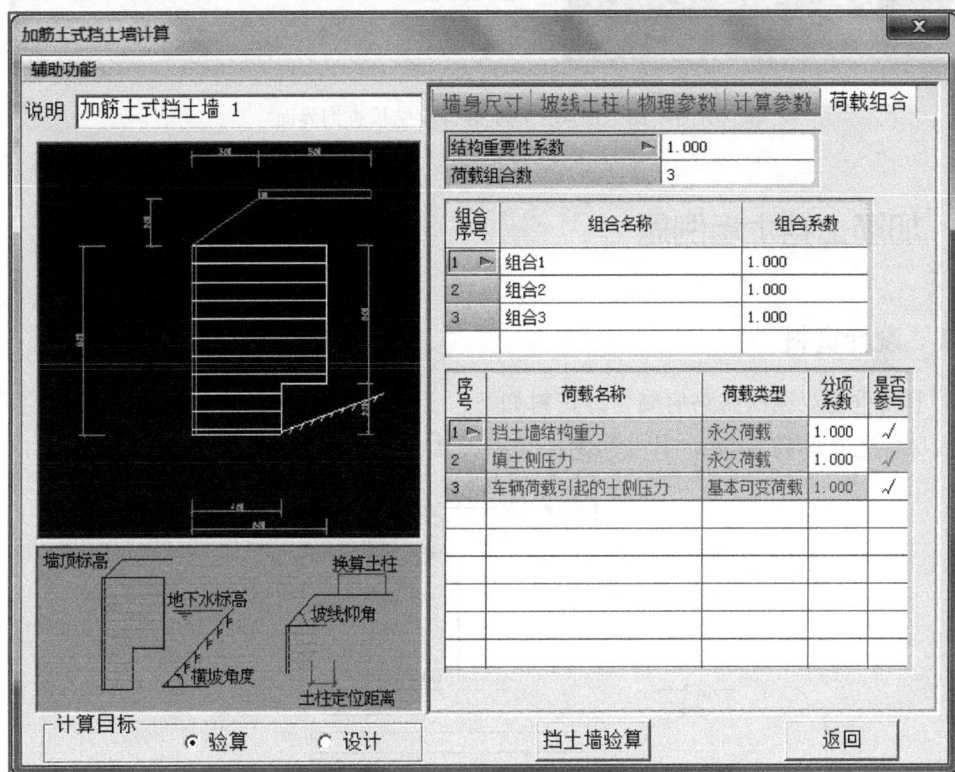

图 5-21　加筋土挡土墙荷载组合输入界面

完成以上 5 步操作，一个加筋土式挡土墙的模型已经建立完成，点击【挡土墙验算】命令，程序将按照设计人员提交控制参数信息开始挡土墙验算。

(6) 计算结果查询

计算结果查询界面分为左右两个窗口，左侧窗口用于查询图形结果，包括计算简图、土压力计算结果和稳定计算结果，点击【图形查询】＞【显示简图存为 DXF 文件】可存成 dxf 文件以便在 AutoCAD 中打开。右侧窗口用于查询文字结果，包括原始条件和计算结果，在显示窗口鼠标右键选择存成 rtf 文件，用 word 打开，或存成 txt 文本文件。如图

5-22 所示。

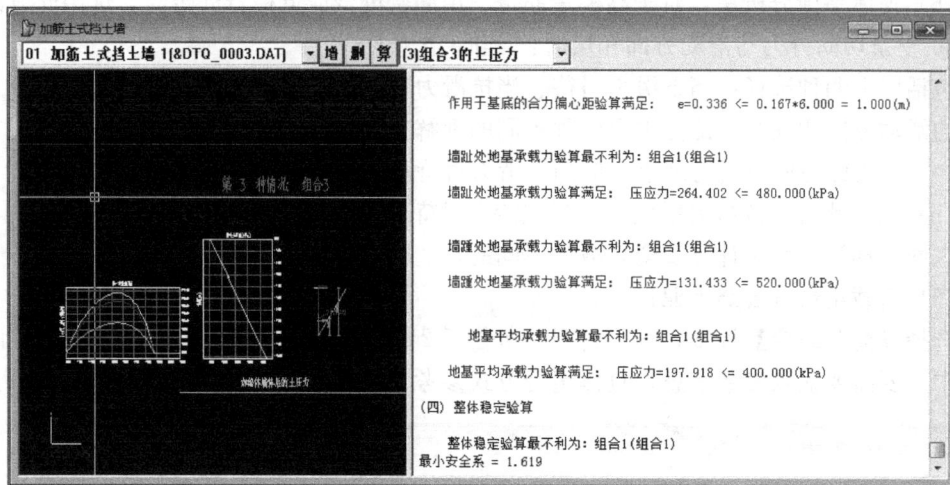

图 5-22　加筋土挡土墙计算结果查询界面

5.5　加筋土挡土墙例题

5.5.1　设计资料

某 I 级重型双线铁路路肩墙设计资料如下：

墙身构造：墙高 6.5m，其余初始拟采用尺寸如图 5-23 所示。

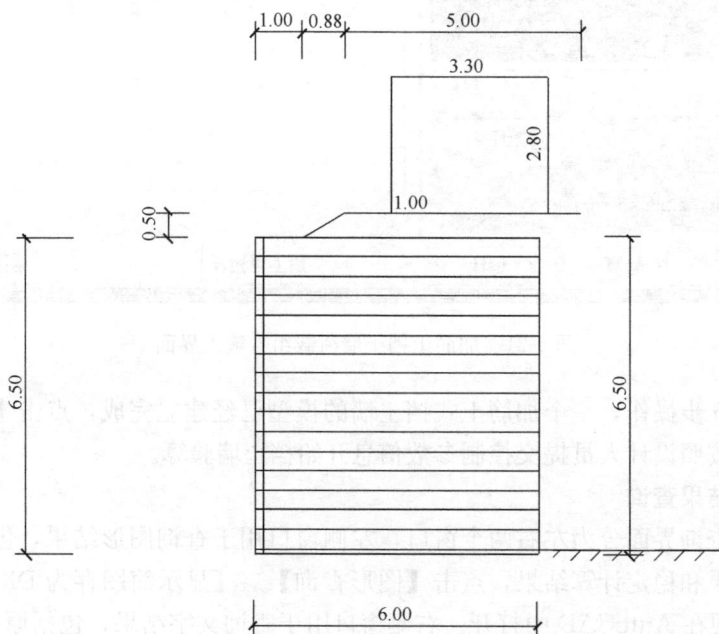

图 5-23　初始拟采用挡土墙尺寸图

土质情况：墙后填土重度 $\gamma = 17\text{kN/m}^3$，内摩擦角 $\varphi = 30°$；黏聚力 $c = 10\text{kPa}$；地基为天然岩石，地基容许承载力 $[\sigma] = 350\text{kPa}$，填土坡度为 1：1.75，填土对横坡面摩擦角 $\varphi = 35°$。

墙身材料：片石混凝土或钢筋混凝土，基底与底层间摩擦系数取 0.5，筋带容许拉应力为 50kPa。

设计内容：拟定挡土墙的结构形式及断面尺寸、拟定挡土墙基础的形式及尺寸、验证滑移稳定性、倾覆稳定性、地基应力与偏心距、墙身截面强度验算、整体稳定性。

5.5.2 验算过程

在【墙身尺寸】中，对话框内输入相应参数，如图 5-24 所示。

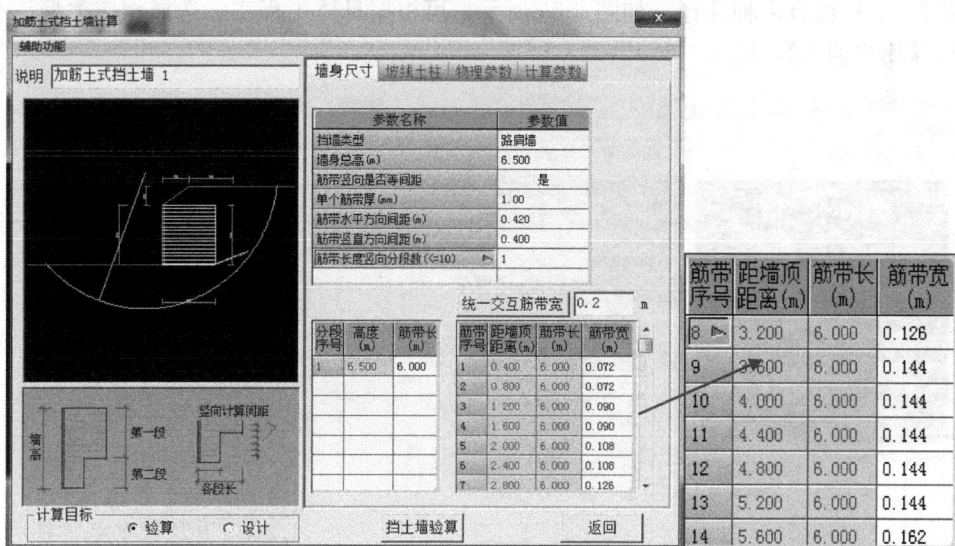

图 5-24 加筋土挡土墙例题墙身尺寸界面

【墙身总高】该参数设置墙高尺寸，由读者根据实际情况自行输入。

【筋带竖向是否等间距】可选择"是"或"否"。若选择"是"，右下方的表格中距墙顶高度会根据筋带竖直方向间距来自动计算；若选择"否"，该列开放由读者根据实际情况自行输入。本例题选择"是"。

【单个筋带厚】由读者根据实际情况自行输入。

【筋带水平方向间距】、【筋带竖直方向间距】的输入可参考《铁路路基支挡结构设计规范》TB 10025—2006 和《公路设计手册　路基》（第二版）中的相关规定，一般不应大于 1.5m，本例输入"0.42"、"0.4"。

【筋带长度竖向分段数】竖直方向筋带长度可不等，先确定分几段，然后再交互该段的高度和筋带长度。

如各层筋带宽度相等，只需在【统一交互筋带宽】处输入宽度，然后点击【统一交互筋带宽】按钮，下面表格中的所有筋带宽度都按此输入；如果各层筋带宽度不同，则需要在表格中逐层输入。本例各筋带宽度各不相同，需手动输入，如图 5-24 所示。

在【坡线土柱】中，对话框内输入相应参数，如图 5-25 所示。

【坡面线段数】墙后填土的坡面形式，输入值≥1，由读者根据实际情况自行输入。

【坡面起始是否低于墙顶】用于设置第一段坡面线的起始位移，通常选择【否】。

【地面横坡角度】土楔体计算时破裂面的起始角度，即只有横坡角以上土体才产生土压力的作用。地面横坡角度一般为岩石的坡度，当挡土墙后都为土体时可取 0，即按土压力最大情况考虑。本例题输入"0"。

【填土对横坡面的摩擦角】用于有限范围填土土压力的计算，宜根据试验确定，由读者根据实际情况自行输入。

【挡墙分段长度】按挡土墙的设缝间距划分，由读者根据实际情况自行输入。

除了正常预设数据的填写之外，应注意换算土柱中荷载的选择，点击【铁路等级与轨道类型】，下拉框有多种选择，如图 5-25 所示，可根据具体工程实际选择相应类型，本例题采用【用户输入】，输入"3.3"、"2.8"。

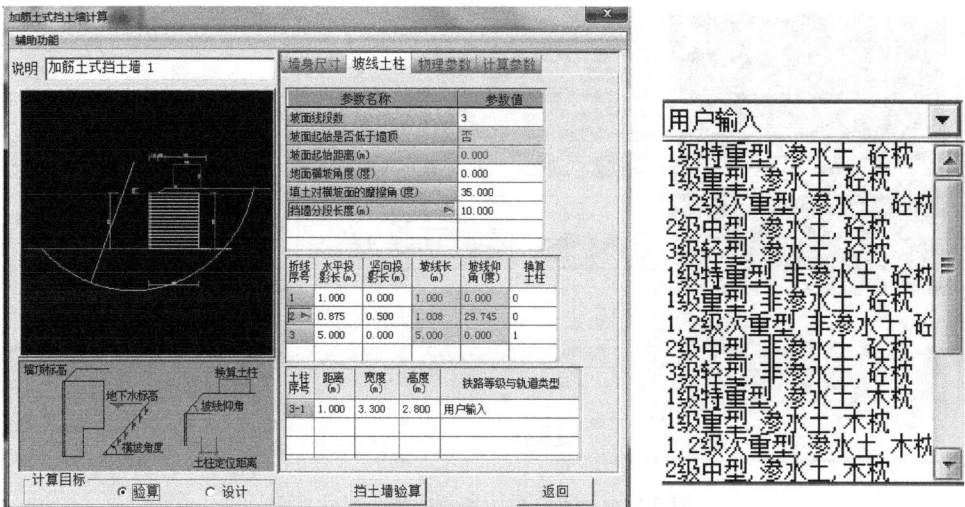

图 5-25 加筋土挡土墙例题坡线土柱界面

在【物理参数】对话框内输入相应参数，如图 5-26 所示。

【挡土墙类型】分为一般、抗震、浸水三种类型，可相互组合，不同类型挡土墙，土压力计算方法不同，规范要求的安全系数也不同。本例题选择"一般挡土墙"。

【墙后填土类型】本例中墙后填土仅一层，故选择"单层填土"，若墙后填土为多层则相应选择"多层填土"，随即对话框右侧【土层】按钮将被激活，点击【土层】按钮输入各层填土物理参数。

【墙后填土内摩擦角】土压力计算参数，一般取 30°～45°，由读者根据实际情况自行输入，本例题输入"30°"。

【墙后填土黏聚力】黏性土土压力计算参数，当采用综合内摩擦角时，可以填"0"。当采用力多边形方法时填实际测试值。对砂性土可填"0"，本例题输入"10"。

【墙后填土容重】土压力计算参数，一般取 17～19kN/m³，由读者根据实际情况自行输入，本例题输入"17"。

【土压力】有三种主动土压力计算理论供用户选择，包括库仑、朗肯、静止。本例题选择"库仑"。

【加筋土容重和内摩擦角】该参数为加筋体内填料的设计参数，按实际工程材料填写，若工程资料中没有相应参数也可参考《公路设计手册　路基》（第二版）。本例输入"22"、"35"。如图 5-26 所示。

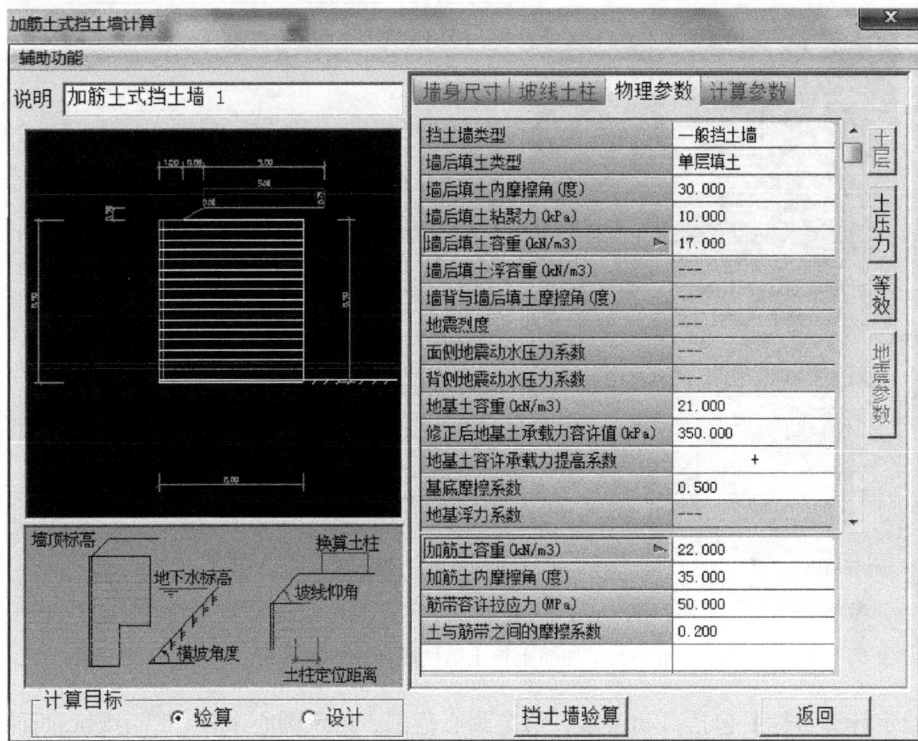

图 5-26　加筋土挡土墙例题物理参数界面

由于黏聚力对土压力影响较大，必须保证任何情况下黏聚力均不降低才能使用，因此墙后填土如为黏性土，一般可采用等效内摩擦角的方法，把黏聚力的影响考虑在内摩擦角这一参数内。理正提供了三种计算方法供用户选择，分别是：铁路路基手册按土体抗剪强度相等原则计算；铁路路基手册按土压力相等原则计算；堤防规范按提供的换算内摩擦角公式计算。在输入完墙后填土的内摩擦角和黏聚力后点击对话框右侧【等效】按钮，程序将弹出【等效（综合）内摩擦角计算】对话框，如图5-27所示。输入相应参数后依次点击【计算】、【返回】，软件将自动返回【物理参数】对话框。这里需要注意的是，挡墙高度为墙

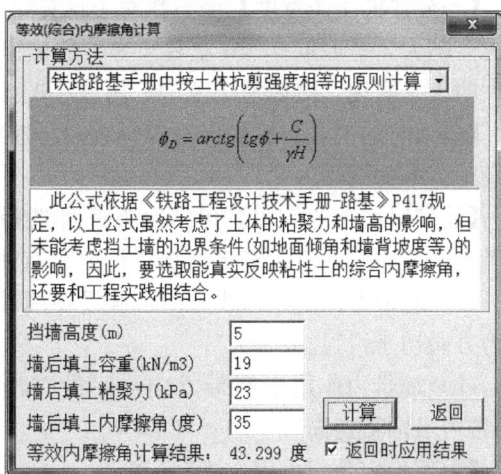

$$\phi_D = arctg\left(tg\phi + \frac{C}{\gamma H}\right)$$

图 5-27　加筋土挡土墙等效内摩擦角计算界面

后的高度，软件自动计算，一般无需手动更改。

在【计算参数】中，对话框内输入相应参数，如图 5-28 所示。

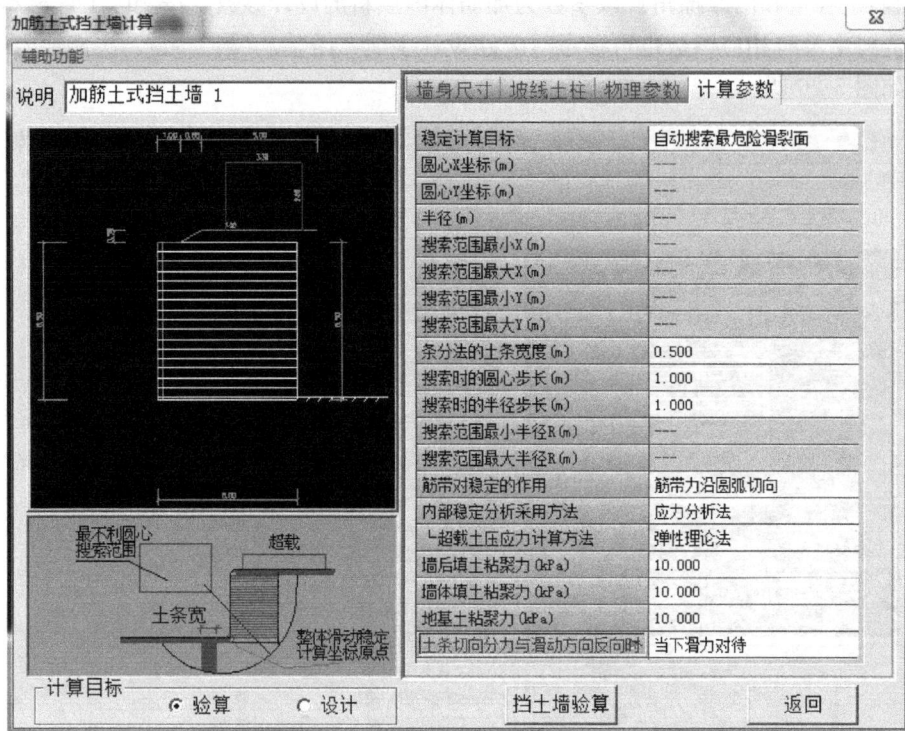

图 5-28　加筋土挡土墙例题计算参数界面

【稳定计算目标】包括自动搜索、给定圆心范围、给定圆心半径、给定圆心四种选择。因为稳定计算时间较长，此参数的灵活使用可加快搜索速度。可在首次计算时，选用自动搜索，等找到最不利滑动圆心的大概位置后，选用指定的范围搜索，这样就可以节省大量分析时间。本例题选择"自动搜索最危险滑裂面"。

【条分法的土条宽度】该参数对于计算结果有一定的影响，如土条宽度较大，计算误差也会越大，一般取 0.5m 左右。为了加快稳定计算的搜索速度，可在首次搜索时，采用较大的土条宽度，然后缩小范围，用较小的土条宽度。本例题输入"0.5"。

【搜索时的圆心步长】该参数影响搜索速度及其计算的精度，由读者根据实际情况自行设定。本例题输入"1"。

【筋带对稳定的作用】包括以下三种选择：筋带力沿圆弧切向、筋带力沿筋带方向、不考虑筋带力。注意：筋带增加抗滑力矩有两种假设：

（a）筋带力作用于切线方向：假设在圆弧处筋带产生相应于滑弧的弯曲，认为筋带的拉力方向切于滑弧。

（b）筋带力作用于筋带方向：假设在滑移时，筋带保持原来的水平方向。本例题"筋带力沿圆弧切向"。

【内部稳定分析采用方法】包括：

（a）应力分析法：高模量、高粘附筋带，又按正常方法布置筋带时，选用此方法。

（b）楔体平衡分析法：对于高模量筋带、用筋密度低或低模量筋带时，选用此方法。本例题选择"应力分析法"。

【土条切向分力与滑动方向相反时】包括以下两种选择：当下滑力对待、当抗滑力对待。当土条重力在滑动方向的分力与土条的滑动方向相反时，此分力有两种不同的理解：

（a）认为此力使下滑力减小，应当下滑力对待；

（b）认为此力使抗滑力增大，应当抗滑力对待。

这两种理解，稳定计算安全系数是不同的，选择前者安全系数较小，偏于保守。本例题选择"当下滑力对待"。

5.5.3　结果分析

点击【挡土墙验算】，输出结果，如图 5-29 所示，计算结果查询界面分为左右两个窗口，左侧窗口用于查询图形，右侧窗口用于查询文字，可直接对工作截面的文件进行操作，也可在之前设定的工作目录下，查找相关计算文档进行后续操作。在计算简图中，还可分别输出不同情况下土压力及其稳定性计算，如图 5-30 所示。

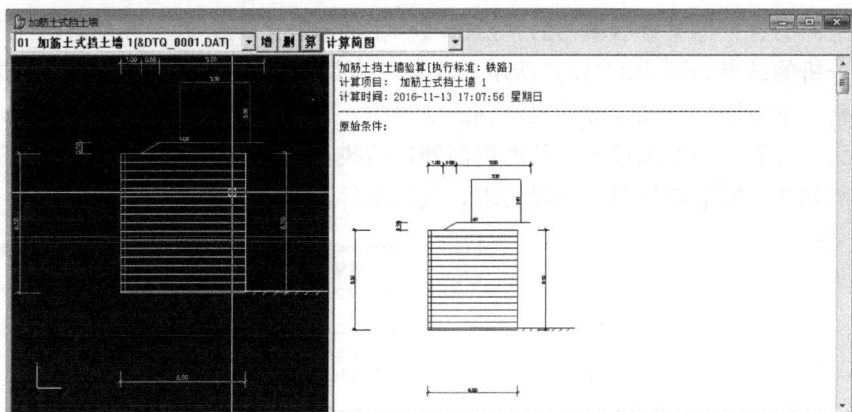

图 5-29　加筋土挡土墙例题结果输出界面

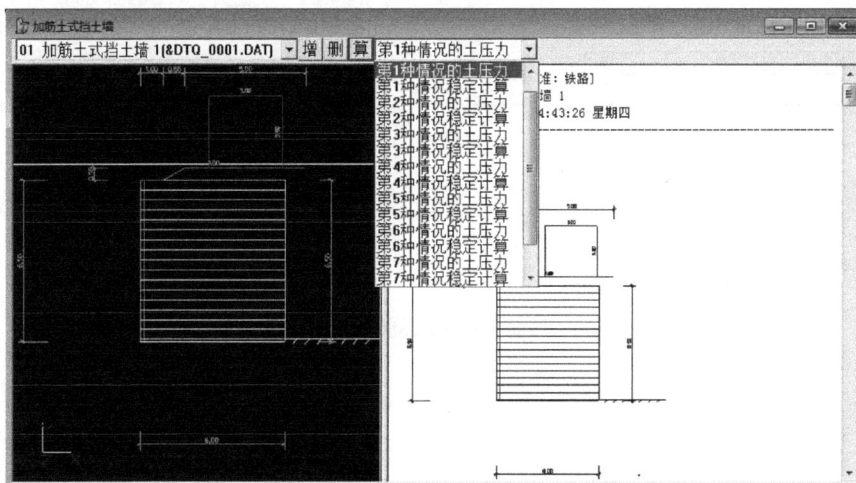

图 5-30　加筋土挡土墙例题结果输出界面

点击【计算简图】即出现下拉菜单，选择不同标签左侧图形查询窗口即出现对应的计算简图，如图 5-31 所示。在左侧图形查询窗口利用鼠标滑轮可实现图形的放大与缩小。右侧用于文字查询窗口下拉滑动条即可看到完整内容，通过鼠标右键菜单可进行保存文本等多种操作。

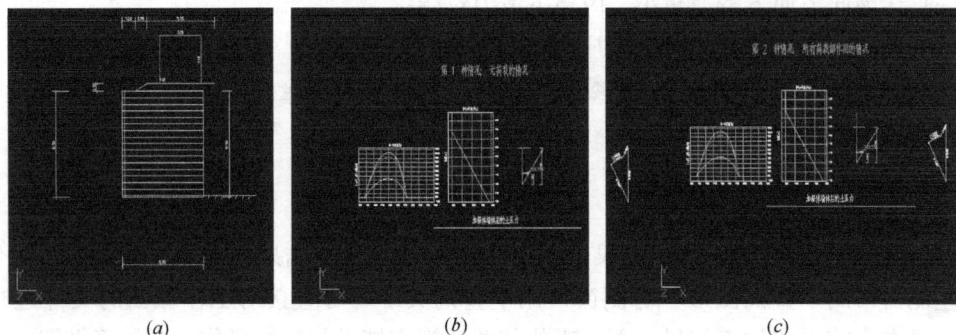

| (a) | (b) | (c) |

图 5-31　加筋土挡土墙例题计算简图界面

经过上面的各个标签参数填写后，点击【挡土墙验算】则会进行各个稳定性及强度验算，最终分析的结果如图 5-32（a）所示。在各组合最不利结果中，蓝色的为合格，红色的为不合格。本例题按已知参数输入得到的结果中，出现筋带抗拔力不满足验算，选择通过适当增大土与筋带的摩擦系数，从而提高筋带抗拔力使验算满足。发现将土与筋带的摩擦系数提高到 0.4 时筋带抗拔力满足要求，设计条件满足，如图 5-32（b）所示。

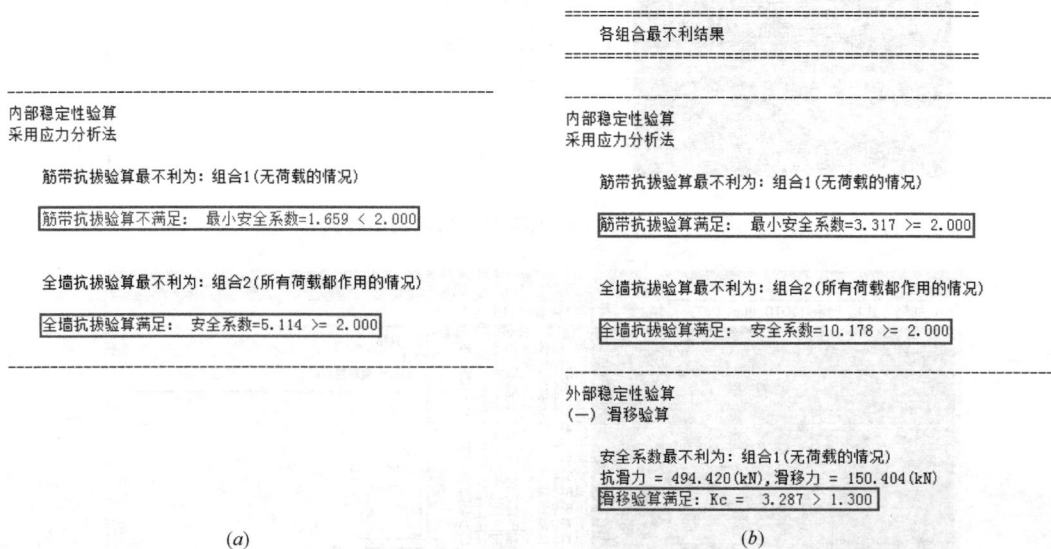

内部稳定性验算
采用应力分析法

　　筋带抗拔验算最不利为：组合1(无荷载的情况)

　　筋带抗拔验算不满足：　最小安全系数=1.659 < 2.000

　　全墙抗拔验算最不利为：组合2(所有荷载都作用的情况)

　　全墙抗拔验算满足：　安全系数=5.114 >= 2.000

(a)

===
　　　　　　各组合最不利结果
===

内部稳定性验算
采用应力分析法

　　筋带抗拔验算最不利为：组合1(无荷载的情况)

　　筋带抗拔验算满足：　最小安全系数=3.317 >= 2.000

　　全墙抗拔验算最不利为：组合2(所有荷载都作用的情况)

　　全墙抗拔验算满足：　安全系数=10.178 >= 2.000

外部稳定性验算
(一) 滑移验算

　　安全系数最不利为：组合1(无荷载的情况)
　　抗滑力 = 494.420(kN)，滑移力 = 150.404(kN)

　　滑移验算满足：Kc = 3.287 > 1.300

(b)

图 5-32　加筋土挡土墙例题结果分析界面

第6章　锚定板式挡土墙设计

锚定板式挡土墙由墙面系、钢拉杆及锚定板和填料共同组成，如图6-1所示。墙面系由预制的钢筋混凝土肋柱和挡土板拼装而成。钢拉杆外端与墙面系的肋柱或面板连接，而内端与锚定板连接，通过钢拉杆、依靠埋置在填料中的锚定板所提供的抗拔力来维持挡土墙的稳定。锚定板式挡土墙是一种适用于填土的轻型挡土结构。它与锚杆挡土墙的区别是抗拔力不是靠钢拉杆与填料的摩擦力来提供，而是由锚定板提供。锚定板挡土结构可以用作挡土墙、桥台或港口码头的护岸。锚定板式挡土墙和加筋土挡墙，一样都是一种适用于填土的轻型挡土结构，但二者的挡土原理不同。锚定板挡土结构是依靠填土与锚定板接触面上的侧向承载力以维持结构的平衡，不需要利用钢拉杆与填土之间的摩擦力。因此它的钢拉杆长度可以较短，钢拉杆的表面可以用沥青玻璃布包扎防锈，而填料也不必限用摩擦系数较大的砂性土。从防锈、节省钢材和适应各种填料三个方面比较，锚定板式挡土墙结构都有较大的优越性，但施工程序较加筋土挡墙复杂一些。

锚定板式挡土墙如图6-1所示。

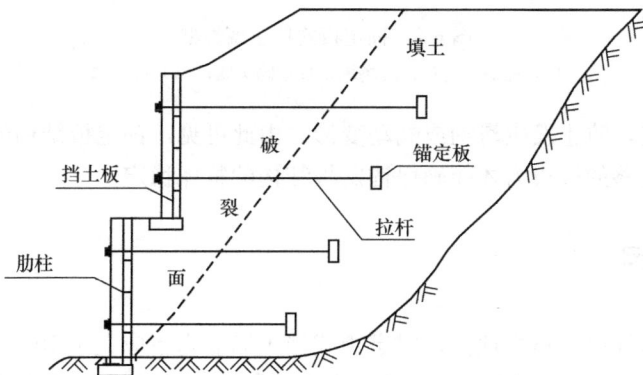

图6-1　锚定板式挡土墙示意图

锚定板式挡土墙按其使用情况可分为路肩墙、路堤墙、货场墙、码头墙和坡脚墙等，如图6-2所示。按墙面的结构形式可分为肋柱式和无肋柱式：肋柱式锚定板式挡土墙的墙面系由肋柱和挡土板组成。一般为双层拉杆，锚定板的面积较大，拉杆较长，挡土墙变形较小。无肋柱式锚定板式挡土墙的墙面系由钢筋混凝土面板组成。外表美观、整齐，施工简便，多用于城市交通的支挡结构工程。锚定板式挡土墙是锚定板挡土结构中的一种，本章将以肋柱式锚定板式挡土墙为例介绍这种支挡结构的设计计算方法。

锚定板式挡土墙是由墙面系、钢拉杆及锚定板和填料共同组成的，这是一个整体结构。在这个整体结构内部，存在着作用在墙面上的土压力、锚杆拉力、锚定板抗拔力等互相作用的内力。这些内力必须互相平衡，才能保证结构内部的稳定。与此同时，在锚定板结构的周围边界上还存在着从周围边界以外传来的土压力、活荷载及其他重物荷载，以及结构自重所产生的反作用力和摩擦力。这些边界上的作用力必须互相平衡，才能保证锚定

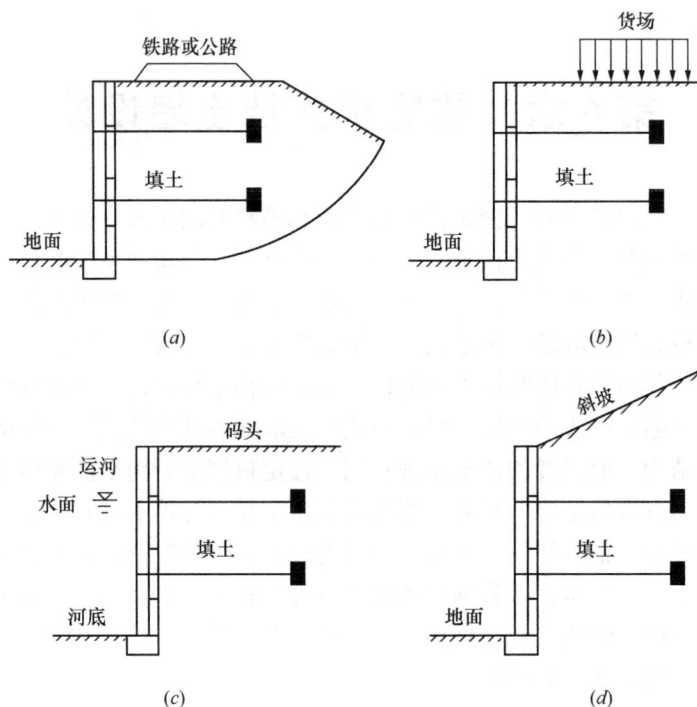

图 6-2 锚定板式挡土墙类型

(*a*) 路肩墙；(*b*) 货场墙；(*c*) 码头墙；(*d*) 坡脚墙

板结构的整体稳定，防止发生滑动或蠕动变形。由此可见，锚定板结构的设计计算的基本原理是锚定板有足够的抗拔力才能确保锚定板结构的整体稳定。

6.1 一般规定

一般地区路肩地段或路堤地段，锚定板式挡土墙墙高不应大于10m，设计使用年限为60年。锚定板式挡土墙可采用肋柱式或无肋柱式结构。设计锚定板式挡土墙时，可根据地形采用单级墙或双级墙。单级墙的高度不宜大于6m，双级墙的总高度不宜大于10m。双级墙上、下两级之间宜设置平台，平台宽度不宜小于2.0m。肋柱式锚定板式挡土墙其上、下级墙的肋柱应沿线路方向相互错开。

肋柱式锚定板式挡土墙的肋柱间距宜为2.0～2.5m。每级肋柱上拉杆可设计为双层或多层，必要时也可设计为单层。肋柱可为整体，也可分段拼接，拼接时肋柱接头宜为榫接。

6.2 构造要求

锚定板式挡土墙墙后填料应采用砂类土（粉砂、黏砂除外）、砾石类土、碎石类土，也可采用符合规定的细粒土，但路基顶面应采取防排水设施，设置柔性封闭层；不得采用膨胀土、盐渍土；严禁采用有腐蚀作用的酸性土和有机质土。填料应分层压实，压实度应符合现行《铁路路基设计规范》TB 10001—2005 的有关规定。挡土墙墙背底部至墙顶以下 0.5m 范围内，填筑不小于 0.3m 厚的渗水性材料或用无砂混凝土板、土工织物作为反滤层，并应采取排水措施。

面板、肋柱及锚定板等钢筋混凝土构件的强度等级不应小于 C30。拉杆、螺丝端杆宜选用可焊性和延伸性良好的钢材，也可采用 45SiMnV 精轧螺纹钢材作为拉杆，拉杆应作防锈蚀处理。肋柱与锚定板均应预留拉杆孔洞。锚定板、肋柱与螺丝端杆连接处，在填土前宜用沥青砂浆填充，并用沥青麻筋塞缝，外露的端杆和部件应在填土下沉基本稳定后，再用水泥砂浆封填。肋柱不得前倾，应适当向填土一侧倾斜，其仰斜度宜为 20：1。肋柱吊装时，应在肋柱基础的杯座槽内铺垫沥青砂浆。拉杆及锚定板埋设时，应在填土夯填至拉杆高度以上 20m 后再挖槽就位。锚定板前方超挖部分应用混凝土或灰土回填夯实。挖槽时，宜使锚定板比设计位置抬高 3～5m，不得直接碾压拉杆或锚定板。

基础应采用 C20 混凝土，厚度不小于 50cm。分级墙之间的平台顶面宜用 C15 混凝土封闭，其厚度宜为 15cm，并设 2% 向外横向排水的坡率。无肋柱式锚定板墙可采用混凝土条形基础，肋柱式锚定板墙的基础可采用混凝土条形基础、杯座式基础等。基础验算应按重力式挡土墙基础验算方法。

6.3 设计计算内容与方法

锚定板式挡土墙主要设计计算内容包括：土压力计算、整体稳定性验算、挡土板、肋柱、锚杆的内力和配筋计算、锚定板的内力及配筋计算。

6.3.1 土压力计算

锚定板式挡土墙与重力式挡土墙结构形式不同，墙面变形和受力机理也有所不同。通过现场实测和室内模型实验表明，土压力大于库仑主动土压力计算值，但小于静止土压力。采用库仑土压力理论按第 3 章的方法计算，假定挡土墙的背坡为臂板顶点的内侧与墙踵点的连线，对于库仑土压力理论计算的结果再乘以一个增大系数 m，并忽略拉杆的影响。

$$\sigma_{xi} = m\sigma_j \qquad (6\text{-}1)$$

式中　σ_{xi}——经修正后的主动土压力（kPa）；

　　　m——修正系数；一般为 1.05～1.20；

　　　σ_j——采用库仑土压力理论计算的主动土压力（kPa）。

6.3.2 整体稳定验算

按瑞典条分法计算整体稳定性，采用有效应力法。

$$
\begin{aligned}
K &= \frac{M_k}{M_q} \\
&= \frac{\sum c'_{ik} l_i + \sum (q_0 b_i + w'_i)\cos\theta_i \tan\varphi'_{ik} + P_s}{\sum (q_0 b_i + w_i)\sin\theta_i + P_e}
\end{aligned}
\qquad (6\text{-}2)
$$

式中　K——整体稳定安全系数；

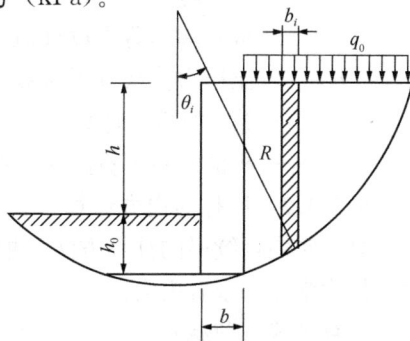

图 6-3　整体稳定计算

M_k ——抗滑力矩（kN·m）；

M_q ——滑动力矩（kN·m）；

c'_{ik}、φ'_{ik} ——最危险滑动面上第 i 土条滑动面上土的固结排水（慢）剪黏聚力（kPa）、内摩擦角标准值（°）；

l_i ——第 i 土条的滑裂面弧长（m）；

b_i ——第 i 土条的宽度（m）；

w_i ——作用于滑裂面上第 i 土条的重量，水位以上按上覆土层的天然土重计算，水位以下按上覆土层的饱和土重计算（kN/m）；根据界面交互的浮重度＋10后采用；

w'_i ——作用于滑裂面上第 i 土条的重量，水位以上按上覆土层的天然土重计算，水位以下按上覆土层的浮重度计算（kN/m）；

θ_i ——第 i 土条弧线中点切线与水平线夹角（°）；

q_0 ——作用于坡面上的荷载（kPa）；

P_s ——筋带作用力产生的抗滑力矩（kN·m）；

P_e ——地震作用力产生力矩（kN·m）。

6.3.3　挡土板、肋柱、锚杆内力计算

6.3.3.1　板的内力计算

（1）计算假定

① 板上的土压力取同一跨内该类型板（由于分段设置不同类型的板块）最下面板块底边缘的水平土压力，作为该类型板上的荷载。

② 按简支板计算内力。

（2）内力计算（单位板宽）

① 弯矩

$$M = \frac{K_1 \sigma_{xi} l^3}{8} \tag{6-3}$$

② 剪力

$$V = \frac{K_1 \sigma_{xi} l^2}{2} \tag{6-4}$$

式中　M ——板的跨中弯矩设计值（kN·m）；

V ——板各端的剪力设计值（kN）；

K_1 ——土压力荷载分项系数，见输入界面中的荷载系数，一般为 1.2；

σ_{xi} ——第 i 类板块计算的水平土压力（kPa）；

l ——板的水平计算跨长（两肋之间的间距）（m）。

6.3.3.2　肋柱的内力计算

采用竖向连续梁的计算方法，根据桩在底端的条件，将该端点简化成自由、简支、嵌固。按力学方法求解内力。

计算公式（荷载）：

$$q_i = K_1 \sigma_{xi} l \tag{6-5}$$

式中　q_i——作用肋上的荷载（kN/m）；

　　　K_1——土压力荷载分项系数，见输入界面中的荷载系数，一般为 1.2；

　　　σ_{xi}——第 i 类板块计算的水平土压力（kPa），取同一跨中该类型板最下面板块底边缘的水平土压力，作为该类型板上荷载；

　　　l——板的水平计算跨长（两肋之间的间距）（m）。

6.3.3.3 锚杆的内力计算

锚杆拉力计算公式：

$$N_n = R_n / \cos(\alpha_n) \tag{6-6}$$

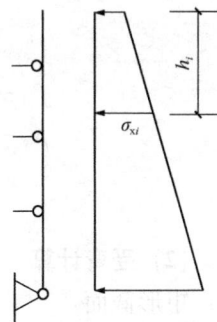

图 6-4　肋计算简图

式中　N_n——第 n 个锚杆所受到的轴向拉力设计值（kN）；

　　　R_n——第 n 个支点反力设计值（kN）；

　　　a_n——第 n 个锚杆的入射角（°），即锚杆与水平面的夹角，一般为 0°。

6.3.4 挡土板、肋柱的配筋计算

6.3.4.1 板的强度（配筋）计算

(1) 受剪计算

矩形和 T 形截面的受弯构件，当配置箍筋和弯起钢筋时其斜截面受剪承载力应符合下列规定：

$$\gamma_0 V_d \leqslant V_{cs} \tag{6-7}$$

$$V_{cs} = \alpha_1 \alpha_2 \alpha_3 0.45 \times 10^{-3} b h_0 \sqrt{(2 + 0.6P)\sqrt{f_{cu,k}} \rho_{sv} f_{sv}} \tag{6-8}$$

矩形和 T 形截面的受弯构件，其受剪截面应符合下列要求：

$$\gamma_0 V_d \leqslant 0.51 \times 10^{-3} \sqrt{f_{cu,k}} b h_0 (\text{kN}) \tag{6-9}$$

当符合下列条件时

$$\gamma_0 V_d \leqslant 0.50 \times 10^{-3} \alpha_2 f_{td} b h_0 (\text{kN}) \tag{6-10}$$

可不进行斜截面受剪承载力的验算，仅需按照构造要求进行配置箍筋。对于板式受弯构件，式（6-10）右边计算值可乘以 1.25 的提高系数。

上述式中　V_d——由荷载效应产生的剪力设计值（kN）；

　　　　　γ_0——结构重要性系数；

　　　　　V_{cs}——受剪承载力设计值（kN）；

　　　　　α_1——异号弯矩影响系数；

　　　　　α_2——预应力提高系数；

　　　　　α_3——受压翼缘的影响系数，取 1.1；

　　　　　b——矩形截面宽度，或 T 形的腹板宽度（mm）；

　　　　　h_0——有效高度（mm）；

　　　　　P——纵向受拉钢筋的配筋百分率，$P = 100\rho$，当 $P > 2.5$ 时，取 $P = 2.5$；

　　　　　$f_{cu,k}$——边长为 150mm 的混凝土立方体抗压强度标准值（MPa），即为混

凝土强度等级；

f_{sv} ——箍筋抗拉强度设计值；

f_{td} ——混凝土抗拉强度设计值；

ρ_{sv} ——箍筋配筋率，$\rho_{sv} = A_{sv}/s_v b$，HPB300 钢筋不应小于 0.18%，HRB335 钢筋不应小于 0.12%，当钢筋等级为 HRB400 时，其箍筋最小配筋率同 HRB335。

（2）受弯计算

矩形截面：

$$\gamma_0 M_d \leqslant f_{cd} b x \left(h_0 - \frac{x}{2} \right) + f'_{sd} A'_s (h_0 - \alpha'_s) \tag{6-11}$$

$$f_{sd} A_s = f_{cd} b x + f'_{sd} A'_s \tag{6-12}$$

最后比较计算配筋面积与最小配筋面积的大小，两者取大。

$$A_s = \max\{A_s, A_{smin}\} \tag{6-13}$$

$$A_{smin} = \rho_{min} b h \tag{6-14}$$

板的配筋计算按实际板宽进行，其余技术条件同悬臂式挡土墙。

6.3.4.2 肋的强度（配筋）计算

（1）受剪计算

矩形和 T 形截面的受弯构件，当配置箍筋和弯起钢筋时其斜截面受剪承载力应符合下列规定：

$$\gamma_0 V_d \leqslant V_{cs} \tag{6-15}$$

$$V_{cs} = \alpha_1 \alpha_2 \alpha_3 0.45 \times 10^{-3} b h_0 \sqrt{(2 + 0.6P) \sqrt{f_{cu,k} \rho_{sv} f_{sv}}} \tag{6-16}$$

矩形和 T 形截面的受弯构件，其受剪截面应符合下列要求：

$$\gamma_0 V_d \leqslant 0.51 \times 10^{-3} \sqrt{f_{cu,k}} b h_0 \tag{6-17}$$

当符合下列条件时

$$\gamma_0 V_d \leqslant 0.50 \times 10^{-3} \alpha_2 f_{td} b h_0 \tag{6-18}$$

可不进行斜截面受剪承载力的验算，仅需按照构造要求进行配置箍筋。对于板式受弯构件，可在式（6-7）右边计算值乘以 1.25 的提高系数。

上述式中 V_d ——由荷载效应产生的剪力设计值（kN）；

γ_0 ——结构重要性系数；

V_{cs} ——受剪承载力设计值（kN）；

α_1 ——异号弯矩影响系数；

α_2 ——预应力提高系数；

α_3 ——受压翼缘的影响系数，取 1.1；

b ——矩形截面宽度，或 T 形的腹板宽度（mm）；

h_0 ——有效高度（mm）；

P ——纵向受拉钢筋的配筋百分率，$P = 100\rho$，当 $P > 2.5$ 时，取 $P = 2.5$；

$f_{cu,k}$ ——边长为 150mm 的混凝土立方体抗压强度标准值（MPa），即为混凝土强度等级；

f_{sv} ——箍筋抗拉强度设计值；

f_{td} ——混凝土抗拉强度设计值；

ρ_{sv} ——箍筋配筋率，$\rho_{sv} = A_{sv}/s_v\,b$，HPB300 钢筋不应小于 0.18%，HRB335 钢筋不应小于 0.12%，当钢筋等级为 HRB400 时，其箍筋最小配筋率同 HRB335。

(2) 受弯计算

$$a_s = \frac{M}{f_{cd}bh_0^2} \tag{6-19}$$

判别 a_s 与 a_{smax} 的大小：

① $a_s \leqslant a_{smax}$

则受压钢筋取构造配筋

$$A_s' = \rho_{smin}' bh \tag{6-20}$$

然后按已知受压钢筋，计算拉区钢筋面积。

$$M_{s1} = A_s' f_{sd}' (h_0 - a_s') \tag{6-21}$$

$$A_{s2} = \frac{A_s' f_{sd}'}{f_{sd}} \tag{6-22}$$

$$M_c = M - M_{s1} \tag{6-23}$$

判别 M_c 的大小：

（a）$M_c > 0$，按作用的弯矩为 M_c 的单筋矩形截面计算受拉钢筋 A_{s1}。

单筋计算详见悬臂式挡土墙。

（b）$M_c \leqslant 0$，按 $M_c = 0$ 处理，取 $A_{s1} = 0$。

则受拉钢筋总面积 A_s

$$A_s = A_{s1} + A_{s2} \tag{6-24}$$

最终的配筋面积比较 A_s 与最小配筋面积取大者：

$$A_s = \max\{A_s, A_{smin}\} \tag{6-25}$$

② $a_s > a_{smin}$

$$M_c = \alpha_1 f_{cd} bh_0^2 \xi_b (1 - 0.5\xi_b) \tag{6-26}$$

$$A_{s1} = \xi_b \alpha_1 f_{cd} bh_0 / f_{sd} \tag{6-27}$$

$$A_s' = \frac{M - M_c}{f_{sd}' (h_0 - a_s')} \tag{6-28}$$

$$A_{smin}' = \rho_{smin}' bh \tag{6-29}$$

判别 A_s' 的大小：

$A_s' \leqslant A_{smin}'$，取 $A_s' = A_{smin}'$；按已知受压钢筋面积 A_s' 计算受拉钢筋面积 A_{s2} 及 A_{s1}，计算方法同上；

$A_s' > A_{smin}'$，取 $A_s' = A_s'$；按下式计算受拉钢筋面积 A_{s2}。

$$A_{s2} = \frac{A_s' f_{sd}'}{f_{sd}} \tag{6-30}$$

则全部的受拉钢筋总面积 A_s 为：

$$A_s = A_{s1} + A_{s2} \tag{6-31}$$

再与最小配筋面积比较取大，即

$$A_s = \max\{A_s, A_{smin}\} \tag{6-32}$$

上述式中　A_{s1}——与受压区混凝土压力对应的受拉钢筋面积（mm^2）；

　　　　A_{s2}——与 A'_s 对应的受拉钢筋面积（mm^2）；

　　　　a'_s——受压钢筋合力点至受压截面边缘的距离（mm）；

　　　　f'_{sd}——受压钢筋的抗压强度设计值（N/mm^2）；

　　　　M_{s1}——受压钢筋 A'_s 与受拉钢筋 A_{s2} 承受的弯矩设计值（kN·m）；

　　　　A'_{smin}——按最小配筋率计算得到的受压钢筋面积（mm^2）；

　　　　ρ'_{smin}——受压钢筋最小配筋率。

6.3.5　锚定板的内力及配筋计算

锚定板的极限抗拔力 P_u，工程中根据锚定板的埋深比分为浅埋、深埋两种。本系统未作锚定板"深埋"或"浅埋"的判断，但同时给出了两种情况的计算结果，用户可以根据工程实际情况选择其一。

（1）浅埋锚定板的极限抗拔力 P_u

$$P_u = \frac{1}{2}\gamma D_0^2 K_b B \tag{6-33}$$

式中　P_u——浅埋锚定板的极限抗拔力设计值（kN）；

　　　γ——填土的重度（kN/m^3）；

　　　D_0——锚定板中心处的埋置深度（m）；

　　　K_b——土压力的系数；按《公路设计手册　路基》（第二版）土压力系数 K_b 采用；

　　　B——锚定板的宽度（m）。

（2）锚定板的极限抗拔力 P_u

$$P_u = N_q \gamma H B h \tag{6-34}$$

式中　P_u——深埋锚定板的极限抗拔力设计值（kN）；

　　　N_q——土压力参数；按《公路设计手册　路基》（第二版）第三篇第六章第三节中的"图 3-6-23 土压力系数 N_q"采用；

　　　γ——填土的重度（kN/m^3）；

　　　H——锚定板底边的埋置深度（m）；

　　　B——锚定板的宽度（m）；

　　　h——锚定板的高度（m）。

（3）锚定板抗拔力的安全系数 K

$$K = \frac{P_u}{N_u} \tag{6-35}$$

式中　P_u——锚定板的极限抗拔力（kN）；

　　　N_u——拉杆所承受的抗拔力（kN）；

　　　K——锚定板抗拔力的安全系数，分为浅埋、深埋两种给出。

6.4　理正岩土设计流程及参数详解

理正挡土墙软件设计流程如图 6-5 所示。

运行理正岩土软件，选择【挡土墙设计】系统会弹出如图 6-6 所示对话框，其功能是选择挡土墙形式和工程行业。可选择【其他行业】、【公路行业】、【铁路行业】、【水利行业】。

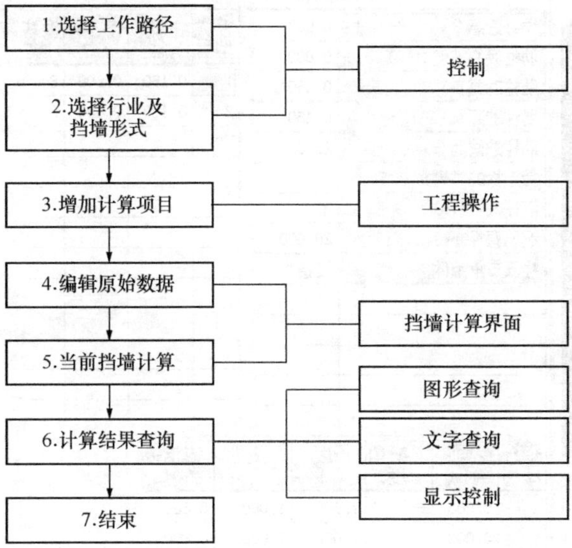

图 6-5　设计流程

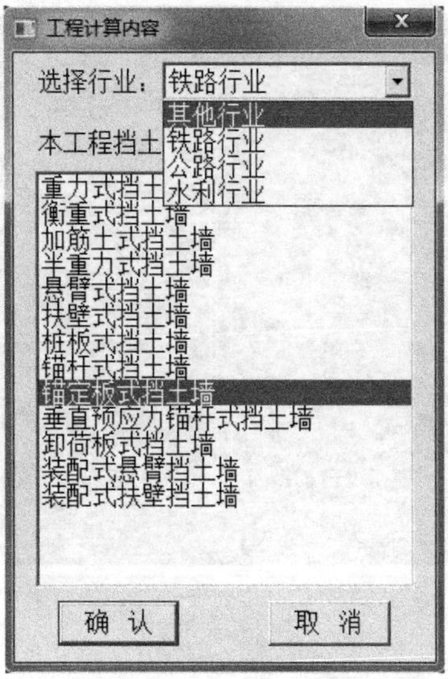

图 6-6　工程计算内容选择窗口

由于在截面内力和配筋计算采用了概率极限状态法，系统要求用户交互荷载分项系数如图 6-7 所示。

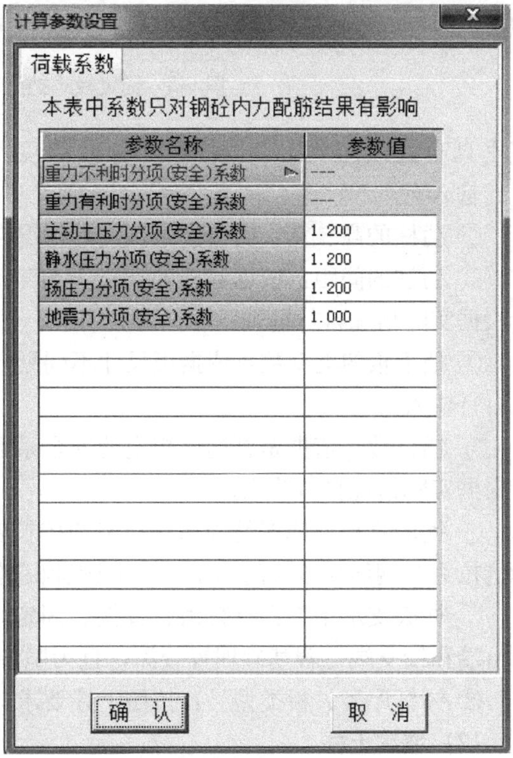

在工程操作界面点击【增】命令，程序将显示对话框界面，选择例题后点击确认，弹出如图 6-8 所示墙身尺寸输入界面。该对话框一共包括 4～5 个标签（公路 5 个标签、铁路 4 个标签），分别对应挡土墙设计的 4～5 个方面的分析设计参数，下面分别对各个标签下属的参数输入作以说明。

（1）墙身尺寸

选择【墙身尺寸】标签，程序将显示如图 6-8 所示的输入对话框界面。在该对话框界面中主要需要输入参数信息，均为基本信息，读者自行输入，而且将鼠标放在参数输入栏，理正均有提示，这里不再赘述。下面主要介绍几个关键参数的输入。

① 肋柱倾斜坡度：《公路路基设计规范》JTG D30—2015 中规定，肋柱

图 6-7　荷载分项系数

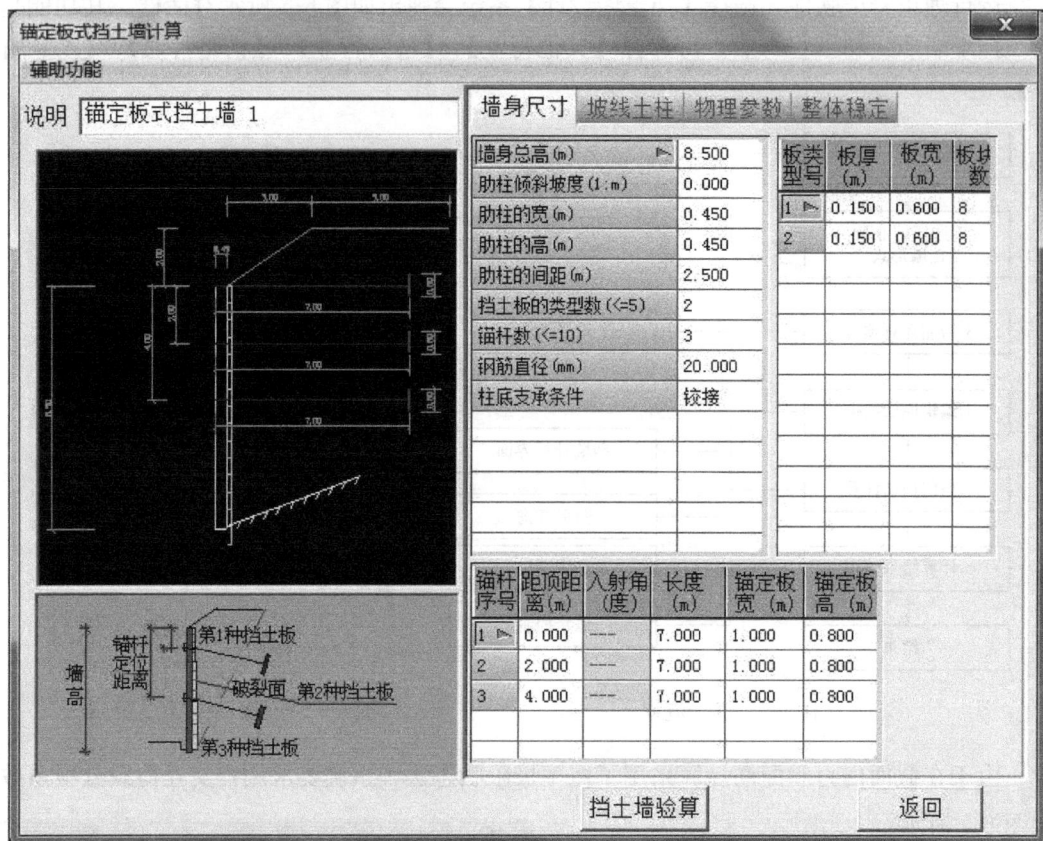

图 6-8　锚定板式挡土墙墙身尺寸输入界面

宜垂直布置或向填土一侧倾斜，但倾斜度不应大于 1：0.05，由读者根据实际情况自行输入。

② 肋柱的高、宽：由读者根据实际情况自行输入。

③ 肋柱的间距：依据锚杆的抗拔力与工地的起吊能力而定，一般选用 2～3m，由读者根据实际情况自行输入。

④ 挡土板的类型数：依据板尺寸不同划分类型，该参数限定为 5，由读者根据实际情况自行输入。

⑤ 锚杆数：依据是否达到规定的安全系数设置相应的根数，该参数限定为 25，由读者根据实际情况自行输入。

⑥ 钢筋直径：依据是否达到规定的抗拉安全系数设置相应的直径，此参数影响锚杆的抗拉力及钢筋与砂浆的粘结力，由读者根据实际情况自行输入。

⑦ 柱底支承条件：有自由、铰接、固定，视地基的强度和埋置深度而定，一般视为自由端和铰支端，若基础埋置较深，且为坚硬岩石时，也可设计为固定端。

⑧ 锚杆序号、板类型号：按照上述要求，由读者根据实际情况自行输入。

(2) 坡线土柱

选择【坡线土柱】标签，程序显示如图 6-9 所示，在该对话框界面中主要需要输入参数信息，下面主要介绍关键参数的输入。

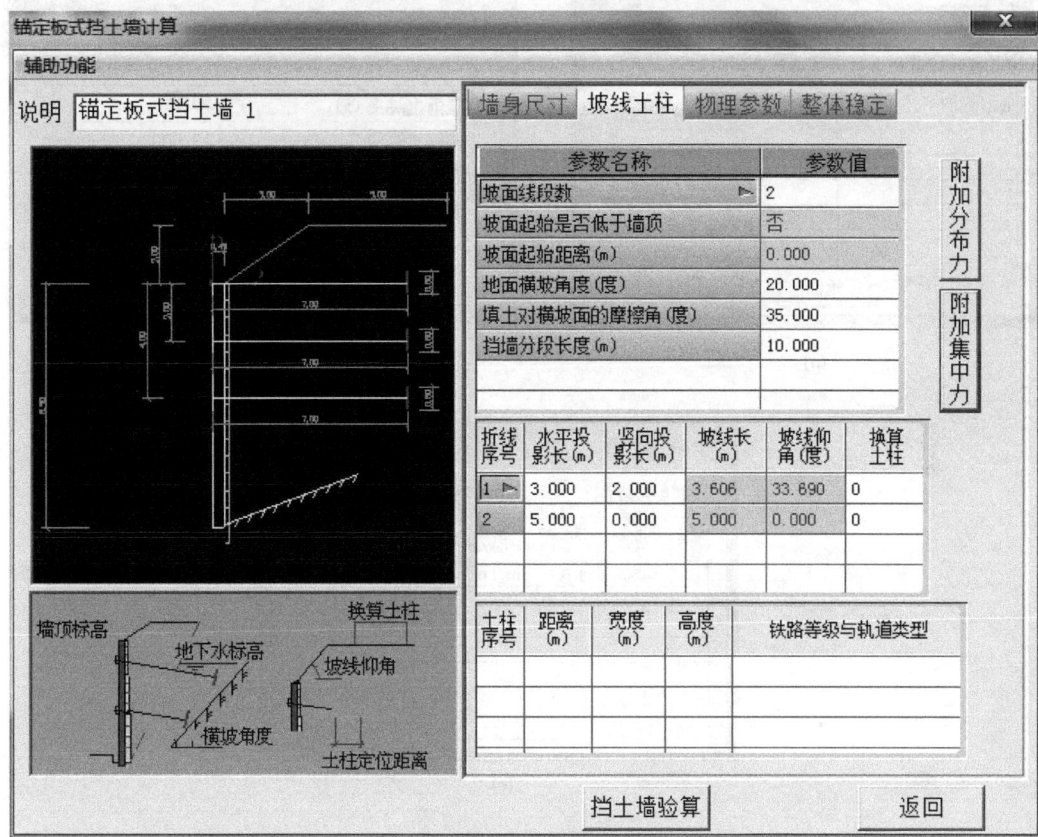

图 6-9　锚定板式挡土墙坡线土柱输入界面

① 坡面线段数：墙后填土的坡面形式，输入值≥1。

② 坡面起始是否低于墙顶：用于设置第一段坡面线的起始位移，通常选择【否】。

③ 地面横坡角度：土楔体计算时破裂面的起始角度，即只有横坡角以上土体才产生土压力的作用。地面横坡角度一般为岩石的坡度，当挡土墙后都为土体时可取 0，即按土压力最大情况考虑。

④ 填土对横坡面的摩擦角：当破裂角位于桩背与地面横坡面之间时，计算土压力用墙后填土内摩擦角，当破裂角位于地面横坡面时，宜根据试验确定，当无试验资料时，黏性土与粉土可取 0.33φ，砂性土与碎石土可取 0.5φ。

⑤ 挡墙分段长度：按挡土墙的设缝间距划分，在公路行业影响车辆荷载的计算。

⑥ 附加集中力：用于模拟作用在挡土墙上的其他外力，还可以模拟墙前被动土压力。点击【附加集中力】命令，程序将显示如图 6-10(a) 所示的输入对话框界面。点击【加入等效墙前被动土压力】命令，程序将显示如图 6-10(b) 所示的输入对话框界面，输入相关参数，点击【确认】返回到 6-10(c) 所示界面，再点击【返回】。

注意：荷载大小为作用在挡墙纵向一延米范围内的外力，附加外集中力表示沿挡土墙纵向方向上的一个线性局部荷载，坐标原点为墙的左上角点，力的角度方向以水平右向为 0°，逆时针旋转为正，荷载输入后在图形界面上有相应图示。

(a)

(b)

(c)

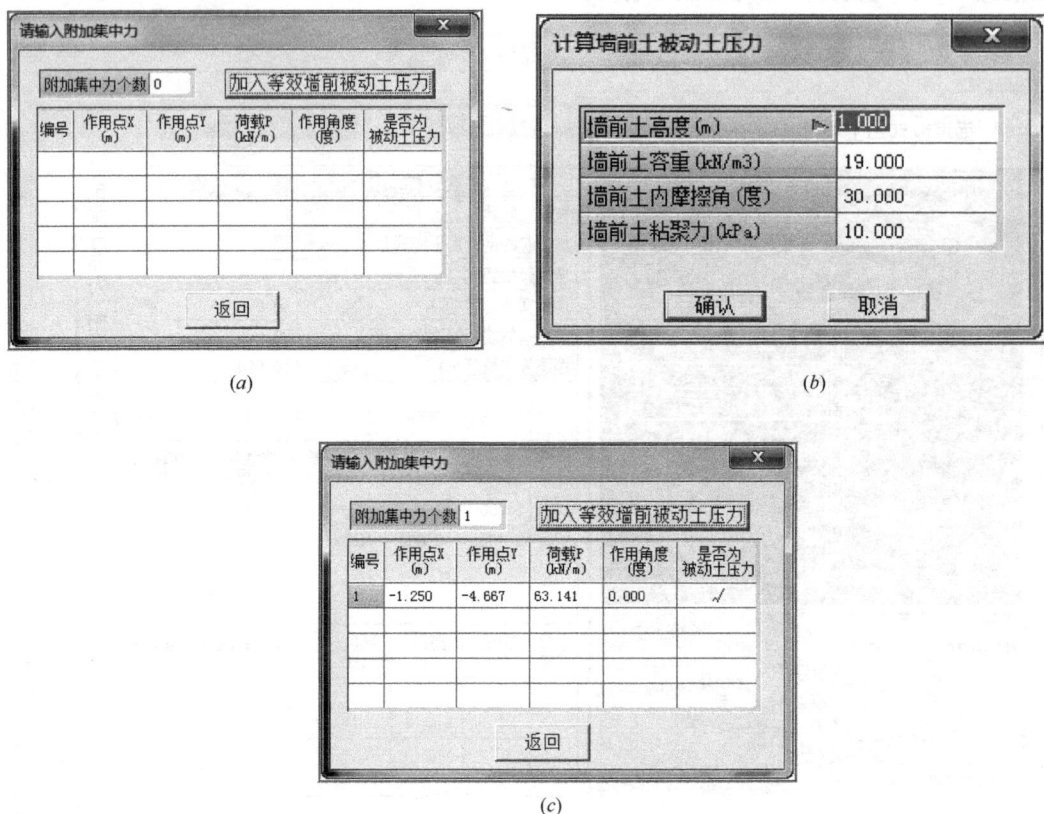

图 6-10　锚定板式挡土墙附加集中力输入界面

(3) 物理参数

选择【物理参数】标签，程序将显示如图 6-11 所示的输入对话框界面。在该对话框界面中主要需要输入参数信息，下面主要介绍关键参数的输入。

① 挡土墙类型："一般地区"。有四种类型，可考虑地震和浸水。

注意：当选择"浸水地区"时，在【坡线土柱】标签下会要求输入水位标高，如图 6-12 所示。

② 墙后填土类型：有"单层"和"多层"两种选择。选择此参数，则本软件可以处理墙后多层填土问题。处理多层土问题时，请点击右侧"土层"按钮交互第二层及以下土体参数。当选择"多层"时，点击【土层】命令，程序将显示如图 6-13 所示的输入对话框界面。

注意：土压力调整系数可根据工程经验进行调整，如不调整，输入"1"即可。

③ 土压力：点击【土压力】命令，有三种主动土压力计算理论供用户选择，包括库仑、朗肯、静止，由读者根据实际情况自行选择。

④ 等效内摩擦角：因为黏聚力对土压力影响较大，必须保证任何情况下黏聚力均不降低才能使用，因此墙后填土如为黏性土，一般可采用等效内摩擦角的方法，把黏聚力的影响考虑在内摩擦角这一参数内。理正提供了三种计算方法供用户选择，分别是：铁路路

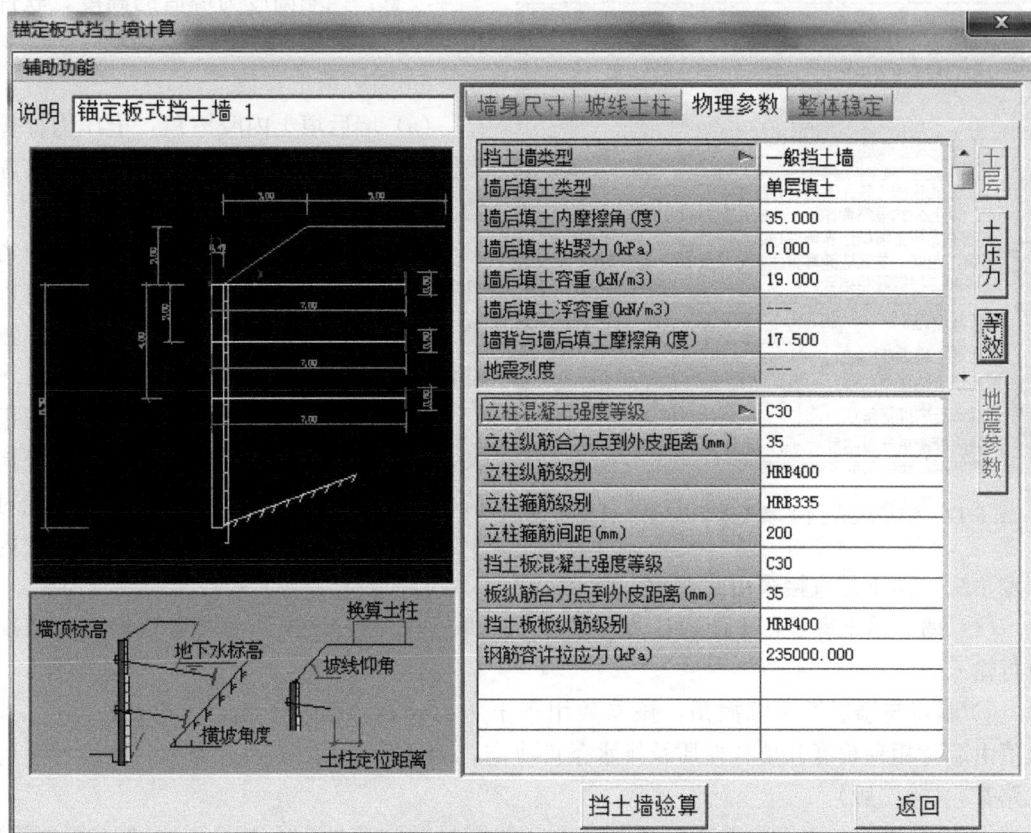

图 6-11　锚定板式挡土墙物理参数输入界面

图 6-12　锚定板式挡土墙水位标高输入界面

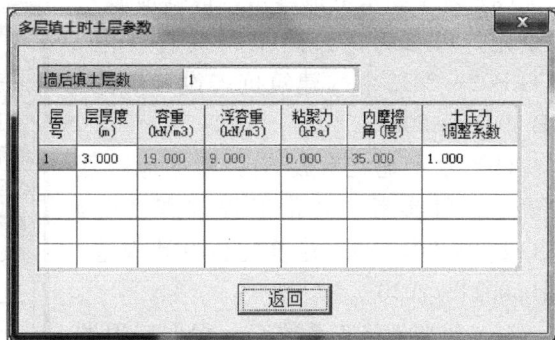

图 6-13　锚定板式挡土墙土层参数输入界面

基手册按土体抗剪强度相等原则计算；铁路路基手册按土压力相等原则计算；堤防规范按提供的换算内摩擦角公式计算。

（a）输入黏聚力和内摩擦角数值。

（b）点击【等效】命令，程序将显示如图 6-14 所示的输入对话框界面。输入参数后依次点击【计算】＞【返回】。

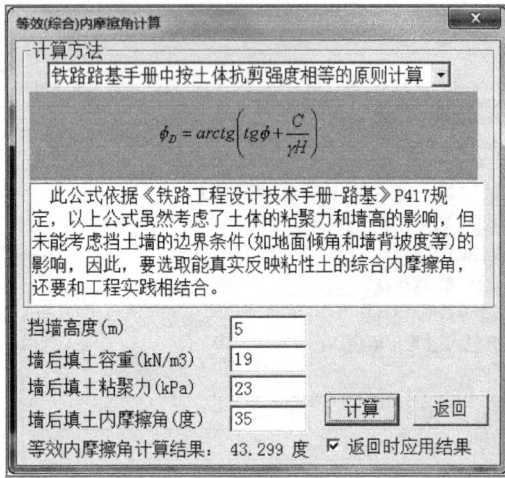

图 6-14　锚定板式挡土墙等效内摩擦角计算界面

摩擦角法，而不是直接采用此参数。

（c）墙后填土容重：土压力计算参数，一般取 $17 \sim 19 \mathrm{kN/m^3}$，由读者根据实际情况自行输入。

⑥ 墙背与墙后填土摩擦角：该参数用于土压力计算，影响土压力大小及作用方向，取值由墙背粗糙程度和填料性质及排水条件决定，无试验资料时，可参考《公路设计手册　路基》（第二版）。

⑦ 地震参数：选择抗震区或抗震浸水区挡墙时需交互地震参数。点击【地震参数】命令，程序将显示如图 6-15 所示的输入对话框界面。在该对话框界面中主要需要输入如下设计参数信息。

（a）水上、水下地震角：根据地震烈度确定，可参考《公路工程抗震规范》JTG B02—2013 和《建筑抗震设计规范》GB 50011—2010。

（b）水平地震系数 K_h：根据地震烈度确定，可参考《公路工程抗震规范》JTG B02—2013 和《建筑抗震设计规范》GB 50011—2010。

（c）重要性修正系数 C_i：根据工程类别及等级确定，一般取 $0.6 \sim 1.7$。参考《公路工程抗震规范》JTG B02—2013。

（d）综合影响系数 C_z：一般取 0.25，参考《公路工程抗震规范》JTG B02—2013。

（4）整体稳定

选择【整体稳定】标签，程序将显示

注意：挡墙高度为墙后的高度，软件自动计算，一般无需更改。

⑤ 墙后填土参数：

（a）墙后填土内摩擦角：土压力计算参数，一般取 $30° \sim 45°$，由读者根据实际情况自行输入。

（b）墙后填土黏聚力：黏性土土压力计算参数，当采用综合内摩擦角时，可以填"0"。当采用力多边形方法时填实际测试值。对砂性土可填"0"。

由于此值对土压力计算结果影响很大，所以一定要慎重使用，必须保证任何情况下黏聚力均不降低才能使用。因此对于经验不足的用户，我们推荐使用等效内

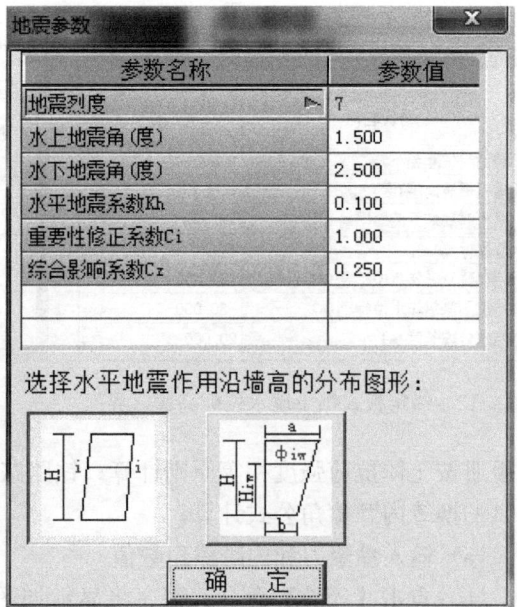

图 6-15　锚定板式挡土墙地震参数输入界面

如图 6-16 所示的输入对话框界面。在该对话框界面中主要需要输入参数信息，下面主要介绍关键参数的输入。

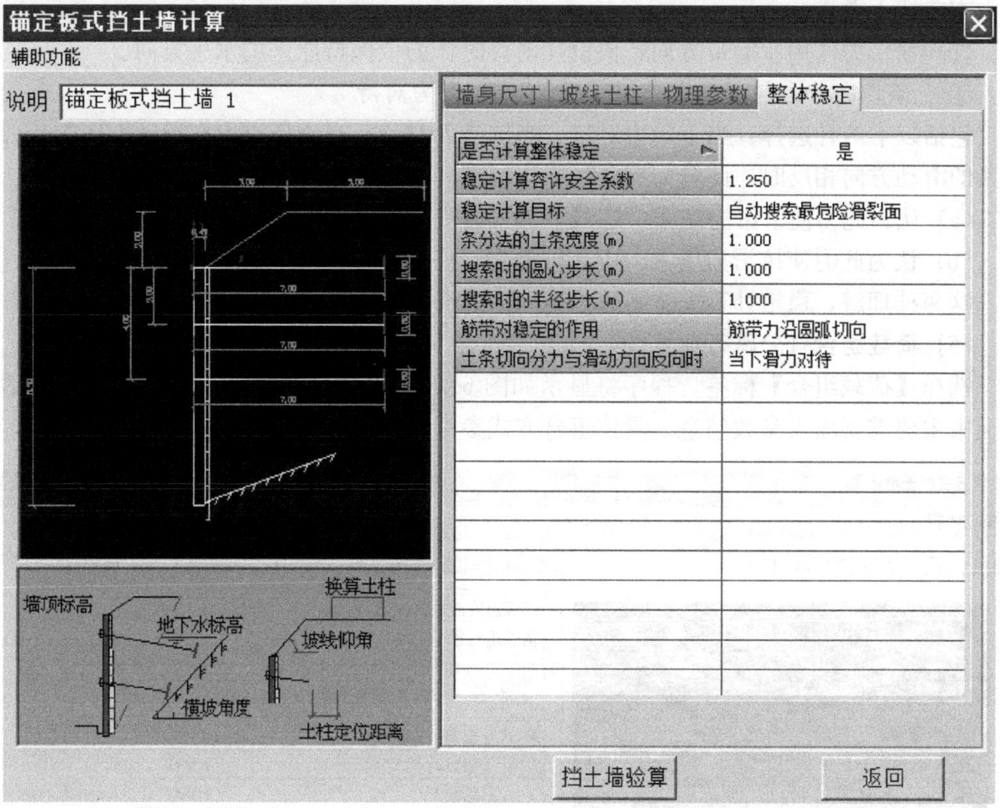

图 6-16　锚定板式挡土墙整体稳定输入界面

① 是否计算整体稳定：挡土墙中的整体稳定计算仅适用于简单土质的圆弧滑动情况，并只采用瑞典条分法计算；其他复杂情况，建议采用理正边坡稳定分析软件或其他稳定分析软件分析。

② 稳定计算容许安全系数：不小于 1.25。

③ 稳定计算目标：自动搜索、给定圆心范围、给定圆心半径、给定圆心四种选择。因为稳定计算时间较长，此参数的灵活使用可加快搜索速度。可在首次计算时，选用自动搜索，等找到最不利滑动圆心的大概位置后，选用指定的范围搜索，这样就可以节省大量分析时间。通常选择自动搜索最危险滑裂面。

④ 条分法的土条宽度：该参数对于计算结果有一定的影响，如土条宽度较大，计算误差也会越大，一般取 0.5m 左右。为了加快稳定计算的搜索速度，可在首次搜索时，采用较大的土条宽度，然后缩小范围，用较小的土条宽度。

⑤ 搜索时的圆心步长：该参数影响搜索速度及其计算的精度，由读者根据实际情况自行输入。

⑥ 筋带对稳定的作用："筋带力沿圆弧切向"。包括以下三种选择：筋带力沿圆弧切向、筋带力沿筋带方向、不考虑筋带力。

注意：筋带增加抗滑力矩有两种假设：

（a）筋带力作用于切线方向：假设在圆弧处筋带产生相应于滑弧的弯曲，认为筋带的拉力方向切于滑弧。

（b）筋带力作用于筋带方向：假设在滑移时，筋带保持原来的水平方向。

⑦ 土条切向分力与滑动方向相反时："当下滑力对待"。

包括以下两种选择：当下滑力对待、当抗滑力对待。当土条重力在滑动方向的分力与土条的滑动方向相反时，此分力有两种不同的理解：

（a）认为此力使下滑力减小，应当下滑力对待；

（b）认为此力使抗滑力增大，应当抗滑力对待。

这两种理解，稳定计算安全系数是不同的，选择前者安全系数较小，偏于保守。

（5）荷载组合（公路行业）

选择【荷载组合】标签，程序将显示如图 6-17 所示的输入对话框界面，在该对话框界面中主要需要输入参数信息。具体组合方式参考《公路设计手册　路基》（第二版）。

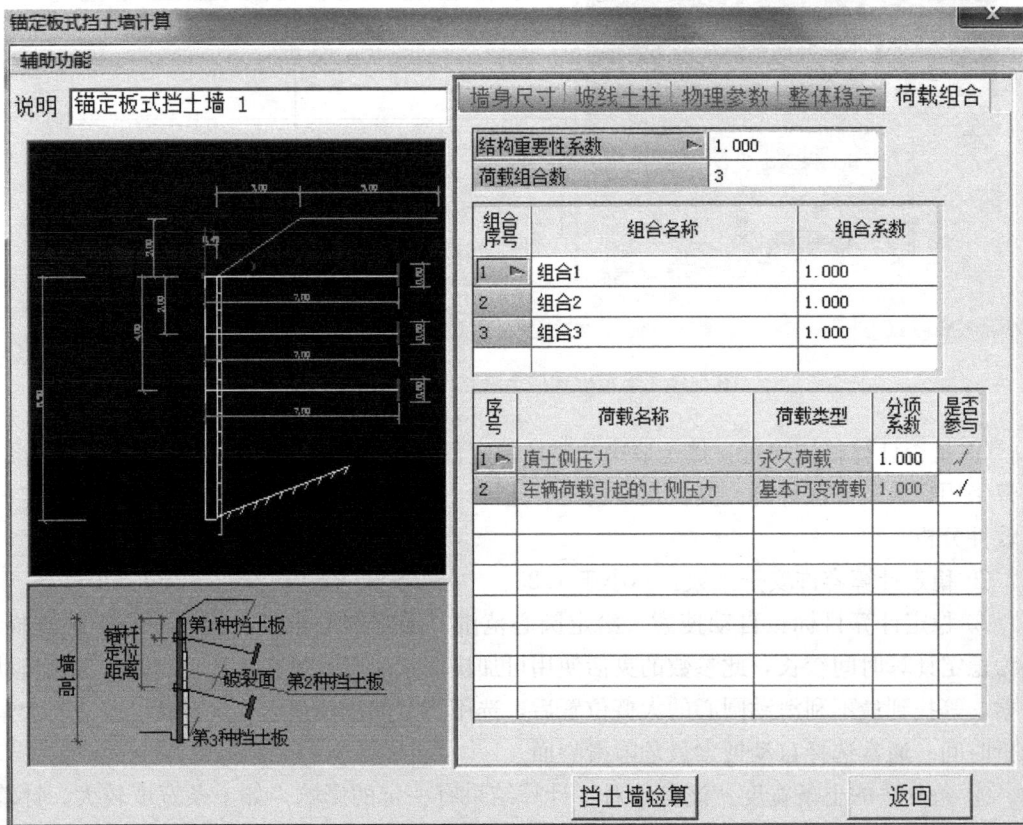

图 6-17　锚定板式挡土墙荷载组合输入界面

完成以上 4 步操作，一个锚定板式挡土墙的模型已建立完成，点击【挡土墙验算】命令，程序将按照设计人员提交控制参数信息开始挡土墙验算。

（6）计算结果查询

计算结果查询界面分为左右两个窗口，左侧窗口用于查询图形结果，包括计算简图、土压力计算结果和稳定计算结果，点击【图形查询】>【显示简图存为 DXF 文件】可存成 dxf 文件以便在 AutoCAD 中打开。右侧窗口用于查询文字结果，包括原始条件和计算结果，在显示窗口鼠标右键选择存成 rtf 文件，用 word 打开，或存成 txt 文本文件。如图 6-18所示。

注意：当验算结果显示蓝色表明满足要求，如为红色则表明不满足要求，需调整参数。

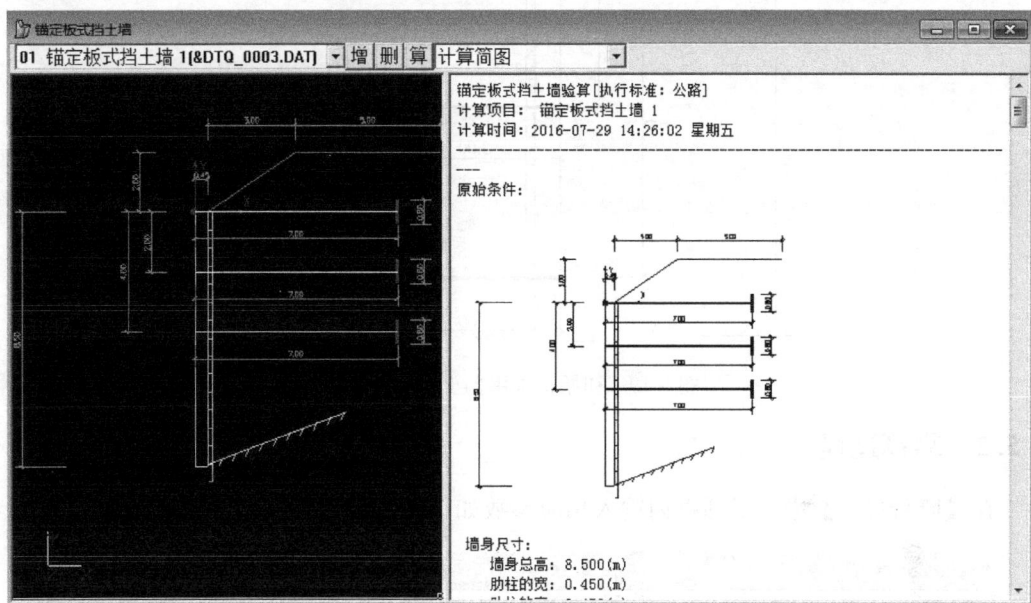

图 6-18　锚定板式挡土墙结果查询窗口界面

6.5　锚定板式挡土墙例题

通过以上软件编制原理及设计流程的学习，想必读者已经对理正锚定板式挡土墙设计及验算有了初步的了解，接下来结合一道例题来让读者进一步理解本软件。

6.5.1　设计资料

某二级铁路锚定板式路肩墙设计资料如下：

墙身构造：墙身总高 6m，墙顶宽度 2m，其余初始拟采用尺寸如图 6-19 所示。

土质情况：墙背填土为黏砂土，重度 $\gamma = 17\text{kN/m}^3$，填土内摩擦角 $\varphi = 35°$；墙背与墙后填土内摩擦角 $\varphi = 17.5°$。

墙身材料：采用 C30 混凝土，挡土板纵筋选用 HRB400，立柱采用 C30 混凝土，立柱纵筋选用 HRB400，箍筋选用 HRB335。

设计内容：拟定挡土墙的结构形式及断面尺寸、拟定挡土墙基础的形式及尺寸、验证滑移稳定性、倾覆稳定性、地基应力与偏心距、墙身截面强度验算、整体稳定性。

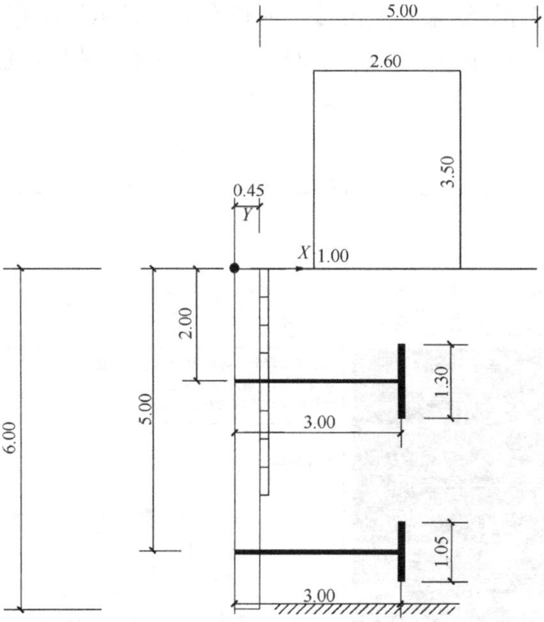

图 6-19　初始拟采用挡土墙尺寸图

6.5.2　验算过程

在【墙身尺寸】中，对话框内输入相应参数如图 6-20 所示。

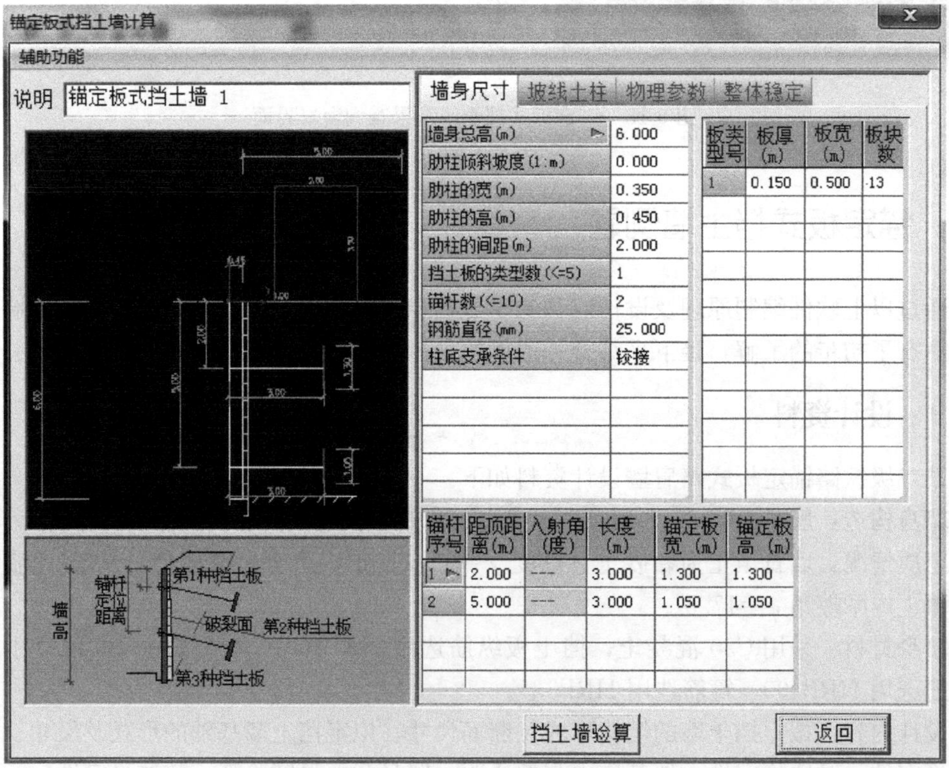

图 6-20　锚定板式挡土墙例题墙身尺寸界面

【墙身总高】该参数设置墙高尺寸，由读者根据实际情况自行输入。

【肋柱倾斜坡度】按《公路路基设计规范》JTG D30—2015 中规定，肋柱宜垂直布置或向填土一侧倾斜，但倾斜度不应大于1：0.05，依据本例题给定的资料输入，本例为肋柱垂直布置则输入"0"。

【肋柱的宽、高】该参数设置肋柱尺寸，由读者根据实际情况自行输入。

【肋柱的间距】依据锚杆的抗拔力与工地的起吊能力而定，一般选用 2～3m，本例题输入"2"。

【挡土板的类型数】依据板尺寸不同划分类型，该参数限定为 5，本例只选择一种挡土板类型，故本例题输入"1"。

【锚杆数】依是否达到规定的安全系数设置相应的根数，此参数限定为 10，本例题输入"2"。

【钢筋直径】依是否达到规定的抗拉安全系数设置相应的直径，此参数影响锚杆的抗拉力及钢筋与砂浆的粘结力，本例题输入"25"。

【柱底支承条件】有自由、铰接、固定，视地基的强度和埋置深度而定，一般视为自由端和铰支端，若基础埋置较深，且为坚硬岩石时，也可设计为固定端。本例基础条件较为一般，选择"铰接"。

在【坡线土柱】中，对话框内输入相应参数如图 6-21 所示。

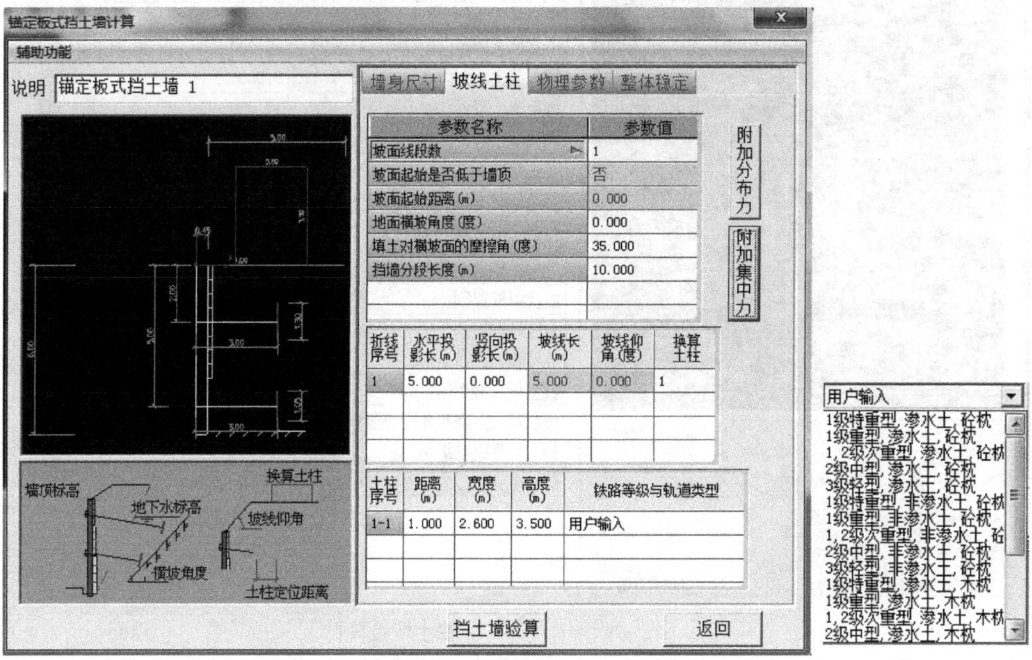

图 6-21 锚定板式挡土墙例题坡线土柱界面

【坡面起始是否低于墙顶】用于设置第一段坡面线的起始位移，本例题输入【否】。

【地面横坡角度】土楔体计算时破裂面的起始角度，即只有横坡角以上土体才产生土压力的作用。地面横坡角度一般为岩石的坡度，当挡土墙后都为土体时可取 0，即按土压力最大情况考虑。本例题输入"0"。

【填土对横坡面的摩擦角】当破裂角位于桩背与地面横坡面之间时，计算土压力用墙后填土内摩擦角，当破裂角位于地面横坡面时，宜根据试验确定，当无试验资料时，黏性土与粉土可取 0.33φ，砂性土与碎石土可取 0.5φ。本例题输入"35"。

【挡墙分段长度】按挡土墙的设缝间距划分，在公路行业中该参数影响车辆荷载的计算。本例题输入"10"。

注意：荷载大小为作用在挡墙纵向一延米范围内的外力；附加外集中力表示沿挡土墙纵向方向上的一个线性局部荷载；坐标原点为墙的左上角点；力的角度方向以水平右向为0°，逆时针旋转为正；荷载输入后在图形界面上有相应图示。除了正常预设数据的填写之外，应注意换算土柱中荷载的选择，点击【铁路等级与轨道类型】，下拉框有多种选择，如图 6-21 所示，可根据具体工程实际选择相应类型，本例题采用【用户输入】。按《铁路路基支挡结构设计规范》TB 10025—2006 中列车和轨道荷载换算土柱高度及宽度分布换算后，本例题输入"2.6"、"3.5"。

在【物理参数】中，对话框内输入相应参数如图 6-22 所示。

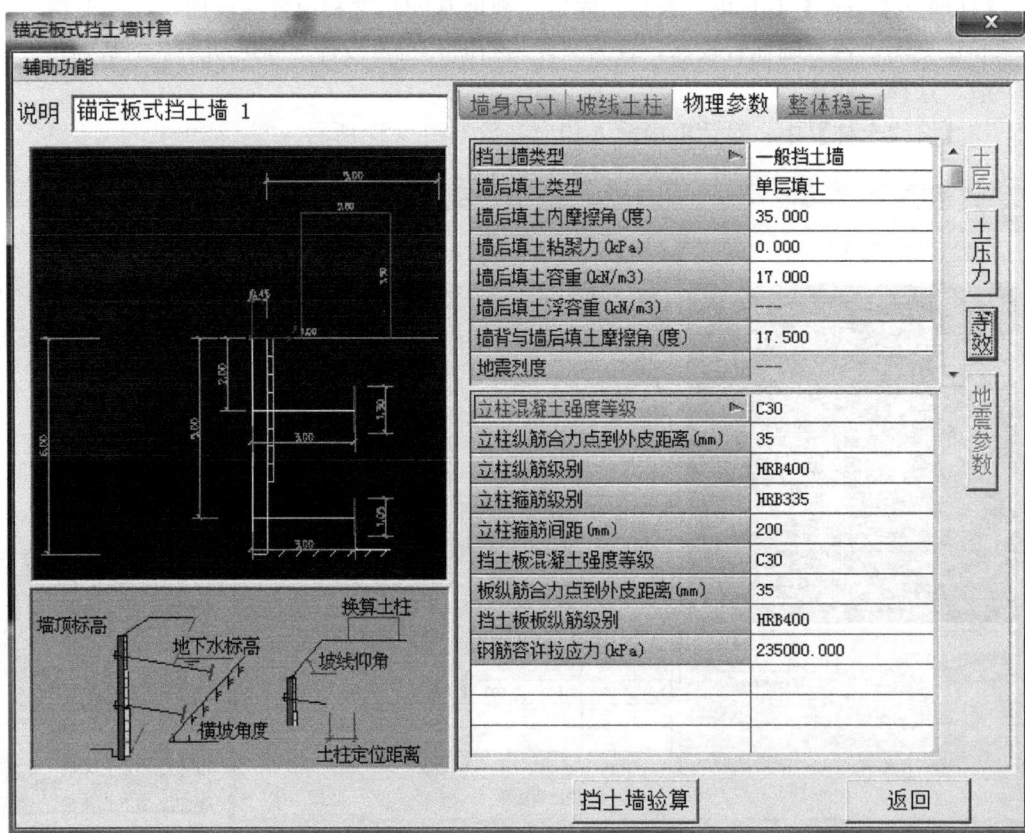

图 6-22 锚定板式挡土墙例题坡线土柱界面

【挡土墙类型】分为一般、抗震、浸水三种类型，可相互组合，不同类型挡土墙，土压力计算方法不同，规范要求的安全系数也不同。本例题选择"一般挡土墙"。

【墙后填土内摩擦角】土压力计算参数，一般取 30°～45°，由读者根据实际情况自行输入，本例题输入"35"。

【墙后填土黏聚力】黏性土土压力计算参数，当采用综合内摩擦角时，可以填"0"。当采用力多边形方法时填实际测试值。对砂性土可填"0"，本例题输入"0"。

【墙后填土容重】土压力计算参数，一般取 $17\sim19\mathrm{kN/m^3}$，由读者根据实际情况自行输入，本例题输入"17"。

【墙背与墙后填土摩擦角】土压力计算参数，一般取 $1/2\sim2/3$ 墙后填土内摩擦角。本例题输入"17.5"。

【土压力】有三种主动土压力计算理论供用户选择，包括库仑、朗肯、静止。本例题选择"库仑"。

【立柱及挡土板配筋参数】此参数为立柱及挡土板配筋计算所用，由读者根据实际情况自行输入。

在【计算参数】中，对话框内输入相应参数如图 6-23 所示。

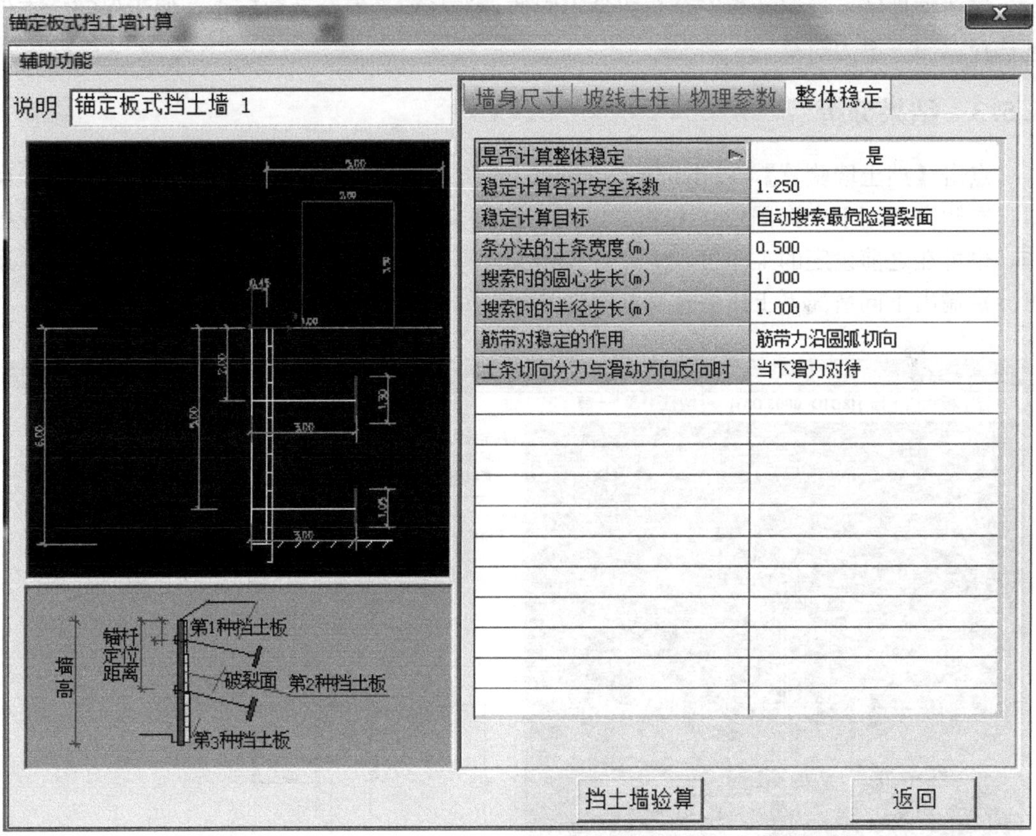

图 6-23　锚定板式挡土墙例题荷载组合界面

【是否计算整体稳定】挡土墙中的整体稳定计算仅适用于简单土质的圆弧滑动情况，并只采用瑞典条分法计算；其他复杂情况，建议采用理正边坡稳定分析软件或其他稳定分析软件分析。本例题选择"是"。

【稳定计算目标】包括自动搜索、给定圆心范围、给定圆心半径、给定圆心四种选择。因为稳定计算时间较长，此参数的灵活使用可加快搜索速度。可在首次计算时，选用自动搜索，等找到最不利滑动圆心的大概位置后，选用指定的范围搜索，这样就可以节省大量分析时间。本例题选择"自动搜索最危险滑裂面"。

【条分法的土条宽度】该参数对于计算结果有一定的影响,如土条宽度较大,计算误差也会越大,一般取 0.5m 左右。为了加快稳定计算的搜索速度,可在首次搜索时,采用较大的土条宽度,然后缩小范围,用较小的土条宽度。本例题输入"0.5"。

【搜索时的圆心步长】该参数影响搜索速度及其计算的精度,由读者根据实际情况自行设定。本例题输入"1"。

【土条切向分力与滑动方向相反时】包括以下两种选择:当下滑力对待、当抗滑力对待。当土条重力在滑动方向的分力与土条的滑动方向相反时,此分力有两种不同的理解:

(a) 认为此力使下滑力减小,应当下滑力对待;

(b) 认为此力使抗滑力增大,应当抗滑力对待。

这两种理解,稳定计算安全系数是不同的,选择前者安全系数较小,偏于保守。本例题选择"当下滑力对待"。

6.5.3 结果分析

点击【挡土墙验算】,输出结果,如图 6-24 所示,计算结果查询界面分为左右两个窗口,左侧窗口用于查询图形,右侧窗口用于查询文字,可直接对工作截面的文件进行操作,也可在之前设定的工作目录下,查找相关计算文档进行后续操作。在计算简图中,还可分别输出不同情况下土压力及其稳定性计算,如图 6-25 所示。

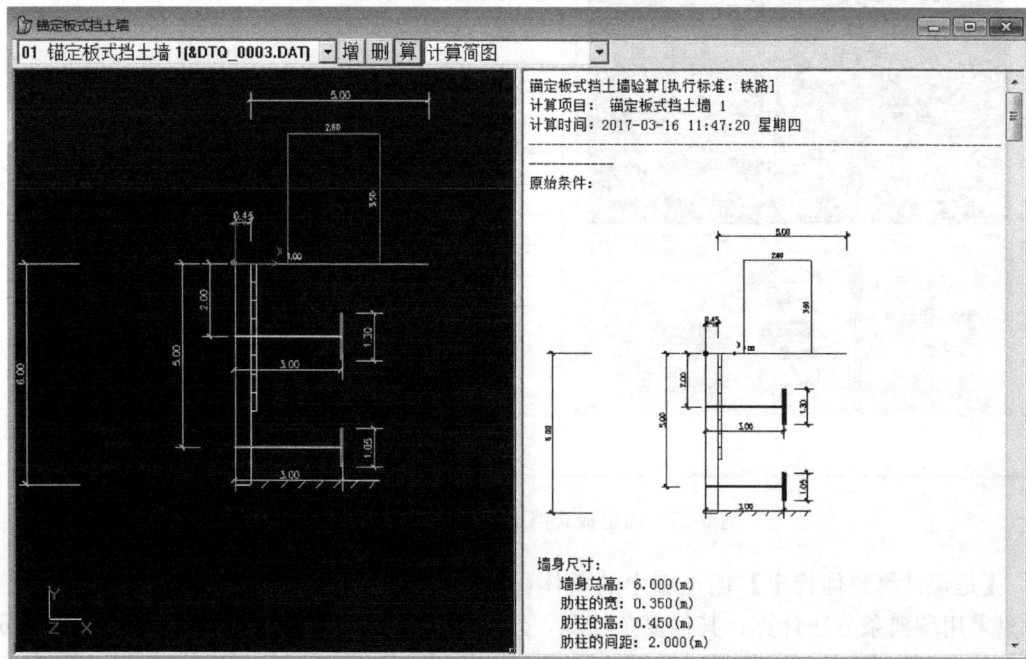

图 6-24 锚定板式挡土墙例题结果输出界面

点击【计算简图】即出现下拉菜单,选择不同标签左侧图形查询窗口即出现对应的计

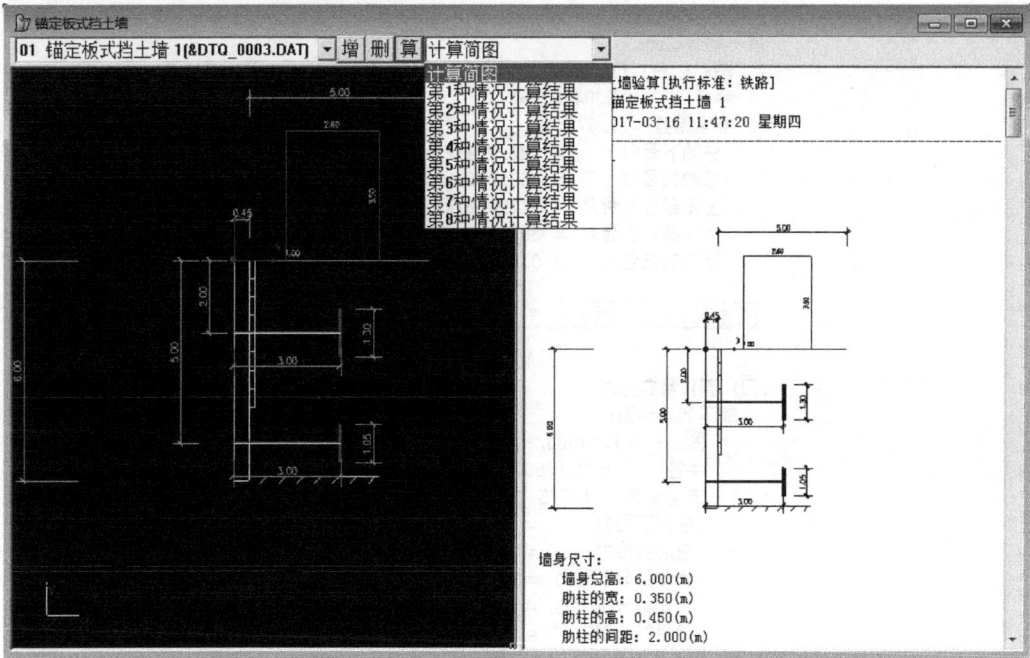

图 6-25　锚定板式挡土墙例题结果输出界面

算简图，如图 6-26 所示。在左侧图形查询窗口利用鼠标滑轮可实现图形的放大与缩小。右侧文字查询窗口下拉滑动条即可看到完整内容，通过鼠标邮件菜单可进行保存文本等多种操作。

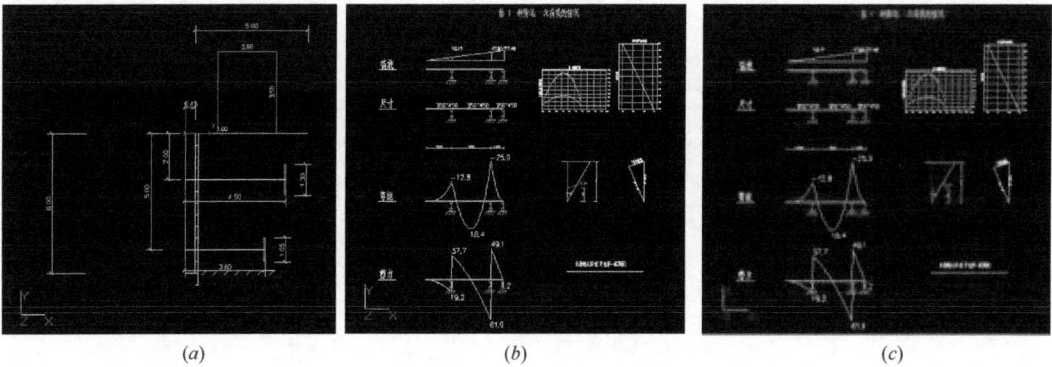

图 6-26　锚定板式挡土墙例题计算简图界面

　　经过上面的各个标签参数填写后，点击【挡土墙验算】则会进行各个稳定性及强度验算，最终分析的结果如图 6-27（a）所示。在各组合最不利结果中，蓝色的为合格，红色的为不合格。本例题按已知参数输入得到的结果中，出现整体稳定性不满足验算，由公式（6-3）可知，可选择通过适当增大锚杆长度方式来提高整体稳定性使其满足验算。发现当提高锚杆长度时满足整体稳定性验算，设计条件满足，如图 6-27（b）所示。

（四）整体稳定验算
　　最不利滑动面：
　　　　圆心：(-1.04500,-2.00000)
　　　　半径　 = 5.04107(m)
　　　　安全系数 = 1.077
　　　　　总的下滑力　　 = 327.039(kN)
　　　　　总的抗滑力　　 = 352.359(kN)
　　　　　土体部分下滑力 = 327.039(kN)
　　　　　土体部分抗滑力 = 352.359(kN)
　　　　　筋带的抗滑力　 = 0.000(kN)

整体稳定验算不满足：　最小安全系数=1.077 ＜ 1.250

(a)

（四）整体稳定验算
　　最不利滑动面：
　　　　圆心：(-1.04500,-1.00000)
　　　　半径　 = 6.13535(m)
　　　　安全系数 = 1.275
　　　　　总的下滑力　　 = 343.766(kN)
　　　　　总的抗滑力　　 = 438.142(kN)
　　　　　土体部分下滑力 = 343.766(kN)
　　　　　土体部分抗滑力 = 438.142(kN)
　　　　　筋带的抗滑力　 = 0.000(kN)

整体稳定验算满足：　最小安全系数=1.275 ＞= 1.250

(b)

图 6-27　锚定板式挡土墙例题结果分析界面

第7章 土钉墙设计

土钉墙一般由土钉及墙面系（钢筋网和喷射混凝土构成的面层）组成，靠土钉拉力维持边坡的稳定。

土钉墙适用于一般地区土质及破碎软弱岩质路堑地段。在腐蚀性地层、膨胀土地段及地下水较发育或边坡土质松散时，不宜采用土钉墙。土钉墙的结构形式如图7-1所示。

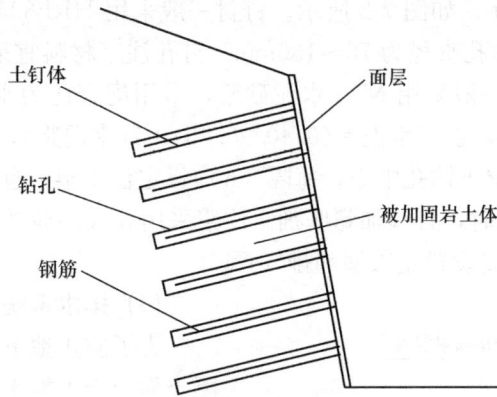

图 7-1 土钉墙结构形式

7.1 一般规定

土质边坡土钉墙总高度不应大于10m，岩质边坡土钉墙总高度不应大于18m，单级土钉墙高度宜控制在10m以内，土钉墙墙面胸坡宜为 1:0.1～1:0.4。根据地形地质条件，边坡较高时宜设多级土钉墙，多级墙上、下两级之间应设置平台，平台宽度不宜小于2m，每级墙高不宜大于10m。

土钉的长度应为墙高的 0.5～1.0 倍，间距宜为 0.75～2m，与水平面夹角宜为 5°～20°。土钉墙采取自上而下分层修建的方式，分层开挖的最大高度取决于土体可以直立而不破坏的能力，土层宜为 0.5～2.0m，岩层宜为 1.0～4.0m。分层开挖的纵向长度，取决于土体维持稳定的最长时间和施工流程的相互衔接，多为10m左右。

7.2 构造要求

土钉墙主要由面层、土钉及周围岩土体和排水系统组成。

（1）面层

土钉墙面层通常采用 120～200mm 厚网喷混凝土做成，为确保土钉和面层有效连接，土钉外端设钢垫板或加强钢筋通过螺丝端杆锚具或焊接进行连接。网喷混凝土面层每隔15～20m 应设置一道沥青木板伸缩缝。

喷射混凝土面层一般分 2～3 次进行喷射，其强度等级不宜低于 C20。永久工程可在表面喷射 1cm 厚水泥砂浆，使墙面平整美观。为了分散土钉对喷射混凝土面层的剪应力，同时使土钉与面层能够很好地连接成整体，一般在面层和土钉交接中间螺母下设置一块200mm×200mm×12mm 承压板（钢垫板）。为加强喷射混凝土面层强度，使面层受力均匀，在面层中配置 1～2 层钢筋网，钢筋网间距为 150～300mm，钢筋直径为 6～10mm，钢筋网搭接宜采用焊接。

（2）土钉

土钉通常采用钻孔注浆钉，即先在岩土中成孔，置入钉材，然后全孔注浆，钉材与外裹的水泥砂浆形成土钉体，如图 7-2 所示。钉材一般采用 HRB335、HRB400 级钢筋，钢筋直径为 16～32mm，钻孔直径为 70～130mm。钉孔注浆材料宜采用水泥浆或水泥砂浆，强度不宜低于 20MPa，一般采用 M30 水泥砂浆，常用配合比为水∶水泥∶砂 =（0.40～0.45）∶1∶1（水泥砂浆），水∶水泥 =（0.40～0.45）∶1（水泥浆），同时注浆材料可防止土钉钢筋锈蚀。为使钢筋位于钻孔中心，每隔 2m 应设定位支架，且保护层厚度一般不小于25mm。边坡渗水较严重时，宜添加膨胀剂。注浆采用孔底注浆法，宜用低压注浆，注浆压力一般为 0.22MPa，需设置止浆塞和排气管。

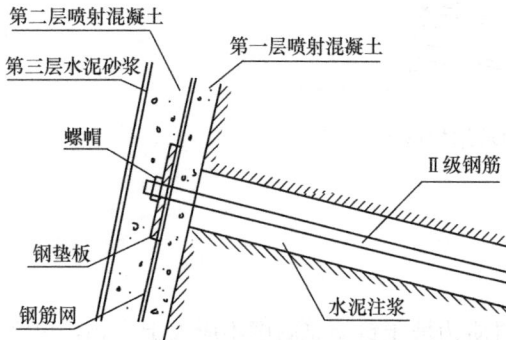

图 7-2　土钉细部结构图

（3）排水系统

为了防止地下水或者地表水渗透对混凝土面层产生静水压力和侵蚀，避免岩土体因饱和而降低其强度以及岩土与土钉之间的粘结力，土钉结构须设置完善的排水系统。一般视具体情况采用截水、浅层排水及深层排水三种排水方式。

首先应在坡顶外设置截水沟排除地表水。地下水不发育时，在坡面设置浅层排水系统，即沿坡面每间隔 2.5～3m设置一长 1m、孔径 49mm 的仰斜 5°～10°浅层排水孔，孔内设置直径 40mm 透水管或凿孔的 PVC 管。亦可在喷射混凝土面层上设置泄水孔，泄水孔间距 2～3m，其后设无砂混凝土板反滤层。无砂混凝土板尺寸一般为 30cm×30cm×10cm，在其下部设置一根长 25～30cm、直径 50mm 的 PVC管作为泄水孔。

边坡渗水严重时，应设置仰斜 5°～10°的深层排水孔，排水孔长度视地下水情况而定，一般较土钉略长，孔内设置透水管或凿孔的 PVC 管，并充填粗砂。

7.3　设计计算内容与方法

土钉墙设计的基本程序如图 7-3 所示。

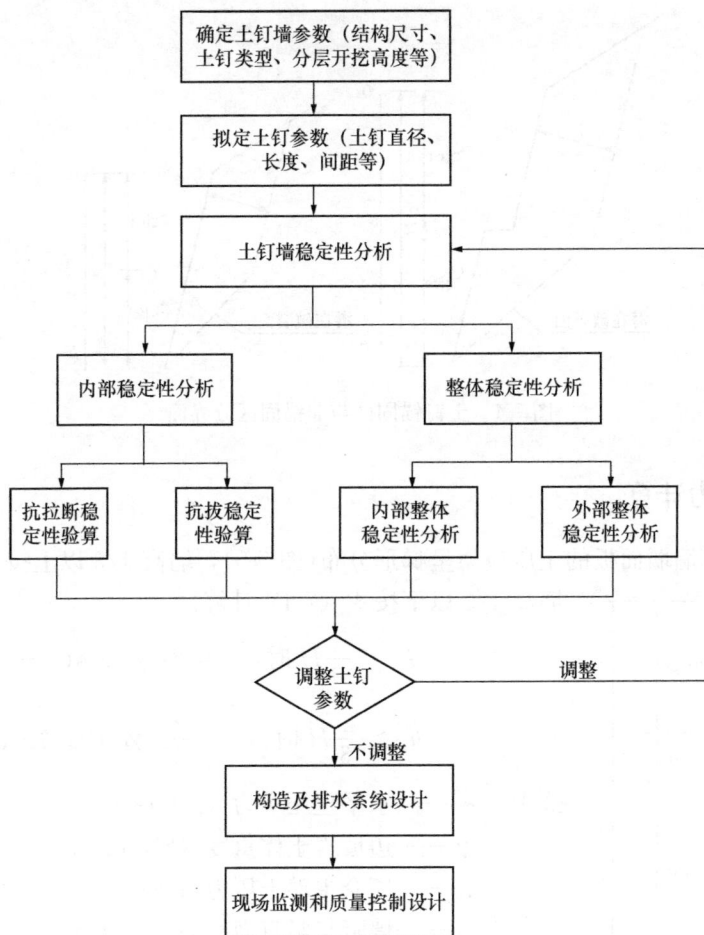

图 7-3 土钉墙设计基本流程图

7.3.1 潜在破裂面的确定

土钉墙内部加筋体分为锚固区和非锚固区，其分界面为潜在破裂面。土钉内部潜在破裂面简化形式如图 7-4 所示，采用以下简化计算方法确定潜在破裂面。

$$h_i \leqslant \frac{1}{2}H \text{ 时}, l = (0.3 \sim 0.35)H \tag{7-1}$$

$$h_i > \frac{1}{2}H \text{ 时}, l = (0.6 \sim 0.7)(H - h_i) \tag{7-2}$$

式中 l ——潜在破裂面距墙面的距离（m）；

H ——土钉墙墙高（m）；

h_i ——墙顶距第 i 层土钉的高度（m）。

当坡体渗水较严重或岩体风化破碎严重、节理发育时，l 取大值。

土钉长度包括非锚固长度和有效锚固长度，非锚固长度应根据墙面与土钉潜在破裂面的实际距离确定。有效锚固长度由土钉内部稳定验算确定。

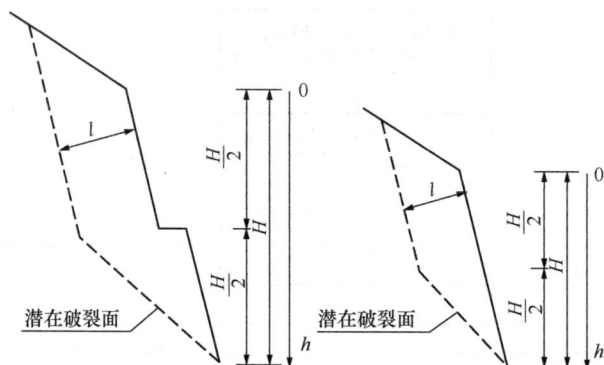

图 7-4　土钉锚固区与非锚固区分界面

7.3.2　土压力计算

作用于土钉墙墙面板的土压应力呈梯形分布（图 7-5），墙高 1/3 以上按式（7-3）计算，墙高 1/3 以下按式（7-4）计算。

$$h_i \leqslant \frac{1}{3}H \text{ 时，} \sigma_i = 2\lambda_a \gamma h_i \cos(\delta - \alpha) \tag{7-3}$$

$$h_i > \frac{1}{3}H \text{ 时，} \sigma_i = \frac{2}{3}\lambda_a \gamma H \cos(\delta - \alpha) \tag{7-4}$$

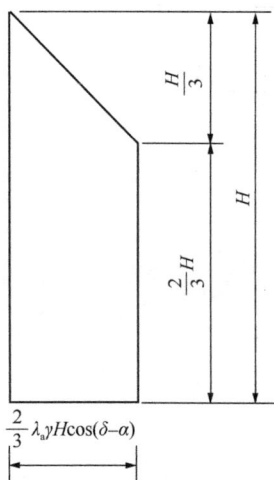

图 7-5　土钉墙墙背土压力
　　　　分布图

式中　σ_i——水平土压应力（kPa）；

γ——边坡岩土体重度（kN/m³）；

λ_a——库仑主动土压力系数；

α——墙背与竖直面间的夹角（°）；

δ——墙背摩擦角（°）。

土钉的拉力按公式（7-5）计算。

$$E_i = \sigma_i S_x S_y / \cos\beta \tag{7-5}$$

式中　E_i——距墙顶高度第 i 层土钉的计算拉力（kN）；

S_x、S_y——土钉之间水平和垂直间距（m）；

β——土钉与水平面的夹角（°）。

7.3.3　土钉墙内部稳定验算

（1）土钉抗拉断验算

土钉钉材抗拉力按下式计算：

$$T_i = \frac{1}{4}\pi \cdot d_b^2 \cdot f_y \tag{7-6}$$

式中　T_i——钉材抗拉力（kN）；

d_b——钉材直径（m）；

f_y——钉材抗拉强度设计值（kPa）。

土钉抗拉断验算按下式计算：

$$\frac{T_i}{E_i} \geqslant K_1 \tag{7-7}$$

式中　K_1——土钉抗拉断安全系数，取 1.5～1.8，永久工程取大值。

(2) 土钉抗拔稳定验算

根据土钉与孔壁界面岩土抗剪强度 τ 确定有效锚固力 F_{i1}，按下式计算：

$$F_{i1} = \pi \cdot d_h \cdot l_{ei} \cdot \tau \tag{7-8}$$

式中　d_h——钻孔直径（m）；

　　　l_{ei}——第 i 根土钉有效锚固长度（m）；

　　　τ——锚孔壁注浆体之间的粘结强度设计值（kPa）。

根据钉材与砂浆界面的粘结强度 τ_g 确定有效锚固力 F_{i2}，按下式计算：

$$F_{i2} = \pi \cdot d_b \cdot l_{ei} \cdot \tau_g \tag{7-9}$$

式中　τ_g——钉材与砂浆间的粘结力（kPa）；

　　　d_b——钉材直径（m）。

土钉抗拔力 F_i 取 F_{i1} 和 F_{i2} 中的小值。土钉抗拔稳定验算按下式计算：

$$\frac{F_i}{E_i} \geqslant K_2 \tag{7-10}$$

式中　K_2——抗拔安全系数，取 1.5～1.8，永久工程取大值。

7.3.4　土钉墙整体稳定性验算

(1) 内部整体稳定验算

验算时应考虑施工中每一分层开挖完毕未设置土钉时施工阶段及施工完毕使用阶段两种情况，根据潜在破裂面（对土质边坡按最危险滑弧面）进行分条分块，计算稳定系数，见图7-6。

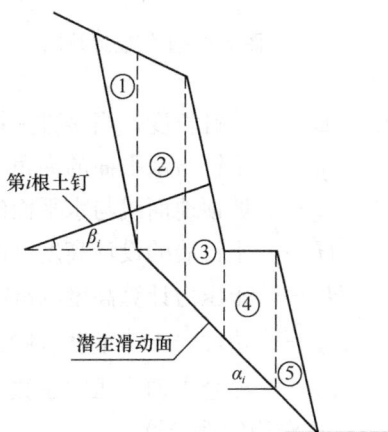

图7-6　分块失稳验算简图

$$K = \frac{\sum c_i L_i S_x + \sum W_i \cos\alpha_i \tan\varphi_i S_x + \sum_{i=1}^n P_i \cos\beta_i + \sum_{i=1}^n P_i \cdot \sin\beta_i \cdot \tan\varphi_i}{\sum W_i \sin\alpha_i S_x} \tag{7-11}$$

式中　c_i——岩土的黏聚力（kPa）；

　　　φ_i——岩土的内摩擦角（°）；

　　　L_i——分条（块）的潜在破裂面长度（m）；

　　　W_i——分条（块）重量（kN/m）；

　　　α——破裂面与水平面夹角（°）；

　　　β——土钉轴线与破裂面的夹角（°）；

　　　P_i——土钉墙的抗拔能力，取 F_i 和 T_i 中的较小值（kN）；

　　　n——实设土钉排数；

　　　S_x——土钉水平间距（m）；

　　　K——施工阶段及使用阶段整体稳定系数，施工阶段 $K \geqslant 1.3$；使用阶段 $K \geqslant 1.5$。

（2）土钉墙外部稳定性验算

将土钉及其加固体视为重力式挡土墙，按重力式挡土墙的稳定性验算方法，进行抗倾覆稳定性、抗滑稳定性及基底承载力验算。

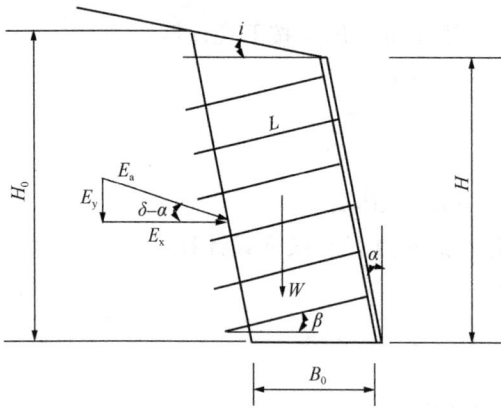

图 7-7　土钉墙计算图示

土钉墙简化成挡土墙其厚度不能简单地按土钉的长度来计算，只能考虑被土钉加固成整体的那一段，如图 7-7 所示。挡土墙的计算厚度一般按照土钉水平长度的 $2/3\sim11/12$ 选取。

$$B_0 = \left(\frac{2}{3} \sim \frac{11}{12}\right)L\cos\beta \tag{7-12}$$

$$H_0 = H + \frac{B_0\tan i}{1 - \tan\alpha \cdot \tan i} \tag{7-13}$$

$$E_x = \frac{1}{2}\gamma H_0^2 \lambda_x \tag{7-14}$$

$$E_y = E_x \cdot \tan(\delta - \alpha) \tag{7-15}$$

式中　L ——土钉长度，当多排土钉不等长时取其平均值（m）；

β ——土钉与水平面的夹角（°）；

i ——坡顶地面线与水平面的夹角（°）；

H ——土钉墙的设计高度（m）；

H_0 ——土压力计算高度（m）；

γ ——边坡岩土体重度（kN/m³）；

λ_x ——库仑主动土压力系数。

① 抗滑稳定性验算

抗滑安全系数 K_C

$$K_C = \frac{\sum N \cdot \tan\varphi}{E_x} \geqslant 1.3 \tag{7-16}$$

② 抗倾覆稳定验算

抗倾覆安全系数 K_0

$$K_0 = \frac{\sum M_y}{\sum M_0} \geqslant 1.5 \tag{7-17}$$

③ 地基承载力验算

基底合力偏心距 e

$$e = \frac{B_0}{2} - \frac{\sum M_y - \sum M_0}{\sum N} \tag{7-18}$$

地基承载力 σ

$$当 e \leqslant \frac{B_0}{6} \text{ 时}, \sigma = \frac{\sum N}{B_0}\left(1 + \frac{6e}{B_0}\right) \leqslant [\sigma] \tag{7-19}$$

$$当\ e > \frac{B_0}{6}\ 时,\sigma = \frac{2\sum N}{3\left(\frac{B_0}{2} - e\right)} \leqslant [\sigma] \tag{7-20}$$

式中　$\sum N$——作用于土钉墙基底上的总垂直力（kN）；

　　　$\sum M_y$——稳定力矩对墙趾的总力矩（kN·m）；

　　　$\sum M_0$——倾覆力矩对墙趾的总力矩（kN·m）；

　　　φ——土钉墙边坡岩土综合内摩擦角（°）；

　　　e——基底合力的偏心距（m）。

（3）圆弧稳定性验算

对于土质边坡、碎石土状软岩边坡，还应进行圆弧稳定性验算。最危险滑弧面应通过土钉墙墙底，除下部少数土钉穿过圆弧外，大多数土钉均在圆弧以内。最危险圆弧面确定后，可用简单条分法进行稳定性计算，计算公式同式（7-11）。计算时应计入穿过最危险圆弧面一定长度的土钉作用力，其稳定系数一般按 1.2～1.3 选取。达不到要求时，宜加长土钉或适当设置锚索，以满足外部整体稳定要求。

7.4　理正岩土设计流程及参数详解

土钉墙支护是近年发展起来用于土体开挖和边坡支护的一种新的支挡技术，由于经济、适用、可靠，且施工快速简便而被广泛应用于工程实践中。但是由于设计理论不尽统一，采用单一设计理论的土钉墙设计软件很难满足工程设计人员的实际需要。鉴于此，理正超级土钉支护设计软件参考了当前土钉墙支护的最新研究成果，新增复合土钉墙支护形式，并包含国内多种规范（规程）提供的设计理论和方法。可适用于全国各个地区，并率先突破墙体位移估算的难题，自动计算墙面位移曲线和地面沉降曲线，是一套相对完善的土钉墙支护设计软件。

复合式土钉墙设计流程如图 7-8 所示。

超级土钉墙设计流程如图 7-9 所示。

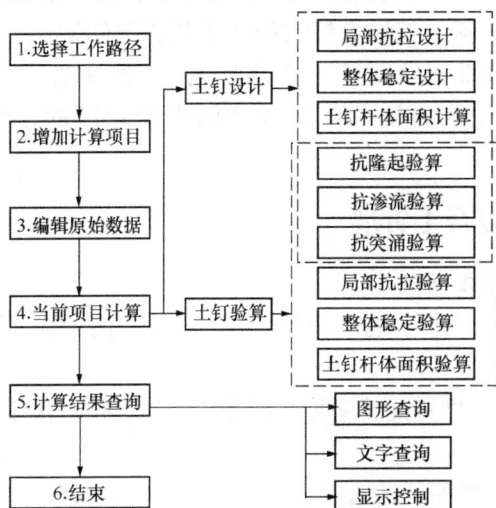

图 7-8　复合土钉墙设计流程

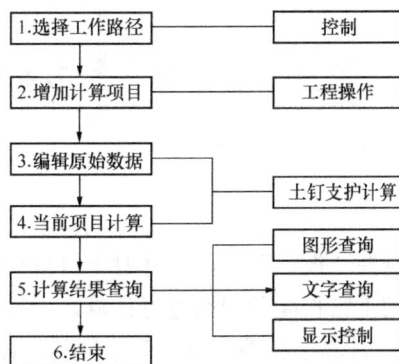

图 7-9　超级土钉墙设计流程

图 7-10　理正岩土工程计算分析软件运行界面

运行理正岩土软件后选择超级土钉墙，如图 7-10 所示，选择【超级土钉墙】系统弹出如图 7-11 所示的工程计算内容对话框，其功能是选择挡土墙形式。在图 7-11 界面中选择新增一个"复合土钉墙"或"行业标准和专有方法"（即超级土钉）项目。

图 7-11　工程计算内容

【复合土钉墙（GB 50739—2011）】、【行业标准和其他方法】两个项目，对应不同的设计理论和方法，其中【复合土钉墙（GB 50739—2011）】对应的设计理论和方法为《复合土钉墙基坑支护技术规范》GB 50739—2011 中的相关内容，【行业标准和其他方法】对应的设计理论和方法包括《基坑土钉支护技术规程》CECS 96：97、王步云法和北工大滑楔平衡法理论。4 种规范（规程）的设计理论和方法，可适合全国不同地区的土钉墙设计。

7.4.1　复合土钉墙

(1) 基本信息

① 计算目标：有"设计"和"验算"两种选项可供选择。

选择"设计"时，软件对土钉自动进行长度和配筋验算；选择"验算"时，软件会对输入的土钉长度和配筋进行计算。

② 计算书类型：有"简单"和"详细"两种可供选择。

③ 基坑等级：可选择"一级"、"二级"或"三级"。基坑等级分类详见《建筑基坑支

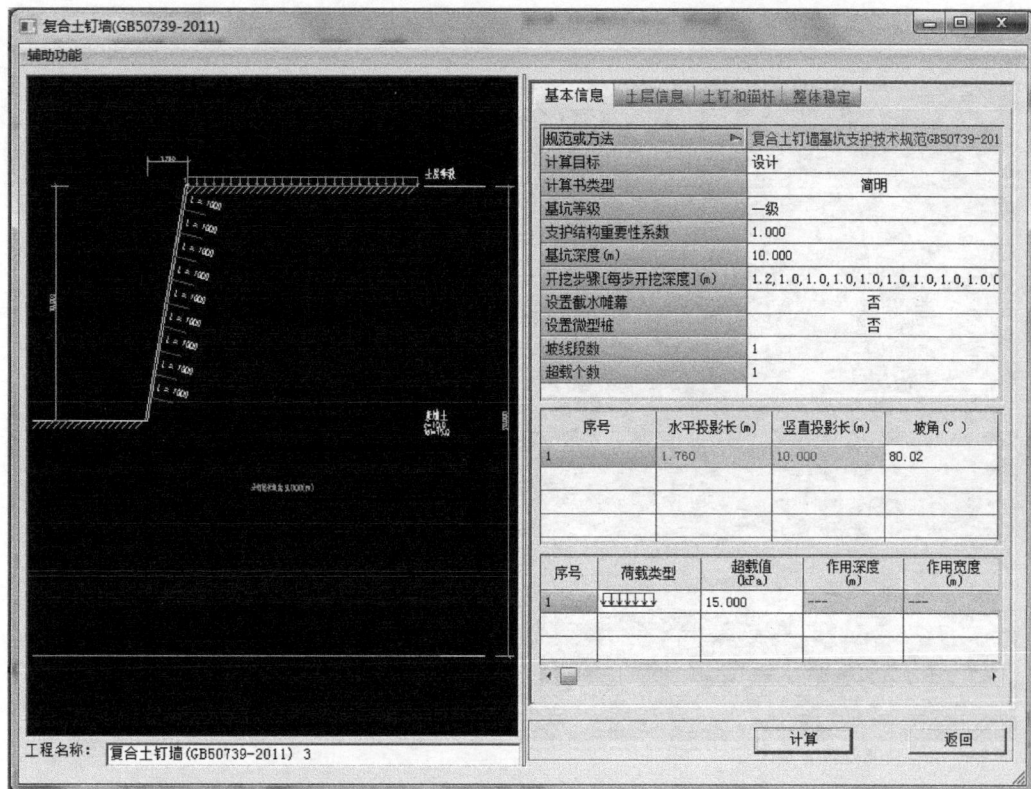

图 7-12 基本信息

护技术规程》JGJ 120—2012 表 3.1.3。

注意：此处的基坑等级为建筑基坑侧壁安全等级。

④ 支护结构重要性系数：根据建筑基坑安全等级确定，一级 1.1，二级 1.0，三级 0.9，详见《建筑基坑支护技术规程》JGJ 120—2012 第 3.1.6 节。

⑤ 设置截水帷幕和微型桩：读者可根据实际情况选择是否设置。如果设置截水帷幕和微型桩，则还需在软件界面内输入基本尺寸和抗剪强度等信息。对于无截水帷幕、无微型桩的情况，软件均以基坑底面为抗隆起验算面；坑底有软弱层时，软件以软弱层顶面（用户交互）为抗隆起验算面。

⑥ 坡线段数：不得超过 10 个。如果坡线段数大于 1，则需输入水平投影长和竖直投影长等信息来确定坡段角度。

⑦ 超载个数：不得超过 10 个。可在软件下方选择超载类型和输入超载值。

(2) 土层信息

① 土层数：读者可根据实际工程资料输入，不得少于 1 个。土层数确定后则可对每层土的类型以及基本物理参数进行编辑。

注意：土层数从地表开始向下编号。

② 采用加固土：可选择"是"或"否"。如果选择是，则还需在如图 7-13 界面下方输入人工加固土的宽度、厚度、重度等物理参数。

③ 坑内水位深度：读者可根据实际情况输入。

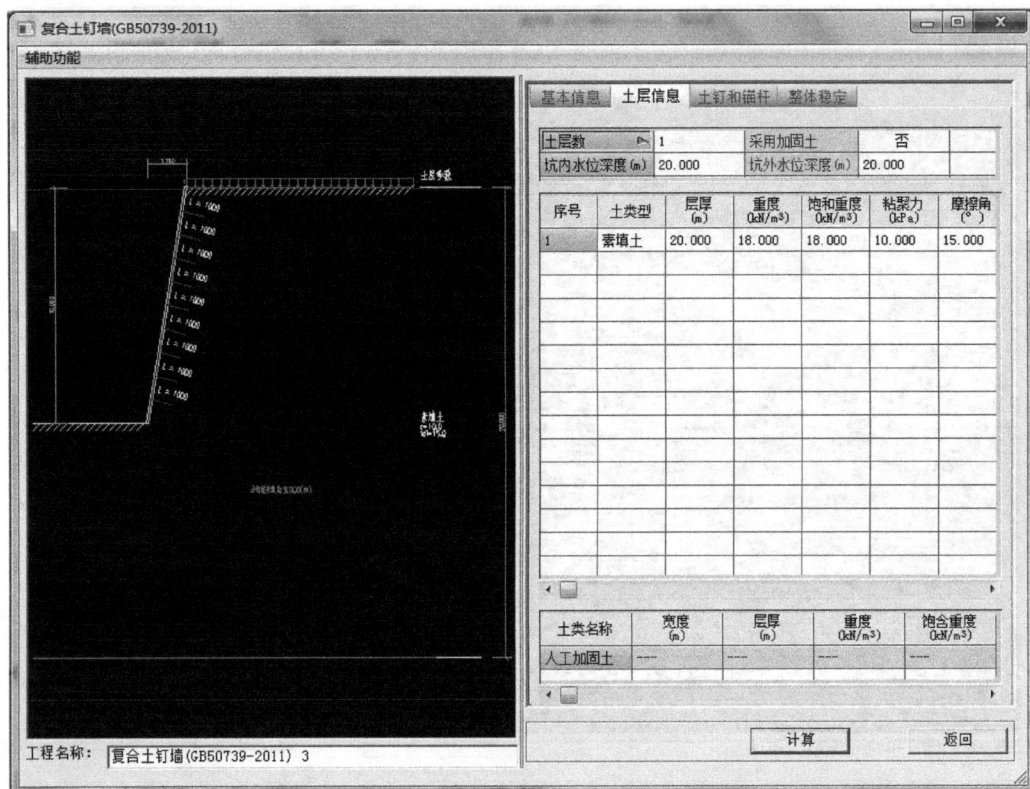

图 7-13　土层信息

④ 坑外水位深度：读者可根据实际情况输入。

（3）土钉和锚杆

① 土钉道数：与土钉的竖向间距相关，见图 7-14。

土钉材料可选择"钢筋"或"钢管"。当鼠标点击水平间距和竖向间距下输入框时软件会有土钉长度与间距的经验值的提示，如图 7-15 所示。

② 支锚道数：读者可根据实际情况选择是否支锚。

③ 抗拉力交互方式：有"交互抗拉力"和"交互配筋信息"两种选项可供选择。此选项的选取与所用材料有关，如果材料是钢筋，可交互配筋信息或直接交互抗拉力；如果是钢绞线或其他材料时，请直接交互抗拉力。

（4）整体稳定

① 圆弧滑动计算目标和圆弧滑动分析方法：软件默认为自动搜索最危险滑裂面和瑞典条分法，且不可更改。

② 应力状态：可选择"总应力法"或"有效应力法"。

③ 土条宽度：条分法的土条宽度，对于计算结果有一定的影响，如果土条宽度太大，计算误差也会较大，一般取 0.5m 左右。为了加快稳定计算的搜索速度，可在首次搜索时采用较大的土条宽度，然后缩小搜索范围，采用较小的土条宽度。

④ 基坑下稳定计算截止深度：即圆弧滑动法中圆弧经过的基坑底面以下最大深度。此参数和搜索步长只在开挖到底即最后一种工况考虑。

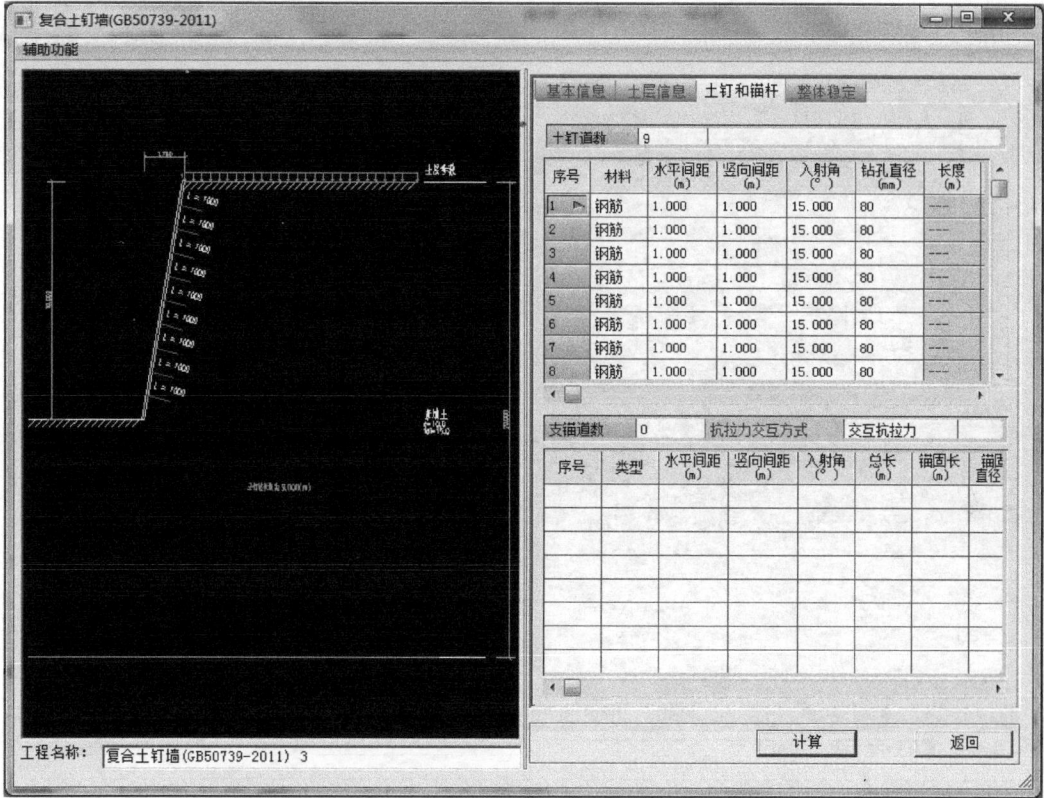

图 7-14 土钉和锚杆

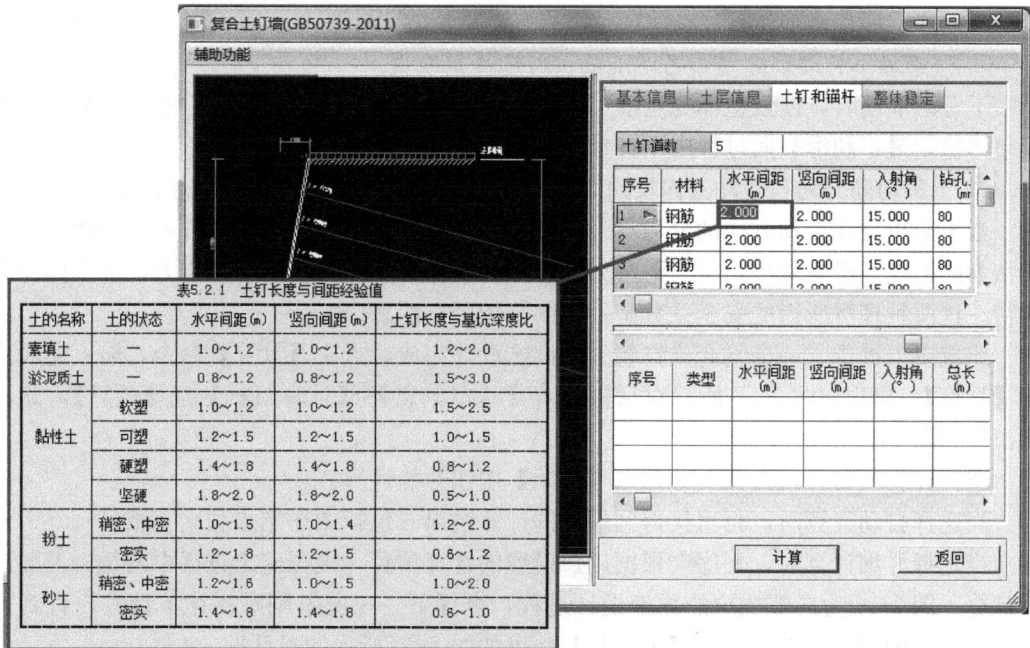

表5.2.1 土钉长度与间距经验值

土的名称	土的状态	水平间距(m)	竖向间距(m)	土钉长度与基坑深度比
素填土	—	1.0~1.2	1.0~1.2	1.2~2.0
淤泥质土	—	0.8~1.2	0.8~1.2	1.5~3.0
黏性土	软塑	1.0~1.2	1.0~1.2	1.5~2.5
	可塑	1.2~1.5	1.2~1.5	1.0~1.5
	硬塑	1.4~1.8	1.4~1.8	0.8~1.2
	坚硬	1.8~2.0	1.8~2.0	0.5~1.0
粉土	稍密、中密	1.0~1.5	1.0~1.4	1.2~2.0
	密实	1.2~1.8	1.2~1.5	0.8~1.2
砂土	稍密、中密	1.2~1.6	1.0~1.5	1.0~2.0
	密实	1.4~1.8	1.4~1.8	0.8~1.0

图 7-15 土钉长度与间距经验值

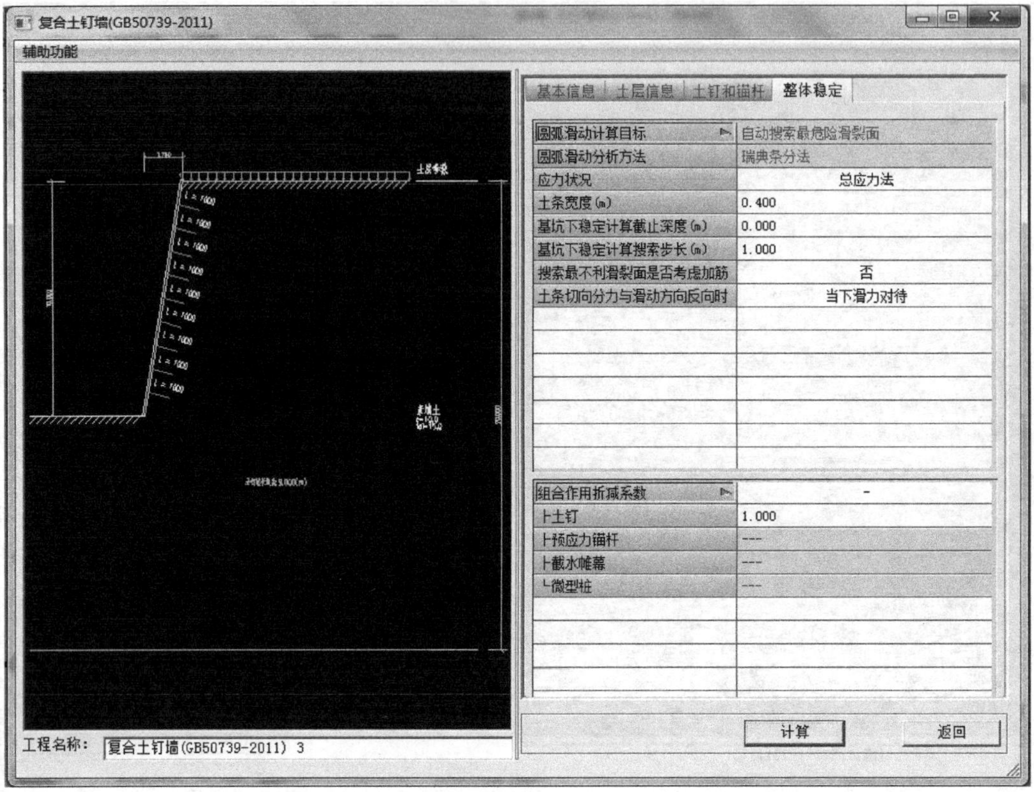

图 7-16　整体稳定

⑤ 基坑下稳定计算搜索步长：即圆弧滑动法中圆弧经过的基坑底面以下、最大深度以上圆弧搜索深度增加步长（m）。

⑥ 搜索最不利滑裂面是否考虑加筋：可选择是或否。

不考虑加筋时，搜索整体稳定最不利滑裂面过程中土钉不参与计算；考虑加筋时，搜索整体稳定最不利滑裂面过程中土钉参与计算。

⑦ 土条切向分力与滑动方向反向时：可选择当下滑力对待或当抗滑力对待。

当土条重力在滑动方向的分力与土条滑动方向相反时，此分力有两种不同的理解：一种认为此力使下滑力减小，应当下滑力对待；另一种认为此力使抗滑力增大，应当抗滑力对待。这两种理解所得的安全系数是不同的，请用户注意。

完成以上操作，一个复合土钉墙的模型已设计完成，点击【计算】命令，输入完成点击【计算】，出现如图 7-17 所示对话框，若【基本信息】>【计算目标】选【验算】，此步则出现如图 7-18 所示对话框。

选择计算项目并录入相关参数点【开始】按钮开始计算。

当选择自动计算时，将直接得到最终的计算结果（包括图形结果和文字结果）。

当选择详细计算时，程序会根据用户设置的计算项目，模拟施工过程中的每一工况进行计算。图 7-19 为局部抗拉的详细设计过程，点【下一工况】则顺次往下计算，直到完成所有工况的计算，然后点击【下一步】弹出如图 7-20 所示的对话框。

系统默认把局部抗拉设计结果作为土钉长度的初始值，用户可以进行其他选项的选择

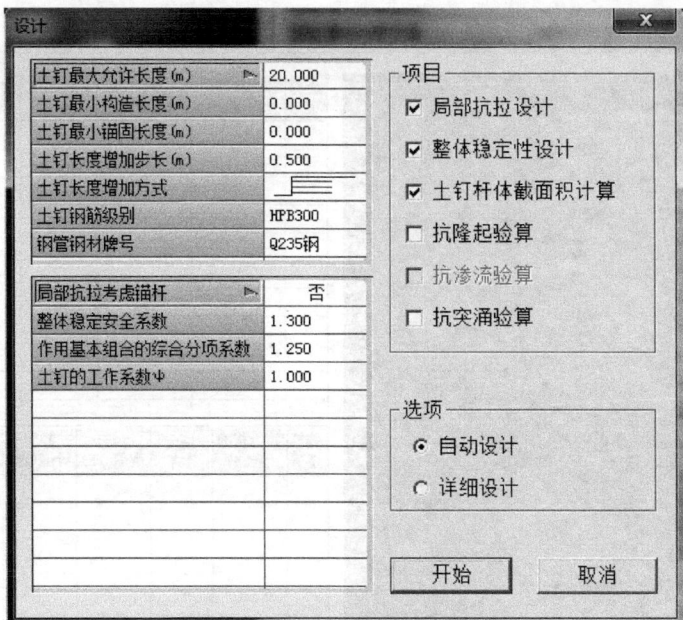

图 7-17　设计选项对话框

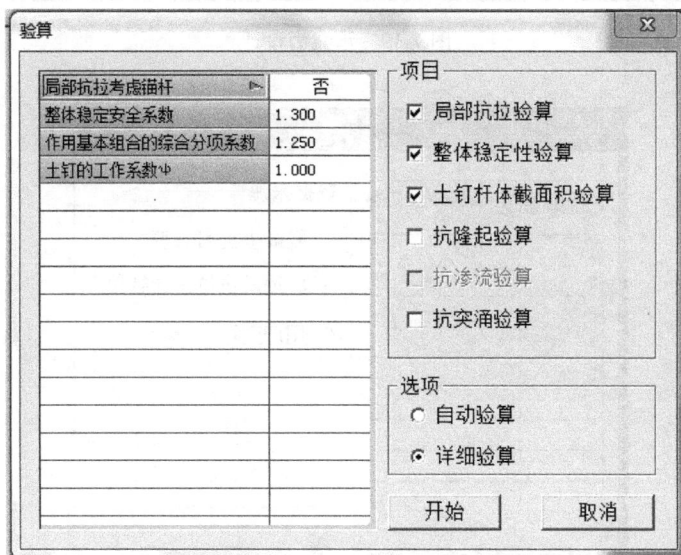

图 7-18　验算选项对话框

和设置，完成后点【继续】。进入整体稳定设计过程如图 7-21 所示。

点【下一工况】则顺次往下计算，直到完成所有工况的计算，点【重新计算】可返回第一工况重新开始计算。点【下一步】进入选筋对话框。

选筋对话框如图 7-22 所示，土钉钢筋面积可取计算值，也可在配筋一栏中交互。

点【下一步】自动完成其余项目的计算并输出计算结果。用户可通过图形窗口和文字窗口进行查询。

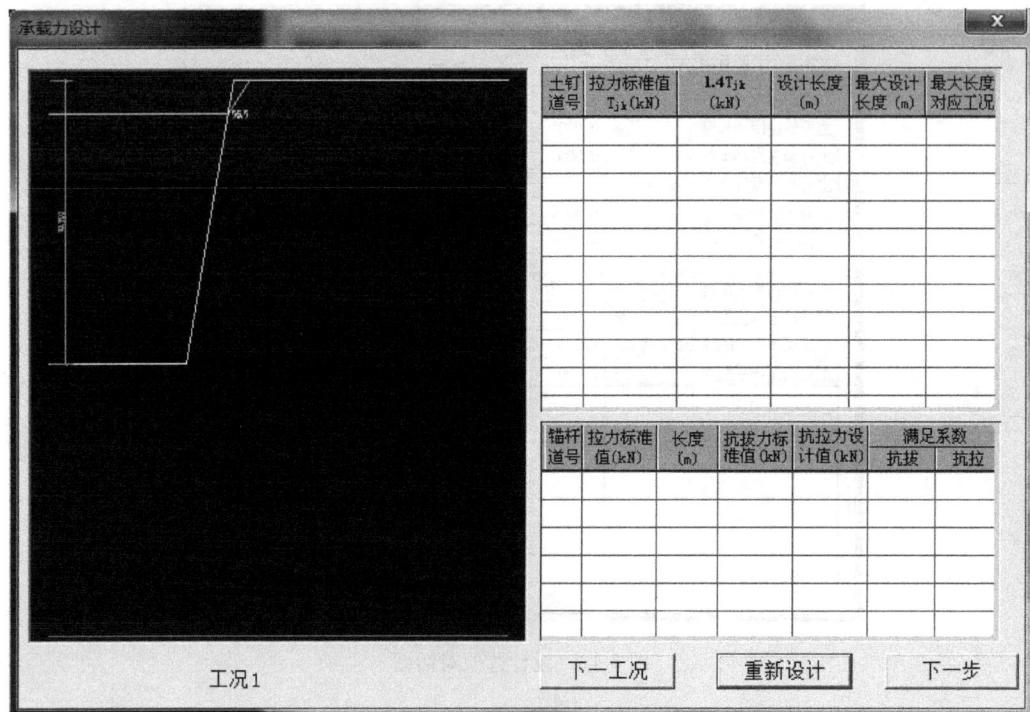

图 7-19　承载力设计

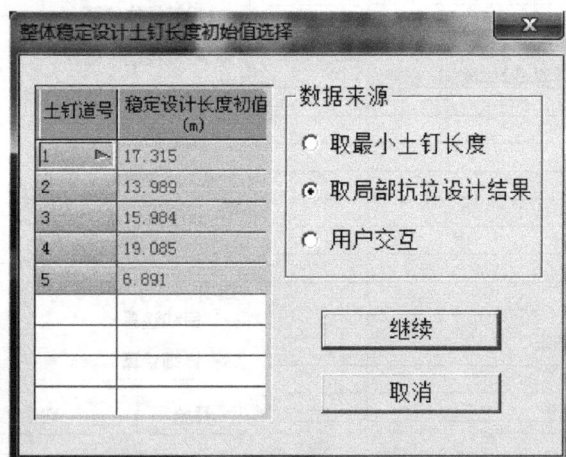

图 7-20　稳定设计土钉初始值

　　注意：当验算结果显示蓝色表明满足要求，如为红色则表明不满足要求，需调整参数。

7.4.2　超级土钉墙

　　行业标准及其他方法（即超级土钉墙）与复合土钉墙参数编辑界面有诸多类似，以下仅介绍不同之处。

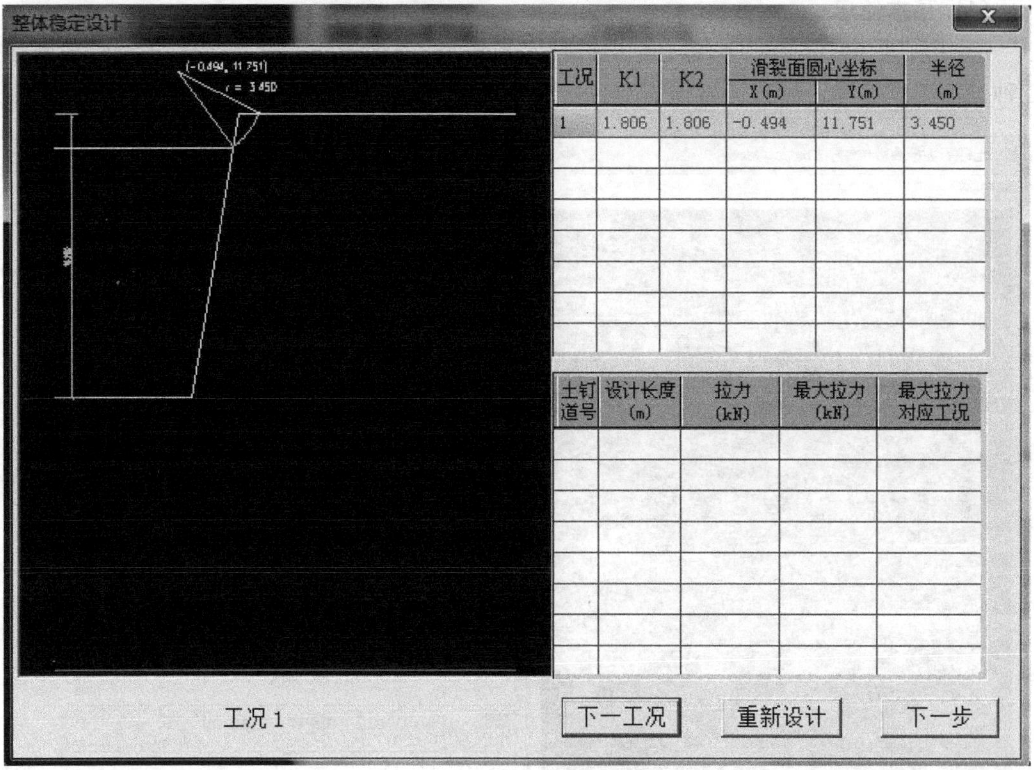

工况	K1	K2	滑裂面圆心坐标 X(m)	滑裂面圆心坐标 Y(m)	半径 (m)
1	1.806	1.806	-0.494	11.751	3.450

土钉道号	设计长度 (m)	拉力 (kN)	最大拉力 (kN)	最大拉力对应工况

图 7-21 整体稳定设计

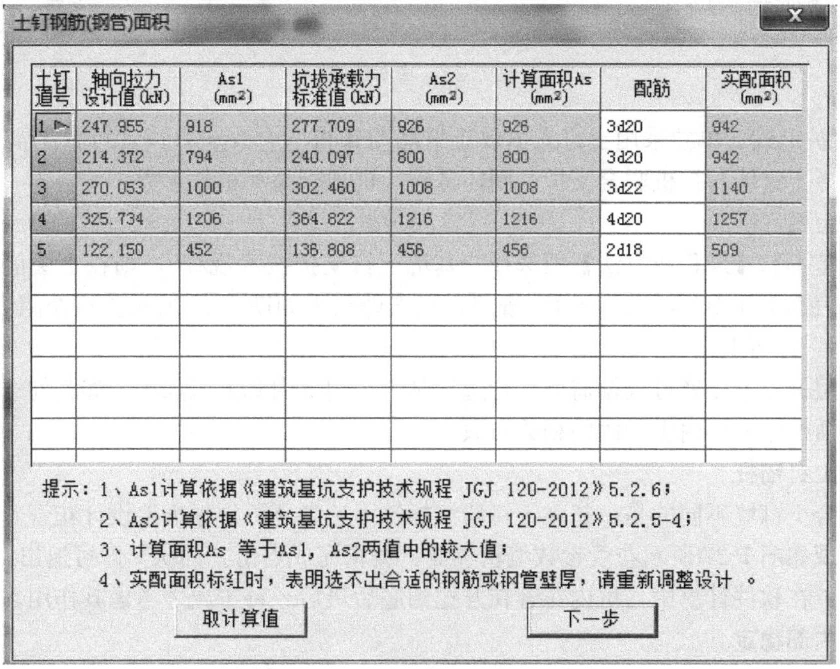

土钉道号	轴向拉力设计值(kN)	As1 (mm²)	抗拔承载力标准值(kN)	As2 (mm²)	计算面积As (mm²)	配筋	实配面积 (mm²)
1	247.955	918	277.709	926	926	3d20	942
2	214.372	794	240.097	800	800	3d20	942
3	270.053	1000	302.460	1008	1008	3d22	1140
4	325.734	1206	364.822	1216	1216	4d20	1257
5	122.150	452	136.808	456	456	2d18	509

提示：1、As1计算依据《建筑基坑支护技术规程 JGJ 120-2012》5.2.6；
2、As2计算依据《建筑基坑支护技术规程 JGJ 120-2012》5.2.5-4；
3、计算面积As 等于As1，As2两值中的较大值；
4、实配面积标红时，表明选不出合适的钢筋或钢管壁厚，请重新调整设计 。

图 7-22 土钉钢筋（钢管）面积

（1）基本信息

① 规程或方法：有《基坑土钉支护技术规程》、王步云法、北工大法（滑楔平衡法）三种选项可供选择，读者可根据需要自行选择。

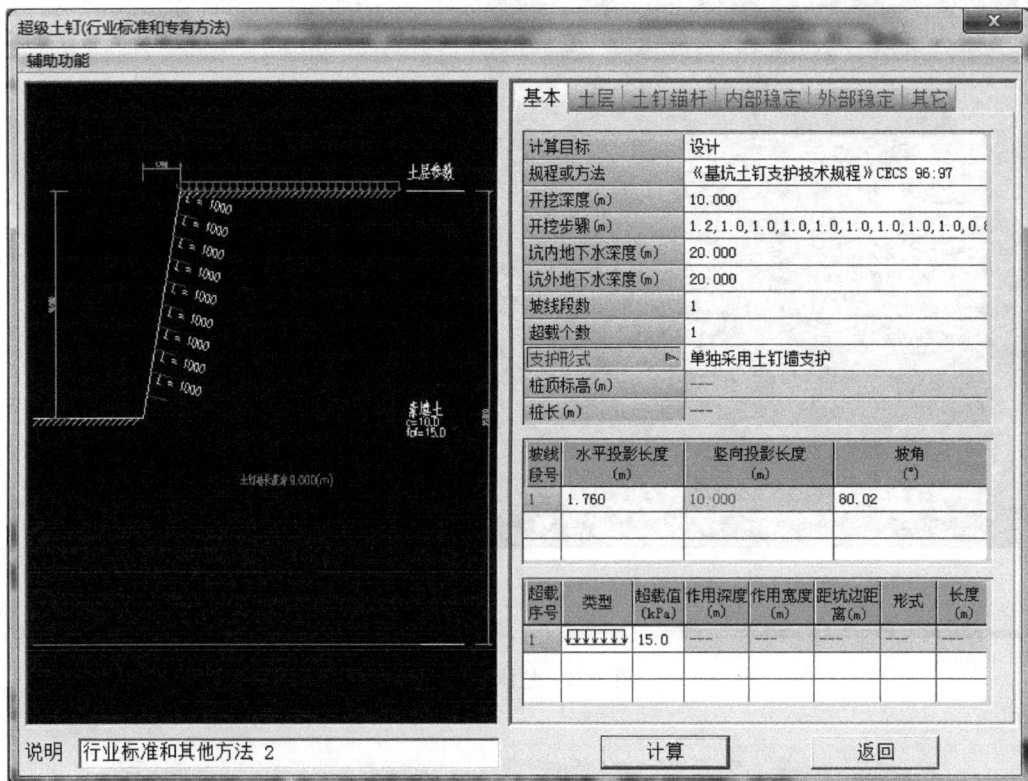

图 7-23　基本信息

② 支护形式：单独采用土钉支护或土钉墙与排桩联合支护，读者可根据需要自行选择。若选择土钉墙与排桩联合支护，则还需输入桩顶标高和桩长参数。

（2）土层

若【基本】>【规程或方法】项选择"基坑土钉支护技术规程"，则在土层信息标签下会出现"表5.1.5（CECS 96:97）"按钮，点击即出现如图7-25所示土钉摩阻力参考值。点击"OK"即可退出。

在土层标签下读者可根据需要自行选择是否采用坑内侧人工加固，如若勾选，则还需在下侧对话框输入坑内土加固的相关参数。

（3）土钉锚杆

与复合土钉墙不同的是，超级土钉墙该标签下读者还可根据需要设计花管。点击"花管"即出现如图7-27所示花管参数编辑界面。编辑完成点击"确认"即可退出。

注意：在软件计算中，坑内花管在开挖到底后最后一种工况才考虑其作用。

（4）内部稳定

① 土钉抗滑摩阻力折减系数：即土钉拉力在滑面上产生的阻力的折减系数，除《基坑土钉支护技术规程》CECS96:97和广州规范缺省值取1.0外，其他规范缺省值取0.5。

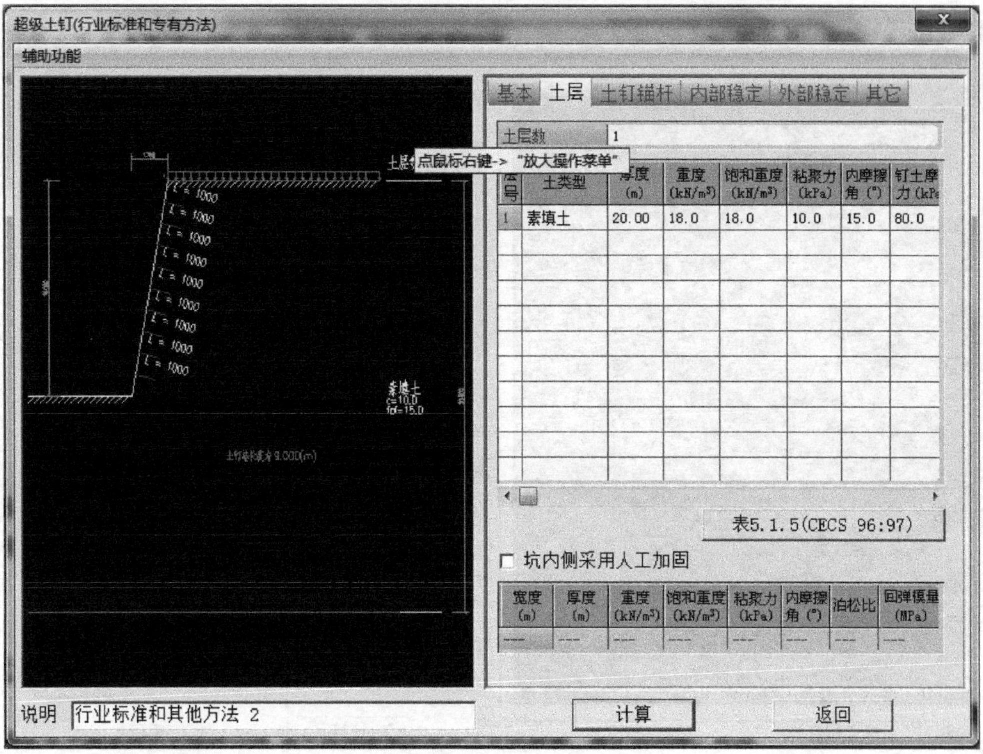

图 7-24　土层信息

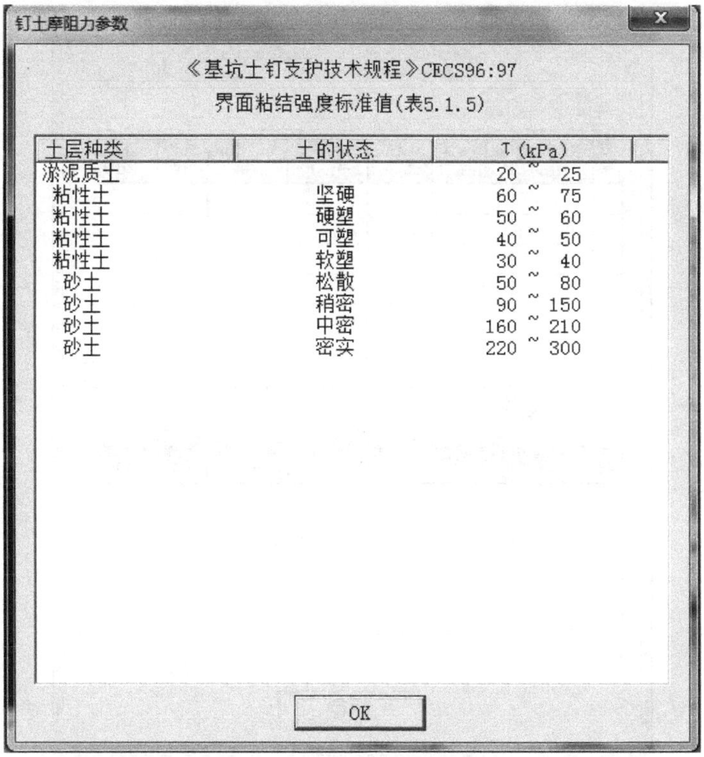

土层种类	土的状态	τ (kPa)
淤泥质土		20 ~ 25
粘性土	坚硬	60 ~ 75
粘性土	硬塑	50 ~ 60
粘性土	可塑	40 ~ 50
粘性土	软塑	30 ~ 40
砂土	松散	50 ~ 80
砂土	稍密	90 ~ 150
砂土	中密	160 ~ 210
砂土	密实	220 ~ 300

图 7-25　土钉摩阻力参数

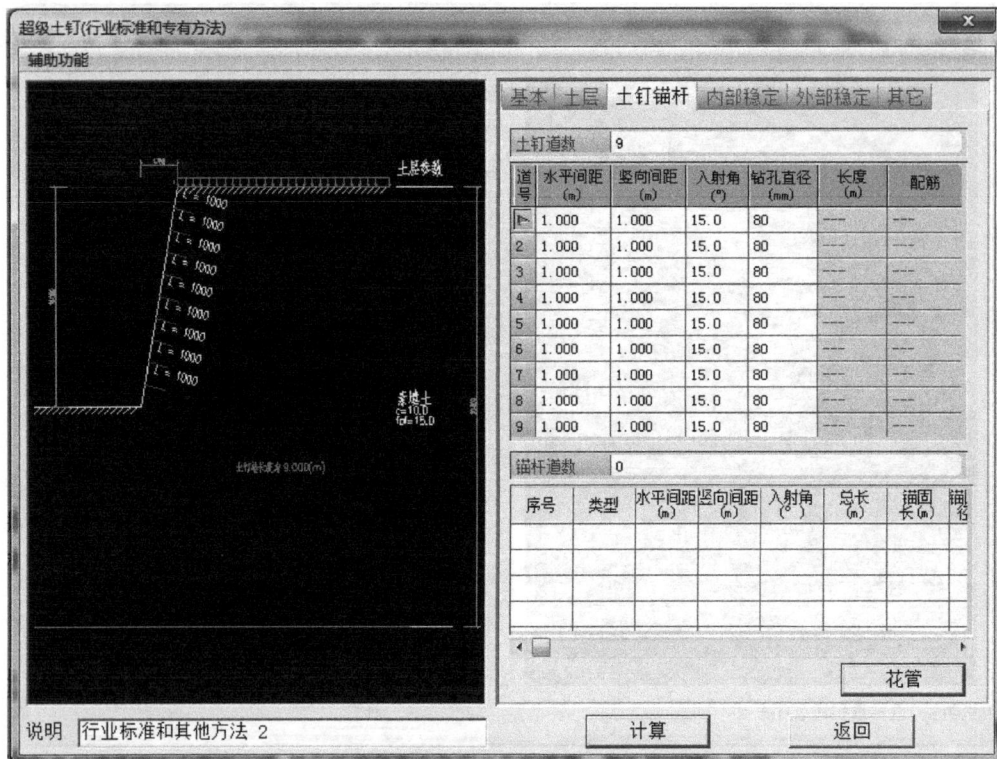

图 7-26　土钉锚杆

图 7-27　花管参数

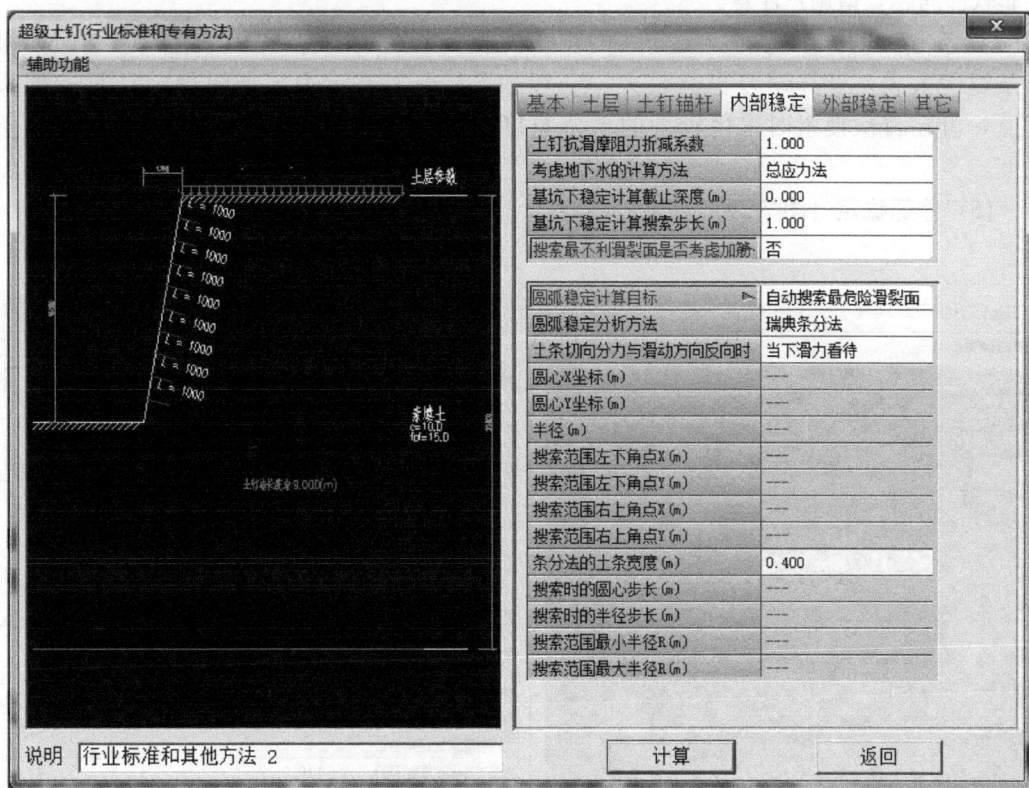

图 7-28 内部稳定

② 考虑地下水的计算方法：读者可自行选择"总应力法"或"有效应力法"。

③ 基坑下稳定计算截止深度：即圆弧滑动法中圆弧经过的基坑底面以下最大深度，此参数和搜索步长只在开挖到底即最后一种工况考虑。

④ 基坑下稳定计算搜索步长：即圆弧滑动法中圆弧经过的基坑底面以下、最大深度以上圆弧搜索深度增加步长。

⑤ 搜索最不利滑裂面是否考虑加筋：即在自动搜索圆弧滑裂面时，是否考虑土钉、花管和锚杆的影响，读者可根据需要自行选择。

⑥ 圆弧稳定计算目标：有"自动搜索最危险滑裂面"、"给定圆心范围搜索最危险滑裂面"、"给定圆心、半径计算安全系数"和"给定圆心计算安全系数"四种可供选择。

因为稳定计算时间较长，此参数的灵活使用可加快搜索速度。可在首次计算时选用自动搜索，等找到最不利滑动圆心大概位置后，选用指定范围搜索，这样可节省大量分析时间。

⑦ 圆弧稳定分析方法：本软件提供了"瑞典条分法"、"简化 Bishop 法"和"Janbu 法"三种分析方法。其中瑞典条分法未考虑土条之间的作用力，计算所得系数较为保守，简化 Bishop 法和 Janbu 法都考虑了侧向作用力，理论上更加严密，计算安全系数大，但后两种计算方法计算速度较慢，且 Janbu 法在某些情况下不收敛，这是理论本身造成的，

并非软件问题，请用户注意。

⑧ 条分法的土条宽度：条分法的土条宽度，对于计算结果有一定的影响，如果土条宽度太大，计算误差也会较大，一般取 0.5m 左右。为了加快稳定计算的搜索速度，可在首次搜索时采用较大的土条宽度，然后缩小搜索范围，采用较小的土条宽度。

（5）外部稳定（图 7-29）

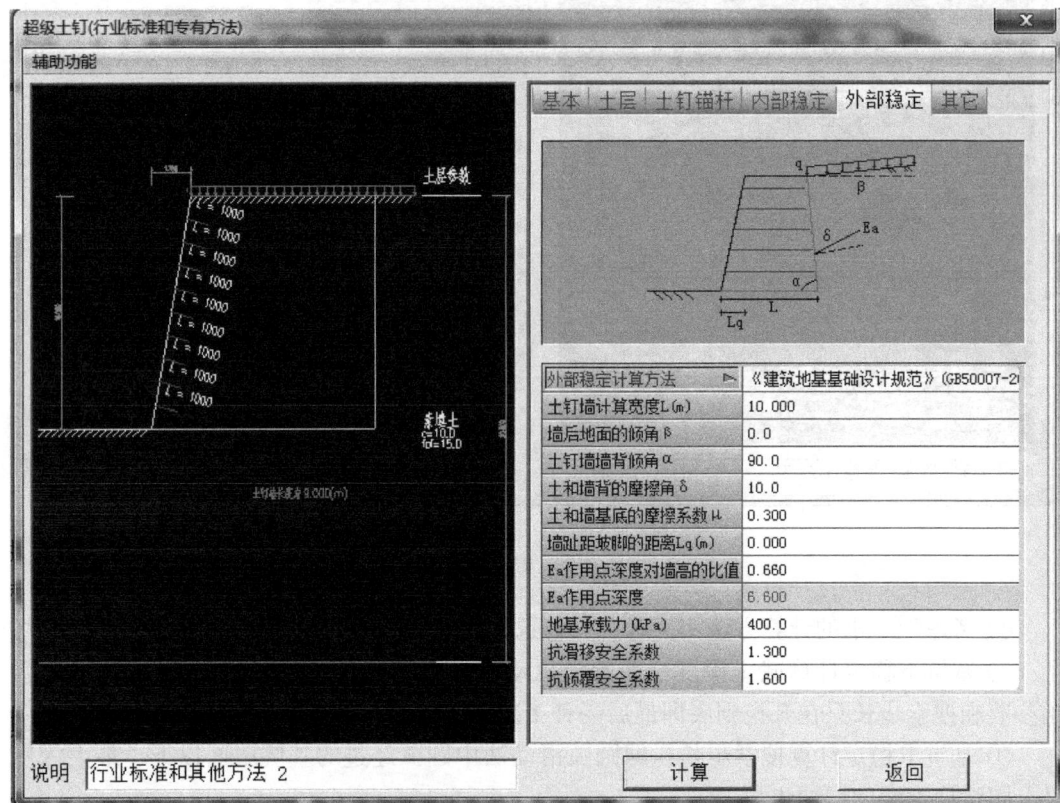

图 7-29　外部稳定

① 外部稳定计算方法：软件提供了《建筑地基基础设计规范》和《建筑基坑技术规程》两种方法，读者可自行选择。

② 土钉墙计算宽度：将土钉墙看作挡土墙，即其底部计算长度。

其余各选项鼠标点击输入框均有提示，在此不再赘述。

（6）其他（图 7-30）

将鼠标点击各项输入框里均有相关提示，在此不再赘述。

至此，一个超级土钉墙计算模型已基本建完，点击计算，其后步骤可参考复合土钉墙。

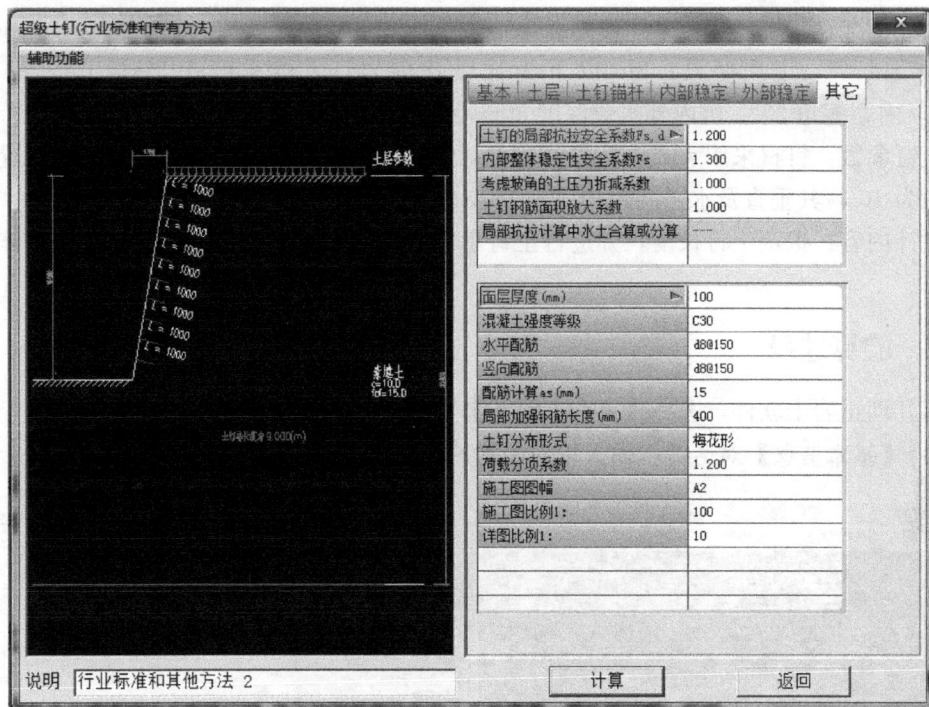

图 7-30　其他

7.5　土钉墙例题

7.5.1　设计资料

某土钉墙设计资料如下：

墙身构造：拟采用复合土钉墙支护，墙高 11m，初步设计边坡面层倾角 80°，如图 7-31所示。

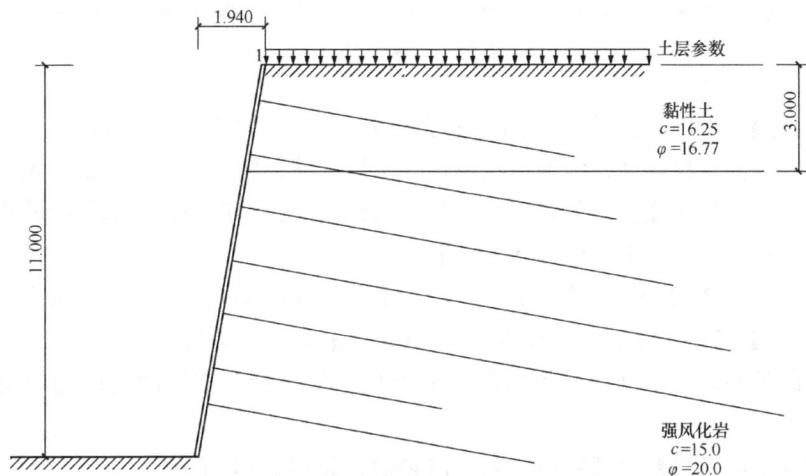

图 7-31　例题简图

土质情况：自墙顶往下 3m 为黏性土，天然重度 18.6kN/m³，黏聚力 16.25kPa，内摩擦角 16.77°，土质坚硬；3m 以下为强风化砂岩，天然重度 19.3kN/m³，黏聚力 15kPa，内摩擦角 20°。坑内外水位深度 20m，地面超载取 10kPa。

土钉参数：钉材采用 φ28 热轧螺纹钢筋，钻孔孔径 100mm。土钉垂直面层布置，即下倾角为 10°，其垂直及水平间距均为 1.5m，顶层土钉距坡顶 1m。

设计内容：拟定土钉长度，并进行土钉承载力设计，整体稳定性设计，土钉杆体截面积计算。

7.5.2 验算过程

打开理正岩土软件，选择【复合土钉墙】，如图 7-10、图 7-11 所示；

(1)【基本信息】对话框中输入相应参数，如图 7-32 所示

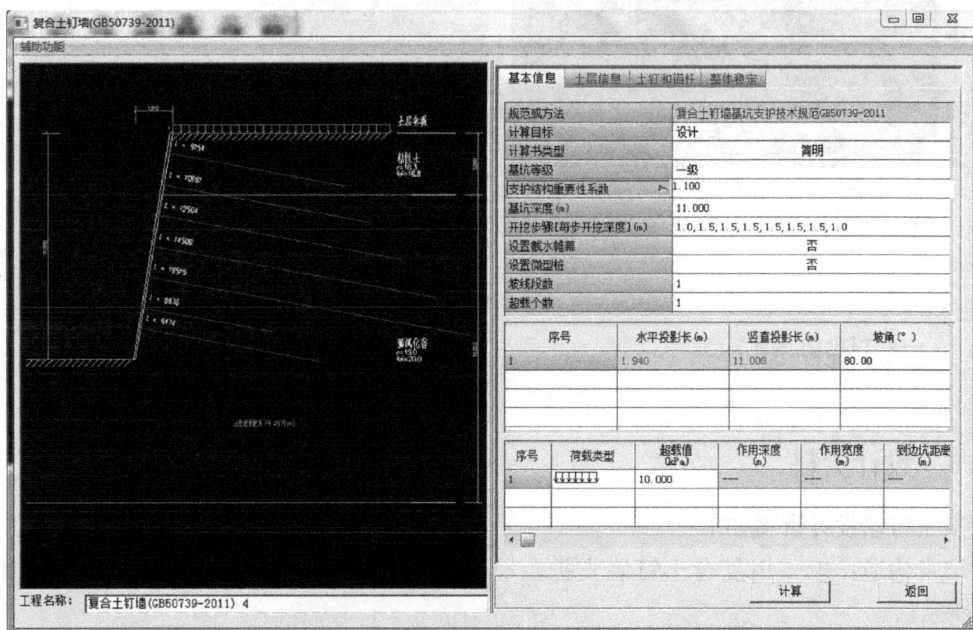

图 7-32　基本信息

【计算目标】可选择【设计】或【验算】。当计算目标为【设计】时，实现如下具体功能：土压力、局部抗拉设计、内部稳定设计、土钉选筋、面层设计、外部稳定验算、生成施工图；当计算目标为【验算】时，实现如下具体功能：土压力、局部抗拉验算、内部稳定验算、外部稳定验算。本例题选【设计】。

【设置止水帷幕】、【设置微型桩】两项可根据实际需要选择是否设置，本例题选【否】。

【坡线段数】、【超载个数】均输入"1"，【坡角】输入"80"。

在【荷载类型】下拉框中有不同的荷载类型可供选择，本例题选用均布荷载，超载值 10kPa。

(2) 在【土层信息】对话框中输入相应参数，如图 7-33 所示

【土层数】不得少于 1 个。土层数确定后则可对每层土的类型以及基本物理参数进行

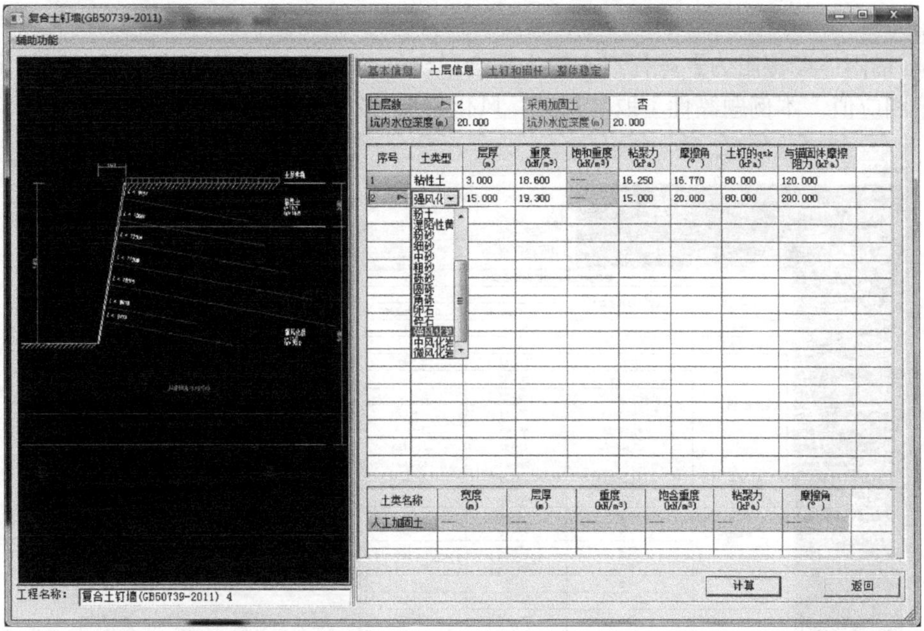

图 7-33 土层信息

编辑。本例题输入"2"。

注意：土层数从地表开始向下编号。

【采用加固土】选【否】。

【坑内水位深度】、【坑外水位深度】输入"20"。

【土类型】在下拉菜单选择相应类型土，土体参数输入例题给定值。

【土钉的 qsk】鼠标点击输入框会弹出如图 7-34 所示的表格，可根据弹出的表格选取

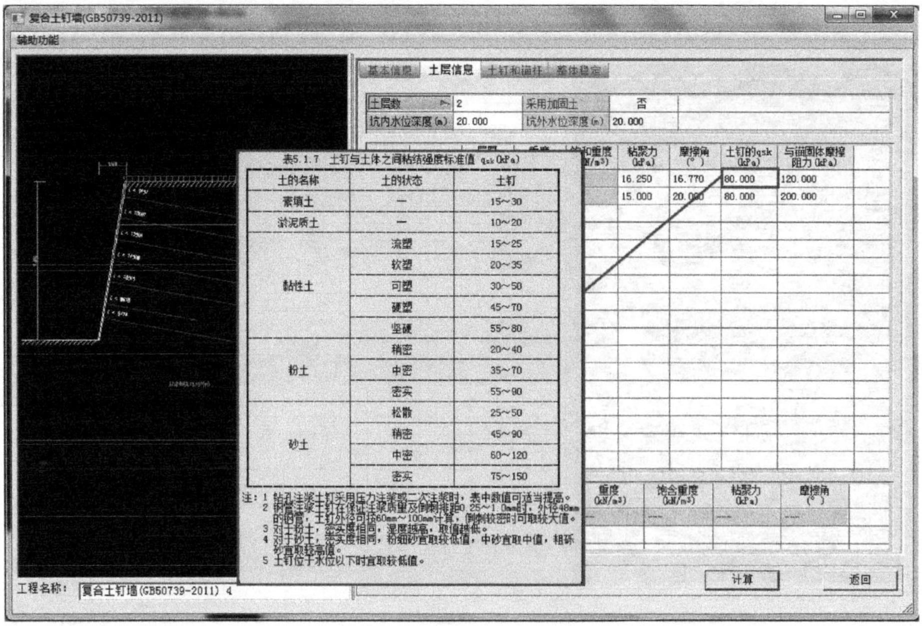

图 7-34 土钉的 qsk 值

相应 qsk 值。

【与锚固体摩擦阻力】鼠标点击输入框会弹出如图 7-35 所示的表格，可根据弹出的表格选取相应值。本例题黏性土取"120"，风化岩取"200"。

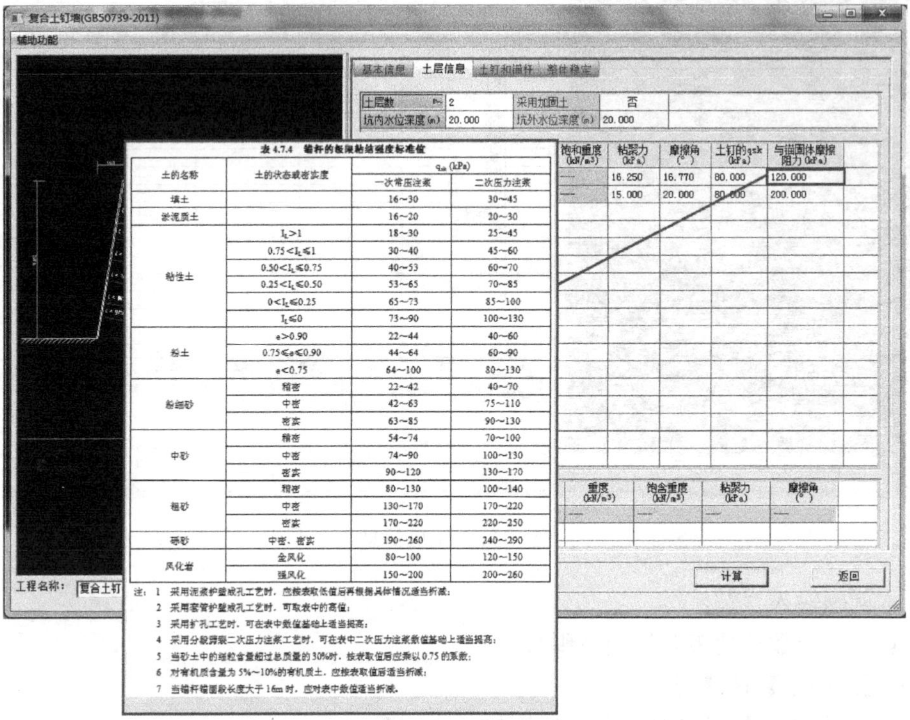

图 7-35　锚杆极限粘结强度标准值

(3) 在【土钉和锚杆】对话框中输入相应参数，如图 7-36 所示

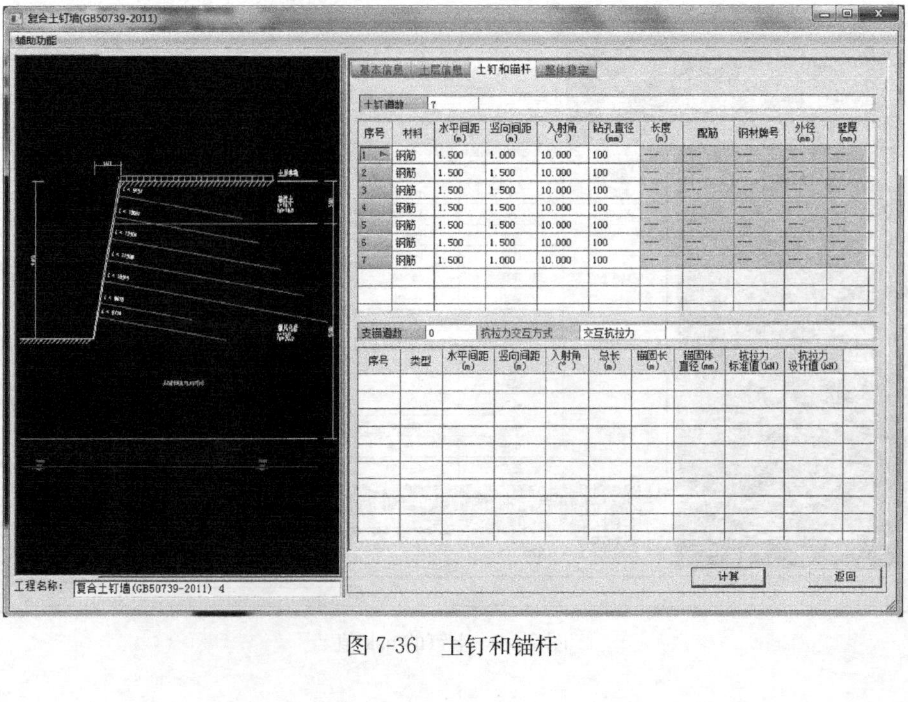

图 7-36　土钉和锚杆

　　【土钉道数】应根据土钉的竖向间距选取，鼠标单击【水平间距】或【竖向间距】下的输入框会弹出如图 7-37 所示的表格。本例题输入给定值。

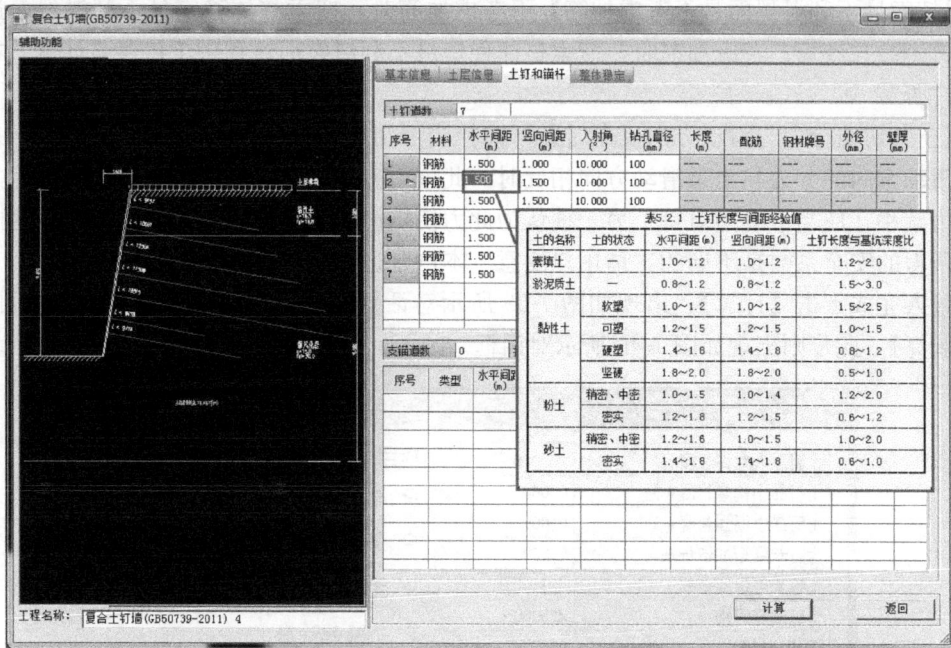

图 7-37　土钉长度与间距经验值

(4)【整体稳定】对话框如图 7-38 所示

【土条宽度】条分法的土条宽度，对于计算结果有一定的影响，如果土条宽度太大，

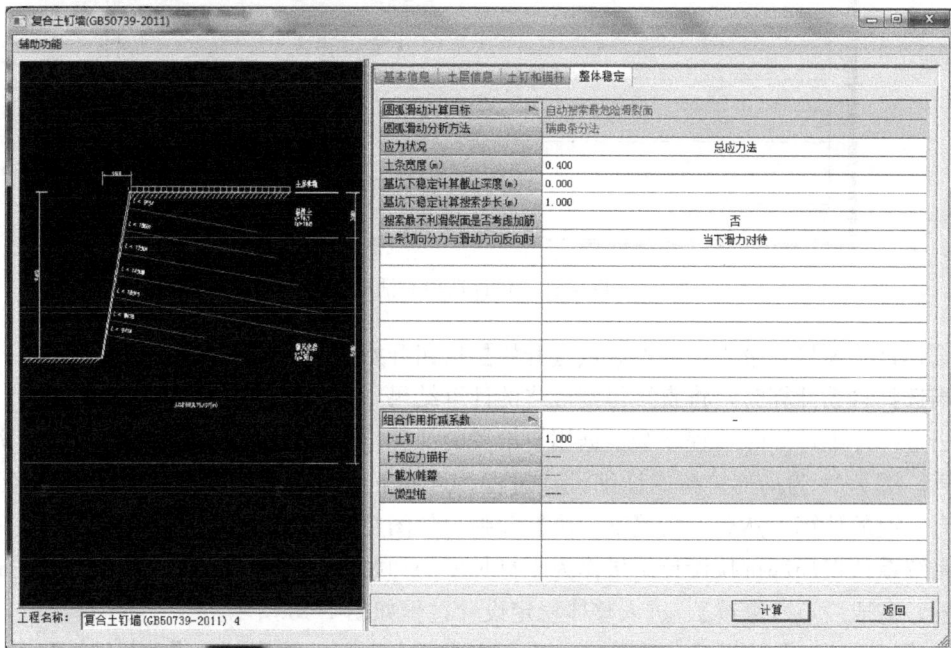

图 7-38　整体稳定

计算误差也会较大。为了加快稳定计算的搜索速度，可在首次搜索时采用较大的土条宽度，然后缩小搜索范围，采用较小的土条宽度。

【搜索最不利滑裂面是否考虑加筋】不考虑加筋时，搜索整体稳定最不利滑裂面过程中土钉不参与计算；考虑加筋时，搜索整体稳定最不利滑裂面过程中土钉参与计算。本例题选"否"。

【土条切向分力与滑动方向反向时】可选择当下滑力对待或当抗滑力对待。当土条重力在滑动方向的分力与土条滑动方向相反时，此分力有两种不同的理解：一种认为此力使下滑力减小，应当下滑力对待；另一种认为此力使抗滑力增大，应当抗滑力对待。这两种理解所得的安全系数是不同的，请用户注意。本例题选"当下滑力对待"。

输入完成点击【计算】，出现如图 7-39 所示对话框，若【基本信息】>【计算目标】选【验算】，此步则出现如图 7-40 所示对话框。

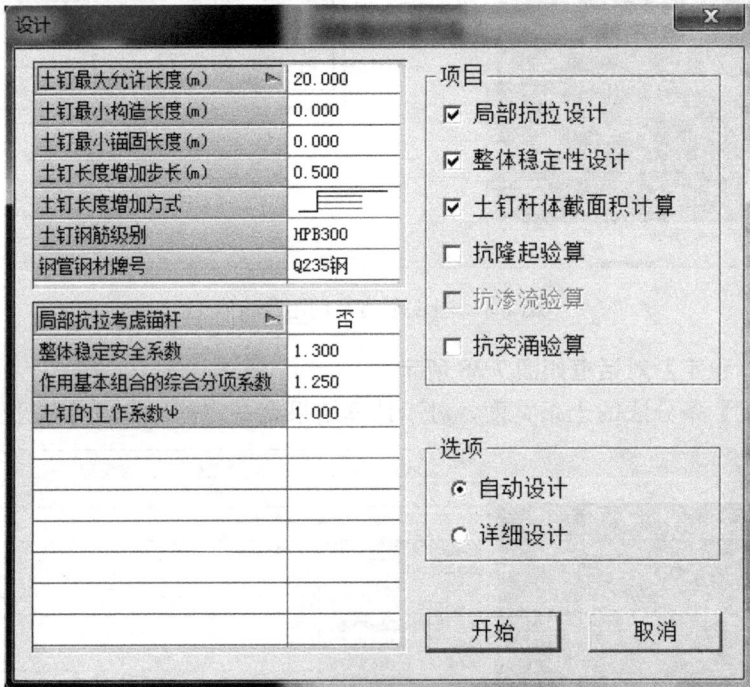

图 7-39　设计选项对话框

选择计算项目并录入相关参数点【开始】按钮开始计算，如图 7-40 所示。

当选择自动计算时，将直接得到最终的计算结果（包括图形结果和文字结果）。

当选择详细计算时，程序会根据用户设置的计算项目，模拟施工过程中的每一工况进行计算。图 7-41 为局部抗拉的详细设计过程，点【下一工况】则顺次往下计算，直到完成所有工况的计算，然后点击【下一步】并弹出如图 7-42 所示的对话框。

系统默认把局部抗拉设计结果作为土钉长度的初始值，用户可以进行其他选项的选择和设置，完成后点【继续】。进入整体稳定设计过程如图 7-43 所示。

点【下一工况】则顺次往下计算，直到完成所有工况的计算，点【重新计算】可返回第一工况重新开始计算。点【下一步】进入选筋对话框。

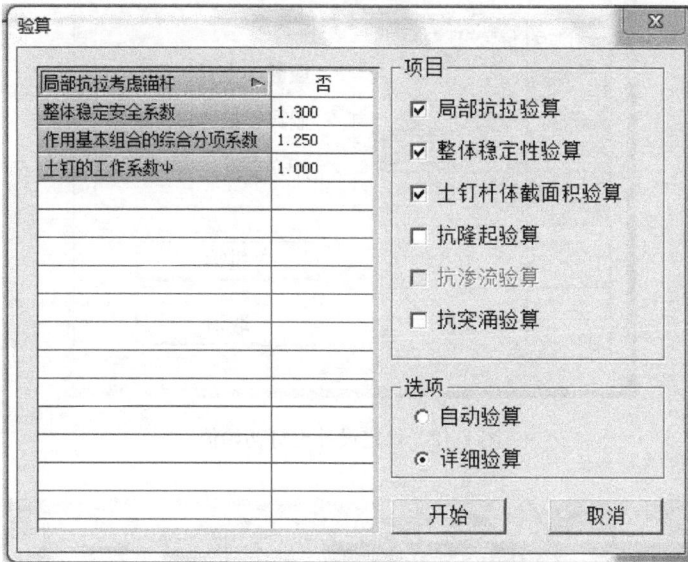

图 7-40　验算选项对话框

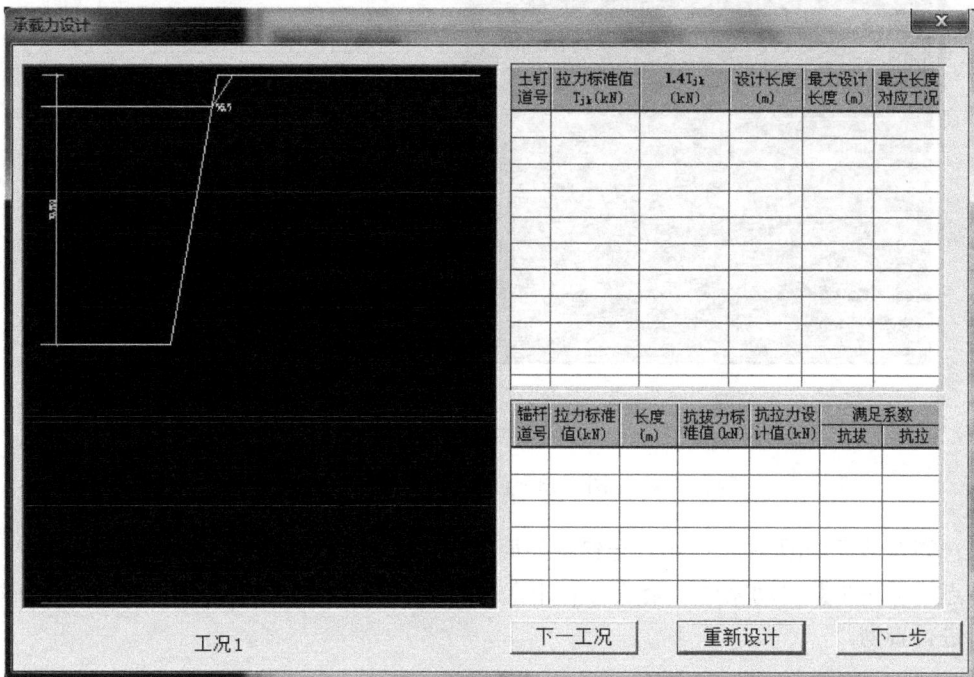

图 7-41　承载力设计

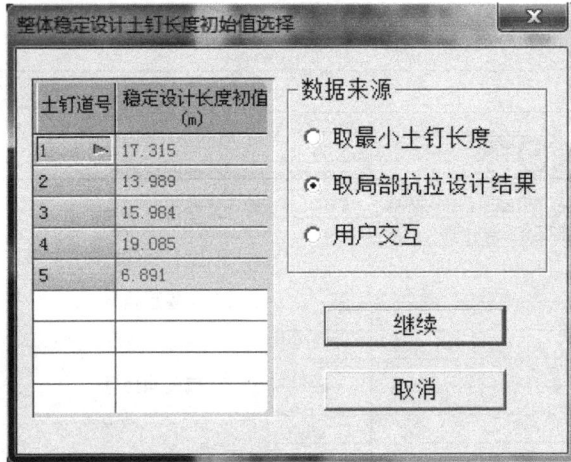

图 7-42 稳定设计土钉初始值

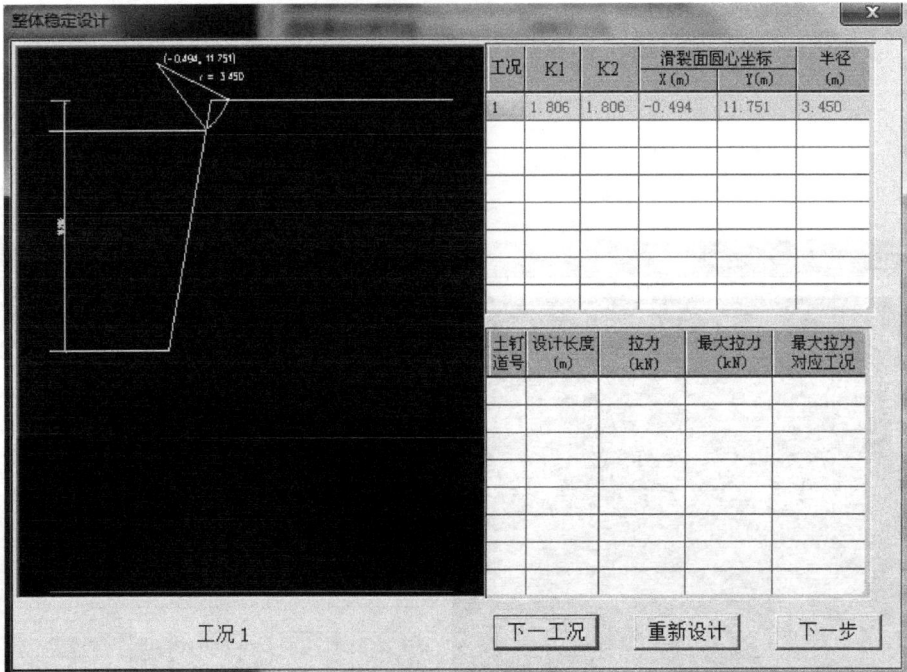

图 7-43 整体稳定设计

选筋对话框如图 7-44 所示，土钉钢筋面积可取计算值，也可在配筋一栏中交互。

点【下一步】自动完成其余项目的计算并输出计算结果。用户可通过图形窗口和文字窗口进行查询。

7.5.3 结果分析

计算完成即出现如图 7-45 所示计算结果。计算结果查询界面分为左右两个窗口，左侧窗口用于查询图形结果，右侧窗口用于查询文字结果。

图 7-44　土钉钢筋（钢管）面积

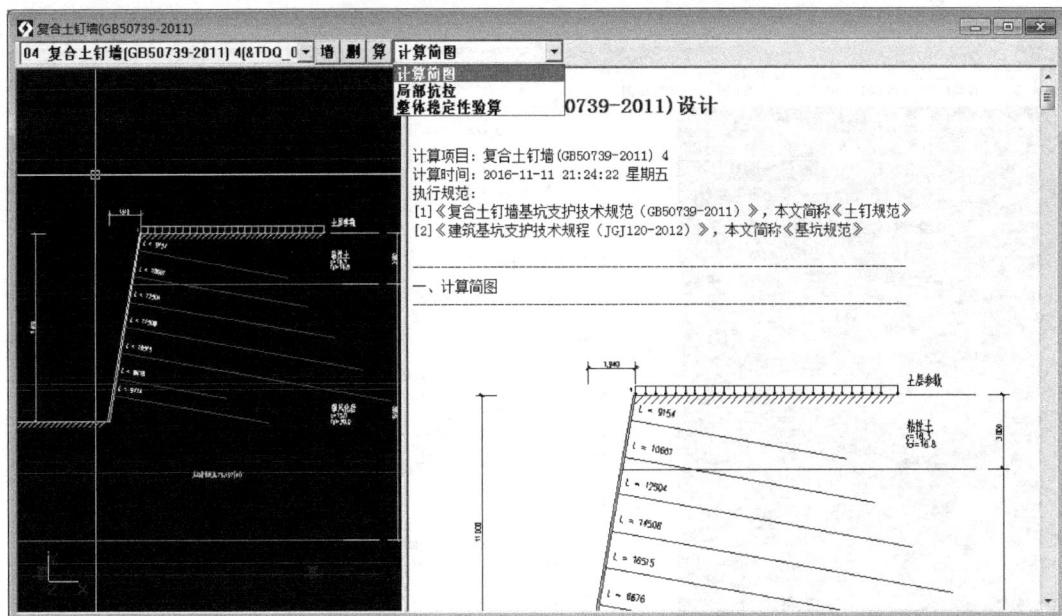

图 7-45　计算结果查询

　　右侧文字查询窗口通过鼠标右键菜单可进行保存文本等多种操作，向下拉动滑动条即可看到完整内容，如图 7-46～图 7-48 所示。

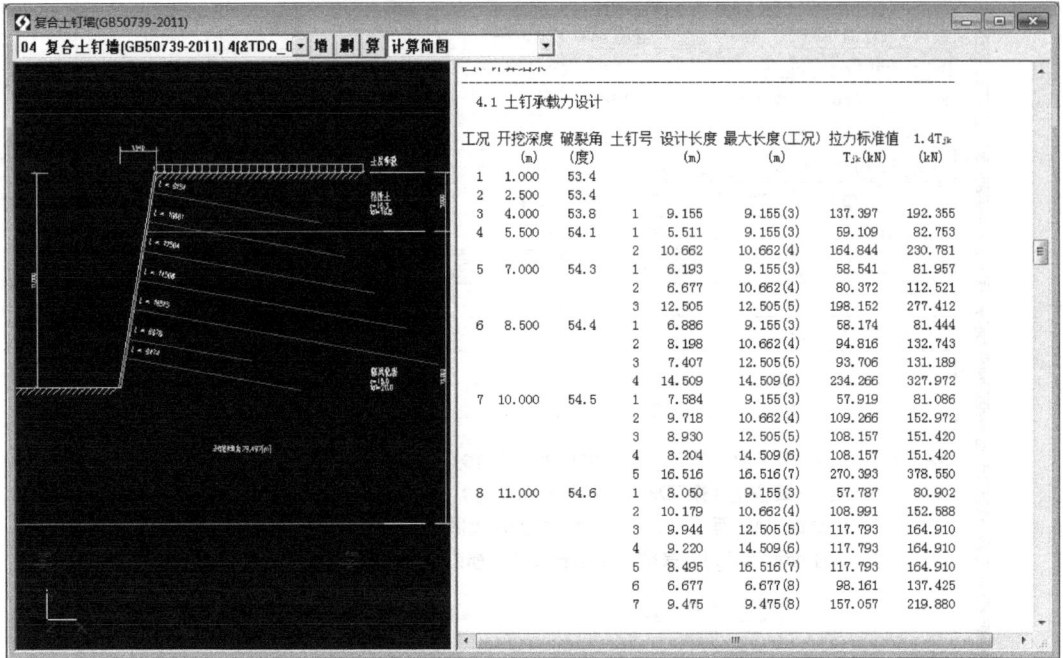

图 7-46　土钉承载力设计结果查询

Content within first figure screenshot:

4.1 土钉承载力设计

工况	开挖深度 (m)	破裂角 (度)	土钉号	设计长度 (m)	最大长度(工况) (m)	拉力标准值 T_{jk}(kN)	$1.4T_{jk}$ (kN)
1	1.000	53.4					
2	2.500	53.4					
3	4.000	53.8	1	9.155	9.155(3)	137.397	192.355
4	5.500	54.1	1	5.511	9.155(3)	59.109	82.753
			2	10.662	10.662(4)	164.844	230.781
5	7.000	54.3	1	6.193	9.155(3)	58.541	81.957
			2	6.677	10.662(4)	80.372	112.521
			3	12.505	12.505(5)	198.152	277.412
6	8.500	54.4	1	6.886	9.155(3)	58.174	81.444
			2	8.198	10.662(4)	94.816	132.743
			3	7.407	12.505(5)	93.706	131.189
			4	14.509	14.509(6)	234.266	327.972
7	10.000	54.5	1	7.584	9.155(3)	57.919	81.086
			2	9.718	10.662(4)	109.266	152.972
			3	8.930	12.505(5)	108.157	151.420
			4	8.204	14.509(6)	108.157	151.420
			5	16.516	16.516(7)	270.393	378.550
8	11.000	54.6	1	8.050	9.155(3)	57.787	80.902
			2	10.179	10.662(4)	108.991	152.588
			3	9.944	12.505(5)	117.793	164.910
			4	9.220	14.509(6)	117.793	164.910
			5	8.495	16.516(7)	117.793	164.910
			6	6.677	6.677(8)	98.161	137.425
			7	9.475	9.475(8)	157.057	219.880

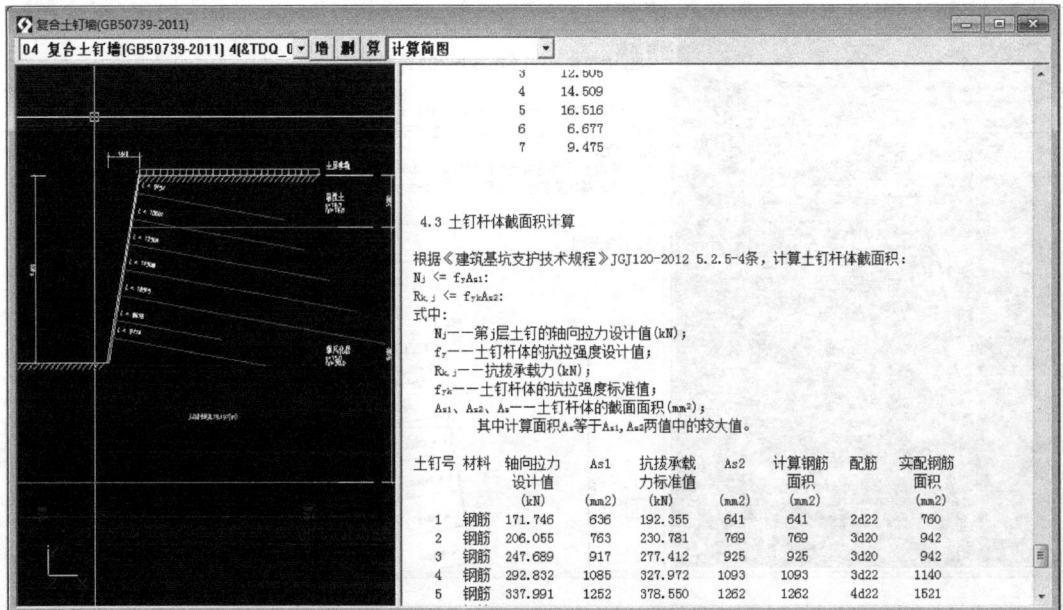

图 7-47　土钉截面积计算结果查询

Content within second figure screenshot:

3	12.505
4	14.509
5	16.516
6	6.677
7	9.475

4.3 土钉杆体截面积计算

根据《建筑基坑支护技术规程》JGJ120-2012 5.2.5-4条，计算土钉杆体截面积：

$N_j <= f_y A_{s1}$；

$R_{k,j} <= f_{yk} A_{s2}$；

式中：
N_j——第 j 层土钉的轴向拉力设计值(kN)；
f_y——土钉杆体的抗拉强度设计值；
$R_{k,j}$——抗拔承载力(kN)；
f_{yk}——土钉杆体的抗拉强度标准值；
A_{s1}、A_{s2}、A_s——土钉杆体的截面积(mm2)；
　　其中计算面积 A_s 等于 A_{s1}，A_{s2} 两值中的较大值。

土钉号	材料	轴向拉力设计值 (kN)	As1 (mm2)	抗拔承载力标准值 (kN)	As2 (mm2)	计算钢筋面积 (mm2)	配筋	实配钢筋面积 (mm2)
1	钢筋	171.746	636	192.355	641	641	2d22	760
2	钢筋	206.055	763	230.781	769	769	3d20	942
3	钢筋	247.689	917	277.412	925	925	3d20	942
4	钢筋	292.832	1085	327.972	1093	1093	3d22	1140
5	钢筋	337.991	1252	378.550	1262	1262	4d22	1521

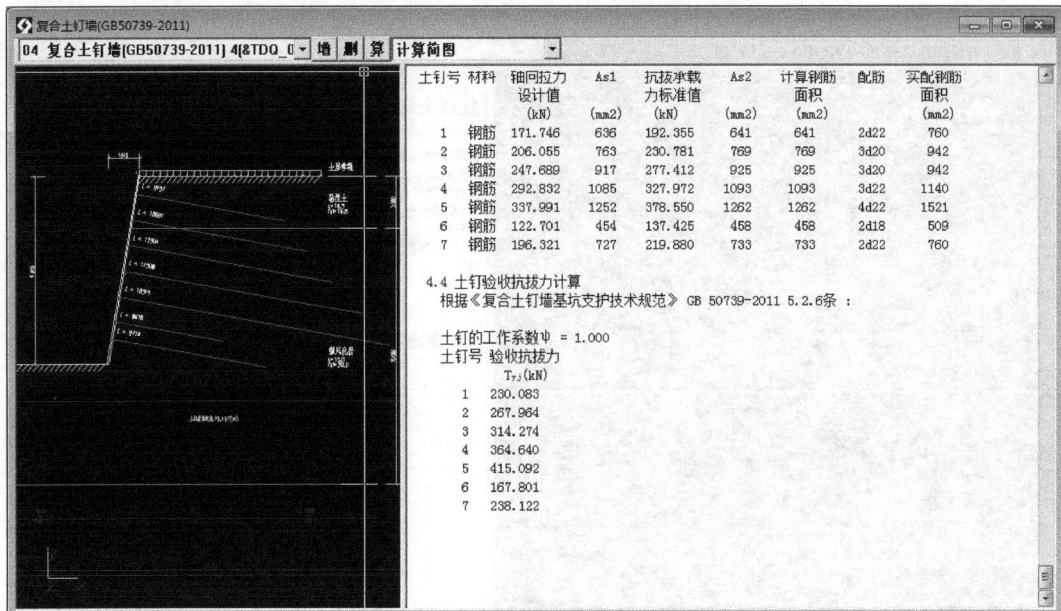

图 7-48 土钉验收抗拔力计算结果查询

注意：当验算结果显示蓝色表明满足要求，如为红色则表明不满足要求，需调整参数。

点击"计算简图"即出现下拉框，选择不同标签左侧图形查询窗口即出现对应的计算简图。在左侧图形查询窗口利用鼠标滑轮即可实现图形的放大与缩小操作，图 7-49、图 7-50 分别为局部抗拉和整体稳定性验算的分步计算简图。

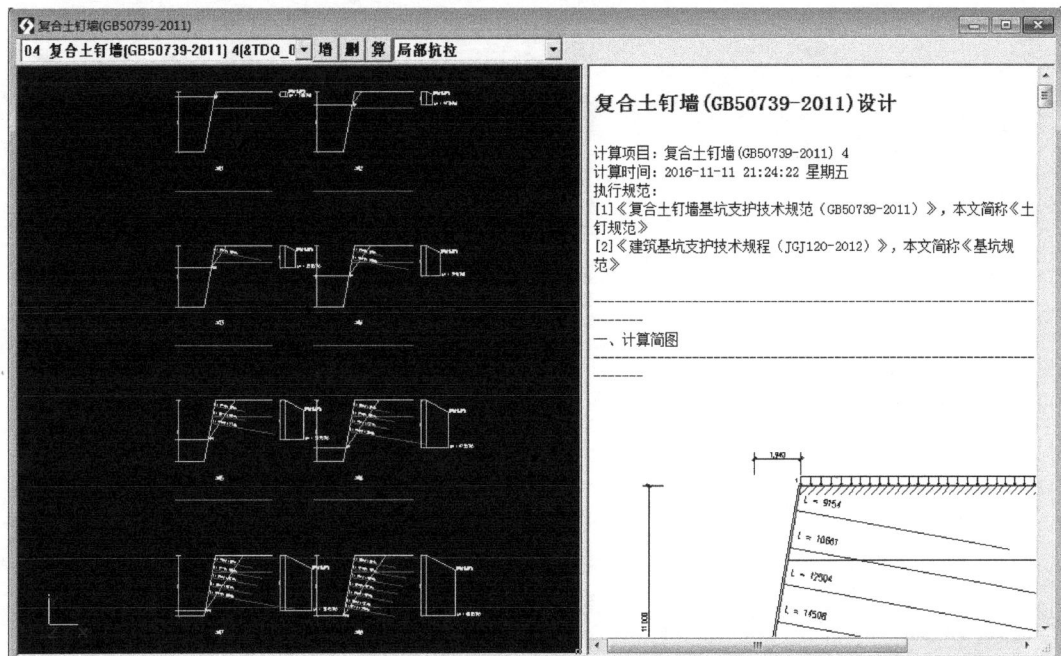

图 7-49 局部抗拉分步计算简图

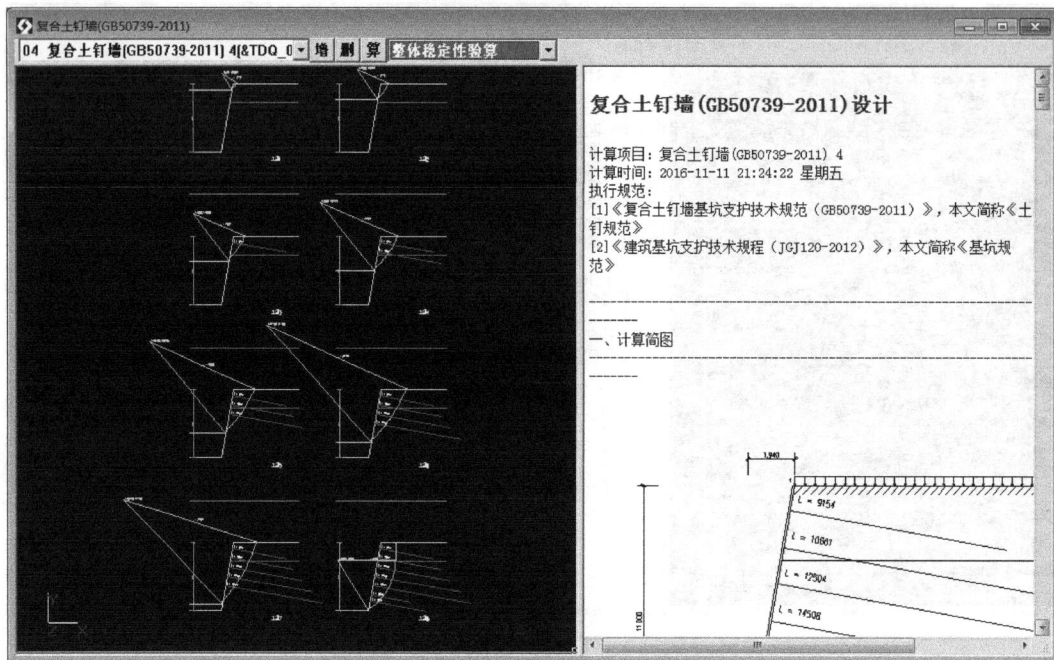

图 7-50 整体稳定性验算分步计算简图

第8章 锚杆挡土墙设计

锚杆挡土墙是由钢筋混凝土墙面（肋柱、面板）和锚杆组成的支挡结构，它依靠锚固在稳定岩土层内锚杆的抗拔力平衡墙面处的土压力，部分锚杆挡土墙形式如图8-1所示。

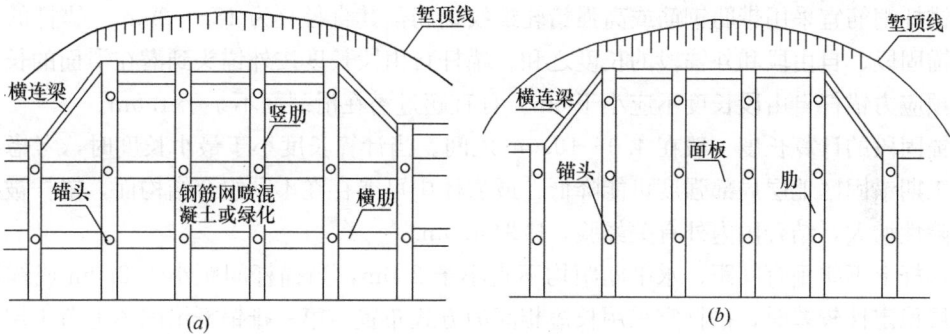

图 8-1 部分锚杆挡墙形式

（a）格构式锚杆挡墙；（b）板肋式锚杆挡墙

8.1 一般规定

锚杆挡土墙适用于一般地区岩质路堑地段，其设计使用年限为60年。

根据挡墙的结构形式可以分为板肋式锚杆挡墙、格构式锚杆挡墙和排桩式锚杆挡墙。

根据锚杆类型可分为非预应力锚杆挡墙和预应力锚杆（索）挡墙。

下列边坡宜采用排桩式锚杆挡墙支护：

（1）位于滑坡区或切坡后可能引发滑坡的边坡；

（2）切坡后可能沿外倾软弱结构面滑动、破坏后果严重的边坡；

（3）高度较大、稳定性较差的土质边坡；

（4）边坡塌滑区内有重要建筑物基础或Ⅳ类岩质边坡和土质边坡。

在施工期稳定性较好的边坡，可采用板肋式或格构式锚杆挡墙。

填方锚杆挡墙在设计和施工时应采取有效措施防止新填方土体沉降造成的锚杆附加拉应力过大。高度较大的新填方边坡不宜采用锚杆挡墙方案。

设计肋柱式锚杆挡土墙时，根据地形可采用单级或多级。在多级墙上、下两级墙之间应设置平台，宜采用C20混凝土密封，其厚度宜为15cm，并设4%横向向外排水坡，平台宽度不宜小于2.0m。每级墙高度不宜大于8m，具体高度可视地质和施工条件而定，总高度不宜大于18m。

肋柱式锚杆挡土墙肋柱间距宜为2~3m，板肋式锚杆挡土墙肋柱的间距一般为3~5m，格构式锚杆挡土墙的间距一般为3~5m。肋柱可采用预制单根整柱，亦可采用分段拼装或就地灌注。

8.2　构造要求

（1）灌浆锚杆

灌浆锚杆俗称大锚杆，孔径为 $100\sim150$mm，采用钻机钻孔，孔内安放钢筋或钢丝束，用灌注水泥砂浆的方法，使其锚固于稳定的地层内。水泥砂浆的强度等级一般不低于 M30。

锚杆钢筋宜采用带肋钢筋或高强精轧螺纹钢筋，其直径宜为 $18\sim32$mm。锚杆的总长度为锚固段、自由段和外锚段的长度之和。锚杆自由段长度按外锚头到潜在滑面的长度计算；预应力锚杆自由段长度不应小于 5m，且宜超过潜在滑裂面不小于 1.5m。

锚固段的计算长度一般在 $4.0\sim10.0$m 之间。当计算长度小于最小长度时，考虑到实际施工期锚固区地层局部强度可能降低，或岩体中可能存在不利组合结构面，锚杆被拔出的危险性增大，结合国内外有关经验，应取 4.0m。

锚杆上下排垂直间距、水平间距均不宜小于 2.0m，当锚杆间距小于 2.0m 或锚固段岩土层稳定性较差时，锚杆宜采用长短相间的方式布置。第一排锚杆锚固体上覆土层的厚度不宜小于 4.0m，上覆岩层的厚度不宜小于 2.0m。第一锚点位置可设于坡顶下 $1.5\sim2.0$m 处，锚杆的倾角宜采用 $10°\sim35°$。锚杆布置应尽量与边坡走向垂直，并应与结构面呈较大倾角相交。立柱位于土层时宜在立柱底部附近设置锚杆。

（2）肋柱和挡土板

肋柱、墙面板采用混凝土强度等级宜为 C30。

肋柱截面多为矩形，也可设计为 T 形。立柱的截面尺寸除应满足强度、刚度和抗裂要求外，还应满足挡板的支座宽度、锚杆钻孔和锚固等要求。肋柱截面宽度不宜小于 300mm，截面高度不宜小于 400mm。装配式肋柱，应考虑肋柱在搬动、吊装过程以及施工中锚杆可能出现受力不均等不利因素，故在肋柱内外两侧不切断钢筋，应配置通长的受力钢筋。当肋柱的底端按自由端计算时，为防止底端出现负弯矩，在受压侧应适当配置纵向钢筋。

墙面板可采用钢筋混凝土槽形板、空心板和矩形板。矩形板的厚度一般不得小于 15cm，现浇时不宜小于 20cm。挡土板两端与肋柱的搭接长度不得小于 10cm。考虑到现场立模和浇筑混凝土的条件较差，为保证混凝土的施工质量，现浇挡土板的厚度不宜小于 200mm，在岩壁上一次浇筑混凝土板的长度不宜过大，以避免当混凝土收缩时岩石的约束作用产生拉应力，导致挡土板开裂，此时应采取减短浇筑长度等措施。挡土板上应设置泄水孔，当挡土板为预制时，泄水孔和吊装孔可合并设置。

（3）锚杆与肋柱的连接

当肋柱为就地灌注时，必须将锚杆钢筋伸入肋柱内，其锚固长度应满足《混凝土结构设计规范》GB 50010—2010 中 9.3.1 和 9.3.2 条的规定。当采用拼装时，锚杆和肋柱之间可采用螺栓连接或焊接短钢筋连接，现浇可采用设置弯钩的连接方式，如图 8-2 所示。

（4）伸缩缝

永久性锚杆挡土墙现浇混凝土构件的温度伸缩缝间距不宜大于 $20\sim25$m。

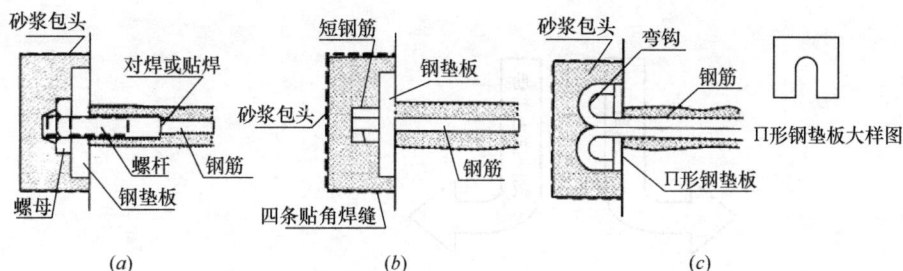

图 8-2　锚杆与肋柱的连接示意图
(a) 螺母锚固；(b) 焊接短钢筋锚固；(c) 设置弯钩锚固

8.3　设计计算内容与方法

锚杆挡土墙设计流程图如图 8-3 所示。

作用于锚杆挡土墙墙背上的荷载组合，应按《铁路路基支挡结构设计规范》TB 10025—2006 第 3.2 节的有关规定确定。

墙背主动土压力可按库仑理论计算其水平分力。墙背摩擦角应符合《铁路路基支挡结构设计规范》TB 10025—2006 第 3.2.12 条的规定。锚杆挡土墙为多级时，应分别计算其墙背土压力。

当采用逆作法施工柔性结构的多层锚杆挡土墙时，土压力分布可按图 8-4 确定，其中的 e_{hk} 可按下式计算。

$$e_{hk} = \frac{E_{hk}}{0.9H} \tag{8-1}$$

式中　e_{hk} ——侧向岩土压力水平分力的应力分布标准值（kPa）；

$\quad\quad E_{hk}$ ——根据库仑理论计算的侧向岩土压力合力的水平分力（kN）；

$\quad\quad H$ ——挡土墙高度（m）。

8.3.1　肋柱和挡土板的结构设计

根据国家现行的相关规范，支挡结构的重要性系数的取值：安全等级为一级的边坡取 1.1；二、三级边坡取 1.0。设计中挡土板的安全系数可取 1.0。

根据岩石和土、预应力和非预应力、锚杆挡土墙的高度以及锚杆的层数等条件按表 8-1 选用土压力修正系数，但在设计挡土板时，考虑到"土拱效应"会使土压力减小，故可不考虑土压力修正系数。

肋柱和挡土板的承载能力极限状态计算按荷载效应的基本组合，组合的形式及组合系数按《建筑结构荷载规范》GB 50009—2012 的规定。荷载分项系数的取值按现行《铁路路基支挡结构设计规范》TB 10025—2006 的规定。锚杆挡土墙钢筋混凝土构件的结构设计从容许应力法转变为极限状态法设计时，是按"工程经验校准法"确定荷载分项系数的。设计立柱时，荷载分项系数取 1.6；设计挡土板时，荷载分项系数取 1.35。

锚杆

肋柱和挡土板

选择锚杆材料

拟定界面尺寸

确定需要设计的截面位置：
1.正截面设计位置：立柱选择支点处和跨中最大弯矩处，挡土板选择跨中
2.斜截面设计位置：立柱和挡土板均选择支点处。

由锚杆轴力进行锚杆正截面设计

箍筋间距太密或直径太粗又不能设起弯钢筋时

用钢量过大或按构造配筋太浪费时

按基本组合计算荷载效应（设计弯矩、设计剪力）

承载力极限状态计算

计算锚固长度、自由段长度和描杆总长

根据设计弯矩确定主筋的根数和直径

根据设计剪力确定箍筋的直径、肢数、间距

增大用钢量挠度不能满足要求

增加钢筋用量或选用小直径钢筋后不能满足最大裂缝宽度要求

根据需要计算主筋截断点如果需要弯起钢筋，按要求计算起弯点

正常使用极限状态计算

锚杆与墙面板的连接设计

按荷载的标准组合和准用永久组合计算支点和跨中的最大弯矩。计算立柱和挡土板的刚度根据短期刚度、弯矩的标准值准永久值计算构件的截面刚度计算跨中、支端挠度

结束

预制构件的搬运和吊装验算

按荷载的标准组合计算纵向钢筋的等效应力。按《混凝土结构设计规范》GB 50010—2002计算跨中和支点的最大裂缝

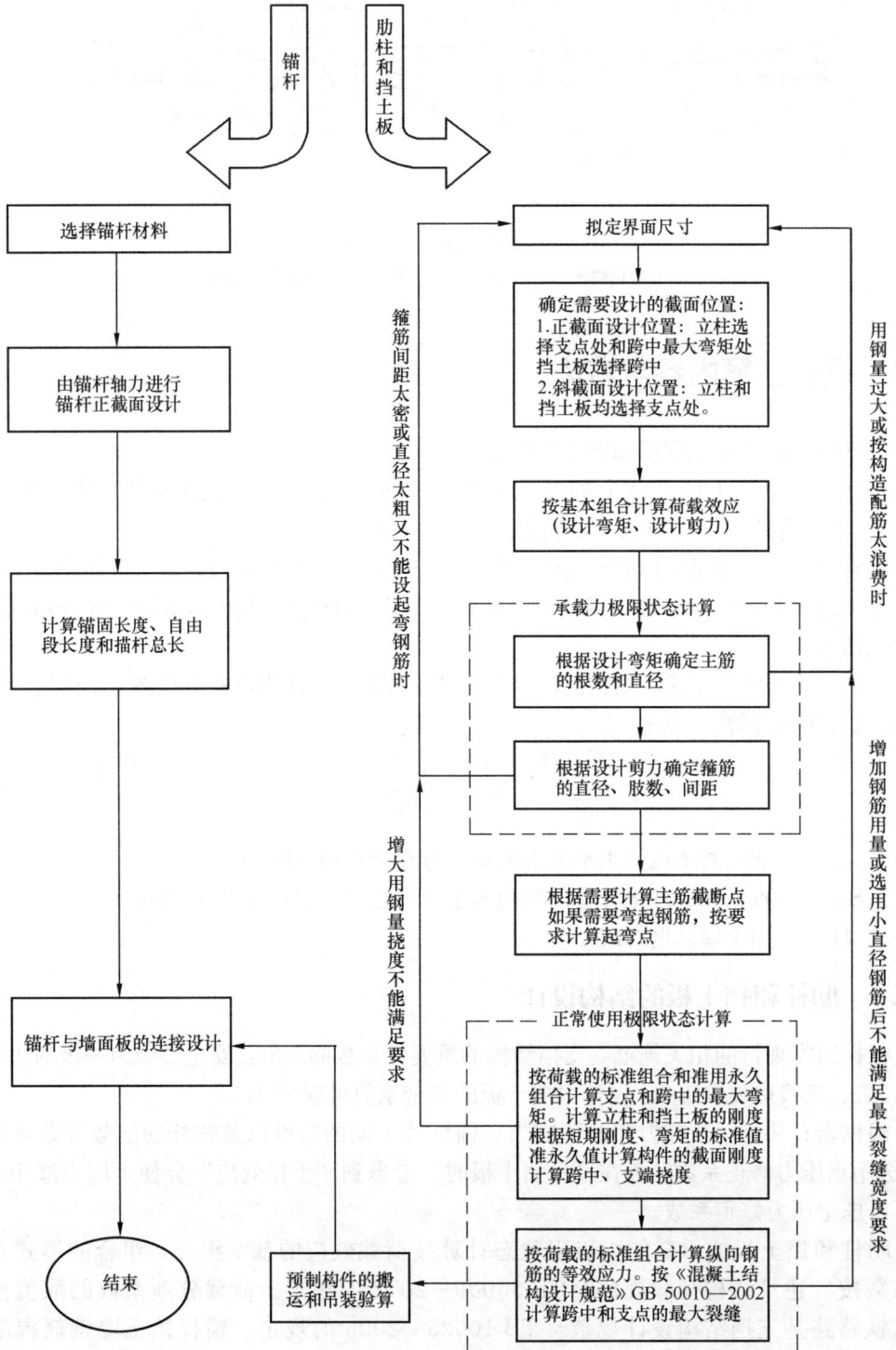

图 8-3　锚杆挡土墙设计流程图

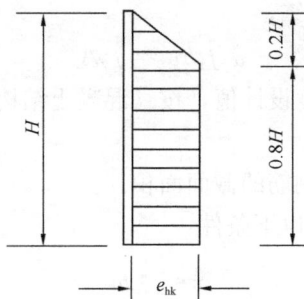

图 8-4 岩质边坡土压力分布

锚杆侧向土压力修正系数 表 8-1

锚杆类型 岩土类别	非预应力锚索		预应力锚索	
	土层锚杆及自由段 为土层的岩石锚杆	自由段为岩层的 岩石锚杆	自由段为土层时	自由段为岩层时
土压力修正系数	1.1~1.2	1.0	1.2~1.3	1.1

(1) 正截面、斜截面设计

肋柱、肋板、挡土板和格构的正截面、斜截面承载力按现行《混凝土结构设计规范》GB 50010—2010 的规定计算。

正截面设计中弯矩的标准值应选择各支点弯矩和每跨的跨中最大弯矩,肋柱和格构为双面配筋,配筋不仅要满足正截面的承载力要求,还应满足最小配筋率的要求,主筋直径一般每一侧应该统一,每侧至少应设置两根通长钢筋。

按受弯构件设计,根据正负弯矩的位置按单筋梁设计。立柱、肋柱和格构的截面形状通常为矩形,其正截面受弯承载力的计算公式如下,计算示意图如图 8-5 所示。

$$M \leqslant \alpha_1 f_c b x \left(h_0 - \frac{x}{2} \right) \tag{8-2}$$

式中 M——弯矩设计值;

α_1——系数,当混凝土强度等级不超过 C50 时,取 1.0;当混凝土强度等级为 C80 时,取 0.94;其余的线性内插;

f_c——混凝土轴心抗压强度设计值,按《混凝土结构设计规范》GB 50010—2010 表 4.1.4 采用;

b——矩形截面的宽度;

x——混凝土受压区高度;

h_0——截面有效高度。

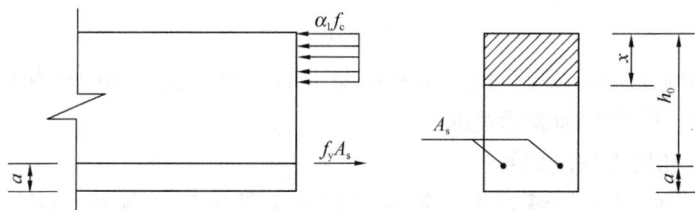

图 8-5 矩形截面受弯构件正截面受弯承载力计算

混凝土受压区高度按下式计算：

$$\alpha_1 f_c b x = f_y A_s \tag{8-3}$$

式中　f_y——普通钢筋抗拉强度设计值，按《混凝土结构设计规范》GB 50010—2010 表 4.2.3-1 采用；

　　　A_s——受拉区纵向普通钢筋的截面面积。

混凝土受压区高度还应符合以下条件：

$$x \leqslant \xi_b h_0 \tag{8-4}$$

纵向受拉钢筋屈服与受压区混凝土破坏同时发生时的相对受压区高度 ξ_b 按下式计算：

$$\xi_b = \frac{\beta_1}{1 + \dfrac{f_y}{E_s \varepsilon_{cu}}} \tag{8-5}$$

$$\varepsilon_{cu} = 0.0033 - (f_{cu,k} - 50) \times 10^{-5} \tag{8-6}$$

式中　β_1——系数，当混凝土强度等级不超过 C50 时，取 0.8；当混凝土强度等级为 C80 时，取 0.74；其余的线性内插；

　　　E_s——钢筋弹性模量，按《混凝土结构设计规范》GB 50010—2010 表 4.2.4 采用；

　　　$f_{cu,k}$——混凝土立方体抗压强度标准值，按《混凝土结构设计规范》GB 50010—2010 第 4.1.1 条确定。

（2）裂缝最大宽度和挠度验算

肋柱和板均应按《混凝土结构设计规范》GB 50010—2010 第 7.4 节进行裂缝最大宽度和挠度验算。

① 荷载效应的准永久组合形式（组合中设计值仅仅适合于荷载与荷载效应为线性的情况）。

$$S = S_{Gk} + \sum_1^n \psi_{qi} S_{Qik} \tag{8-7}$$

式中　S——荷载效应组合的设计值；

　　　S_{Gk}——按永久荷载标准值计算的荷载效应值；

　　　S_{Qik}——按可变荷载标准值计算的荷载效应值；

　　　ψ_{qi}——可变荷载的准永久系数，参考《建筑结构荷载规范》GB 50009—2012 的规定，如果没有活载则采用标准组合。

② 正常使用极限状态按下式验算：

$$S \leqslant C \tag{8-8}$$

式中　C——结构或结构构件达到正常使用要求的规定限值，在肋柱和板的设计中为变形（挠度）和裂缝宽度。

③ 裂缝宽度和最大挠度验算

肋柱和挡土板的最大裂缝宽度计算按《混凝土结构设计规范》GB 50010—2010 第 8.1.2 条执行。按《混凝土结构设计规范》GB 50010—2010 公式（8.1.3-3）计算裂缝宽度。按荷载效应的标准组合计算的钢筋混凝土构件纵向受拉钢筋的应力的等效应力，公式如下：

$$w_{\max} = \alpha_{cr} \psi \frac{\sigma_{sk}}{E_s} \left(1.9c + 0.08 \frac{d_{eq}}{\rho_{te}} \right) \tag{8-9}$$

$$\psi = 1.1 - 0.65 \frac{f_{tk}}{\rho_{te} \sigma_{sk}} \tag{8-10}$$

$$\sigma_{sk} = \frac{M_k}{0.87 h_0 A_s} \tag{8-11}$$

$$d_{eq} = \frac{\sum n_i d_0^2}{\sum n_i V_i d_i} \tag{8-12}$$

$$\rho_{te} = \frac{A_s}{A_{te}} \tag{8-13}$$

式中　α_{cr}——构件受力特征系数，受弯构件为 2.1；

$\quad\ \psi$——裂缝间纵向受拉钢筋应变不均匀系数，当 $\psi < 0.2$ 时，取 0.2；当 $\psi > 0.1$ 时，取 0.1；直接承受重复荷载时，取 0.1；

$\quad \sigma_{sk}$——纵向受拉钢筋的等效应力；

$\quad\ M_k$——按荷载效应标准组合计算的弯矩；

$\quad\ E_s$——钢筋弹性模量，按《混凝土结构设计规范》GB 50010—2010 表 4.2.4 采用；

$\quad\quad c$——最外层纵向受拉钢筋净保护层厚度，当 $c < 20\text{mm}$ 时，取 20mm；当 $c > 65\text{mm}$ 时，取 65mm；保护层厚度还应满足《铁路混凝土结构耐久性设计暂行规定》铁建设 [2005] 157 号中的规定；

$\quad \rho_{te}$——按有效受拉混凝土截面面积计算的纵向受拉钢筋配筋率；在最大裂缝宽度计算中，当 $\rho_{te} \leqslant 0.01$ 时，取 0.01；

$\quad\ f_{tk}$——混凝土轴心抗拉强度标准值；

$\quad A_{te}$——有效受拉混凝土截面面积，对受弯构件取 $A_{te} = 0.5bh + (b_f - b)h_f$，此处，$b_f$、$h_f$ 为受拉翼缘的宽度、高度；

$\quad\ A_s$——受拉纵向非预应力钢筋面积；

$\quad\ h_0$——截面有效高度；

$\quad d_{eq}$——受拉区纵向钢筋的等效直径 (mm)；

$\quad\ d_i$——受拉区第 i 种纵向钢筋的公称直径 (mm)；

$\quad\ n_i$——受拉区第 i 种纵向钢筋的根数；

$\quad\ V_i$——受拉区第 i 种纵向钢筋的粘结特性系数，受弯构件为 2.1。

最大裂缝宽度应满足：

$$w_{\max} \leqslant w_{\lim} \tag{8-14}$$

式中　$w_{\lim}$——最大裂缝宽度限值，按《混凝土结构设计规范》GB 50010—2010 第 3.3.4 条采用，一般为 0.2mm。

当裂缝宽度不满足要求时,应减小钢筋直径或增大钢筋的配筋率。对于槽形板,因为钢筋根数受到限制,一般采用增大用钢量的方法。对于矩形板和肋柱,当主筋直径大于最小直径时,如果选择小直径钢筋能布置下,可优先选择减小直径的方式;反之,增大用钢量。

8.3.2 锚杆结构设计

灌浆锚杆设计包括锚杆截面、锚杆长度和锚杆头部连接设计三部分。

(1) 锚杆的正截面承载力计算

锚杆按轴心受拉构件考虑,锚杆的截面设计需要决定每层锚杆所用钢筋的根数和直径,并根据钢筋和灌浆管的尺寸决定钻孔的直径。锚杆的根数不大于 3 根。正截面设计按极限状态法计算,计算的方法较多,以下介绍几种常用的方法。

① 按《铁路路基支挡结构设计规范》TB 10025—2006 计算

$$A_s = \frac{KN}{f_y} \tag{8-15}$$

式中　A_s —— 钢筋的截面面积（mm^2）；

　　　K —— 荷载安全系数,可采用 2.0~2.2；

　　　N —— 锚杆轴向拉力（N）；

　　　f_y —— 钢筋的抗拉设计强度（N/mm^2）。

② 按《建筑边坡工程技术规范》GB 50330—2013 第 8.2 节的有关公式计算

锚杆轴向拉力标准值与设计值可按下式计算：

$$N_{ak} = \frac{H_{tk}}{\cos\alpha} \tag{8-16}$$

式中　N_{ak} —— 相应于作用的标准组合时锚杆所受轴向拉力（kN）；

　　　H_{tk} —— 锚杆的水平拉力标准值（kN）；

　　　α —— 锚杆倾角（°）；

普通钢筋锚杆的钢筋截面面积,应按下式计算：

$$A_s \geqslant \frac{K_b N_{ak}}{f_y} \tag{8-17}$$

预应力锚索锚杆的截面面积,应按下式计算：

$$A_s \geqslant \frac{K_b N_{ak}}{f_{py}} \tag{8-18}$$

式中　A_s —— 钢筋的截面面积（m^2）；

　　f_y、f_{py} —— 普通钢筋或预应力钢绞线抗拉设计强度（kPa）；

　　　K_b —— 锚杆杆体抗拉安全系数,可参照《建筑边坡工程技术规范》GB 50330—2013 表 8.2.2 取值。

(2) 锚杆长度

锚杆长度包括非锚固长度和有效锚固长度。设计锚杆长度时,应根据岩石类别、强度、节理、风化程度等多种因素考虑决定。非锚固长度应根据肋柱与主动破裂面或滑动面的实际距离确定。有效锚固段的长度 L_a 的计算，根据锚杆的拉力，可按极限状态法或容许应力法，根据锚杆的拉力、锚固体与锚孔壁之间的抗剪强度、锚杆与砂浆间的粘结力确定。有效锚固长度，在岩层中不宜小于 4.0m，但也不宜大于 10m。下面分别介绍几种计算方法。

① 按现行《铁路路基支挡结构设计规范》TB 10025—2006 计算

按锚固体与孔壁的抗剪强度确定锚固段长度。

在软质岩或风化岩层中，锚孔壁对砂浆的抗剪强度一般低于砂浆对钢拉杆的粘结力。因此，软质岩及风化岩层中的锚杆极限抗拔力受孔壁抗剪强度所控制。已有的拉拔试验资料表明软质岩和风化岩层的极限抗拔力数值相差很大，主要是抗拔强度受到许多条件和地质因素（如岩层的性质、埋藏深度、地下水、不同灌浆方法等）的影响。因此风化岩层作为锚固层时，要求在施工前应进行现场拉拔试验。若无试验资料，在初步设计时参考表 8-2 采用。

$$L_a = \frac{KN_t}{\pi D f_{rb}} \tag{8-19}$$

式中　L_a——锚固段长度（mm）；

N_t——锚杆轴向拉力设计值；

K——安全系数，取 2.0～2.5；

D——锚固体直径（mm）；

f_{rb}——水泥砂浆与岩石孔壁间的粘结强度设计值，按表 8-2 取值。

锚孔壁与注浆体之间粘结强度设计值　　　　表 8-2

岩土种类	岩土状态	孔壁摩擦阻力（MPa）	岩石单轴饱和抗压强度（MPa）
岩石	硬岩及较硬岩	1.0～2.5	>15～30
	较软岩	0.6～1.0	15～30
	软岩	0.3～0.6	5～15
	极软岩及风化岩	0.15～0.3	<5
黏性土	软塑	0.03～0.04	
	硬塑	0.05～0.06	
	坚硬	0.06～0.07	
粉土	中密	0.1～0.15	
砂土	松散	0.09～0.14	
	稍密	0.16～0.20	
	中密	0.22～0.25	
	密实	0.27～0.40	

注：1. 锚孔壁与水泥砂浆之间的粘结强度设计值应进行现场拉拔试验确定。当无试验资料时，参考此表选用，但施工时应进行拉拔验证。

2. 有可靠的资料和经验时，可不受本表限制。

锚杆与砂浆之间的粘结力采用如下公式进行验算：

$$L_a = \frac{KN_t}{n\pi d\xi f_b} \tag{8-20}$$

式中　f_b——水泥砂浆与钢筋间的粘结强度设计值，按表 8-3 取值；

　　　d——单根钢筋直径（mm）；

　　　n——钢筋根数；

　　　ξ——采用两根或两根以上钢筋时，界面粘结强度降低系数，取 0.60～0.85。

钢筋、钢绞线与水泥砂浆之间的粘结强度设计值（MPa）　表 8-3

锚杆类型	水泥浆或水泥砂浆强度等级	
	M30	M35
水泥砂浆与螺纹钢筋或带肋钢筋间	2.40	2.70
水泥砂浆与钢绞线、高强钢丝间	2.95	3.40

注：1. 当采用两根钢筋点焊成束时，粘结强度应乘折减系数 0.85。

　　2. 当采用三根钢筋点焊成束时，粘结强度应乘折减系数 0.65。

② 按《建筑边坡工程技术规范》（GB 50330—2013）计算锚固段长度

（a）锚固体与孔壁的抗剪强度确定的锚固段长度按如下公式计算：

$$l_a \geqslant \frac{KN_{ak}}{\pi \cdot D \cdot f_{rbk}} \tag{8-21}$$

式中　N_{ak}——锚杆轴向拉力标准值（kN）；

　　　l_a——锚杆锚固段长度（m）；

　　　D——锚固体（锚孔）直径（m）；

　　　K——锚杆锚固体抗拔安全系数，对于临时性锚杆，一级边坡取 2.0，二级边坡取 1.8，三级边坡取 1.6；对于永久性锚杆，一级边坡取 2.6，二级边坡取 2.4，三级边坡取 2.2；

　　　f_{rbk}——岩土层与锚固体极限粘结强度标准值（kPa），应通过试验确定；当无实验资料时可按表 8-4 和表 8-5 取值。

岩石与锚固体极限粘结强度标准值　表 8-4

岩石类别	f_{rbk} 值（kPa）	岩石类别	f_{rbk} 值（kPa）
极软岩（$f_r < 5$MPa）	270～360	较硬岩（30MPa$\leqslant f_r < 60$MPa）	1200～1800
软岩（5MPa$\leqslant f_r < 15$MPa）	360～760	坚硬岩（$f_r \geqslant 60$MPa）	1800～2600
较软岩（15MPa$\leqslant f_r < 30$MPa）	760～1200		

注：1. 表中数据适用于注浆标号 M30。

　　2. 表中数据仅适用于初步设计，施工时应通过试验检验。

　　3. 岩体结构面发育时，取表中下限值。

　　4. 表中 f_r 为岩石天然单轴抗压强度。

土体与锚固体极限粘结强度标准值　　　　　　　　　表 8-5

土层种类	土的状态	f_{rb} 值（kPa）
黏性土	坚硬	65~100
	硬塑	50~65
	可塑	40~50
	软塑	20~40
砂土	稍密	100~140
	中密	140~200
	密实	200~280
碎石土	稍密	120~160
	中密	160~220
	密实	220~300

注：1. 表中数据适用于注浆强度等级为 M30。

2. 表中数据仅适用于初步设计，施工时应通过试验检验。

（b）按锚杆钢筋与锚固砂浆间的黏结强度确定锚固段长度：

$$l_{a} \geqslant \frac{KN_{ak}}{n\pi d f_{b}} \qquad (8-22)$$

式中　l_{a} ——锚杆锚固段长度（m）；

　　　N_{ak} ——锚杆轴向拉力标准值（kN）；

　　　K ——锚杆锚固体抗拔安全系数；

　　　n ——锚杆钢筋根数；

　　　d ——锚杆钢筋直径（m）；

　　　f_{b} ——钢筋与锚固砂浆间的粘结强度设计值（kPa），宜由试验确定；当缺乏试验
　　　　　　资料时，可按表 8-6 采用。

钢筋与砂浆粘结强度设计值 f_{b}（kPa）　　　　　　　表 8-6

锚杆类型	水泥砂浆强度等级		
	M25	M30	M35
水泥砂浆与螺纹钢筋间	2100	2400	2700
水泥砂浆与钢绞线、高强钢丝间	2750	2950	3400

注：1. 当采用两根钢筋点焊成束时，黏结强度应乘以 0.85 折减系数。

2. 当采用三根钢筋点焊成束时，黏结强度应乘以 0.70 折减系数。

3. 成束钢筋的根数不应超过三根，钢筋总面积不应超过锚孔面积的 20%。当锚固段材料和注浆材料采用特殊设计，并经试验验证锚固效果良好时，可适当增加钢筋用量。

8.3.3　连接部分的结构设计

（1）杆与肋柱的连接采用螺栓连接时，应根据锚杆的设计拉力，选择螺杆直径和螺母尺寸。常用的标准螺杆直径与螺母尺寸可参见有关的机械零件手册。

（2）肋柱和锚杆的连接部分应按现行《混凝土结构设计规范》GB 50010—2010 规定进行局部受压承载力计算。

8.4 理正岩土设计流程及参数详解

运行理正岩土软件，选择【挡土墙设计】如图8-6（a）所示的工程计算内容对话框，其功能是选择挡土墙形式和工程行业。可选择【其他行业】、【公路行业】、【铁路行业】、【水利行业】，如图8-6（b）所示，选择完成点击【确认】则可进入工程操作界面。

(a)　　　　　　　　　　　　　　(b)

图8-6　挡土墙选择类型窗口

运行理正岩土软件，选择【建坡挡土墙】如图8-7（a）所示的工程计算内容对话框，其功能是建筑边坡挡土墙的计算，其中锚杆挡墙有排桩式、板肋式和格构式三种可供选择，如图8-7（b）所示，选择完成点击【确认】则可进入工程操作界面。

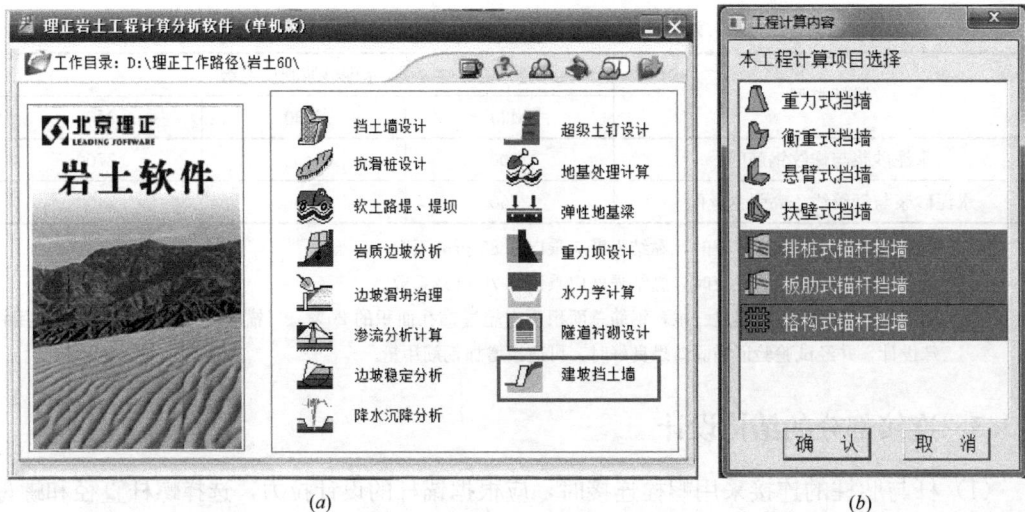

(a)　　　　　　　　　　　　　　(b)

图8-7　建坡挡土墙类型选择窗口

8.4.1　交通行业锚杆式挡土墙设计

在工程操作界面点击【增】命令，程序将显示对话框界面，选择例题后点击确认，弹出如图 8-8 所示墙身尺寸输入界面。在该窗口可选择进行挡土墙的验算和自动设计两种操作。该对话框一共包括 4～5 个标签（公路 5 个标签，铁路、水利 4 个标签），分别对应挡土墙设计的 4～5 个方面的分析设计参数。下面分别对各个标签下属的参数输入作以说明。

注意：①有时自动设计会失败，这是因为某些给定的条件不合理造成的；

②有时自动设计成功后，某些安全系数仍不满足。这是因为本系统自动设计时考虑了多种工况，系统自动设计对各种工况只进行一次，当满足最后一个工况的安全系数时，前面的各个工况有时会出现不满足的情况。在这种情况下，用户参考系统设计结果手工调整。

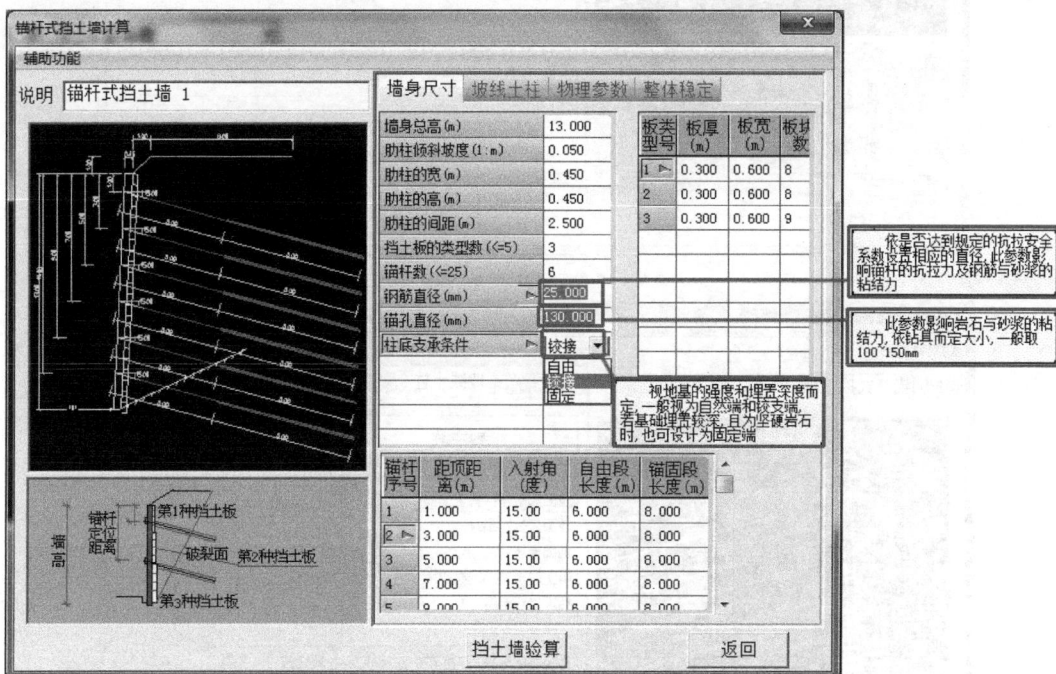

图 8-8　墙身尺寸输入界面

（1）墙身尺寸

选择【墙身尺寸】标签，程序将显示如图 8-8 所示的输入对话框界面。在该对话框界面中主要需要输入参数信息，前 9 项均为基本信息，读者自行输入，而且将鼠标放在参数输入栏，理正均有提示，这里不再赘述。下面主要介绍几个关键参数的输入。

柱底支撑条件：视地基的强度和埋置深度而定，软件此处有【自由】、【铰接】和【固定】三种支撑条件可选，一般视为自由端或铰支端，若基础埋置较深，且为坚硬岩石时，也可设计为固定端。

（2）坡线土柱

选择【坡线土柱】标签，【公路行业】程序将显示如图 8-9（a）、【铁路行业】程序将显示如图 8-9（b）所示的输入对话框界面。在该对话框界面中主要需要输入参数信息，

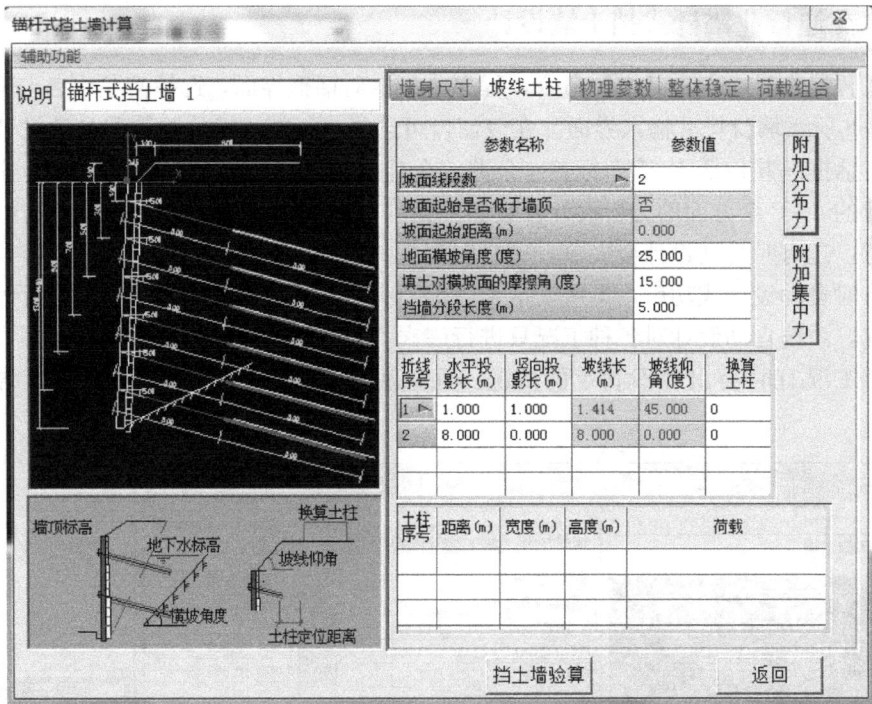

(a)

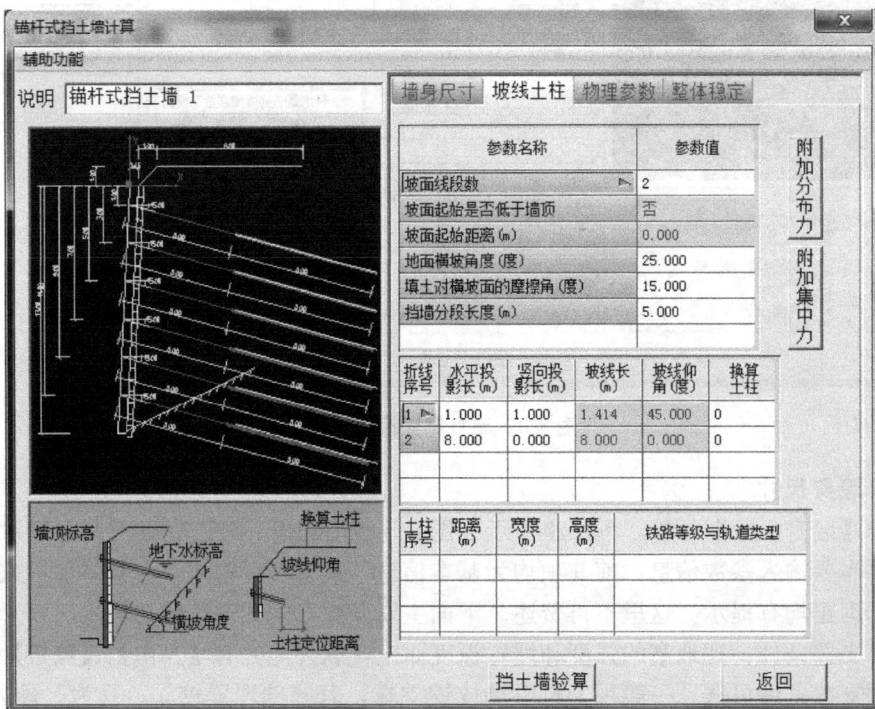

(b)

图 8-9　坡线土柱输入界面

(a) 公路行业坡线土柱输入界面；(b) 铁路行业坡线土柱输入界面

下面主要介绍关键参数的输入。

① 坡面线段数：墙后填土的破面形式，输入值≥1。

② 坡面起始是否低于墙顶：用于设置第一段坡面线的起始位移，默认选择【否】。

③ 地面横坡角度：土楔体计算时破裂面的起始角度，即只有横坡角以上土体才产生土压力的作用。地面横坡角度一般为岩石的坡度，当挡土墙后都为土体时可取 0，即按土压力最大情况考虑。即按土压力最大情况考虑。

④ 填土对横坡面的摩擦角：当破裂角位于桩背与地面横坡面之间时，计算土压力用墙后填土内摩擦角，当破裂角位于地面横坡面时，计算土压力用 15°。宜根据试验确定，当无试验资料时，黏性土与粉土可取 0.33φ，砂性土与碎石土可取 0.5φ。

⑤ 挡墙分段长度：按挡土墙的设缝间距划分，在公路行业影响车辆荷载的计算。

⑥ 附加分布力：用于模拟作用在挡土墙上的其他外力，还可以模拟墙前被动土压力。点击【附加分布力】命令，程序将显示如图 8-10（a）所示的输入对话框界面。点击【加入等效墙前被动土压力】命令，程序将显示如图 8-10（b）所示的输入对话框界面，输入相关参数，点击【确认】返回到 8-10（c）所示界面，再点击【返回】。

⑦ 附加集中力：用于模拟作用在挡土墙上的其他外力，还可以模拟墙前被动土压力。点击【附加集中力】命令，程序将显示如图 8-11（a）所示的输入对话框界面。点击【加入等效墙前被动土压力】命令，程序将显示如图 8-11（b）所示的输入对话框界面，输入相关参数，点击【确认】返回到如图 8-11（c）所示界面，再点击【返回】。

注意：荷载大小为作用在挡墙纵向一延米范围内的外力；附加外集中力表示沿挡土墙纵向方向上的一个线性局部荷载；坐标原点为墙的左上角点；力的角度方向以水平右向为 0°，逆时针旋转为正；荷载输入后在图形界面上有相应图示。

(3) 物理参数

选择【物理参数】标签，程序将显示如图 8-12 所示的输入对话框界面。在该对话框界面中主要需要输入参数信息，下面主要介绍关键参数的输入。

① 场地环境：分为一般、抗震、浸水三种类型，可相互结合。挡墙的场地环境不同，土压力计算方法不同，规范要求的安全系数也不同。

注意：当选择"浸水地区"时，在【坡线土柱】标签下会要求输入水位标高，如图 8-13 所示。

② 墙后填土类型：有"单层"和"多层"两种选择。当选择"多层"时，点击【土层】命令，程序将显示如图 8-14 所示的输入对话框界面。

注意：土压力调整系数可根据工程经验进行调整，如不调整，输入 1 即可。

③【土压力】：点击【土压力】命令，有三种主动土压力计算理论供用户选择，包括库仑、朗肯、静止。

④ 等效内摩擦角：因为黏聚力对土压力影响较大，必须保证任何情况下黏聚力均不降低才能使用，因此墙后填土如为黏性土，一般可采用等效内摩擦角的方法，把黏聚力的影响考虑在内摩擦角这一参数内。理正提供了三种计算方法供用户选择，分别是：铁路路基手册按土体抗剪强度相等原则计算；铁路路基手册按土压力相等原则计算；堤防规范提供的换算内摩擦角。

（a）输入黏聚力和内摩擦角数值

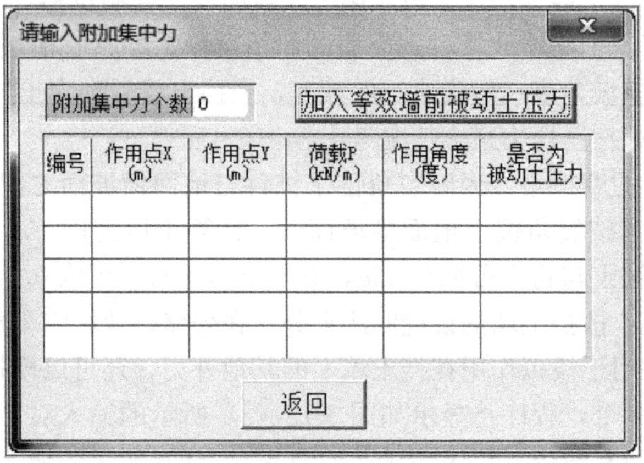

请输入附加集中力

附加集中力个数 0		加入等效墙前被动土压力			
编号	作用点X (m)	作用点Y (m)	荷载P (kN/m)	作用角度 (度)	是否为被动土压力

返回

(a)

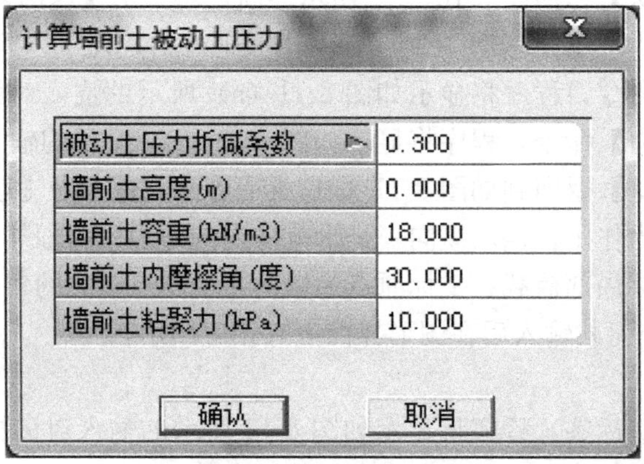

计算墙前土被动土压力

被动土压力折减系数	0.300
墙前土高度 (m)	0.000
墙前土容重 (kN/m3)	18.000
墙前土内摩擦角 (度)	30.000
墙前土粘聚力 (kPa)	10.000

确认   取消

(b)

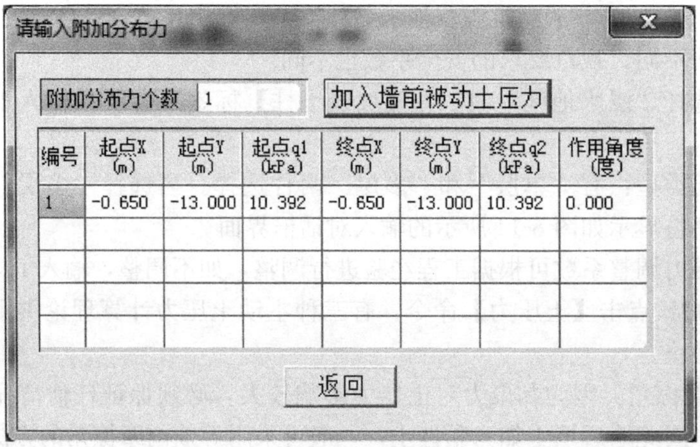

请输入附加分布力

附加分布力个数 1					加入墙前被动土压力		
编号	起点X (m)	起点Y (m)	起点q1 (kPa)	终点X (m)	终点Y (m)	终点q2 (kPa)	作用角度 (度)
1	-0.650	-13.000	10.392	-0.650	-13.000	10.392	0.000

返回

(c)

图 8-10　附加分布力输入界面

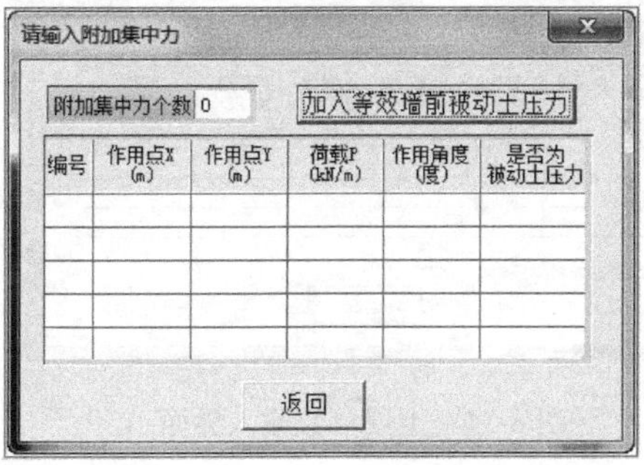

(*a*)

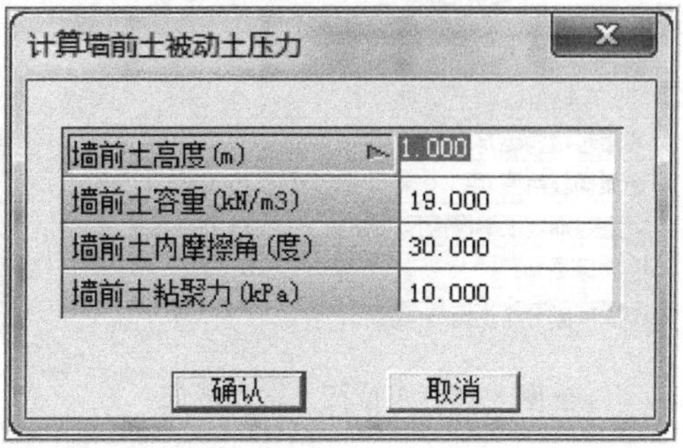

(*b*)

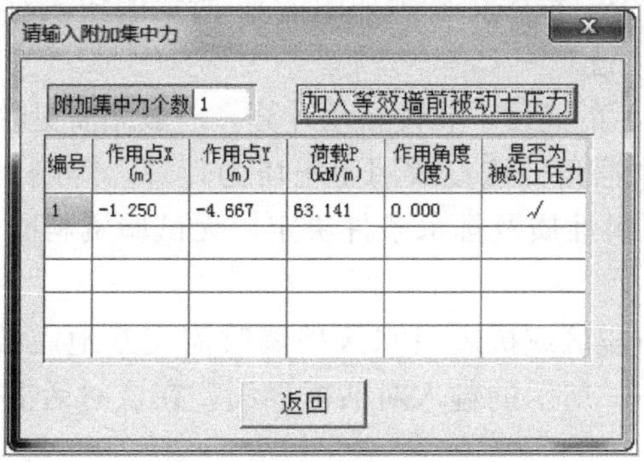

(*c*)

图 8-11 附加集中力输入界面

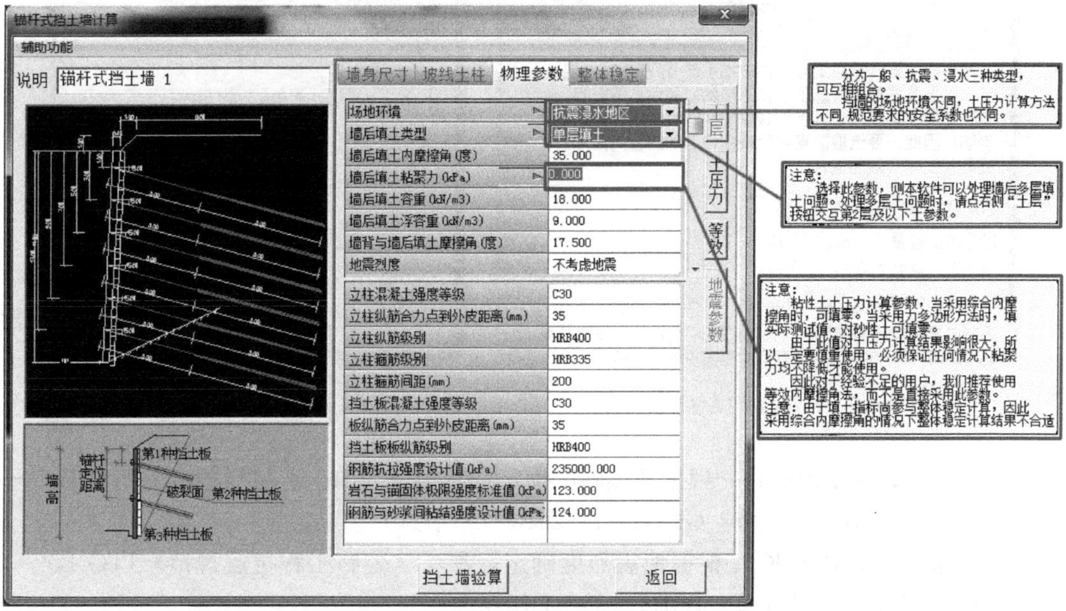

图 8-12 物理参数输入界面

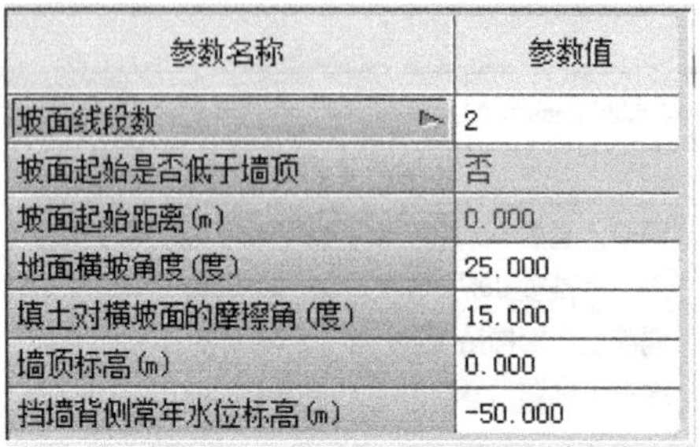

参数名称	参数值
坡面线段数	2
坡面起始是否低于墙顶	否
坡面起始距离 (m)	0.000
地面横坡角度 (度)	25.000
填土对横坡面的摩擦角 (度)	15.000
墙顶标高 (m)	0.000
挡墙背侧常年水位标高 (m)	-50.000

图 8-13 水位标高输入界面

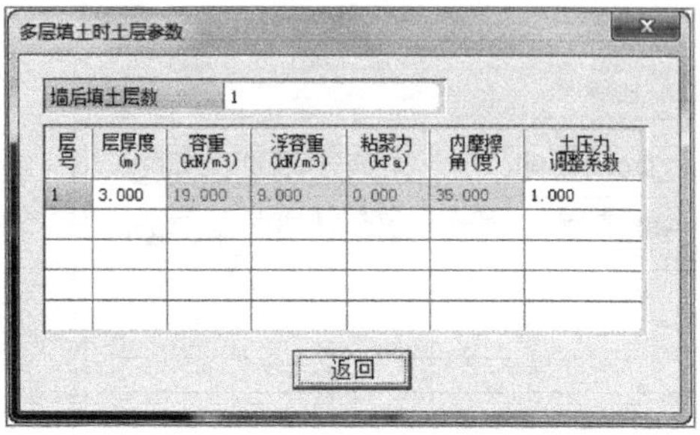

多层填土时土层参数

墙后填土层数 1

层号	层厚度 (m)	容重 (kN/m3)	浮容重 (kN/m3)	粘聚力 (kPa)	内摩擦角 (度)	土压力调整系数
1	3.000	19.000	9.000	0.000	35.000	1.000

返回

图 8-14 土层参数输入界面

（b）点击【等效】命令，程序将显示如图 8-15 所示的输入对话框界面。输入参数后依次点击【计算】＞【返回】。

注意：挡墙高度为墙后的高度，软件自动计算，一般无需更改。

⑤ 墙背与墙后填土摩擦角：该参数用于土压力计算，影响土压力大小及作用方向，取值由墙背粗糙程度和填料性质及排水条件决定，无试验资料时，可参见《公路设计手册 路基》。

⑥ 地震参数：选择抗震区或抗震浸水区挡墙时需交互地震参数。点击【地震参数】命令，程序将显示如图 8-16 所示的输入对话框界面。在该对话框界面中现主要需要输入如下设计参数信息。

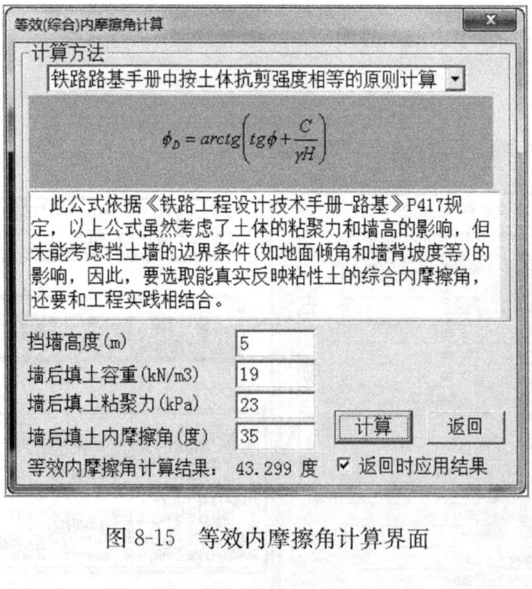

等效（综合）内摩擦角计算

计算方法

铁路路基手册中按土体抗剪强度相等的原则计算

$$\phi_D = arctg\left(tg\phi + \frac{C}{\gamma H}\right)$$

此公式依据《铁路工程设计技术手册-路基》P417规定，以上公式虽然考虑了土体的粘聚力和墙高的影响，但未能考虑挡土墙的边界条件（如地面倾角和墙背坡度等）的影响，因此，要选能真实反映粘性土的综合内摩擦角，还要和工程实践相结合。

挡墙高度 (m)	5
墙后填土容重 (kN/m3)	19
墙后填土粘聚力 (kPa)	23
墙后填土内摩擦角 (度)	35

计算   返回

等效内摩擦角计算结果：43.299 度   ☑ 返回时应用结果

图 8-15 等效内摩擦角计算界面

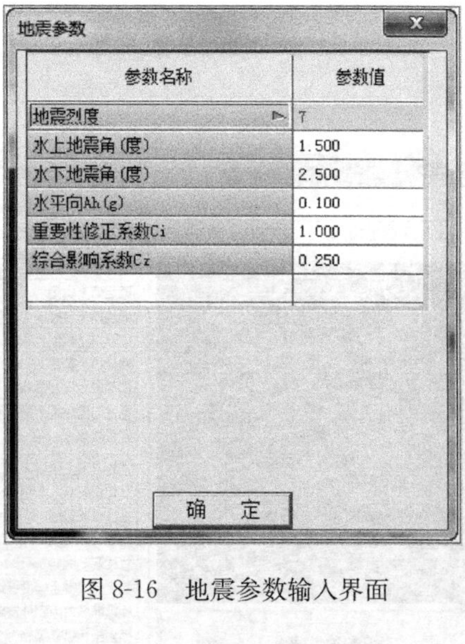

地震参数

参数名称	参数值
地震烈度	7
水上地震角 (度)	1.500
水下地震角 (度)	2.500
水平向Ah (g)	0.100
重要性修正系数Ci	1.000
综合影响系数Cz	0.250

确定

图 8-16 地震参数输入界面

（a）水上、水下地震角：根据地震烈度确定，参考《公路工程抗震规范》JTG B02—2013 和《建筑抗震设计规范》GB 50011—2010。

（b）水平地震系数 K_h：根据地震烈度确定，参考《公路工程抗震规范》JTG B02—2013 和《建筑抗震设计规范》（GB 50011—2010）。

（c）重要性修正系数 C_i：根据工程类别及等级确定，一般取 0.6～1.7。参考《公路工程抗震规范》JTG B02—2013。

（d）综合影响系数 C_z：一般取 0.25，参考《公路工程抗震规范》JTG B02—2013。

⑦ 地基土参数：

（a）地基土容重和修正后地基承载力特征值：由试验所得。

（b）基底摩擦系数：用于滑移稳定验算，无试验资料时参见《公路设计手册　路基》。

（c）地基浮力系数：基底浮力的调整系数；该参数参考《公路设计手册　路基》，其他行业可直接取 1.0。

（d）地基土类型和公路等级：根据具体工程而定。

（e）抗震基底容许偏心距：参见《铁路工程抗震设计规范》和《公路路基设计规范》。

（f）墙身地震力调整系数："1.0"。α 即为地震力调整系数，可根据经验调整地震力作用，如不需要调整，输入 1.0。

（g）地基强度和偏心距验算时：对基底宽度有"斜面长度作为基础底"和"水平投影长作为基础底"两种考虑方法，两种方法计算结果不相同，读者可根据个人习惯选用。

（4）整体稳定

选择【整体稳定】标签，程序将显示如图 8-17 所示的输入对话框界面。在该对话框界面中主要需要输入参数信息，下面主要介绍关键参数的输入。

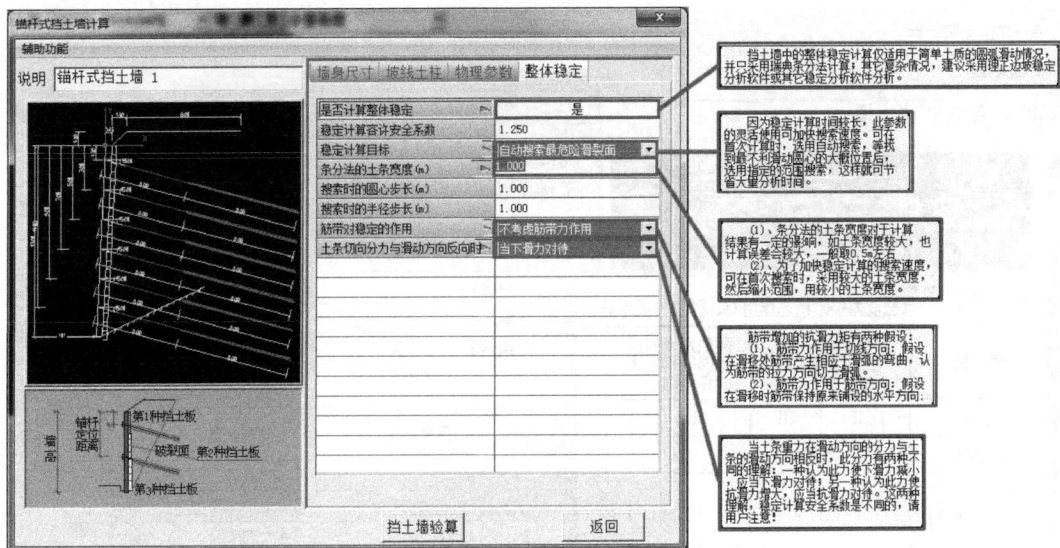

图 8-17　整体稳定输入界面

① 稳定计算容许安全系数：不小于 1.25。

② 稳定计算目标：自动搜索、给定圆心范围、给定圆心半径、给定圆心四种选择。通常选择自动搜索最危险滑裂面。

③ 土条宽度、圆心步长、半径步长：参数越小越精确，但会影响计算速度。默认为取"1"。

条分法的土条宽度，有如下规定：

（a）条分法的土条宽度对于计算结果有一定的影响，如土条宽度较大，计算误差也会越大，一般取 0.5m 左右。

(b) 为了加快稳定计算的搜索速度，可在首次搜索时，采用较大的土条宽度，然后缩小范围，采用较小的土条宽度。

④ 筋带对稳定的作用：筋带力沿圆弧切向、筋带力沿筋带方向、不考虑筋带作用三种选择。筋带增加的抗滑力矩有两种假设：筋带力作用于切线方向（假设在滑移处筋带产生相应于滑弧的弯曲，认为筋带的拉力方向切于圆弧），筋带力作用于筋带方向（假设在滑移时筋带保持原来铺设的水平方向）。

⑤ 土条切向分力与滑动方向反向时：此分力有两种不同的理解：

(a) 认为此力使下滑力减小，应当下滑力对待；

(b) 认为此力使抗滑力增大，应当抗滑力对待。

这两种理解，稳定计算安全系数是不同的，选择前者安全系数较小，偏于保守。

(5) 荷载组合

对于公路行业的锚杆式挡土墙设计，还可以选择【荷载组合】标签，程序将显示如图8-18 所示的输入对话框界面。在荷载组合时有三种组合，具体组合方式以及组合系数和分项系数参考《公路路基设计规范》JTG D30—2015 表 5.4.2-1 和《建筑边坡工程技术规范》GB 50330—2013 第 3.3.2-4 条。

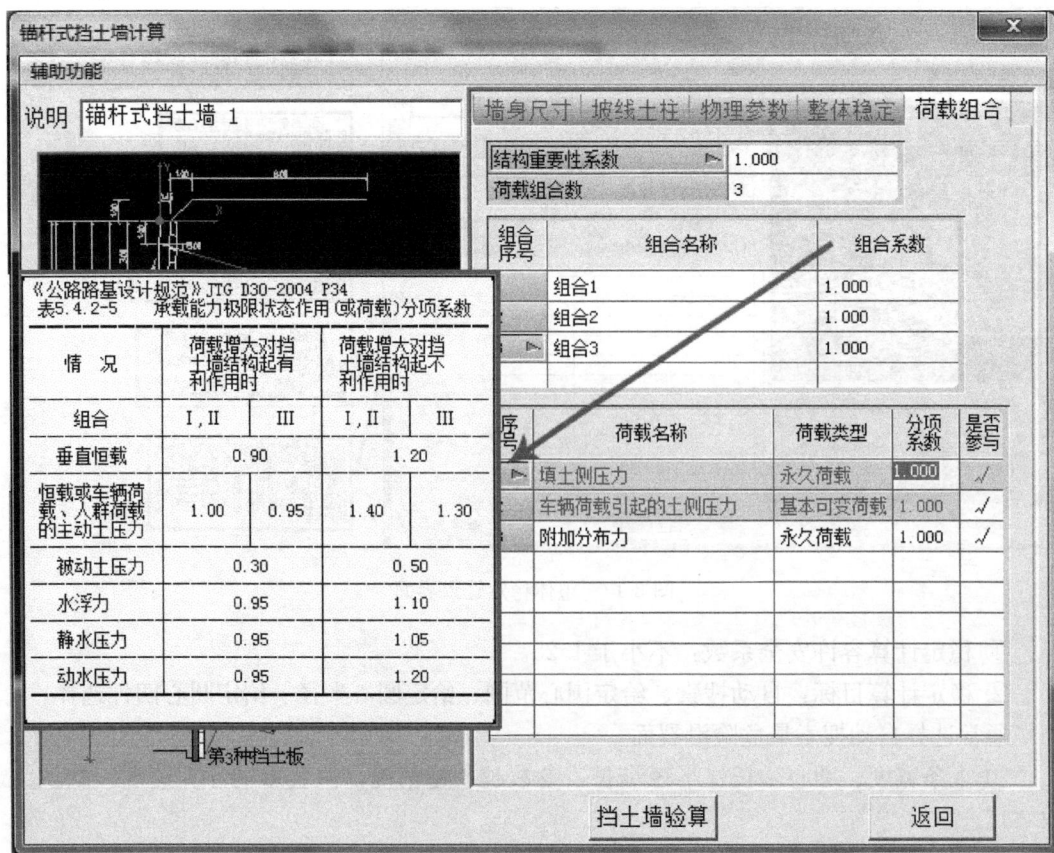

图 8-18　荷载组合输入界面

　　完成以上 6 步操作，一个锚杆式挡土墙的模型已建立完成，点击【挡土墙验算】命令，程序将按照设计人员提交的控制参数信息开始挡土墙验算。

　　计算结果查询界面分为左右两个窗口，左侧窗口用于查询图形结果，包括计算简图、土压力计算结果和稳定计算结果，点击【图形查询】>【显示简图存为 DXF 文件】可存成 dxf 文件以便在 AutoCAD 中打开。右侧窗口用于查询文字结果，包括原始条件和计算结果，在显示窗口鼠标右键选择存成 rtf 文件，用 word 打开，或存成 txt 文本文件，如图 8-19 所示。

　　注意：当验算结果显示蓝色表明满足要求，如为红色则表明不满足要求，需调整参数。

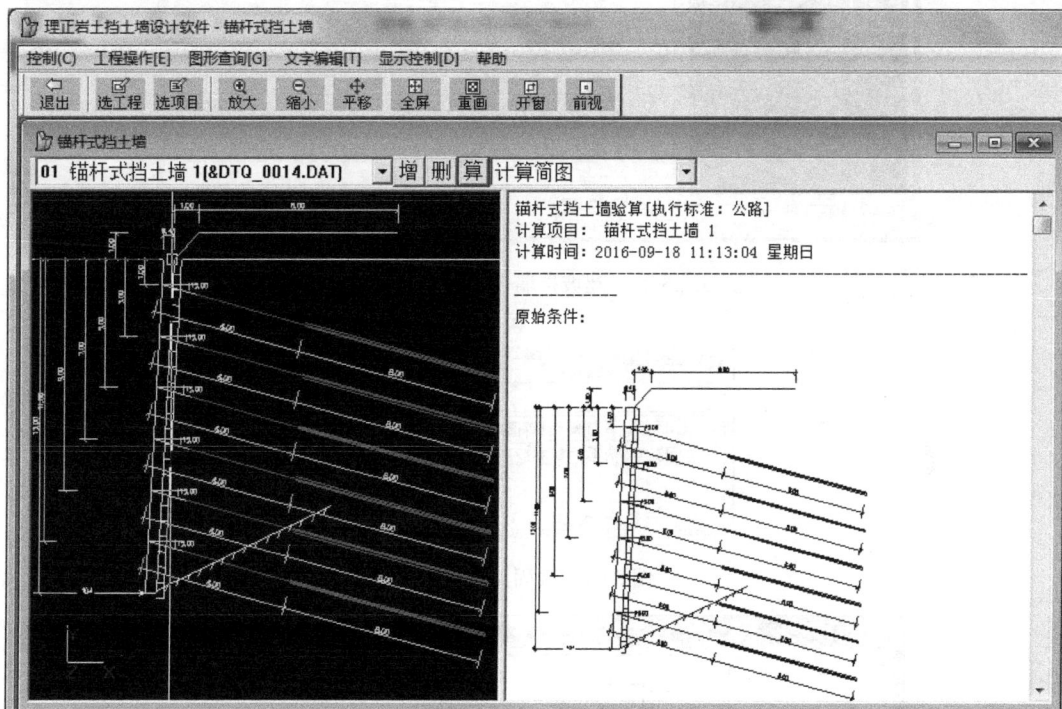

图 8-19　结果查询窗口

8.4.2　建坡排桩式锚杆挡墙

（1）基本信息

　　选择【基本信息】标签，程序将显示如图 8-20 所示的输入对话框界面。在该对话框界面中主要需要输入参数信息，边坡类型分为土质边坡及岩质边坡可选。而边坡等级会影响结构重要性系数，对于一级边坡结构重要性系数为 1.1，而二级边坡结构重要性系数为 1.0。

　　立柱嵌入深度：点击右侧按钮自动计算嵌入深度，如图 8-21 所示，可选择静力平衡法或等值梁法。岩土压力按朗肯公式计算。有一道或多道锚杆时，按《建筑边坡工程技术规范》GB 50330—2013 附录 F 计算，无锚杆时按满足抗倾覆要求计算。计算模型图如图8-22 所示。

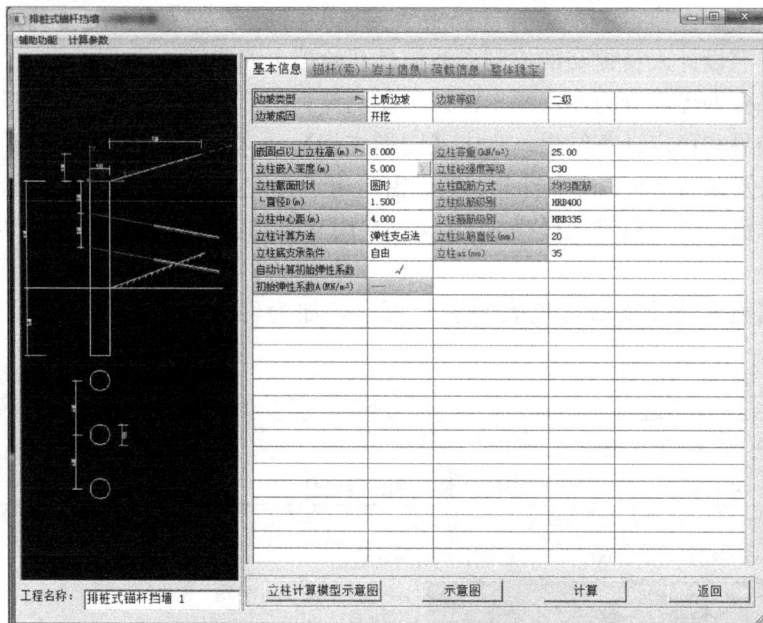

图 8-20　建坡挡墙设计基本信息

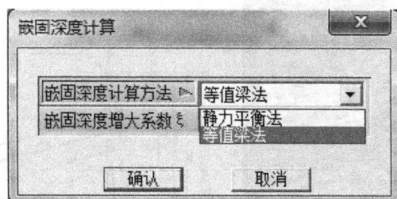

图 8-21　嵌固深度计算

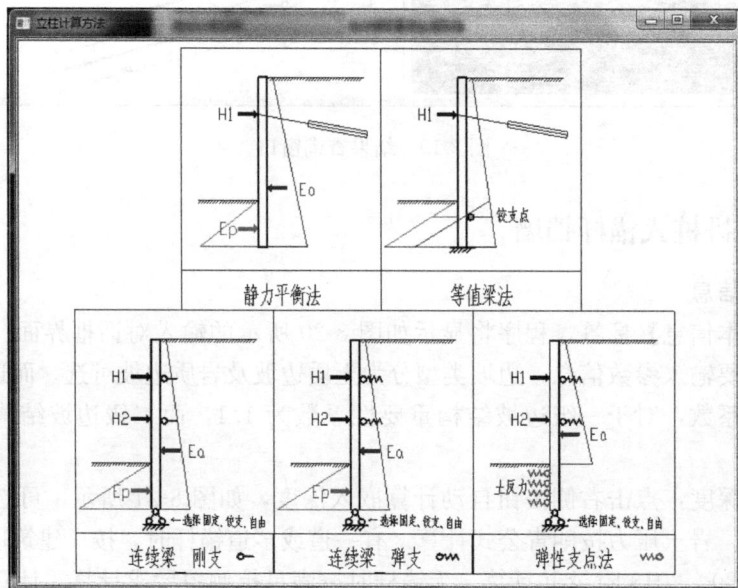

图 8-22　立柱计算模型示意图

其他各项信息读者自行输入，将鼠标放在参数输入栏，理正均有提示，这里不再赘述。实际计算图例示意图如图 8-23 所示。

(2) 锚杆（索）

选择【锚杆（索）】标签，程序将显示如图 8-24 所示的输入对话框界面。在该对话框界面中主要需要输入参数信息，基本信息请读者按照实际给定参数自行输入。

在该界面中可选择是否考虑开挖工况。当考虑开挖工况时，每一个工况独立计算，不考虑各个工况之间的影响，即支锚点的侧向位移不可逆转，每一工况计算的支锚点位移不能小于前一阶段计算结果，也不能出现反向位移（全量法）。

(3) 岩土信息

选择【岩土信息】标签，程序将显示如

图 8-23　建坡挡墙计算图例示意图

图 8-25 所示的输入对话框界面。在该对话框界面中主要需要输入参数信息，基本信息请读者按照实际给定参数自行输入，下面主要介绍关键参数的输入。

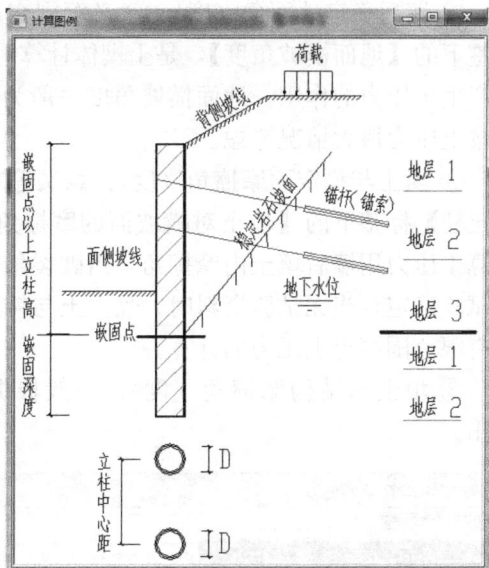

图 8-24　锚杆（索）输入界面

① 墙后稳定地面角（度）：意义等同交通行业锚杆式挡土墙计算界面内【坡线土柱】标签下的【地面横坡角度】，是土楔体计算时破裂面的起始角度，即只有横坡角以上土体才产生土压力的作用。地面横坡角度一般为岩石的坡度，当挡土墙后都为土体时可取 0，即按土压力最大情况考虑。

② 填土与稳定面摩擦角（度）：意义等同于同交通行业锚杆式挡土墙计算界面内【坡线土柱】标签下的【填土对横坡面的摩擦角】，当破裂角位于桩背与地面横坡面之间时，计算土压力用墙后填土内摩擦角，当破裂角位于地面横坡面时，计算土压力用 15°。宜根据试验确定，当无试验资料时，黏性土与粉土可取 0.33φ，砂性土与碎石土可取 0.5φ。用于有限范围填土土压力的计算。

③ 填土与结构摩擦角（度）：一般根据规范或经验确定，地质勘察报告中一般会给出。

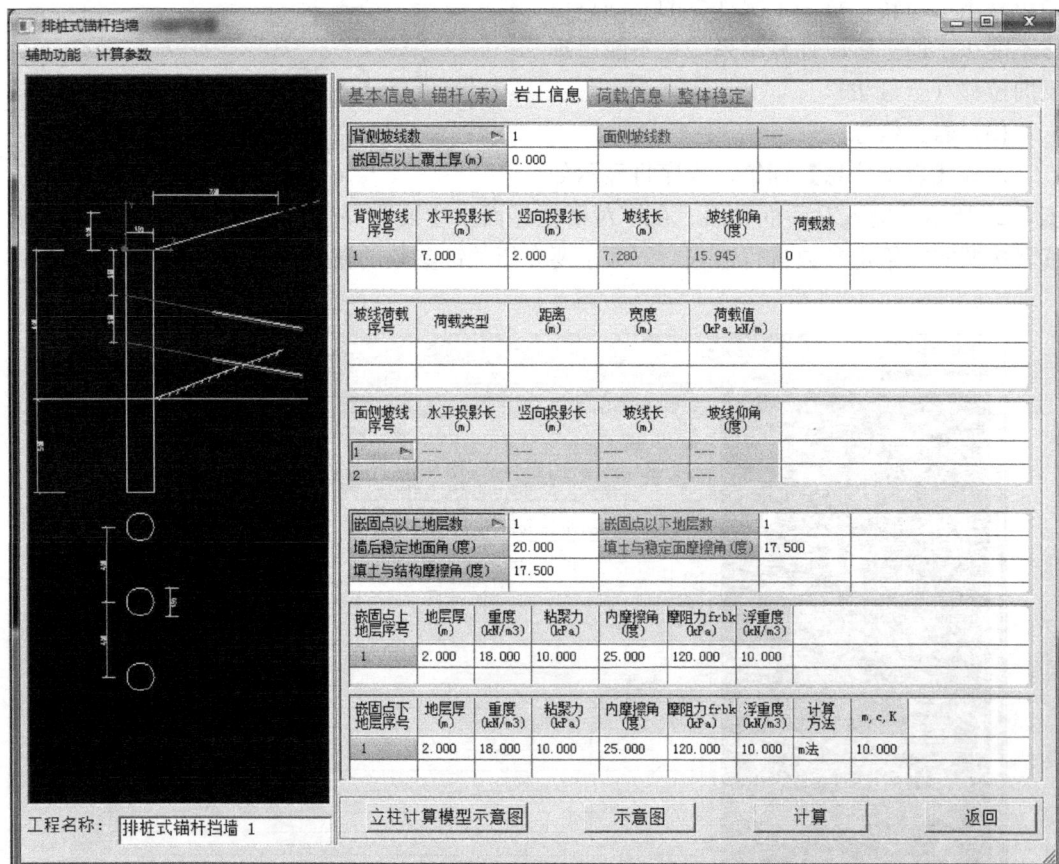

图 8-25　岩土信息输入界面

(4) 荷载信息

选择【荷载信息】标签，程序将显示如图 8-26 所示的输入对话框界面。在该对话框界面中主要需要输入参数信息，下面主要介绍关键参数的输入。

① 场地环境：有一般地区、浸水地区、一般抗震地区和浸水抗震地区四种可选。

注意：当选择"一般抗震地区"或"浸水抗震地区"时，在【地震参数】标签下会要

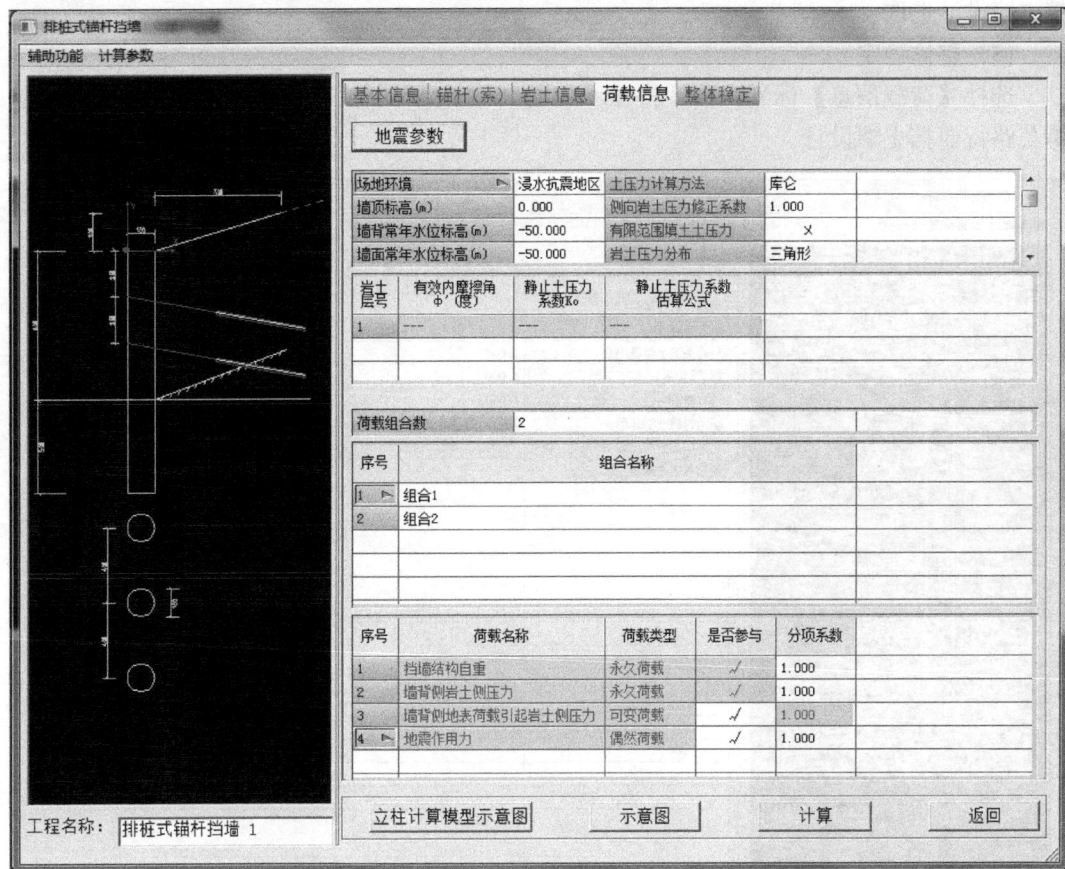

图 8-26　荷载信息输入界面

求输入以下信息，如图 8-27 所示。当选择"浸水地区"或"浸水抗震地区"时还需输入墙背常年水位标高和墙面常年水位标高。

（a）水上、水下地震角：根据地震烈度确定，参考《公路工程抗震规范》JTG B02—2013 附录 A。

（b）水平地震系数 K_h：根据地震烈度确定，参考《建筑抗震设计规范》GB 50011—2010 表 5.1.4-1。

（c）重要性修正系数 C_i：一般取 $0.6 \sim$ 1.7。参考《公路工程抗震规范》JTG B02—2013 表 3.2.2。

（d）综合影响系数 C_z：一般取 1.0，参考《公路工程抗震规范》JTG B02—2013 第 8.2.6 条。

② 岩土压力分布：可选三角形或上三角下矩形，读者可根据实际情况自行选择。

③ 荷载组合及分项系数：参考公路行业

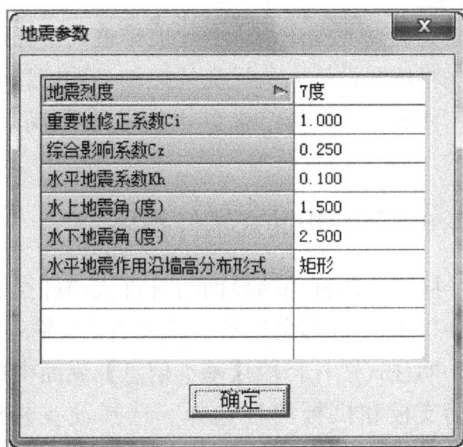

图 8-27　地震参数界面

挡土墙设计选取。

(5) 整体稳定

选择【荷载信息】标签，程序将显示如图 8-28 所示的输入对话框界面。该对话框参考公路行业挡土墙设计。

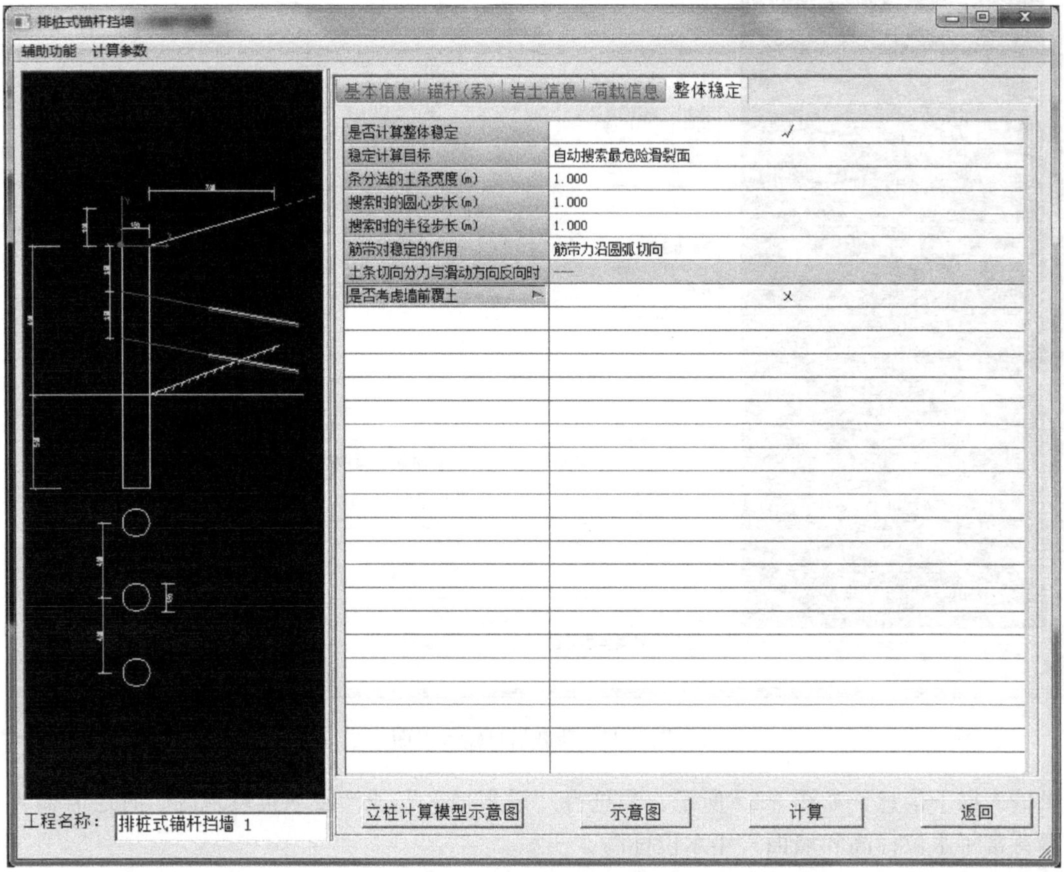

图 8-28　整体稳定对话框

完成以上操作，一个建坡排桩式锚杆挡土墙的模型已设计完成，点击【计算】命令，程序将按照设计人员提交的控制参数信息开始挡土墙验算。

注意：当验算结果显示蓝色表明满足要求，如为红色则表明不满足要求，需调整参数。

8.4.3　建坡板肋式锚杆挡墙

肋柱式锚杆挡墙界面与排桩式锚杆挡墙界面基本相同，区别仅在于【基本信息】，如图 8-29 所示。其余参考排桩式挡土墙输入。

肋柱式锚杆挡墙【基本信息】界面中可选择是否需要挡板，如勾选挡板，板计算模型有简支板和拱板两种选择。选择简支板时界面如图 8-29 所示；选择拱板时，界面如图 8-30 所示，在该界面中对拱脚约束有简支和双铰两种可供选择，读者可根据需要自行选择。

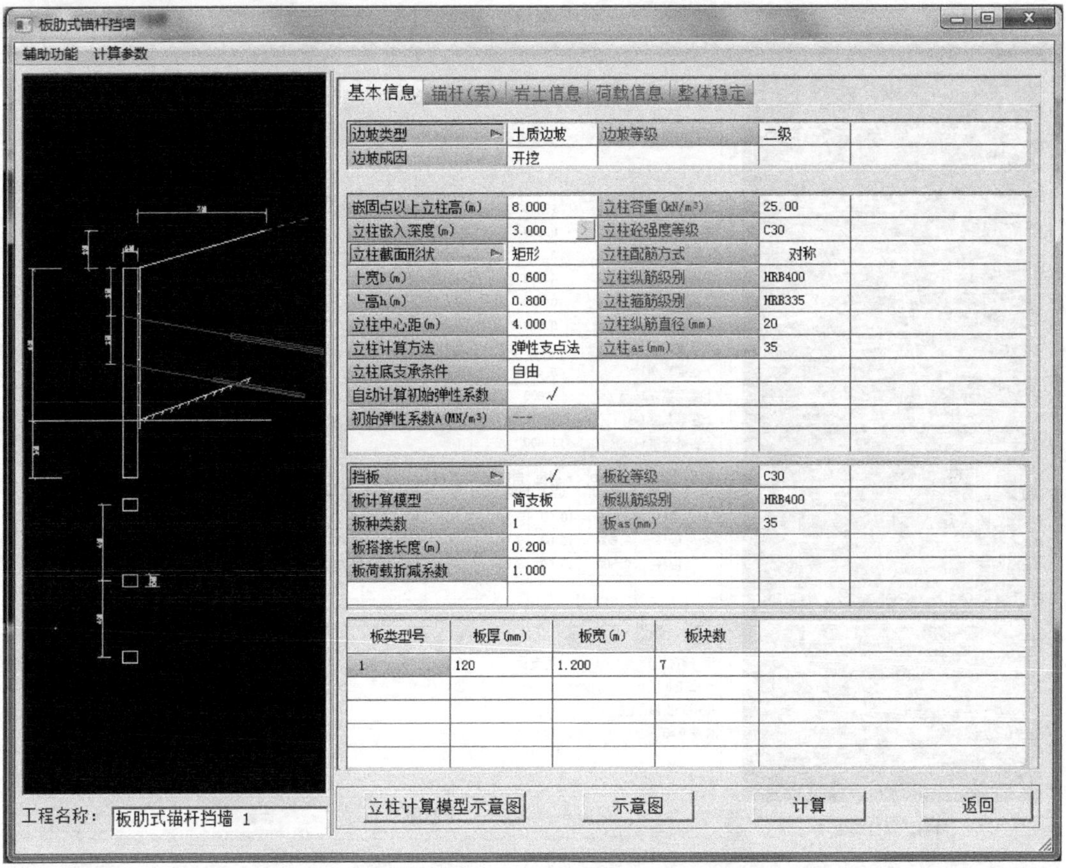

图 8-29　肋柱式锚杆挡墙基本信息输入界面

挡板		√	板砼等级	C30
板计算模型		拱板	板纵筋级别	HRB400
拱脚约束	▷	简支	板as(mm)	35
板种类数		1		
板搭接长度(m)		0.200		
板荷载折减系数		1.000		

图 8-30　拱板输入界面

8.4.4　建坡格构式锚杆挡墙

格构式锚杆挡墙输入界面仅有【基本信息】、【岩土信息】、【荷载信息】和【整体稳定】四个标签，相比于肋柱式锚杆挡墙和排桩式锚杆挡墙少了【锚杆（索）】，如图 8-31 所示。下面仅介绍与之不同的【基本信息】界面。

在【基本信息】界面，同肋柱式锚杆挡墙可选择是否需要挡板，如勾选挡板，板计算模型有简支板、连续板和拱板三种选择。选择简支板时界面如图 8-31 所示；当选择连续板时，界面如图 8-32 所示；当选择拱板时如图 8-33 所示，在该界面中拱脚约束可选择简支或双铰。

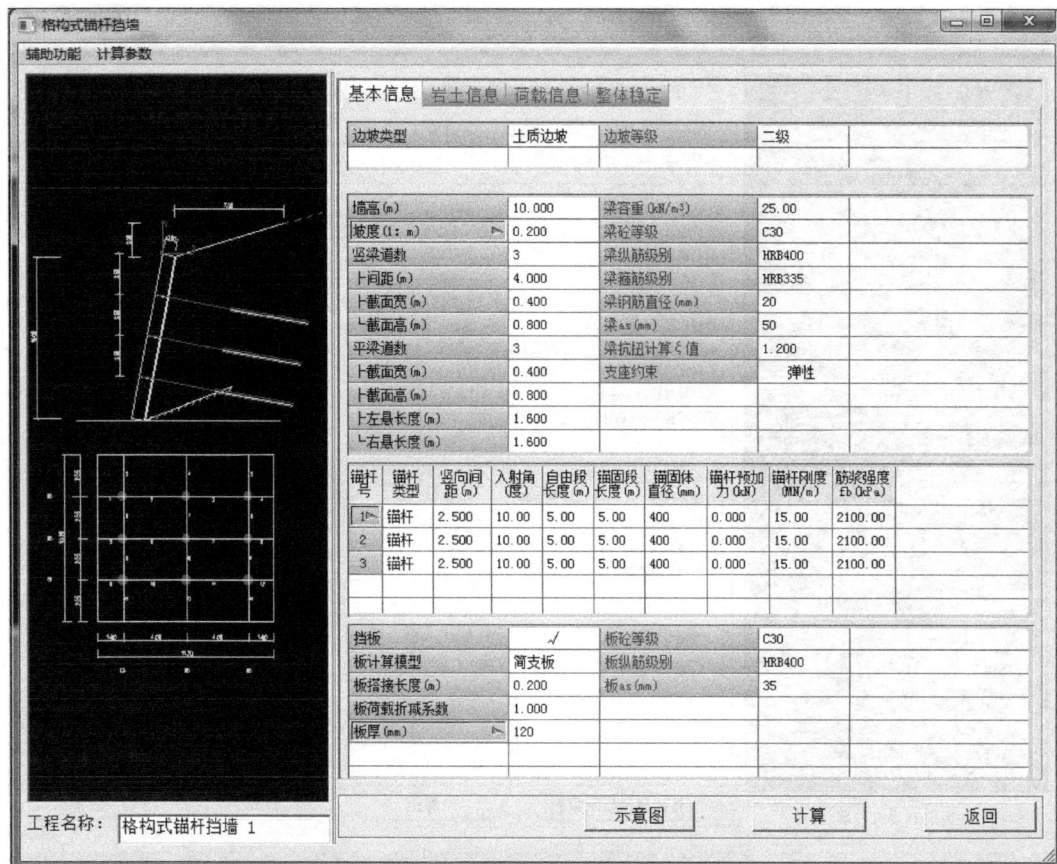

图 8-31 格构式锚杆挡墙界面

挡板	√	板砼等级	C30
板计算模型 ▷	连续板	板纵筋级别	HRB400
板荷载折减系数	1.000	板as (mm)	35
板厚 (mm)	120		

图 8-32 连续板输入界面

挡板	√	板砼等级	C30
板计算模型	拱板	板纵筋级别	HRB400
拱脚约束	简支	板as (mm)	35
板搭接长度 (m)	0.200		
板荷载折减系数	1.000		
板厚 (mm)	120		
板矢高 (m) ▷	1.000		

图 8-33 拱板输入界面

格构式锚杆挡墙【岩土信息】、【荷载信息】和【整体稳定】参考肋柱式锚杆挡墙或排桩式锚杆挡墙输入。

8.5 锚杆挡土墙算例

8.5.1 设计资料

某路堤锚杆挡墙设计资料如下：

墙身构造：墙高 13m，肋柱宽 0.45m 间距 2.5m，倾斜角度 1∶0.05，共设置 6 道锚杆，锚杆直径 25mm，竖向间距 2m，入射角 15°，最上一排锚杆距坡顶 1m，锚孔直径 130mm，钢筋容许拉应力 235000kPa，如图 8-34 所示。

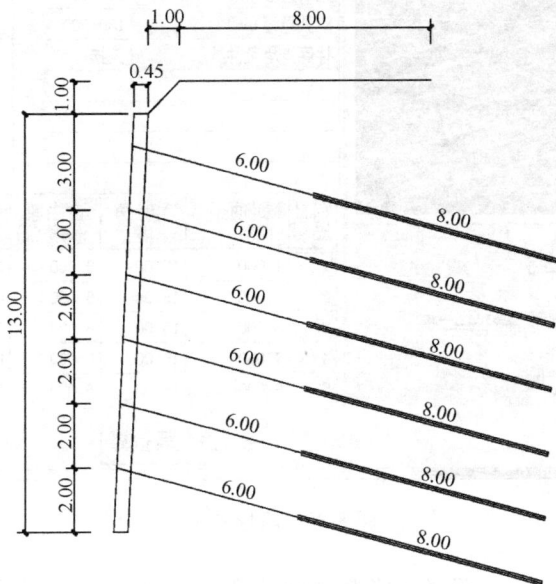

图 8-34 锚杆挡墙计算简图

土质情况：墙背填土为砂性土，内摩擦角 $\varphi = 35°$，重度 $\gamma = 15\text{kN/m}^3$，地基土重度 18kN/m³，内摩擦角 30°，黏聚力 10kPa，填土与墙背间的摩擦角 17.5°，地基容许承载力 240kPa，基底摩擦系数 0.4。

设计内容：进行锚杆挡墙立柱内配筋计算、挡土板内力配筋计算、锚杆抗拔安全系数计算以及整体稳定性验算。

8.5.2 验算过程

运行理正岩土软件，如图 8-6 所示，选择锚杆式挡土墙，在【墙身尺寸】对话框中输入相应参数，如图 8-35 所示，

下面主要介绍几个关键参数的输入。

【肋柱倾斜坡度】：0.05。肋柱宜垂直布置或向填土一侧倾斜，但斜度不应大于1∶0.05。

【肋柱的宽】：0.45m。根据《铁路路基支挡结构规范》TB 10025—2006 规范要求不应小于 0.3m。

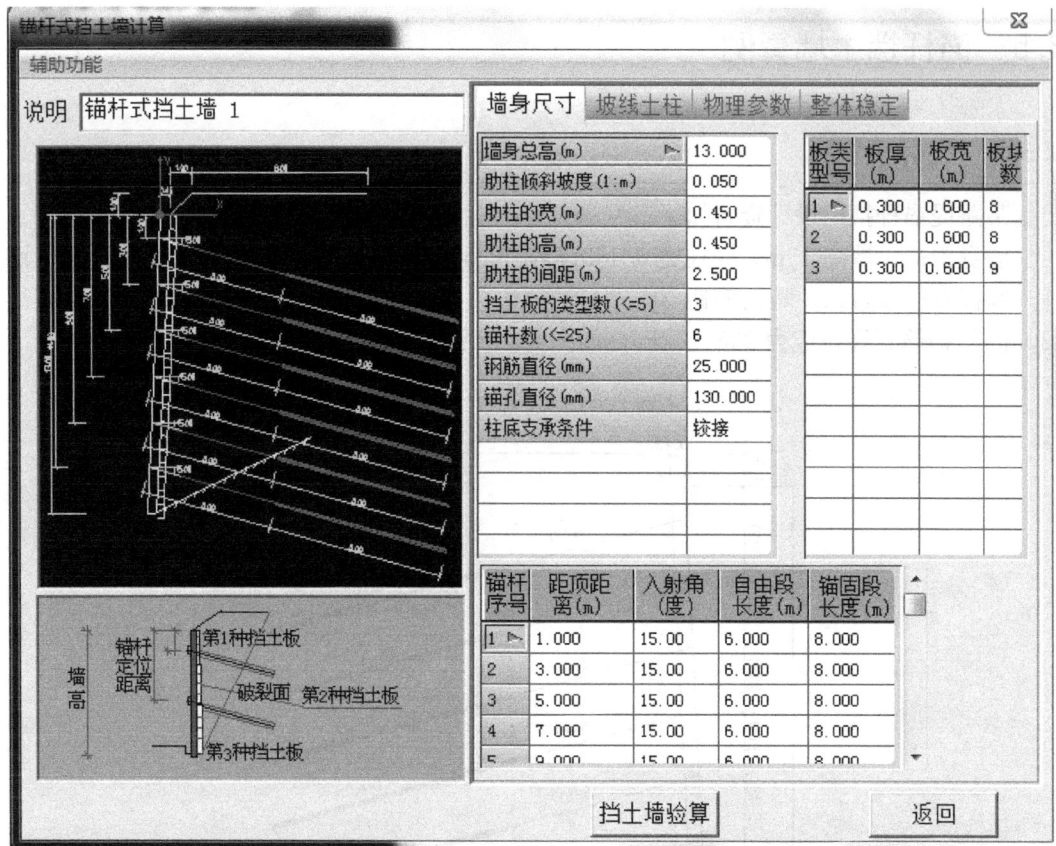

图 8-35　墙身尺寸

【肋柱的间距】：2.5m。按《公路路基设计规范》JTG D30—2015 要求间距在 1.5～2.5m 之间。

【钢筋直径】：25mm。锚杆的钢材可采用钢筋或钢丝束。锚杆钢筋宜用螺纹钢筋，其直径为 18～32mm，每孔不宜多于 3 根。

【挡土板的类型数】：3。依照板不同尺寸划分类型，软件限定该参数为≤5 个。

【锚杆数】：6。依据能否达到规定的安全系数设置该参数，软件限定该参数为≤25 个。

【锚孔直径】：130。依据钻具大小而定，该参数的设置会影响岩石与砂浆的粘结力，一般取 100～150mm。

在【坡线土柱】对话框中输入相应参数，如图 8-36 所示。

【坡面起始是否低于墙顶】用于设置第一段坡面线的起始位移，默认选择【否】。

【地面横坡角度】土楔体计算时破裂面的起始角度，即只有横坡角以上土体才产生土压力的作用。地面横坡角度一般为岩石的坡度，当挡土墙后都为土体时可取 0，即按土压力最大情况考虑。

【填土对横坡面的摩擦角】当破裂角位于桩背与地面横坡面之间时，计算土压力用墙后填土内摩擦角，当破裂角位于地面横坡面时，计算土压力用 15°。宜根据试验确定，当无试验资料时，黏性土与粉土可取 0.33φ，砂性土与碎石土可取 0.5φ。

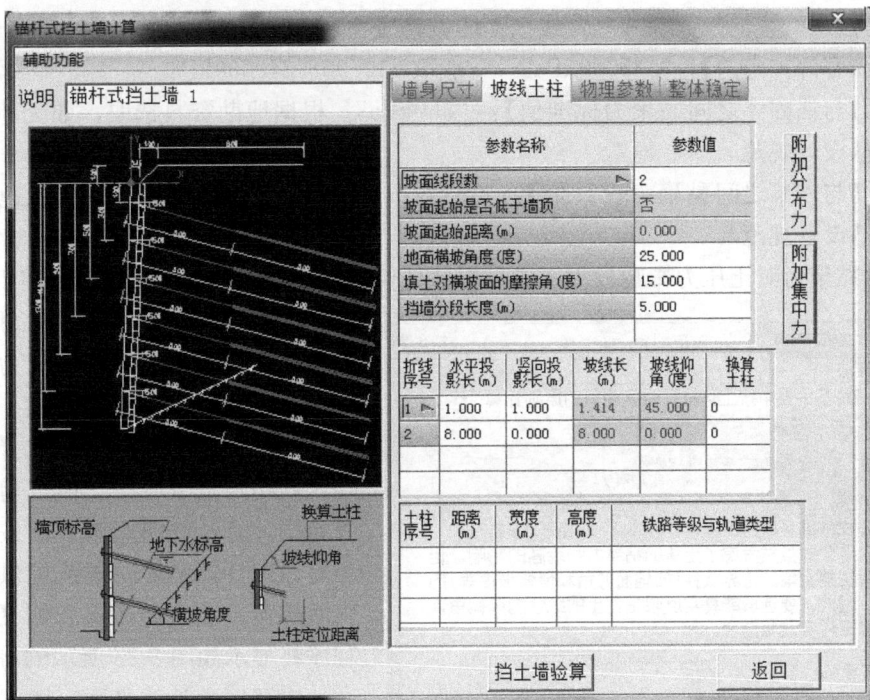

图 8-36 坡线土柱

在【物理参数】对话框中输入相应参数，如图 8-37 所示，在该对话框界面中主要需要输入参数信息，该对话框与"悬臂式挡土墙"参数输入界面类似，下面主要介绍几个关

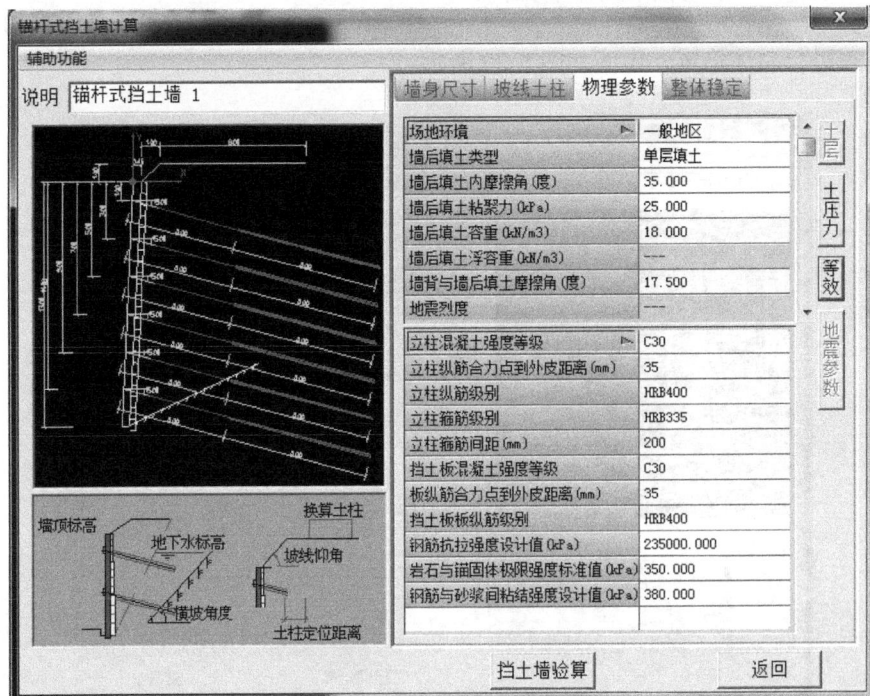

图 8-37 物理参数

键参数的输入。其他参数参考悬臂式挡土墙设计【物理参数】。

【钢筋容许拉应力】："235000kPa"。一般取 210000～340000kPa。

【岩石与锚固体之间黏聚力标准值】："350kPa"。根据地勘资料选取，如无地勘参考《公路路基设计规范》。

【钢筋与砂浆之间黏聚力设计值】："380kPa"。根据地勘资料选取，如无地勘参考《公路路基设计规范》。

因为黏聚力对土压力影响较大，必须保证任何情况下黏聚力均不降低才能使用，因此墙后填土如为黏性土，一般可采用等效内摩擦角的方法，把黏聚力的影响考虑在内摩擦角这一参数内。理正提供了三种计算方法供用户选择，分别是：铁路路基手册按土体抗剪强度相等原则计算；铁路路基手册按土压力相等原则计算；堤防规范提供的换算内摩擦角。点击对话框右侧【等效】，程序将显示如图 8-38 所示的等效（综合）内摩擦角计算界面。输入参数后依次点击【计算】＞【返回】，软件将自动返回【物理参数】对话框。这里需要注意的是挡墙高度为墙后的高度，软件自动计算，一般无需更改。

在【整体稳定】对话框可根据需要选择是否进行整体稳定，界面如图 8-39 所示。

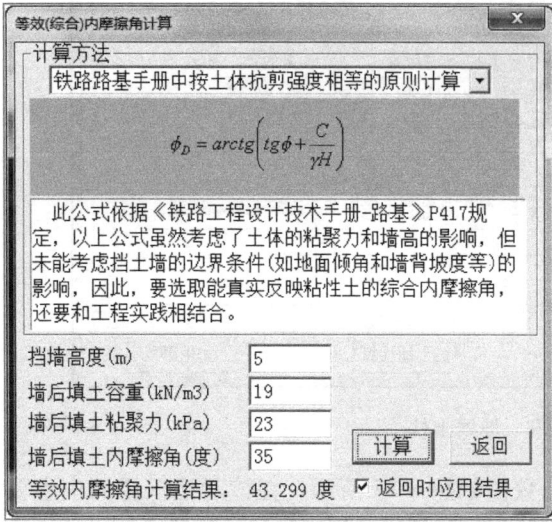

图 8-38 等效内摩擦角计算界面

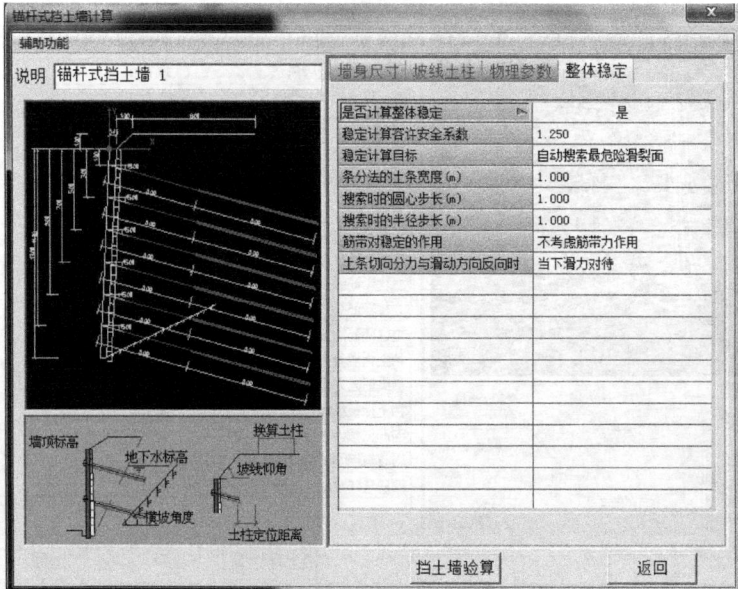

图 8-39 整体稳定

当进行稳定性验算时可根据具体工程实际结合软件提示输入相关参数。

【条分法的土条宽度】、【搜索时的圆心步长】、【搜索时的半径步长】，参数越小越精确，但会影响计算速度。默认为取"1"。

【筋带对稳定的作用】，筋带力沿圆弧切向、筋带力沿筋带方向、不考虑筋带作用三种选择。筋带增加的抗滑力矩有两种假设：筋带力作用于切线方向（假设在滑移处筋带产生相应于滑弧的弯曲，认为筋带的拉力方向切于圆弧），筋带力作用于筋带方向（假设在滑移时筋带保持原来铺设的水平方向）。

【土条切向分力与滑动方向反向时】，此分力有两种不同的理解：

（a）认为此力使下滑力减小，应当下滑力对待；

（b）认为此力使抗滑力增大，应当抗滑力对待。

这两种理解，稳定计算安全系数是不同的，选择前者安全系数较小，偏于保守。

8.5.3 结果分析

经过上面的各个标签参数填写后，点击【挡土墙验算】则会进行各个稳定性及强度验算。在各组合最不利结果中，蓝色的为合格，红色的为不合格。

计算完成即出现如图 8-40 所示计算结果。计算结果查询界面分为左右两个窗口，左侧窗口用于查询图形结果，右侧窗口用于查询文字结果。部分计算结果如图 8-41～图8-43所示。

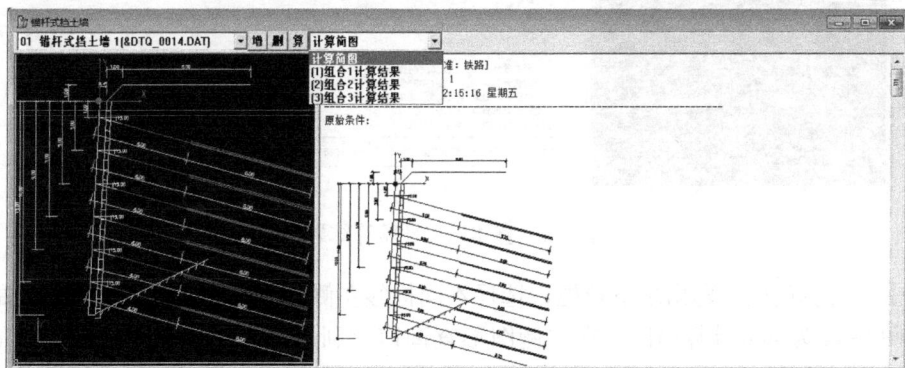

图 8-40　计算结果查询窗口

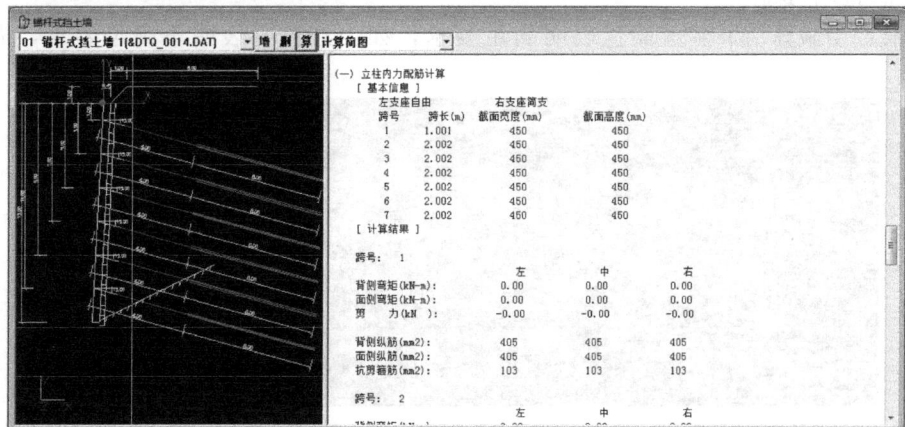

图 8-41　立柱内力配筋计算结果

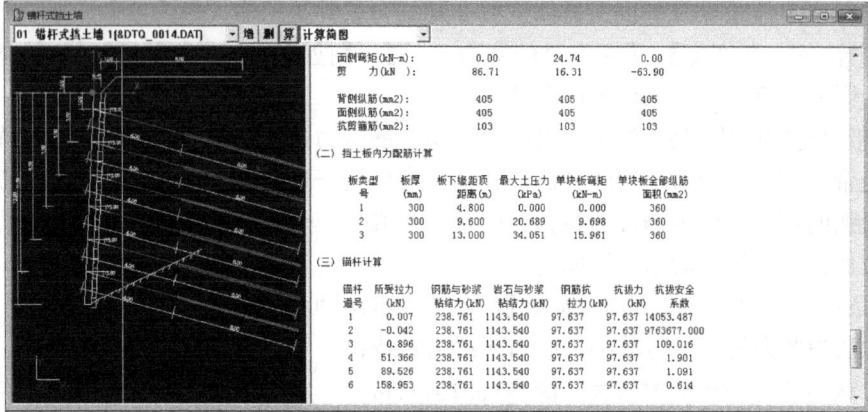

图 8-42 挡土板内力配筋及锚杆计算结果

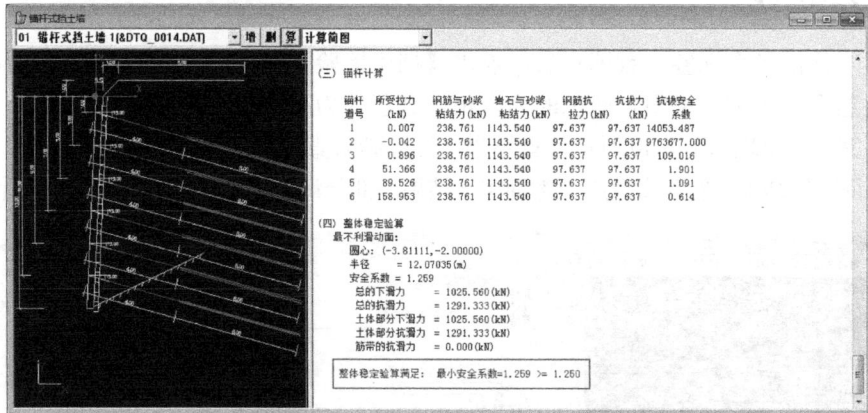

图 8-43 整体稳定性验算结果

点击"计算简图"即出现下拉框，选择不同标签左侧图形查询窗口即出现对应的计算简图，图 8-44 为部分计算简图。在左侧图形查询窗口利用鼠标滑轮即可实现图形的放大与缩小操作。右侧文字查询窗口下拉滑动条即可看到完整内容，通过鼠标右键菜单可进行保存文本等多种操作。

注意：当验算结果显示蓝色表明满足要求，如为红色则表明不满足要求，需调整参数。

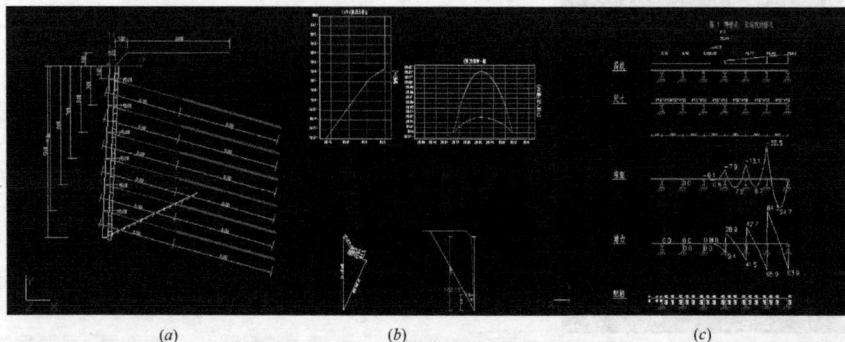

(a)   (b)   (c)

图 8-44 部分计算简图

第9章 边坡稳定性分析

边坡稳定分析是一个古老而又复杂的课题，这不仅是因为影响边坡稳定性的因素复杂，还因为边坡稳定性的分析方法复杂。在进行边坡稳定性分析时，首先应根据地质体结构特征确定边坡可能的破坏形式，然后针对不同破坏形式采用相应的分析方法。严格而言，边坡滑动大多属于空间滑动问题，但对只有一个平面构成的滑裂面，或者滑裂面由多个平面组成而这些面的走向又大致平行且沿着走向长度大于坡高时，也可按平面滑动进行分析，其结果偏于安全。在平面分析中，常常把滑动面简化为圆弧、平面或折面，对指定的滑动面进行稳定验算。

9.1 土质边坡稳定性分析

工程实际中的土坡包括天然土坡和人工土坡，天然土坡是指天然形成的山坡和江河湖海的岸坡，人工土坡则是指人工开挖基坑、基槽、路堑或填筑路堤、土坝等形成的边坡。

土坡滑动失稳的原因一般有以下两类情况：

（1）外界力的作用破坏了土体内原来的应力平衡状态。如路堑或基坑的开挖，是由于土自身的重力发生变化，从而改变了土体原来的应力平衡状态；又如路堤的填筑或土坡面上作用有堆料、车辆荷载时，土坡内部的应力状态也将发生改变；另外，地震力、土中的渗流力或邻近打桩施工扰力等的作用，也都会破坏土体原有的应力平衡状态，促使土坡坍塌。

（2）土的抗剪强度由于受到外界各种因素的影响而降低，导致土坡失稳破坏。如由于外界气候等自然条件的变化，使土时干时湿、收缩膨胀、冻结、融化等，使土变松，强度降低；土坡内因雨水的浸入使土湿化，强度降低；土坡附近因施工引起的震动，如打桩、爆破等，以及地震力的作用，引起土的液化或触变，使土的强度降低。

9.1.1 砂性土坡的稳定性分析

根据实际观测，由均质砂性土构成的土坡，破坏时滑动面大多近似于平面，成层的非均质的砂类土构成的土坡，破坏时的滑动面也往往接近于一个平面，因此在分析砂性土的土坡稳定时，一般均假定滑动面是平面，如图 9-1 所示。

如图 9-1 所示的简单土坡，已知土坡高为 H，坡角为 β，土的重度为 γ，土的抗剪强度 $\tau_f = \sigma \tan\varphi$。若假定滑动面是通过坡脚 A 的平面 AC，AC 的倾角为 α，则可计算滑动土体 ABC 沿 AC 面上滑动的稳定安全系数 K 值。

沿土坡长度方向截取单位长度土坡，作为平面应变问题分析。已知滑动土体 ABC 的重力为：

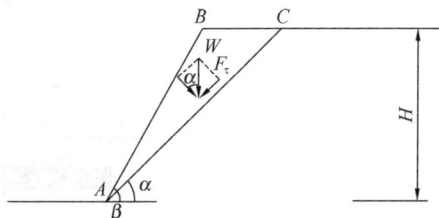

图 9-1 砂土土坡稳定分析

$$W = \gamma \times (\triangle ABC) \tag{9-1}$$

W 在滑动面 AC 上的平均法向分力 F_n 及由此产生的抗滑力 $F_{\tau f}$ 为：

$$F_n = W\cos\alpha \tag{9-2}$$

$$F_{\tau f} = F_n \tan\varphi = W\cos\alpha \cdot \tan\varphi \tag{9-3}$$

W 在滑动面 AC 上产生的平均下滑力 F_τ 为：

$$F_\tau = W\sin\alpha \tag{9-4}$$

土坡的滑动稳定安全系数 K 为：

$$K = \frac{F_{\tau f}}{F_\tau} = \frac{W\cos\alpha \cdot \tan\varphi}{W\sin\alpha} = \frac{\tan\varphi}{\tan\alpha} \tag{9-5}$$

安全系数 K 随倾角 α 而改变，当 $\alpha = \beta$ 时滑动稳定安全系数最小。据此，砂性土土坡的滑动稳定安全系数可取为：

$$K = \frac{\tan\varphi}{\tan\beta} \tag{9-6}$$

工程中一般要求 $K \geqslant 1.25 \sim 1.30$。

上述安全系数公式表明，砂性土坡所能形成的最大坡角就是砂土的内摩擦角，根据这一原理，工程上可以通过堆砂锥体法确定砂土的内摩擦角（也称为砂土的自然休止角）。

9.1.2 均质黏性土土坡的整体稳定分析法

1. 均质黏性土土坡滑动面的形式

均质黏性土土坡在失稳破坏时，其滑动面常常是一曲面，通常近似于圆柱面，在横断面上则呈现圆弧形。实际土坡在滑动时形成的滑动面与坡角 β、地基土强度以及土层硬层的位置等有关，一般可形成如图 9-2 所示 3 种形式。

（1）圆弧滑动面通过坡脚 B 点（见图 9-2a），称为坡脚圆。

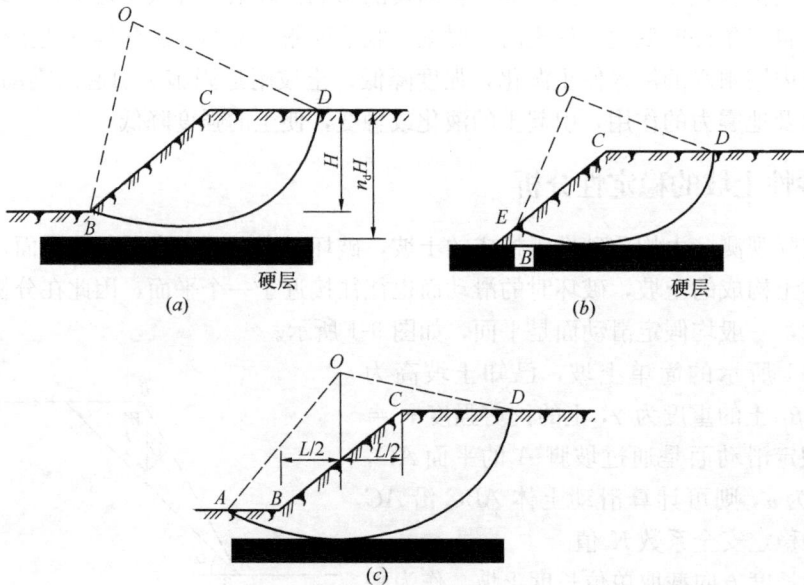

图 9-2　黏土土坡的滑动面形式

232

（2）圆弧滑动面通过坡面上 E 点（见图 9-2b），称为坡面圆。

（3）圆弧滑动面发生在坡角以外的 A 点（见图 9-2c），且圆心位于坡面中点的垂直线上，称为中点圆。

因此，在分析黏性土坡稳定性时，常常假定土坡是沿着圆弧破裂面滑动，以简化土坡稳定验算的方法。

2. 均质简单土坡的整体稳定分析方法

如图 9-3 所示均质简单土坡，若可能的圆弧滑动面为 AD，其圆心为 O，滑动圆弧半径为 R。滑动土体 $ABCD$ 的重力为 W，它是促使土坡滑动的滑动力。沿着滑动面 AD 上分布土的抗剪强度将形成抗滑力 F_{rf}。将滑动力 W 及抗滑力 F_{rf} 分别对滑动面圆心 O 取矩，得滑动力矩 M_S 及抗滑力矩 M_r 为：

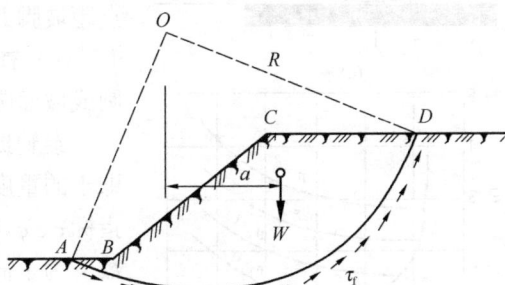

图 9-3　均质土坡的整体稳定分析

$$M_S = W \cdot a \tag{9-7}$$

$$M_r = F_{rf} \cdot R = \tau_f LR \tag{9-8}$$

式中　a——W 对 O 点的力臂（m）；

　　　L——滑动圆弧 AD 长度（m）。

土坡滑动的稳定安全系数 K 可以用抗滑力矩 M_r 与滑动力矩 M_S 的比值表示，即：

$$K = \frac{M_r}{M_S} = \frac{\tau_f LR}{W \cdot a} \tag{9-9}$$

由于滑动面上的正应力，是不断变化的，式（9-9）中土的抗剪强度，沿滑动面 AD 上的分布是不均匀的，因此直接按公式（9-9）计算土坡的稳定安全系数有一定误差。上述计算中，滑动面 AD 是任意假定的，需要试算许多个可能的滑动面，找出最危险的滑动面即相应于最小稳定安全系数 K_{min} 的滑动面。

3. 简单土坡分析的泰勒方法

泰勒认为圆弧滑动面的 3 种形式是与土的内摩擦角 φ 值、坡角 R 以及硬层埋藏深度等因素有关。泰勒经过大量计算分析后提出，

当 $\varphi > 3°$ 时，滑动面为坡脚圆，其最危险滑动面圆心位置，可根据 φ 及 β 角值，从图 9-4 中的曲线查得 θ 及 α 值作图求得。

当 $\varphi = 0°$，且 $\beta > 53°$ 时，滑动面也是坡脚圆，其最危险滑动面圆心位置，同样可从图 9-4 中的曲线查得 θ 及 α 值作图求得。

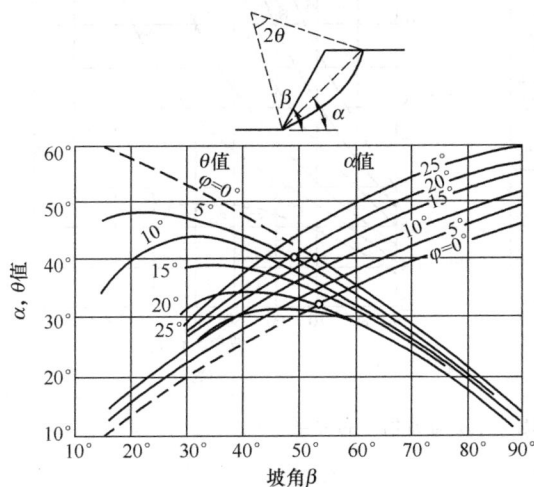

图 9-4　按泰勒方法确定最危险滑动面圆心
（当 $\varphi > 3°$ 或当 $\varphi = 0°$，且 $\beta > 53°$ 时）

当 $\varphi = 0°$，且 $\beta < 53°$ 时，滑动面可

233

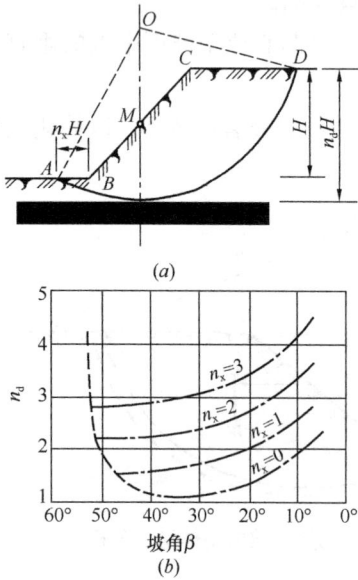

图 9-5 按泰勒方法确定最危险
滑动面圆心（当 $\varphi = 0°$，
且 $\beta < 53°$ 时）

能是中点圆，也有可能是坡脚圆或坡面圆，它取决于硬层的埋藏深度。设土坡高度为 H，而硬层的埋藏深度为 $n_d H$。若硬层埋藏较深，则滑动面为中点圆，如图 9-5（a）所示。此时圆心位置在坡面中点 M 的铅垂线上，且与硬层相切，而滑动面与土面的交点为 A，A 点距坡脚 B 的距离为 $n_x H$，n_x 值可根据 n_d 及 β 值由图 9-5（b）查得。若硬层埋藏较浅，则滑动面可能是坡脚圆或坡面圆，其圆心位置需通过试算确定。

泰勒提出在土坡稳定分析中共有 5 个计算参数，即土的重度 γ、土坡高度 H、坡角 β 以及土的抗剪强度指标 c、φ，若知道其中 4 个参数时就可以求出第五个参数。为了简化计算，泰勒把 3 个参数 c、γ、H 组成一个新的参数 N_s，称为稳定因数，即

$$N_s = \frac{\gamma H}{c} \tag{9-10}$$

通过大量计算可以得到 N_s 与 φ、β 间的关系曲线，示于图 9-6。在图 9-6（a）中给出了 $\varphi = 0°$ 时稳定因数 N_s 与 β 的关系曲线。在图 9-6（b）中给出了 $\varphi > 0°$ 时 N_s 与 β 的关系曲线，从图中可以看到，当 $\beta < 53°$ 时滑动面形式与硬层埋藏深度 $n_d H$ 值有关。

按泰勒方法分析简单土坡的稳定性时，假定滑动面上土的摩阻力首先得到充分发挥，然后才由土的黏聚力补充。土坡稳定安全系数的计算方法是，先求得满足土坡稳定时滑动面上所需要的黏聚力 c_1，c_1 与土的实际黏聚力 c 的比值即为稳定安全系数 K。

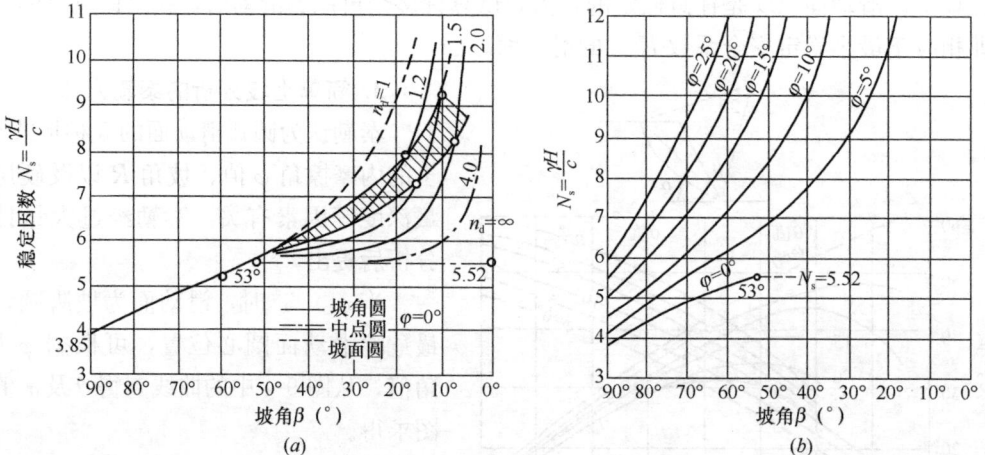

图 9-6 泰勒的稳定因素 N_s 与坡角 β 的关系

4. 简单土坡分析的摩擦圆法

泰勒还提出了另一种分析简单土坡的方法——摩擦圆法。如图 9-7 所示，滑动面 AD 上的抵抗力包括土的摩阻力及黏聚力两部分，它们的合力分别为 F 及 F_c。假定滑动面上的

摩阻力首先得到发挥，然后才由土的黏聚力补充。下面分别讨论作用在滑动土体 $ABCDA$ 上的 3 个力：

第一个力是滑动土体的重力 W，它等于滑动土体 $ABCDA$ 的面积与土的重度的乘积，其作用点的位置在滑动土体面积的形心。因此，W 的大小和作用线都是已知的。

第二个力是作用在滑动面 AD 上黏聚力的合力 F_c。为了维持土坡的稳定，沿滑动面 AD 上分布的需要发挥的黏聚力为 c_1，可以求得黏聚力的合力 F_c 及其对圆心的力臂 x 分别为：

$$F_c = c_1 \cdot \overline{AD} \tag{9-11}$$

$$x = \frac{AD}{\overline{AD}} \cdot R \tag{9-12}$$

式中 AD 及 $\overline{AD}$ 分别为 AD 的弧长和弦长。所以 F_c 的作用线是已知的，但其大小未知（因为 c_1 是未知值）。

第三个力是作用在滑动面 AD 上的法向力及摩擦力的合力，用 F 表示。泰勒假定 F 的作用线与圆弧 AD 的法线成 φ 切角，也即 F 与圆心 O 点处半径为 $R \cdot \sin\varphi$ 的圆（称摩擦圆）相切，同时 F 还一定通过 W 与 F_c 的交点。因此，F 的作用线是已知的，其大小未知。

根据滑动土体 $ABCDA$ 上的 3 个作用力 W、F、F_c 的静力平衡条件，可以从图 9-7 所示的力三角形中求得 F_c 值，由式（9-11）可求得维持土体平衡时滑动面上所需要发挥的黏聚力 c_1 值。这时土体的稳定安全系数 K 为：

$$K = \frac{c}{c_1} \tag{9-13}$$

式中 c——土的实际黏聚力。

上述计算中，滑动面 AD 是任意假定的，因此，需要试算许多个可能的滑动面。相应于最小稳定安全系数 K_{min} 的滑动面才是最危险的滑动面。K_{min} 值必须满足规定数值。由此可以看出，土坡稳定分析的计算工作量是很大的。因此，费伦纽斯和泰勒对均质的简单土坡做了大量的分析计算工作，提出了确定最危险滑动面圆心的经验方法，以及计算土坡稳定安全系数的图表。

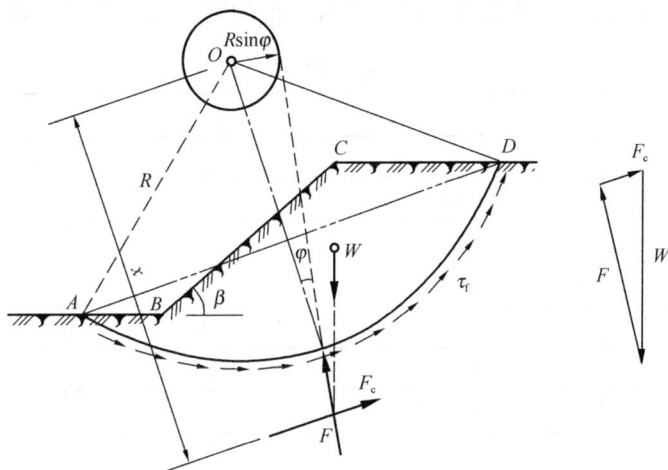

图 9-7 摩擦圆法

5. 确定最危险滑动面圆心位置的费伦纽斯方法

采用费伦纽斯方法确定最危险滑动面圆心位置，按下列步骤进行：

当土的内摩擦角 $\varphi = 0°$ 时。费伦纽斯提出当土的内摩擦角 $\varphi = 0°$ 时，土坡的最危险圆弧滑动面通过坡脚，其圆心为 D 点，如图 9-8 所示 D 点是由坡角 B 及坡顶 C 分别作 BD 及 CD 线的交点，BD 与 CD 线分别与坡面及水平面成 β_1 及 β_2 角。β_1 及 β_2 角是与土坡坡角 β 有关，可由表 9-1 查得。

当土的内摩擦角 $\varphi > 0°$ 时。费伦纽斯提出这时最危险滑动面也通过坡脚，其圆心在 ED 的延长线上，见图 9-8。E 点的位置距坡脚 B 点的水平距离为 $4.5H$。φ 值越大，圆心越向外移。计算时从 D 点向外延伸取几个试算圆心 O_1、$O_2 \cdots \cdots$，分别求得其相应的滑动安全系数 K_1、$K_2 \cdots \cdots$，绘 K 值曲线可得到最小安全系数 K_{min}，其相应的圆心 O_m 即为最危险滑动面的圆心。

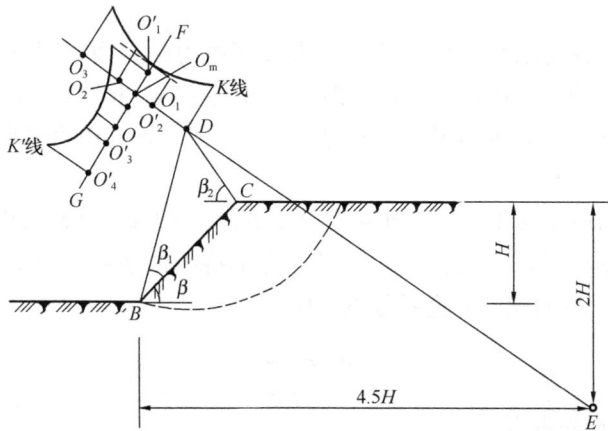

图 9-8　确定最危险滑动面圆心的位置

实际上土坡的最危险滑动面圆心位置有时并不一定在 ED 的延长线上，而可能在其左右附近，因此圆心 O_m 可能并不是最危险滑动面的圆心，这时可以通过 O_m 点作 ED 线的垂线 FG，在 FG 上取几个试算滑动面的圆心 O_1'、$O_2' \cdots \cdots$，求得其相应的滑动稳定安全系数 K_1'、$K_2' \cdots \cdots$，绘得 K' 值曲线，相应于 K_{min}' 值的圆心 O 才是最危险滑动面的圆心。

			β_1 和 β_2 数值表			表 9-1

坡比 $1 : n$	坡角 β (°)	β_1 (°)	β_2 (°)
$1 : 0.75$	53.13	29.0	39.0
$1 : 1.00$	45.00	28.0	37.0
$1 : 1.50$	33.68	26.0	35.0
$1 : 1.75$	29.75	26.0	35.0
$1 : 2.00$	26.57	25.0	35.0
$1 : 2.50$	21.80	25.0	35.0
$1 : 3.00$	18.43	25.0	35.0
$1 : 4.00$	14.05	25.0	36.0
$1 : 5.00$	11.32	25.0	37.0

9.1.3　黏性土土坡稳定分析的条分法

土坡稳定的整体分析法对于非均质的土坡或比较复杂的土坡（如土坡形状比较复杂，或土坡上有荷载作用，或土坡中有水渗流时等）均不适用，此时可采用条分法。

1. 瑞典条分法

条分法分条后的力学分析方法有很多，其中最早最简化的方法是瑞典人彼得森于 1915 年提出的，并经其同胞费伦纽斯进行了改进，因此称为瑞典条分法。下面介绍由费伦纽斯改进后的简单条分法。

如图 9-9 所示土坡，取单位长度土坡按平面问题计算。设可能的滑动面是一圆弧 AD，其圆心为 O，半径为 R。将滑动土体 $ABCDA$ 分成许多竖向土条，土条宽度一般可取 $b=0.1R$，任一土条 i 上的作用力包括：土条的重力 W_i，其大小、作用点位置及方向均已知；滑动面 ef 上的法向反力 F_{ni} 及切向反力 $F_{\tau i}$，假定 F_{ni}、$F_{\tau i}$ 作用在滑动面 ef 的中点，它们的大小均未知；土条两侧的法向力 E_i、E_{i+1} 及竖向剪切力 F_{Qi}、$F_{Q(i+1)}$，其中 E_i 和 F_{Qi} 可由前一个土条的平衡条件求得，而 E_{i+1} 和 $F_{Q(i+1)}$ 的大小未知，E_{i+1} 的作用点位置也未知。

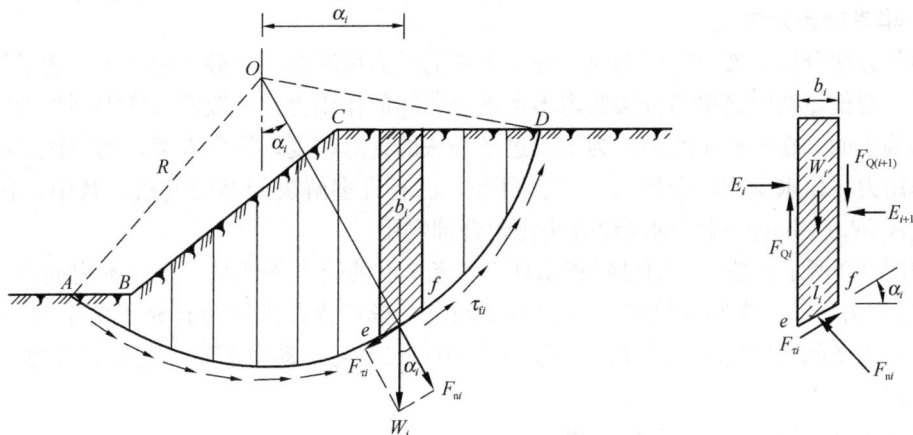

图 9-9　土坡稳定性分析的条分法

由此看到，土条 i 的作用力中有 5 个未知数，但只能建立 3 个平衡条件方程，故为非静定问题。为了求得 F_{ni}、$F_{\tau i}$ 值，必须对土条两侧作用力的大小和位置作适当假定。费伦纽斯的条分法假设不考虑土条两侧的作用力，也即假设 E_i 和 F_{Qi} 的合力等 E_{i+1} 和 $F_{Q(i+1)}$ 的合力，同时它们的作用线重合，因此土条两侧的作用力相互抵消。这时土条 i 仅有作用力 W_i、F_{ni} 及 $F_{\tau i}$，根据平衡条件可得：

$$F_{ni} = W_i \cdot \cos\alpha_i \tag{9-14}$$

$$F_{\tau i} = W_i \cdot \sin\alpha_i \tag{9-15}$$

滑动面 ef 上的抗剪强度为：

$$\tau_{fi} = \sigma_i \tan\varphi_i + c_i = \frac{1}{l_i}(F_{ni}\tan\varphi_i + c_i l_i) = \frac{1}{l_i}(W_i \cdot \cos\alpha_i \cdot \tan\varphi_i + c_i l_i) \tag{9-16}$$

式中　φ_i——土条 i 滑动面的法线（亦即半径）与竖直线的夹角（°）；

l_i——土条 i 滑动面 ef 的弧长（m）；

c_i——滑动面上土的黏聚力、内摩擦角（kPa）。

于是土条滑动面上的作用力对圆心 O 产生的滑动力矩 M_S 及抗滑力矩 M_r 分别为：

$$M_S = F_{\tau i} \cdot R_i = W_i R_i \sin\alpha_i \tag{9-17}$$

$$M_r = \tau_{fi} l_i R = (W_i \cdot \cos\alpha_i \cdot \tan\varphi_i + c_i l_i) R \tag{9-18}$$

而整个土坡相应于滑动面 AD 的稳定安全系数为：

$$K = \frac{M_r}{M_S} = \frac{\sum_1^n (W_i \cdot \cos\alpha_i \cdot \tan\varphi_i + c_i l_i)}{\sum_1^n W_i \cdot \sin\alpha_i} \tag{9-19}$$

上述稳定安全系数 K 是对于某一个假定滑动面求得的，因此需要试算许多个可能的滑动面，相应于最小安全系数的滑动面即为最危险滑动面。也可以采用费伦纽斯或泰勒提出的近似方法确定最危险滑动面圆心位置，但当坡形复杂时，一般还是采用电算搜索的方法确定。

2. 毕肖普条分法

用条分法分析土坡稳定问题时，任一土条的受力情况是一个静不定问题。为了解决这一问题，费伦纽斯的简单条分法假定不考虑土条间的作用力，一般说这样得到的稳定安全系数是偏小的。在工程实践中，为了改进条分法的计算精度，许多人都认为应该考虑土条间的作用力，以求得比较合理的结果。目前，已有许多解决问题的办法，其中，1955 毕肖普（A. W. Bishop）提出的简化方法比较合理实用。

如图 9-9 所示土坡，前面已经指出任一土条 i 上的受力条件是一个静不定问题，土条 i 上的作用力有 5 个未知，故属二次静不定问题。毕肖普在求解时补充了两个假设条件：一是忽略土条间的竖向剪切力 F_{Qi}、$F_{Q(i+1)}$ 作用；二是对滑动面上的切向力 $F_{\tau i}$ 的大小作出相应规定。

根据土条 i 的竖向平衡条件可得：

$$W_i - F_{Qi} + F_{Q(i+1)} - F_{\tau i} \sin\alpha_i - F_{ni} \cos\alpha_i = 0 \tag{9-20}$$

即

$$F_{ni} \cos\alpha_i = W_i - F_{Qi} + F_{Q(i+1)} - F_{\tau i} \sin\alpha_i \tag{9-21}$$

若土坡的稳定安全系数为 K，则土条 i 滑动面上的抗剪强度 τ_{fi} 也只发挥了一部分，毕肖普假定 τ_{fi} 与滑动面上的切向力 $F_{\tau i}$ 相平衡，即

$$F_{\tau i} = \tau_{fi} l_i = \frac{1}{K} (F_{ni} \tan\varphi_i + c_i l_i) \tag{9-22}$$

将式（9-22）代入式（9-21）得：

$$F_{ni} = \frac{W_i + F_{Q(i+1)} - F_{Qi} - \frac{c_i l_i}{K} \sin\alpha_i}{\cos\alpha_i + \frac{1}{K} \tan\varphi_i \cdot \sin\varphi_i} \tag{9-23}$$

由式（9-19）知土坡的稳定安全系数 K 为：

$$K = \frac{M_r}{M_S} = \frac{\sum\limits_1^n (F_{ni}\tan\varphi_i + c_i l_i)}{\sum\limits_1^n W_i \cdot \sin\alpha_i} \tag{9-24}$$

将式（9-23）代入式（9-24）得：

$$K = \frac{\sum\limits_1^n \dfrac{[W_i + F_{Q(i+1)} - F_{Qi}]\tan\varphi_i + c_i l_i \cos\alpha_i}{\cos\alpha_i + \dfrac{1}{K}\tan\varphi_i \cdot \sin\varphi_i}}{\sum\limits_1^n W_i \cdot \sin\alpha_i} \tag{9-25}$$

由于上式中 F_{Qi}、$F_{Q(i+1)}$ 是未知的，故求解尚有困难。毕肖普假定土条间竖向剪切力均略去不计，即 $F_{Q(i+1)} - F_{Qi} = 0$，则式（9-25）可简化为：

$$K = \frac{\sum\limits_1^n \dfrac{1}{m_{ai}}(W_i\tan\varphi_i + c_i l_i \cos\alpha_i)}{\sum\limits_1^n W_i \cdot \sin\alpha_i} \tag{9-26}$$

$$m_{ai} = \cos\alpha_i + \frac{1}{K}\tan\varphi_i \cdot \sin\alpha_i \tag{9-27}$$

式（9-26）就是简化毕肖普法计算土坡稳定安全系数的公式。由于式中 m_{ai} 也包含 K 值，因此式（9-26）须用迭代法求解，即先假定一个 K 值，按式（9-27）求得 m_{ai} 值，代入式（9-26）中求出 K 值。若此值与假定值不符，则用此 K 值重新计算 m_{ai} 求得新的 K 值，如此反复迭代，直至假定的 K 值与求得的 K 值相近为止。为了方便计算，可将式（9-27）的 m_{ai} 值制成曲线（如图 9-10 所示），可按 α_i 及 $\dfrac{\tan\varphi_i}{K}$ 值直接查得 m_{ai} 值。

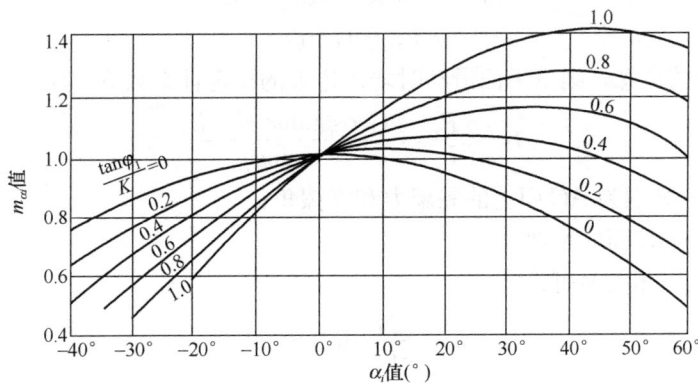

图 9-10　m_{ai} 值曲线

最危险滑动面圆心位置的确定方法，仍可按前述经验方法确定。

9.2　岩质边坡稳定性分析

岩坡不同于一般土质边坡，其特点是岩体结构复杂、断层、节理、裂隙互相切割，块体极不规则，因此岩坡稳定有其独特的性质。它同岩体的结构、块体密度和强度、边坡坡度、高度、岩坡表面和顶部所受荷载，边坡的渗水性能，地下水位的高低等有关。

9.2.1 平面滑动岩坡稳定性分析

平面滑动是一部分岩体在重力作用下沿着某一结构面的滑动，滑面的倾角必须大于滑面的内摩擦角，否则，无论坡角和坡高的大小如何，边坡都不会滑动。平面滑动不仅要求滑体克服滑面底部的阻力，而且还要克服滑面两侧的阻力。在软岩中，如果滑动面倾角远大于内摩擦角，则岩体本身的破坏即可解除侧边约束，从而产生平面滑动；而在硬岩中，如果结构面横切到坡顶，解除了两侧约束时，才可能发生滑动。

岩坡沿着单一的平面发生滑动，一般必须满足下列几何条件：

(1) 滑动面的走向必须与坡面平行或接近平行（约在 $\pm20°$ 的范围内）。

(2) 滑动面必须在边坡面露出，即滑动面的倾角 β 必须小于坡面的倾角 α。

(3) 滑动面的倾角 β 必须大于该平面的内摩擦角 φ。

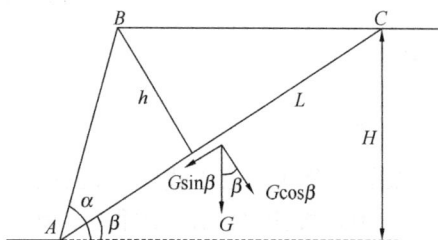

图 9-11 单平面滑动稳定性计算图

(4) 岩体中必须存在对于滑动阻力很小的分离面，以定出滑动的侧面边界。

图 9-11 为一垂直于边坡走向的剖面，设边坡角为 α，坡顶面为一水平面，坡高为 H，ABC 为可能滑动体，AC 为可能滑动面，倾角为 β。

当仅考虑重力作用下的稳定性时，设滑动体的重力为 G，则它对于滑动面的垂直分量为 $G\cos\beta$，平行分量为 $G\sin\beta$。因此，可得滑动面上的抗滑力 F_s 和滑动力 F_r 分别为：

$$F_s = G\cos\beta\tan\varphi_j + c_j L \tag{9-28}$$

$$F_r = G\sin\beta \tag{9-29}$$

根据稳定性系数的概念，则单平面滑动时岩体边坡的稳定性系数 K 为：

$$K = \frac{F_s}{F_r} = \frac{G\cos\beta\tan\varphi_j + c_j L}{G\sin\beta} \tag{9-30}$$

式中　c_j、φ_j——分别为 AC 面上的黏聚力和摩擦角；

L——AC 面的长度。

由图 9-11 的三角关系可得：

$$h = \frac{H}{\sin\alpha}\sin(\alpha - \beta) \tag{9-31}$$

$$L = \frac{H}{\sin\beta} \tag{9-32}$$

$$G = \frac{1}{2}\rho g h L = \frac{\rho g H^2 \sin(\alpha - \beta)}{2\sin\alpha\sin\beta} \tag{9-33}$$

将式（9-32）和式（9-33）代入式（9-30），整理得：

$$K = \frac{\tan\varphi_j}{\tan\beta} + \frac{2c_j\sin\alpha}{\rho g H \sin\beta\sin(\alpha - \beta)} \tag{9-34}$$

式中　ρ——岩体的平均密度（g/cm³）；

g——重力加速度，9.8m/s²；

其余符号意义同前。

式（9-34）为不计侧向切割面阻力以及仅有重力作用时，单平面滑动稳定性系数的计算公式。从式（9-34），令 $K=1$ 时，可得滑动体极限高度 H_{cr} 为：

$$H_{cr} = \frac{2c_j \sin\alpha\cos\varphi_j}{\rho g \left[\sin(\alpha-\beta)\sin(\beta-\varphi_j)\right]} \tag{9-35}$$

当忽略滑动面上黏聚力，$c_j=0$，由式（9-34）可得：

$$K = \frac{\tan\varphi_j}{\tan\beta} \tag{9-36}$$

由式（9-35）、式（9-36）可知：当 $c_j=0$，$\varphi_j < \beta$ 时，$K < 1$，$H_{cr}=0$，由于各种沉积岩层面和各种泥化面的 c_j 值均很小，或者等于零，因此，在这些软弱面与边坡面倾向一致，且倾角小于边坡角而大于 φ_j 的条件下，即使人工边坡高度仅在几米之间，也会引起岩体发生相当规模的平面滑动，这是很值得注意的。

当边坡后缘存在拉张裂隙时，地表水就可能从张裂隙渗入后，仅沿滑动面渗流并在坡角 A 点出露，这时地下水将对滑动体产生如图 9-12 所示的静水压力。

若张裂隙中的水柱高为 Z_w，它将对滑动体产生一个静水压力 V，其值为：

$$V = \frac{1}{2}\rho_w g Z_w^2 \tag{9-37}$$

图 9-12 有地下水渗流时边坡
稳定性计算简图

地下水沿滑动面 AC 渗流时将对 AD 面产生一个垂直向上的水压力，其值在 A 点为零，在 D 点为 $\rho_w g Z_w$，分布如图 9-12 所示，则作用于 AD 面上的静水压力 U 为：

$$U = \frac{1}{2}\rho_w g Z_w \frac{H_w - Z_w}{\sin\beta} \tag{9-38}$$

式中　ρ_w——水的密度（g/cm^3）；

　　　g——重力加速度。

当考虑静水压力 V、U 对边坡稳定性的影响时，则边坡稳定性系数计算式变为：

$$K = \frac{(G\cos\beta - U - V\sin\beta)\tan\varphi_j + c_j \overline{AD}}{G\sin\beta + V\cos\beta} \tag{9-39}$$

式中　G——滑动体 $ABCD$ 的重力；

　　　$\overline{AD}$——滑动面的长度。

由图 9-12 有：

$$G = \frac{\rho g\left[H^2\sin(\alpha-\beta) - Z^2\sin\alpha\cos\beta\right]}{2\sin\alpha\sin\beta} \tag{9-40}$$

$$\overline{AD} = \frac{H_w - Z_w}{\sin\beta} \tag{9-41}$$

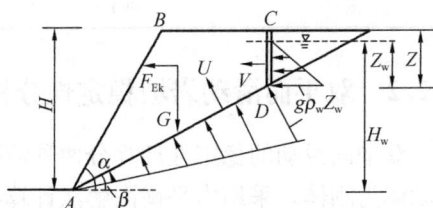

式中 Z——张裂隙深度。

除水压力外，当还需要考虑地震作用对边坡稳定性的影响时，设地震所产生的总水平地震作用标准值为 F_{Ek}，则仅考虑水平地震作用时边坡的稳定性系数为：

$$K = \frac{(G\cos\beta - U - V\sin\beta - F_{Ek}\sin\beta)\tan\varphi_j + c_j\overline{AD}}{G\sin\beta + V\cos\beta + F_{Ek}\cos\beta} \qquad (9\text{-}42)$$

式中 F_{Ek} 由下式确定：

$$F_{Ek} = \alpha_1 G \qquad (9\text{-}43)$$

式中 α_1——水平地震影响系数，按地震烈度查表 9-2 确定；
　　　G——岩体重力。

按地震烈度确定的水平地震影响系数　　　　　　　　　　表 9-2

地震烈度	6	7	8	9
α_1	0.064	0.127	0.255	0.510

9.2.2 双平面滑动岩坡稳定性分析

双平面滑动的稳定性计算分两种情况进行。第一种情况为滑动体内不存在结构面，视滑动体为刚体，采用力平衡图解法计算稳定性系数；第二种情况为滑动体内存在结构面并将滑动体切割成若干块体的情况，这时需分块计算边坡的稳定性系数。

(1) 滑动体为刚体的情况

由于滑动体内不存在结构面，因此，可将可能滑动体视为刚体，如图 9-13（a）所示，$ABCD$ 为可能滑动体，AB、BC 为两个同倾向的滑动面，设 AB 的长为 L_1，倾角为 β_1，BC 的长为 L_2，倾角为 β_2；c_1、φ_1、c_2、φ_2 分别为 AB 面和 BC 面的黏聚力和摩擦角。为了便于计算，根据滑动面产状的变化将可能滑动体分为 I、II 两个块体，重量分别为 G_1、G_2。设 F_I 为块体 II 对块体 I 的作用力，F_{II} 为块体 I 对块体 II 的作用力，F_I 和 F_{II} 大小相等，方向相反，且其作用方向的倾角为 θ（θ 的大小可通过模拟试验或经验方法确定）。另外，滑动面 AB 以下岩体对块体 I 的反力 R_1（摩阻力）可用下式表达：

$$R_1 = G_1\cos\beta_1\sqrt{1 + \tan^2\varphi_1} \qquad (9\text{-}44)$$

R_1 与 AB 面法线的夹角为 φ_1。

根据 G_1、c_1、L_1 及 R_1 的大小与方向可作块体 I 的力平衡多边形，如图 9-13（b）所示。从该力多边形可求得 F_{II} 的大小和方向。在一般情况下，F_I 是指向边坡斜上方的，根据作用力与反作用力原理可求得 $F_{II} = F_I$，方向与 F_I 相反。如可能滑动体仅受岩体重力作用，则块体 II 的稳定性系数 K_2 为：

$$K_2 = \frac{G_2\cos\beta_2\tan\varphi_2 + F_{II}\sin(\theta - \beta_2)\tan\varphi_2 + c_2L_2}{G_2\sin\beta_2 + F_{II}\cos(\theta - \beta_2)} \qquad (9\text{-}45)$$

式（9-45）是在块体 I 处于极限平衡（即块体 I 的稳定性系数 $K = 1$）的条件下求得的。这时，如按式（9-45）求得 K_2 等于 1，则可能滑动体 $ABCD$ 的稳定性系数 K 也等于 1。如果 K_2 不等于 1，则 K 不是大于 1，就是小于 1。事实上，由于可滑动体作为一个整

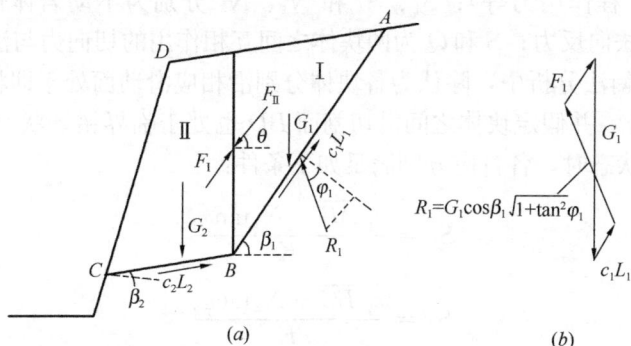

图 9-13　双平面滑动岩坡稳定性的力平衡分析图

体，其稳定性系数应有 $K = K_1 = K_2$，所以为了求得 K 的大小，可先假定一系列 K_{11}，K_{12}，K_{13}，…，K_{1i} 后将滑动面 AB 上的剪切强度参数除以 K_{1i}，得到 $\dfrac{\tan\varphi_1}{K_{11}} = \tan\varphi_{11}$，$\dfrac{\tan\varphi_1}{K_{12}} = \tan\varphi_{12}$，…，$\dfrac{\tan\varphi_1}{K_{1i}} = \tan\varphi_{1i}$，和 $\dfrac{c_1}{K_{11}} = c_{11}$，$\dfrac{c_1}{K_{12}} = c_{12}$，…，$\dfrac{c_1}{K_{1i}} = c_{1i}$，再用 $\tan\varphi_1$ 代入式（9-44）求得相应的 R_{1i}、G_1 及 $c_1 L_1$ 作力平衡多边形，可得相应的 $F_{\text{II}1}$，$F_{\text{II}2}$，…，$F_{\text{II}1}$，以及 K_{21}，K_{22}，…，K_{2i}，最后，绘出 K_1 和 K_2 的关系曲线如图 9-14 所示。由该曲线上找出 $K_1 = K_2$ 的点（该点位于坐标直角等分线上），即可求得边坡的稳定性关系数 K。在一般情况下，计算 3～5 点，就能较准确地求得 K。

（2）滑动体内存在结构面的情况

当滑动面内存在结构面时，就不能将滑动体视为完整的刚体。因为在滑动过程中，滑动体除沿滑动面滑动外，被结构面分割开的块体之间还要产生相互错动。显然这种错动在稳定性分析中应予以考虑。对于这种情况可采用分块极限平衡法和不平衡推力传递法进行稳定性计算。这里仅介绍分块极限平衡法，对不平衡推力传递法可参考有关文献。

图 9-15 所示为这种情况的模型及各分块的受力状态。除有两个滑动面 AB 和 BC 外，滑动体内还有一个可作为切割面的结构面 BD，将滑动体 $ABCD$ 分割成 I、II 两部分。设面 AB、BC 和 CD 的黏聚力、摩擦角及倾角分别为 c_1、c_2、c_3、φ_1、φ_2、φ_3 及 β_1、β_2、β_3 和 α。滑动体的受力如图 9-15 所示，其中，W_1、W_2 分别为作用于块体 I 和 II 上的铅直力

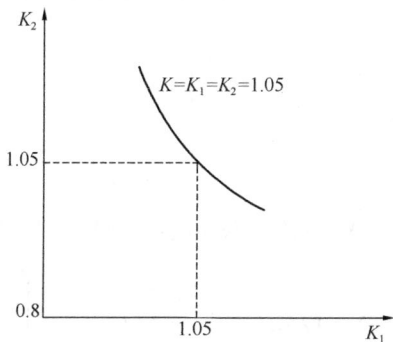

图 9-14　K_1-K_2 曲线

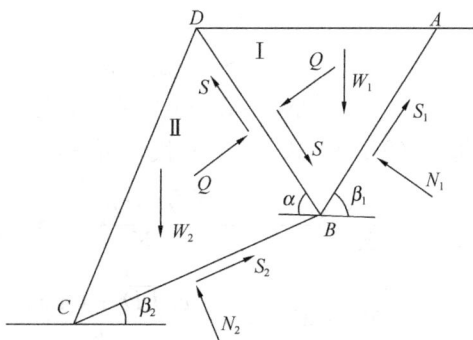

图 9-15　滑动体内存在结构面的稳定性计算图

243

（包括岩体自重、工程作用力等）；S_1、S_2 和 N_1、N_2 分别为不动岩体作用于滑动面 AB 和 BC 上的切向与法向反力；S 和 Q 为两块体之间互相作用的切向力与法向力。

在分块极限平衡法分析中，除认为各块体分别沿相应滑动面处于即将滑动的临界状态（极限平衡状态）外，并假定块体之间沿切割面 BD 也处于临界错动状态。当 AB、BC 和 BD 处于临界滑错状态时，各自应分别满足如下条件：

对 AB 面：
$$S_1 = \frac{c_1\,\overline{AB} + N_1\tan\varphi_1}{K} \tag{9-46}$$

对 BC 面：
$$S_2 = \frac{c_2\,\overline{BC} + N_2\tan\varphi_2}{K} \tag{9-47}$$

对 BD 面：
$$S_3 = \frac{c_3\,\overline{BD} + Q\tan\varphi_3}{K} \tag{9-48}$$

为了建立平衡方程，分别考察 Ⅰ、Ⅱ 块体的受力情况。

对于块体 Ⅰ，受到 S_1、N_1、Q、S 和 W_1 的作用（图 9-15），将这些力分别投影到 AB 及其法线方向上，可得如下平衡方程：
$$\left.\begin{array}{l} S_1 + Q\sin(\beta_1+\alpha) - S\cos(\beta_1+\alpha) - W_1\sin\beta_1 = 0 \\ N_1 + Q\cos(\beta_1+\alpha) + S\sin(\beta_1+\alpha) - W_1\cos\beta_1 = 0 \end{array}\right\} \tag{9-49}$$

将式（9-47）和式（9-48）代入式（9-49）可得：
$$\left.\begin{array}{l} \dfrac{c_1\,\overline{AB} + N_1\tan\varphi_1}{\eta} + Q\sin(\beta_1+\alpha) - \dfrac{c_3\,\overline{BD} + Q\tan\varphi_3}{\eta}\cos(\beta_1+\alpha) - W_1\sin\beta_1 = 0 \\[3mm] N_1 - Q\cos(\beta_1+\alpha) + \dfrac{c_3\,\overline{BD} + Q\tan\varphi_3}{\eta}\sin(\beta_1+\alpha) - W_1\cos\beta_1 = 0 \end{array}\right\} \tag{9-50}$$

联立式（9-50），消去 N_1 后，可解得 BD 面上的法向力 Q 为：
$$Q = \frac{K^2 W_1\sin\beta_1 + \left[c_3\,\overline{BD}\cos(\beta_1+\alpha) - c_1\,\overline{AB} - W_1\tan\varphi_1\cos\beta_1\right]K + \tan\varphi_1 c_3\,\overline{BD}\sin(\beta_1+\alpha)}{(K^2 - \tan\varphi_1\tan\varphi_3)\sin(\beta_1+\alpha) - (\tan\varphi_1 + \tan\varphi_3)\cos(\beta_1+\alpha)K} \tag{9-51}$$

同理，对块体 Ⅱ，将力 S_2、N_2、Q、S 和 W_2 分别投影到 BC 面及其法线方向上，可得平衡方程：
$$\left.\begin{array}{l} S_2 + S\cos(\beta_2+\alpha) - W_2\sin\beta_2 - Q\sin(\beta_1+\alpha) = 0 \\ N_2 - W_2\cos\beta_2 - S\sin(\beta_1+\alpha) - Q\cos(\beta_2+\alpha) = 0 \end{array}\right\} \tag{9-52}$$

将式（9-47）、式（9-48）代入可得：
$$\left.\begin{array}{l} \dfrac{c_2\,\overline{BC} + N_2\tan\varphi_2}{K} + \dfrac{c_3\,\overline{BD} + Q\tan\varphi_3}{K}\sin(\beta_2+\alpha) - W_2\sin\beta_2 - Q\sin(\beta_2+\alpha) = 0 \\[3mm] N_2 - W_2\cos\beta_2 - \dfrac{c_3\,\overline{BD} + Q\tan\varphi_3}{K}\sin(\beta_2+\alpha) - Q\cos(\beta_2+\alpha) = 0 \end{array}\right\} \tag{9-53}$$

联立上式，同样可解得 BD 面上的法向力 Q 为：

$$Q = \frac{-K^2 W_2 \sin\beta_2 + [c_3 \overline{BD}\cos(\beta_2 + \alpha) + c_2 \overline{BC} + W_2 \tan\varphi_2 \cos\beta_2]K + \tan\varphi_2 c_3 \overline{BD}\sin(\beta_2 + \alpha)}{(K^2 - \tan\varphi_2 \tan\varphi_3)\sin(\beta_2 + \alpha) - (\tan\varphi_2 + \tan\varphi_3)\cos(\beta_2 + \alpha)K}$$

$$(9\text{-}54)$$

由式（9-51）和式（9-54）可知：切割面 BD 上的法向力 Q 是边坡稳定性系数 K 的函数。因此，由式（9-51）和式（9-54）可分别绘制出 Q-K 曲线，如图 9-16 所示。显然，图 9-16 中两条曲线的交点所对应的 Q 值即为作用于切割面 BD 的实际法向应力；与交点相对应的 K 值即为研究边坡的稳定性系数。

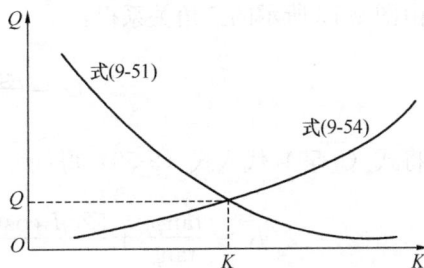

图 9-16 Q-K 曲线

9.2.3 多平面滑动岩坡稳定性分析

边坡岩体的多平面滑动，可以细分为一般多平面滑动和阶梯状滑动两个亚类。一般多平面滑动的各个滑动面的倾角都小于 $90°$，且都起滑动作用。这种滑动的稳定性，可采用力平衡图解法、分块极限平衡法及不平衡推力传递法等进行计算，其方法原理与同向双平面滑动稳定性计算方法相类似。这里主要介绍阶梯状滑动的稳定性计算问题。如图 9-17 所示，ABC 为一可能滑动体，破坏面由多个实际滑动面和受拉面组成，呈阶梯状，设实际滑动面的倾角为 β，平均滑动面（虚线）的倾角为 β'，长为 L，边坡角为 α，可能滑动体的高为 H。这种情况下边坡稳定性的计算思路与单平面滑动相同，即将滑动体的自重 G（仅考虑

图 9-17 多平面滑动稳定性计算图

重力作用时）分解为垂直滑动面的分量 $G\cos\beta$ 和平行滑动面的分量 $G\sin\beta$。则可得破坏面上的抗滑力 F_s 和滑动力 F_r 为：

$$F_s = G\cos\beta\tan\varphi_j + C_j L\cos(\beta' - \beta) + \sigma_t L\sin(\beta' - \beta) \tag{9-55}$$

$$F_r = G\sin\beta \tag{9-56}$$

所以边坡的稳定性系数 K 为：

$$K = \frac{F_s}{F_r} = \frac{G\cos\beta\tan\varphi_j + c_j L\cos(\beta' - \beta) + \sigma_t L\sin(\beta' - \beta)}{G\sin\beta}$$

$$= \frac{\tan\varphi_j}{\tan\beta} + \frac{c_j L\cos(\beta' - \beta) + \sigma_t L\sin(\beta' - \beta)}{G\sin\beta} \tag{9-57}$$

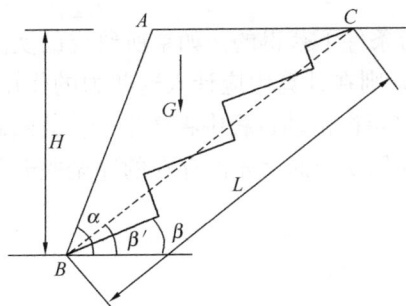

式中 c_j、φ_j——分别为滑动面上的黏聚力和摩擦角；

σ_t——受拉面的抗拉强度。

当 $\sigma_t = 0$ 时，则得：

$$K = \frac{\tan\varphi_j}{\tan\beta} + \frac{c_j L \cos(\beta' - \beta)}{G \sin\beta} \tag{9-58}$$

由图 9-17 所示的三角关系得：

$$G = \frac{\rho g H \sin(\alpha - \beta') L}{2\sin\alpha} \tag{9-59}$$

将式（9-59）代入式（9-58）得：

$$K = \frac{\tan\varphi_j}{\tan\beta} + \frac{[2c_j L \cos(\beta' - \beta) + 2\sigma_t L \sin(\beta' - \beta)]\sin\alpha}{\rho g H \sin(\alpha - \beta')} \tag{9-60}$$

当 $\sigma_t = 0$ 时，则得：

$$K = \frac{\tan\varphi_j}{\tan\beta} + \frac{2c_j L \cos(\beta' - \beta)\sin\alpha}{\rho g H \sin(\alpha - \beta')} \tag{9-61}$$

式中 ρ——岩体的平均密度（g/cm³）；

g——重力加速度。

式（9-60）和式（9-61）是在边坡仅承受岩体重力条件下获得的。如果所研究的实际边坡还受到静水压力、动水压力以及其他外力作用时，则在计算中应计入这些力的作用。此外，如果受拉面为没有完全分离的破裂面，或是未来可能滑动过程中将产生岩块拉断破坏的破裂面，边坡稳定性系数应用式（9-60）计算；如果受拉面为先前存在的完全脱开的结构面时，则边坡稳定性系数应按式（9-61）计算。

9.2.4 楔形体滑动岩坡稳定性分析

楔形体滑动是常见的边坡破坏类型之一，这类滑动的滑动面由两个倾向相反且其交线倾向与坡面倾向相同、倾角小于边坡角的软弱结构面组成。由于这是一个空间问题，所以，其稳定性计算是一个比较复杂的问题。

如图 9-18 所示，可能滑动体 $ABCD$ 实际上是一个以 $\triangle ABC$ 为底面的倒置三棱锥体。

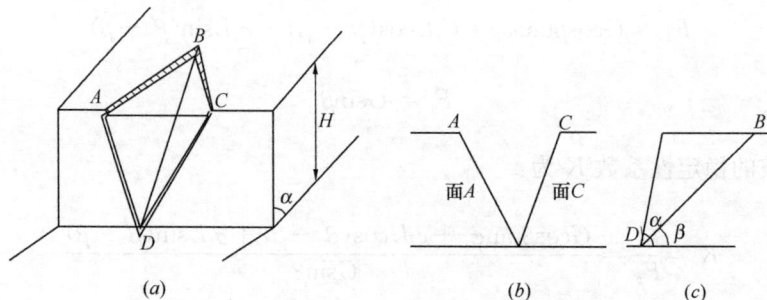

图 9-18 楔形体滑动模型及稳定性计算图

(a) 立体图；(b) 垂直交线的剖面图；(c) 沿交线的剖面图

假定坡顶面为一水平面，△ABD 和△BCD 为两个可能滑动面，倾向相反，倾角分别为 β_1 和 β_2，它们的交线 BD 的倾角为 β，边坡角为 α，坡高为 H。

假设可能滑动体将沿交线 BD 滑动，滑出点为 D。在仅考虑滑动岩体自重 G 的作用时，边坡稳定性系数 K 计算的基本思路是这样的：首先将滑体自重 G 分解为垂直交线 BD 的分量 N 和平行交线的分量（即滑动力 $G\sin\beta$），然后将垂直分量 N 投影到两个滑动面的法线方向，求得作用于滑动面上的法向力 N_1 和 N_2，最后求得抗滑力及稳定性系数。

根据以上基本思路，则可能滑动体的滑动力为 $G\sin\beta$，垂直交线的分量为 $N=G\cos\beta$（图 9-19a）。将 $G\cos\beta$ 照投影到△ABD 和△BCD 面的法线方向上，得作用二滑面上的法向力（图 9-19b）为：

$$N_1 = \frac{N\sin\theta_2}{\sin(\theta_1+\theta_2)} = \frac{G\cos\beta\sin\theta_2}{\sin(\theta_1+\theta_2)} \left.\begin{array}{c}\\ \\ \\ \\ \end{array}\right\}$$

$$N_2 = \frac{N\sin\theta_1}{\sin(\theta_1+\theta_2)} = \frac{G\cos\beta\sin\theta_1}{\sin(\theta_1+\theta_2)}$$

(9-62)

式中　θ_1、θ_2——分别为 N 与二滑动面法线的夹角。

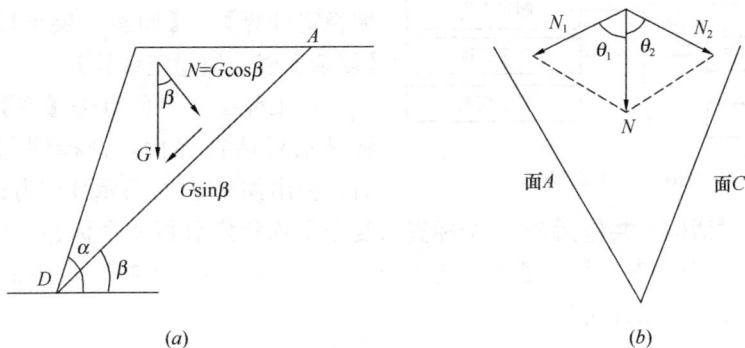

图 9-19　楔形体滑动力分析图

设 c_1、c_2 及 φ_1、φ_2 分别为滑动面△ABD 和△BCD 的黏聚力和摩擦角，则两滑动面的抗滑力 F_s 为：

$$F_s = N_1\tan\varphi_1 + N_2\tan\varphi_2 + c_1 S_{\triangle ABD} + c_2 S_{\triangle BCD}$$

(9-63)

则边坡的稳定性系数为：

$$K = \frac{N_1\tan\varphi_1 + N_2\tan\varphi_2 + c_1 S_{\triangle ABD} + c_2 S_{\triangle BCD}}{G\sin\beta}$$

(9-64)

式中　$S_{\triangle ABD}$、$S_{\triangle BCD}$——分别为滑面△ABD 和△BCD 的面积；

$G=\frac{1}{3}\rho g H S_{\triangle ABD}$。

用式（9-62）中的 N_1 和 N_2 代入式（9-63）即可求得边坡的稳定性系数。在以上计算中，如何求得滑动面的交线倾角 β 及滑动面法线与 N 的夹角 θ_1 和 θ_2 等参数是很关键的。而这几个参数通常可通过赤平投影及实体比例投影等图解法或用三角几何方法求得，读者可参考有关文献。

此外，式（9-63）是在边坡仅承受岩体重力条件下获得的，如果所研究的边坡还承受有如静水压力、工程建筑物作用力及地震力等外力时，应在计算中加入这些力的作用。

9.3　理正岩土设计流程及参数详解

理正软件设计流程如图 9-20 所示。

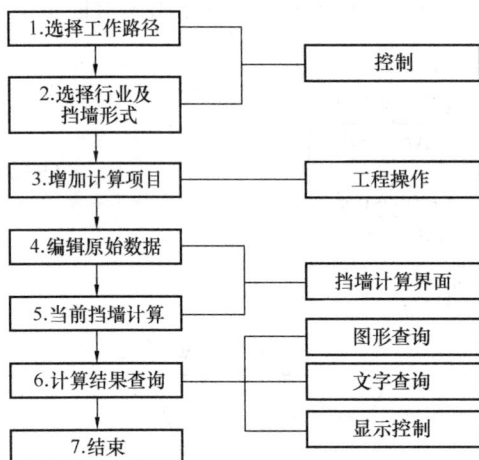

图 9-20　设计流程

运行理正岩土软件，选择【岩质边坡分析】系统会弹出如图 9-21（a）所示对话框，其功能是选择本工程计算项目。可选择【简单平面滑动稳定分析】、【复杂平面滑动稳定分析】、【三维楔形体稳定分析】、【赤平极射投影分析】。若选择【边坡稳定分析】系统会弹出如图 9-21（b）所示对话框，其功能是选择本工程计算项目。可选择【等厚土层土坡稳定计算】、【倾斜土层土坡稳定计算】、【复杂土层土坡稳定计算】。

在工程操作界面点击【增】命令，程序将显示对话框界面，选择例题后点击确认后，弹出如图 9-22 所示预应力锚索式挡土墙计算界面。该对话框一共包括 3～4 个标签（复杂平面稳定分析 4 个标签、简单平面稳定分析 3 个标签），分别对应挡土墙设计的 4～5 个方面的分析设计参数。下面分别对各个标签下属的参数输入作以说明。

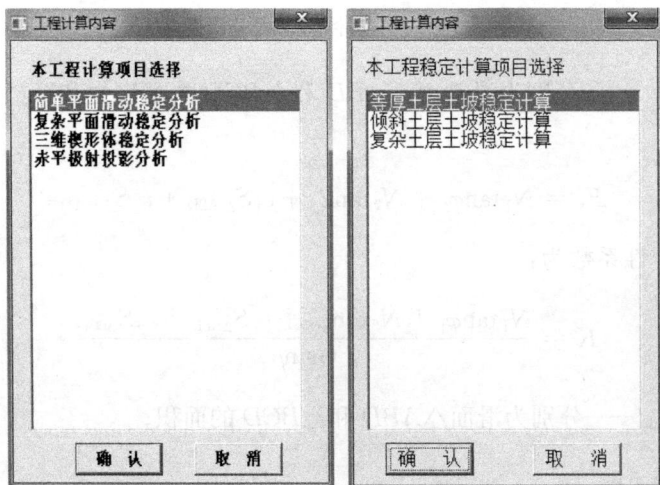

(a)　　　　　　　　(b)

图 9-21　工程计算内容选择窗口

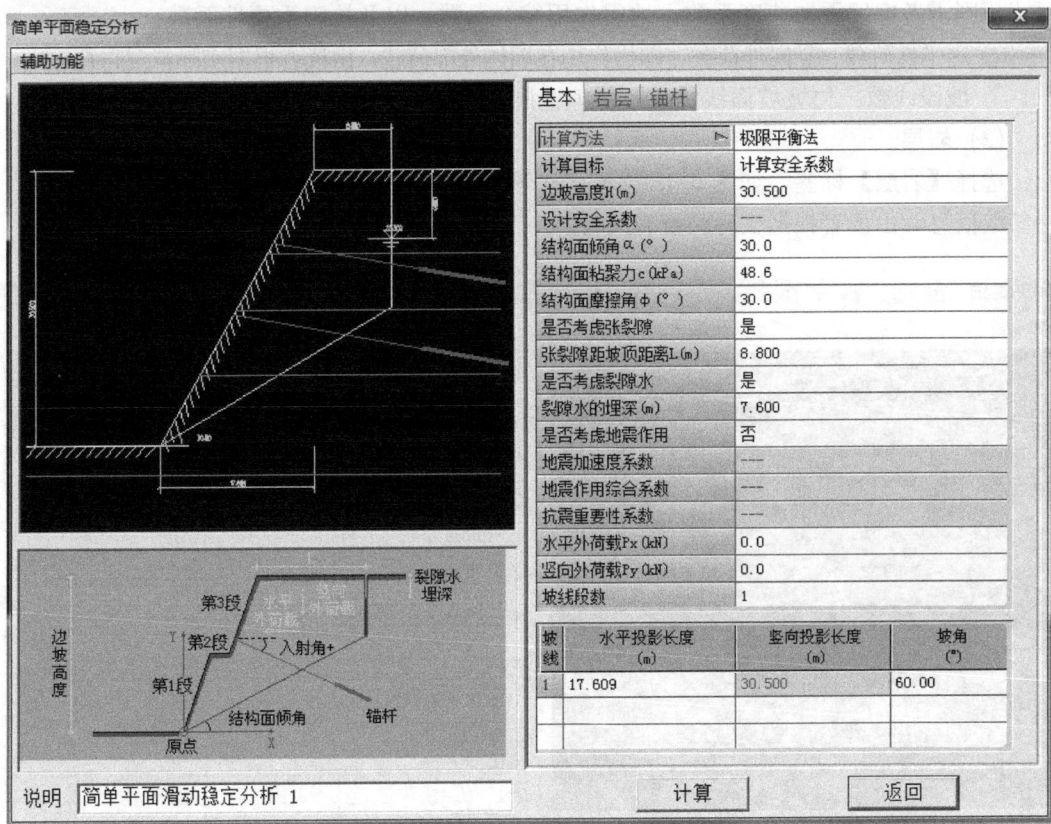

图 9-22 预应力锚索式挡土墙计算界面

9.3.1 岩质边坡简单平面稳定分析

(1) 基本

选择【基本】标签，程序将显示如图 9-22 所示的输入对话框界面。在该对话框界面中主要需要输入参数信息，均为基本信息，读者自行输入，而且将鼠标放在参数输入栏，理正均有提示，这里不再赘述下面主要介绍几个关键参数的输入。

① 计算方法：包括极限平衡法、静止岩土压力［国家规范公式（6.3.1）］、主动岩土压力［国家规范公式（6.3.2）］、主动岩土压力［国家规范公式（6.3.3）］，其中，除极限平衡法外，其余方法根据中华人民共和国国家标准《建筑边坡工程技术规范》编制。

② 计算目标：包括计算安全系数、锚杆（索）支护设计、已知 c 反算 φ、已知 φ 反算 c、裂隙水深-安全系数曲线、坡脚-安全系数曲线、坡高-安全系数曲线。由读者根据自己需求，按实际情况选取。

③ 边坡高度、结构面倾角、结构面黏聚力、结构面摩擦角：由读者根据实际情况自行选取。

④ 是否考虑张裂隙、是否考虑裂隙水：可选择是或否，由读者根据实际情况自行选取，如选择"是"，则需要按要求输入张裂隙距坡顶距离，以及裂隙水的埋深。

⑤ 是否考虑地震作用：可选择是或否，由读者根据实际情况自行选取，如选择

"是"，则需考虑地震加速度系数、地震作用综合系数，以及抗震重要性系数。

⑥ 水平外荷载、竖向外荷载：即为作用在墙体外部荷载，由读者根据实际情况自行输入。

⑦ 坡段线数：边坡坡面线段数，取值范围为 1~30，由读者根据实际情况自行选取。

（2）岩层

选择【岩层】标签，如图 9-23 所示，在该对话框界面中主要需要输入挡土墙所在岩层参数信息，由读者根据实际情况自行输入。

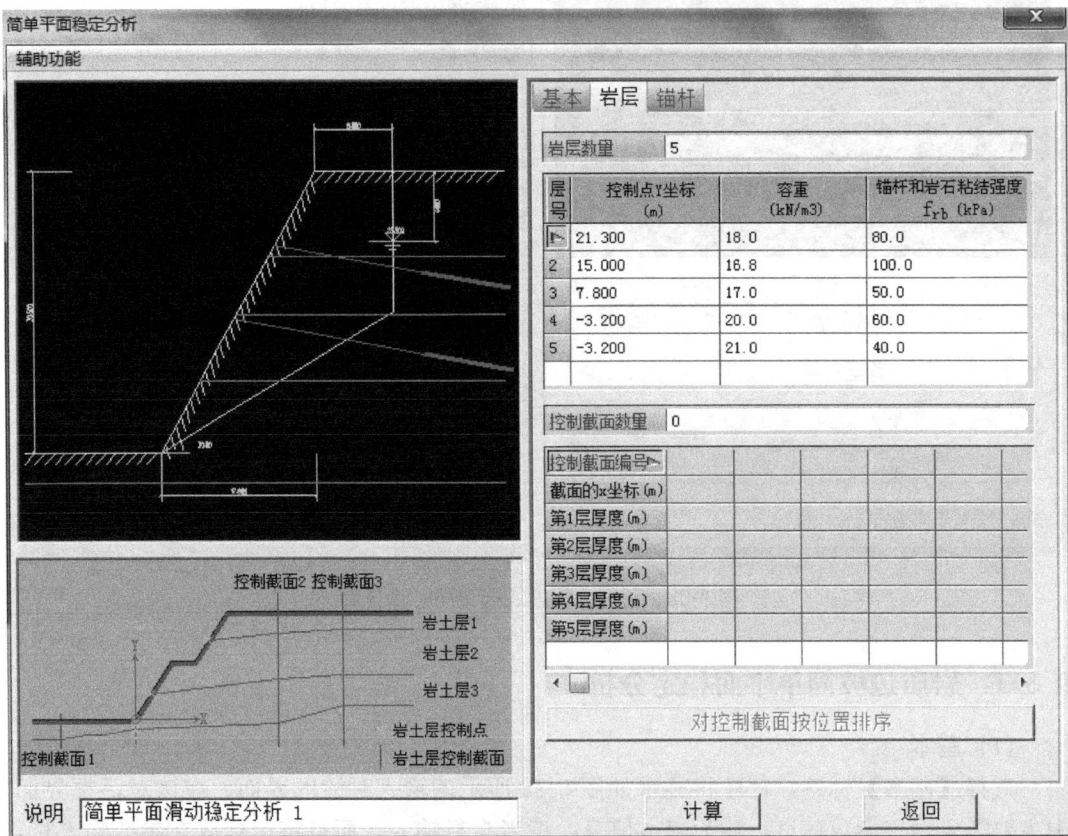

图 9-23 预应力锚索式挡土墙岩层输入界面

① 岩层数量：根据现场实测，由读者根据实际情况自行选取。

② 控制点 Y 坐标：在坡脚以上，为该岩土层底面和坡面交点的标高。在坡脚以下，为该岩土层底面在坡脚点截面处的标高。建议从上往下交互。

③ 容重、锚杆和岩石粘结强度：根据现场实测，由读者根据实际情况自行选取。

④ 截面的 X 坐标，第 1 层厚度、第 2 层厚度等：由读者根据实际情况自行输入。

以上两标签内容均为实际岩层的具体参数，读者可根据现场试验确定或参考《建筑边坡工程技术规范》GB 50330—2013。

（3）锚杆

选择【锚杆】标签，程序将显示如图 9-24 所示的输入对话框界面。在该对话框界面中主要需要输入锚杆参数信息。

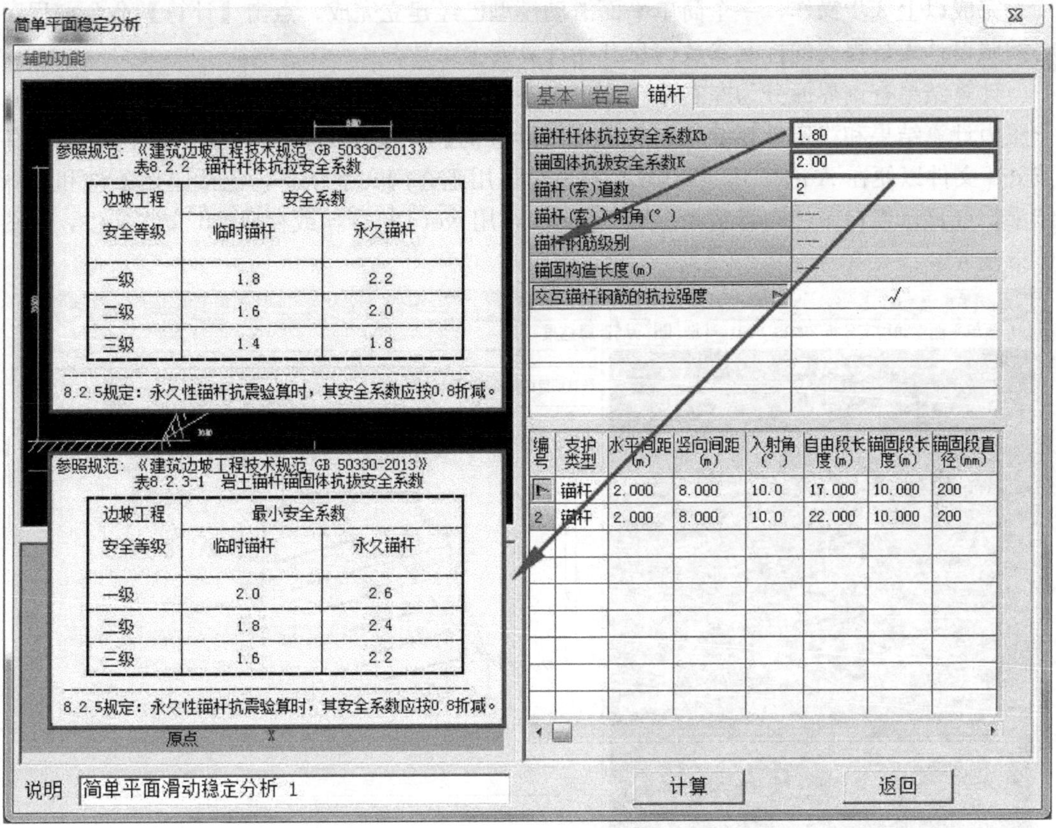

图 9-24　预应力锚索式挡土墙锚杆输入界面

① 锚杆杆体抗拉安全系数 K_b，与边坡等级有关，用作临时锚杆时，一级边坡 1.8，二级边坡 1.6，三级边坡 1.4；用作永久锚杆时，一级边坡 2.2，二级边坡 2.0，三级边坡 1.8。

② 锚固体抗拔安全系数 K，与边坡等级有关，用作临时锚杆时，一级边坡 2.0，二级边坡 1.8，三级边坡 1.6；用作永久锚杆时，一级边坡 2.6，二级边坡 2.4，三级边坡 2.2。

③ 锚杆（索）道数，限于软件计算能力，不得多于 50 道，读者可根据实际情况自行设定。

④ 支护类型，可选"锚杆"或"锚索"，二者对应的筋浆强度不同。

⑤ 水平间距、竖向间距：水平间距为在垂直与计算截面方向上锚杆（索）的间距；竖向间距为在竖直方向上锚杆（索）的间距，对于第一道锚杆（索）为坡角到该道锚杆（索）的竖向距离，锚杆上下排间距、水平间距不宜小于 2.0m。

⑥ 入射角，为锚杆（索）与地面所夹角度，宜采用 $10°\sim35°$。

⑦ 自由段长度，预应力锚杆自由段长度不应小于 5m，且应超过潜在滑裂面 1.5m。

⑧ 锚固段长度，为实际计算中取在结构面以外的有效的锚固长度土层锚杆的锚固长度。锚固段长度可按照《建筑边坡工程技术规范》GB 50330—2103 中 8.2 节相关内容计算，同时不应小于 4.0m，并不宜大于 10.0m；岩石锚杆的锚固段长度不应小于 3.0m，且不宜大于 6.5m 和 45 倍钻孔直径，预应力锚索不宜大于 8.0m 和 55 倍钻孔直径。

⑨ 配筋、筋浆强度，用鼠标单击相应对象均匀表格提示，这里不再赘述。

完成以上 3 步操作，一个简单平面滑动模型已经建立完成，点击【计算】命令，程序将按照设计人员提交的控制参数信息开始计算安全系数。

计算结果查询界面分为左右两个窗口，左侧窗口用于查询图形结果，包括计算简图、土压力计算结果和稳定计算结果，点击【图形查询】>【显示简图存为 DXF 文件】可存成 dxf 文件以便在 AutoCAD 中打开。右侧窗口用于查询文字结果，包括原始条件和计算结果，在显示窗口鼠标右键选择存成 rtf 文件，用 word 打开，或存成 txt 文本文件，如图 9-25 所示。

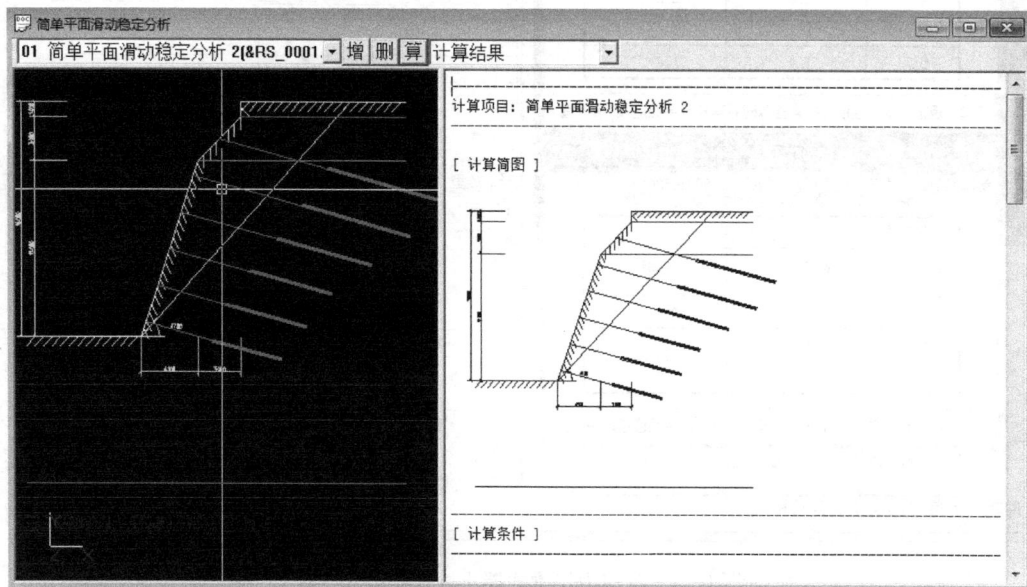

图 9-25　预应力锚索式挡土墙结果查询界面

注意：当验算结果显示蓝色表明满足要求，如为红色则表明不满足要求，需调整参数。

9.3.2　岩质边坡复杂平面稳定分析

(1) 基本

选择【基本】标签，程序将显示如图 9-26 所示的输入对话框界面。在该对话框界面中主要需要输入参数信息，均为基本信息，读者自行输入，而且将鼠标放在参数输入栏，理正均有提示，这里不再赘述。下面主要介绍几个关键参数的输入。

① 计算方法：包括通用方法、sarma 法，以及 sarma 改进法，由读者根据实际情况自行选择。

② 计算目标：包括计算安全系数、计算临界加速度系数，以及计算 K-K_c 关系曲线，由读者根据实际情况自行选择。

③ 边坡高度：根据实测值，由读者根据实际情况自行输入。

④ 是否考虑地震作用：可选择是或否，选择"是"，则需考虑地震加速度系数、地震作用综合系数以及抗震重要性系数。

⑤ 是否考虑竖向地震力：考虑竖向地震力，即考虑水平地震力和竖向地震力的共同

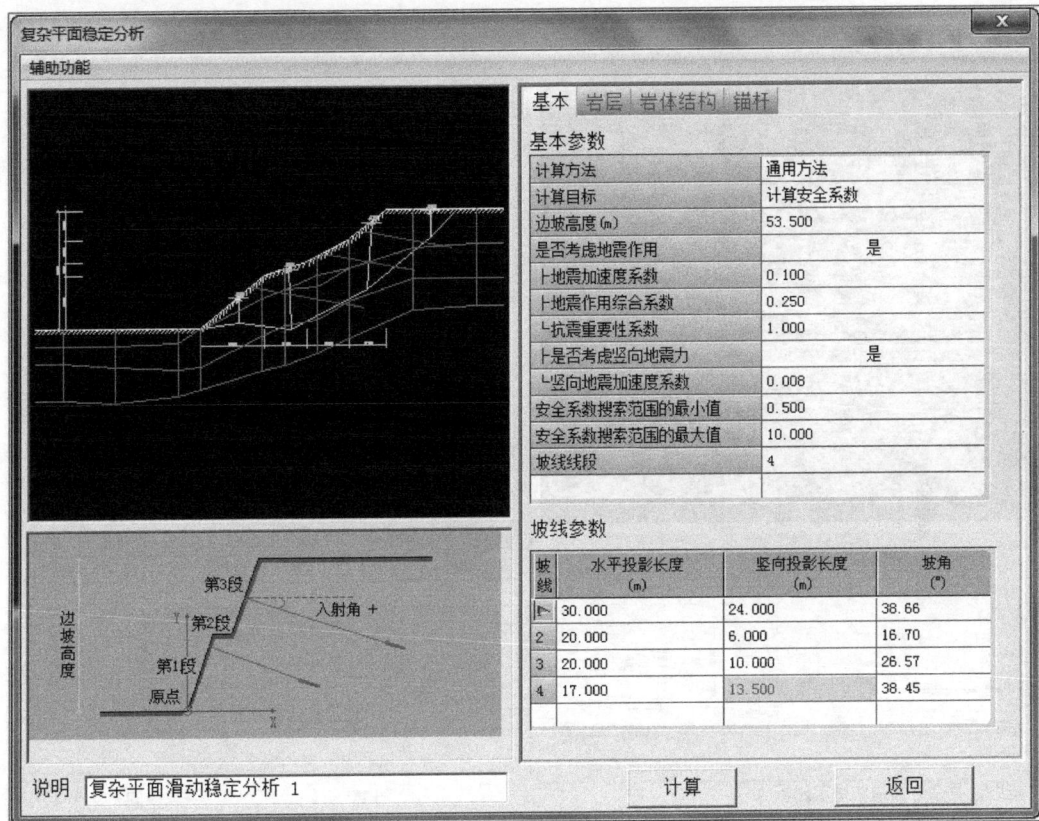

图 9-26　预应力锚索式挡土墙计算界面

作用，选择"是"则还需竖向地震加速度系数，即竖向地震力＝竖向地震加速度系数条块重量。

⑥ 安全系数搜索范围的最小值，以及安全系数搜索范围的最大值，本软件通过迭代求解安全系数，需给定安全系数迭代范围。可先采用较大范围搜索，再逐步缩小，提高精度。注意：最小值不宜太接近于零。

（2）岩层

选择【岩层】标签，如图 9-27 所示，在该对话框界面中主要需要输入挡土墙所在岩层参数信息，由读者根据实际情况自行输入。

① 岩层数量：根据现场实测，由读者根据实际情况自行选取。

② 控制点 Y 坐标：在坡脚以上，为该岩土层底面和坡面交点的标高。在坡脚以下，为该岩土层底面在坡脚点截面处的标高。建议从上往下交互。

③ 容重、锚杆和岩石粘结强度：根据现场实测，由读者根据实际情况自行选取。

④ 截面的 X 坐标，第 1 层厚度、第 2 层厚度等：由读者根据实际情况自行输入。

以上两标签内容均为实际岩层的具体参数，读者可根据现场试验确定或参考《建筑边坡工程技术规范》GB 50330—2013。

（3）岩体结构

选择【岩体结构】标签，程序将显示如图 9-28 所示的输入对话框界面。在该对话框

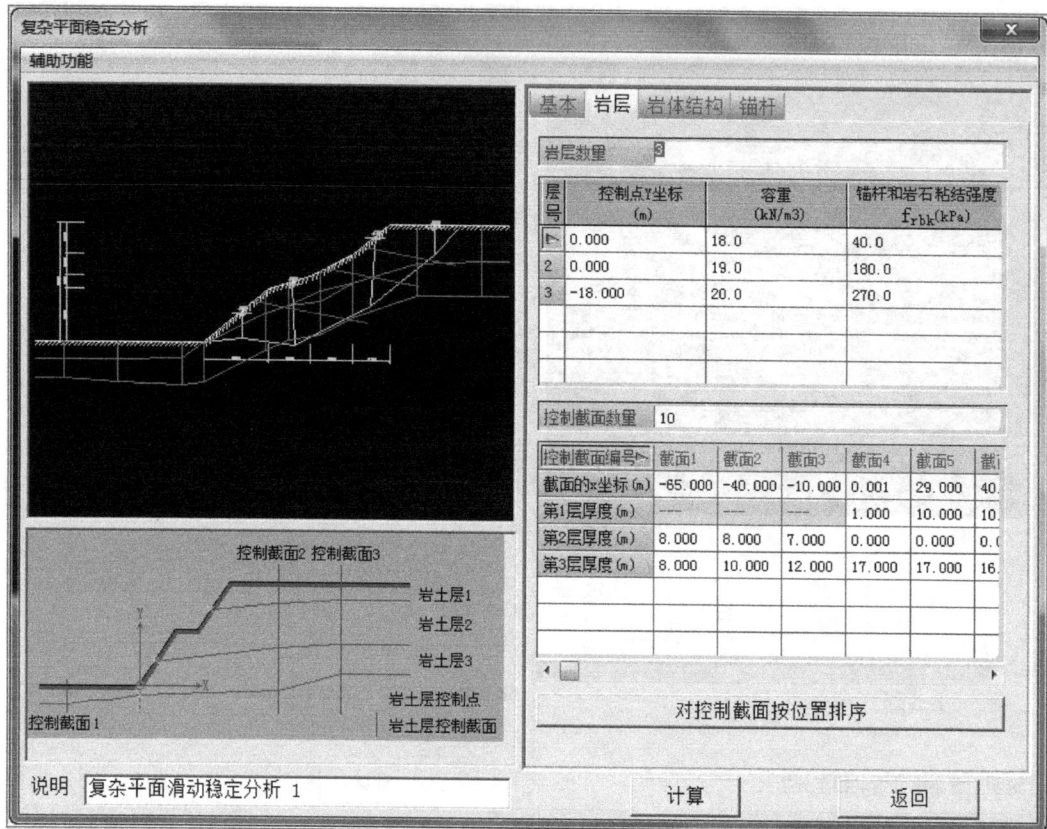

图 9-27　预应力锚索式挡土墙岩层输入界面

界面中主要需要输入参数信息，每一个参数理正均有提示。下面主要介绍几个关键参数的输入。

① 结构单元数：根据现场实测，由读者根据实际情况自行选取。

② 是否考虑水作用：根据实际情况选择。

③ 水作用位置："结构面水"。选择地下水作用位置，包括"结构面水"和"内部结构面水"。当选择"结构面水"，表示不考虑内部结构面的水作用，而考虑结构面后水的作用；当选择"内部结构面水时"，内部结构面参数输入框里的"裂隙水埋深"被激活，表示考虑内部结构面的水作用，不考虑结构面后水的作用。

④ 水平和竖向荷载：该参数指作用在某一块岩体上的荷载，其中可以用"正负"号调节水平及竖向荷载的方向。

⑤ 结构面参数：可输入水平投影、竖向投影、倾角、黏聚力、内摩擦角等具体土体参数，具体的参数输入见图 9-28。

⑥ 内部结构面参数：该参数指裂隙里填充物的参数信息，具体的参数输入见图 9-28。

(4) 锚杆

选择【锚杆】标签，程序将显示如图 9-29 所示的输入对话框界面。在该对话框界面中主要需要输入参数信息，每一个参数理正均有提示。下面主要介绍几个关键参数的输入。

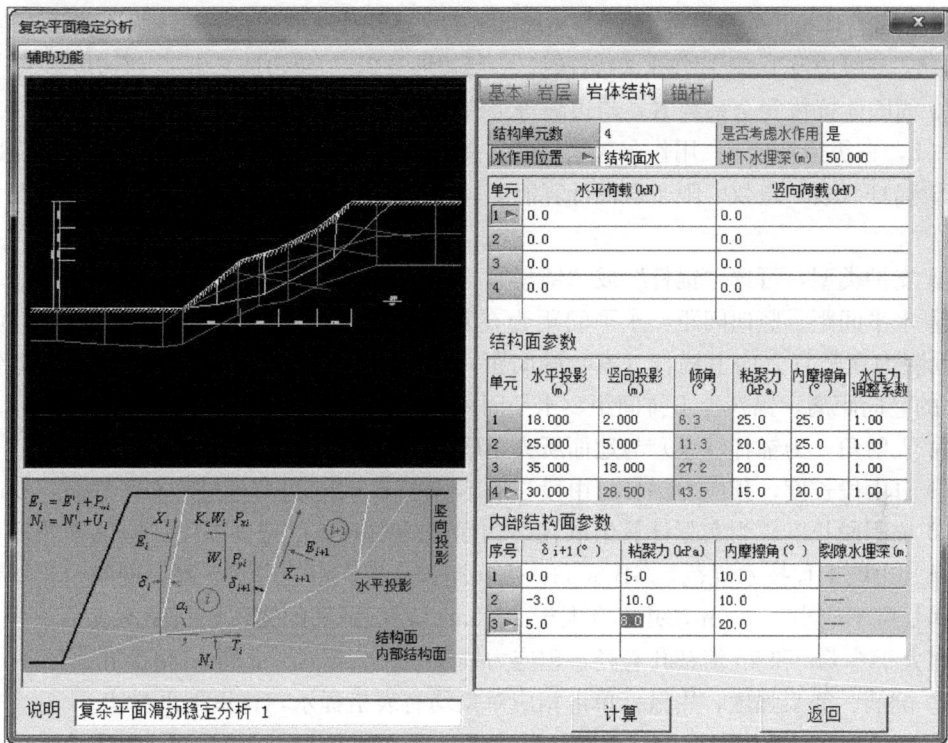

图 9-28　预应力锚索式挡土墙岩体结构输入界面

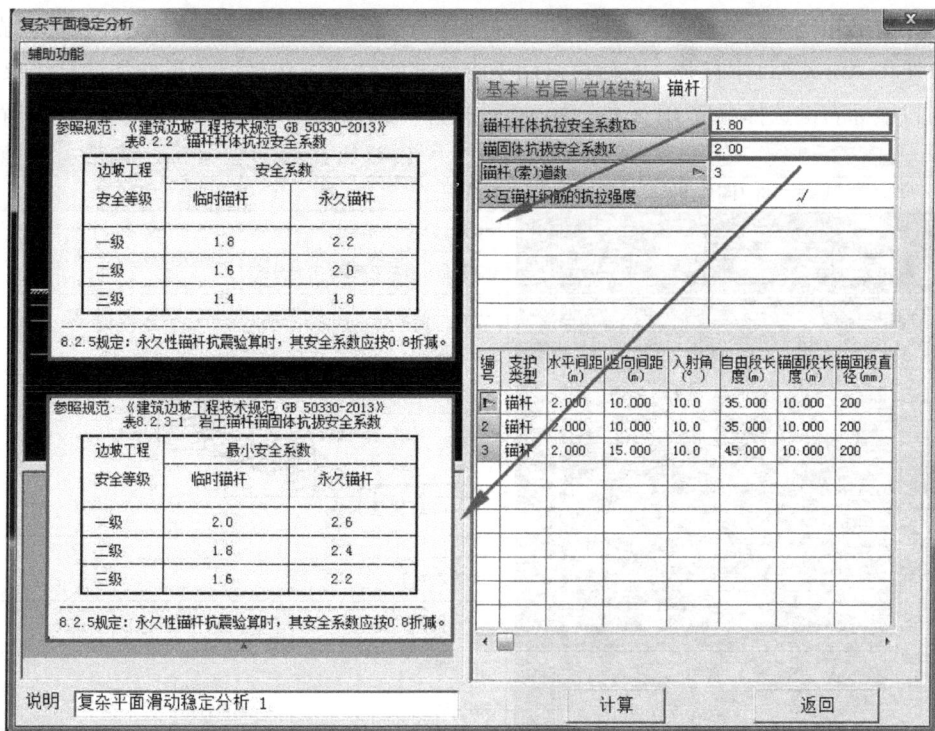

图 9-29　预应力锚索式挡土墙锚杆输入界面

① 锚杆杆体抗拉安全系数 K_b，与边坡等级有关，用作临时锚杆时，一级边坡 1.8，二级边坡 1.6，三级边坡 1.4；用作永久锚杆时，一级边坡 2.2，二级边坡 2.0，三级边坡 1.8。

② 锚固体抗拔安全系数 K，与边坡等级有关，用作临时锚杆时，一级边坡 2.0，二级边坡 1.8，三级边坡 1.6；用作永久锚杆时，一级边坡 2.6，二级边坡 2.4，三级边坡 2.2。

③ 锚杆（索）道数，限于软件计算能力，不得多于 50 道，读者可根据实际情况自行设定。

④ 支护类型，可选"锚杆"或"锚索"，二者对应的筋浆强度不同。

⑤ 水平间距、竖向间距：水平间距为在垂直与计算截面方向上锚杆（索）的间距；竖向间距为在竖直方向上锚杆（索）的间距，对于第一道锚杆（索）为坡角到该道锚杆（索）的竖向距离，锚杆上下排间距、水平间距不宜小于 2.0m。

⑥ 入射角，为锚杆（索）与地面所夹角度，宜采用 10°～35°。

⑦ 自由段长度，预应力锚杆自由段长度不应小于 5m，且应超过潜在滑裂面 1.5m。

⑧ 锚固段长度，为实际计算中取在结构面以外的有效的锚固长度。锚固段长度可按照《建筑边坡工程技术规范》GB 50330—2103 中 8.2 节相关内容计算，同时，土层锚杆的锚固长度不应小于 4.0m，并不宜大于 10.0m；岩石锚杆的锚固段长度不应小于 3.0m，且不宜大于 6.5m 和 45 倍钻孔直径，预应力锚索不宜大于 8.0m 和 55 倍钻孔直径。

⑨ 配筋、筋浆强度，用鼠标单击相应对象均有表格提示，这里不再赘述。

完成以上 4 步操作，一个复杂平面滑动模型已经建立完成，点击【计算】命令，程序将按照设计人员提交的控制参数信息开始计算安全系数。

计算结果查询界面分为左右两个窗口，左侧窗口用于查询图形结果，包括计算简图、土压力计算结果和稳定计算结果，点击【图形查询】＞【显示简图存为 DXF 文件】可存成 dxf 文件以便在 AutoCAD 中打开。右侧窗口用于查询文字结果，包括原始条件和计算结果，在显示窗口鼠标右键选择存成 rtf 文件，用 word 打开，或存成 txt 文本文件，如图 9-30 所示。

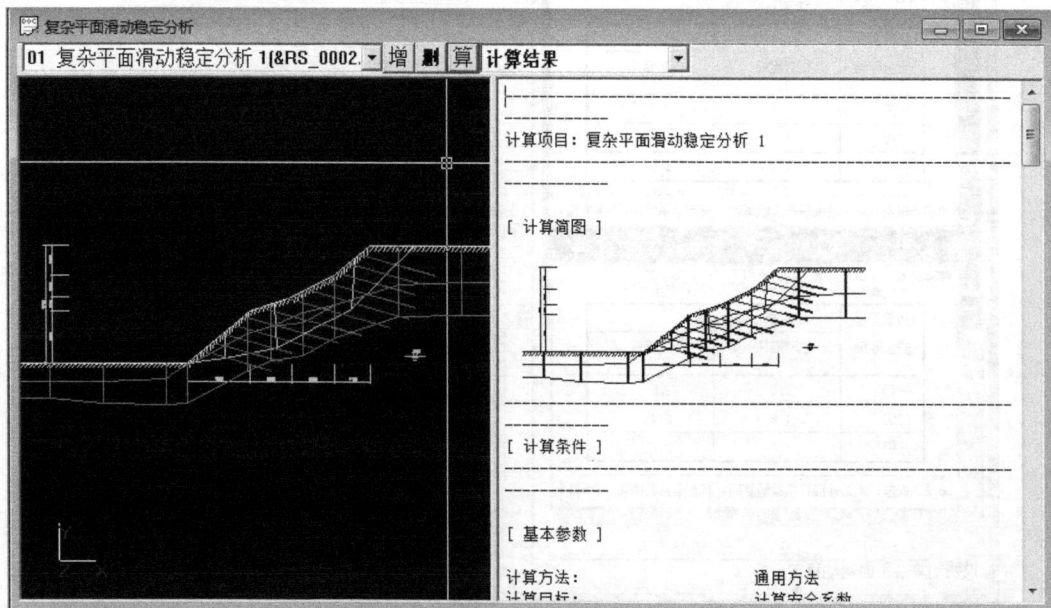

图 9-30　预应力锚索式挡土墙计算结果查询界面

注意：当验算结果显示蓝色表明满足要求，如为红色则表明不满足要求，需调整参数。

9.3.3 土质边坡稳定分析

(1) 基本

选择【基本】标签，程序将显示如图 9-31 所示的输入对话框界面。在该对话框界面中主要需要输入参数信息，均为基本信息，读者自行输入，而且将鼠标放在参数输入栏，理正均有提示，这里不再赘述。下面主要介绍几个关键参数的输入。

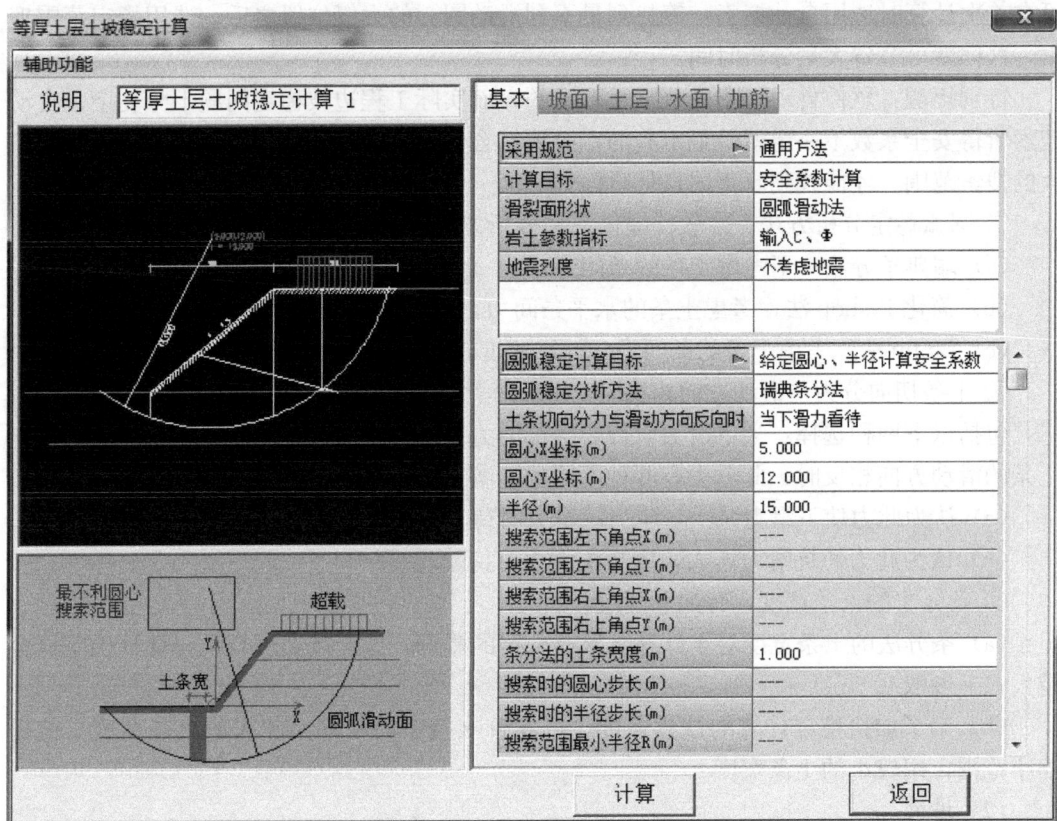

图 9-31　边坡稳定分析基本输入界面

① 采用规范：如图 9-32 所示，选用各种规范均可分析直线形、圆弧形滑裂面的稳定性；其中"通用方法"及《碾压土石坝设计规范》SL 274—2001 还可分析复杂土质边坡折线形滑裂面的稳定性。

② 计算目标：本软件有三种计算用途：

（a）计算边坡稳定性安全系数（指定滑面或自动搜索滑面）。

（b）计算剩余滑力（直线滑面、折线滑面或圆弧滑面）。

（c）给定安全系数设计锚杆（索）。

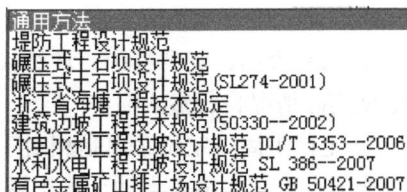

图 9-32　边坡稳定分析采用规范选取界面

257

③ 滑裂面形状：计算整体滑动稳定安全系数时，破裂面形状可选择圆弧、直线和折线三种，一般情况下，黏性土中的破裂面近似圆弧，砂性土中为直线，当有软弱夹层时选择多段折线滑裂面。

④ 岩土参数指标：当试验方法不同时，请选择此参数以便输入不同的试验结果。

⑤ 地震烈度：可选择不考虑地震烈度或直接选择相应地震烈度等级，由读者根据实际情况自行选取，如直接选择地震等级，则需考虑地震作用综合系数、地震作用重要性系数、水平向地震系数等。

⑥ 圆弧稳定计算目标：因为稳定计算时间较长，此参数的灵活实用可加快搜索速度。可在首次计算时选用自动搜索，等找到最不利滑动圆心的大概位置之后，选用指定范围搜索，这样就可节省大量分析时间。

特别提醒：软件自动搜索的范围是有限的，而实际工程边坡稳定问题十分复杂，自动搜索所得安全系数不一定就是最不利的，必须结合人工判断，剔除不合理结果，或指定扩大的搜索范围，才能找到真正的最危险面。

⑦ 圆弧稳定分析方法：本软件提供三种分析方法：

（a）瑞典条分法，不考虑土条的条间力；

（b）简化 Bishop 法，考虑土条的水平条间力，计算速度较慢；

（c）Janbu 法：考虑土条的条间力，计算速度较慢。

⑧ 土条切向分力与滑动方向相反时："当下滑力对待"。

包括以下两种选择：当下滑力对待、当抗滑力对待。当土条重力在滑动方向的分力与土条的滑动方向相反时，此分力有两种不同的理解：

（a）认为此力使下滑力减小，应当下滑力对待；

（b）认为此力使抗滑力增大，应当抗滑力对待。

⑨ 条分法的土条宽度，有如下规定：

（a）条分法的土条宽度对于计算结果有一定的影响，如土条宽度较大，计算误差也会越大，一般取 0.5m 左右。

（b）为了加快稳定计算的搜索速度，可在首次搜索时，采用较大的土条宽度，然后缩小范围，用较小的土条宽度。

（2）坡面

选择【坡面】标签，程序将显示如图 9-33 所示的输入对话框界面。在该对话框界面中主要需要输入参数信息，每一个参数理正均有提示。下面主要介绍几个关键参数的输入。

① 坡面线段数：只分析边坡左侧滑动情况；对于边坡右侧滑动情况，用户将数据做镜像即可；坡面线的起始点为坐标原点，第一段和最后一段坡面线两侧，软件认为坡面自动水平延伸，用户不必输入。

② 水平投影、竖向投影、坡线长、坡线仰角、超载个数：均为坡体自然情况，读者可根据实际情况自行输入。

③ 定位距离：定位距离是相对于本段坡面线的起点而不是坐标原点，对于铁路、公路行业可点击右边箭头自动计算车辆荷载。如图 9-34 所示。

④ 分布宽度：分布宽度实在坡面线上的分布长度，而非 X 向的投影，分布宽度不可

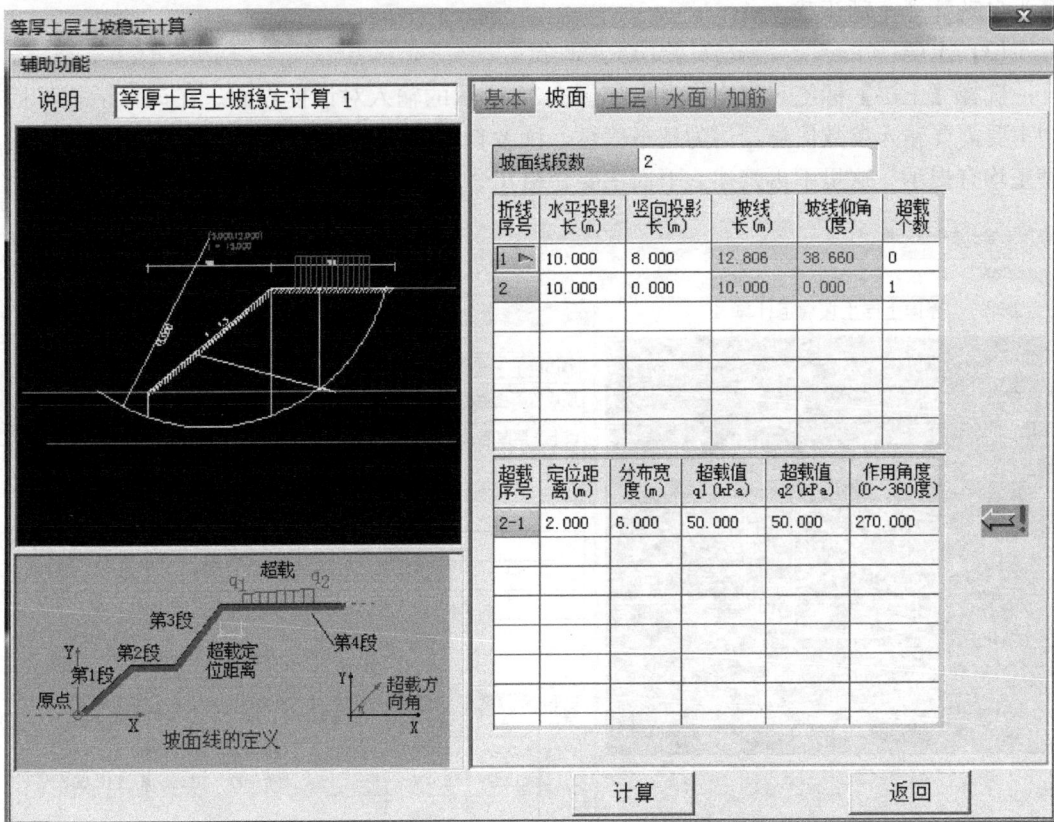

图 9-33　边坡稳定分析坡面输入界面

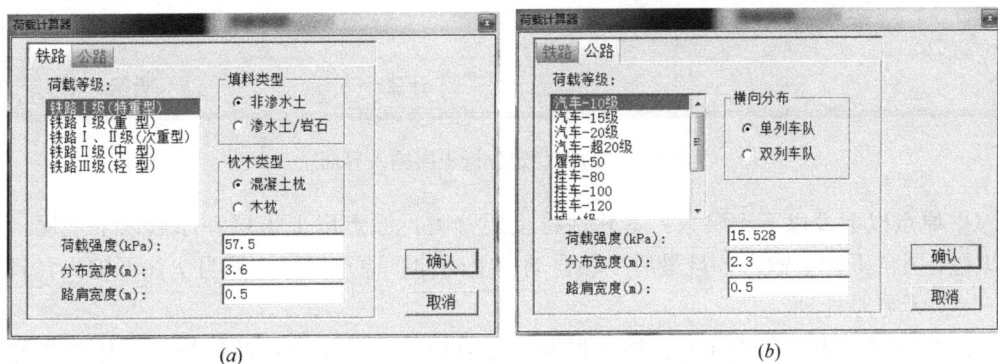

图 9-34　边坡稳定分析荷载计算输入界面

大于坡面线长度，否则计算结果将错误，对于铁路、公路行业可点击右边箭头自动计算车辆荷载。

　　⑤ 超载值：此值为边坡纵向单位宽度内的荷载值。对于在边坡纵向并非连续分布的荷载，请用户根据实际情况折算到单位宽度内，对于铁路、公路行业可点击右边箭头自动计算车辆荷载。

　　⑥ 作用角度：角度起始于 X 轴，逆时针方向为正，对于铁路、公路行业可点击右边

箭头自动计算车辆荷载。

（3）土层

选择【土层】标签，程序将显示如图 9-35 所示的输入对话框界面。在该对话框界面中主要需要输入参数信息，均为基本信息，读者自行输入，而且将鼠标放在参数输入栏，理正均有提示，这里不再赘述。下面主要介绍几个关键参数的输入。

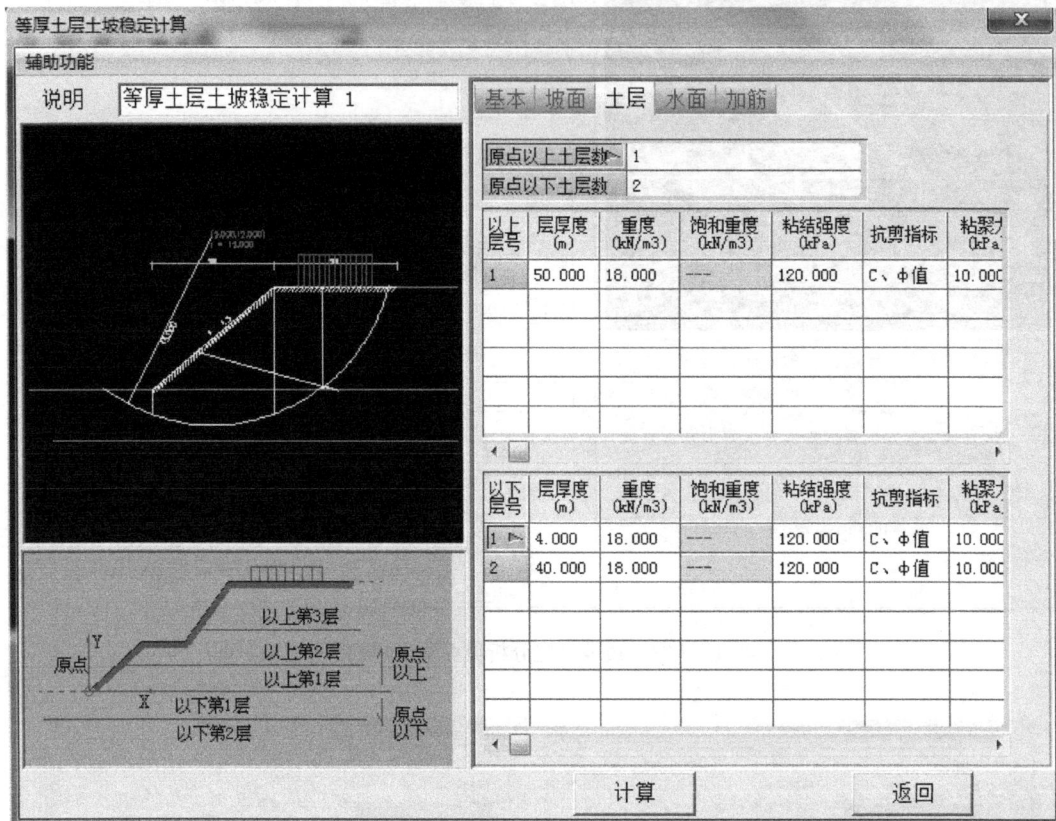

图 9-35　边坡稳定分析土层输入界面

① 原点以上及以下土层数：本软件将土层分为：原点以上土层和原点以下土层，原点以上土层自下往上输入，且最后一层自动向上延伸；原点以下土层自上往下输入，且最后一层当无穷厚处理。

② 层厚度、重度、饱和度、粘结强度、抗剪指标、黏聚力：此值均为土体的自然条件，由现场实测或经验取值，由读者根据实际情况自行输入。

（4）水面

选择【水面】标签，程序将显示如图 9-36 所示的输入对话框界面。在该对话框界面中主要需要输入参数信息，均为基本信息，读者自行输入，而且将鼠标放在参数输入栏，理正均有提示，这里不再赘述。下面主要介绍几个关键参数的输入。

① 是否考虑水的作用：可选择"是"或"否"，本软件考虑了水的浮力与渗透压力，可将浸润线按分段直线输入，来分析类似水坝的问题。选择"是"后，下列水作用考虑方法等被激活。

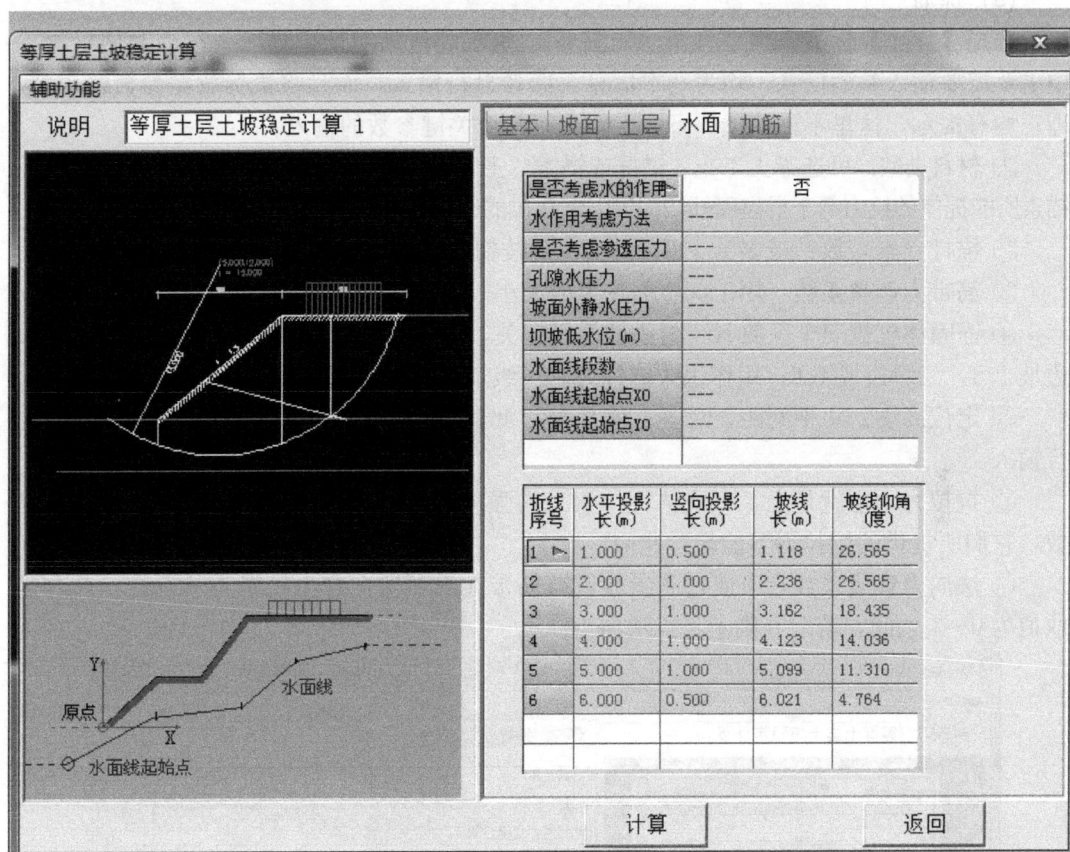

图 9-36　边坡稳定分析水面输入界面

② 水作用考虑方法：在总应力法时，需输入总应力抗剪强度指标；有效应力法时，需输入有效应力抗剪强度。这两种指标由不同的试验方法得到。

采用总应力法：计算抗滑力、下滑力时，浸水部分土条重量采用饱和重度直接计算。

采用有效应立法：计算抗滑力时，浸水部分土条作用考虑空隙水压力的影响；但下滑力计算与总应力法相同。

③ 是否考虑渗透压力：可选择"是"或"否"，选择"是"，则本软件自动考虑作用于土条上的渗透压力；否则软件将不考虑这部分的作用。

④ 坡面外静水压力：此处静水压力指坡线外侧水对坡面产生的静水压力，在边坡稳定计算时一般起有利作用，用户可以视实际情况选择"考虑"或"不考虑"。

⑤ 水面线段数：第一段和最后一段坡面线两侧，软件认为水面自动水平延伸，用户不必输入。

⑥ 水面线起始点：相对于坐标原点，第一段和最后一段坡面线两侧，软件认为水面自动水平延伸，用户不必输入。

⑦ 折线序号、水平投影长、竖向投影长、坡线长、坡线仰角：此值均为坡体自然条件，由读者根据实际情况自行输入。

（5）加筋

选择【加筋】标签，程序将显示如图 9-37 所示的输入对话框界面。在该对话框界面中主要需要输入参数信息，均为基本信息，读者自行输入，而且将鼠标放在参数输入栏，理正均有提示，这里不再赘述。下面主要介绍几个关键参数的输入。

① 材料类型：可选择土工布、锚杆或锚索，土工布所能提供的拉力等于其强度；锚杆、锚索所能提供的拉力等于滑裂面外锚固段索能提供的摩擦力，并且不能大于锚杆的强度。

② 锚杆（索）数：最多为 100，点击右侧按钮可进行批量布置。

③ 筋带力调整系数：用于调整筋带力的大小。

④ 锚固体抗拔安全系数 K：与边坡等级有关，用作临时锚杆时，一级边坡 2.0，二级边坡 1.8，三级边坡 1.6；用作永久锚杆时，一级边坡 2.6，二级边坡 2.4，三级边坡 2.2。

⑤ 定位高度、水平间距、总长、倾角等：此值均为设计值，由读者根据实际情况自行输入。

⑥ 抗拉力：也就是土工布或锚杆（索）的强度值，土工布与锚杆（索）均需要此参数，它们所提供的抗拉力不能超过此值。

⑦ 法向力释放系数，可通过此参数调节筋带在滑弧法向产生抗滑力的发挥，此参数取值为 0～1 之间，若取 0 则不考虑法向力。

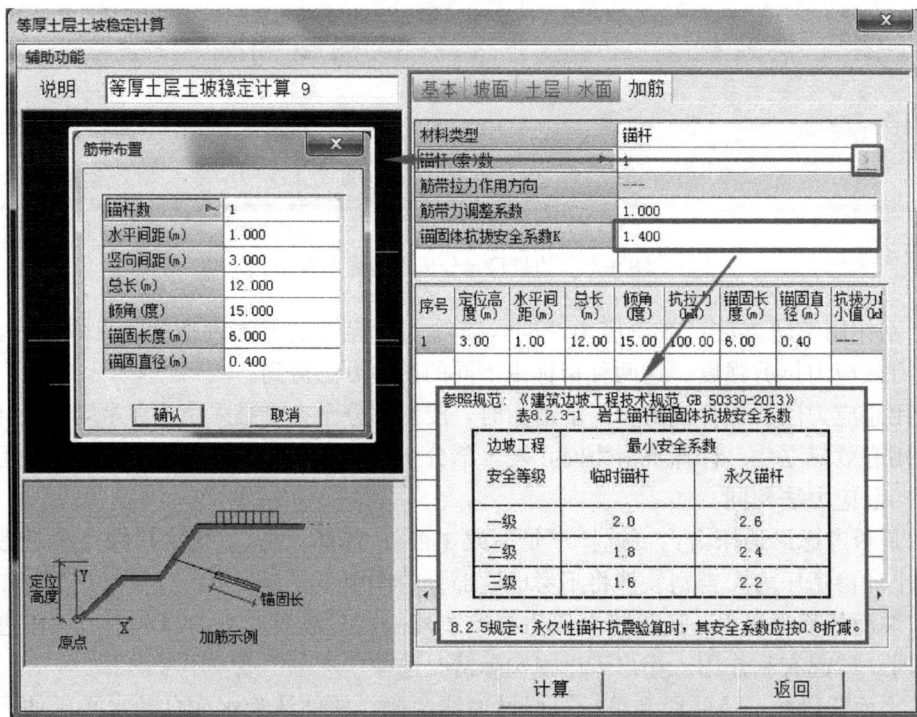

图 9-37　边坡稳定分析加筋输入界面

9.4　岩质边坡稳定性分析例题

通过以上软件编制原理及设计流程的学习，想必读者已经对理正预应力锚索式挡土墙设计及验算有了初步的了解，接下来结合一道例题来让读者进一步理解本软件。

9.4.1 设计资料（复杂平面滑动）

某二级铁路路肩墙设计资料如下：

边坡构造：边坡高度 53.5m，坡面倾角 60°，黏聚力 $c=22$kPa，现场实测坡线可分为 4 段，第一段水平投影 30m，竖向投影 24m；第二段水平投影 20m，竖向投影 6m；第三段水平投影 20m，竖向投影 10m；第四段水平投影 17m，竖向投影 13.5m。无外加荷载。其余初始拟采用尺寸如图 9-38 所示。

土质情况：现场实测土层分为 3 层：杂填土，地基土重度 $\gamma=18$kN/m^3，中风化石英岩，地基土重度为 $\gamma=19$kN/m^3，中风化板岩，地基土重度为 $\gamma=20$kN/m^3。

设计内容：拟定挡土墙的结构形式及断面尺寸、拟定挡土墙基础的形式及尺寸、设计锚固力的计算、锚固体的设计计算、锚索的布置、锚索的预应力与超张拉等。

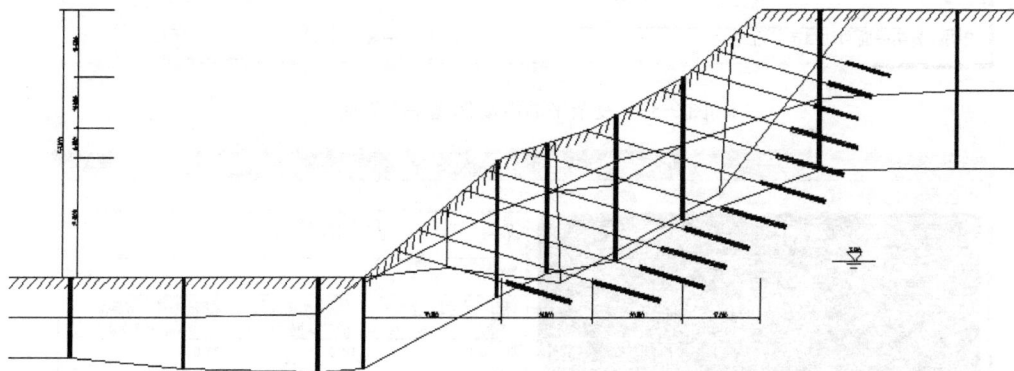

图 9-38 初始拟采用挡土墙尺寸图

9.4.2 验算过程

首先在【基本】中，按照本章 9.4 节中的要求进行填写，如图 9-39 所示。

在【岩层】中，除了正常预设数据的填写之外，应注意锚杆与岩石粘结强度数值的选取，应根据经验或现场实测取得，如图 9-40 所示。

【控制点 Y 坐标】，在坡脚以上，为该岩土层底面和坡面交点的标高。在坡脚以下，为该岩土层底面在坡脚点截面处的标高。建议从上往下交互。

【截面的 X 坐标】，第 1 层厚度、第 2 层厚度等：由读者根据实际情况自行输入。

以上两标签内容均为实际岩层的具体参数，读者可根据现场试验确定或参考《建筑边坡工程技术规范》GB 50330—2013。

在【岩体结构】中，按照本章 9.4 节中的要求进行填写，如图 9-41 所示。

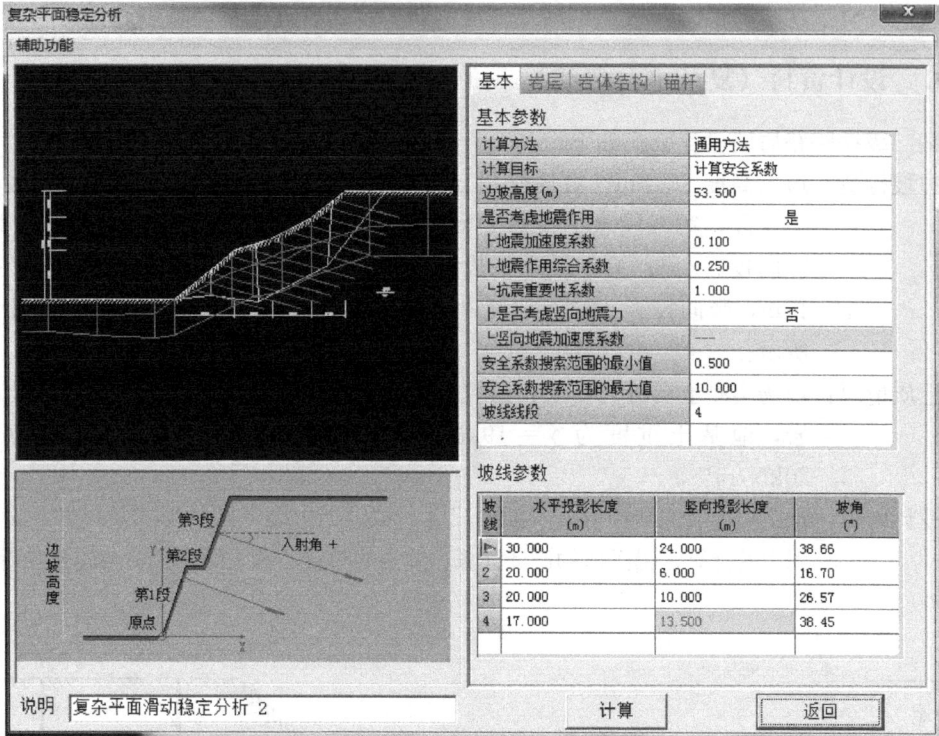

图 9-39　复杂平面滑动例题基本界面

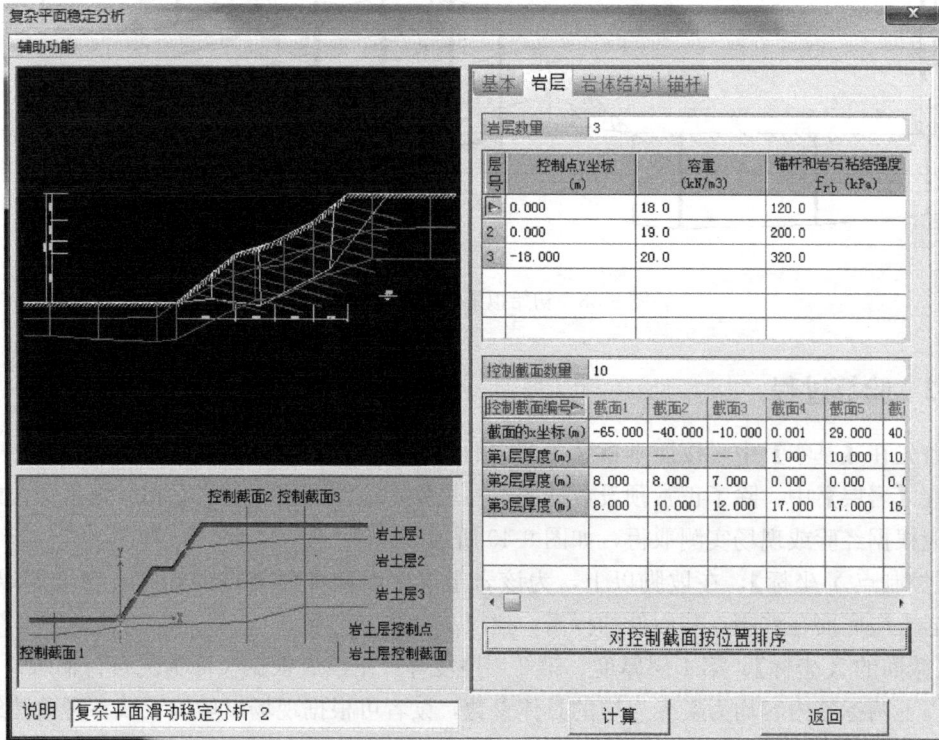

图 9-40　复杂平面滑动例题岩层界面

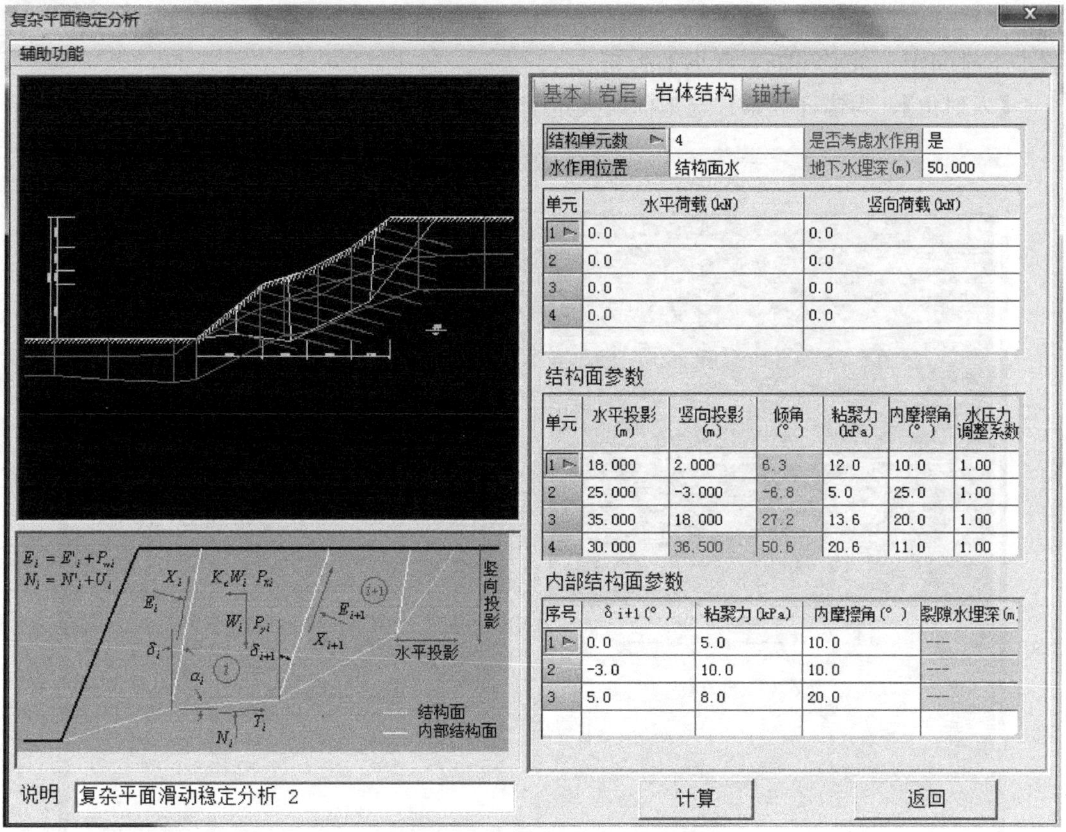

图 9-41 复杂平面滑动例题岩体结构界面

【水作用位置】,"结构面水"。选择地下水作用位置,包括"结构面水"和"内部结构面水"。当选择"结构面水",表示不考虑内部结构面的水作用,而考虑结构面后水的作用;当选择"内部结构面水时",内部结构面参数输入框里的"裂隙水埋深"被激活,表示考虑内部结构面的水作用,不考虑结构面后水的作用。

【水平荷载】和【竖向荷载】,该参数指作用在某一块岩体上的荷载,其中可以用"正负"号调节水平及竖向荷载的方向。

在【锚杆】中,相关参数填写之外,应注意如若某些参数没有明确给出,应参照章节9.3中相关规范要求进行合理调整,如图 9-42 所示。

【锚杆杆体抗拉安全系数 K_b】,与边坡等级有关,用作临时锚杆时,一级边坡 1.8,二级边坡 1.6,三级边坡 1.4;用作永久锚杆时,一级边坡 2.2,二级边坡 2.0,三级边坡 1.8。本例题为二级边坡永久锚杆,此系数取 2.0。

【锚固体抗拔安全系数 K】,与边坡等级有关,用作临时锚杆时,一级边坡 2.0,二级边坡 1.8,三级边坡 1.6;用作永久锚杆时,一级边坡 2.6,二级边坡 2.4,三级边坡 2.2。

【锚杆(索)道数】,限于软件计算能力,不得多于 50 道,读者可根据实际情况自行设定。本例题为二级边坡永久锚杆,此系数取 2.4。

【支护类型】,可选"锚杆"或"锚索",二者对应的筋浆强度不同。

【水平间距】为在垂直与计算截面方向上锚杆(索)的间距;【竖向间距】为在竖直方

向上锚杆（索）的间距，对于第一道锚杆（索）为坡角到该道锚杆（索）的竖向距离，锚杆上下排间距、水平间距不宜小于 2.0m。

【入射角】，为锚杆（索）与地面所夹角度，宜采用 $10°\sim35°$。

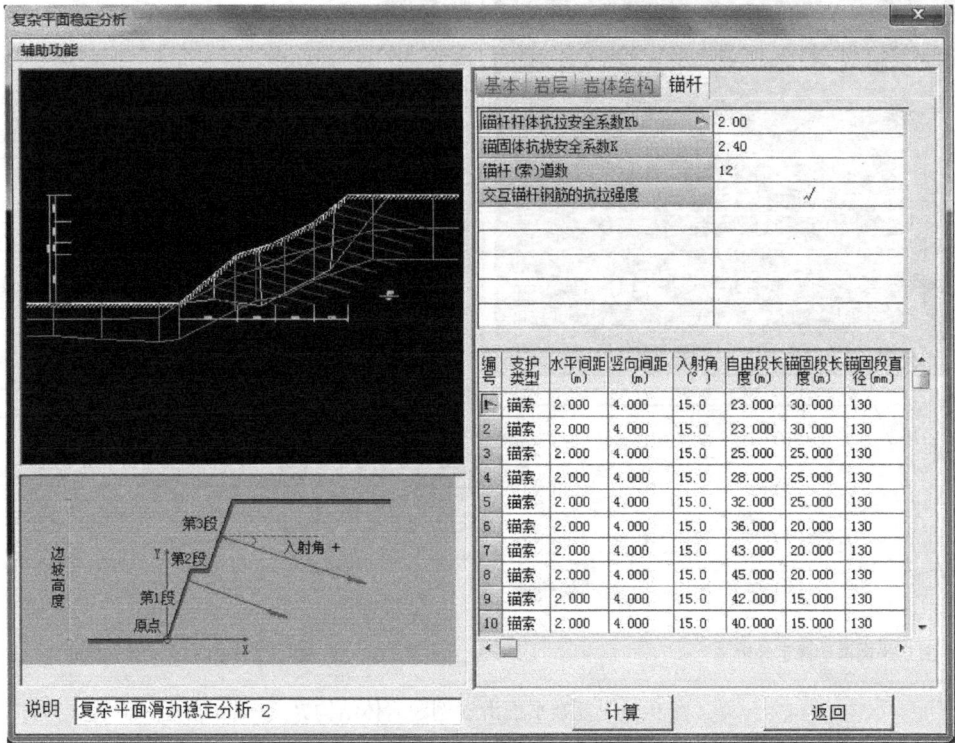

图 9-42　复杂平面滑动例题锚杆界面

完成以上 4 步操作，一个复杂平面滑动模型已经建立完成，点击【计算】命令，程序将按照设计人员提交的控制参数信息开始计算安全系数。

点击【计算】，输出结果，如图 9-43 所示。

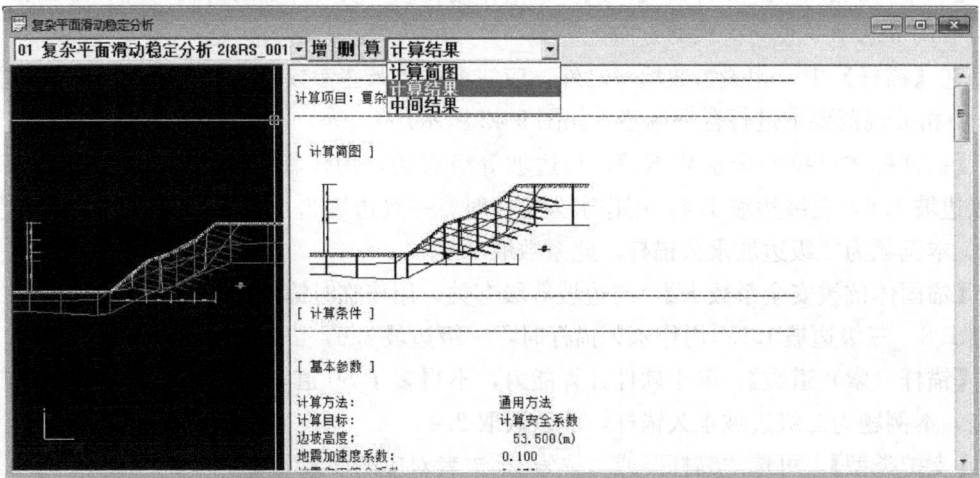

图 9-43　复杂平面滑动例题结果输出界面

9.4.3　结果分析

经过上面的各个标签参数填写后，点击【计算】则会进行各个稳定性及强度验算，最终分析的结果如图 9-44 所示。当安全系数不符合要求，可更改水平间距、竖向间距、锚固段长度等锚杆参数使安全系数满足设计要求。

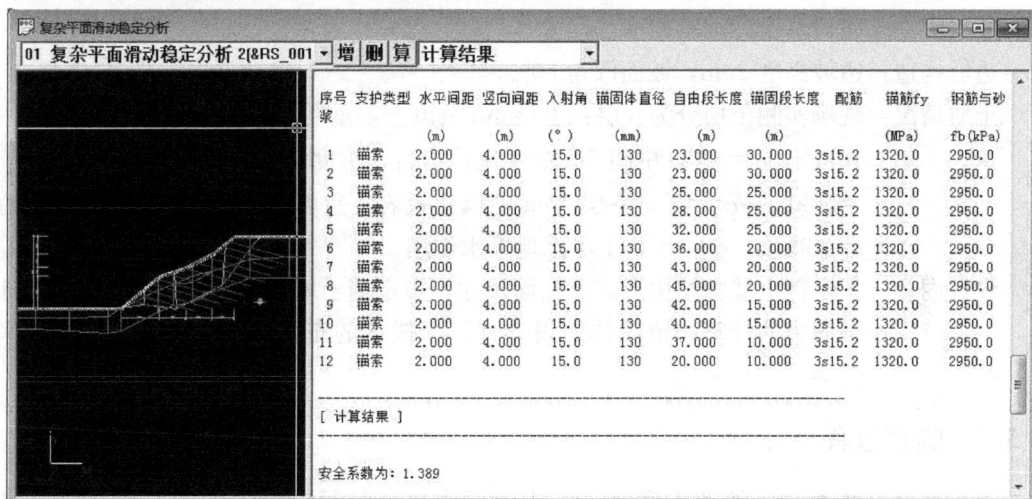

复杂平面滑动稳定分析									
01 复杂平面滑动稳定分析 2{&RS_001 ▼ 增 删 算 计算结果 ▼									

```
序号 支护类型 水平间距 竖向间距 入射角 锚固体 直径 自由段长度 锚固段长度 配筋 锚筋fy 钢筋与砂浆

               (m)     (m)    (°)    (mm)     (m)      (m)            (MPa)   fb(kPa)
 1    锚索   2.000   4.000   15.0   130   23.000   30.000   3s15.2  1320.0  2950.0
 2    锚索   2.000   4.000   15.0   130   23.000   30.000   3s15.2  1320.0  2950.0
 3    锚索   2.000   4.000   15.0   130   25.000   25.000   3s15.2  1320.0  2950.0
 4    锚索   2.000   4.000   15.0   130   28.000   25.000   3s15.2  1320.0  2950.0
 5    锚索   2.000   4.000   15.0   130   32.000   25.000   3s15.2  1320.0  2950.0
 6    锚索   2.000   4.000   15.0   130   36.000   20.000   3s15.2  1320.0  2950.0
 7    锚索   2.000   4.000   15.0   130   43.000   20.000   3s15.2  1320.0  2950.0
 8    锚索   2.000   4.000   15.0   130   45.000   20.000   3s15.2  1320.0  2950.0
 9    锚索   2.000   4.000   15.0   130   42.000   15.000   3s15.2  1320.0  2950.0
10    锚索   2.000   4.000   15.0   130   40.000   15.000   3s15.2  1320.0  2950.0
11    锚索   2.000   4.000   15.0   130   37.000   10.000   3s15.2  1320.0  2950.0
12    锚索   2.000   4.000   15.0   130   20.000   10.000   3s15.2  1320.0  2950.0


[ 计算结果 ]


安全系数为：1.389
```

(a)

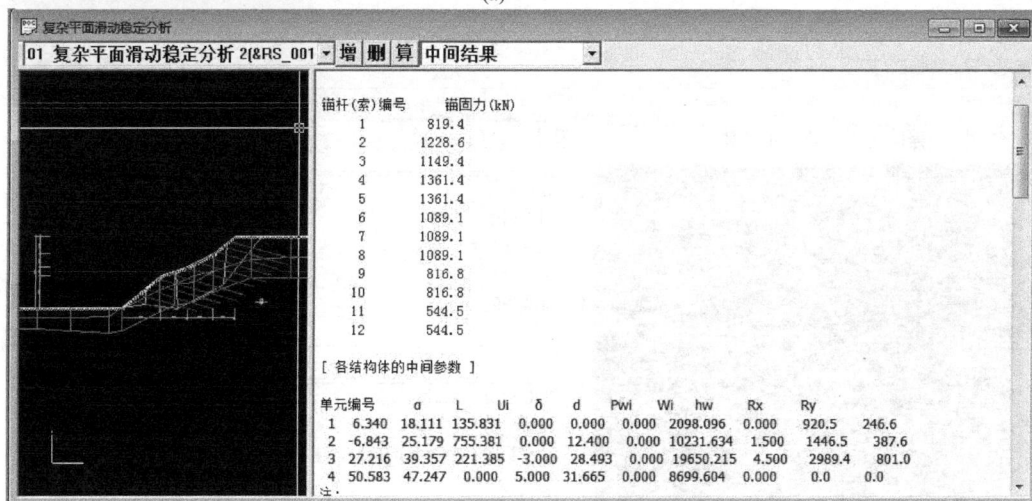

复杂平面滑动稳定分析	
01 复杂平面滑动稳定分析 2{&RS_001 ▼ 增 删 算 中间结果 ▼	

```
锚杆(索)编号     锚固力(kN)
      1          819.4
      2         1228.6
      3         1149.4
      4         1361.4
      5         1361.4
      6         1089.1
      7         1089.1
      8         1089.1
      9          816.8
     10          816.8
     11          544.5
     12          544.5

[ 各结构体的中间参数 ]

单元编号    σ      L      Ui     δ      d      Pwi    Wi        hw     Rx      Ry
 1       6.340  18.111 135.831 0.000  0.000  0.000  2098.096  0.000  920.5   246.6
 2      -6.843  25.179 755.381 0.000  12.400 0.000  10231.634 1.500  1446.5  387.6
 3      27.216  39.357 221.385 -3.000 28.493 0.000  19650.215 4.500  2989.4  801.0
 4      50.583  47.247 0.000   5.000  31.665 0.000  8699.604  1.500
注：
```

(b)

图 9-44　复杂平面滑动例题结果分析界面

在结果查询界面可直接对工作截面的文件进行操作，也可在之前设定的工作目录下，查找相关计算文档进行后续操作。点击"计算简图"即出现下拉框，选择不同标签，可查看计算简图、计算结果、中间结果等内容。在左侧图形查询窗口利用鼠标滑轮即可实现图形的放大与缩小操作。右侧用于文字查询窗口下拉滑动条即可看到完整内容，通过鼠标右键菜单可进行保存文本等多种操作。

注意：当验算结果显示蓝色表明满足要求，如为红色则表明不满足要求，需调整参数。

9.5 土质边坡稳定性分析例题

9.5.1 设计资料（等厚土层土坡稳定计算）

某二级铁路路肩墙设计资料如下：

边坡构造：边坡高度 20m，坡面倾角 60°。

土质情况：现场实测土层分为 3 层：上层 3m 杂填土，重度 $\gamma=18kN/m^3$，黏聚力 $c=10kPa$，$\varphi=25°$，中间 7m 中风化石英岩，重度为 $\gamma=30kN/m^3$，黏聚力 $c=60kPa$，$\varphi=45°$，下层 10m 中风化板岩，重度为 $\gamma=25kN/m^3$，黏聚力 $c=45kPa$，$\varphi=40°$，不考虑地下水作用。

设计内容：拟定挡土墙的结构形式及断面尺寸、拟定挡土墙基础的形式及尺寸、设计锚固力的计算、锚固体的设计计算、锚索的布置、锚索的预应力与超张拉等。

9.5.2 验算过程

首先在【基本】中，按照本章 9.4 节中的要求进行填写，如图 9-45 所示，需特别注意：

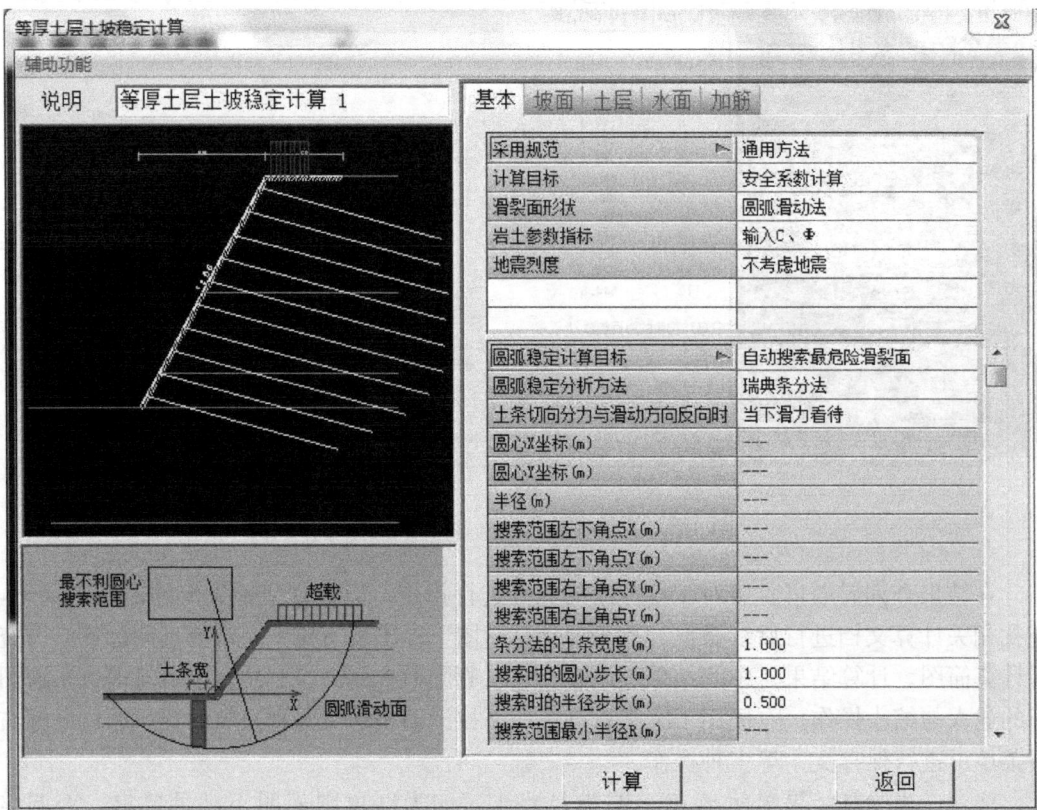

图 9-45 边坡稳定分析例题基本界面

【采用规范】，选用各种规范均可分析直线形、圆弧形滑裂面的稳定性；其中"通用方法"及《碾压土石坝设计规范》SL 274—2001 还可分析复杂土质边坡折线形滑裂面的稳定性。

【计算目标】，本软件有三种计算用途：计算边坡稳定性安全系数（指定滑面或自动搜索滑面）；计算剩余滑力（直线滑面、折线滑面或圆弧滑面）；给定安全系数设计锚杆（索）。本例选"计算安全系数"。

【滑裂面形状】，计算整体滑动稳定安全系数时，破裂面形状可选择圆弧、直线和折线三种，一般情况下，黏性土中的破裂面近似圆弧，砂性土中为直线，当有软弱夹层时选择多段折线滑裂面。本例选择"圆弧滑动法"。

【地震烈度】，可选择不考虑地震烈度或直接选择相应地震烈度等级，由读者根据实际情况自行选取，如直接选择地震等级，则需考虑地震作用综合系数、地震作用重要性系数、水平向地震系数等。本例不考虑地震作用。

【圆弧稳定分析方法】，本软件提供三种分析方法：瑞典条分法，不考虑土条的条间力，计算速度较快；简化 Bishop 法，考虑土条的水平条间力，计算速度较慢；Janbu 法：考虑土条的条间力，计算速度较慢。本例选择"瑞典条分法"。

【土条切向分力与滑动方向相反时】，当土条重力在滑动方向的分力与土条的滑动方向相反时，此分力有两种不同的理解：认为此力使下滑力减小，应当下滑力对待；认为此力使抗滑力增大，应当抗滑力对待。本例选择"当下滑力看待"。

【条分法的土条宽度】，有如下规定：条分法的土条宽度对于计算结果有一定的影响，如土条宽度较大，计算误差也会越大，一般取 0.5m 左右；为了加快稳定计算的搜索速度，可在首次搜索时，采用较大的土条宽度，然后缩小范围，用较小的土条宽度。本例土条宽度选取"1"。

在【坡面】中，除了正常预设数据的填写之外，如图 9-46 所示，应注意超载个数及

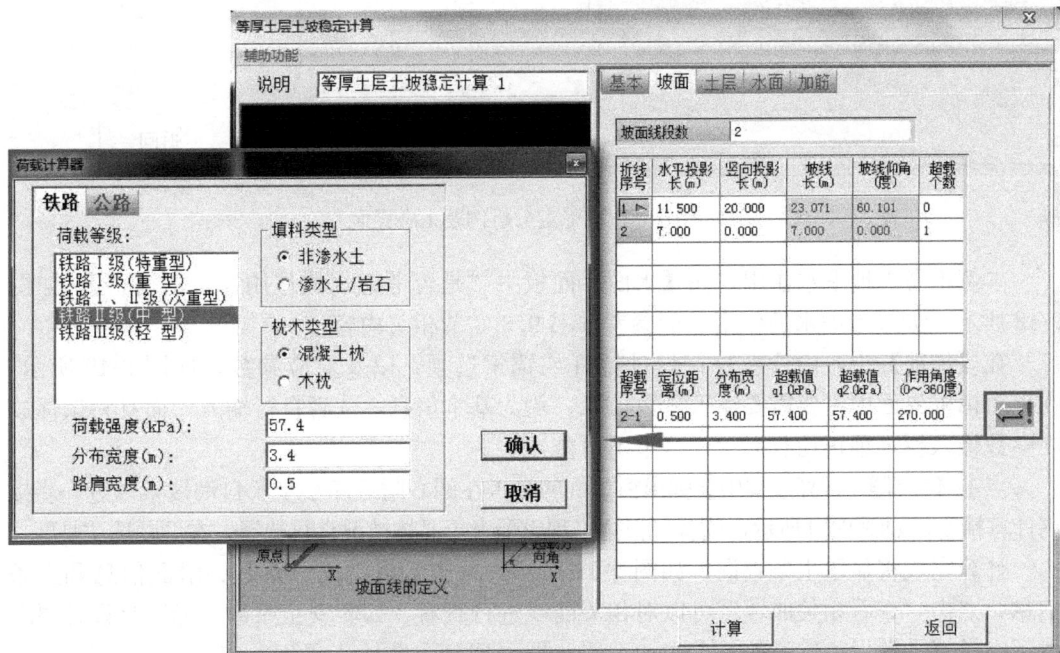

图 9-46　边坡稳定分析例题坡面界面

类型的选取，点击右侧箭头，系统可自动计算相应荷载，本例为二级铁路，选择对应选项，点击【确认】。

在【土层】中，相关参数填写之外，应注意如若某些参数没有明确给出，应参照本章9.3节中相关规范要求进行合理调整，除了正常预设数据的填写之外，应注意锚杆与岩石粘结强度数值的选取，应现场实测取得，若无现场实测数据可根据《建筑边坡工程技术规范》GB 50330—2013 表 8.2.3-2 和表 8.2.3-3 选取，如图 9-47 所示。

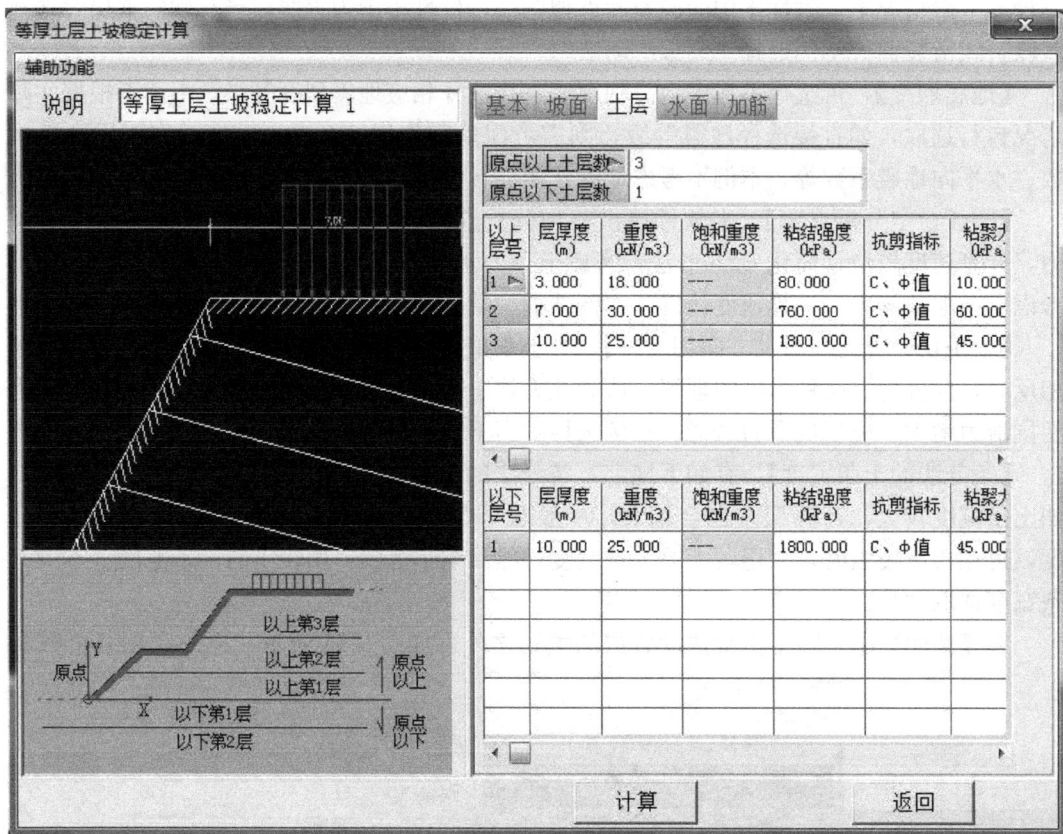

图 9-47　边坡稳定分析例题土层界面

本例不考虑地下水作用，在【水面】面板中"是否考虑水的作用"点击【否】，如图9-48所示。如果考虑水的作用，请参考本书 9.3.3 节相关内容。

在【加筋】中，由读者自行设计锚杆或锚索选项，以及对应参数，如图 9-49 所示。在该对话框界面中主要需要输入参数信息，均为基本信息，读者自行输入，而且将鼠标放在参数输入栏，理正均有提示，这里不再赘述。

点击【计算】，计算过程中会弹出窗口询问是否在圆心附近缩小步长自动搜索以进一步提高计算精度，如图 9-50 所示，读者可根据工程重要度等具体情况自行选择，本例题选"是"。

计算完成将显示土条查询，如图 9-51 所示，可查看滑动安全系数、滑面信息和土条信息，点击"查看相关曲线"可以对相关曲线进行查看。如若安全系数不能满足设计要求或需对计算参数做相应调整，点击"返回"即可回到参数输入界面。点击"结束"，系统弹出计算成功窗口，点击"确定"完成计算，出现计算结果查询界面，如图 9-52 所示。

等厚土层土坡稳定计算

辅助功能

说明 等厚土层土坡稳定计算 1

基本 | 坡面 | 土层 | 水面 | 加筋

是否考虑水的作用	否
水作用考虑方法	---
是否考虑渗透压力	---
土条底孔隙水压力	---
坡面外静水压力	---
坝坡低水位(m)	---
水面线段数	---
水面线起始点X0	---
水面线起始点Y0	---

折线序号	水平投影长(m)	竖向投影长(m)	坡线长(m)	坡线仰角(度)
1	1.000	0.500	1.118	26.565
2	2.000	1.000	2.236	26.565
3	3.000	1.000	3.162	18.435
4	4.000	1.000	4.123	14.036
5	5.000	1.000	5.099	11.310
6	6.000	0.500	6.021	4.764

计算　　返回

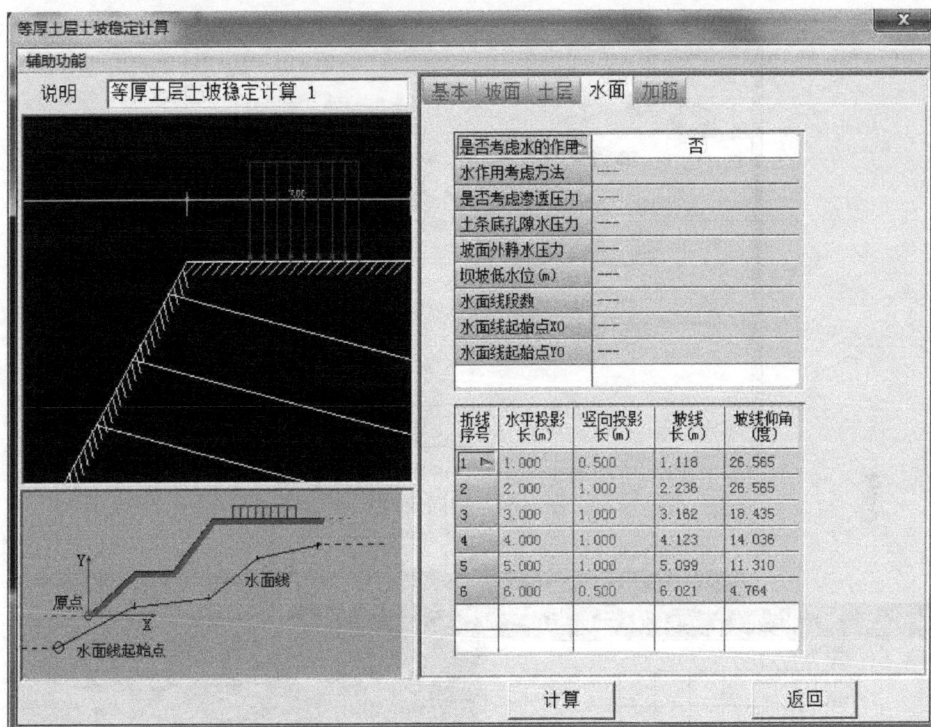

图 9-48　边坡稳定分析例题水面界面

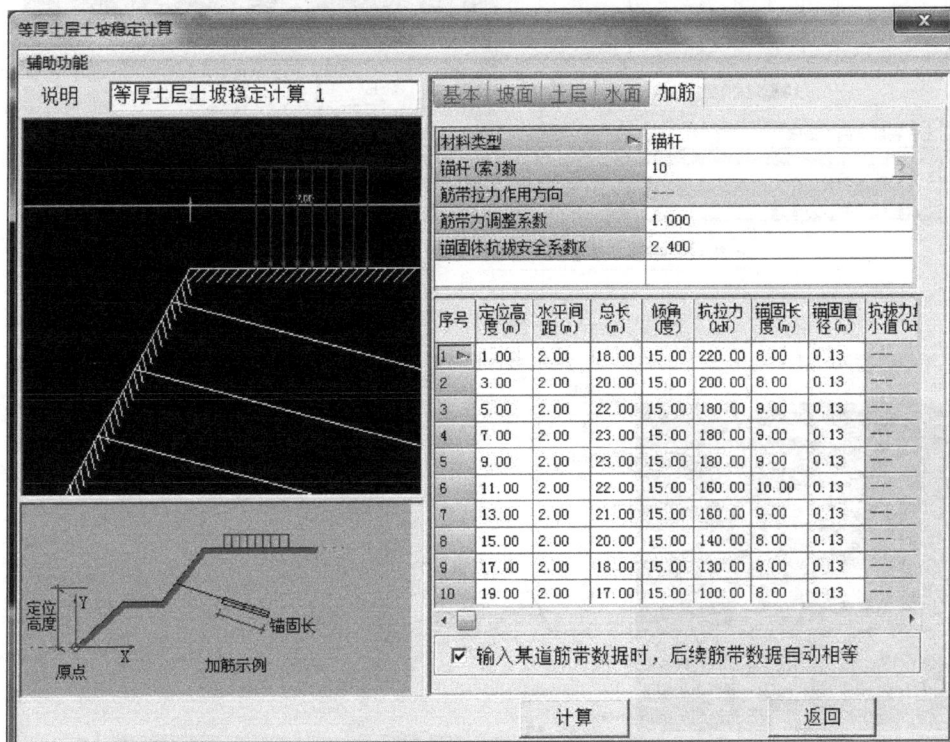

等厚土层土坡稳定计算

辅助功能

说明 等厚土层土坡稳定计算 1

基本 | 坡面 | 土层 | 水面 | 加筋

材料类型	锚杆
锚杆(索)数	10
筋带拉力作用方向	---
筋带力调整系数	1.000
锚固体抗拔安全系数K	2.400

序号	定位高度(m)	水平间距(m)	总长(m)	倾角(度)	抗拉力(kN)	锚固长度(m)	锚固直径(m)	抗拔力最小值(k...)
1	1.00	2.00	18.00	15.00	220.00	8.00	0.13	---
2	3.00	2.00	20.00	15.00	200.00	8.00	0.13	---
3	5.00	2.00	22.00	15.00	180.00	9.00	0.13	---
4	7.00	2.00	23.00	15.00	180.00	9.00	0.13	---
5	9.00	2.00	23.00	15.00	180.00	9.00	0.13	---
6	11.00	2.00	22.00	15.00	160.00	10.00	0.13	---
7	13.00	2.00	21.00	15.00	160.00	9.00	0.13	---
8	15.00	2.00	20.00	15.00	140.00	8.00	0.13	---
9	17.00	2.00	18.00	15.00	130.00	8.00	0.13	---
10	19.00	2.00	17.00	15.00	100.00	8.00	0.13	---

☑ 输入某道筋带数据时，后续筋带数据自动相等

计算　　返回

图 9-49　边坡稳定分析例题加筋界面

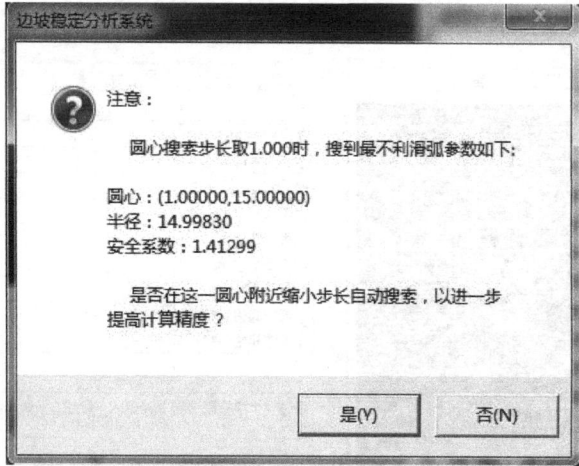

图 9-50　询问窗口

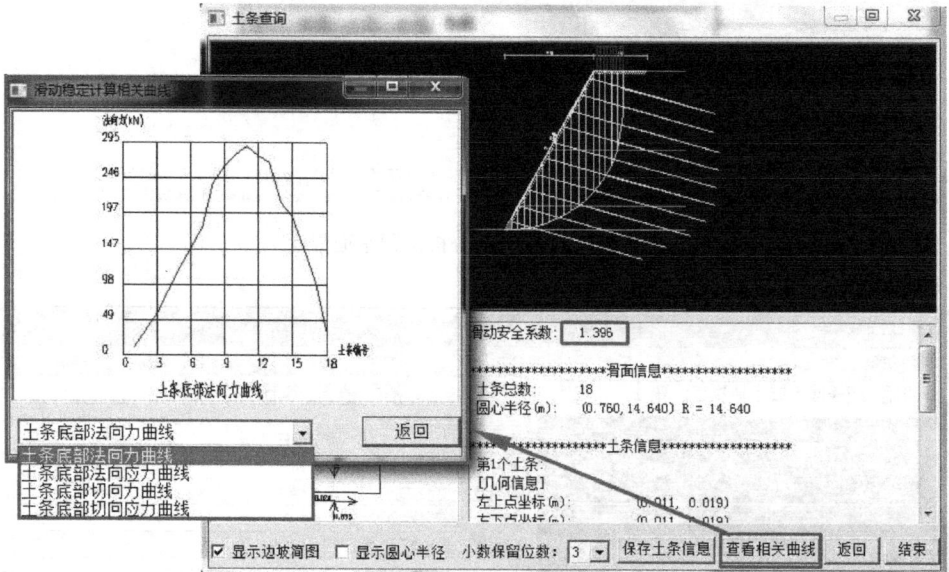

图 9-51　边坡稳定分析例题土条查询界面

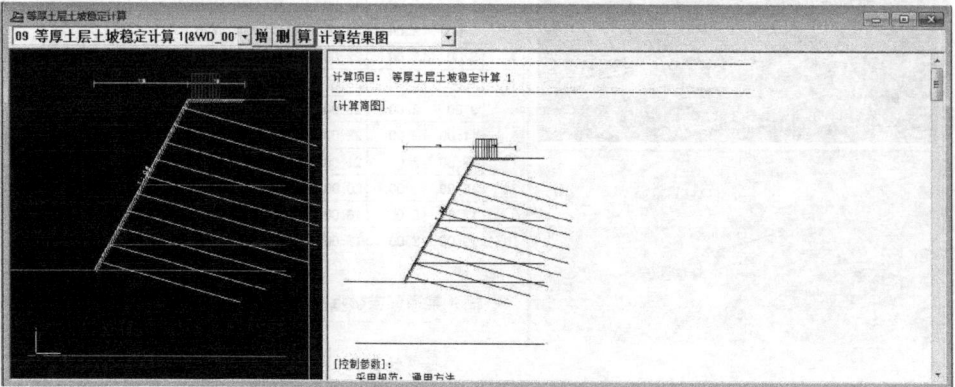

图 9-52　计算结果查询界面

9.5.3 结果分析

在计算结果查询界面可直接对工作截面的文件进行操作，也可在之前设定的工作目录下，查找相关计算文档进行后续操作。在左侧图形查询窗口利用鼠标滑轮即可实现图形的放大与缩小操作。右侧用于文字查询窗口下拉滑动条即可看到完整内容，通过鼠标右键菜单可进行保存文本等多种操作。

在计算结果查询界面不仅可以查看计算目标滑动安全系数，还可以查看锚杆的切向抗拉、法向抗力以及下滑力、抗滑力等内容，如图 9-53 所示。

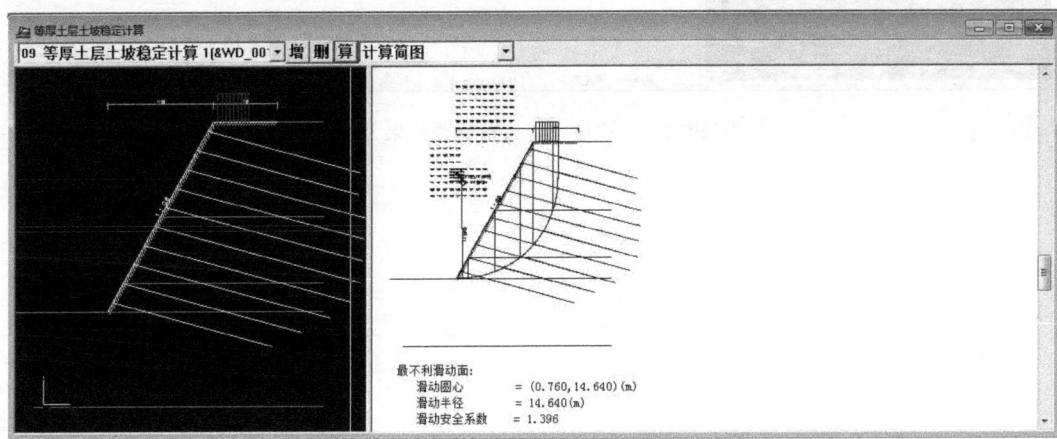

(a)

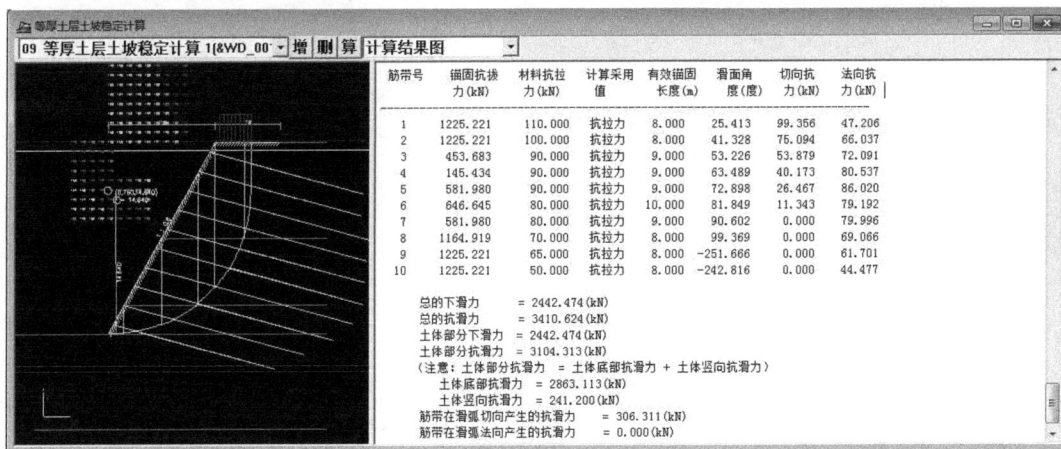

(b)

图 9-53　部分计算结果

点击"计算简图"即出现下拉框，选择不同标签，可查看计算结果、中间结果等内容，如图 9-54 所示。

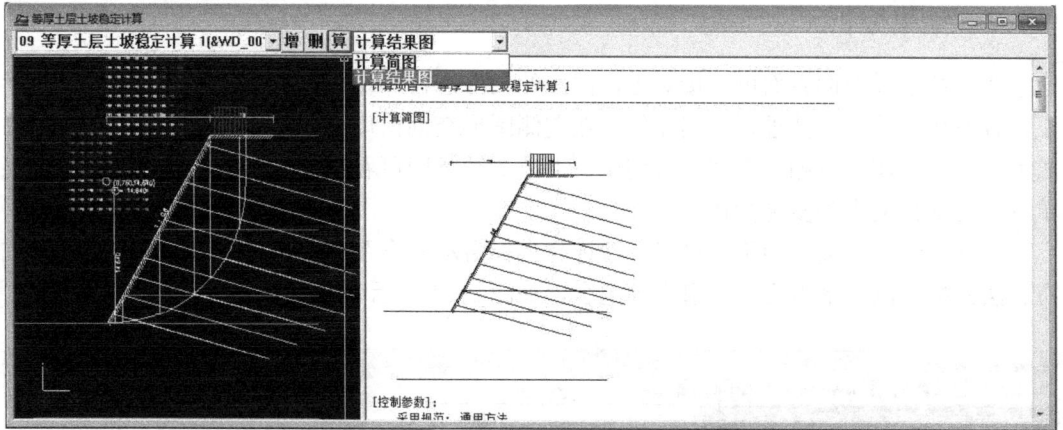

图 9-54　　边坡稳定分析例题结果分析

第 10 章　桩板式挡土墙设计

桩板式挡土墙系钢筋混凝土结构，由桩及桩间的挡土板两部分组成，利用桩身埋地部分的锚固段的锚固作用和被动土抗力维护挡土墙的稳定。桩板式挡土墙适宜于土压力大，墙高超过一般挡土墙限制的情况，地基强度不足时，可由桩的埋深得到补偿。桩板式挡土墙可作为路堑、路肩和路堤挡土墙使用，也可用于治理中小型滑坡。

桩板式挡土墙是由锚固桩发展而来的，当路基边坡采用悬臂式锚固桩支挡时，存在桩间支挡类型选择问题，桩间挂板或搭板就形成了桩板墙。桩板式挡土墙可用于一般地区、浸水地区和地震区的路堑和路堤支挡，也可用于滑坡等特殊路基的支挡。如图 10-1 所示。

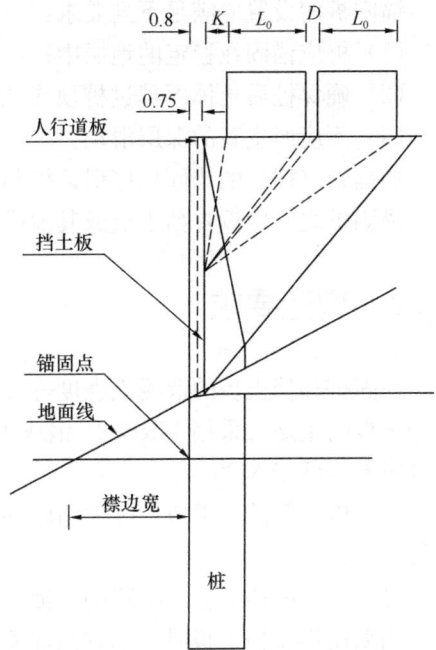

图 10-1　桩板式挡土墙

桩板式挡土墙应用范围及其适用条件：

（1）主要用于河岸严重冲刷、陡坡岩堆、稳定性较差的陡坡覆盖土、基岩埋藏较深、与既有线紧邻等地段路基。

（2）当山坡较陡，覆盖土层稳定性较差，基岩埋藏又较深时，可采用桩基托梁挡土墙。

（3）在既有线陡坡路堤平行增建第二线，当采用挖台阶浆砌防护、预留土埂临时支护、跳槽开挖基坑等临时支护措施不能满足行车和施工安全时。可采用路肩式或坡脚式的桩基托梁挡土墙。

由于桩板式挡土墙的高度可不受一般挡土墙高度的限制，一般悬臂式桩板墙地面以上悬臂高度可达 15m 左右，预应力锚索桩的地面以上高度可达 20～25m，地基强度不足可由桩的埋深得到补偿。挡土板与一般桩间挡土墙相比。其优点在于可以不考虑基底承载力；采用装配式挡土板施工方便快捷。滑坡和顺层地段，桩上设锚索或锚杆可减小桩的埋深和桩的截面尺寸，在悬臂较大或桩上外力较大时，是一种很好的支护形式。桩板墙这一结构在减小工程数量、缩短工期、降低成本、节约投资方面相比于桥梁方案和挡土墙方案在高陡边坡路段及车站地段有着明显的优越性，且施工简便，外形构造美观，运营后养护、维修费用低。

桩板式挡土墙分类：

（1）按工程设置位置可分为：路堤式桩板墙、路肩式桩板墙、路堑式桩板墙。

（2）按其结构形式可分为：悬臂式桩板墙、锚索（杆）式桩板墙、锚拉式桩板墙。

（3）按挡土板类型可分为：其中按板型分为平板型桩板墙、弧线型桩板墙、折线型桩板墙；按截面形状分为矩形、槽形、变截面；按位置分为外挂式桩板墙、内置式桩板墙。

（4）按桩的截面类型可分为：矩形截面、T形截面、等截面、变截面。

10.1　一般规定

桩板式挡土墙适用于一般地区、漫水地区和地震区的路堑和路堤，也可用于滑坡等特殊路基的支挡结构设计，其设计使用年限为60年。桩板式挡土墙的桩间距、桩长和截面尺寸应综合考虑确定。桩的自由悬臂长度不宜大于15m，桩的截面尺寸不宜小于1.25m，截面形式可采用矩形或T形。桩间距宜为5~8m。桩板墙顶位移应小于桩悬臂端长度的1/100，且不宜大于10cm。

锚固桩的设置应满足下列要求：

（1）桩应锚固在稳定的地层中；

（2）确保桩后土体不越过桩顶或从桩间滑走；

（3）不应产生新的深层滑动。

加锚索（杆）的锚固桩应保证桩与锚索（杆）的变形协调。

锚固桩之间应设置挡土板或其他措施维持岩（土）体稳定。

10.2　构造要求

锚固桩和挡土板的混凝土强度等级不宜低于C30，桩身中主筋宜采用HRB400，箍筋和挡土板的主筋可采用HRB335钢或HRB400钢。灌注锚索（杆）孔的水泥（砂）浆强度等级不宜低于M30。

锚固桩配筋的要求应按《铁路路基支挡结构设计规范》TB 10025—2006第10.3节有关规定设置。

设置牛腿的锚固桩，牛腿的高度不宜小于40cm，宽度不宜小于30cm。

当采用拱型挡土板时，不宜用混凝土，应沿径向和环向配置一定数量的构造钢筋，构造钢筋间距不宜大于250mm，直径不宜小于10mm。

桩上设置钢筋锚杆时，一根锚杆不宜多于3根钢筋，钢筋直径不宜大于32mm。

10.3　设计计算内容与方法

桩板式挡土墙计算包括：土压力计算、整体稳定性验算、桩板内力计算、桩板强度（配筋）计算、裂缝宽度验算。

10.3.1　土压力

采用第3章的方法按库仑理论计算土压力，假定墙背为臂板顶点的内侧与墙踵点的连线。

10.3.2　整体稳定性验算

系统按瑞典条分法计算整体稳定性，采用有效应力法。

$$K = \frac{M_k}{M_q} = \frac{\sum c'_{ik} l_i + \sum (q_0 b_i + w'_i) \cos\theta_i \tan\varphi'_{ik} + p_s}{\sum (q_0 b_i + w_i) \sin\theta_i + p_e}$$

(10-1)

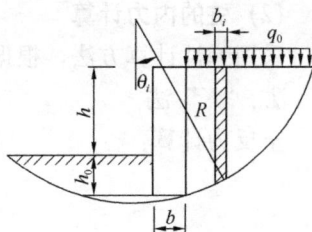

图 10-2 整体稳定计算

式中 K——整体稳定安全系数；

M_k——抗滑力矩（kN·m）；

M_q——滑动力矩（kN·m）；

c'_{ik}、φ'_{ik}——最危险滑动面上第 i 土条滑动面上土的固结排

水（慢）剪黏聚力（kPa）、内摩擦角标准值（°）；

l_i——第 i 土条的滑裂面弧长（m）；

b_i——第 i 土条的宽度（m）；

w_i——作用于滑裂面上第 i 土条的重量，水位以上按上覆土层的天然土重计算，水位以下按上覆土层的饱和土重计算（kN/m）；根据界面交互的浮重度＋10后采用；

w'_i——作用于滑裂面上第 i 土条的重量，水位以上取按上覆土层的天然土重计算，水位以下按上覆土层的浮重度计算（kN/m）；

θ_i——第 i 土条弧线中点切线与水平线夹角（°）；

q_0——作用于坡面上的荷载（kPa）；

p_s——筋带作用力产生的抗滑力矩（kN·m）；

p_e——地震作用力产生力矩（kN·m）。

10.3.3 桩板内力计算

(1) 板的内力计算

① 计算假定

（a）板上的土压力取同一跨内该类型板（由于分段设置不同类型的板块）最下面板块底边缘的水平土压力，作为该类型板上的荷载。

（b）按简支板计算内力。

② 内力计算（单位板宽）

（a）弯矩

$$M = \frac{K_1 \sigma_{xi} l^2}{8}$$

(10-2)

（b）剪力

$$V = \frac{K_1 \sigma_{xi} l^2}{2}$$

(10-3)

式中 M——板的跨中弯矩设计值（kN·m）；

V——板各端的剪力设计值（kN）；

K_1——土压力荷载分项系数，见输入界面中的荷载系数，一般为 1.2；

σ_{xi}——第 i 类板块计算的水平土压力（kPa）；

l——板的水平计算跨长（两肋之间的间距）（m）。

(2) 桩的内力计算

采用弹性计算方法，根据桩在嵌固段土反力计算系数的不同分为下列几种："m"法、"c"法、"K"法。

土反力计算：

$$P = k\Delta \tag{10-4}$$

$$k = ah^n \tag{10-5}$$

式中　P——滑坡面以下桩的弹性土抗力（kPa）；

　　　k——弹性土抗力系数；

　　　Δ——滑坡面以下桩的位移（m）；

　a、n——计算系数；

　　　h——滑坡面以下任意点到滑坡面的竖向距离（m）。

根据计算系数 a、n 的不同，形成不同的计算方法：

$$n=1，a=m：称为"m"法；$$

$$n=0.5，a=c：称为"c"法；$$

$$n=0，a=K：称为"K"法。$$

10.3.4　桩板强度（配筋）计算

(1) 板的强度（配筋）计算

① 受剪计算

矩形和 T 形截面的受弯构件，当配置箍筋和弯起钢筋时其斜截面受剪承载力应符合下列规定：

$$\gamma_0 V_d \leqslant V_{cs} \tag{10-6}$$

$$V_{cs} = \alpha_1 \alpha_2 \alpha_3 0.45 \times 10^{-3} b h_0 \sqrt{(2+0.6P)\sqrt{f_{cu,k}\rho_{sv}f_{sv}}} \tag{10-7}$$

矩形和 T 形截面的受弯构件，其受剪截面应符合下列要求：

$$\gamma_0 V_d \leqslant 0.51 \times 10^{-3} \sqrt{f_{cu,k}} b h_0 (\text{kN}) \tag{10-8}$$

当符合下列条件时

$$\gamma_0 V_d \leqslant 0.50 \times 10^{-3} \alpha_2 f_{td} b h_0 (\text{kN}) \tag{10-9}$$

可不进行斜截面受剪承载力的验算，仅需按照构造要求进行配置箍筋。对于板式受弯构件，式（10-9）右边计算值可乘以 1.25 的提高系数。

上述式中　V_d——由荷载效应产生的剪力设计值（kN）；

　　　γ_0——结构重要性系数；

　　　V_{cs}——受剪承载力设计值（kN）；

　　　α_1——异号弯矩影响系数；

　　　α_2——预应力提高系数；

　　　α_3——受压翼缘的影响系数，取 1.1；

　　　b——矩形截面宽度，或 T 形的腹板宽度（mm）；

　　　h_0——有效高度（mm）；

　　　P——纵向受拉钢筋的配筋百分率，$P=100\rho$，当 $P>2.5$ 时，取 $P=2.5$；

$f_{cu,k}$——边长为 150mm 的混凝土立方体抗压强度标准值（MPa），即为混凝土强度等级；

f_{sv}——箍筋抗拉强度设计值；

f_{td}——混凝土抗拉强度设计值；

ρ_{sv}——箍筋配筋率，$\rho_{sv} = A_{sv}/(s_v b)$，HPB300 钢筋不应小于 0.18%，HRB335 钢筋不应小于 0.12%，当钢筋等级为 HRB400 时，其箍筋最小配筋率同 HRB335。

② 受弯计算

矩形截面：

$$\gamma_0 M_d \leqslant f_{cd} bx \left(h_0 - \frac{x}{2} \right) + f'_{sd} A'_s (h_0 - a'_s) \tag{10-10}$$

$$f_{sd} A_s = f_{cd} bx + f'_{sd} A'_s \tag{10-11}$$

最后比较计算配筋面积与最小配筋面积的大小，两者取大。

$$A_s = \max\{A_s, A_{smax}\} \tag{10-12}$$

$$A_{smin} = \rho_{min} bh \tag{10-13}$$

（2）桩的强度（配筋）计算

桩包括两种截面类型：方桩（矩形截面）、圆桩。

① 方桩

（a）受剪计算

矩形和 T 形截面的受弯构件，当配置箍筋和弯起钢筋时其斜截面受剪承载力应符合下列规定：

$$\gamma_0 V_d \leqslant V_{cs} \tag{10-14}$$

$$V_{cs} = \alpha_1 \alpha_2 \alpha_3 0.45 \times 10^{-3} bh_0 \sqrt{(2 + 0.6P) \sqrt{f_{cu,k}} \rho_{sv} f_{sv}} \tag{10-15}$$

矩形和 T 形截面的受弯构件，其受剪截面应符合下列要求：

$$\gamma_0 V_d \leqslant 0.51 \times 10^{-3} \sqrt{f_{cu,k}} bh_0 \text{(kN)} \tag{10-16}$$

当符合下列条件时

$$\gamma_0 V_d \leqslant 0.50 \times 10^{-3} \alpha_2 f_{td} bh_0 \text{(kN)} \tag{10-17}$$

可不进行斜截面受剪承载力的验算，仅需按照构造要求进行配置箍筋。对于板式受弯构件，可在式（10-17）右边计算值乘以 1.25 的提高系数。

上述式中　V_d——由荷载效应产生的剪力设计值（kN）；

　　　　　γ_0——结构重要性系数；

　　　　　V_{cs}——受剪承载力设计值（kN）；

　　　　　α_1——异号弯矩影响系数；

　　　　　α_2——预应力提高系数；

　　　　　α_3——受压翼缘的影响系数，取 1.1；

　　　　　b——矩形截面宽度，或 T 形的腹板宽度（mm）；

　　　　　h_0——有效高度（mm）；

　　　　　P——纵向受拉钢筋的配筋百分率，$P = 100\rho$，当 $P > 2.5$ 时，取 $P = 2.5$；

　　　$f_{cu,k}$——边长为 150mm 的混凝土立方体抗压强度标准值（MPa），即为混凝土强度等级；

f_{sv}——箍筋抗拉强度设计值；

f_{td}——混凝土抗拉强度设计值；

ρ_{sv}——箍筋配筋率，$\rho_{sv} = A_{sv}/(s_v b)$，HPB300 钢筋不应小于 0.18%，HRB335 钢筋不应小于 0.12%，当钢筋等级为 HRB400 时，其箍筋最小配筋率同 HRB335。

（b）受弯计算

$$a_s = \frac{M}{f_{cd}bh_0^2} \tag{10-18}$$

判别 a_s 与 a_{smax} 的大小：

a）$a_s \leqslant a_{smax}$

则受压钢筋取构造配筋

$$A_s' = \rho_{smin}' bh \tag{10-19}$$

然后按已知受压钢筋，计算受拉钢筋面积。

$$M_{s1} = A_s' f_{sd}' (h_0 - a_s') \tag{10-20}$$

$$A_{s2} = \frac{A_s' f_{sd}'}{f_{sd}} \tag{10-21}$$

$$M_c = M - M_{s1} \tag{10-22}$$

判别 M_c 的大小：

$M_c > 0$，按作用的弯矩为 M_c 的单筋矩形截面计算受拉钢筋 A_{s1}。单筋计算详见悬臂式挡土墙。

$M_c \leqslant 0$，按 $M_c = 0$ 处理，取 $A_{s1} = 0$。

则受拉钢筋总面积 A_s 为：

$$A_s = A_{s1} + A_{s2} \tag{10-23}$$

最终的配筋面积比较 A_s 与最小配筋面积取大值：

$$A_s = \max\{A_s, A_{smin}\} \tag{10-24}$$

b）$a_s > a_{smax}$

$$M_c = \alpha_1 f_{cd} bh_0^2 \xi_b (1 - 0.5\xi_b) \tag{10-25}$$

$$A_{s1} = \xi_b \alpha_1 f_{cd} bh_0 / f_{sd} \tag{10-26}$$

$$A_s' = \frac{M - M_c}{f_{sd}'(h_0 - a_s')} \tag{10-27}$$

$$A_{smax}' = \rho_{smax}' bh \tag{10-28}$$

判别 A_s' 的大小：

$A_s' \leqslant A_{smin}'$，取 $A_s' = A_{smin}'$；按已知受压钢筋面积 A_s'，计算受拉钢筋面积 A_{s2} 及 A_{s1}，计算方法同上；

$A_s' > A_{smin}'$，取 $A_s' = A_s'$；按下式计算受拉钢筋面积 A_{s2}。

$$A_{s2} = \frac{A_s' f_{sd}'}{f_{sd}} \tag{10-29}$$

则全部的受拉钢筋总面积 A_s 为：

$$A_s = A_{s1} + A_{s2} \tag{10-30}$$

再与最小配筋面积比较取大，即

$$A_s = \max\{A_s, A_{smin}\} \tag{10-31}$$

上述式中　A_{s1}——与受压区混凝土压力对应的受拉钢筋面积（mm^2）；

$\quad\quad\quad\quad A_{s2}$——与 A'_s 对应的受拉钢筋面积（mm^2）；

$\quad\quad\quad\quad a'_s$——受压钢筋合力点至受压截面边缘的距离（mm）；

$\quad\quad\quad\quad f'_{sd}$——受压钢筋的抗压强度设计值（$N/mm^2$）；

$\quad\quad\quad\quad M_{s1}$——受压钢筋 A'_s 与受拉钢筋 A_{s2} 承受的弯矩设计值（kN·m）；

$\quad\quad\quad\quad A'_{smin}$——按最小配筋率计算得到的受压钢筋面积（$mm^2$）；

$\quad\quad\quad\quad \rho'_{smin}$——受压钢筋最小配筋率。

② 圆桩

（a）纵筋配筋

沿周边均匀配置纵向钢筋的圆形截面钢筋混凝土受弯构件，其正截面承载力计算应符合如下规定：

$$0 \leqslant Ar^2 f_{cd} + C\rho r^2 f'_{sd} \tag{10-32}$$

$$\gamma_0 M \leqslant Br^3 f_{cd} + D\rho g r^3 f'_{sd} \tag{10-33}$$

式中　A、B——有关混凝土承载力的计算系数，参照《铁路路基支挡结构设计规范》TB 10025—2006 和《公路设计手册　路基》（第二版）；

$\quad\quad\quad C$、D——有关纵向钢筋承载力的计算系数，参照《铁路路基支挡结构设计规范》TB 10025—2006 和《公路设计手册　路基》（第二版）；

$\quad\quad\quad\quad r$——圆形截面的半径；

$\quad\quad\quad\quad g$——纵向钢筋所在圆周的半径 r_s 与圆周半径之比；

$\quad\quad\quad\quad \rho$——纵向钢筋配筋率。

（b）箍筋配筋

$$\gamma_0 V_d \leqslant V_{cs} \tag{10-34}$$

$$V_{cs} = \alpha_1 \alpha_2 \alpha_3 0.45 \times 10^{-3} bh_0 \sqrt{(2 + 0.6P)} \sqrt{f_{cu,k} \rho_{sv} f_{sv}} \tag{10-35}$$

矩形和 T 形截面的受弯构件，其受剪截面应符合下列要求：

$$\gamma_0 V_d \leqslant 0.51 \times 10^{-3} \sqrt{f_{cu,k}} bh_0 (\text{kN}) \tag{10-36}$$

当符合下列条件时

$$\gamma_0 V_d \leqslant 0.50 \times 10^{-3} \alpha_2 f_{td} bh_0 (\text{kN}) \tag{10-37}$$

可不进行斜截面受剪承载力的验算，仅需按照构造要求进行配置箍筋。

上述式中　V_d——由荷载效应产生的剪力设计值（kN）；

$\quad\quad\quad\quad \gamma_0$——结构重要性系数；

$\quad\quad\quad\quad V_{cs}$——受剪承载力设计值（kN）；

$\quad\quad\quad\quad \alpha_1$——异号弯矩影响系数；

$\quad\quad\quad\quad \alpha_2$——预应力提高系数；

α_3——受压翼缘的影响系数，取 1.1；

b——以 $1.76r$ 代替（mm）；

h_0——以 $1.6r$ 代替（mm）；

P——纵向受拉钢筋的配筋百分率，$P = 100\rho$，当 $P > 2.5$ 时，取 $P = 2.5$；

$f_{cu,k}$——边长为 150mm 的混凝土立方体抗压强度标准值（MPa），即为混凝土强度等级；

f_{sv}——箍筋抗拉强度设计值；

f_{td}——混凝土抗拉强度设计值；

ρ_{sv}——箍筋配筋率，$\rho_{sv} = A_{sv}/s_v b$，HPB300 钢筋不应小于 0.18%，HRB335 钢筋不应小于 0.12%，当钢筋等级为 HRB400 时，其箍筋最小配筋率同 HRB335。

10.4　理正岩土设计流程及参数详解

理正挡土墙软件设计流程如图 10-3 所示。

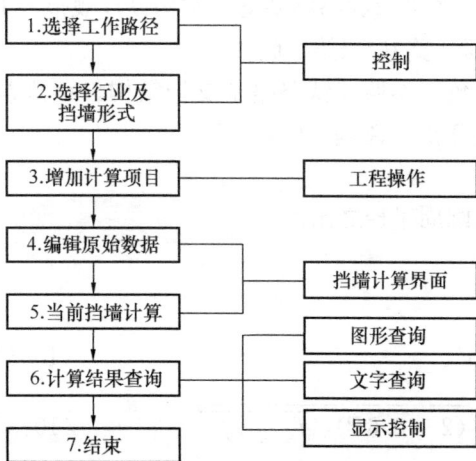

图 10-3　设计流程

运行理正岩土软件，选择【挡土墙设计】系统会弹出如图 10-4 所示对话框，其功能是选择挡土墙形式和工程行业。可选择【其他行业】、【公路行业】、【铁路行业】、【水利行业】。

由于在截面内力和配筋计算采用了概率极限状态法，系统要求用户交互荷载分项系数如图 10-5 所示。

在工程操作界面点击【增】命令，程序将显示对话框界面，选择例题后点击确认，弹出如图 10-6 所示挡土墙数据交互对话框。在该窗口可选择进行挡土墙的验算和自动设计两种操作。该对话框一共包括 4~5 个标签

（公路行业 5 个标签，铁路、水利、其他行业 4 个标签），分别对应挡土墙设计的 4~5 个方面的分析设计参数。下面分别对各个标签下属的参数输入作以说明。

（1）墙身尺寸

选择【墙身尺寸】标签，程序将显示如图 10-6 所示的输入对话框界面。在该对话框界面中主要需要输入参数信息，前几项均为基本信息，读者自行输入，而且将鼠标放在参数输入栏，理正均有提示，这里不再赘述。下面主要介绍几个关键参数的输入。

① 桩总长：桩的自由悬臂长度为 11m，一般不宜大于 15m。

② 嵌入深度：设计原则是由地层的容许侧向抗压强度及桩基底的容许承载力确定，一般在抗滑桩中以桩侧土层的容许侧向抗压强度确定，根据工程经验锚固深度一般为桩长的 1/2~1/3，对于完整的岩石，约为 1/4；由读者根据实际情况自行设定。

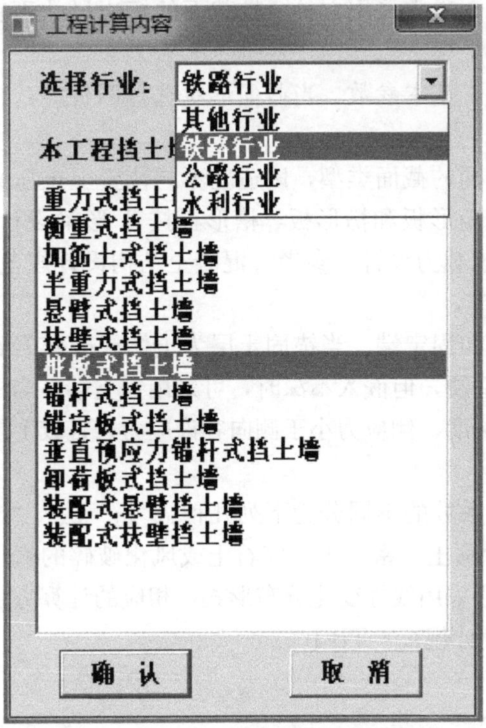

图 10-4　工程计算内容选择窗口

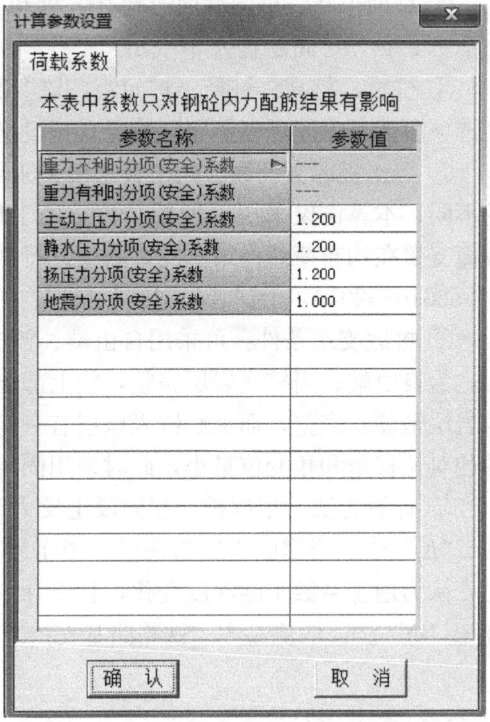

图 10-5　荷载分项系数

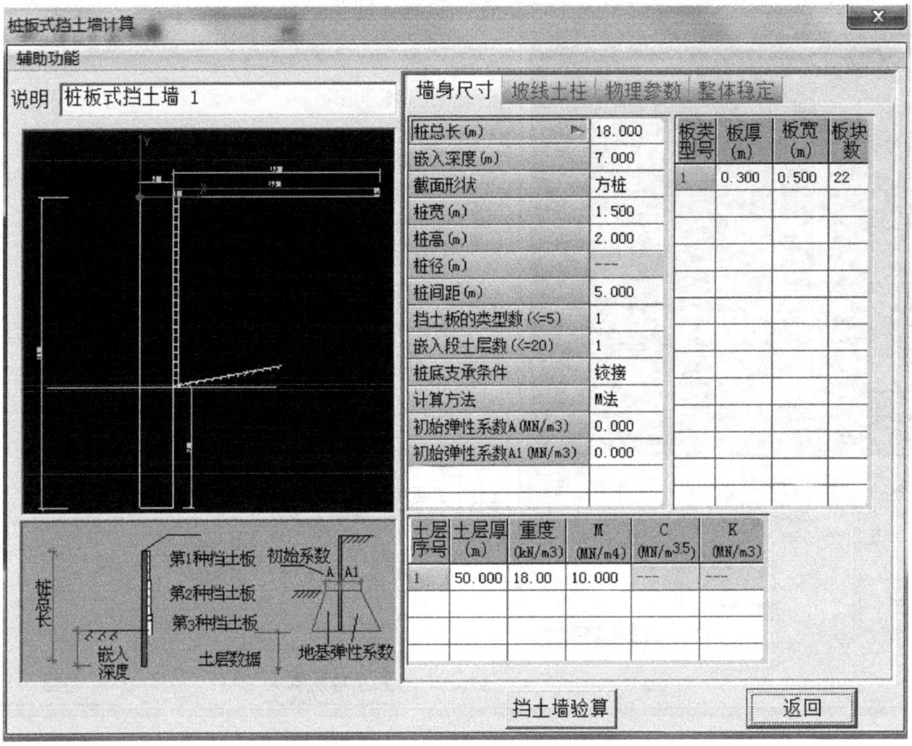

图 10-6　桩板式挡土墙墙身尺寸输入界面

③ 截面形状：桩的截面形状有方桩和圆桩，通常采用方桩，桩截面的短边尺寸不宜小于 1.25m，桩间距宜为 5～8m。

④ 桩宽、桩高、桩径、桩间距：该参数属于基本参数，当截面形状选择圆桩时，桩径选项激活，由读者根据实际情况自行设定。

⑤ 挡土板的类型数：挡土板可根据采用不同的截面类型，以适应不同位置上土压力的不同，本算例仅采用一种板结构，挡土板分矩形板和槽形板，槽形板按 T 形梁设计，按简支梁在均布荷载作用下的弯曲梁进行截面承载力设计，参考《混凝土结构设计规范》GB 50010—2010，由读者根据实际情况自行设定。

⑥ 桩底支承条件：可采用自由端、铰支端和固定端。当锚固土层为土体或破碎岩石时，为自由端；当桩底岩层完整，较上部土体坚硬，但嵌入不深时，可采用铰支端；当桩底岩层坚硬、完整，而桩底嵌入该层有一定的深度，侧应力小于侧向容许应力，且较上层的相对位移量和角变位量小，此时采用固定端。

⑦ 计算方法：根据桩在嵌固段土反力计算系数的不同分为下列几种："m"法、"c"法、"K"法。当锚固土层为硬塑～半干硬的砂黏土、密实土、碎石土或风化破碎的岩层时，认为地基系数是随深度变化，且设计中一般采用线性变化分布形式，相应的计算方法称为"m"法。取值参考《铁路路基支挡结构设计规范》TB 10025—2006。

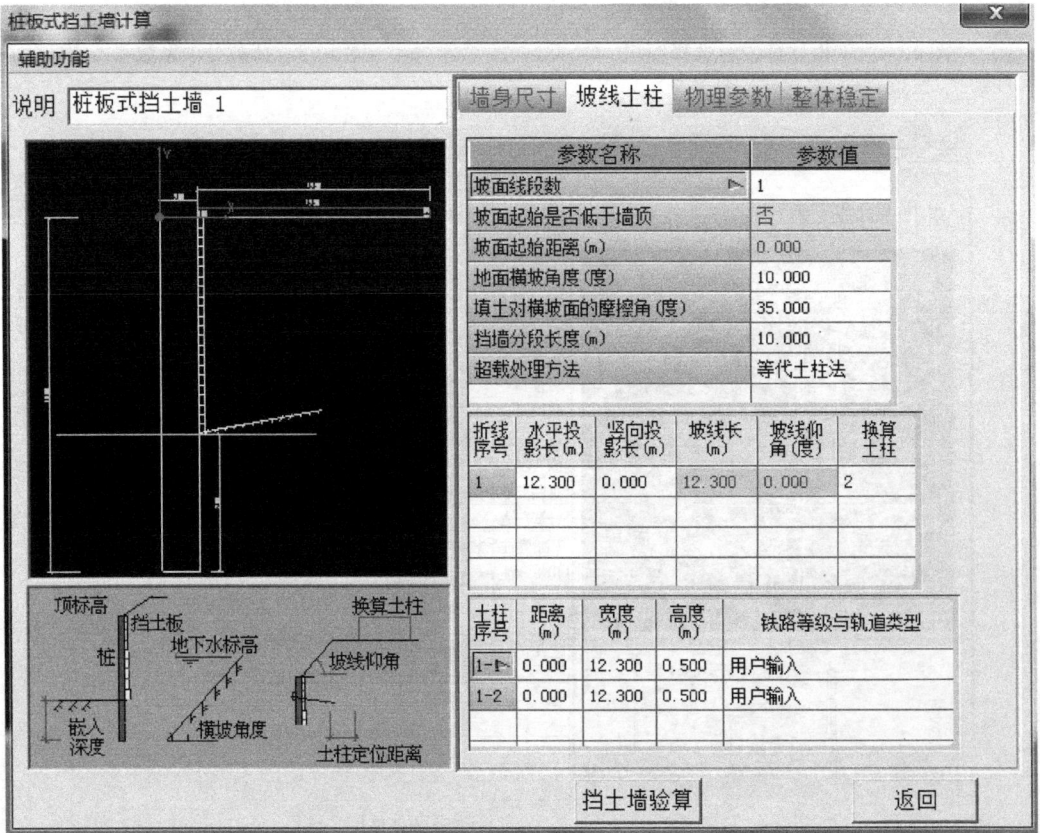

图 10-7 桩板式挡土墙坡线土柱输入界面

（2）坡线土柱

选择【坡线土柱】标签，如图 10-7 所示，在该对话框界面中主要需要输入参数信息，下面主要介绍关键参数的输入。

① 坡面线段数：墙后填土的坡面形式，输入值≥1。

② 坡面起始是否低于墙顶：用于设置第一段坡面线的起始位移，通常选择【否】。

③ 地面横坡角度：土楔体计算时破裂面的起始角度，即只有横坡角以上土体才产生土压力的作用。地面横坡角度一般为岩石的坡度，当挡土墙后都为土体时可取 0，即按土压力最大情况考虑。

④ 填土对横坡面的摩擦角：当破裂角位于桩背与地面横坡面之间时，计算土压力用墙后填土内摩擦角，当破裂角位于地面横坡面时，宜根据试验确定，当无试验资料时，黏性土与粉土可取 0.33φ，砂性土与碎石土可取 0.5φ。

⑤ 挡墙分段长度：按挡土墙的设缝间距划分，在公路行业影响车辆荷载的计算。

⑥ 超载处理方法：包括等代土柱法和弹性理论法，由读者根据实际情况自行设定。

⑦ 铁路等级与轨道类型：当直接选用不同等级时，软件自动按规范规定得到土柱及高度；当选用用户输入时，需要按交互土柱宽度以及高度，以适应特殊情况。

（3）物理参数

选择【物理参数】标签，程序将显示如图 10-8 所示的输入对话框界面。在该对话框界面中主要需要输入参数信息，下面主要介绍关键参数的输入。

① 挡土墙类型："一般地区"。有四种类型，可考虑地震和浸水。

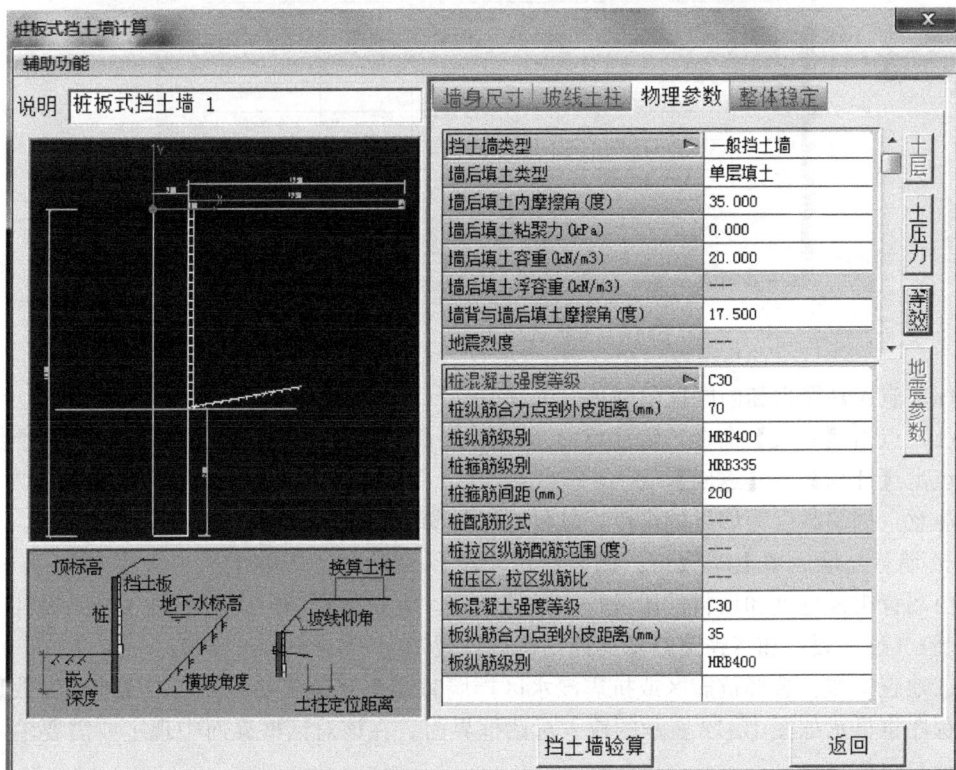

图 10-8 桩板式挡土墙物理参数输入界面

图 10-9　桩板式挡土墙水位标高输入界面

注意：当选择"浸水地区"时，在【坡线土柱】标签下会要求输入水位标高，如图 10-9 所示。

② 墙后填土类型："单层"。有"单层"和"多层"两种选择。当选择"多层"时，点击【土层】命令，程序将显示如图 10-10 所示的输入对话框界面。

注意：土压力调整系数可根据工程经验进行调整，如不调整，输入"1"即可。

③土压力："库仑"。点击【土压力】命令，有三种主动土压力计算理论供用户选择，包括库仑、朗肯、静止。由读者根据实际情况自行输入。

④ 等效内摩擦角：因为黏聚力对土压力影响较大，必须保证任何情况下黏聚力均不降低才能使用，因此墙后填土如为黏性土，一般可采用等效内摩擦角的方法，把黏聚力的影响考虑在内摩擦角这一参数内。理正提供了三种计算方法供用户选择，分别是：铁路路基手册按土体抗剪强度相等原则计算；铁路路基手册按土压力相等原则计算；堤防规范按提供的换算内摩擦角。公式计算。

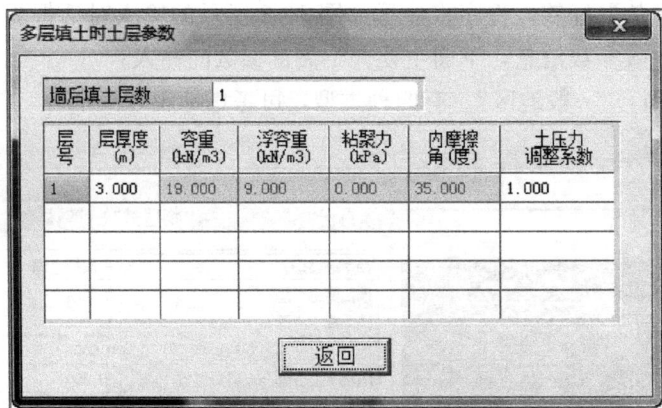

图 10-10　桩板式挡土墙土层参数输入界面

（a）输入黏聚力和内摩擦角数值

（b）点击【等效】命令，程序将显示如图 10-11 所示的输入对话框界面。输入参数后依次点击【计算】＞【返回】。

注意：挡墙高度为墙后的高度，软件自动计算，一般无需更改。

⑤ 墙背与墙后填土摩擦角：该参数用于土压力计算，影响土压力大小及作用方向，取值由墙背粗糙程度和填料性质及排水条件决定，无试验资料时，可参见《公路设计手册路基》（第二版）和《铁路路基支挡结构设计规范》TB 10025—2006。

⑥地震参数：选择抗震区或抗震浸水区挡墙时需交互地震参数。点击【地震参数】命令，程序将显示如图 10-12 所示的输入对话框界面。在该对话框界面中现主要需要输入如下设计参数信息。

（a）水上、水下地震角：根据地震烈度确定，参考《公路工程抗震规范》JTG B02—

2013 附录 A。

（b）水平地震系数 K_h：根据地震烈度确定，参考《建筑抗震设计规范》GB 50011—2010）表 5.1.4-1。

（c）重要性修正系数 C_i：一般取 0.6～1.7。参考《公路工程抗震规范》JTG B02—2013 表 3.2.2。

（d）综合影响系数 C_z：一般取 1.0，参考《公路工程抗震规范》JTG B02—2013 表 8.2.6。

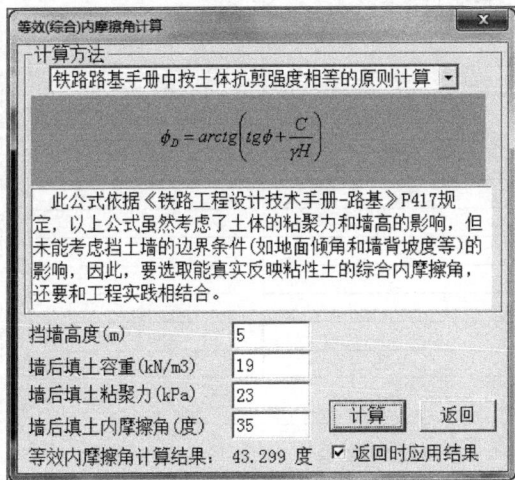

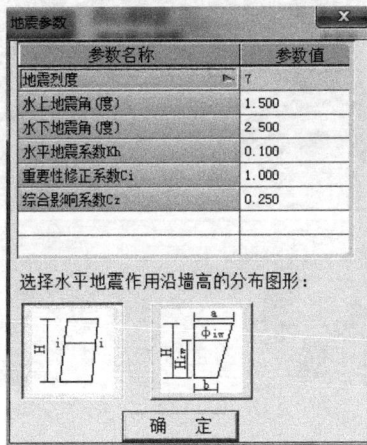

图 10-11　桩板式挡土墙等效内摩擦　　　　图 10-12　桩板式挡土墙地震参数
　　　　　　角计算界面　　　　　　　　　　　　　　　　　输入界面

⑦ 其余参数：桩混凝土强度等级、桩纵筋合力点到外皮距离、桩纵筋级别、桩箍筋级别、桩箍筋间距、板混凝土强度等级、板纵筋合力点到外皮距离，这些参数均为板、桩配筋参数，由读者根据实际情况自行设定。

（4）整体稳定

选择【整体稳定】标签，程序将显示如图 10-13 所示的输入对话框界面。在该对话框界面中主要需要输入参数信息，下面主要介绍关键参数的输入。

① 是否计算整体稳定：挡土墙中的整体稳定计算仅适用于简单土质的圆弧滑动情况，并只采用瑞典条分法计算；其他复杂情况，建议采用理正边坡稳定分析软件或其他稳定分析软件分析。

② 稳定计算允许安全系数：不小于 1.25。

③ 稳定计算目标：自动搜索、给定圆心范围、给定圆心半径、给定圆心四种选择。因为稳定计算时间较长，此参数的灵活使用可加快搜索速度。可在首次计算时，选用自动搜索，等找到最不利滑动圆心的大概位置后，选用指定的范围搜索，这样就可以节省大量分析时间。通常选择自动搜索最危险滑裂面。

④ 条分法的土条宽度：该参数对于计算结果有一定的影响，如土条宽度较大，计算误差也会越大，一般取 0.5m 左右。为了加快稳定计算的搜索速度，可在首次搜索时，采用较大的土条宽度，然后缩小范围，用较小的土条宽度。

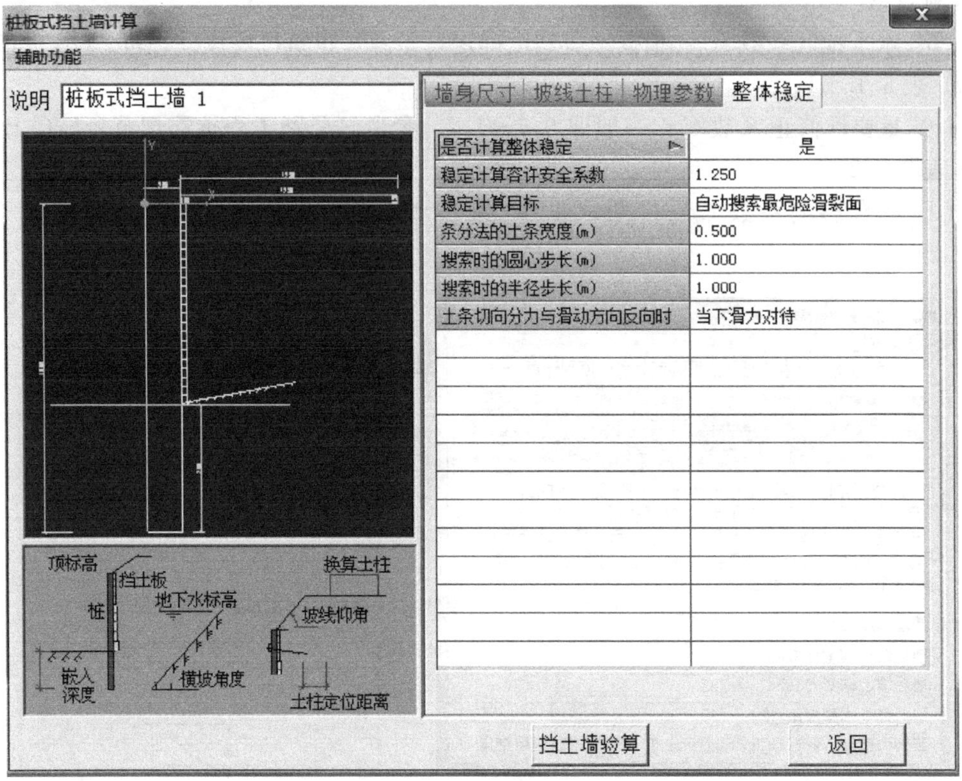

图 10-13　桩板式挡土墙整体稳定输入界面

⑤ 搜索时的圆心步长：该参数影响搜索速度及其计算的精度，由读者根据实际情况自行设定。

⑥ 土条切向分力与滑动方向相反时："当下滑力对待"。

包括以下两种选择：当下滑力对待、当抗滑力对待。当土条重力在滑动方向的分力与土条的滑动方向相反时，此分力有两种不同的理解：

（a）认为此力使下滑力减小，应当下滑力对待；

（b）认为此力使抗滑力增大，应当抗滑力对待。

这两种理解，稳定计算安全系数是不同的，选择前者安全系数较小，偏于保守。

（5）荷载组合（公路行业）

选择【荷载组合】标签，程序将显示如图 10-14 所示的输入对话框界面，在该对话框界面中主要需要输入参数信息。具体组合方式参考《公路设计手册　路基》。

完成以上 5 步操作，一个加筋土式挡土墙的模型已经建立完成，点击【挡土墙验算】命令，程序将按照设计人员提交的控制参数信息开始挡土墙验算。

（6）计算结果查询

计算结果查询界面分为左右两个窗口，左侧窗口用于查询图形结果，包括计算简图、土压力计算结果和稳定计算结果，点击【图形查询】＞【显示简图存为 DXF 文件】可存成 dxf 文件以便在 AutoCAD 中打开。右侧窗口用于查询文字结果，包括原始条件和计算结果，在显示窗口鼠标右键选择存成 rtf 文件，用 word 打开，或存成 txt 文本文件。如图

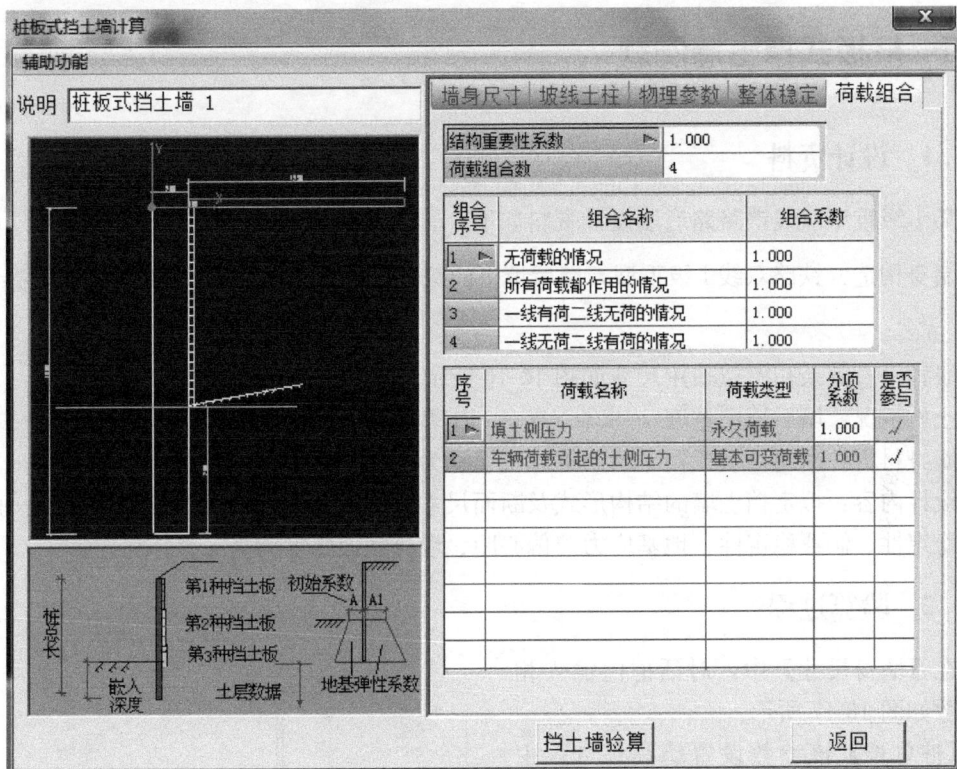

图 10-14　桩板式挡土墙荷载组合输入界面

10-15 所示。

注意：当验算结果显示蓝色表明满足要求，如为红色则表明不满足要求，需调整参数。

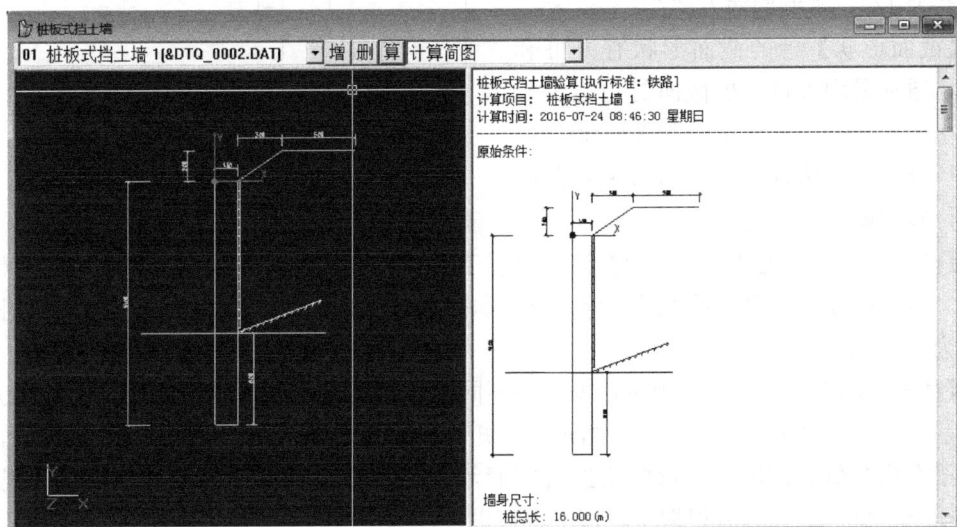

图 10-15　桩板式挡土墙结果查询窗口界面

10.5 桩板式挡土墙例题

10.5.1 设计资料

某Ⅰ级重型双线铁路路肩墙设计资料如下：

墙身构造：铁路双线Ⅰ级重型，墙后填土的综合内摩擦角 $\varphi = 35°$，墙背摩擦角 $\delta = \dfrac{\varphi}{2} = 17.5°$，

墙背垂直其余初始拟采用尺寸如图 10-16 所示。地面横坡角度为。

土质情况：墙后填土重度 $\gamma = 20kN/m^3$，内摩擦角 $\varphi = 35°$；黏聚力 $c = 10kPa$。

墙身材料：采用桩板式挡土墙，桩总长设计为 18m，嵌入深度为 7m。

设计内容：拟定挡土墙的结构形式及断面尺寸、拟定挡土墙基础的形式及尺寸、验证滑移稳定性、倾覆稳定性、地基应力与偏心距、墙身截面强度验算、整体稳定性。

10.5.2 验算过程

在【墙身尺寸】中，对话框内输入相应参数如图 10-17 所示。

【桩总长】该参数设置墙高尺寸，由读者根据实际情况自行输入。

【嵌入深度】设计原则是由地层的容许侧向抗压强度及桩基底的容许承载力确定，一般在抗滑桩中以桩侧土层的容许侧向抗压强度确定，根据工程经验锚固深度一般为桩长的 $1/2 \sim 1/3$，对于完整的岩石，约为 1/4；本例题输入"7"。

【截面形状】桩的截面形状有方桩和圆桩，通常采用方桩，桩截面的短边尺寸不宜小于 1.25m，一般边长为 $2 \sim 3m$，以 1.5×2 和 2×3 两种尺寸最为常见，截面不同，则配筋计算不同。

图 10-16 初始拟采用挡土墙尺寸图

【桩宽、桩高、桩径、桩间距】该参数属于基本参数，当截面形状选择圆桩时，桩径选项激活，由读者根据实际情况自行设定，本例题分别输入"1.5"、"2"、"5"；其中桩间距宜为 $5 \sim 8m$。

【挡土板的类型数】挡土板可根据采用不同的截面类型，以适应不同位置上土压力的不同，本算例仅采用一种板结构，挡土板分矩形板和槽形板，槽形板按 T 形梁设计，按简支梁在均布荷载作用下的弯曲梁进行截面承载力设计，参考《混凝土结构设计规范》GB 50010—2010，由读者根据实际情况自行设定，本例题输入"1"。

【桩底支承条件】可采用自由端、铰支端和固定端。当锚固土层为土体或破碎岩石时，

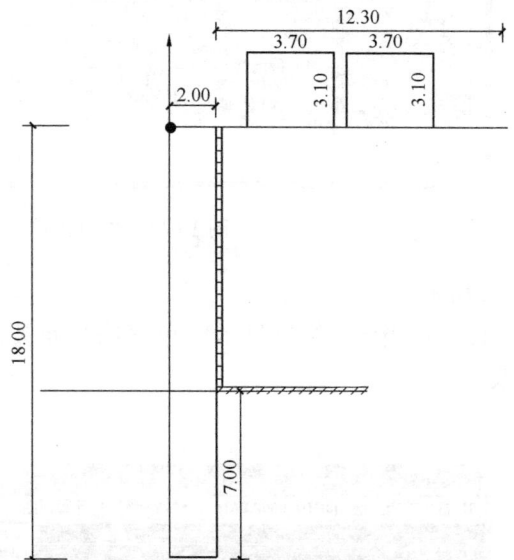

为自由端；当桩底岩层完整，较上部土体坚硬，但嵌入不深时，可采用铰支端；当桩底岩层坚硬、完整，而桩底嵌入该层有一定的深度，侧应力小于侧向容许应力，且较上层的相对位移量和角变位量小，此时采用固定端；本例题，嵌入地层为土层，故选铰接端。

【计算方法】根据桩在嵌固段土反力计算系数的不同分为下列几种："m"法、"c"法、"K"法。当锚固土层为硬塑～半干硬的砂黏土、密实土、碎石土或风化破碎的岩层时，认为地基系数是随深度变化的，且设计中一般采用线性变化分布形式，相应的计算方法称为"m"法。取值参考《铁路路基支挡结构设计规范》TB10025—2006。根据本例题的工程状况，采用"m"法。

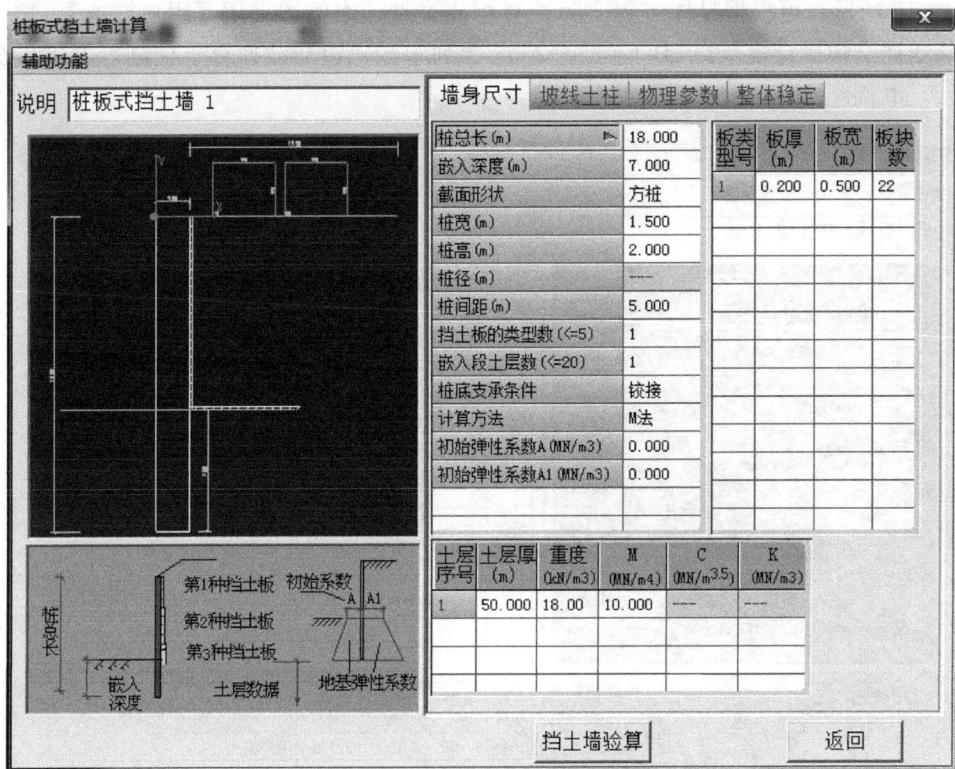

图 10-17 桩板式挡土墙例题墙身尺寸界面

在【坡线土柱】中，对话框内输入相应参数如图 10-18 所示。

【坡面线段数】墙后填土的坡面形式，输入值≥1，本例题输入"1"。

【坡面起始是否低于墙顶】用于设置第一段坡面线的起始位移，通常选择【否】，本例题选择"否"。

【地面横坡角度】土楔体计算时破裂面的起始角度，即只有横坡角以上土体才产生土压力的作用。地面横坡角度一般为岩石的坡度，当挡土墙后都为土体时可取 0，即按土压力最大情况考虑。本例题输入"0"。

【填土对横坡面的摩擦角】当破裂角位于桩背与地面横坡面之间时，计算土压力用墙后填土内摩擦角，当破裂角位于地面横坡面时，宜根据试验确定，当无试验资料时，黏性土与粉土可取 0.33φ，砂性土与碎石土可取 0.5φ，本例题输入"35"。

【挡墙分段长度】按挡土墙的设缝间距划分，该参数在公路行业影响车辆荷载的计算。本例题输入"10"。

【超载处理方法】包括等代土柱法和弹性理论法，由读者根据实际情况自行设定。本例题选择"等代土柱法"。

注意：荷载大小为作用在挡墙纵向一延米范围内的外力；附加外集中力表示沿挡土墙纵向方向上的一个线性局部荷载；坐标原点为墙的左上角点；力的角度方向以水平右向为 $0°$，逆时针旋转为正；荷载输入后在图形界面上有相应图示。除了正常预设数据的填写之外，应注意换算土柱中荷载的选择，点击【铁路等级与轨道类型】，下拉框有多种选择，如图 10-18 所示，可根据具体工程实际选择相应类型，本例题采用【用户输入】。按《铁路路基支挡结构设计规范》TB 10025—2006 中列车和轨道荷载换算土柱高度及宽度分布换算后，本例题输入"3.7"、"3.1"。

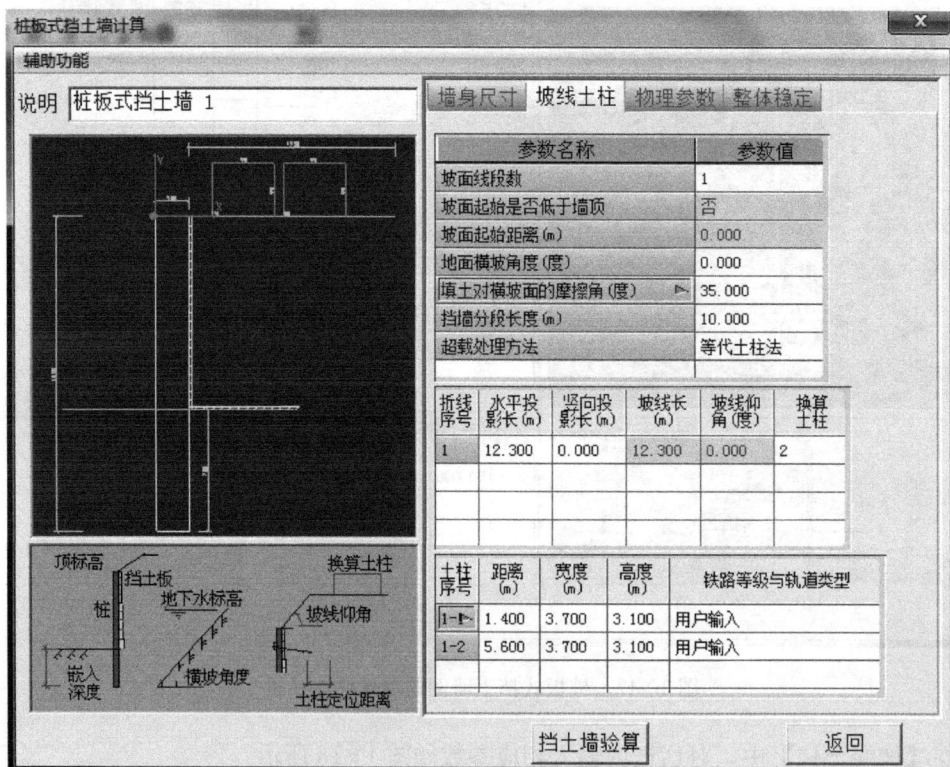

图 10-18 桩板式挡土墙例题坡线土柱界面

在【物理参数】中，对话框内输入相应参数如图 10-19 所示。

【挡土墙类型】分为一般、抗震、浸水三种类型，可相互组合，不同类型挡土墙，土压力计算方法不同，规范要求的安全系数也不同。本例题选择"一般挡土墙"。

【墙后填土内摩擦角】土压力计算参数，一般取 $30°\sim45°$，由读者根据实际情况自行输入，本例题输入"35"。

【墙后填土黏聚力】黏性土土压力计算参数，当采用综合内摩擦角时，可以填"0"。当采用力多边形方法时填实际测试值。对砂性土可填"0"，本例题输入"10"。

【墙后填土容重】土压力计算参数，一般取 17～19kN/m³，由读者根据实际情况自行输入，本例题输入"20"。

【墙背与墙后填土摩擦角】土压力计算参数，一般取 1/2～2/3 墙后填土内摩擦角。本例题输入"17.5"。

【土压力】有三种主动土压力计算理论供用户选择，包括库仑、朗肯、静止。本例题选择"库仑"。

【立柱及挡土板配筋参数】此参数为立柱及挡土板配筋计算所用，由读者根据实际情况自行输入。

相关参数填写之外，应注意如若某些参数没有明确给出，应参照本章 10.4 节中相关规范要求进行合理调整，需特别注意：墙背与墙后填土摩擦角：该参数用于土压力计算，影响土压力大小及作用方向，取值由墙背粗糙程度和填料性质及排水条件决定，无试验资料时，可参见《公路设计手册 路基》（第二版）和《铁路路基支挡结构设计规范》TB 10025—2006。如图 10-19 所示。

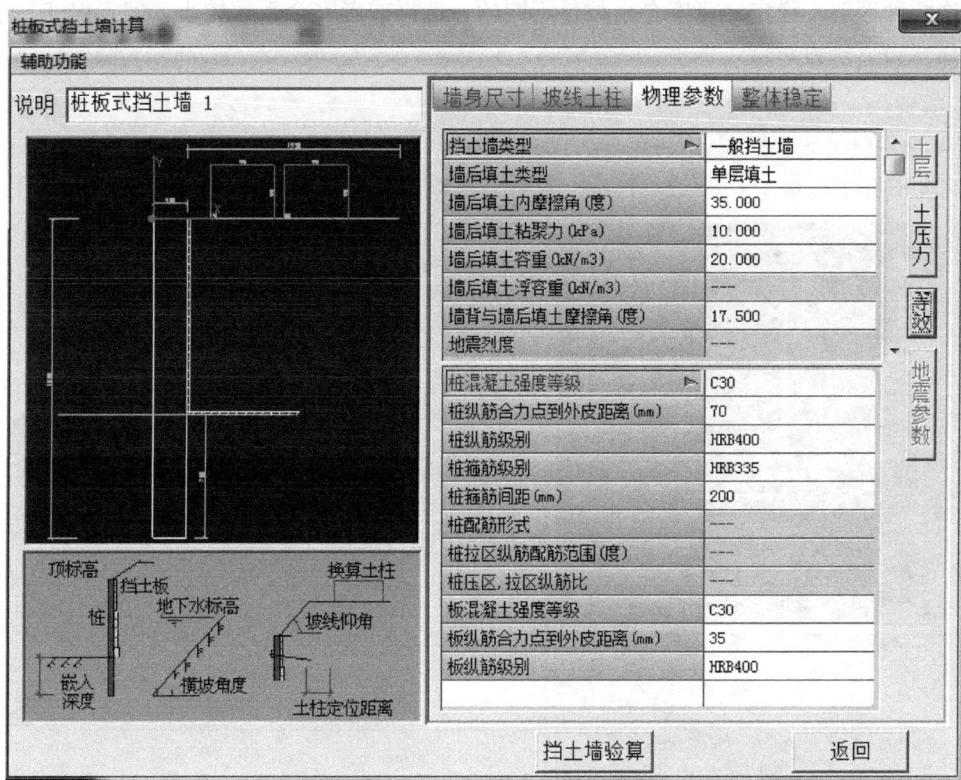

图 10-19 桩板式挡土墙例题物理参数界面

在【整体稳定】中，对话框内输入相应参数如图 10-20 所示。

【是否计算整体稳定】挡土墙中的整体稳定计算仅适用于简单土质的圆弧滑动情况，并只采用瑞典条分法计算；其他复杂情况，建议采用理正边坡稳定分析软件或其他稳定分析软件分析。本例题选择"是"。

【稳定计算目标】包括自动搜索、给定圆心范围、给定圆心半径、给定圆心四种选择。

因为稳定计算时间较长，此参数的灵活使用可加快搜索速度。可在首次计算时，选用自动搜索，等找到最不利滑动圆心的大概位置后，选用指定的范围搜索，这样就可以节省大量分析时间。本例题选择"自动搜索最危险滑裂面"。

【条分法的土条宽度】该参数对于计算结果有一定的影响，如土条宽度较大，计算误差也会越大，一般取 0.5m 左右。为了加快稳定计算的搜索速度，可在首次搜索时，采用较大的土条宽度，然后缩小范围，用较小的土条宽度。本例题输入"0.5"。

【搜索时的圆心步长】该参数影响搜索速度及其计算的精度，由读者根据实际情况自行设定。本例题输入"1"。

【土条切向分力与滑动方向相反时】包括以下两种选择：当下滑力对待、当抗滑力对待。当土条重力在滑动方向的分力与土条的滑动方向相反时，此分力有两种不同的理解：

（a）认为此力使下滑力减小，应当下滑力对待；

（b）认为此力使抗滑力增大，应当抗滑力对待。

这两种理解，稳定计算安全系数是不同的，选择前者安全系数较小，偏于保守。本例题选择"当下滑力对待"。

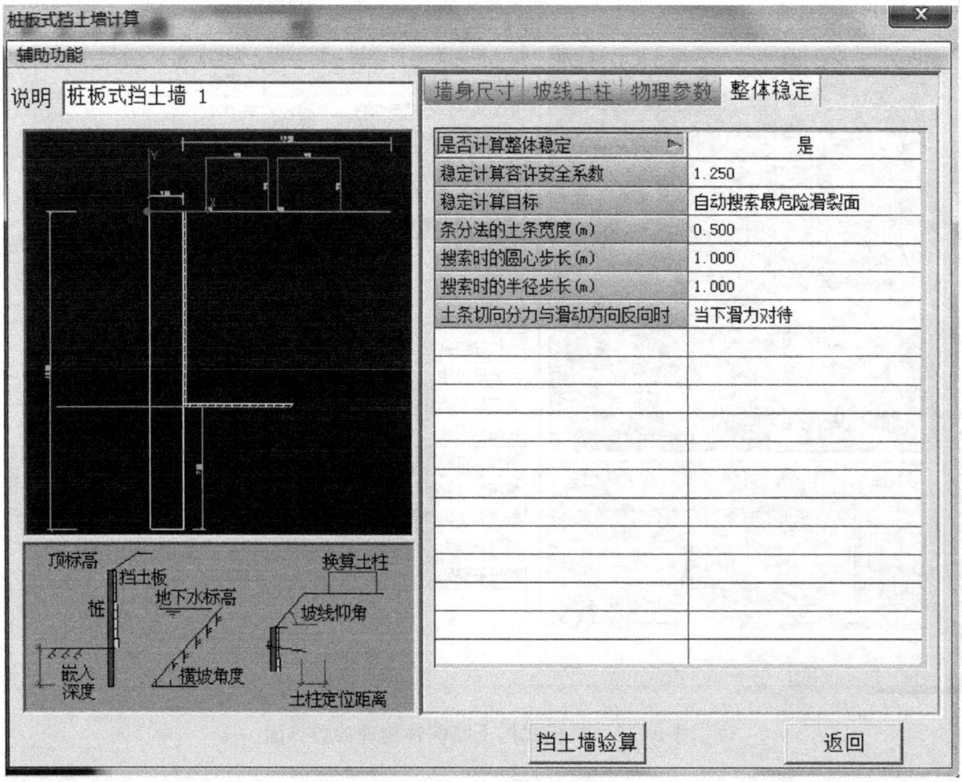

图 10-20　桩板式挡土墙例题计算参数界面

10.5.3　结果分析

点击【挡土墙验算】，输出结果，如图 10-21 所示，计算结果查询界面分为左右两个

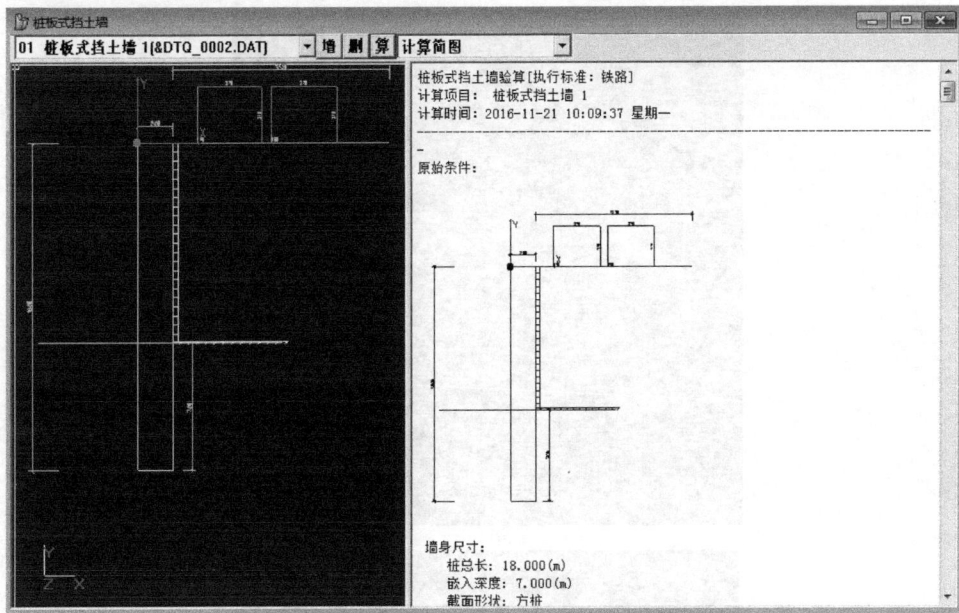

图 10-21　桩板式挡土墙例题结果输出界面

窗口，左侧窗口用于查询图形，右侧窗口用于查询文字，可直接对工作截面的文件进行操作，也可在之前设定的工作目录下，查找相关计算文档进行后续操作。在计算简图中，还可分别输出不同情况下土压力及其稳定性计算，如图 10-22 所示。

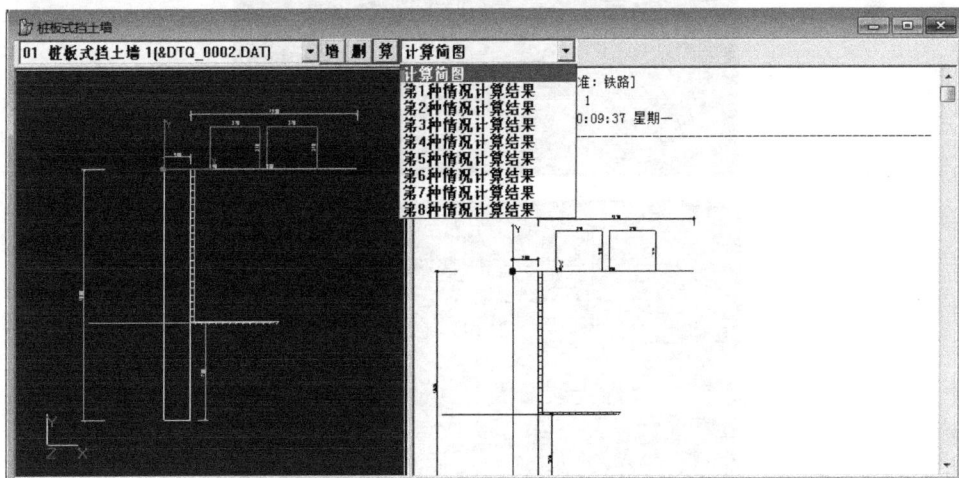

图 10-22　桩板式挡土墙例题结果输出界面

点击【计算简图】即出现下拉菜单，选择不同标签左侧图形查询窗口即出现对应的计算简图，如图 10-23 所示。在左侧图形查询窗口利用鼠标滑轮可实现图形的放大与缩小。右侧用于文字查询窗口下拉滑动条即可看到完整内容，通过鼠标邮件菜单可进行保存文本等多种操作。

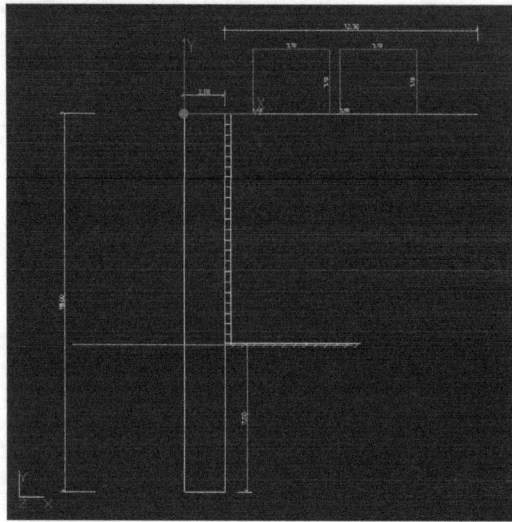

(a)

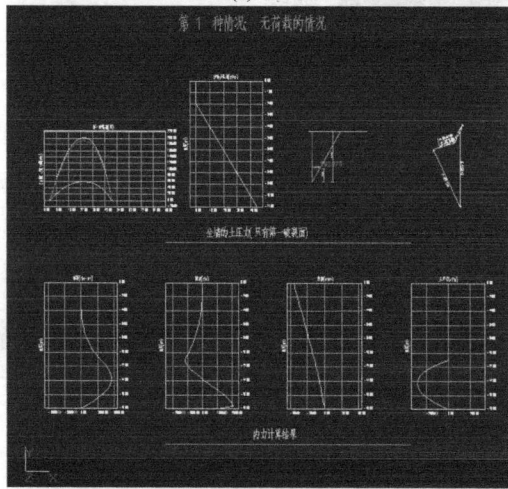

(b)

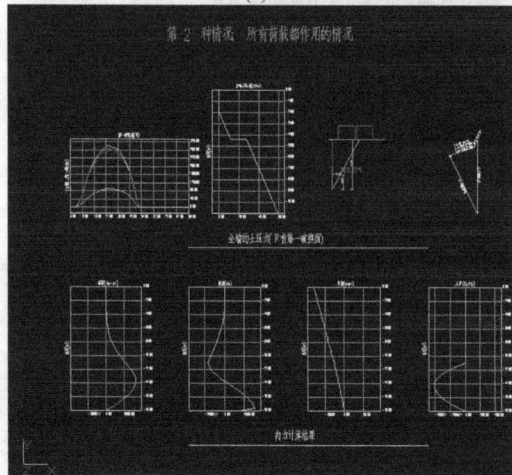

(c)

图 10-23　桩板式挡土墙例题计算简图界面

经过上面的各个标签参数填写后，点击【挡土墙验算】则会进行各个稳定性及强度验算，最终分析的结果如图 10-24（a）所示。在各组合最不利的结果中，蓝色的为合格，红色的为不合格。本例题按已知参数输入得到的结果中，出现挡土板内力配筋不满足验算，通过 10.3.3 节中公式调整，提高挡土板厚度从而使挡土板内力配筋满足验算要求。发现将挡土板厚度提高到 0.3 时满足要求，设计条件满足，如图 10-24（b）所示。

（三）挡土板内力配筋计算

板类型号	板厚(mm)	板下缘距顶距离(m)	最大土压力(kPa)	单块板弯矩(kN-m)	单块板全部纵筋面积(mm2)
1	200	11.000	50.992	79.675	1696

单筋不够：$M/(a1*fc*b*h0*h0)=0.4093 > \xi b(1-0.5\xi b)=0.3837$

（四）整体稳定验算

最不利滑动面：

圆心：(-3.00000,-5.50000)

半径 = 13.55655(m)

安全系数 = 1.723

总的下滑力 = 1722.656(kN)

总的抗滑力 = 2967.859(kN)

土体部分下滑力 = 1722.656(kN)

土体部分抗滑力 = 2967.859(kN)

筋带的抗滑力 = 0.000(kN)

(a)

（三）挡土板内力配筋计算

板类型号	板厚(mm)	板下缘距顶距离(m)	最大土压力(kPa)	单块板弯矩(kN-m)	单块板全部纵筋面积(mm2)
1	300	11.000	50.992	79.675	915

（四）整体稳定验算

最不利滑动面：

圆心：(-3.00000,-5.50000)

半径 = 13.55655(m)

安全系数 = 1.723

总的下滑力 = 1722.656(kN)

总的抗滑力 = 2967.859(kN)

土体部分下滑力 = 1722.656(kN)

土体部分抗滑力 = 2967.859(kN)

筋带的抗滑力 = 0.000(kN)

整体稳定验算满足：最小安全系数=1.723 >= 1.250

(b)

图 10-24 桩板式挡土墙例题结果分析界面

第 11 章　抗 滑 桩 设 计

抗滑桩（anti-slide pile）是穿过滑坡体深入于滑床的桩柱，用以支挡滑体的滑动力，起稳定边坡的作用，适用于浅层和中厚层的滑坡，是一种抗滑处理的主要措施。但对正在活动的滑坡打桩阻滑需要慎重，以免因震动而引起滑动。

抗滑桩按材质分类有木桩、钢桩、钢筋混凝土桩和组合桩。抗滑桩按成桩方法分类，有打入桩、静压桩、就地灌注桩，就地灌柱桩又分为沉管灌注桩、钻孔灌注桩两大类。在常用的钻孔灌注桩中，又分机械钻孔和人工挖孔桩。抗滑桩按结构形式分类，有单桩、排桩、群桩和有锚桩，排桩形式常见的有椅式桩墙、门式刚架桩墙、排架抗滑桩墙，有锚桩常见的有锚杆和锚索，锚杆有单锚和多锚，锚索抗滑桩多用单锚。抗滑桩按桩身断面形式分类，有圆形桩、方形桩和矩形桩、工字形桩等。

抗滑桩对滑坡体的作用是利用抗滑桩插入滑动面以下的稳定地层对桩的抗力（锚固力）平衡滑动体的推力，增加其稳定性。当滑坡体下滑时受到抗滑桩的阻抗，使桩前滑体达到稳定状态。根据滑体的厚薄、推力大小、防水要求及施工条件等选用木桩、钢桩、混凝土及钢筋混凝土桩。

国外始于 20 世纪 30 年代采用抗滑桩治理滑坡，国内于 20 世纪 50 年代开始使用。1954 年宝成线史家坝 4 号隧道北口左侧灰岩边坡产生顺层坍滑，采用钢筋混凝土榫桩治理。1965 年在川黔线楚米铺堆积层滑坡采用沉井及打入式管桩。1966 年铁道部第二勘察设计院在成昆铁路沙北 1 号滑坡及甘洛车站 2 号滑坡中首次采用钢筋混凝土挖孔桩来加固稳定滑坡，全面考虑了构件的抗弯、抗剪等作用，为滑坡整治增加了一种切实可行的新手段。据统计，成昆线在六处滑坡中采用了 120 根桩，累计长度为 1364m，抗滑效果良好。这种结构很快在铁路路基工程中迅速推广，并不断完善创新，由一般抗滑排桩发展到 Π 形刚架桩排（1976 年枝柳线罗依溪滑坡，铁四院）、h 形排架抗滑桩（1983 年川黔线 K180 路堤滑坡，成都铁路局）、预应力锚索抗滑桩（1984 年松藻矿务局金鸡岩滑坡，铁科院西北分院）等。

目前，国内在铁路、公路、厂矿等土木工程的滑坡治理中，广泛地采用抗滑桩。实践证明，这种支挡结构效果良好。

11.1　一般规定

抗滑桩埋入地层以下深度，按一般经验，软质岩层中锚固深度为设计桩长的三分之一；硬质岩中为设计桩长的四分之一；土质滑床中为设计桩长的二分之一。当土层沿基岩面滑动时，锚固深度也有采用桩径的 2～5 倍。抗滑桩的布置形式有相互连接的桩排，互相间隔的桩排，下部间隔、顶部连接的桩排，互相间隔的锚固桩等。桩柱间距一般取桩径的 3～5 倍，以保证滑动土体不在桩间滑出为原则。抗滑桩适用于稳定滑坡、加固山体及加固其他特殊路基，其设计使用年限一般为 60 年。

抗滑桩的设置应满足下列要求：

（1）滑坡体的稳定系数应达到规定的安全值；

（2）保证滑坡体不越过桩顶或从桩间滑动；

（3）不产生新的深层滑动。

抗滑桩的桩位应设在滑坡体较薄、锚固段地基强度较高的地段，其平面布置、桩间距、桩长和截面尺寸等的确定，应综合考虑达到经济合理。桩间距宜为 6～10m 。抗滑桩的截面形状宜为矩形。桩的截面尺寸应根据滑坡推力的大小、桩间距以及锚固段地基的横向容许抗压强度等因素确定。桩最小边宽度不宜小于 1.25m。

11.2　构造要求

桩身混凝土的强度等级宜为 C30。抗滑桩井口应设置锁口，桩井位于土层和风化破碎的岩层时宜设置护壁，一般地区锁口和护壁混凝土强度等级宜为 C15，严寒和软弱地基地段宜为 C20。抗滑桩纵向受力钢筋直径不应小于 16mm。净距不宜小于 120mm，困难情况下可适当减小，但不得小于 80mm。当用束筋时，每束不宜多于 3 根。当配置单排钢筋有困难时，可设置 2 排或 3 排。受力钢筋混凝土保护层不应小于 70mm。

纵向受力钢筋的截断点应按现行国家标准《混凝土结构设计规范》GB 50010—2013 的规定计算。抗滑桩内不宜设置斜筋，可采用调整箍筋的直径、间距和桩身截面尺寸等措施，满足斜截面的抗剪强度。箍筋宜采用封闭式，肢数不宜多于 4 肢，其直径不宜小于 14mm，间距不应大于 400mm。抗滑桩的两侧和受压边，应适当配置纵向构造钢筋，其间距不应大于 300mm，直径不宜小于 12mm。桩的受压边两侧，应配置架立钢筋，其直径不宜小于 16mm。当桩身较长时，纵向构造钢筋和架立钢筋的直径应增大。

11.3　抗滑桩设计计算内容与方法

作用于抗滑桩的外力，应计算滑坡推力（包括地震区的地震力）、桩前滑体抗力（滑动面以上桩前滑体对桩的反力）和锚固段地层的抗力。桩侧摩阻力和黏聚力以及桩身重力和桩底反力可不计算。

11.3.1　滑坡推力计算内容

滑坡平面示意图、滑坡主轴断面示意图如图 11-1、图 11-2 所示。

将滑动方向和速度大体一致的滑体视为一个计算单元，在顺滑动主轴方向的地质纵断面上，按滑面的产状和岩土性质划分为若干铅直条块，由后向前计算各条块分界面上的剩余下滑力即是该部位的滑坡推力；每段滑体的下滑力方向与其所在的条块的滑面平行；横向按每米计算，略去两侧的摩擦阻力不计；视滑体为连续而无压缩的介质，由后向前传递下滑力作为整体滑动，不计滑体内部的局部应力作用；作用在任一分界面上的推力分布图形，当滑体上层和下层的滑动速度大体一致时，可假定为矩形；对软塑体或流塑滑坡，底部滑速往往大于其表层，其推力分布图形为三角形；介于上述两种情形之间为梯形。

沿垂直于主轴断面的方向取单位宽度滑体上的任意一块分离体作极限平衡下的静力分

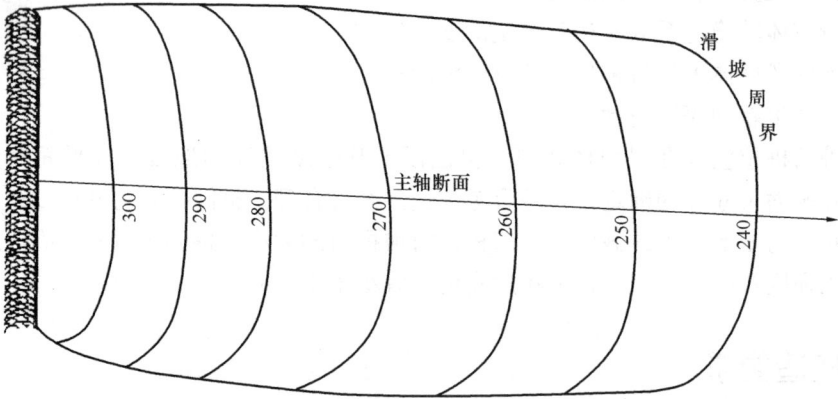

图 11-1 滑坡平面示意图

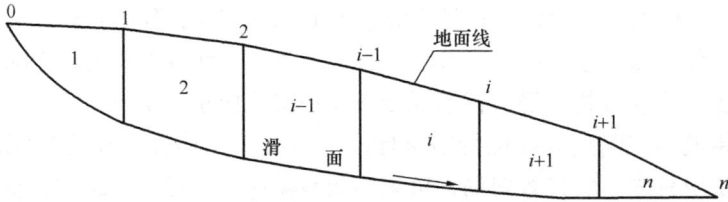

图 11-2 滑坡主轴断面示意图

析。作用于其上的力一般可分为下述两类。

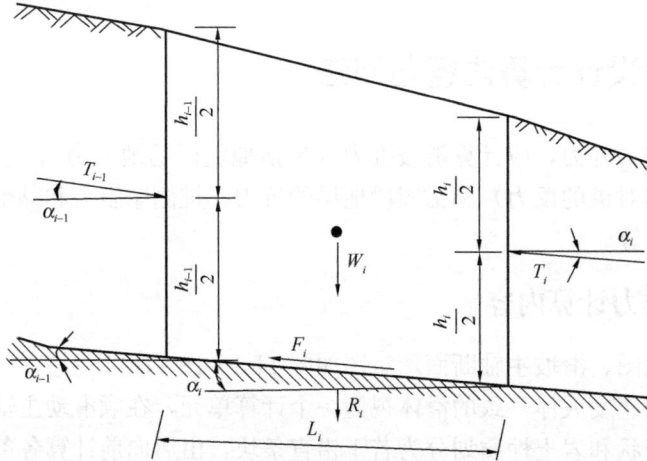

图 11-3 作用于滑体任一分块的基本力系图

（1）基本力系（在任何情况下必须计入），如图 11-3 所示。

① 滑体自重（W_i）：作用于该条块的重心，方向垂直向下。

② 自上一条块传递来的剩余下滑力（T_{i-1}）：作用于分界面的中点，方向平行于 $i-1$ 段滑面，指向下滑方向。

③ 下一条块产生的支撑力（T_i）：作用于分界面的中点，方向平行于本段滑面，指向反滑动方向。

④ 滑床反力（R_i）：作用于本段滑面中点，方向垂直于滑面。

$$R_i = W_i \cos\alpha_i \tag{11-1}$$

⑤ 滑面的抗滑力（F_i）：方向平行于本段滑面且与滑动方向相反。

$$F_i = W_i \cos\alpha_i \tan\varphi_i + c_i L_i \tag{11-2}$$

式中　φ_i——第 i 个条块所在滑动面上的内摩擦角（°）；

c_i——第 i 个条块所在滑动面上的单位黏聚力（kPa）。

（2）特殊作用力（在可能出现的条件下才列入计算），如图 11-4 所示。

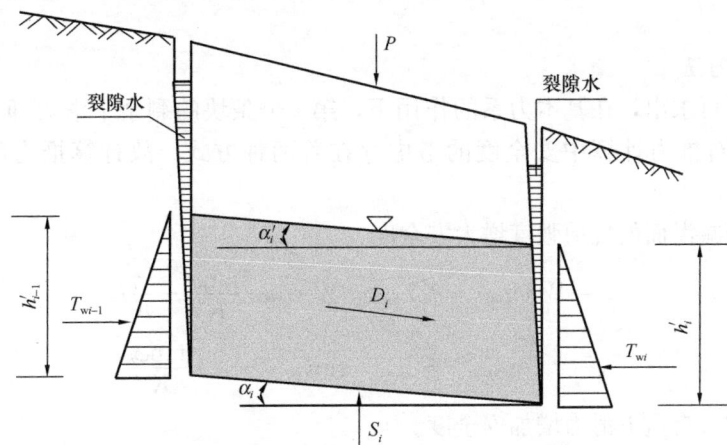

图 11-4　作用于滑体分块的特殊作用力示例图

① 作用于条块上的外部荷载（P）。

② 滑体裂隙充水或滑体上有上层滞水但不与滑面水相连通时，其中水重按增加滑体自重考虑。

③ 滑体全部饱水或其下部部分饱水且与滑带水相连通时，需考虑有动水压力（D_i）作用于饱水面积的重心，方向与滑动方向相同并平行于本段滑面。

$$D_i = \gamma_w \times \Omega_i \times n_i \times \sin\alpha'_i \tag{11-3}$$

式中　γ_w——水的重度（kN/m³）；

Ω_i——滑体条块的饱水面积（m²）；

n_i——滑体土的空隙度；

α'_i——滑体水的水力坡度角（°）。

同时还要考虑在滑床上产生的浮托力（S_i），方向与滑床反力（R_i）相同，其大小为：

$$S_i = \gamma_w \times \Omega_i \times n_i \cos\alpha_i \tag{11-4}$$

则滑面上的抗滑力改变为：

$$F_i = (W_i \cos\alpha_i - S_i)\tan\varphi_i + c_i L_i \tag{11-5}$$

滑体饱水部分的重度应按饱水后的重度计算。

④ 滑体两端有贯通至滑带的裂隙，在滑动时裂隙部分充水，应考虑裂隙水对滑体的静水压力。其分布图形及方向如图 11-4 所示，其大小分别为：

$$T_{wi-1} = \frac{1}{2}\gamma_w h_{i-1}^{'2} \tag{11-6}$$

$$T_{wi} = \frac{1}{2}\gamma_w h_i^{'2} \tag{11-7}$$

⑤ 当滑带水系有压头 H_0 的承压水时，应考虑浮托力（S_i）的作用，其方向与滑床反力相同。

$$S_i' = \gamma_w \times H_0 \tag{11-8}$$

$$F_i = (W_i\cos\alpha_i - S_i')\tan\varphi_i + c_i L_i \tag{11-9}$$

⑥ 在高烈度地震区，应考虑地震力的作用。可按照现行《铁路工程抗震设计规范》GB 50111—2006 处理，将作用于滑体条块重心处的水平地震力引入计算，其方向指向下滑方向。

(3) 计算方法

从图 11-3 可求出，在基本力系的作用下，第 i 个条块的剩余下滑力即为该部位的滑坡推力。由于对推力计算中安全度的考虑存在着两种方式，故计算推力的方法有以下两种：

① 通过折减滑面的抗剪强度增大安全度。

$$T_i = W_i\sin\alpha_i + \psi' T_{i-1} - W_i\cos\alpha_i\frac{\tan\varphi}{K} - \frac{c_i}{K}L_i \tag{11-10}$$

$$\psi' = \cos(\alpha_{i-1} - \alpha_i) - \sin(\alpha_{i-1} - \alpha_i)\frac{\tan\varphi_i}{K} \tag{11-11}$$

② 通过加大自重下滑力增加安全度。

$$T_i = KW_i\sin\alpha_i + \psi T_{i-1} - W_i\cos\alpha_i\tan\varphi_i - c_i L_i \tag{11-12}$$

$$\psi = \cos(\alpha_{i-1} - \alpha_i) - \sin(\alpha_{i-1} - \alpha_i)\tan\varphi_i \tag{11-13}$$

式中　　T_i——第 i 个条块末端的滑坡推力（kN/m）；

　　　　K——安全系数，视工程的重要性、外界条件对滑坡的影响、滑坡的性质和规模、滑动的后果及整治的难易等因素综合考虑，可采用 $1.05\sim1.25$；

　　　　W_i——第 i 个条块滑体的重力（kN/m）；

　　　　α_i——第 i 个条块所在滑动面的倾角（°）；

　　　α_{i-1}——第 $i-1$ 个条块所在滑动面的倾角（°）；

　　　　φ_i——第 i 个条块所在滑动面上的内摩擦角（°）；

　　　　c_i——第 i 个条块所在滑动面上的单位黏聚力（kPa）；

　　　　L_i——第 i 个条块所在滑动面上的长度（m）。

第一种算法物理力学意义比较明确，但稳定分析时要用试算法确定安全系数，计算工作量较大；第二种算法比较方便，也是工程设计中常用的方法。

11.3.2　滑带岩土强度指标及安全系数 K 值的选用

(1) 滑带岩土强度指标用模拟滑动特点的试验方法取得，经分析后采用最小者

对于连续滑动的滑坡的滑带土，可采用重塑土做超压密多次快剪试验，以求得其抗剪强度随剪切变形的增加而变化的曲线，如图 11-5 所示。

土样在试验过程中，起初随着剪切变形的增加，剪切应力逐步增加；当剪切破裂面完全形成时，剪切应力达到峰值，然后开始逐渐下降，最终趋于稳定值，称为"剩余抗剪强度"，作为滑带土的强度指标。

对于断续滑动的滑坡，可按滑坡当前所处的状态，采用沿滑带原状土样中已有滑面在固结下剪切（或浸水剪）的试验方法；亦可将滑带土重塑后按滑坡可能再滑动的性质，采用多次不浸水固结快剪试验，求出各次剪切的强度指标。

对于尚未滑动的崩塌性滑坡，可用滑带原状土做固结快剪试验；对于已开始滑动的崩塌性滑坡，未脱离滑床的滑面已经形成，滑带土强度的试验方法同上。

图 11-5　连续剪切的应力与变形的关系曲线
τ_F——峰值抗剪强度；τ_W—剩余抗剪强度

（2）滑带岩土强度指标用反算法求得

对于整个滑带刚刚形成的滑坡，利用滑体在极限平衡状态下的断面，令剩余下滑力为 0，安全系数为 1，则式（11-12）中只有 c_i 和 φ_i 是未知数。寻求与断面有关的边界条件，列出辅助方程式，求出 c_i 和 φ_i 的值。一般对抗滑地段和被牵引地段的滑带岩土强度指标，可根据试验资料或经验数据经分析对比后选用，并通过反算以求出主滑地段滑带岩土的强度指标。有时需反复计算多次才能求得较合理的数据。

若有充分可靠的资料证明，滑坡曾经两次或多次滑动均通过某一固定的滑面，或同一滑坡有两个不同外形的断面，或者此滑坡与另一滑坡的性质极为类似并有断面资料时，则可建立联立方程式以求解强度指标值。

当可用被动土压法求出已知断面处的滑坡推力时，则可按此推力来反求滑带土的强度指标值。

（3）安全系数 K 值的选用

选用 K 值，主要应从滑坡活动可能造成的后果、防治工程措施的目的、建筑物的重要性及其容许变形值，以及对滑坡性质、滑动因素、滑体和滑带岩土的结构与强度指标的调查了解的可靠程度等方面来综合考虑。滑坡推力安全系数 K，一般采用 $1.05 \sim 1.25$。

对于规模较小、变形较快，易于查清性质的滑坡，可取较小的 K 值，反之则宜根据已掌握资料的确切程度酌情加大 K 值；对危害较大可能产生严重后果的滑坡，K 值宜较大，反之可较小；对活动频繁的浅层滑坡，宜用较大的 K 值，而对活动周期较长的深层滑坡，宜用较小的 K 值。在同一复杂滑坡中，对其前缘和上层经常易滑动的局部滑体的滑动，采用较大的 K 值，而对整个滑坡的深层滑动则取较小的 K 值。

11.3.3　桩前反力及桩身受力计算方法

滑动面以上桩前的滑体抗力，可通过极限平衡时滑坡推力曲线，如图 11-6 所示，或桩前被动土压力确定，设计时选用其中小值。当桩前滑坡体可能滑动时，不应计及其抗力，按悬臂桩计算。

（1）根据滑坡推力曲线确定桩前抗力，当假定滑坡处于极限平衡状态，滑面上的 c、φ 值根据反算确定时，桩前反力和桩后滑坡推力的关系如图 11-6 所示。

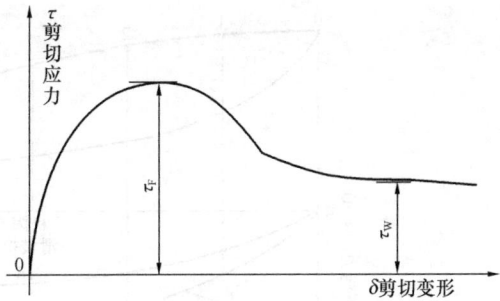

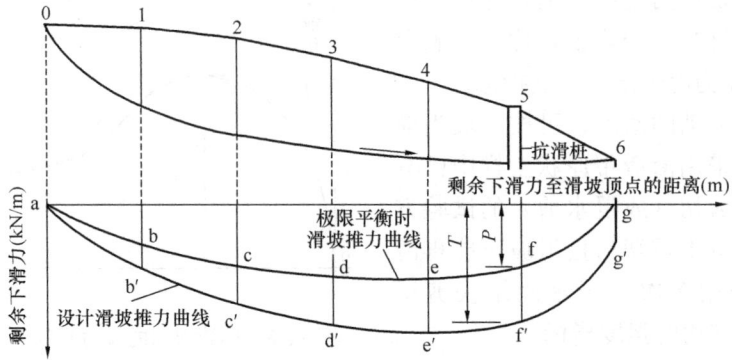

图 11-6　滑坡推力曲线图

（2）以桩前被动土压力作为桩前抗力时，可按朗肯被动土压力公式计算。

（3）将滑动面以上桩身所受的滑坡推力作为已知的设计荷载，然后根据滑动面上、下地层的地基系数，把整根桩当作弹性地基上的梁来计算，不考虑滑动面存在的影响。

应特别注意，以上桩前抗力的计算都是基于桩土体不会滑走的情况。如果桩前土体将被挖掉或者会滑走，则没有桩前抗力，应将滑坡推力直接作为桩上设计力。

11.3.4　抗滑桩的内力、位移计算

抗滑桩是一种大截面的侧向受荷桩。在本系统中桩的内力、位移采用弹性计算方法，根据在滑动面以下的土反力计算所采用的土反力系数的方法不同分为下列几种："m"法、"c"法、"K"法。

（1）土反力计算

$$p = k\Delta \tag{11-14}$$

$$k = ah^n \tag{11-15}$$

式中　p——滑坡面以下桩的弹性土抗力（kPa）；

　　　　k——弹性土抗力系数；

　　　　Δ——滑坡面以下桩的位移（m）；

　　a、n——计算系数；

　　　　h——滑坡面以下任意点到滑坡面的竖向距离（m）。

根据计算系数 a、n 的不同，形成不同的计算方法：

$n=1$，$a=m$ 时，称为"m"法；

$n=0.5$，$a=c$ 时，称为"c"法；

$n=0$，$a=K$ 时，称为"K"法。

（2）有限元计算方程

$$[[K_s] + [K_T] + [K_{T_0}]]\{\delta\} = \{p\} \tag{11-16}$$

式中　$[K_s]$——抗滑桩的弹性刚度矩阵；

　　　$[K_T]$——滑坡面以下土体的弹性刚度矩阵；

　　　$[K_{T_0}]$——滑坡面以下土体的初始弹性刚度矩阵；

　　　$\{\delta\}$——抗滑桩的位移矩阵；

〈*p*〉——抗滑桩的荷载矩阵。

将桩的位移边界条件代入上述方程，求解就可得到桩各点的位移及内力。根据桩嵌入土层的情况，桩底点的边界条件可分三种情况：自由、简支、嵌固。

抗滑桩一般设置于滑坡的前部且滑面比较平滑的地段，滑坡推力可假定与滑面平行。对于液性指数较小，刚度较大和较密实的滑体，从顶层至底层的滑动速度常是大体一致的，故可假定滑面以上土体作用于桩上部受力段背面的推力分布图形为矩形；对液性指数较大、刚度较小和密实度不均匀的塑性滑体，其靠近滑面的滑动速度较大而滑体表层的滑动速度则较小，滑坡推力分布图形可假定为三角形；介于上述二者之间的情况可假定推力分布图形为三角形，如图 11-7 所示。

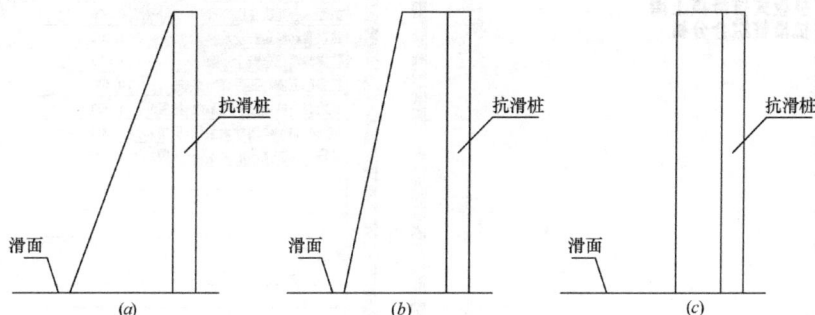

图 11-7　滑坡推力在桩上的分布

11.4　理正抗滑桩设计流程及参数详解

理正岩土抗滑桩（挡墙）设计软件适用于公路、铁路、水利及其他行业等的滑坡分析计算及滑坡治理。

① 多种因素（地层条件、地下水、坡面荷载、地震作用等）的影响，采用递推公式分析计算滑坡的剩余下滑推力，为滑坡治理措施的选择及治理提供依据。

② 多种滑坡治理措施——抗滑桩、重力式抗滑挡土墙、垂直预应力式挡土墙、桩板式抗滑挡土墙、抗滑桩综合分析供工程技术人员选择。

③ 每一种抗滑措施均提供按剩余下滑力及主动土压力（利用库仑土压力理论）计算的结果。两种条件一次完成，减少劳动强度，提高设计效率。

④ 对于抗滑桩，采用有限元方法分析桩的变形、内力及配筋。通过图示结果，客观地反应桩施加锚索对位移及内力的影响。

理正岩土抗滑桩设计流程如图 11-8

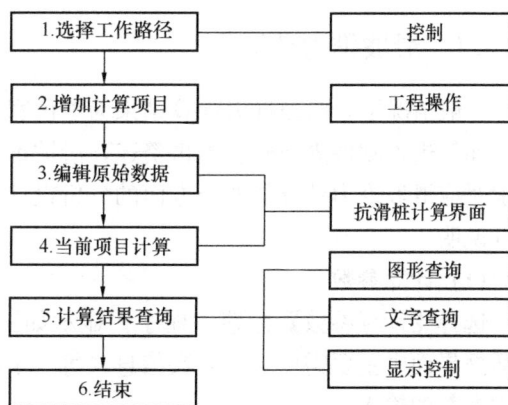

图 11-8　抗滑桩设计流程图

所示。

运行理正岩土软件，系统弹出如图 11-9（a）所示的工程计算内容对话框，其功能是抗滑桩计算项目。选择"滑坡推力计算"则会弹出图 11-9（b）中所示对话框。其中所输入的参数规定如下：

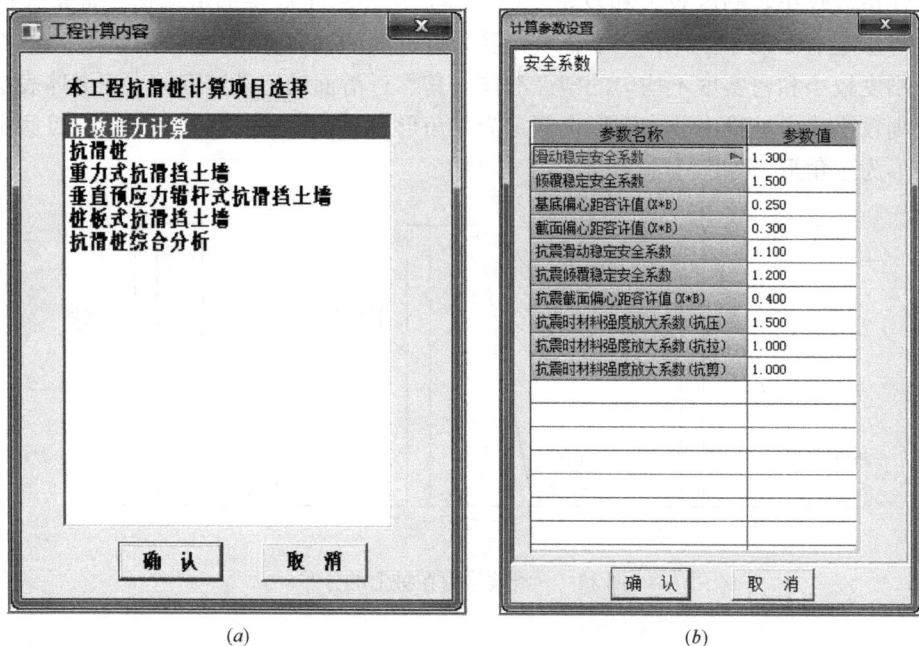

（a）　　　　　　　　　　　　　　（b）

图 11-9　工程计算内容及参数设计窗口

① 滑动稳定安全系数：取 1.3。

② 倾覆稳定安全系数：一般情况取 1.5，地震作用参与时取 1.3。

③ 基底偏心距容许值：土质地基的 1/6，岩质地基的 1/5，坚硬岩质地基的 1/4；抗震设计时由用户定义。

④ 截面偏心距容许值：一般情况取 0.25；抗震设计时取 0.3。

⑤ 其余抗震各项按照默认值即可。

11.4.1　滑坡推力计算

一般情况下，滑坡推力计算结果为单位宽度滑体的推力。

如何进入软件界面模块不再赘述，滑坡推力计算显示界面对话框一共包括四个标签，分别对应滑坡推力计算的四个方面的分析设计参数。下面分别对各个标签下属的参数输入作以说明。

（1）计算参数

选择【计算参数】标签，程序将显示如图 11-10（a）所示的输入对话框界面。在该对话框界面中主要需要输入参数信息，每一个参数理正软件均有提示。下面主要介绍几个关键参数的输入。

① 计算目标："按指定滑面计算推力"。

（a）按指定滑面计算推力：计算给定滑面和安全系数下的剩余下滑力。

（b）自动搜索最危险滑面：适用于部分滑面已知部分滑面未知的情况，根据用户要求自动搜索最危险滑裂面。当选择此选项时，会要求用户增加输入三个参数，如图 11-10（b）所示。

（c）已知安全系数计算 c、φ：适用于滑面位置已知，而滑动面摩擦参数未知的情况。当选择此选项时，会要求用户增加输入三个参数，如图 11-10（c）所示，可分别设置变化因素以及最大的 c、φ。

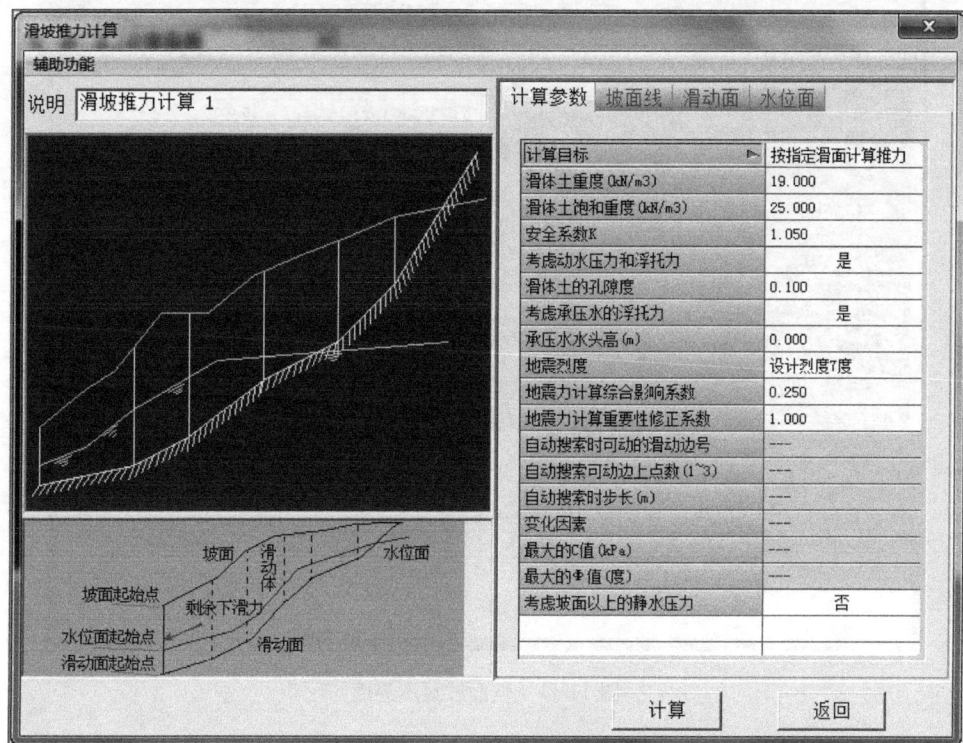

图 11-10 计算参数显示界面

② 滑体土重度："19"。坡面线与滑动面之间土体的重度，有水位面时，水位面以上土体用此参数计算。

③ 滑体土饱和重度："25"。

④ 安全系数 K："1.05"。按理正提示选择。

⑤ 考虑动水压力和浮托力："是"。按理正提示选择。

⑥ 滑体土的孔隙度："0.1"。取值小于 1。

⑦ 考虑承压水头的浮托力："是"。

⑧ 地震烈度："7"。

⑨ 地震力计算综合影响系数:"0.25"。按理正提示选择。

⑩ 地震力计算重要性修正系数:"1.0"。按理正提示选择。

⑪考虑坡面以上的静水压力:"否"。

(2) 坡面线

选择【坡面线】标签,程序将显示如图 11-11 所示的输入对话框界面。在该对话框界面中主要需要输入参数信息,每一个参数理正均有提示。下面主要介绍几个关键参数的输入。

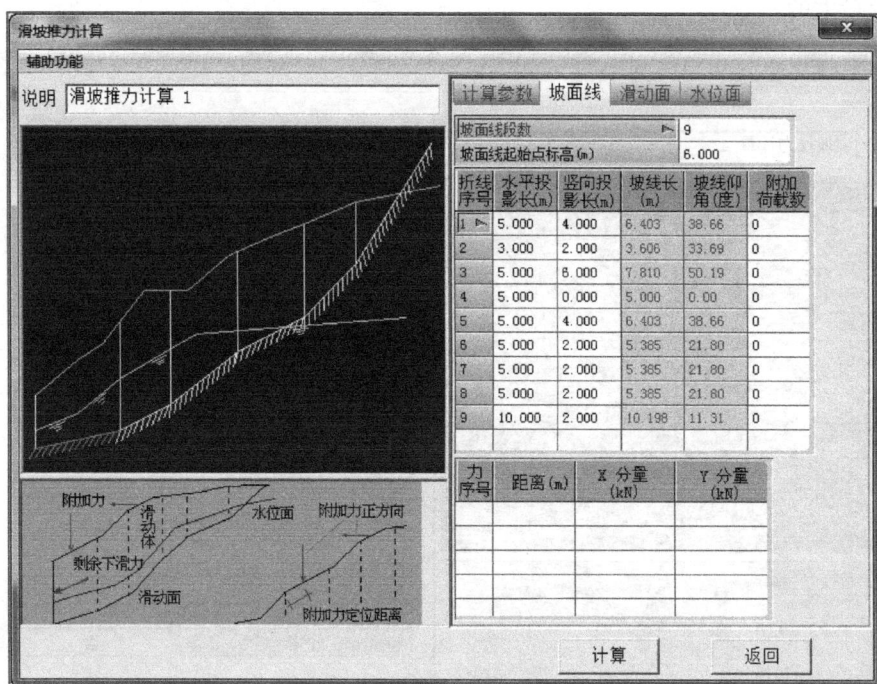

图 11-11　坡面线显示界面

① 坡面线段数:"9"。按勘察资料以及实际地质情况选择。

② 坡面线起始点标高:"6.00"。该参数为坡面线最下端一点的相对标高,用来定义地面线、滑动面、水面线相对之间高度位置用的。

③ 附加荷载数:"1"。在荷载作用的地面线段上交互该段荷载的个数,在对应的荷载表中输入附加荷载的作用位置和大小。

注意:如果为均布荷载需要将该均布荷载先按不同的滑块分成多个局部均布荷载,然后在不同的条块上分别取合力及作用点位置。

(3) 滑动面

选择【滑动面】标签,程序将显示如图 11-12 所示的输入对话框界面。在该对话框界面中主要需要输入参数信息,每一个参数理正均有提示。下面主要介绍几个关键参数的输入。

① 滑面线段数:"9"。按勘察资料以及实际地质情况选择。

② 滑面线起始点标高:"0.00"。该参数为滑面线最下端一点的相对标高。

③ 黏聚力和摩擦角:"10"、"20"。注意取用时尽量是滑裂面或带上取样做出的试验

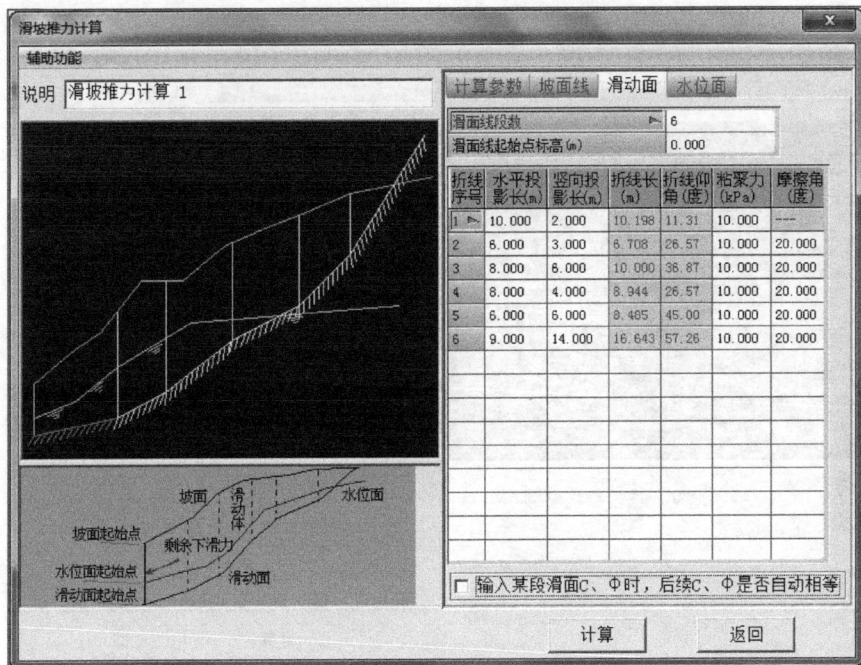

图 11-12　滑动面显示界面

值，如果选用上部土层或下部土层的参数值都会不准确。

④ 输入某段滑 c、φ 时，后续 c、φ 是否自动相等：如要一次修改所有滑面上的 c、φ，则勾选后改第一行的 c、φ 即可。

（4）水位面

选择【水位面】标签，程序将显示如图 11-13 所示的输入对话框界面。在该对话框界面中主要需要输入参数信息，每一个参数理正均有提示。下面主要介绍几个关键参数的输入。

① 水面线段数："4"。按勘察资料以及实际地质情况选择。

② 水面线起始点标高："0.00"。该参数为水面线最下端一点的相对标高。如果该坡面没有水，将此标高定在滑动面以下即可。

完成以上 4 步操作，一个滑坡推力模型已经建立完成，点击【计算】命令，程序将按照设计人员提交的控制参数信息开始计算滑坡推力。

（5）计算结果查询

计算结果查询界面分为左右两个窗口，左侧窗口用于查询剩余下滑力曲线，为了下一步进行抗滑桩设计，要在结果查询窗口查询两个需要的信息：

① 通过剩余下滑力曲线找到最大下滑力位置，综合考虑设置抗滑桩的位置。

（a）滑体的上部，滑动面陡，拉张裂隙多，不宜设桩；

（b）中部滑动面往往较深且下滑力大，亦不宜设桩；

（c）下部滑动面较缓，下滑力较小的地段，是较好的设桩位置；

（d）对地质条件简单的中小型滑坡，宜在滑体前缘设一排抗滑桩；

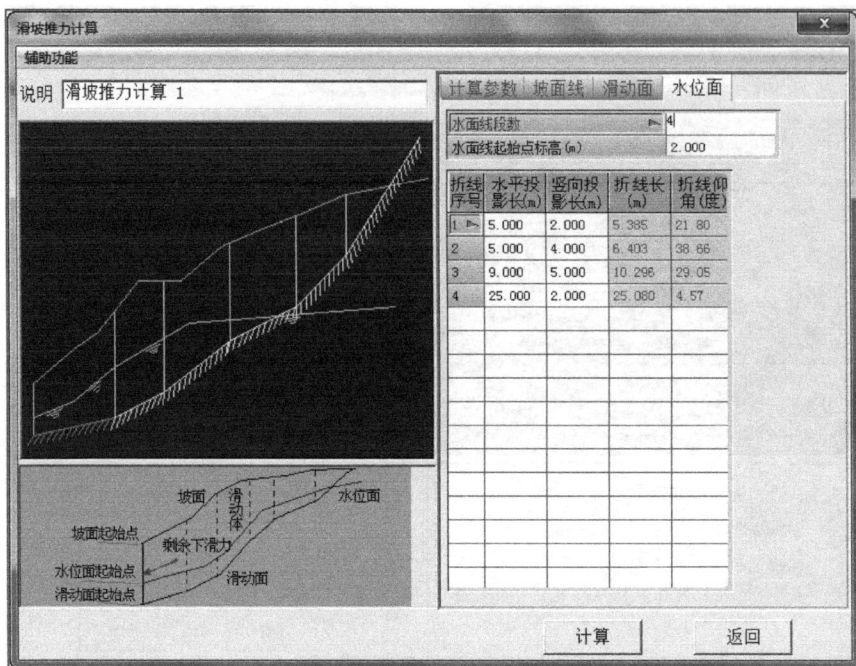

图 11-13　水位面显示界面

（e）对于轴向很长的多级滑动或推力很大的滑坡，宜设两排或三排抗滑桩分级治理，也可采用上部抗滑桩下部挡土墙联合防治。

② 查询抗滑桩所处的模块上由上一模块传递过来的剩余下滑力。

（a）剩余下滑力传递系数：与滑面和水平面的夹角以及滑面处的内摩擦角有关；

（b）剩余下滑力角度：与水平面的夹角，逆时针为正。

就本例而言，通过剩余下滑力曲线发现第 5 个模块所受剩余下滑力最大，最大值为 1717.375kN。如图 11-14 所示。

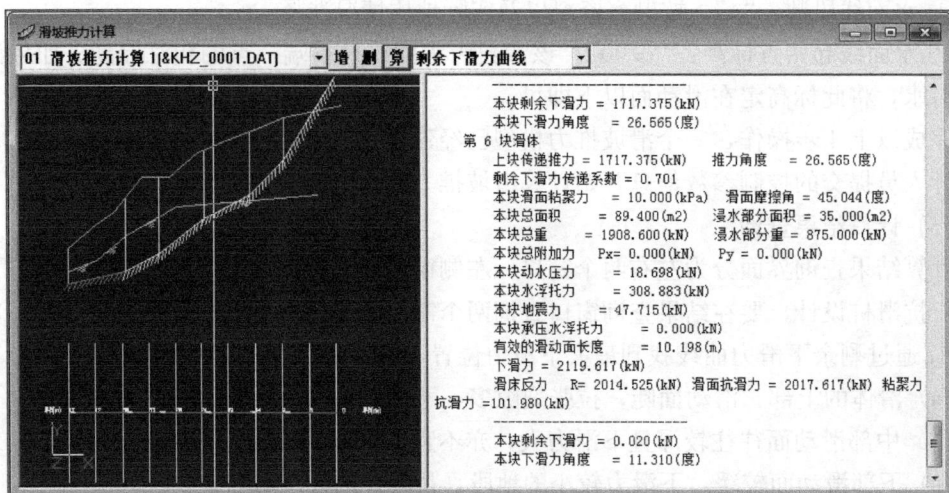

图 11-14　结果查询窗口

11.4.2 抗滑桩的设计

在抗滑桩计算项目选择界面点击【抗滑桩】＞【确认】后进入抗滑桩计算界面。抗滑桩设计显示界面对话框一共包括四个标签，分别对应抗滑桩设计的四个方面的分析设计参数。下面分别对各个标签下属的参数输入作以说明。

(1) 墙身尺寸

选择【墙身尺寸】标签，程序将显示如图 11-15 所示的输入对话框界面。在该对话框界面中主要需要输入参数信息，下面主要介绍几个关键参数的输入。

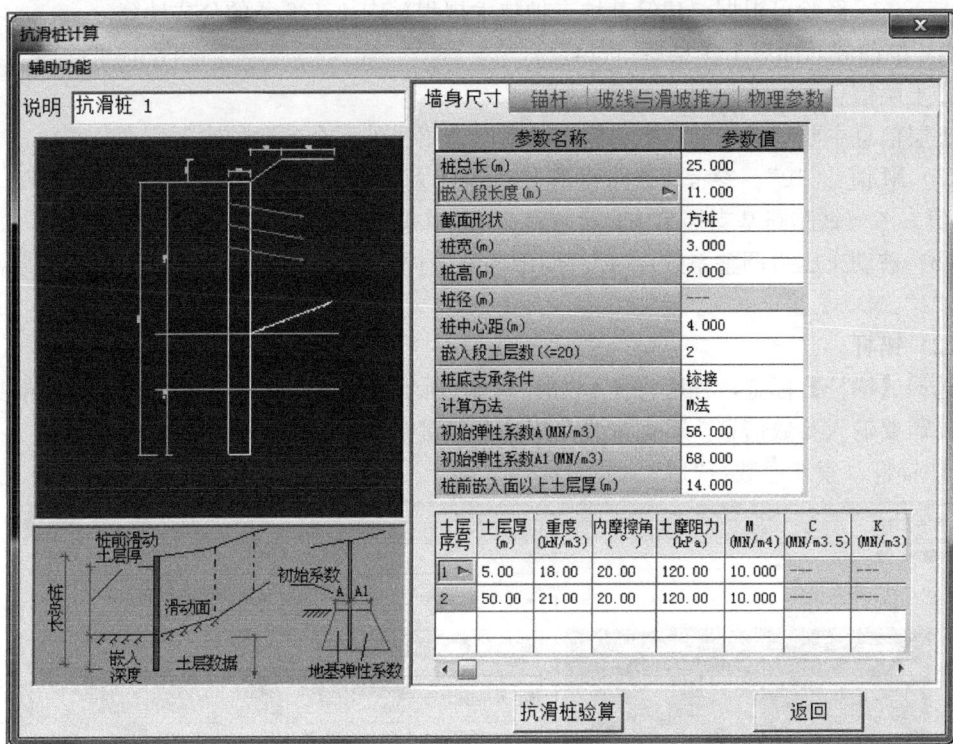

图 11-15　墙身尺寸显示界面

① 墙身信息

(a) 桩总长："25"。

(b) 嵌入段长度："11"。桩嵌入滑面以下稳定土层内的适宜锚固深度。

(c) 桩宽："3"。

(d) 桩高："2"。

(e) 桩中心距："4"。

(f) 嵌入段土层数："2"。

(g) 桩底支承条件："铰接"。常用"自由支撑"和"铰接支撑"。当锚固土层为土体、松软破裂岩石时，采用自由支撑；当桩底岩层完整、较上部土体坚硬、但嵌入不深时再用铰接支撑。

(h) 计算方法："m 法"。包括 m 法、c 法、K 法三种选择。一般，黏性土选择 m 法，坚硬的土或岩石选择 K 法。

（i）初始弹性系数 A 和 A_1："56"、"68"。桩前和桩后滑面处弹性抗力系数，应根据滑面埋深和土质情况确定。

$$A = h \times m \tag{11-17}$$

$$A_1 = h_1 \times m \tag{11-18}$$

式中　h ——桩前上部覆土厚度；

　　　h_1 ——桩前上部覆土厚度；

　　　m ——上部覆土的水平抗力系数的比例系数，由用户根据经验或试验获得，如无经验可根据《建筑基坑支护技术规程》中 4.1.6 条的公式计算。

（j）桩前嵌入面以上土层厚："14"。

②土层信息

土层信息主要参数按勘察资料输入，下面介绍另外两个参数的输入：

（a）M 值："10"。参考《铁路路基支挡结构设计规范》TB 10025—2006 附表 B.0.3；"K"值参考《铁路路基支挡结构设计规范》TB 10025—2006 附表 B.0.1。

（b）被动土压力调整系数："1"。用于调整嵌固段下各土层被动土压力计算结果，默认为"1"。

(2) 锚杆

选择【锚杆】标签，程序将显示如图 11-16 所示的输入对话框界面。在该对话框界面中主要需要输入参数信息，下面主要介绍几个关键参数的输入。

① 锚杆（索）道数："1"。

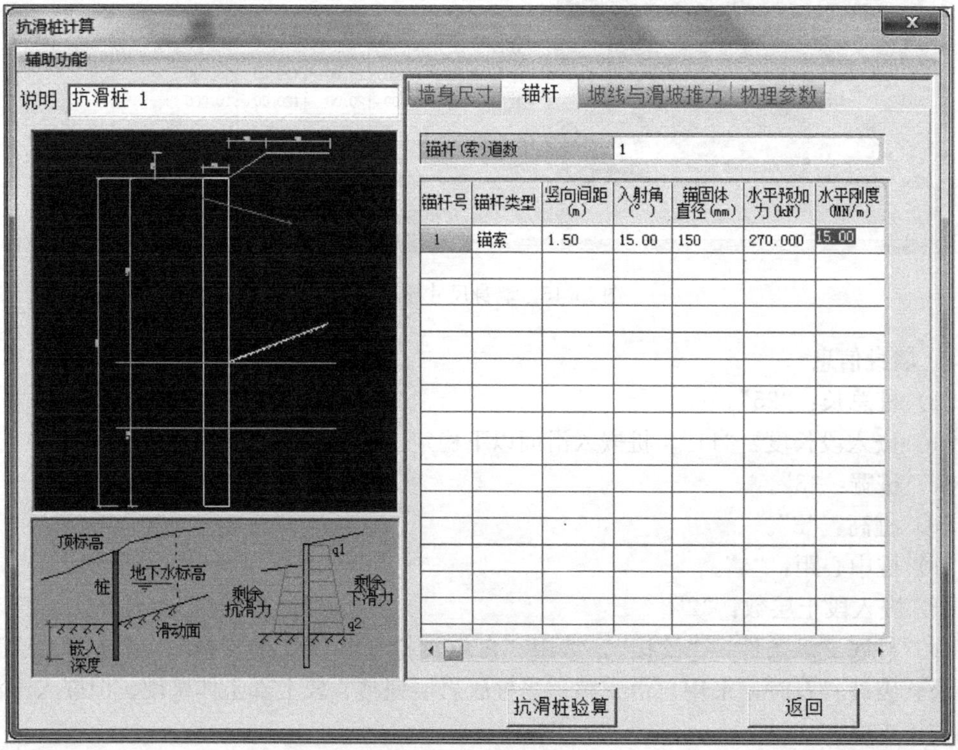

图 11-16　锚杆显示界面

② 竖向间距："1.5"。此处设置一道锚索，所以此处为锚索距离桩顶的距离。如锚索数大于1，此值参考《滑坡防治工程设计与施工技术规范》DZ/T 0219—2006。

③ 锚杆类型："锚索"。有"锚杆"和"锚索"两种选择。

④ 入射角："15"。应该大于11°。参见《滑坡防治工程设计与施工技术规范》DZ/T 0219—2006。

⑤ 锚固体直径："150"。参见《滑坡防治工程设计与施工技术规范》DZ/T 0219—2006。

⑥ 水平预加力："270"。

（a）锚杆预加力值（锁定值）应根据底层条件及支护结构变形要求确定，宜取为锚杆轴向受拉承载力设计值的 0.50～0.65 倍。参考《建筑边坡工程技术规范》GB 50330—2013。

（b）按无预加力计算一次，得到锚杆的轴向受拉承载力设计值，预加力取其 0.50～0.65 倍。

注意：施加预加力，主要是控制变形，不能缩短锚杆和锚索的长度。

⑦ 水平刚度："15"。

（a）试验方法；

（b）用户根据经验输入；

（c）公式计算，参考《建筑边坡工程技术规范》GB 50330—2013；

（d）软件计算，具体做法是先凭经验假定一个值，然后进行内力计算，锚杆计算得到一个刚度值，系统可自动返回到计算条件中再算，通过几次迭代计算，直到两个值接近，一般迭代 2～3 次即可。

⑧ 筋浆强度："2100"。

钢筋与锚固砂浆间的粘结强度设计值，用于计算锚杆的锚固长度；试验确定，无试验值时，取经验值。也可按《建筑边坡工程技术规范》GB 50330—2013 表 7.2.4 取值。

(3) 坡线与滑坡推力

选择【坡线与滑坡推力】标签，程序将显示如图 11-17 所示的输入对话框界面。在该对话框界面中主要需要输入参数信息，下面主要介绍几个关键参数的输入。

① 坡面线段数："2"。墙后填土的坡面形式。具体的坡线形式在下方输入。如图 11-18 所示。

② 地面横坡角度："25"。土楔体计算时破裂面的起始角度，即只有横坡角以上土体才产生土压力的作用。地面横坡角度一般为岩石的坡度，当挡土墙后都为土体时可取 0，即按土压力最大情况考虑。本例题输入"25"。

③ 填土对横坡面的摩擦角："15"。当破裂角位于桩背与地面横坡面之间时，计算土压力用墙后填土内摩擦角，当破裂角位于地面横坡面时，计算土压力用此值。宜根据试验确定，当无试验资料时，黏性土与粉土可取 0.33φ，砂性土与碎石土可取 0.5φ。本例题输入"15"。

④ 墙顶标高："0"。作用是定地下水位的位置。

⑤ 挡墙背侧和面侧常年水位标高：当【物理参数】标签下的抗滑桩类型选择"浸水类型"时需要输入水位标高。

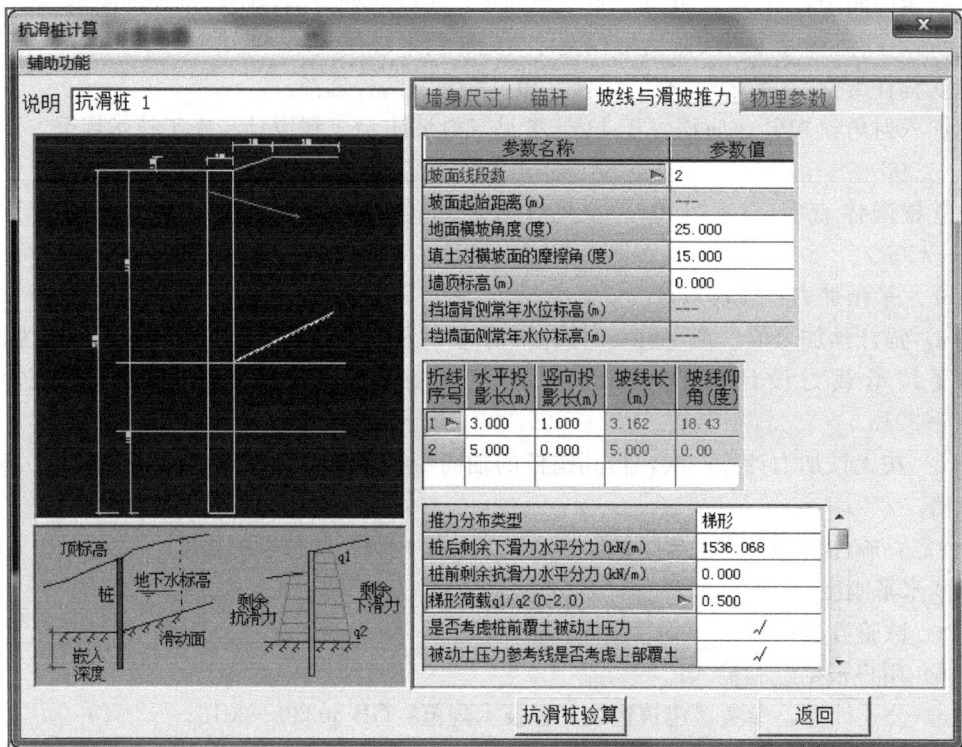

图 11-17　坡线与滑坡推力显示界面

图 11-18　坡线形式显示界面

⑥ 推力分布类型："梯形"。有三种形式供用户选择：

（a）矩形：液性指数较小，刚度较大和较密实的滑体，从顶层至底层的滑动速度大体一致；

（b）三角形：液性指数较大、刚度较小和密实度不均匀的塑性滑体，靠近滑面的滑动速度较大而滑体表层的滑动速度较小；

（c）梯形：介于上述二者之间。

⑦ 桩后剩余下滑力水平分力："1536.068"。交互"滑坡推力"模块计算出的剩余下滑力水平分力。即 $1717.375 \times \cos26.565° = 1536.068$kN。程序会根据此值和推力分布类型计算出单桩所受的水平推力，从而计算单桩的内力和位移。

⑧ 桩前剩余抗滑力水平分力："900"。滑动面以上桩前的滑体抗力，可由极限平衡时滑坡推力曲线或桩前被动土压力确定，设计时选用其中小值。当桩前滑坡体可能滑动时，不应计及其抗力。参考《铁路路基支挡结构设计规范》10.2.5 所示。

注意：（a）如果抗滑桩在最后一个滑块前面，即桩前无土，此时桩前剩余抗滑力取 0，此时最保守。

（b）如果抗滑桩的位置在倒数第二个滑块，让最后一个滑块的剩余下滑力为 0，抗滑桩所挡滑块的剩余下滑力即为极限平衡状态下的滑坡推力。

（c）如果用户想输入此值，建议求出桩前被动土压力乘以 0.3~0.5 的折减系数。因为剩余下滑力为 0 这种情况很难满足。

此处按第三种情况计算出桩前被动土压力为 1800kN/m。1800kN/m × 0.5 = 900kN/m。

⑨ 梯形荷载 q_1/q_2："0.5"。当推力为梯形分布时，上面与下面分布推力的比值。

⑩ 是否考虑桩前覆土被动土压力："是"。只影响库仑土压力结果的内力和位移，不影响滑坡推力工况的结果。

（a）当按滑坡的剩余下滑力计算时，无论选择与否都不会影响滑坡推力的计算结果；如果用户想考虑此值的影响，需计算出桩前的被动土压力乘以折减系数后填入到【桩前剩余抗滑力水平分力】里。

（b）当按土压力计算时，软件会按朗肯土压力计算桩前覆土被动土压力，被动土压力分布在桩前覆土厚度范围内。

⑪ 被动土压力参考线是否考虑上部覆土："是"。

（a）被动土压力参考线即计算结果里土反力结果图中的红线；该图中的白线为土反力。

（b）一般要求计算出来的土反力不能超过被动土压力，如果超过，需自己调整。

⑫ 桩前覆土重度、内摩擦角、黏聚力："18"、"15"、"20"。

⑬ 桩前覆土被动土压力调整系数："0.5"。在考虑桩前覆土被动土压力时，用于调整桩前地面以上覆土的被动土压力的值。

（4）物理参数

选择【物理参数】标签，程序将显示如图 11-19 所示的输入对话框界面。在该对话框

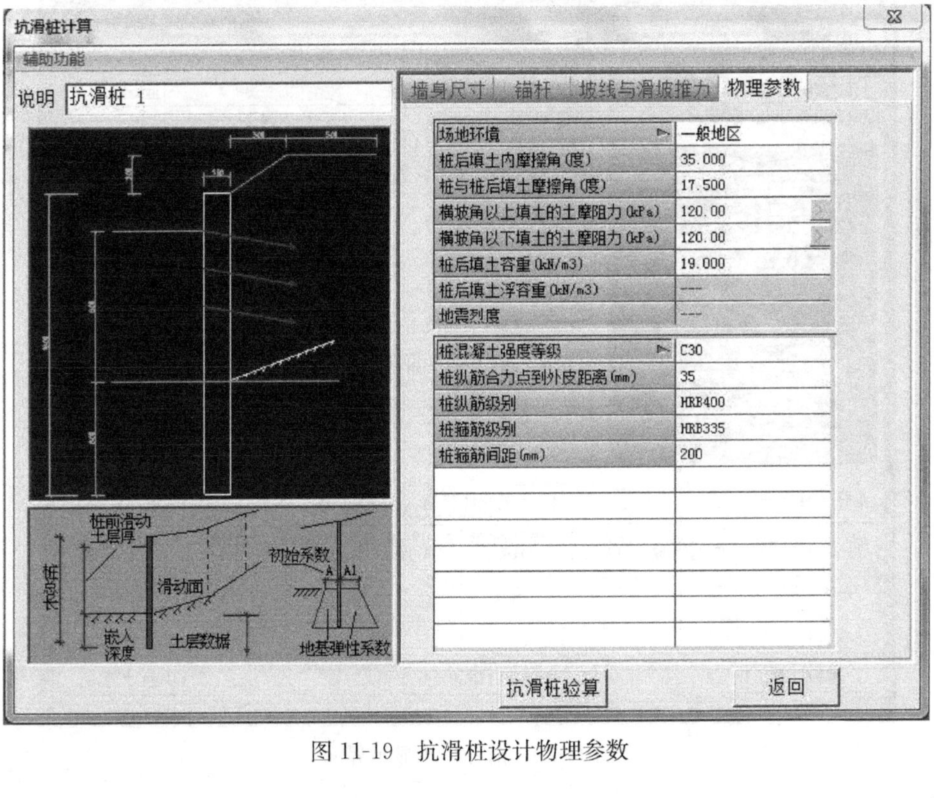

图 11-19　抗滑桩设计物理参数

界面中主要需要输入参数信息，下面主要介绍几个关键参数的输入。

① 场地环境："一般地区"。有"一般地区"、"浸水地区"、"抗震地区"、"抗震浸水地区"四种选择。

② 桩后填土内摩擦角："35"。

③ 桩与桩后填土摩擦角："17.5"。一般取桩后土体的摩擦角的 1/3～1/2。

④ 横坡角以上和以下填土的土摩阻力："150"。填土与锚杆的粘结强度值；按理正提示选择或参见《建筑边坡工程技术规范》GB 50330—2013。

⑤ 桩后填土容重："19"。

⑥ 桩混凝土强度等级："C30"。桩身混凝土的强度宜采用 C20、C25 或 C30。参考《滑坡防治工程设计与施工技术规范》DZ/T 0219—2006。

⑦ 桩纵筋合力点到外皮距离："35"。配筋计算参数，不是保护层厚度。

⑧ 桩箍筋间距："200"。小于 500。参考《滑坡防治工程设计与施工技术规范》DZ/T 0219—2006。

(5) 锚杆计算

完成以上 4 步操作后，点击【抗滑桩验算】命令，程序将显示如图 11-20 所示的输入对话框界面。在该对话框界面中主要需要输入参数信息，下面主要介绍几个关键参数的输入。

① 自由长度计算

（a）嵌入点到土压力零点："1"。

（b）土体破裂角采用值："62.5"。

② 锚杆参数

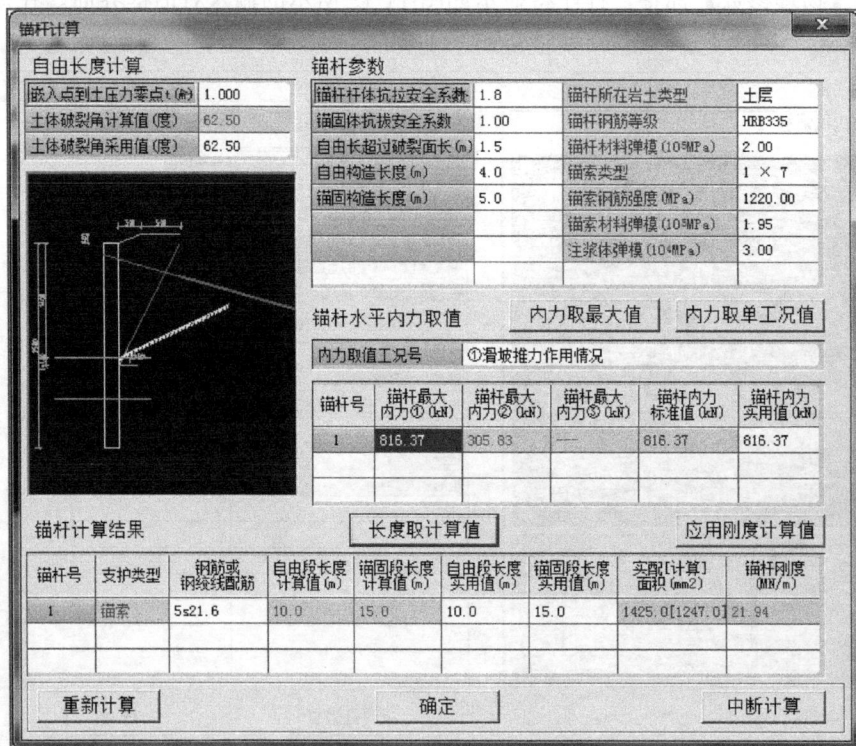

图 11-20　锚杆计算显示界面

该部分的参数理正软件均有提示，这里不再赘述。

③ 锚杆水平内力取值

水平内力计算值包括：滑坡推力作用情况；库仑土压力作用情况。软件计算出来的内力标准值在下方的表格中显示，计算值可取单工况结果，也可取各工况内力最大值。表中锚杆内力实用值＝锚杆最大内力×锚杆荷载分项系数，用来计算锚杆配筋。

④ 锚杆计算结果

锚杆的计算结果包括：锚杆的配筋、自由段和锚固段的长度、锚杆刚度。计算结果采用图 11-20 中的锚杆内力实用值计算，用户也可交互输入，但必须满足软件计算的最低要求。

注意：当用户修改了锚杆内力实用值后，需点击【重新计算】命令进行重新配筋。

【应用刚度计算值】：该命令的作用是将软件计算出的锚杆刚度反代回【锚杆】标签中的锚杆刚度，来重新计算配筋。具体操作如下：

点击【应用刚度计算值】＞【是】＞【中断计算】后如 11-21 所示，反复迭代直到该数值收敛。

图 11-21 锚杆刚度计算界面

(6) 计算结果查询界面

完成以上 5 步操作，点击【确定】命令后开始计算。计算结果包括：计算简图、滑坡推力作用结果、库仑土压力作用结果、锚杆计算结果。如图 11-22 所示。

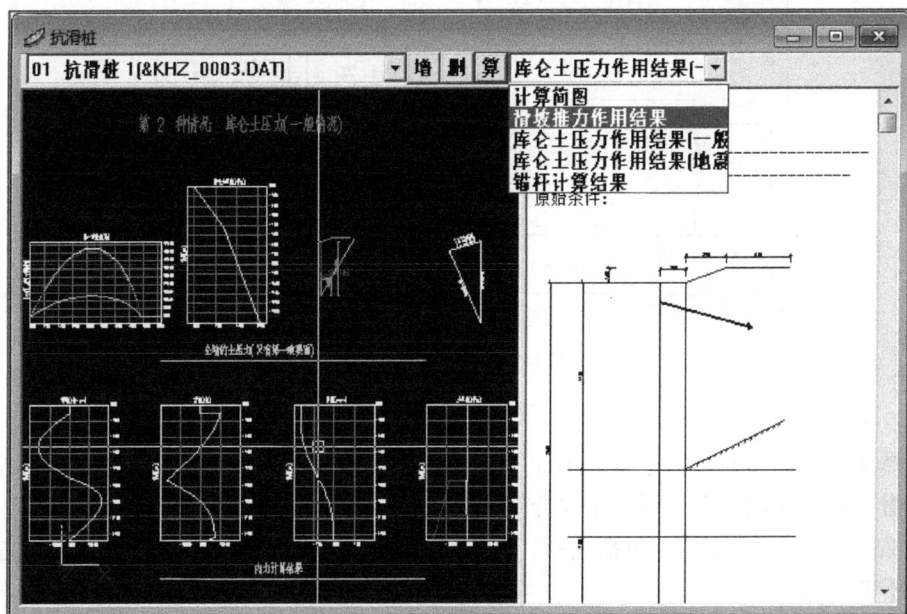

图 11-22 计算结果显示界面

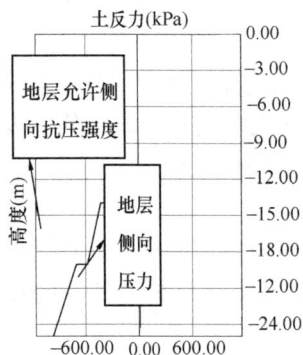

图 11-23　土反力曲线

图 11-23 为计算结果中土反力，该曲线包括两个曲线。

① 地层允许侧向抗压强度：经典法计算的土体提供的被动土压力参考线。【坡线与滑坡推力】标签中"被动土压力参考线是否考虑上部覆土"是影响该曲线的主要因素。

② 地层侧向压力：弹性法根据桩位移计算的土弹簧的反力，即弹簧的刚度系数与桩位移的乘积。影响该曲线的因素主要包括：

（a）初始弹性系数 A、A_1；

（b）是否考虑桩前覆土的被动土压力；

（c）嵌固深度内土的参数；

（d）桩前覆土厚度以及覆土的性质；

（e）桩的形式以及桩长等。

总之，如果位移和土反力变化，则该曲线发生变化。

11.4.3　抗滑桩综合分析

图 11-24 是抗滑桩综合分析模块的建模流程图。在抗滑桩计算项目选择界面点击【抗滑桩综合分析】＞【确认】后进入抗滑桩综合分析界面，如图 11-25 所示。抗滑桩综合分析显示界面对话框一共包括八个标签，分别对应抗滑桩综合分析的八个方面的分析设计参数。下面分别对各个标签下属的参数输入作以说明。

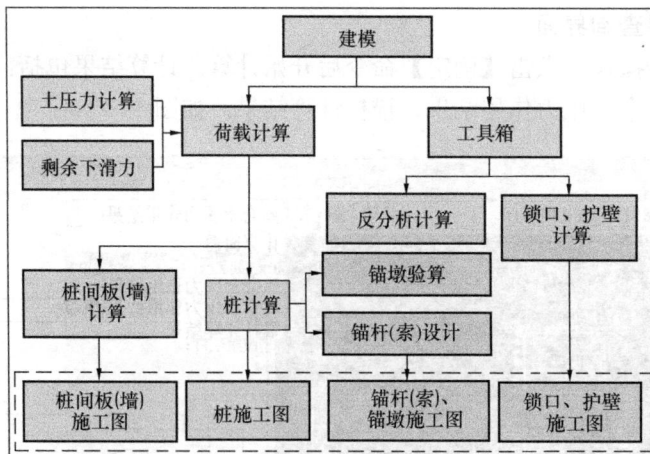

图 11-24　建模流程图

（1）基本参数

选择【基本】标签，程序将显示如图 11-25 所示的输入对话框界面。在该对话框界面中主要需要输入参数信息，下面主要介绍几个关键参数的输入。

① 路基形式："路堤"。包括路堑：指桩前为铁路，可以考虑工况；路堤：指桩后为铁路，不考虑工况。

② 地区类型："一般地区"。包括一般地区、浸水地区、一般抗震地区、浸水抗震地

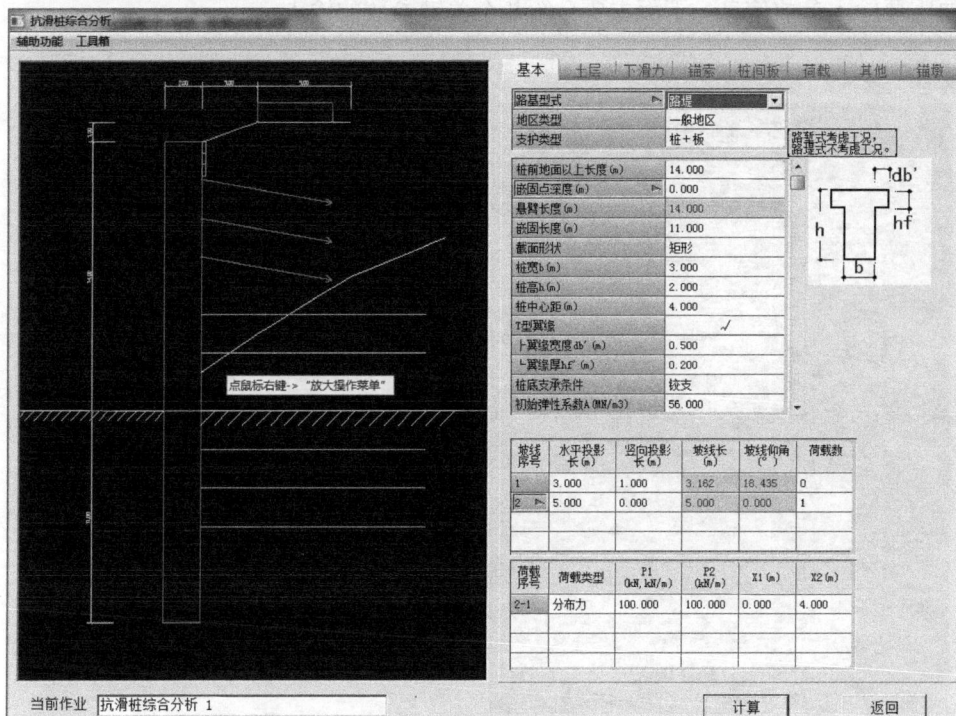

图 11-25　基本参数显示界面

区四种地区类型，选择地震类型时需在【其他信息】标签中交互地震信息参数。

③ 支护类型："桩＋板"。包括桩＋墙、桩＋板两种支护类型。

④ 桩前地面以上长度："14"。

⑤ 嵌固点深度："0"。

⑥ 悬臂长度："14"。悬臂长度＝桩前地面以上长度＋嵌固点深度。

⑦ 截面形状："矩形"。包括矩形和圆形两种选择。

⑧ 桩宽、桩高和桩中心距："3"、"2" 和 "4"。

⑨ T形翼缘："√"。当支护类型选择 "桩＋板" 时，可设置 T 形翼缘。图形在右侧显示。

⑩ 桩底支承条件："铰接"。桩底支承条件："铰接"。常用 "自由支承" 和 "铰接支承"。当锚固土层为土体、松软破裂岩石时，采用自由支承；当桩底岩层完整、较上不土体坚硬、但嵌入不深时在用铰接支承。

⑪ 初始弹性系数 A 和 A_1："56"、"68"。桩前和桩后滑面处弹性抗力系数，应根据滑面埋深和土质情况确定。计算方法参见式（11-17）、式（11-18）。

⑫ 坡线数："2"。墙后填土的坡面形式。

⑬ 荷载："分布力"。包括集中力和分布力，由 P_1 和 P_2 控制大小，X_1 和 X_2 控制位置。

（2）土层信息

选择【土层】标签，程序将显示如图 11-26 所示的输入对话框界面。在该对话框界面中主要需要输入参数信息，下面主要介绍几个关键参数的输入。

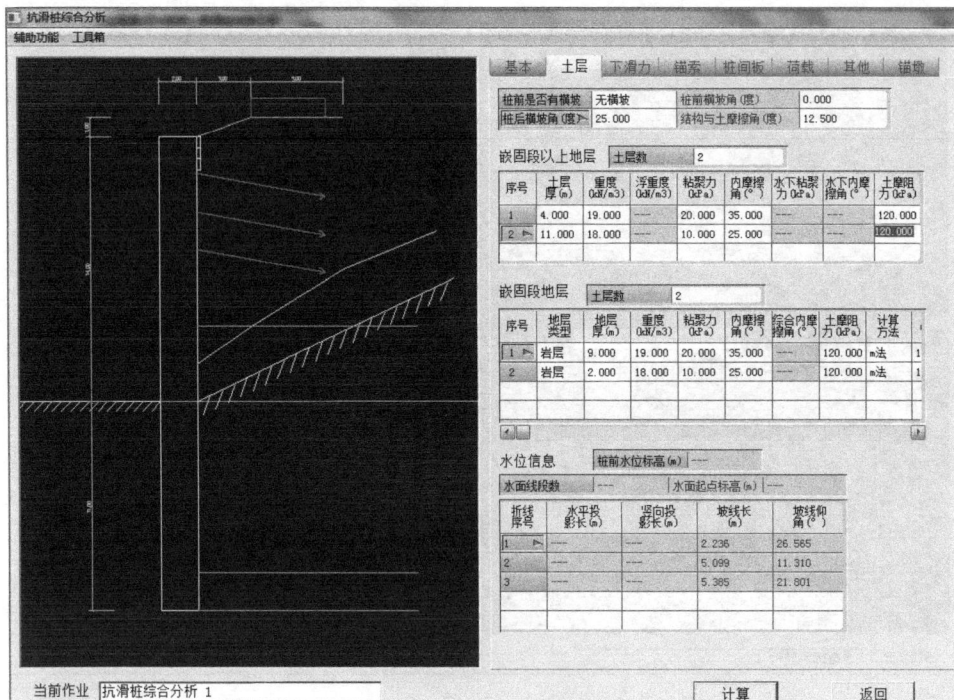

图 11-26　土层显示界面

① 桩前是否有横坡："无横坡"。参考《铁路路基支挡结构设计规范》TB 10025—2006，选"无横坡"时，为地面无横坡或横坡较小的情况，此时仅影响绘图；选"横坡较大"时，即为地面横坡较大的情况，对绘图和横向地基承载力均有影响，需输入综合内摩擦角。

② 桩前桩后地面横坡角："0"、"25"。逆时针为正。

③ 结构与土摩擦角："12.5"。桩、板与土的摩擦角，用于桩、板后的主动土压力计算；

④ 嵌固段以上土层数："2"。从嵌固面处算起，下面的是第一层，依次往上；土层的基本信息在下方的表中输入。需要注意的是：当【地区类型】选择了"浸水地区"时，需要在土层信息中输入"浮重度"、"水下黏聚力"和"水下内摩擦角"。

⑤ 嵌固段地层数："1"。从嵌固面处算起，上面的是第一层，依次往下；地层信息在下表中输入。下面介绍关键参数的输入：

（a）地层类型："岩层"。包括岩层和土层两种选择。

（b）土摩阻力："150"。参考《建筑边坡工程技术规范》。

（c）计算方法："m"。包括 m 法、c 法、K 法三种选择。一般，黏性土选择 m 法，坚硬的土或岩石选择 K 法。

（d）m、c、K 值："10"。"m" 参考《铁路路基支挡结构设计规范》TB 10025—2006 附表 B2、《铁路桥涵地基和基础设计规范》TB 10093—2017 表 D.0.2-1、《建筑桩基技术规范》JGJ 94—2008 表 5.7.5；"c" 值参考《铁路工程设计技术手册》、《铁路桥涵地基和基础设计规范》TB 10093—2017 表 D.0.2-2、《建筑桩基技术规范》JGJ 94—2008 表 C.0.2；"K"值参考《弹性地基梁及矩形板计算》（中国船舶工业总公司第九设计研究院，国防工业出版社，1983）表 12-2-1 及附录 A。

（e）承载力："500"。地基土的竖向承载力。

（f）K_h："0.5"。水平方向的换算系数，取值 0.5～1.0。

（g）η："0.3"。换算系数，根据岩层的裂隙、风化及软化程度，可采用 0.3～0.45。

（h）R："10"。岩石单轴极限抗压强度。

⑥水位信息：当【地区类型】选择"浸水地区"时，需要在此处输入水位信息。

(3) 下滑力

选择【下滑力】标签，程序将显示如图 11-27 所示的输入对话框界面。在该对话框界面中主要需要输入参数信息，下面主要介绍几个关键参数的输入。

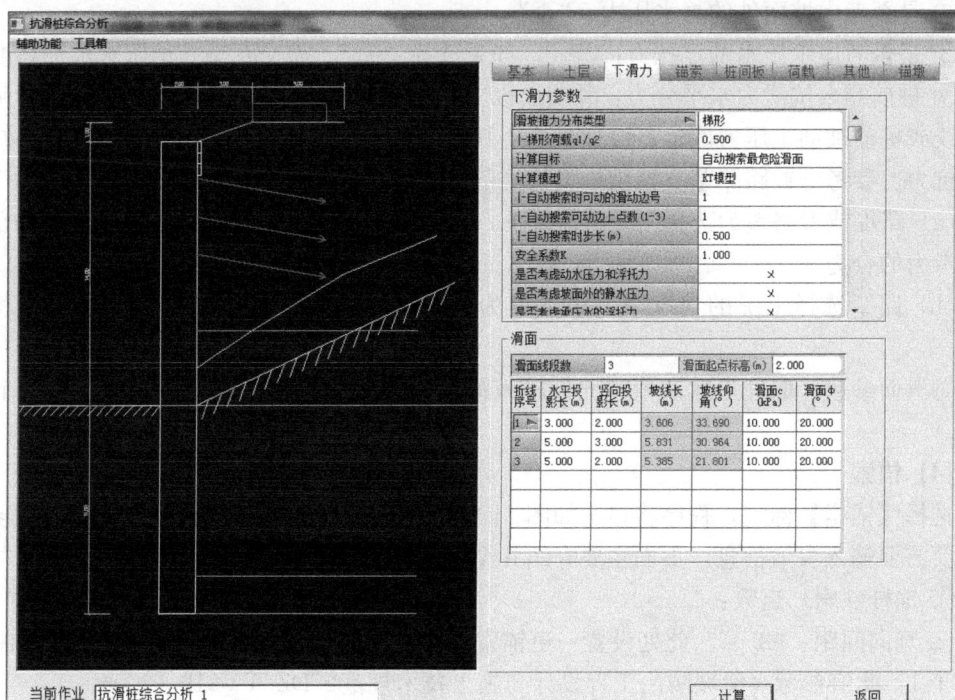

图 11-27 下滑力显示界面

① 滑坡推力分布类型："梯形"。有三种形式供用户选择：

（a）矩形：液性指数较小，刚度较大和较密实的滑体，从顶层至底层的滑动速度是大体一致；

（b）三角形：液性指数较大、刚度较小和密实度不均匀的塑性滑体，靠近滑面的滑动速度较大而滑体表层的滑动速度较小；

（c）梯形：介于上述二者之间。

② 梯形荷载 q_1/q_2："0.5"。当推力为梯形分布时，上面与下面分布推力的比值。

③ 计算模型："KT"。参考《水利水电工程边坡设计规范》。包括两种选择：

（a）KT 法：即显式解法，做了一定简化，只将下滑力乘以一个安全系数；

（b）R/K 法：即隐式解法，将安全系数隐于抗剪强度指标和传递系数中，通过迭代求解。

④ 计算目标："自动搜索最危险滑面"。包括两种选择：自动搜索最危险滑面和指定滑面计算推力。

（a）自动搜索时可动的滑动边号："1"。该数值不大于滑面数。

（b）自动搜索时可动边上点数："1"。自动搜索指定边最危险滑面时，指定边划分土条的依据。

（c）自动搜索时步长："0.5"。数值越大，误差越大，通常取 0.5。

⑤ 安全系数："1"。

⑥ 是否考虑动水压力和浮托力："否"。如果选择"是"，需交互输入滑体土的孔隙度。

⑦ 是否考虑坡面外的静水压力："否"。

⑧ 是否考虑承压水的浮托力："否"。如果选择"是"，需交互输入承压水水头高度。

⑨ 桩前剩余抗滑力水平分力：滑动面以上桩前的滑体抗力，可由极限平衡时滑坡推力曲线或桩前被动土压力确定，设计时选用其中小值。当桩前滑坡体可能滑动时，不应计及其抗力。参考《铁路路基支挡结构设计规范》TB 10025—2006 第 10.2.5 条。

（a）路堤或者路堑为选择工况的情况下，该数值为设计路面到嵌固点范围内分布的剩余抗滑力的合力。

（b）路堑选择工况的情况下，该数值为桩顶到嵌固点范围内分布的剩余抗滑力的合力。

⑩滑面参数：取理正默认值。此处输入潜在滑面的相关参数，设计者根据实际情况输入。

（4）锚索

选择【锚索】标签，程序将显示如图 11-28 所示的输入对话框界面。在该对话框界面中主要需要输入参数信息，下面主要介绍几个关键参数的输入。

① 锚杆（索）道数："1"。

② 竖向间距："2.0"。此处设置一道锚索，所以此处为锚索距离桩顶的距离。如锚索数大于 1，此值参考《滑坡防治工程设计与施工技术规范》DZ/T 0219—2006。

③ 锚杆类型："锚索"。有"锚杆"和"锚索"两种选择。

④ 入射角："15"。应该大于 11°。参见《滑坡防治工程设计与施工技术规范》DZ/T 0219—2006。

⑤ 锚固体直径："150"。参见《滑坡防治工程设计与施工技术规范》DZ/T 0219—2006。

⑥ 水平预加力："270"。

（a）锚杆预加力值（锁定值）应根据底层条件及支护结构变形要求确定，宜取为锚杆轴向受拉承载力设计值的 0.50～0.65 倍。参考《建筑边坡工程技术规范》GB 50330—2013。

（b）按无预加力计算一次，得到锚杆的轴向受拉承载力设计值，预加力取其 0.50～0.65 倍。

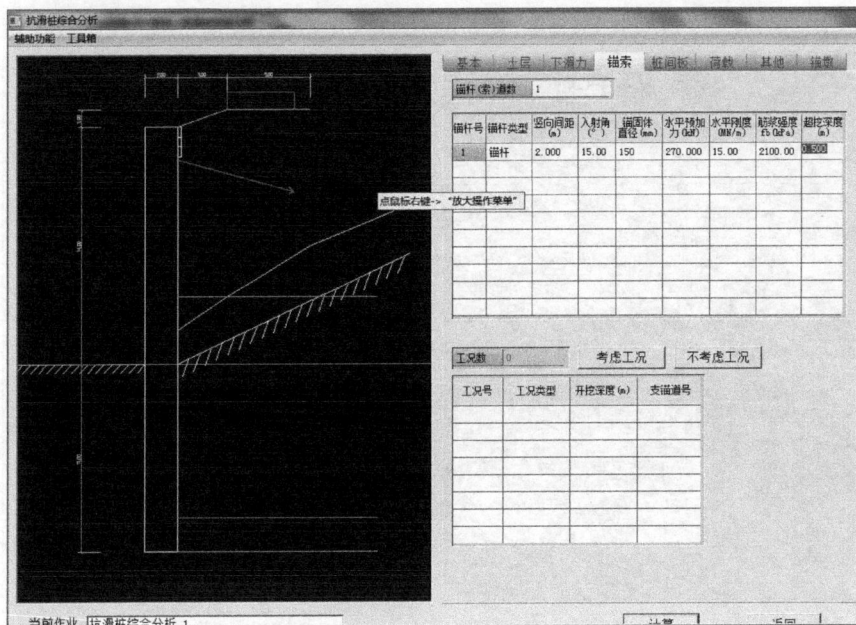

图 11-28　锚索显示界面

注意：施加预加力，主要是控制变形，不能缩短锚杆和锚索的长度。

⑦ 水平刚度："15"。

（a）试验方法；

（b）用户根据经验输入；

（c）公式计算，参考《建筑边坡工程技术规范》GB 50330—2013；

（d）软件计算，具体做法是先凭经验假定一个值，然后进行内力计算，锚杆计算得到一个刚度值，系统可自动返回到计算条件中再算，通过几次迭代计算，直到两个值接近，一般迭代 2～3 次即可。

⑧ 筋浆强度："2100"。

钢筋与锚固砂浆间的粘结强度设计值，用于计算锚杆的锚固长度；试验确定，无试验值时，取经验值。也可按《建筑边坡工程技术规范》GB 50330—2013 表 7.2.4 取值；

⑨ 超挖深度："0.5"。

⑩ 工况参数：当选择"路堑"时，可考虑工况。

(5) 桩间板

选择【桩间板】标签，程序将显示如图 11-29 所示的输入对话框界面。在该对话框界面中主要需要输入参数信息，下面主要介绍几个关键参数的输入。

① 桩间板类型："直板"。

（a）直板：按简支板计算内力；

（b）弧板：两端简支和两端铰支。

② 桩间板的种类数："2"。

③ 板的搭接长度："0.5"。影响板的计算长度。

④ 板厚："200"、"300"。垂直于桩身方向的长度值。

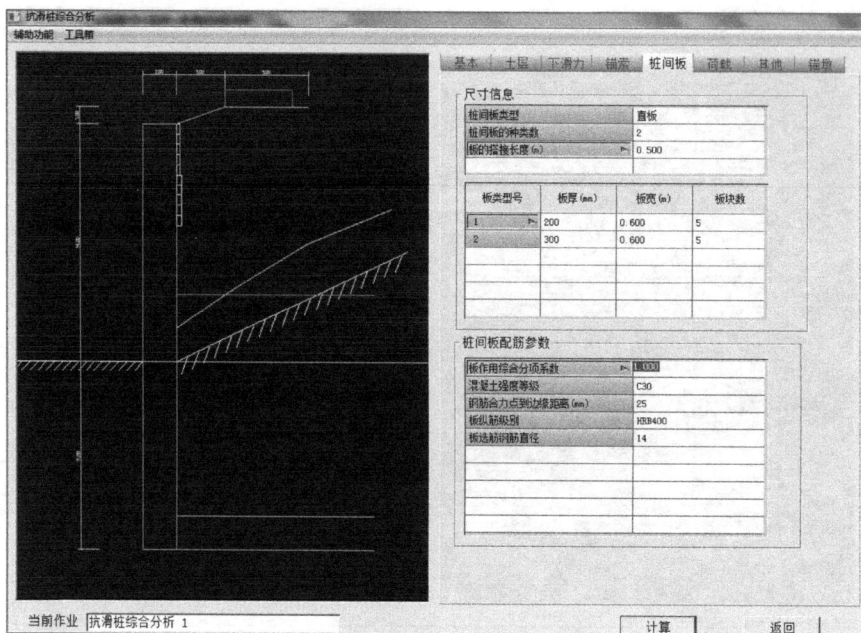

图 11-29　桩间板显示界面

⑤ 板宽："0.6"。为沿桩身方向的长度值。

⑥ 板块数："5"。

⑦ 桩间板配筋参数：取理正默认值。

(6) 荷载

选择【荷载】标签，程序将显示如图 11-30 所示的输入对话框界面。在该对话框界面

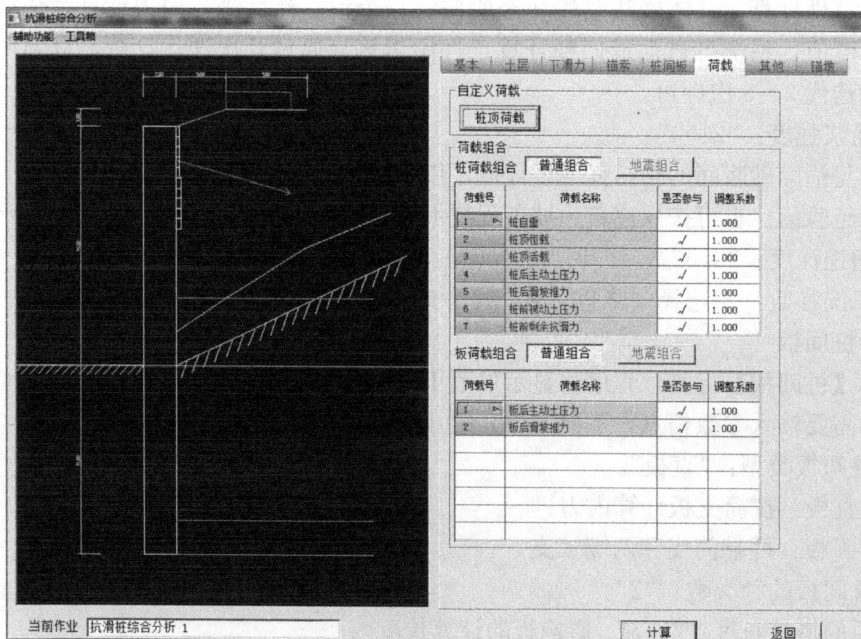

图 11-30　荷载显示界面

中主要需要输入参数信息，下面主要介绍几个关键参数的输入。

① 桩顶荷载：点击【桩顶荷载】命令，弹出如图 11-31 所示参数输入界面。可以输入的荷载信息包括：

(a) 荷载类型：活载和恒载；

(b) 荷载：集中力和集中弯矩。

②荷载组合：荷载组合包括普通组合和地震组合，每种荷载可选择是否参与计算及调整系数。

注意：滑坡推力组合，不考虑土压力的作用；土压力组合，不考虑滑坡推力的作用，所以，修改土压力调整系数，对滑坡推力组合计算结果无影响，反之亦然。

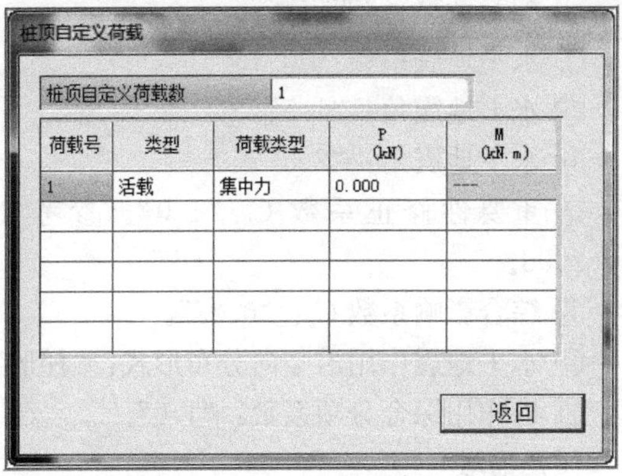

图 11-31　桩顶自定义荷载显示界面

(7) 其他

选择【其他】标签，程序将显示如图
11-32 所示的输入对话框界面。在该对话框界面中主要需要输入参数信息，下面主要介绍几个关键参数的输入。

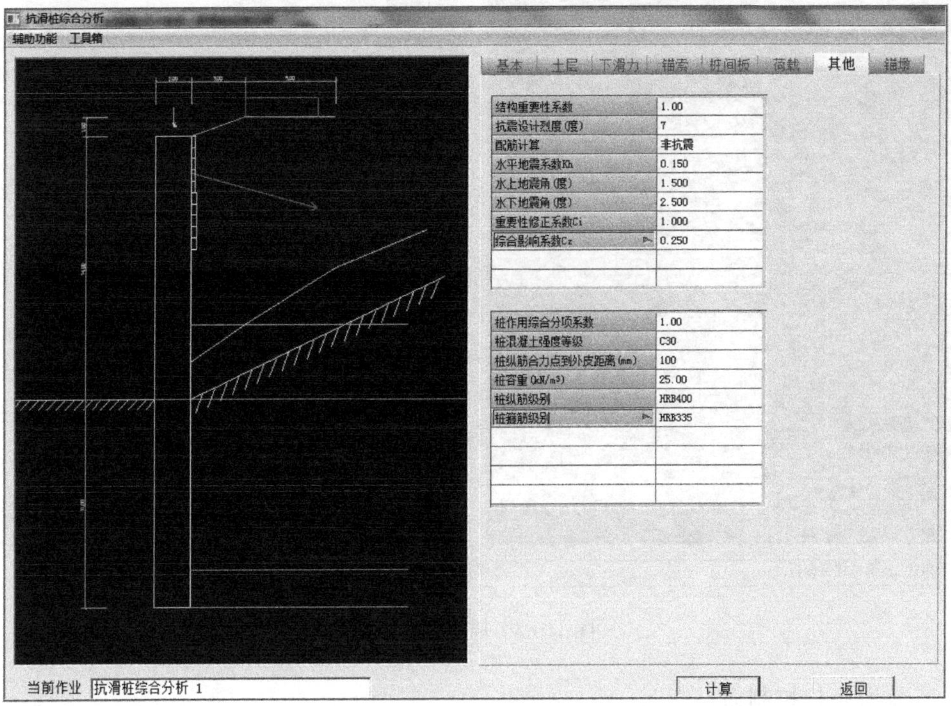

图 11-32　其他显示界面

① 结构重要性系数："1"。参考《建筑边坡工程技术规范》GB 50330—2002。

② 抗震设计烈度："7"。

③ 配筋计算："非抗震"。

④ 水平地震系数："0.15"。

⑤ 水上地震角："1.5"。

⑥ 水下地震角："2.5"。

⑦ 重要性修正系数 C_i："1.0"。参考《公路桥梁抗震设计细则》JTG/TB 02—01—2008。

⑧ 综合影响系数 C_z："0.25"。

⑨ 水平地震作用沿竖向分布形式："梯形"。

⑩ 桩作用综合分项系数："1.0"。

(8) 锚墩

选择【锚墩】标签，程序将显示如图 11-33 所示的输入对话框界面。在该对话框界面中主要需要输入参数信息，下面主要介绍几个关键参数的输入。

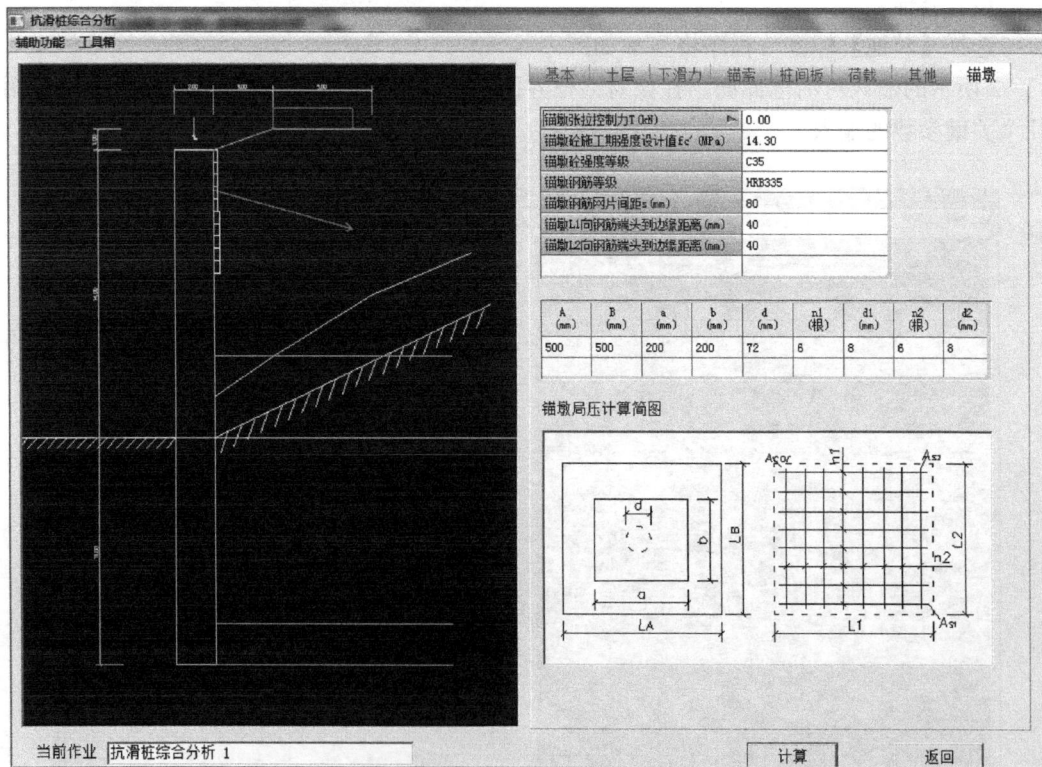

图 11-33　锚墩显示界面

① 锚墩张拉控制力："0"。

② 锚墩混凝土施工期强度设计值："14.3"。

(9) 锚杆计算

完成以上 8 步操作后，点击【抗滑桩验算】命令，程序将显示如图 11-34 所示的输入对话框界面。在该对话框界面中主要需要输入参数信息，相关参数的输入参考图 11-20

【锚杆计算】部分。

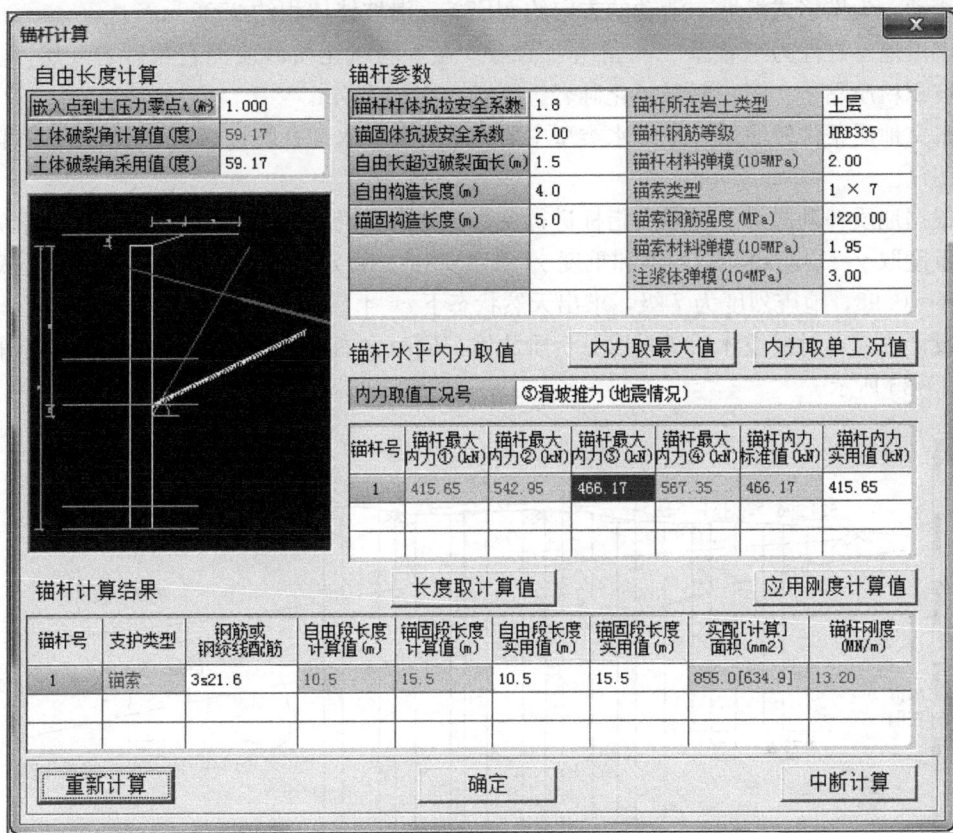

图 11-34　锚杆计算显示界面

11.5　理正抗滑桩设计实例

通过以上抗滑桩设计方法及计算内容的学习，想必读者已经对采用理正岩土软件进行抗滑桩相关设计计算有了初步的了解，接下来结合一道例题来让读者进一步理解滑坡推力计算及抗滑桩设计模块。

11.5.1　设计资料

某高速公路工程某隧道右进洞口段施工过程中，右洞进洞口仰坡及左侧边坡发生滑坡病害。组织人员对现场进行踏勘并进行地质调查和勘探工作后，说明如下：

滑坡发生位置处于隧道左洞洞顶与右洞仰坡中间，滑坡体后缘裂缝宽度 2～10cm 不等，呈拉张性质，滑坡体沿坡积粉质黏土、第三系强风化砾岩底部与强～弱风化岩层面滑动。

上部坡积粉质黏土厚约 2～9.3m 不等，第三系洛阳组强风化砾岩，厚 2～10m，下部基岩为强～弱风化粉砂质泥岩、砂岩互层，岩层产状 340°∠20°，路线的左侧边坡为顺层边坡。由于施工过程中对洞口的开挖和下部的岩土体卸荷，以及受大气降雨和地层结构的影响，土体的力学性质降低，上部的坡积粉质黏土和第三系强风化砾岩沿强～弱风化岩面产生滑动，为推移式滑坡，滑动的方向约 NE70°。滑坡体体积约 25000m³。

该段地层岩性为三叠系二马营组（T2er）强～弱风化粉砂质泥岩与砂岩互层，上部覆盖坡积粉质黏土、第三系强风化砾岩，厚度 5.5～17.0m。

水文地质条件较简单，地下水类型主要为基岩裂隙水与孔隙性潜水，水量受大气降水影响明显。

根据地质补勘成果，对强度指标进行反算。先恢复滑坡前缘开挖地面线，土（岩）体天然重度取 $\gamma=19.5kN/m^3$，饱和重度 $\gamma=24kN/m^3$。拟定滑坡体下滑前处于极限稳定状态，$K=0.98$，地震烈度为 7 级，求出天然状态下 $c=4.9kPa$，$\varphi=12.8°$（取用值）。

设计内容：对滑坡体后缘采取分台阶放坡，同时在右洞左侧至左洞右侧设置抗滑桩，如图 11-35 所示。

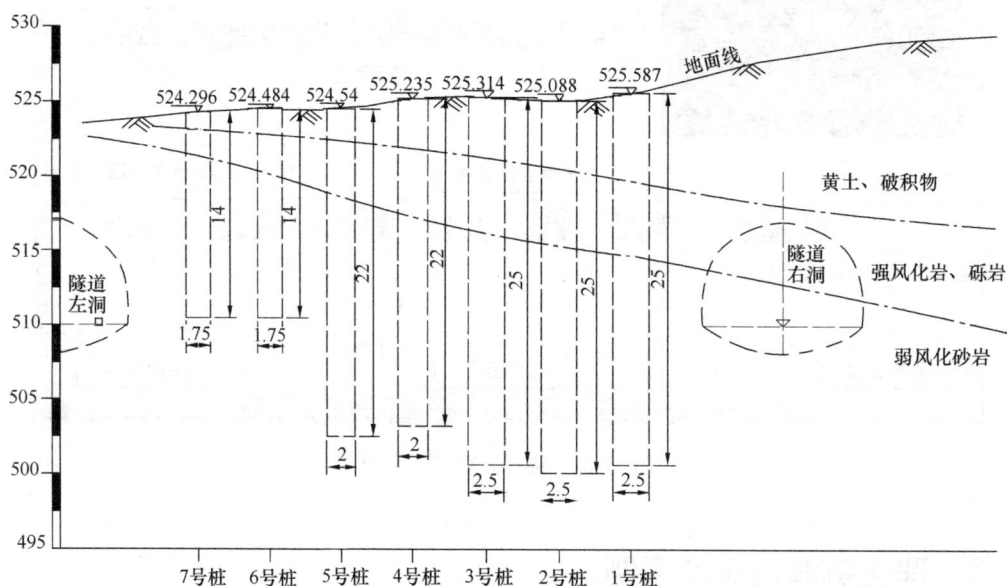

图 11-35　拟设置抗滑桩断面示意图

11.5.2　设计过程

（1）滑坡推力计算（以其中预设计的长度 25m 桩为例）

首先在【计算参数】中，按照章节 11.4.1 中的要求进行填写，如图 11-36 所示。

其中滑体土重度由于没有水位面的存在，所以滑体土重度按照设计资料中给出选取。

在【坡面线】中，按勘察资料以及实际地质情况选择，如图 11-37 所示。

坡面线线段数："5"。按勘察资料以及实际地质情况选择。

坡面线起始点标高："0.000"。该参数为坡面线最下端一点的相对标高，用来定义地面线、滑动面、水面线相对之间高度位置用的。

在【滑动面】中，按勘察资料以及实际地质情况选择，如图 11-38 所示，其中黏聚力及内摩擦角根据设计资料中选取。

滑面线线段数："10"。按勘察资料以及实际地质情况选择。

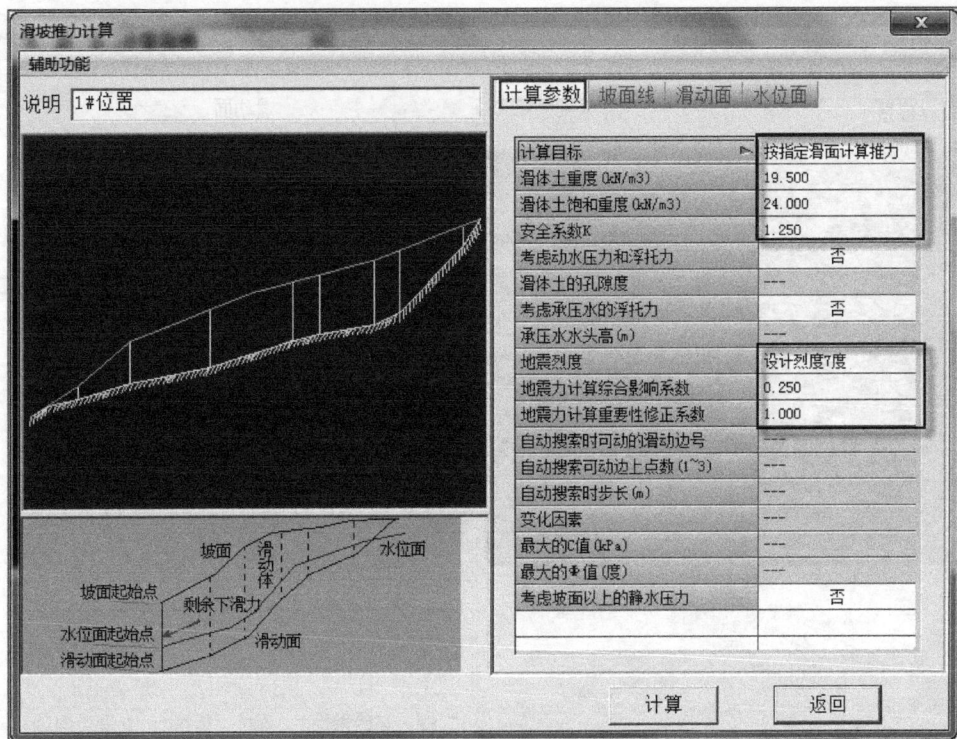

图 11-36 抗滑桩滑坡推力计算参数

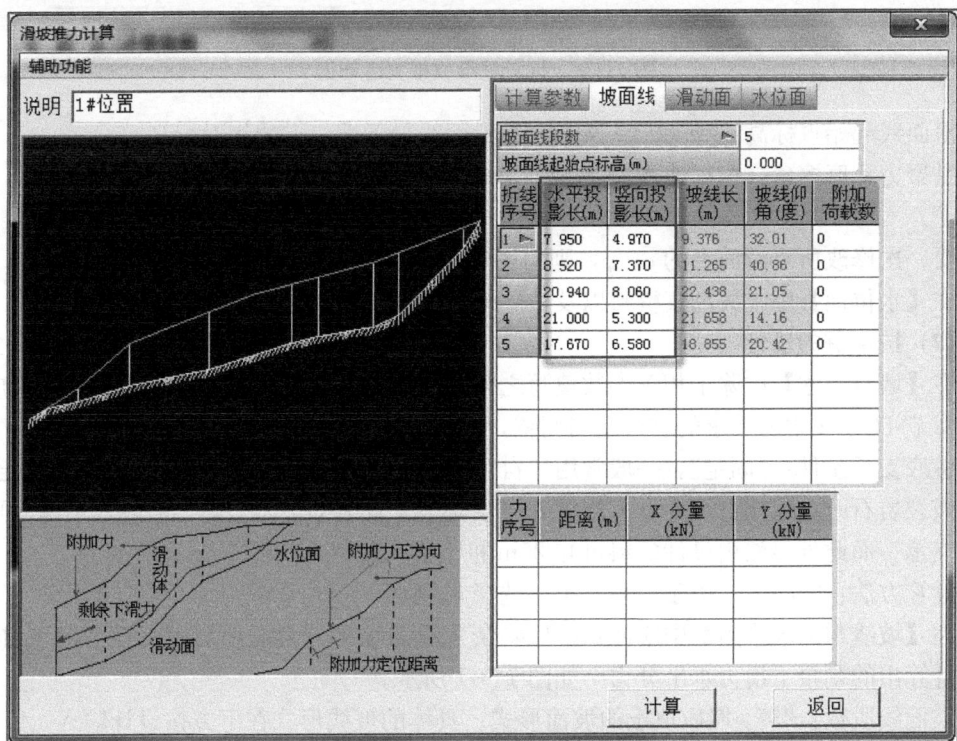

图 11-37 抗滑桩滑坡推力坡面线

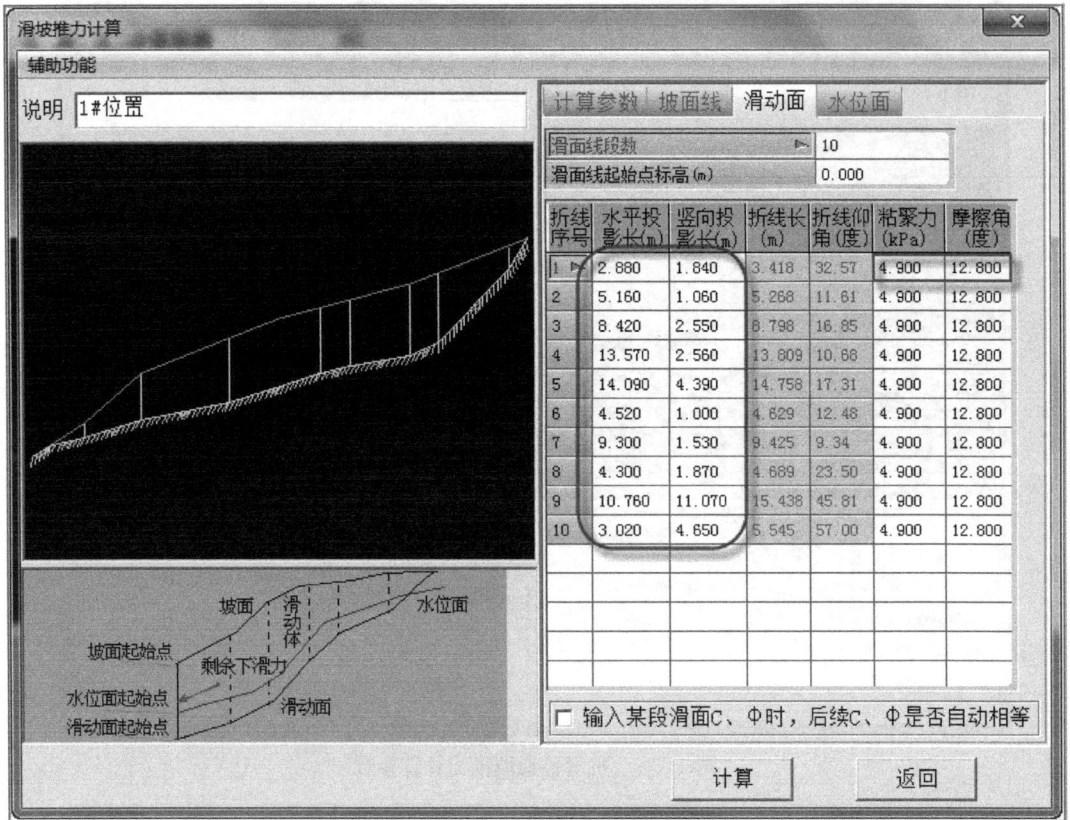

图 11-38　抗滑桩滑坡推力滑动面

滑面线起始点标高："0.00"。该参数为滑面线最下端一点的相对标高。

黏聚力和摩擦角：根据地质补勘成果求出天然状态下的黏聚力和摩擦角为"4.9"、"12.8"。

要一次修改所有滑面上的 c、φ，则勾选后改第一行的 c、φ 即可。

在【水位面】中，按勘察资料以及实际地质情况选择，如图 11-39 所示。

(2) 抗滑桩的设计

在【墙身尺寸】中除了相关参数填写之外，应注意如若某些参数没有明确给出，应该按照章节 11.4.2 中所要求的进行适当调整，如图 11-40 所示。

桩底支承条件："固定"。一般常用"自由支承"和"铰接支承"。当锚固土层为土体、松软破裂岩石时，采用自由支承；当桩底岩层完整、较上部土体坚硬、但嵌入不深时再用铰接支承。而此处显然由设计资料可知 25m 桩下嵌入较深，为固定支承条件。

计算方法："m 法"。由于是黏性土，选择 m 法。

在【坡线与滑坡推力】中应注意桩后剩余下滑力水平分力的填写，交互"滑坡推力"模块计算出的剩余下滑力水平分力，如图 11-41 所示。

坡面线段数："3"。墙后填土的坡面形式。具体的坡线形式在下方按设计输入。

地面横坡角度："14"。土楔体计算时破裂面的起始角度，即只有横坡角以上土体才产生土压力的作用。地面横坡角度一般为岩石的坡度，当挡土墙后都为土体时可取 0，即按

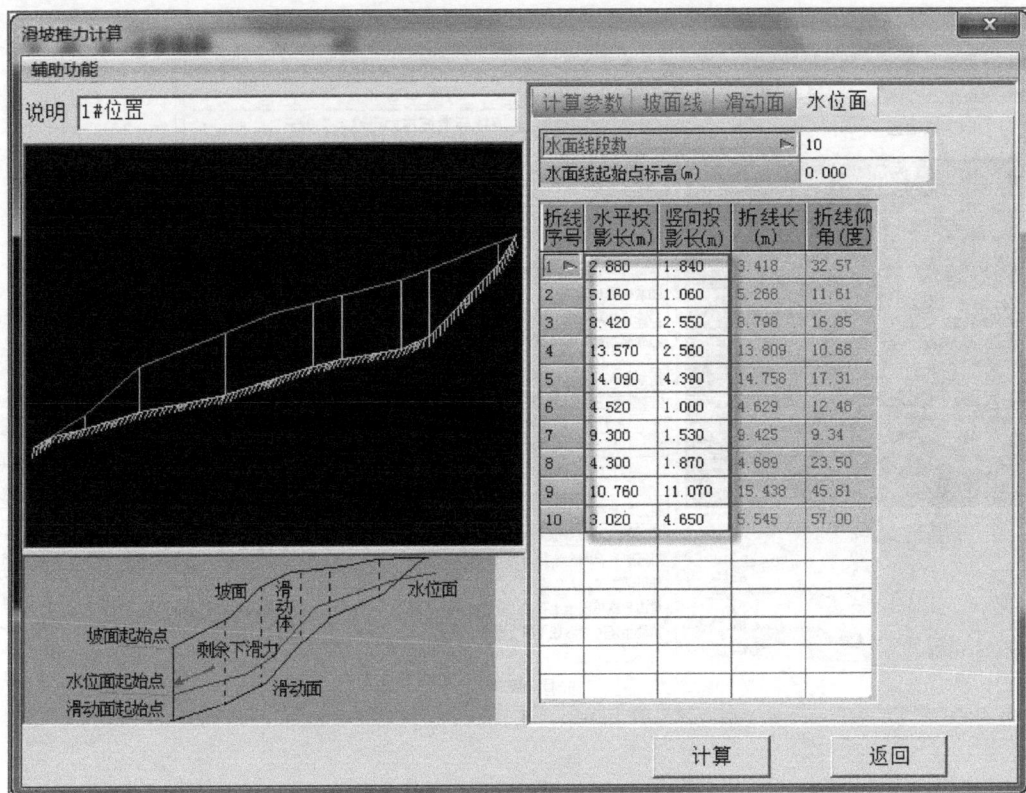

图 11-39 抗滑桩滑坡推力水位面

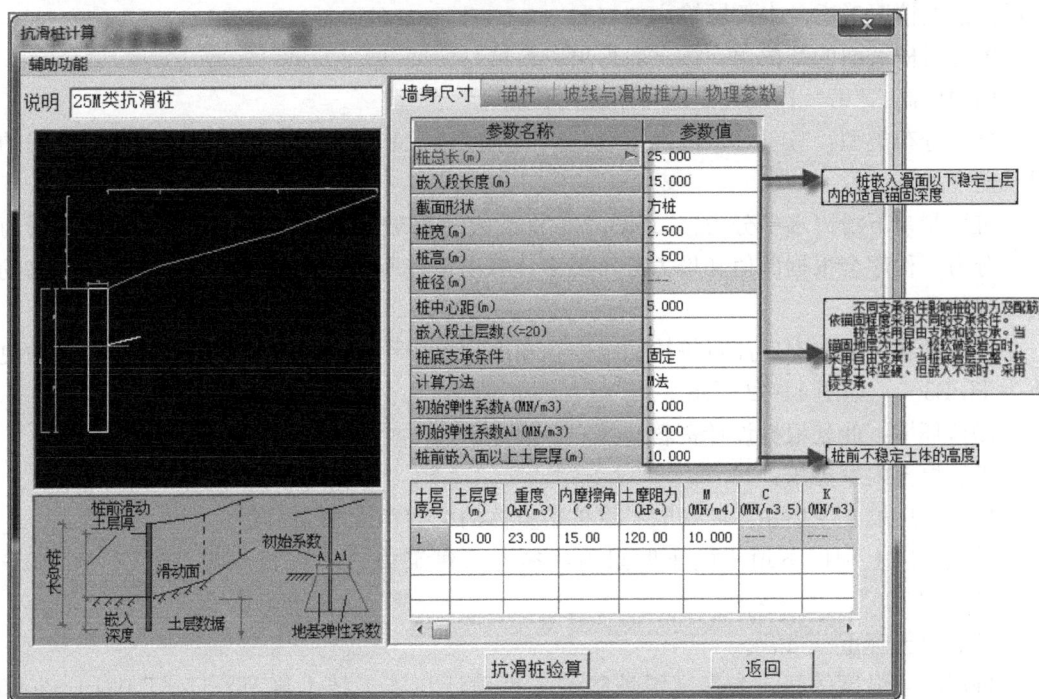

图 11-40 抗滑桩设计墙身尺寸

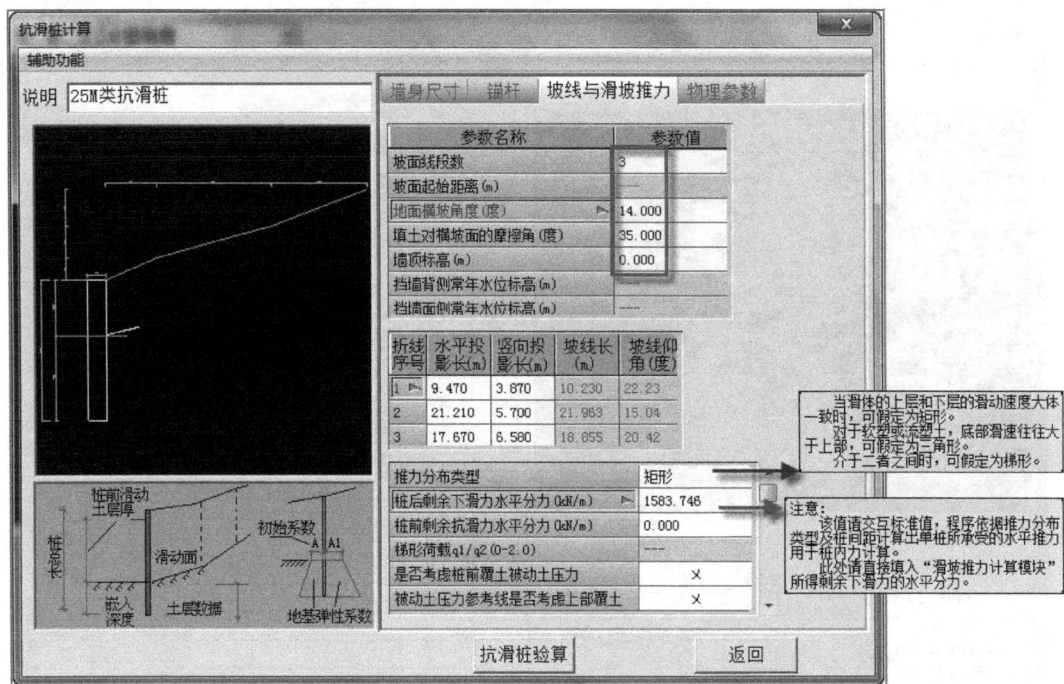

图 11-41　抗滑桩设计坡线与滑坡推力

土压力最大情况考虑。本例题输入"14"。

　　填土对横坡面的摩擦角：按试验得出资料填写"35"。

　　墙顶标高："0"。作用是定地下水位的位置。

　　推力分布类型："矩形"。液性指数较小，刚度较大和较密实的滑体，从顶层至底层的滑动速度大体一致。

　　桩后剩余下滑力水平分力："1583.746"。交互"滑坡推力"模块计算出的剩余下滑力水平分力。程序会根据此值和推力分布类型计算出单桩所受的水平推力，从而计算单桩的内力和位移。

　　在【物理参数】中应注意桩箍筋级别在新的规范中不再有 HPB235，最低级别自动更改为 HPB300，如图 11-42 所示。

　　场地环境：此处根据设计资料选择"一般地区"。

　　桩后填土内摩擦角："35"。

　　桩与桩后填土摩擦角："17.5"。取桩后土体的摩擦角的 1/2；

　　横坡角以上和以下填土的土摩阻力：参见《建筑边坡工程技术规范》GB 50330—2013 选择"120"。

　　桩后填土容重："19"。

　　桩混凝土强度等级：参考《滑坡防治工程设计与施工技术规范》DZ/T 0219—2006选择"C30"。

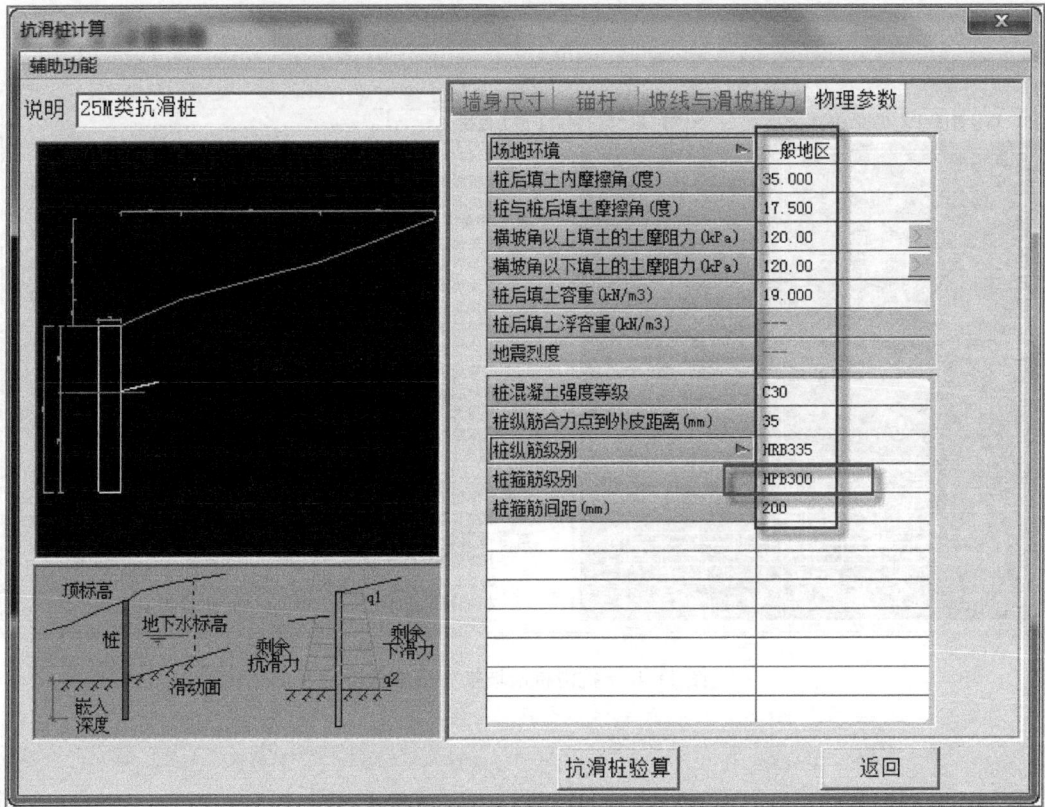

图 11-42　抗滑桩设计物理参数

桩纵筋合力点到外皮距离："35"。配筋计算参数，不是保护层厚度。

桩箍筋间距：参考《滑坡防治工程设计与施工技术规范》DZ/T 0219—2006。选择 "200"。

11.5.3　结果分析

(1) 滑坡推力计算结果分析

滑坡推力计算结果查询界面分为左右两个窗口，左侧窗口用于查询剩余下滑力曲线，为了下一步进行抗滑桩设计，要在结果查询窗口查询两个需要的信息：

① 通过剩余下滑力曲线找到最大下滑力位置，综合考虑设置抗滑桩的位置。

② 查询抗滑桩所处的模块上由上一模块传递过来的剩余下滑力。

就本例而言，通过剩余下滑力曲线发现第 8 个模块所受剩余下滑力最大，最大值为 1624.355kN。如图 11-43 所示。

(2) 抗滑桩设计结果分析

图 11-44 为计算结果中土反力，该曲线包括两个变量。表征随位移变化土反力的变化规律。

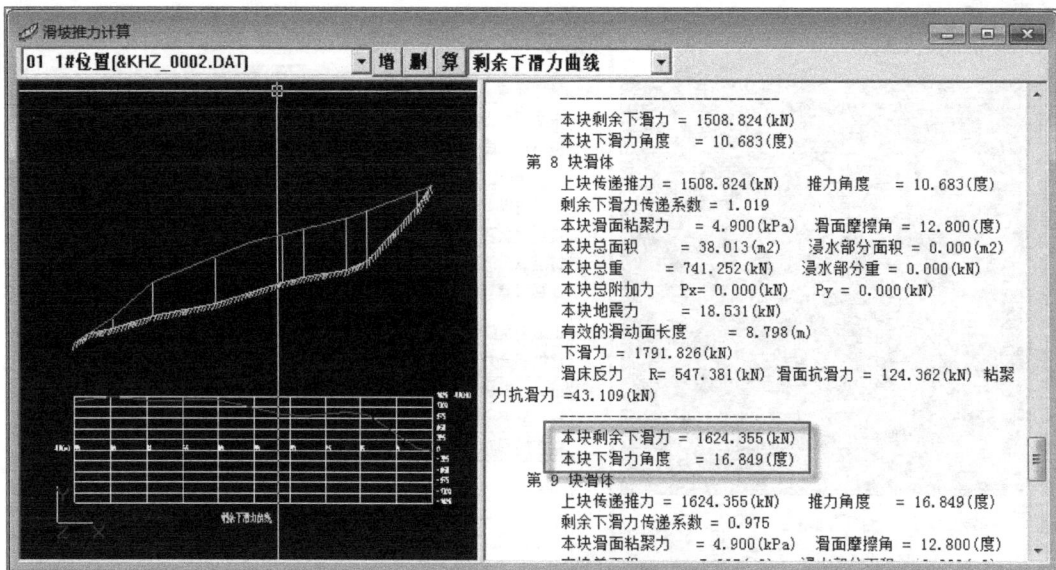

图 11-43　抗滑桩滑坡推力结果分析

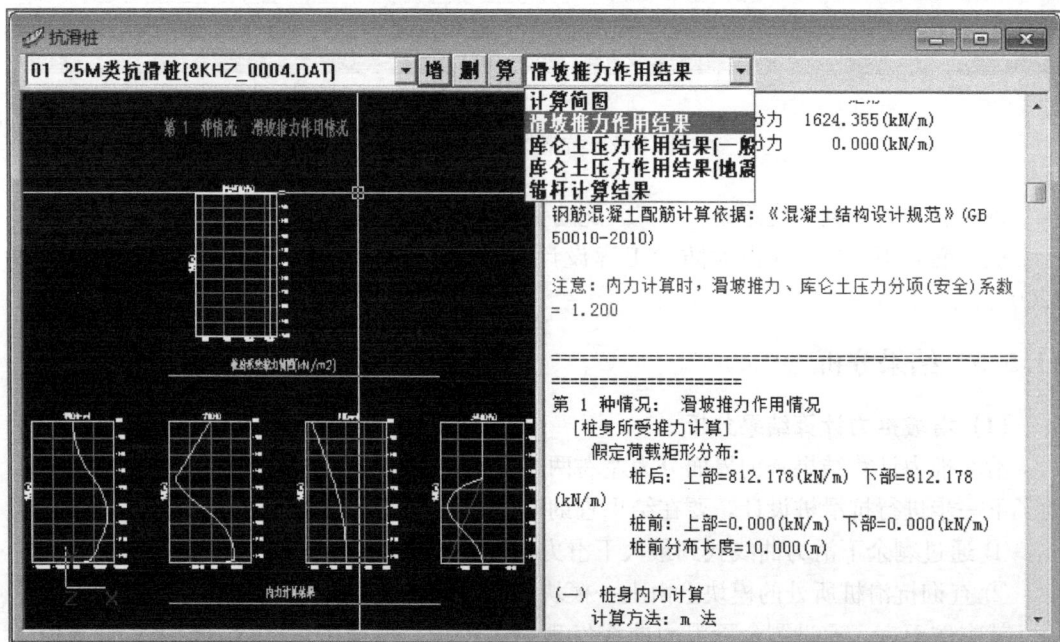

图 11-44　抗滑桩设计结果分析

参 考 文 献

[1] 中华人民共和国铁道部．铁路路基支挡结构设计规范 TB 10025—2006．北京：中国铁道出版社，2015．

[2] 中华人民共和国住房和城乡建设部．混凝土结构设计规范 GB 50010—2010．北京：中国建筑工业出版社，2015．

[3] 中华人民共和国住房和城乡建设部．建筑结构荷载规范 GB 50009—2012．北京：中国建筑工业出版社，2012．

[4] 中华人民共和国住房和城乡建设部，中华人民共和国国家质量监督检验检疫总局．建筑边坡工程技术规范 GB 50330—2013．北京：中建筑工业出版社，2013．

[5] 中华人民共和国建设部，中华人民共和国国家质量监督检验检疫总局．建筑结构可靠度设计统一标准 GB 50068—2001．北京：中国建筑工业出版社，2002．

[6] 中华人民共和国住房和城乡建设部，中华人民共和国国家质量监督检验检疫总局．建筑抗震设计规范 GB 50011—2010．北京：中国建筑工业出版社，2016．

[7] 中华人民共和国住房和城乡建设部．建筑基坑支护技术规程 JGJ 120—2012．北京：中建筑工业出版社，2012．

[8] 中华人民共和国住房和城乡建设部．建筑地基基础设计规范 GB 50007—2011．北京：中国建筑工业出版社，2012．

[9] 中华人民共和国交通运输部．公路工程抗震规范 JTG B02—2013．北京：人民交通出版社，2014．

[10] 中华人民共和国建设部．铁路工程抗震设计规范 GB 50111—2006．北京：中国计划出版社，2006．

[11] 中华人民共和国交通运输部．公路路基设计规范 JTG D30—2015．北京：人民交通出版社，2015．

[12] 中华人民共和国住房和城乡建设部．复合土钉墙基坑支护技术规范 GB 50739—2011．北京：中国计划出版社，2012．

[13] 中华人民共和国建设部．建筑桩基技术规范 JGJ 94—2008．北京：中国建筑工业出版社，2008．

[14] 国家铁路局．铁路桥涵地基和基础设计规范 TB 10093—2017．北京：中国铁道出版社，2017．

[15] 张广信，张丙印，于玉贞．土力学．第2版．北京：清华大学出版社，2013．

[16] 梁钟琪．土力学与路基．北京：中国铁道出版社，1980．

[17] 尉希成．挡土墙压力计算．北京：中国建材工业出版社，2001．

[18] 杨广庆．路基工程．第2版．北京：中国铁道出版社，2013．

[19] 林宗元．岩土工程治理手册．沈阳：辽宁科学技术出版社，1993．

[20] 程良奎．岩土加固实用技术．北京：地震出版社，1994．

[21] 朱彦鹏，王秀丽，周勇．支挡结构设计计算手册．北京：中国建筑工业出版社，2008

[22] 李海光．新型支挡结构设计与工程实例．第2版．北京：人民交通出版社，2010．

[23] 朱彦鹏．支挡结构设计．北京：高等教育出版社，2008．

[24] 薛殿基，冯仲林等编．挡土墙设计实用手册．北京：中国建筑工业出版社，2008．

[25] 尉希成．支挡结构设计手册．北京：中国建筑工业出版社，1995．

[26] 朱彦鹏．特种结构．武汉：武汉理工大学出版社，2005．

[27] 陈忠达．公路挡土墙设计．北京：人民交通出版社，2001．

［28］ 陈忠汉，黄书秩，程丽萍．深基坑工程．北京：机械工业出版社，2002.

［29］ 黄强．深基坑支护工程设计技术．北京：中国建材工业出版社，1995.

［30］ 余志成，施文华．深基坑支护设计与施工．北京：中国建筑工业出版社，1998.

［31］ 陈肇元，崔京浩．土钉支护在基坑工程中的应用．第 2 版．北京：中国建筑工业出版社，2000.

［32］ 秦四清，王建党．土钉支护机理与优化设计．北京：地质出版社，1995.

［33］ 铁道部第四勘察设计院科研所．加筋土挡土墙．北京：人民交通出版社，1985.

［34］ 卢肇钧．锚定板挡土结构．北京：中国铁道出版社，1989.

［35］ 梁炯鎏．锚固与注浆技术手册．北京：中国电力出版社，1999.

［36］ 铁道部第二勘察设计院．抗滑桩设计与计算．北京：中国铁道出版社，1983.

［37］ 刘光代．浅谈抗滑桩的设计．滑坡论文集．第十五集．北京：中国铁道出版社，2002.

［38］ 横山幸满［日］．桩结构物的计算方法与计算实例．北京：中国铁道出版社，1984.

［39］ 交通部第二公路勘察设计院主编．公路设计手册　路基．第 2 版．北京：人民交通出版社，2004.

［40］ 刘佑荣，唐辉明主编．岩体力学．北京：化学工业出版社，2008.

［41］ 中国船舶工业总公司第九设计研究院．弹性地基梁及矩形板计算．北京：国防工业出版社，1983.

［42］ https：//bbs.lizheng.com.cn/

［43］ http：//bbs.yantuchina.com/